降云——VMware vSphere 4 云操作系统搭建配置入门与实战

熊信彰　著

内 容 提 要

本书共有10章，为了让许多刚接触VMware虚拟化的读者能很快进入状态，除了第1章和第10章，其余每一章，笔者都借用“云”来比喻，以一朵朵小云的形容方式，每完成一章会开出一朵云，共八朵云（ESX/ESXi、vCenter Server、vNetwrok、vStorage、Virtual Machine、Resource Management、vMotion/DRS、VMware HA）环绕在整个VMware vSphere为基础的数据中心，让读者在不知不觉当中，从无到有，感受站上云端的滋味。

由于VMware vSphere架构庞大、名词种类繁多，对于初次接触的人，一开始容易有不知从何着手的感觉。在阅读过程中，读者会产生许多疑惑。本书模拟实际课堂上的问答方式，穿插于各章节之间，通过这些问答，相信能在第一时间为读者解惑，让大家可以轻松勾勒出vSphere的整体轮廓。期盼大家会喜欢这种表达与呈现方式。

图书在版编目（CIP）数据

降云 : VMware vSphere 4云操作系统搭建配置入门与实战／熊信彰著. -- 北京 : 中国水利水电出版社, 2011.3
ISBN 978-7-5084-8449-5

Ⅰ. ①降… Ⅱ. ①熊… Ⅲ. ①虚拟处理机－应用软件，VMware vSphere Ⅳ. ①TP338

中国版本图书馆CIP数据核字(2011)第040452号

策划编辑：周春元　　责任编辑：张玉玲　　封面设计：李　佳

书　名	降云——VMware vSphere 4 云操作系统搭建配置入门与实战
作　者	熊信彰　著
出版发行	中国水利水电出版社 （北京市海淀区玉渊潭南路1号D座　100038） 网址：www.waterpub.com.cn E-mail：mchannel@263.net（万水） sales@waterpub.com.cn 电话：（010）68367658（营销中心）、82562819（万水）
经　售	全国各地新华书店和相关出版物销售网点
排　版	北京万水电子信息有限公司
印　刷	三河市鑫金马印装有限公司
规　格	184mm×260mm　16开本　26.5印张　590千字
版　次	2011年4月第1版　2011年4月第1次印刷
印　数	0001—3000册
定　价	58.00元

作者序

在编写这本书之前，笔者一直在思考，该如何将内容呈现，向大家清楚地陈述 VMware vSphere 这一企业级的虚拟化架构。关于 vSphere，读者需要怎样的一本书？是入门？还是包山包海？笔者本身是一位 VMware 认证讲师，在课堂中，有些学生非常专精于某一 IT 领域，由于与虚拟化有关联而派生出非常多的新情况，而上课中所提出的问题广泛到令笔者一时无法做出回答，必须搜索许多 VMware 资源并借助讲师论坛的相互经验才能作出解答。

可能因信息不足，或是对虚拟化技术有所疑虑，虚拟化在企业的渗透度和部署进程都稍稍落后于国外。但是由于云概念被热捧，近两三年开始风起云涌。更多的时候，笔者所面对的绝大多数学生都是刚接触虚拟化，稍有一点模糊的概念，想要更进一步了解 vSphere 的人。而且明显感受到有越来越多的 IT 人员关注于此，这都显示了企业的数据中心对虚拟化的需求已经刻不容缓。

有鉴于此，笔者决定将本书的内容、聚焦主轴重点放在：概念、架构、体验。

笔者相信，要写出一本让多数人都能有效理解的书，需要的是减法原则，而不是加法。精简而聚焦，以这个主轴贯穿全书，希望能带给读者扎实而清晰的 vSphere 面貌。

概念：Virtualization 将硬件资源抽象化，许多观念跟以往实体环境有所差异，对于刚接触的人，如果虚拟化概念不够清晰，便会产生错误，在建置与管理时造成困扰。本书着重于观念的澄清与创建，带领读者打好基础。

架构：通过循序渐进的章节，一步一步创建起对 VMware vSphere 架构完整的概念，有了全面的了解，才能掌握、探索更进一步的方向。

体验：以 vSphere in a box 的方式，只用一台计算机实现 vSphere 的基本与高级功能，给予读者最大便利性、最适合个人测试的体验方式。只有实际体验，才能感受虚拟化为什么是“云”的基础。

这本书的完成，要感谢许多人幕后的努力。首先要感谢的是编辑 Tim 的耐心说明与相关内容建议，并且包容我一再地拖稿与修订。也谢谢碁峰整个团队，因为有你们，才有这本书的诞生，因为有你们，交出作品时我非常放心。还要感谢 hp 教育训练中心的鼎力支持，使我能有时间抽空完成这本书。

最后，要感谢的人是我的老婆。感谢你这大半年来的辛劳与付出，分担照料两个难缠又可爱的宝贝。有你的支持，我才有勇气去完成想做的事情。此刻深夜写作的我，望着身旁熟睡的你们，感受到无比的幸福。

熊信彰

2010 年 9 月 12 日凌晨

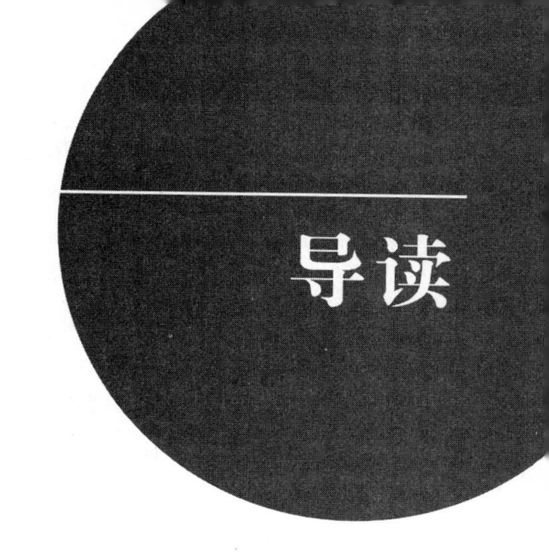

导读

笔者认为，身为一位讲师，需要具备一点讲故事的能力，而且要能够将复杂艰涩的技术名词加以转换，以简单方式表达介绍、说明清楚。所以，笔者以一朵朵云开的方式，安排了下列章节。对于“云”有着严谨定义的朋友，请不要见怪。

这本书共有 10 章，为了让许多刚接触 VMware 虚拟化的读者能很快地进入状态，除了第 1 章和第 10 章，其余每一章，笔者都借用“云”来比喻，以一朵朵小云的形容方式，每完成一章会开出一朵云，共八朵云环绕在整个 VMware vSphere 为基础的数据中心，让读者在不知不觉当中，从无到有，感受站上云端的滋味。

- 第 1 章：以虚拟化、云之间的关系为开端，进一步介绍 x86 虚拟化、VMware 的崛起。再以一部个人计算机先架设起 vSphere in a box 准备环境，以便让后面每个章节的 vSphere 练习都得以顺利进行。在这一章，你将会对虚拟化和 VMware vSphere 操作环境的要求有初步的认识。
- 第一朵云（ESX/ESXi）：建置 VMware vSphere 的第一步，先要有 ESX/ESXi Server，此为 Bare-Metal 的安装形式，由 Hypervisor 掌管硬件资源。在这一章，你将会知道 ESX 与 ESXi 的异同之处，安装并设置好 ESX host，通过 vSphere client 操作管理 ESX Server。
- 第二朵云（vCenter Server）：是统一控管整个 vSphere 架构的关键钥匙，并且主导许多更高级的功能（如 HA、vMotion、DRS），拥有强大的 plug-in 模块增强本身的应用，可以说是云数据中心的启动者。在这一章，你将会安装配置 vCenter Server，并完成基本操作。
- 第三朵云（vNetwork）：网络在虚拟化环境中是很重要的课题，扮演着举足轻重的角色，从认识 vSwitch 开始，到各种不同的网络相关名词、概念、目的与应用，配合图解说明，让你对配置虚拟化的网络环境不再一知半解，不知如何入手。
- 第四朵云（vStorage）：与 vNetwork 相同，是虚拟化架构中不可或缺的元素，虚拟机（VM）能否运行顺畅，Storage I/O 的表现影响非常大。这一章告诉你存储设备的种类差异与如何正确配置（以 iSCSI SAN 为范例），为后面 vSphere 企业级的高级应用（HA / DRS / vMotion）打下良好的基础。

- 第五朵云（Virtual Machine）：主要内容是与 VM 相关的议题，从创建到备份，从在线扩展到储存文件迁移，针对细部设置的详解，内容非常精彩，一定不会让你失望。在这一章，实现了这些功能后，你将体会到虚拟化对数据中心带来的转变。
- 第六朵云（资源管理）：这一章不以实现为主，强调的是虚拟化资源的运作概念，这一直是市面上相关书籍所缺乏甚至避谈的部分。但是身为虚拟化环境的管理员，你一定要知道正确的资源管理概念，否则将无法驾驭整个虚拟化数据中心。
- 第七朵云（vMotion / DRS）：众所瞩目的功能，vMotion 可使 VM 在不中断运行的情况下在实体机器中迁移，而 DRS 更可做到自动化，来去自如而不用手动介入处理，使实体资源的分配达到均衡状态。这一章里，将从 vMotion 的运作原理开始，完整解说并实作 vMotion 与 DRS。
- 第八朵云（VMware HA）：为了避免将鸡蛋放在同一个篮子里的风险，VMware HA 可让坏掉篮子里的鸡蛋（VM）跑到其他好的篮子（host）中重生。很多人经常不明究理地将 vMotion 与 HA 混为一谈。其实 HA 跟 vMotion 并没有关系，HA 接管的动作是“重新启动”VM。关于 VMware HA 与 FT，这一章将带给你清楚的概念和正确的解答。
- 第 10 章：更进一步地探索 VMware vSphere，你需要更多的学习资源。最后一章重点整理了 vSphere 4.1 功能，并提供一些非常好的相关知识获得渠道，还有关于 VMware VCP 认证考试的介绍，指引大家向虚拟化专家的领域迈进。

由于 VMware vSphere 架构庞大，名词种类繁多，对于初次接触的人，一开始容易有不知从何入手的感觉。在阅读或实践中，读者心中随时会产生许多的疑惑。这本书模拟了实际课堂上的问答方式，穿插于各章节之间，通过这些问答，相信能在第一时间为读者解惑，让大家可以轻易地勾勒出 vSphere 的整体轮廓。也期盼您会喜欢这种表达与呈现方式。

- 本书部分图片取材自：VMware 网站（http://www.vmware.com）
- 绘制图形的 Visio icons：XtraVirt Presentation Pack（http://xtravirt.com/downloads）

目录

第 3 章　创造你的第二朵云 – vCenter

第 4 章　创造你的第三朵云 – vNetwork

第 5 章　创造你的第四朵云 – vStorage

第 6 章　创造你的第五朵云 – Virtual Machine

第 7 章　创造你的第六朵云 – Resource Management

第 8 章　创造你的第七朵云 – vMotion / DRS

第 9 章　创造你的第八朵云 – VMware HA

第 10 章　另一个开始

CHAPTER 1

初探 VMware 虚拟化

1-1 从虚拟化看云

虚拟化近年来一直是 IT 产业热门的议题，而最近云计算这个名词更是被热捧，软硬件厂商都唯恐没搭上这班发烧列车而丧失商机，纷纷大力鼓吹、推销、强调自己的商品与云沾上了边，IT 大厂也各自展开了一连串的并购动作，所有的目标全部指向那一片看似虚无飘渺的云海。不论产品或服务是不是真的上了云，都让人看得眼花缭乱，也因此有许多人认为，云计算不过就是个炒作的议题，很快就会泡沫化。

而究竟什么是虚拟化？虚拟化与云之间到底有什么关系？

我们现在就从虚拟化的角度来看这片云。

试着想象一个情形。

时间回到一百年前，这是一个大部分地区都没有水电服务的世界。那么当时的人是如何生活的呢？没有水，日常生活要饮用、洗衣、煮饭就一定得想办法找出水来，我们可能要走好几公里的路到溪边取水，一次一个人扛着两桶重重的水，再跋涉数公里的路回家使用。或是干脆点，挖口井每天打水就地取用。

白天趁着有太阳光的时候做事情，晚上则靠点着微弱的烛火，让景物不至于一片漆黑。这样的生活方式，谈不上有什么多姿多彩的应用服务，仅能满足生活的基本所需而已。

再将时间拉回到现代，一个有水有电的世界。用户不用去管家里的水来自哪个水库，家里的电来自核能发电还是火力发电。如果不是断电或停水，我们从来就不会去关心电从哪里来？水从哪里来？（即便是断水断电，其实也不会去关心水电来自何方，赶快给我复水复电就行了）。

当我们要洗手，打开水龙头就有水，要照明，按下墙壁的开关就有电，一切依你的使用量去计费。而有了水电基础设施，就派生出了各式各样的应用与服务，就像是自然的呼吸一般，理所当然。人类的生活，也因此发生了变革。

因为有了水库，就有自来水公司铺设管道到家里，并安装了水表收费。电力公司也通过电线杆配电到每户人家，并安装了电表计费。

具备水电基础设施后，有人开店卖起了牛肉面，提供消费者吃的服务；有人开了连锁便利商店，提供生活所需服务；有人开了成衣工厂，提供穿着的服务；有人则盖了星级饭店，提供游玩住宿的观光服务。人类的生活发生了巨大变化，这一切都是因为有了基础设施。

Q：云计算一词，从何而来？

我们在绘制网络架构图的时候，WAN 的部分通常会用云状来表示，因为客户端（client）不会知道（也不必知道）通过网络访问的节点是经过哪些路径去访问到哪些目的端的服务器。这中间，就好像穿过云层一般，双方进行互动，

我们所需要的资源皆由此而来，由于云深不知处，所以称之为 Cloud，而云计算，就是从英文 Cloud Computing 翻译而来，如图 1-1 所示。

现今云不再只能载送计算结果，随着新的应用不断诞生于云架构，现在有很多人称之为云服务（Cloud Services）。

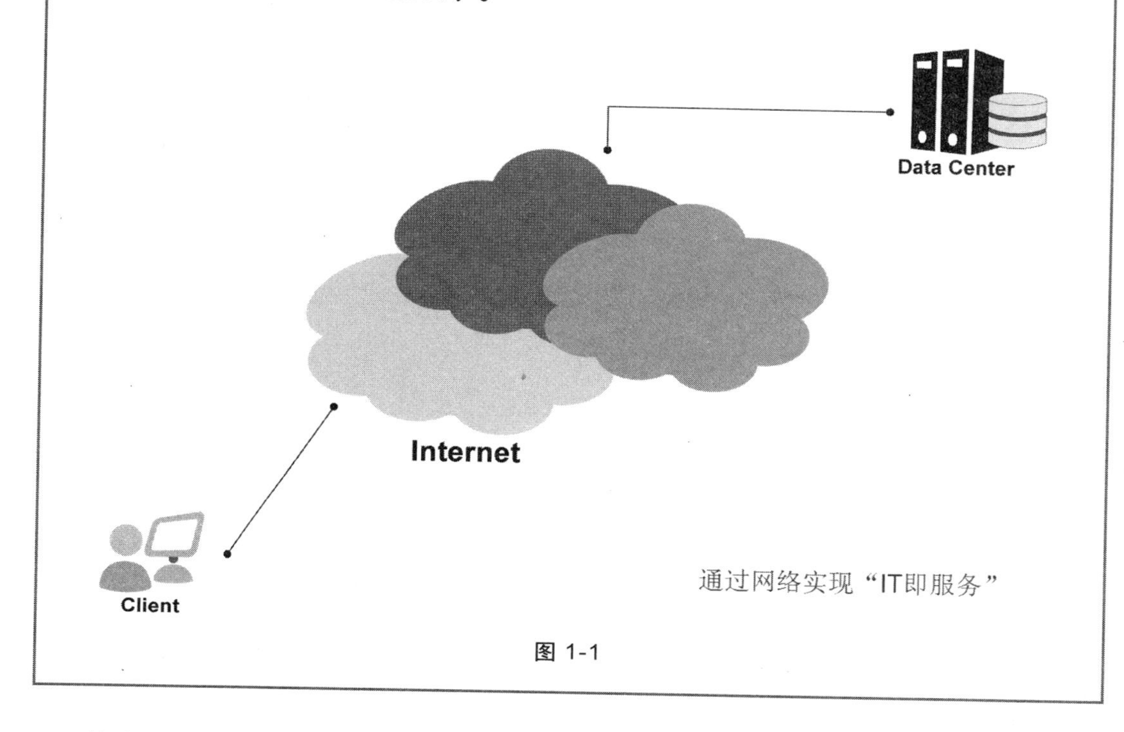

图 1-1

信息服务就像水电。要多少有多少，用多少付多少，这就是云的概念。

信息像水电？听起来似乎很耳熟？没错，其实云计算并不是新的概念，只是换一种新的名词、新的说法。广义来说，通过网络而来的各种应用都可以归纳在云服务的范围之内。我们现在使用的 webmail、P2P、在线影音、即时通讯等服务全部来自云。使用这些服务，就像呼吸一样自然，喝水一样容易，不知不觉地融入其中而不自知，只有当 E-mail 不能收发，youtube 不能观赏影片，MSN 断线无法登录，才会惊觉到它的重要性。其实，大家早已置身于云当中。

Q：这样听起来，不做虚拟化也能提供云服务？

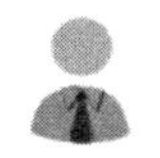

是的，没有虚拟化，企业的机房、数据中心还是存在，依然可以提供服务，但是这将会变得非常没有弹性而且辛苦。如今，虚拟化已是形成云朵的必要条件。

虚拟化可以让企业更进一步将数据中心里的服务器、存储设备、网络设备整合后虚化出资源池（Resource Pool），进而使数据中心发展出自动性、灵活性、可扩展性的优势，实现 QoS、SLA 的保证。当架构确立，随之发展而来，往上堆栈的就是各种新的商业模式与服务。

想想刚才的例子，消费者用某家公司的水电设施。但如果该公司的水厂老旧，电厂要整修，结果三天停一次水，五天断一次电，而且收费模式不明，水压电压安全性不保证。这样的服务，会有人想要使用吗？

想要提供真正灵活有弹性的云服务，请先让数据中心成为 Cloud based Data Center。

对照当时的云，现在的云已经有了很大的不同。

以前的云是比较呆板、欠缺灵活性的。例如，在 2000 年的时候，随着.com 泡沫化而一起阵亡的 ASP（Application Service Provider），其实就是现在 SaaS（Software-as-a-Service）的前身。

云应该是灵活的、可以千变万化的。当时欠缺了足以撑起各式各样云服务的环境，因为最根本的三大条件无一具备：

- 网络带宽：不足
- 存储空间：不够
- 虚拟化技术：不成熟

请注意，这些条件非常重要，尤其是虚拟化浪潮的兴起，才正式将云计算的议题推上了高峰。因为虚拟化技术，我们可以将物理服务器的计算能力进行细微的拆分，分配给客户使用，并将之量化，要多少有多少，随时可以视需求分配增减，做到随需分配（on demand）。只有如此，信息服务像水电，以量计价的模式才能贯彻。

Q：虚拟化、云计算跟我有什么关系？

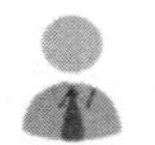

大有关系。现在谈云，大家的目光焦点都是在应用服务的部分，也就是说，底层是何种硬件设备，何种虚拟化技术，并不是一般人关心的重点。但是对于身为 IT 系统管理员或公司 MIS 部门的你而言：

- 客户、用户不需要理解数据中心如何运作，你来管。
- 客户、用户不需要关心服务从何而来，你来管。
- 客户、用户不需要关心服务中断问题，你来管。

这一波浪潮袭来，首当其冲的是掌管基础设施的服务器、存储设备、网络管理人员，因为硬件设备被抽象化，IT 人员需要学习虚拟化技术与管理方式。再者是应用程序开发人员，发展云的各种应用。从 IT 主管到 helpdesk，都可能因为组织重新规划与整合而影响职业生涯。

Q：云计算与效用计算（Utility Computing）、网格计算（Grid Computing）、分布式计算（Distributed Computing）、集群计算（Cluster Computiing）指的都是相同的东西吗？虚拟化又扮演何种角色？

云计算的范畴非常广泛，目前定义也很宽松，效用计算、网格计算、分布式计算与丛集计算都不尽相同，但均可被视为云架构的一环。

效用计算（Utility Computing）、网格计算（Grid Computing），约是在2003年的时候提出，信息服务像水电这句口号就是当年喊出来的，这两个名词比较偏向整体的应用概念，而不是强调某一种计算技术。

集群计算则是运用非常多的节点架构出一个庞大的产生像是超级计算机的高性能计算，每个实体均负责一小部分的程序计算，节点之间再利用高速的 I/O 接口（如 InfiniBand）交换数据，产生蚂蚁雄兵的计算效果，在某些特定领域，如搜索、气象、核爆模拟等，非常需要这种方式来实现 HPC 高性能计算（High Performance Computing）。

分布式计算也是非常正统的 Cloud Computing，由于大部分均是使用价格便宜的 x86 平台，虚拟化的导入可以使节点的产生、计算能力的分配与回收变得非常灵活。

其实，现在的情形是众说纷“云”，各自表述。你说你描绘的云就是云计算，我说我解释出来的云才算数。任何一种趋势在即将形成、产生变革的时候，均会有这种状况，所以目前百花齐放、百家争鸣、百云齐开并不足为奇。

撇开云不谈的话，若纯粹只看虚拟化，依然是非常热门的议题，因为它集合了Green IT、降低成本、整合、自动化等话题于一身，确实改变了传统数据中心的面貌。也就是说，不管企业要不要投入云，要不要提供云服务，均避不开虚拟化这个项目。

Q：有人说云要分别从“云”与“端”两个部分来看？

这种说法非常有意思。将云端拆开成“云”与“端”，有了云，也需要有终端装置、载体来配合访问，虽然跟云原来的字义有些不同，但是这个比喻却非常贴切。

“端”的部分，指的可以是传统的 PC、笔记本电脑、智能手机，或是其他像是 iPad 及平板计算机这种便携设备。

有了云计算及服务，这些设备就不需要强大的运算性能，只要能远程联机，一切需求交给云来处理，任何创新的应用与商机均能在云里诞生，通过媒介传递到用户手上，彷佛有无限的可能性。这也是云计算议题迷人、吸引大家竞相追逐的原因。

现在我们可以将软件以服务的形式派送给用户，通过 Web 界面即可使用，不需要在本机上额外安装软件。SaaS 最有名的例子就是 salesforce.com 与 Google Apps，一般小型企业可以不需要自建机房、购买服务器、软件、存储设备，而使用租赁的方式，大大降低了成本与维护的风险。

但是一旦所有的软硬件资源都由客户端转移到了服务供应商层面，那么对供应商而言，数据中心的可靠度、资源调度的灵活性将会变得非常重要。而虚拟化技术就是实现此目标的利器。

现今的云，能提供的服务已经不只是软件，比较明确被定义出来的还有 PaaS（Platform-as-a-Service）、IaaS（Infrastructure-as-a-Service）。可想而知，将来会有更多的 XaaS（Everything-as-a-service）出现。

Q：能否解释一下 SaaS、PaaS、IaaS？还有哪些名词？

云计算派生出了很多的名词，令人眼花缭乱，我们不妨这样来看：将整个云一刀切，上下一分为二。

上层是云服务，下层是云基础架构。谈到云，一般人看的是应用面，所以目前上层有精确定义的就是 SaaS、PaaS、IaaS，如图 1-2 所示。

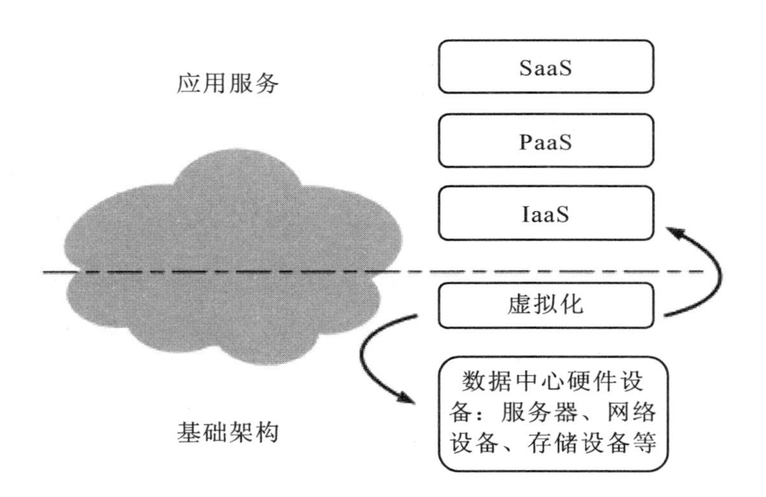

图 1-2

- 软件即服务（SaaS）：软件应用以服务派送，用户通过浏览器即可操作使用软件，采用租赁模式，无须维护与购买。
- 平台即服务（PaaS）：主要为开发人员提供应用及部署，例如中介软件、开发工具、信息分析。
- 架构即服务（IaaS）：将硬件资源虚拟化，转换成量化、自动化、动态化可调度的计算能力、存储空间、网络服务等。

其他还有像 DaaS、ITaaS、CaaS、STaaS 等名词，越来越多的云服务纷纷出现，所以可以通称为 XaaS（Everything-as-a-service）。

从图中，不难看出虚拟化的重要地位。

Q：以后还会有什么样 XaaS 的服务呢？

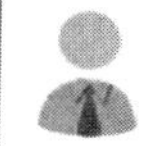

戏法人人会变，巧妙各有不同。例如，提供网络硬盘服务的业者即可称为 STaaS（Storage-as-a-Service）的服务供应商。早在多年以前就已经有网络硬盘的服务，但是因为种种限制造成的不便，大部分的人还是以 U 盘或个人 NAS 来存取数据。

有家名为 Dropbox 的业者，就提供了更创新的应用模式。Dropbox 将原本平凡无奇的网络硬盘的服务变成了多向互动、同步数据的服务，一口气解决了文件版本管理、数据备份、信息分享等问题，只需要一组账号即可畅游于多部计算机。

笔者个人有多部 PC 与 NB，在不同场合会使用不同的计算机，Dropbox 应用在写稿方面非常方便，完全不需要担心稿件修改、备份问题，多部计算机会自动通过云来同步，只要将文件放进特定的文件夹，一切都自动化。

彷佛在云端有个智能存储盒在帮你简化繁冗的步骤，自动管理多台计算机的文件。每部计算机看到的文件都是一个样，编辑修改后自动同步，还可时间回溯，当然也可以 Web 访问，真的非常方便，完全可以不再使用 U 盘或 NAS。

这就是云思维。加了一些创新，就带给你完全不一样的使用体验。当云的条件日趋成熟时，相信未来也会有更多的消费性云服务产生。

本书的主题是让大家了解 VMware 的虚拟化技术，笔者不敢妄加臆测云世界未来的样貌。但因虚拟化与云计算有着密不可分的关系，说到云，不能不提到虚拟化；要谈虚拟化，也不能不讲云。

虚拟化，正是云计算（或云服务）的基础。

笔者一直很认同 VIRTUALIZATION.INFO 网站上的一段话：

If you want to be a SaaS provider then you may want build on top of a PaaS cloud.（如果你想成为 SaaS 供应商，那么你需要建构在 PaaS 的云上）

If you want to be a PaaS provider then you may want to build on top of a IaaS cloud.（如果你想成为 PaaS 供应商，那么你需要建构在 IaaS 的云上）

If you want to be a IaaS provider then you may want to build on top of virtualization.（如果你想成为 IaaS 供应商，那么你需要建构在虚拟化之上）

原文出处：http://www.virtualization.info/2010/01/vmware-approach-to-cloud-computing.html

云听起来很玄妙，对于刚刚接触的人，需要一点想象力与体会。看似远在天边，却又近在眼前。如果你未曾接触过虚拟化，现在还无法体会两者之间关系的话，不急。等到看完本书，跟着练习所有的步骤，完成后再回过头来看这个部分，相信你会有一番不同的感受。

1-2 认识 VMware vSphere

什么是 x86 虚拟化（x86 Virtualization）？

虚拟化始于 20 世纪 60 年代 IBM Mainframe 大型主机，算是历史悠久的一项技术，通过分区（partition）的功能拆分硬件资源来分配使用。而如今在 x86 平台上由 VMware 等厂商的努力发扬光大。

x86 虚拟化技术是将原本必须直接安装在个人计算机硬件上面的 OS 转换成为虚拟机，我们可以在一台实体机器上面同时运行多种不同的操作系统，而这些 OS 都是实实在在可顺畅运行的，与一般直接安装在硬件上面的 OS 并没有两样。

这并不同于模拟器的命令转译方式（command translation），虚拟机（Virtual Machines）确实就等同于实体机器，只是被集中在单一实体，由 virtualization layer 统一控管所有的硬件资源（以 Full Virtualization 技术层面来说，虚拟机并不知道自己被虚拟化了）。

x86 虚拟化的困难之处与历史演进

x86 CPU 因先天设计架构的关系，非常难以做到虚拟化，原因在于 x86 CPU 定位为单用户使用，当初并没有考虑到将计算资源分配给不同 OS 的问题。

x86 CPU 运行区分为四个 privilege level（特权等级），分别是 Ring 0、1、2、3。权限最高的是 Ring 0，这个等级可以直接控制硬件 CPU、I/O 与存储器。只有 OS 系统内核与 drivers 可以存在于 Ring 0，直接与硬件进行沟通。一般应用程序都放在 Ring 3 等级，至于 Ring 1 和 2 则很少被使用。对于应用程序与 OS 发出的命令要求，CPU 一律采取 Direct Execution（图 1-3 左）。

如果要进行虚拟化，Ring 0 这一层就必须交给 VMM（Virtual Machine Monitor，Hypervisor 的一部分）来掌控，进行硬件资源的分配处理。

问题来了，由于 OS 一定要在 Ring 0 进行访问，直接控制硬件，而现在 Ring 0 的部分已经交给 VMM，操作系统则被调降到 Ring 1，但是操作系统的某些关键命令必须要在 Ring 0 这个层级才能作用，否则操作系统将会产生警告、终止掉应用程序甚至导致系统崩溃。

而这个看似无法实现的任务，在 1999 年被 VMware 克服。

VMware 采用了一种叫做 Binary Translation 的技术来实现，通过 VMM 来预先拦截这些 OS 当中原本不能被虚拟化的命令（nonvirtualizable instructions），将其进行二进制转译的替换操作，使操作系统认为自己可以直接掌控硬件，并不知道实际上已经被虚拟化成为虚拟机了（图 1-3 右）。

而应用程序一般性的命令则还是直接向硬件请求（图 1-3 右，虚线部分），维持良好的性能。

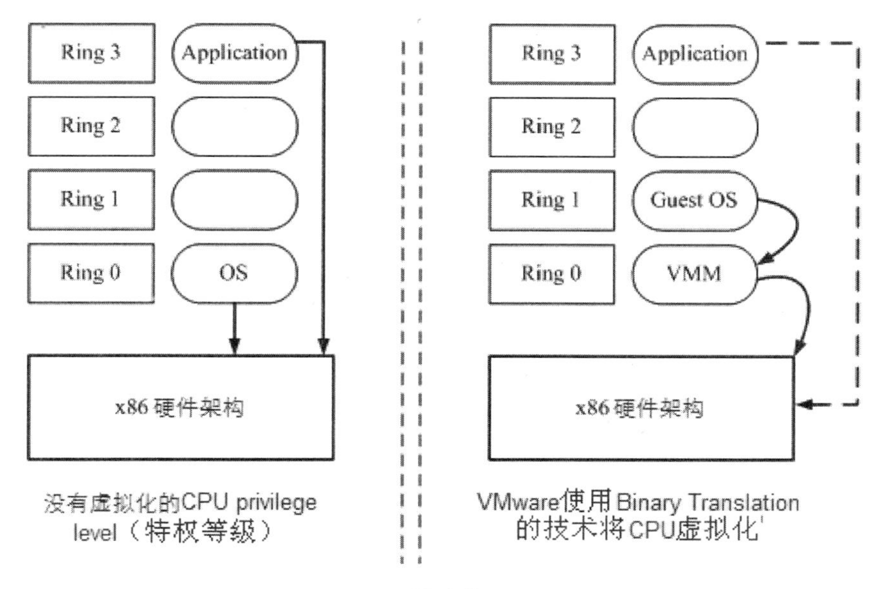

图 1-3

这就是所谓的 Full Virtualization，也就是大家常听到的“全虚拟化”。

全虚拟化的好处是 OS 不必做任何修改，直接安装即可使用。而且所支持的 OS 种类也最多，所以 VMware 虚拟化是支持操作系统种类最广泛的厂商。

相较于全虚拟化技术，另一种技术就是“半虚拟化”（ParaVirtualization），例如 Citrix 的 XenServer、微软的 hyper-V。Para 是希腊语，表示“旁边”、“一起”的意思，Xen 有 Domain0（相当于微软的 Parent Partition）在虚拟机旁管理驱动程序设备。其实半虚拟化翻译成“旁”虚拟化应该会更传神。

半虚拟化采用的是修改 OS 的核心，植入了 Hypercall，让原本不能被虚拟化的命令（nonvirtualizable instructions）可以经过 Hypercall interfaces 直接向硬件提出请求，guest OS 的部分还是一样在 Ring 0，不用被调降到 Ring 1。

半虚拟化的优点是 CPU、I/O 损耗减到最低，理论上性能胜过全虚拟化技术，缺点则是必须要修改 OS 内核才行，只有 SuSE、Ubuntu 等少数 Linux 版本才支持，OS 兼容性不佳，因为微软不肯修改自家的操作系统内核，因此如果公司里面是 Windows 系统，就无法使用半虚拟化了。

若不靠硬件辅助（Hardware Assisted Virtualization），全虚拟化技术是非常难以实现的，这也是 VMware 非常自豪的一点。半虚拟化靠着 OS 修改系统核心来实现 x86 虚拟化，确实相对轻松，但由于早期操作系统必须客制化支持半虚拟化，OS 的选择性少了非常多。所以市场上企业用户虚拟化的首选仍然是 VMware。

不过，VMware 也在 2005 年发表了透明半虚拟化（Transparent Paravirtualization），针对支持半虚拟化的 OS 可以在 VMware 的平台通过 VMI（Virtual Machine Interface）打开半虚拟化来增加 I/O 性能，降低 CPU 的使用率。

其原理是在支持半虚拟化的 Guest OS 上面由 VMware tools 开一道后门，与 VMM 进行沟通，然后在 OS 上安装半虚拟优化驱动程序，以提高 I/O 性能，降低 CPU 使用率。这是一种在 VMware 平台上可以支持半虚拟化 OS 的最佳方式，但是必须要注意的是，底层 CPU Virtualization 仍然是使用二进制转换（Binary Translation）的全虚拟化技术（Full Virtualization），而不是半虚拟化技术。

2003 年效用计算（Utility Computing）的概念被提出，信息服务像水电的口号就是当年喊出来的。当时虚拟化技术已经开始少数运用在企业环境当中，虽然环境还不成熟，却已经成为一股未来的趋势。

存储大厂 EMC 在 2003 年 12 月收购了 VMware 成为旗下子公司，来年 VMware 在自己的企业级产品 ESX 上实现了 VMotion（4.1 版改称 vMotion），可以让企业用户的虚拟机在不停机的状态下实时地在线移转，技惊四座。过了五年之后，微软的 Hyper-V R2 才拥有此功能（Live Migration）。

CPU 硬件辅助虚拟化（Hardware Assisted Virtualization）

2005 年后，虚拟化渐渐蔚为潮流，势不可挡。Intel 与 AMD 决定从 CPU 根本架构着手，更改原来的特权等级 Ring 0、1、2、3，将之归类为 Non-Root mode，又新增了一个 Root mode 特权等级（有人称为 Ring -1），这样一来，OS 便可以在原来 Ring 0 的等级，而 VMM 则调整到更底层的 Root Mode 等级，如图 1-4 所示。

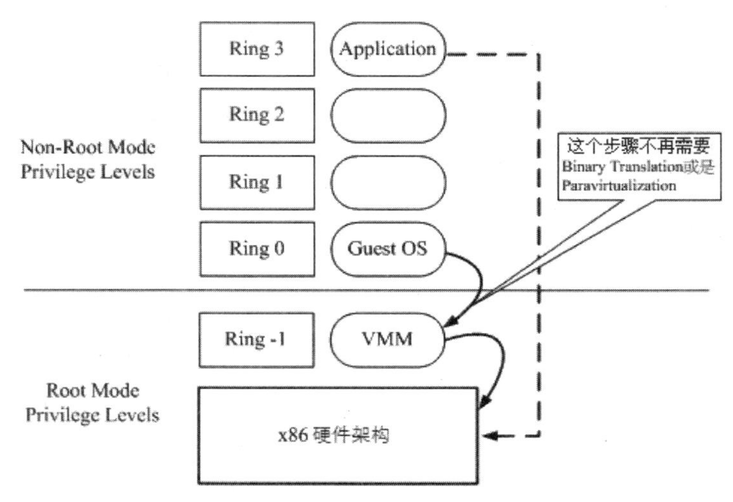

图 1-4 CPU 硬件辅助虚拟化（Intel VT and AMD-V）

有了 CPU 硬件支持虚拟化技术之后，最大的好处就是不再需要以前 Binary Translation 或 Paravirtualization 的操作，虚拟化厂商再也不用费心在这里想办法解决问题，全虚拟化厂商的性能追上了半虚拟化厂商，半虚拟化厂商也可支持不修改内核的操作系统了（例如 Windows 或绝大多数的 Linux）。

也就是说，如果你的机器支持 Intel VT-x 与 AMD-V，那么采用的是全虚拟化或半虚拟化技术，性能方面差别不大，只是虚拟层结构运行方式稍有不同。VMware 也宣布在下一版的产品中将不再支持 VMI 功能。

注： 有关虚拟化技术在此只是浅谈，CPU 硬件辅助虚拟化其实又分成初代和二代，二代新增了 MMU（memory management unit）虚拟化，也就是 Intel EPT 和 AMD RVI，如果读者对 x86 Virtualization 有更进一步的兴趣，可登录 VMware、Citrix、Intel 与 AMD 网站查询更详细的相关信息。

Q：我听到全虚拟化、半虚拟化指的是 Hosted 与 Bare-metal 的差别？

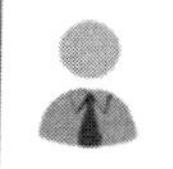

并非如此。许多人误以为 VMware Workstation、微软 Virtual PC 这些要有 host OS 的虚拟化软件称为全虚拟化，而企业级应用如 ESX、Hyper-V 产品就是半虚拟化，这并不正确。

各位在看了前面的说明之后，就会知道 Full Virtualization 与 ParaVirtualization 是针对在进行虚拟化时，为了解决 OS 与 CPU 之间因为特权等级的调整产生的 nonvirtualizable instructions 问题所采用的不同技术解决方案。

实际上 VMware 一直是全虚拟化技术的厂商，使用的是二进制转译（Binary Translation）方式来进行虚拟化，ESX、VMware Server、Workstation 都是如此。

现在有了 CPU 硬件辅助虚拟化的支持，全虚拟化可以不再需要进行 Binary Translation，半虚拟化也不用再修改操作系统核心程序代码。

为什么要进行服务器虚拟化？

时至今日，x86 的 PC 与服务器已经拥有强大的性能，并且一日千里，无时无刻都在进步，这些性能往往远超过个人或整体使用，许多时候，硬件资源是处于闲置状态的。虚拟化之后具备了许多好处：

■ 服务器整合（Server consolidation）

许多时候，数据中心物理服务器的使用率是偏低的，通过虚拟化技术，我们可以整并一些老旧、低使用率的物理服务器（使用 P2V 功能），将 OS 虚拟化之后集中到新的实体机器上，提高硬件资源使用率，无形之中也降低了空调成本，多出了机柜可使用的空间，也节省了电力成本。

或许你会想说，那将所有的服务装在同一个操作系统上就好了，这样不是就可以实现服务器整合的效果了吗？还可以节省 OS 授权的费用。

一般而言，在企业环境里面是不会这样做的。同一个 OS 里面运行多种不同的服务，如果出问题，仅是要找出是哪个地方出了问题、调试而不互相影响就很麻烦，更不要说若是 OS 崩溃，所有的服务跟着一起停止。虚拟化的每一个虚拟机都是互相独立的，不会有受到干扰与影响的问题。

■ 灵活的资源调派

通过虚拟化技术，我们可以动态调配资源给 VM，并让它在不同的实体主机之间做到不停机地移转（VMotion），避免硬件因为计划性的停机维护而不能提供服务。当虚拟机无法在实体机中取得足够硬件资源的时候，我们还可以让它自动去找寻闲置有足够资源的实体机，并在线转移过去，进行服务器的资源负载平衡（DRS 功能）。经过虚拟化之后，原本困难费心的事情变得很轻松容易实现。

■ 快速大量部署、降低维护工作

要快速产生一台或多台合乎标准的虚拟机是非常容易的，这省下了采购硬件的流程、安装软件时间、后续硬件维护等多道麻烦手续，非常快速与方便地用于开发、测试、维运等环境上面。

■ 增加可用性与备份

由于虚拟机具有可移植性，在备份与转换硬件服务器方面非常方便。我们不需要关心硬件服务器的厂牌、芯片组、处理器频率、驱动程序等问题。而 VMware HA 更避免了将鸡蛋放在同一个篮子里的风险疑虑，当一个实体的服务器因为硬件故障损坏时，可将虚拟机自动重启在其他的服务器上面。虚拟机的备份也与传统方式不同，备份的速度与方便性都有很大的提升。

Q：虚拟化的种类似乎很多？例如服务器、桌面端、应用程序？

针对不同的应用环境确实有不同的虚拟化解决方案，常见的虚拟化方案应用分成三种：

- 服务器虚拟化：是本书的主题，也是数据中心、云的基础。相信大家都已经了解到服务器虚拟化的优势与必要性了，其实桌面端的虚拟化也是架构在服务器虚拟化上面的。
- 桌面虚拟化：将用户的操作系统（例如 XP、Windows 7）集中在后端数据中心，变成数量庞大的虚拟机，统一进行资源分配与安全管理。前端用户桌面上只需要摆放精简的 thin client 进行远程联机即可。只要服务器虚拟化普及之后，相信桌面端虚拟化也将是未来的应用趋势。目前 VMware 的桌面端虚拟化方案称为 VMware View，也是 vSphere 的一环。
- 应用程序虚拟化：可以在操作系统下执行不同版本的应用程序，例如在一个 XP 里面同时运行 IE 6、IE 7、IE 8 而不会导致互相冲突，这在某些要运行旧版本程序或软件移植的环境中非常有用。

什么是 VMware vSphere？

VMware 于 2001 年正式推出了企业级虚拟化产品 ESX，到了现在，历经了四代演进。而整个架构功能经过不断扩展，也越来越充足。前面介绍过云与虚拟化之间的关系，就现阶段而言，VMware 是目前业界提供最齐全功能的，架构也最完整的，所以到了 vSphere，号称是业界第一套云的操作系统。

而自从 ESX 2.5 后，VMware 就有了喜欢为产品名称改名的习惯，随着虚拟架构完整度的提高，后续推出的版本不叫 ESX3，而是顺势改名为 VI3（Virtual Infrastructure 3），让 ESX 成了 VI3 的一环，以强大的完整性与稳定度再次震撼整个 IT 业界，掀起了数据中心虚拟化的风潮。

下面是 VI3（含 3.5）功能的提升：

- **VMware HA enhancements**：避免全部鸡蛋放在同一个篮子里的风险，当实体服务器发生硬件故障时，会将虚拟机重启在其他的服务器上面。并且已经可以保护到操作系统发生死机，即使硬件没有发生故障也能检测到 OS 没有回应，自动重启虚拟机。
- **DRS/DPM**：动态的资源负载平衡，当某实体服务器的资源不足较忙碌时，以 VMotion 技术将虚拟机动态迁移到另一实体服务器上面。DPM 是 DRS 的功能之一，搭配实体服务器的 IPMI 或 iLO 设备进行电源管理，当某段时间处于较不忙碌的状态时，会关闭某些实体服务器，将虚拟机集中，等到忙碌时，再启动服务器进行动态资源的负载平衡。
- **EVC**：让原本受到 CPU 限制的 vMotion 功能兼容性提高。vMotion 的条件限制在第 8 章会说明。
- **Guided Consolidation**：自动评估、分析实体服务器的资源使用率，并提出建议，提供适合 P2V 环境的报告。
- **Update Manager**：修补漏洞的功能，不仅针对 Windows 和 Linux，就连 COS 与 VMkernel 都可以通过 Update Manager 来作补丁。
- **Storage vMotion**：有别于 vMotion 是在实体服务器中移动，Storage vMotion 可以动态搬迁存储设备里的虚拟机文件，转移到新的存储设备中。我们在第 6 章会有 Storage vMotion 的操作练习。

通过图 1-5 的 VI3 虚拟架构示意，可以看到底层的服务器、存储设备与网络设备全部被抽象化了，对用户而言，根本不需要去管服务来自何方，对虚拟机而言，也不用去管硬件资源怎么应用，一切都是可以被分配、移动、控制的。这种充满弹性的企业数据中心，用户是不是很有腾云驾雾的感觉呢？

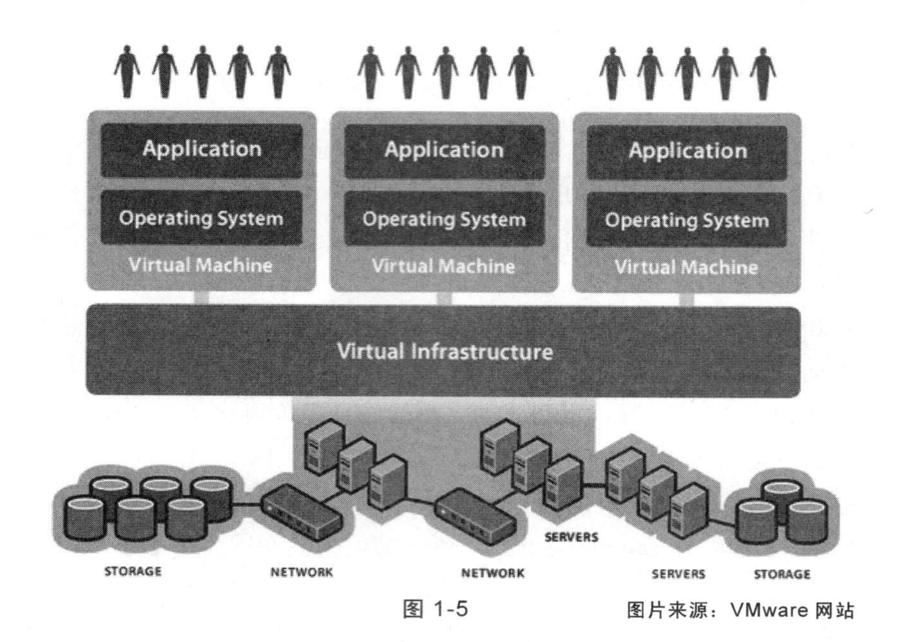

图 1-5　　　　　　　图片来源：VMware 网站

Q：上面的图是否就是所谓的私有云？那公用云指的是什么？

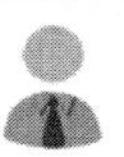

很多组织单位已经在尝试对各种云下定义。例如美国国家标准局（NIST）的云 345 解释：

- 3 种服务模式：IaaS、PaaS、SaaS。
- 4 个部署模型：私有云、公用云、混合云、社区云。
- 5 大特征：On demand、Network access、Resource pool、Rapid deployment、Measured service。

私有云一般为中大型企业内部所造，而公用云主要对象是小型与微型企业。私有云是现在，公用云是未来。想想我们前面的例子，如果你盖了工厂，养了数万名员工，那么引水、挖蓄水池、买发电机（私有云）自给自足绝对不是问题，甚至跨水厂与电厂建设，开始提供水电服务给别人使用也不是没有可能（混合云）。但如果你只是卖牛肉面，那么不需要如此麻烦，只要按月缴水电费给电力公司与自来水公司（公用云）就行了，但这群用户绝对是最广大的族群。

笔者想说明的是，无论你想象中的云应该是什么样子，白云、乌云、彩云，都行。只要你是 IT 管理员或 IT 工程师，有三件事绝对和你有关：

一、虚拟化。　二、虚拟化。　三、虚拟化。

什么？到没有虚拟化的小型微型公司工作？放心好了，未来的微型公司，也许不会有 IT 管理员，因为都上公用云去了。而随着软硬件的普及，价格降低后小型公司会跟上中大型企业的脚步进行虚拟化，造出属于自己的私有云。

2009 年 4 月，VMware 发表了最新一代的企业级虚拟化产品，名称却不叫 VI4，而再次改名为 vSphere 4，如图 1-16 所示。

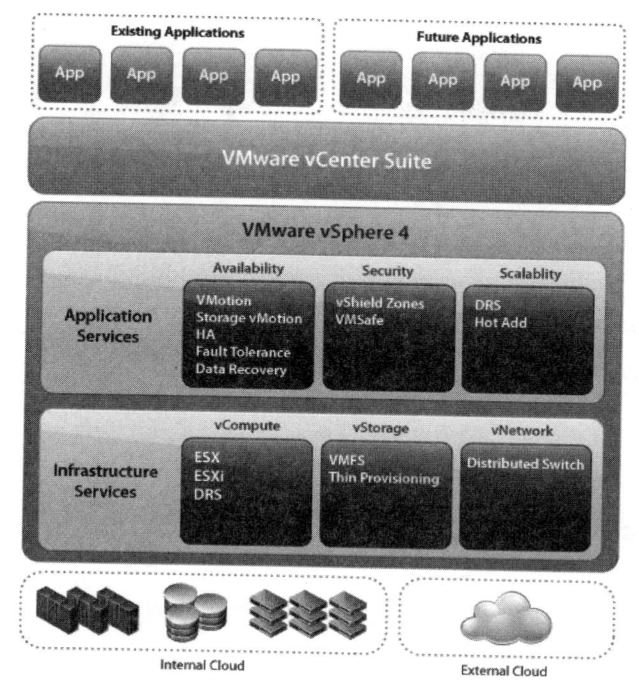

图 1-6　　图片来源：VMware 网站

其实万变不离其宗，各位也不用费心去探讨名称的意义，vSphere 依然沿袭了 VI3 的主要架构，所以是有一致性的，只是又增加了许多新功能和不同的 plug-in，并开放了 vSphere API，使其云平台的发展更加成熟，带给用户更好的体验。

vSphere 更进一步描绘出清楚概念的云平台，并增添了以下主要新功能：

- **64bit VMkernel**：支持 CPU 硬件辅助虚拟化，32 位服务器无法安装。
- vDS：VI3 标准的虚拟交换器（Virtual Switch）更进一步，可产生横跨不同 host 的 Virtual Switch，方便管理大规模部署 ESX 的网络设置。vNetwork API 还引进了第三方软件厂商的产品，例如 Cisco 的 Virtual Switch。
- **VMware Data Recovery**：提供无需 VCB 或其他备份软件 OS agent 的备份方式，VDR 可备份 100 个虚拟机.。
- **VMware FT**：提供不间断的服务，不需要将虚拟机重启。会产生影子般的虚拟机在其他 ESX host，跟着主要的虚拟机进行一模一样的动作，一旦主虚拟机故障，瞬间可由影子虚拟机接手，不会造成服务停顿。
- **Hot Add**：可在虚拟机不关机的状态下直接在线增加内存或 CPU 给虚拟机使用，但是必须注意的是 Guest OS 版本也要配合才行。
- **Thin Provisioning**：不需要一次性地分配完全大小的虚拟硬盘，可以让你决定虚拟机的 VMDK 文件容量采用慢慢扩增的方式变大。例如新增一块 100GB 的虚拟硬盘给你的虚拟机，但是你只装了 OS 占用了 5GB 的空间，那么你的 VMDK 容量大小就只会有 5GB，而不是 100GB。

VMware 的其他产品（如图 1-7 所示）

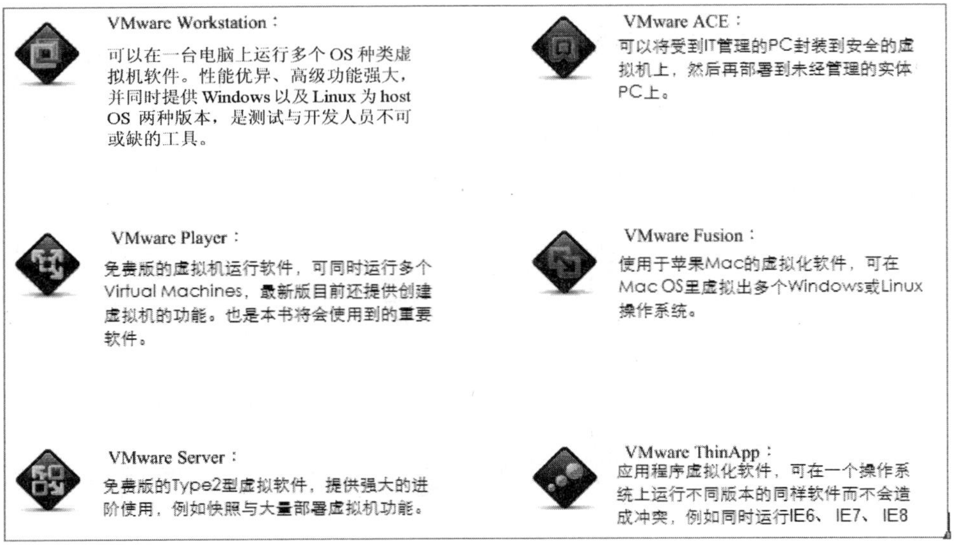

VMware Workstation：

可以在一台电脑上运行多个 OS 种类虚拟机软件。性能优异、高级功能强大，并同时提供 Windows 以及 Linux 为 host OS 两种版本，是测试与开发人员不可或缺的工具。

VMware ACE：

可以将受到IT管理的PC封装到安全的虚拟机上，然后再部署到未经管理的实体PC上。

VMware Player：

免费版的虚拟机运行软件，可同时运行多个 Virtual Machines，最新版目前还提供创建虚拟机的功能。也是本书将会使用到的重要软件。

VMware Fusion：

使用于苹果Mac的虚拟化软件，可在 Mac OS里虚拟出多个Windows或Linux操作系统。

VMware Server：

免费版的Type2型虚拟软件，提供强大的进阶使用，例如快照与大量部署虚拟机功能。

VMware ThinApp：

应用程序虚拟化软件，可在一个操作系统上运行不同版本的同样软件而不会造成冲突，例如同时运行IE6、IE7、IE8

图 1-7

1-3 前期准备

硬件、软件准备

本书的目标是要让读者以 4 千元的预算来实现 VMware ESX 4 的主要功能，所以有一些软硬件要先准备好，才能顺利体验 vSphere 的强大功能。

其实早期的 ESX 非常挑硬件，一般的个人计算机常常无法直接顺利安装 ESX，通常是服务器大厂的机款才能顺利安装。个人计算机常安装失败的原因是，硬盘控制器及网卡无法被 Hypervisor 识别，既然无法识别，自然就不能将这些资源虚拟化，然后分配给虚拟机来使用。

所以，如果你的公司准备采购服务器来进行 VMware ESX 虚拟化，请一定要先连上 VMware 网站进行 HCL（Hardware Compatibility List）check。否则，采购了硬件服务器，却发现不在 VMware 兼容性清单里面而无法安装，那就糟糕了。VMware ESX HCL 网址：http://www.vmware.com/go/hcl。

那么，不在 VMware 支持的 HCL 硬件就一定无法安装 ESX 吗？这是不一定的。在 ESX 3 的时代，如果你的个人 PC 可以直接安装 ESX 3 上去，那么非常恭喜你，因为刚好你的 SCSI 控制器或 SATA 控制器以及网卡（通常是 Intel 或 Broadcom 的网卡）能被正确识别出来，可以直接安装测试 ESX，但不是人人都这么幸运的。所以网络上就有热心网友分享他们测试出来的硬件结果，哪些计算机型号、主板型号、网卡型号等经过测试可顺利安装 ESX，许多人将测试结果公布在网站上提供给大家作参考，例如www.vm-help.com这个网站，有很多 white box 测试信息，大家可以查询自己的计算机能否顺利安装 ESX。

到了 ESX 4，对于 SATA 控制器的兼容性提高了许多，不过由于个人计算机的硬盘控制器与网卡种类繁多，Hypervisor 还是不能一一识别，所以如果你想要直接在硬件上安装 ESX 的话，white box 测试的网站依然很有参考价值。

由于 ESX 有兼容性问题，但每位读者现在所拥有或即将购买的计算机种类都不一样，那么要怎样确保每个人都可以依照这本书所介绍的步骤顺利测试每一项 vSphere 的功能呢？

为了要实现这个目标，我们即将采用的实现方式称之为“vSphere in a box”，只要一部计算机即可将整个 vSphere 环境架设起来，这是目前最省钱省力的方式，并且不会有兼容性问题。也就是说，我们准备一台计算机，先装好 Windows OS。

- 计算机硬件：
  - 支持 Intel VT 或 AMD-V 功能的四核主机一部，并在 BIOS 启用 Intel VT 或 AMD-V 的功能。
  - 内存请配备到 8GB，如要购买新机，请注意该主机的主板芯片组和插槽是否可支持到 8GB。
- 计算机软件：
  - 操作系统请使用 64 位版本。如 Windows 7 64bit 或 XP 64 bit。
  - 下载 VMware Player（免费）。
  - 下载 VMware vSphere 4（使用评估 60 天版本）。
  - 32 位 Windows Server 2003 安装光盘（请自行取得正式或试用版）。

注：若安装的 vSphere 版本是 4.1 的话，由于 vCenter Server 4.1 需要安装于 64 位 Windows，所以请另准备 64 位的 Windows XP 或 Windows Server 2003、2008（3 选 1）。或 Host OS 安装 XP 64 位，然后将 vCenter 安装于 Host OS 也可以（vCenter Server 目前没有正式支持安装于 Windows7）。

一部低端的四核 PC 再加上 8GB 的内存以及 64 位 Windows 7 操作系统，依照厂商配备及 CPU 的不同，目前价格约在 5 千元左右。

Q：什么是 vSphere in a box？真的只需要一部计算机就够了吗？

由于 CPU 硬件辅助虚拟化和 VMware 原本的全虚拟化技术，我们可以实现在一部个人计算机上搭建 vSphere 平台来进行测试。还记得前面提到 CPU 特权等级的问题吗？Intel VT 和 AMD-V 可以让 Hypervisor VMM 于 Ring -1 的 Root mode，所以我们可以先以 VMware Player（新版已经可以创建 VM）来安装 ESX

Server，这时是采用 CPU 硬件辅助虚拟化，让 ESX 成了虚拟机。而 ESX 安装完成之后，变成了“外层”的虚拟机，别忘了 ESX 本身亦拥有 Hypervisor，可以再创建虚拟机出来。

此时的 ESX Hypervisor 是在哪个特权等级呢？答案是 Ring 0，因为它是一个虚拟机，VMware Player 的 VMM 掌管 Ring -1，Guest OS 则处于 Ring 0，而此时 ESX 被当成了一个 Guest OS。

因为 ESX 变成虚拟机在 Ring 0，所以当他要创建“内层”虚拟机（VM）的时候，应该怎么做呢？聪明的读者应该想到了，没错，就是用 Binary Translation。这种外层 VM 可再生出内层 VM 的方式称为 Nested VM。但是 Nested VM 有个限制，就是内层的 VM 只能安装 32 位操作系统，所以这就是要准备 32 位 Windows Server 2003 安装光盘的原因。

使用这种方式的好处是可以不用顾虑 Hypervisor 与硬件的兼容性问题，因为你的 ESX 成了 VM，任何硬件资源都是底层的虚拟化软件仿真出来的。缺点是只能纯粹用于测试用途，因为层层的虚拟化导致性能不佳，而且既然都已经虚拟化在一部 PC 上了，则没有任何实际的容错机制，无法用于企业实际运作的环境上。

本书要让读者快速体验 VMware vSphere 的架构，但不是每个公司都有符合条件的实体服务器可以安装 ESX，考虑预算以及大家的实际环境，所以采用这种方式最为便利、简单。

图 1-8 是 vSphere in a box 的配置，请先安装 64 位的 Windows 当作 Host OS，因为 32 位 OS 的内存寻址会被限制在 4GB，无法被充分利用。然后安装虚拟化软件，在这里我们安装 VMware Player 3，装好以后，就可以在里面安装 ESX 了。

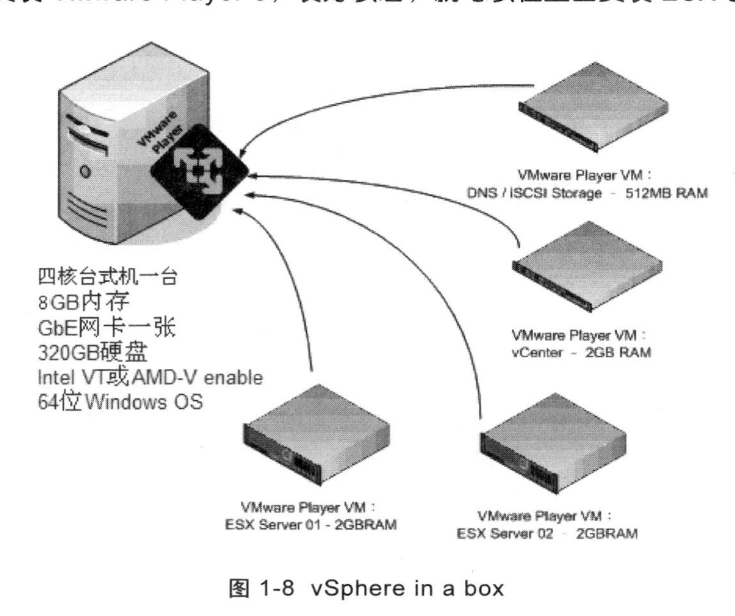

图 1-8 vSphere in a box

Q：可以改用 VMware Workstation 来实现 vSphere in a box 吗？

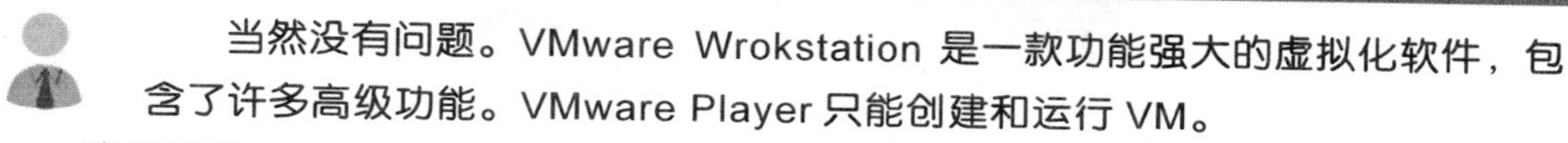

当然没有问题。VMware Wrokstation 是一款功能强大的虚拟化软件，包含了许多高级功能。VMware Player 只能创建和运行 VM。

我们采用 VMware Player 纯粹是因为免费，不会受到试用版时间的限制。

用 Workstation 7 的好处是可以享受到如快照（可恢复虚拟机至任何时间点）、Link Clone（多个相同 guest OS 只占用一份硬盘空间）、Team（将虚拟机组织起来，让每个 VM 开关机顺序自动化）等好用的功能，不过必须付费购买。

有个好消息是，如果你通过了 VMware VCP 的考试认证，VMware 会给你一组正式版 Workstation 的授权码。

Q：那是否能将 Hyper-V 变成外层 VM，用它来产生内层 VM 呢？

不行。Hyper-V 的运行需要 CPU 硬件辅助虚拟化的功能，所以它不能被变成虚拟机来运行。实际上非全虚拟化技术的软件均不能这样做，例如 Virtual Box、KVM 等都不能这样运行。不过微软通过并购而来的 Virtual PC（源自 Connectix）是全虚拟化技术，可以被虚拟化成为外层的 VM。

Q：层层虚拟化是否会造成观念混淆？VM 的性能不会受到影响吗？

请将 VMware Player 产生的虚拟机先全部想象成实体机，要体验基本的 vSphere 功能，至少要有一部 DNS、两部 ESX、一部 vCenter 及一部 iSCSI Storage 或 NFS Server。我们将这些通通集中在一台个人计算机上运行，用四核来运行其实还算顺畅，只是在 ESX 内层的 VM 主要就是拿来体验 VMotion、HA、Resource Management 等功能而已。

在每一章节都会特别说明该章的虚拟化主题，只要将内层与外层分开来看，应该不至于造成混淆。

版本下载与更新问题

本书使用的操作版本（如图 1-9 所示）为：

- vCenter Server 4.0（build number 208156）
- ESX 4.0 update 1（build number 208167）
- VMware Player 3.0.1（build number 227600）

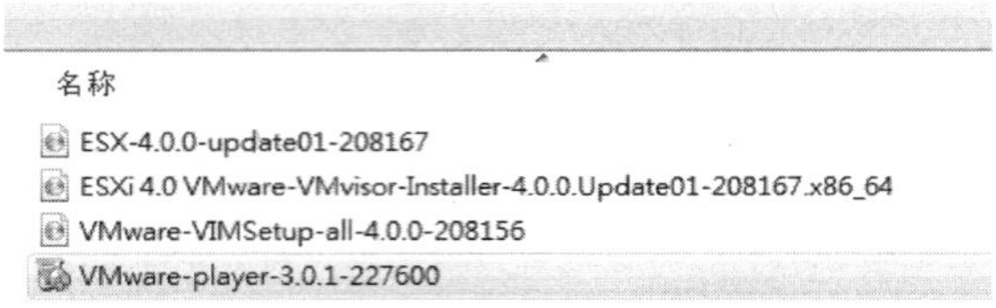

名称
ESX-4.0.0-update01-208167
ESXi 4.0 VMware-VMvisor-Installer-4.0.0.Update01-208167.x86_64
VMware-VIMSetup-all-4.0.0-208156
VMware-player-3.0.1-227600

图 1-9

VMware 当然会随着时间来更新软件版本，如果遇到这种情况，可以有两种选择，第一种是下载最新的版本来安装使用，你可能会发现跟着本书在操作的时候，有些选项或界面可能会稍有不同，因为新旧版本会造成功能与设置界面有些小差异。但是本书主要传达的是观念、架构与体验，这些基本的虚拟化运作概念是不会变的，所以并不会造成影响。

或者采用第二种方式，找寻与书上一模一样的版本来安装，这样可以保证设置与操作界面的一致性。

安装 VMware Player

前面我们提到了要用 vSphere in a box 的方式来实现 vSphere 平台的主要功能。很幸运，新版免费的 VMware Player 3 已经可以创建 Virtual Machine，我们先在 64 位的 Windows 上安装 VMware Player，稍后就可以将 ESX“虚拟化”变成虚拟机，以 VM 的方式来安装。

首先，浏览我们从 Vmware 上下载的四个文件，如图 1-10 所示。

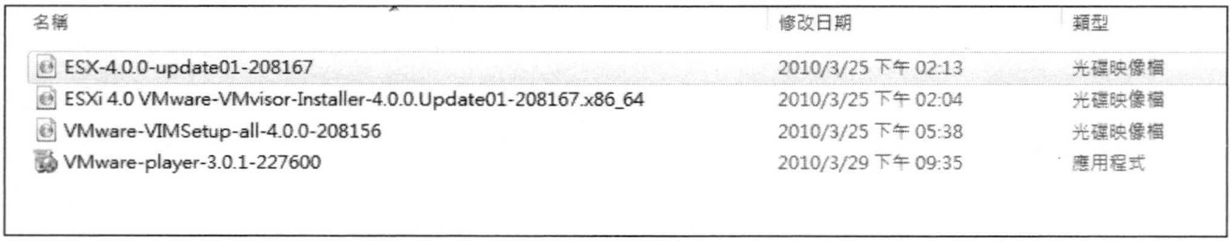

名稱
修改日期
類型
ESX-4.0.0-update01-208167
2010/3/25 下午 02:13
光碟映像檔
ESXi 4.0 VMware-VMvisor-Installer-4.0.0.Update01-208167.x86_64
2010/3/25 下午 02:04
光碟映像檔
VMware-VIMSetup-all-4.0.0-208156
2010/3/25 下午 05:38
光碟映像檔
VMware-player-3.0.1-227600
2010/3/29 下午 09:35
應用程式

图 1-10

1. 先在你的四核计算机上面安装 VMware Player 3.0.1，如图 1-11 所示。

名稱
ESX-4.0.0-update01-208167
ESXi 4.0 VMware-VMvisor-Installer-4.0.0.Update01-208167.x86_64
VMware-VIMSetup-all-4.0.0-208156
VMware-player-3.0.1-227600

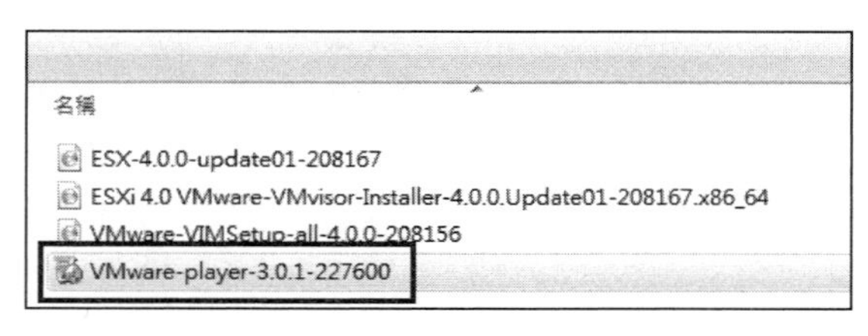

图 1-11

2. 双击运行程序，出现开始的安装界面，单击 **Next** 按钮，如图 1-12 所示。

3. 选择要安装的目标文件夹，保持默认即可，单击 **Next** 按钮，如图 1-13 所示。

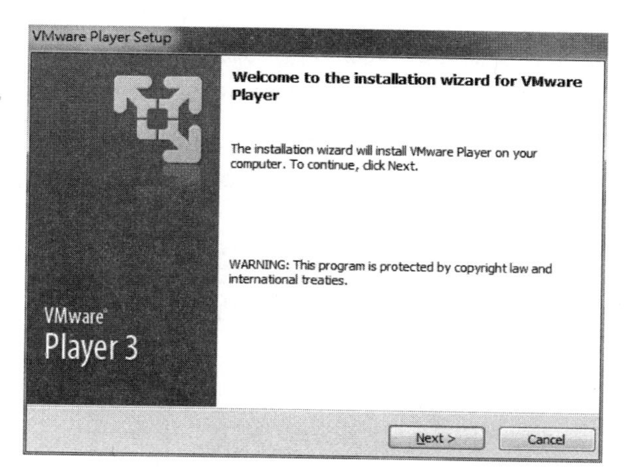

图 1-12

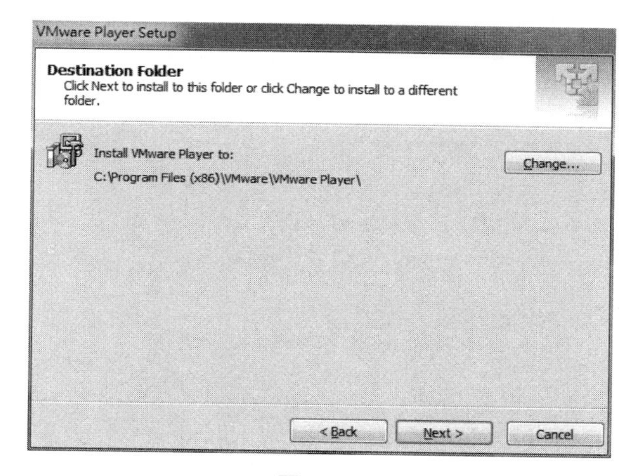

图 1-13

4. 采用默认值，单击 **Next** 按钮，如图 1-14 所示。

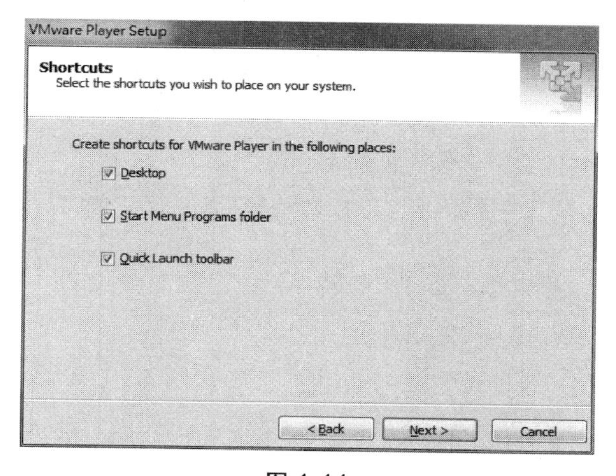

图 1-14

5. 直接单击 **Continue** 按钮，如图 1-15 所示。

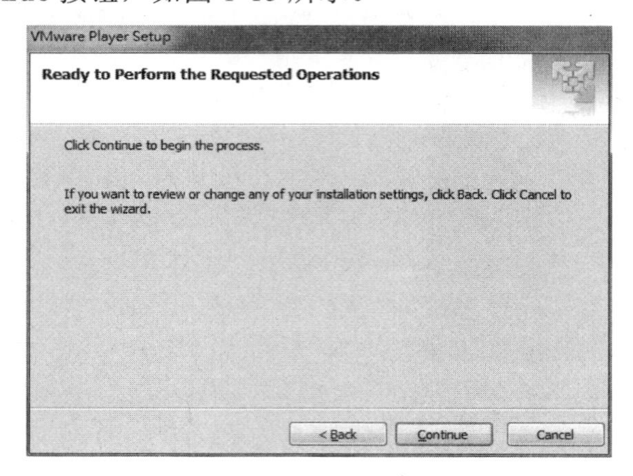

图 1-15

6. 开始安装，如图 1-16 所示。

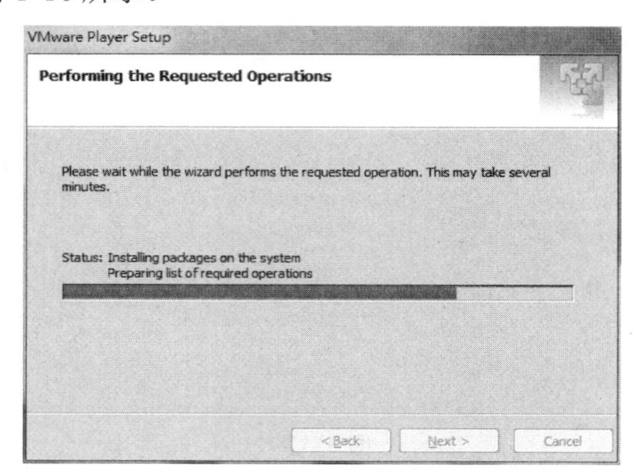

图 1-16

7. 安装完毕，必须重新开机，单击 **Restart Now** 按钮，如图 1-17 所示。

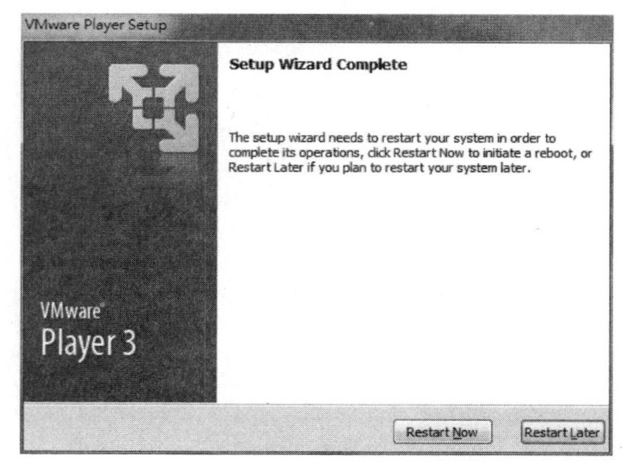

图 1-17

8．进入 Windows，桌面上可以看到 **VMware Player** 的图标，如图 1-18 所示。

图 1-18

设置 DNS Server

装好 VMware Player 后，首先要创建一个 Windows Server 2003 的 VM，然后要将这个虚拟机用来架设 DNS 和 iSCSI Target。在 vSphere 的架构里，必须要有 DNS Server 来提供名称解析的功能，某些功能才会有作用，例如 VMware HA。

所以，我们先创建一个虚拟机，创建及安装过程相信大家都很熟悉，如果第一次安装虚拟机，则采用 Easy Install 模式，非常容易快速。这个过程在此不多加说明，只需在资源分配时注意下列几个虚拟硬件的设置即可：

DNS/iSCSI VM：

- CPU：在此给出一块或两块虚拟的 CPU。
- Memory：512MB。
- NIC：1 个，设置成 Bridged mode。
- Hard Disk：虚拟磁盘的大小设为 40GB。

假如不清楚为什么要先有这个 VM，请参考图 1-8，在这里我们用这个虚拟机来提供 ESX 的 DNS 和 iSCSI Storage 的服务。

下面是设置 DNS 的步骤。

1．运行 VMware Player，并打开刚刚创建的虚拟机（VM），如图 1-19 所示。

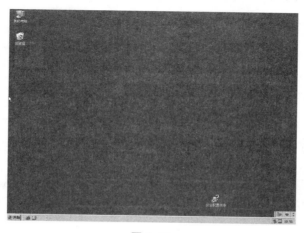

图 1-19

2. 单击“开始”→“所有程序”→“管理工具”→“管理您的服务器”命令，如图 1-20 所示。

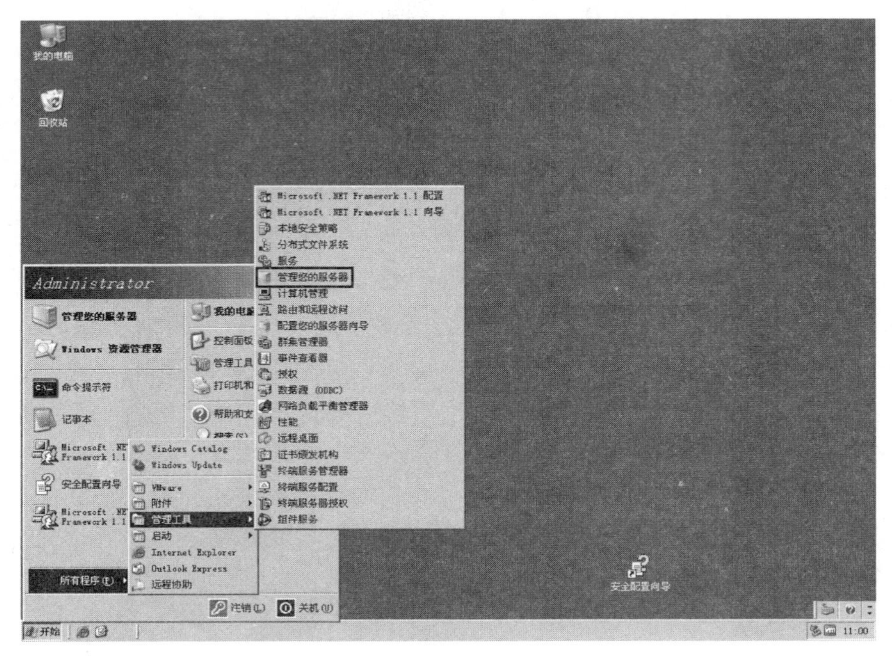

图 1-20

3. 设置向导界面，单击“添加或删除角色”，如图 1-21 所示。

图 1-21

4．预备步骤，单击“下一步”按钮，如图 1-22 所示。

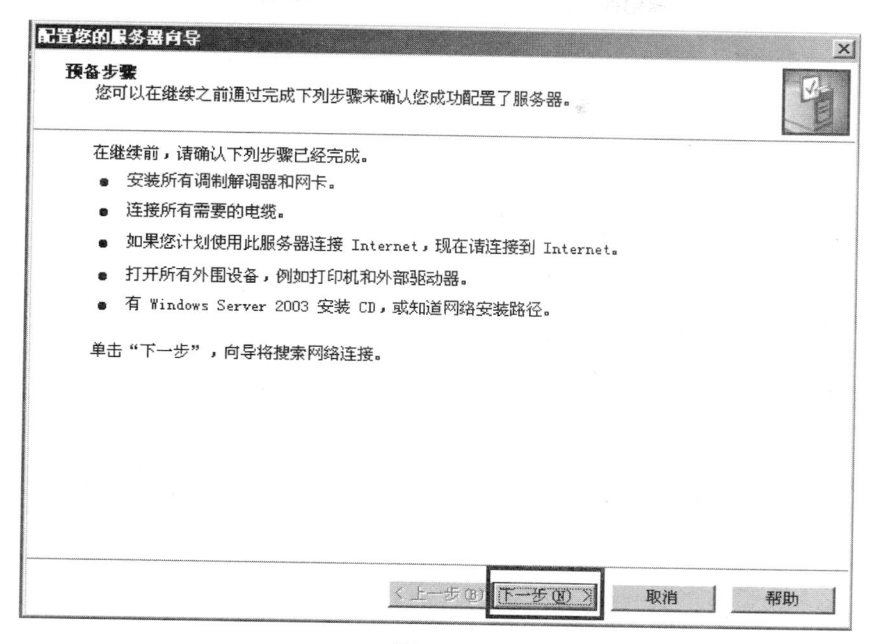

图 1-22

5．网络设置的检测，要稍微等待一下，如图 1-23 所示。

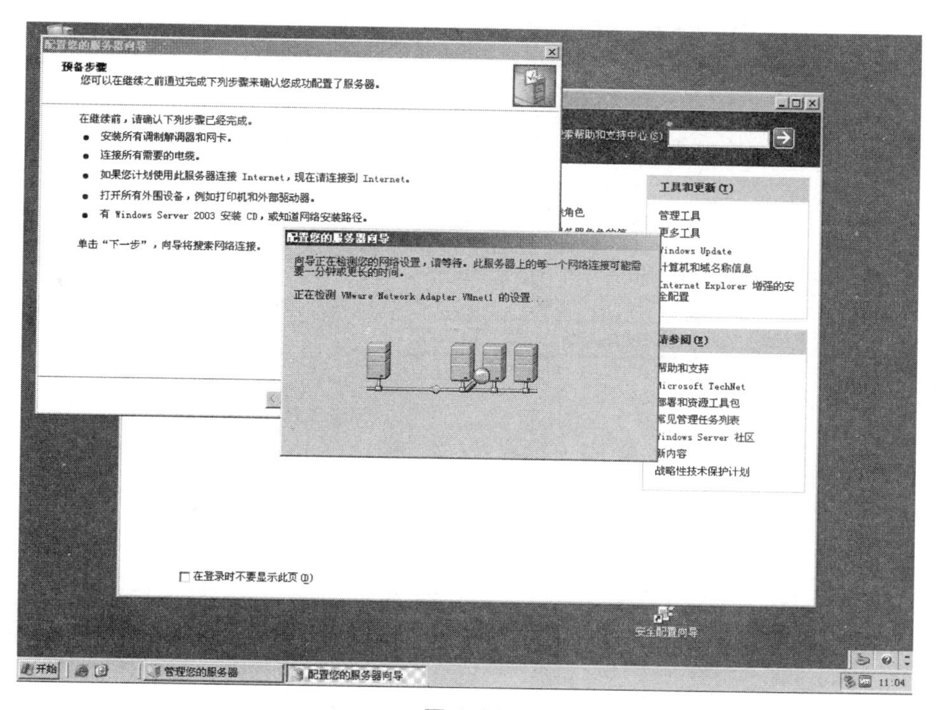

图 1-23

6．选择"自定义配置"，单击"下一步"按钮，如图 1-24 所示。

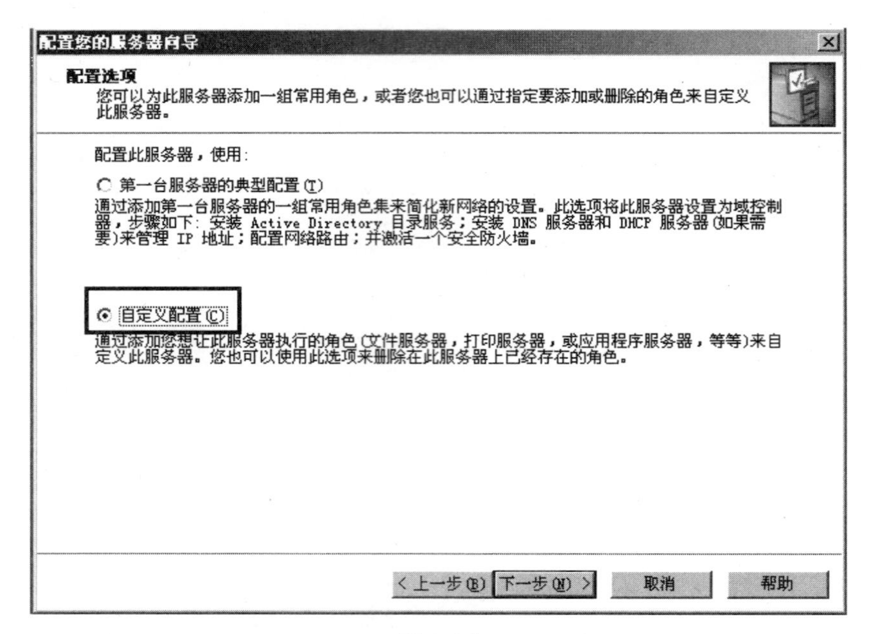

图 1-24

7．服务器的角色，选择"**DNS** 服务器"，然后单击"下一步"按钮，如图 1-25 所示。

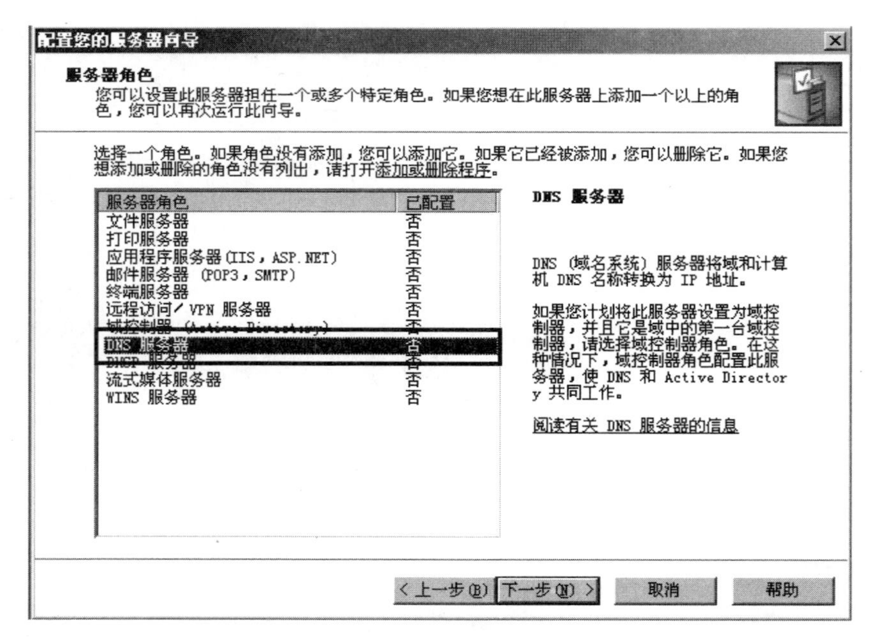

图 1-25

8．直接单击"下一步"按钮，如图 1-26 所示。

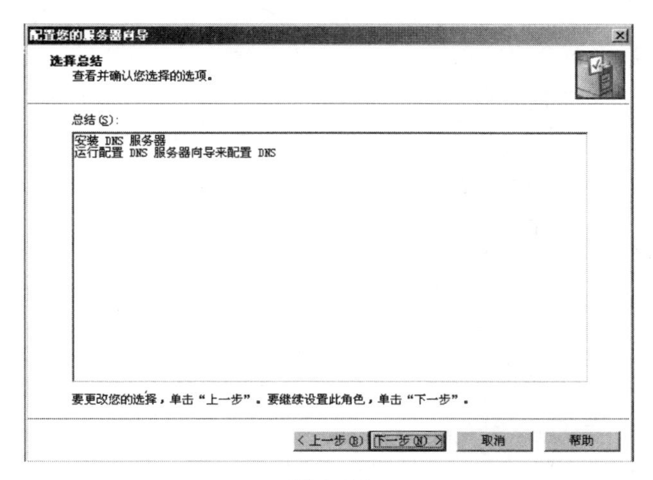

图 1-26

9. 出现提示插入光盘的信息，请放入 Windows Server 2003 光盘供虚拟机读取，如图 1-27 所示。

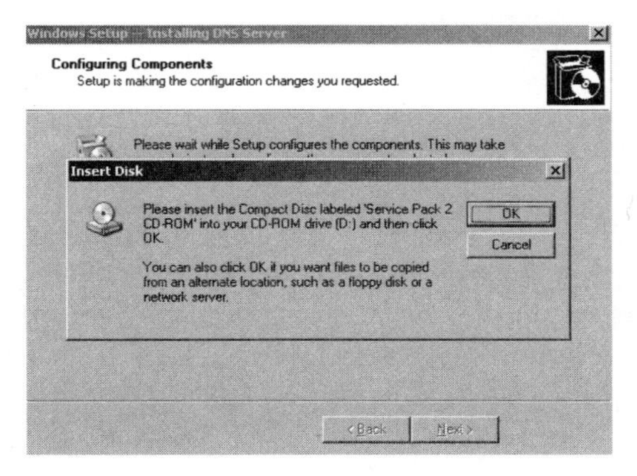

图 1-27

10. 正在通过光盘复制文件，如图 1-28 所示。

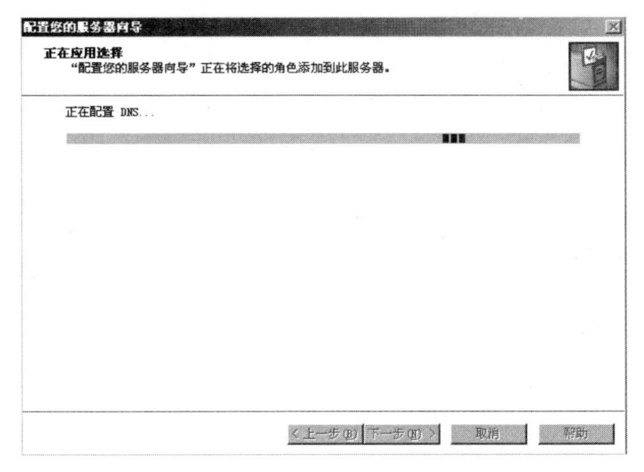

图 1-28

11. 出现了 DNS 服务器向导，单击“下一步”按钮进行设置，如图 1-29 所示。

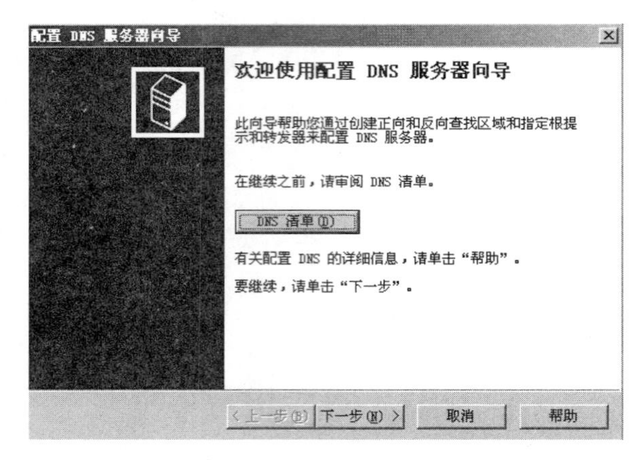

图 1-29

12. 选择“创建正向和反向查找区域”，然后单击“下一步”按钮，如图 1-30 所示。

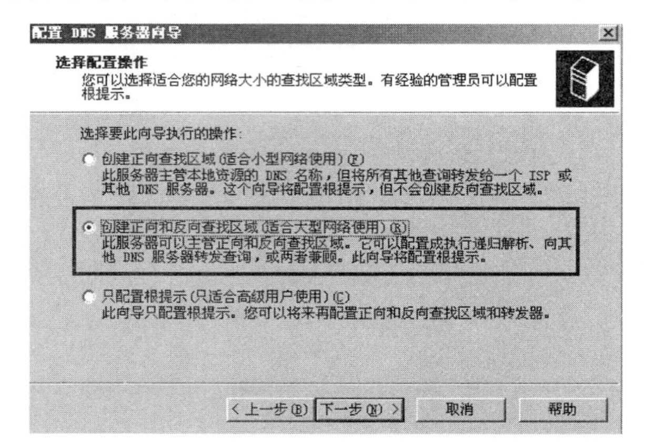

图 1-30

13. 选择“是，创建正向查找区域”，单击“下一步”按钮，如图 1-31 所示。

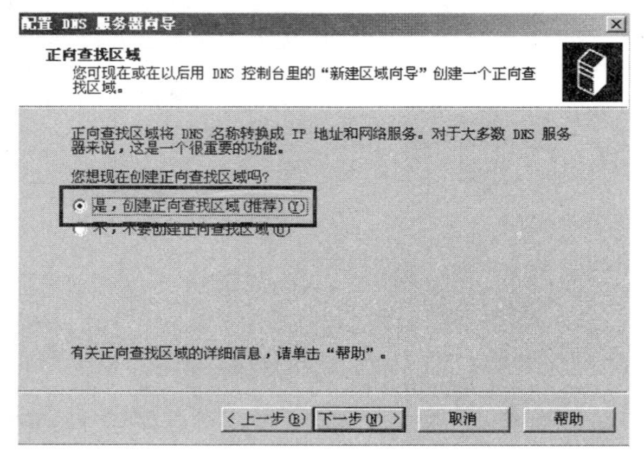

图 1-31

14. 要创建的区域类型，选择“主要区域”，然后单击“下一步”按钮，如图 1-32 所示。

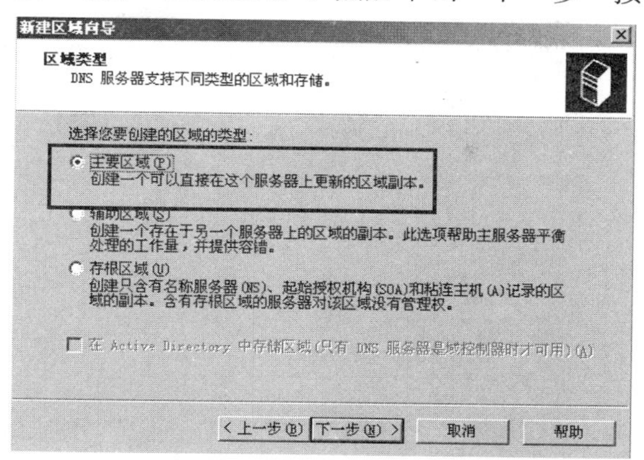

图 1-32

15. 区域名称可输入你喜欢的域名，在这里范例是 **vi.com**，单击“下一步”按钮，如图 1-33 所示。

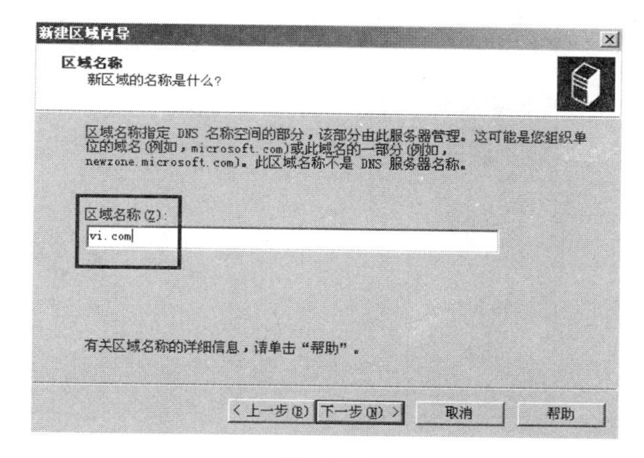

图 1-33

16. 保持默认值即可，单击“下一步”按钮，如图 1-34 所示。

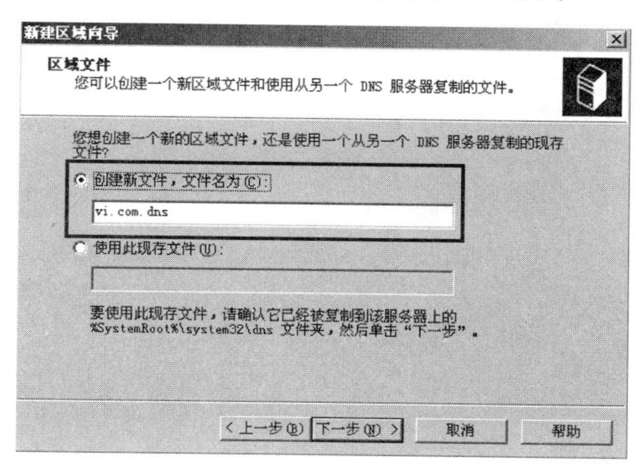

图 1-34

17．选择“不允许动态更新”，单击“下一步”按钮，如图 1-35 所示。

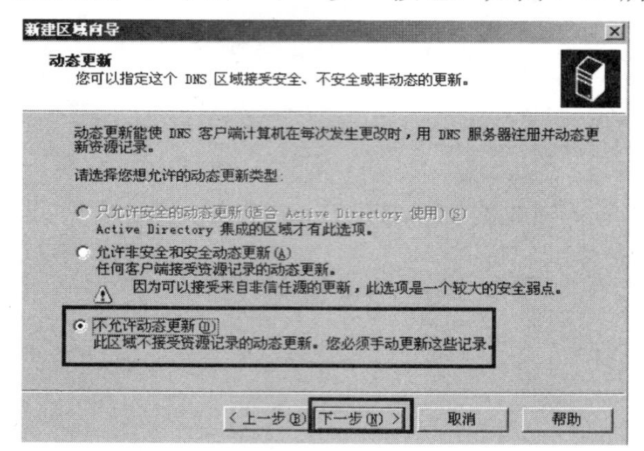

图 1-35

18．选择“是，现在创建反向查找区域”，单击“下一步”按钮，如图 1-36 所示。

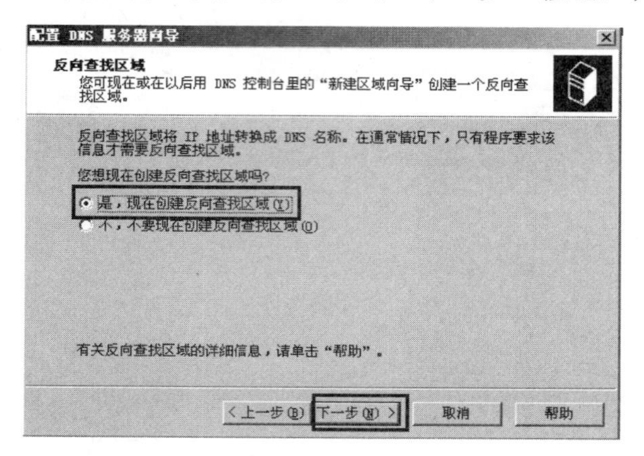

图 1-36

19．选择创建“主要区域”，单击“下一步”按钮，如图 1-37 所示。

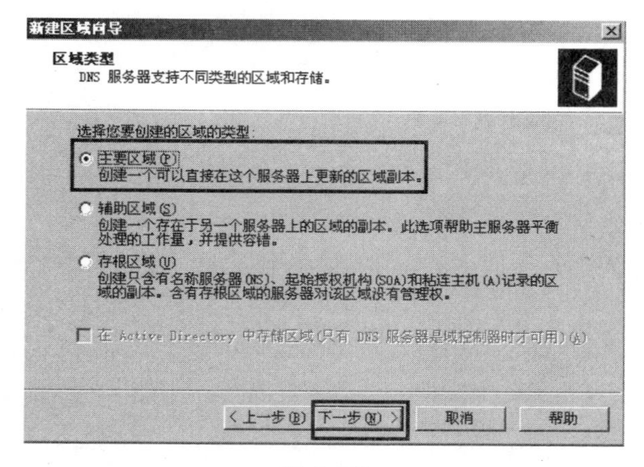

图 1-37

20. 反向查找区域名称，选择网络识别码，输入的范例是 192.168.1 的网段。读者可以自行决定 vSphere lab 的网段，单击"下一步"按钮，如图 1-38 所示。

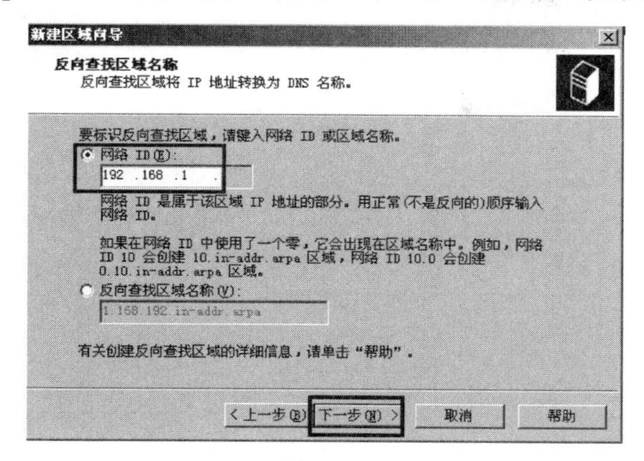

图 1-38

21. 单击"创建新文件，文件名为"，然后单击"下一步"按钮，如图 1-39 所示。

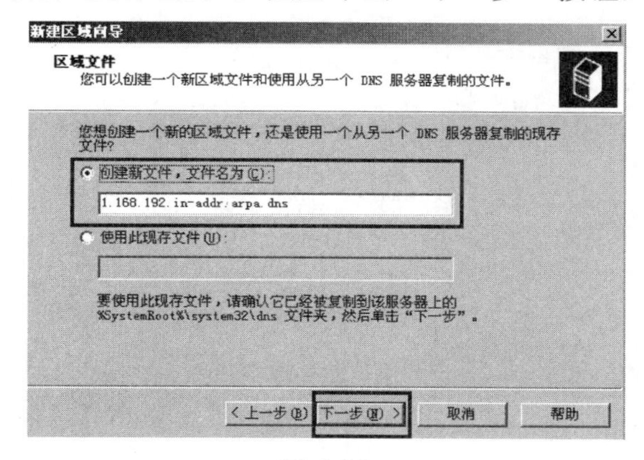

图 1-39

22. 反向区域还要再选一次，仍然是"不允许动态更新"，单击"下一步"按钮，如图 1-40 所示。

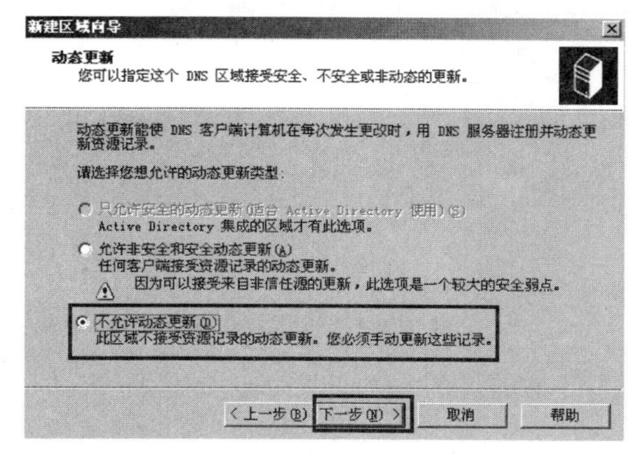

图 1-40

23. 单击“否，不向前转发查询”，单击“下一步”按钮，如图 1-41 所示。

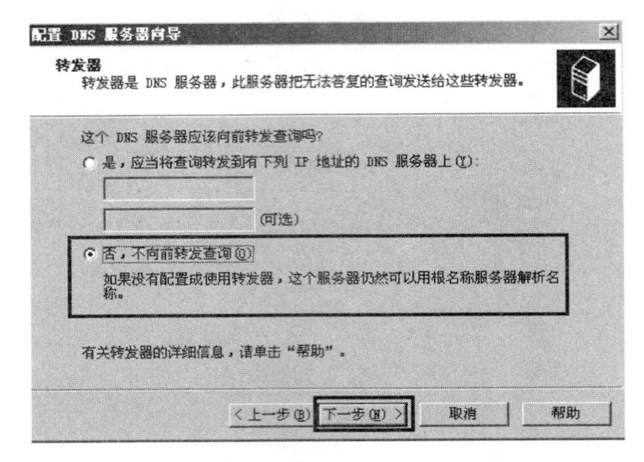

图 1-41

24. 设置好了 DNS 服务器，单击“完成”按钮，如图 1-42 所示。

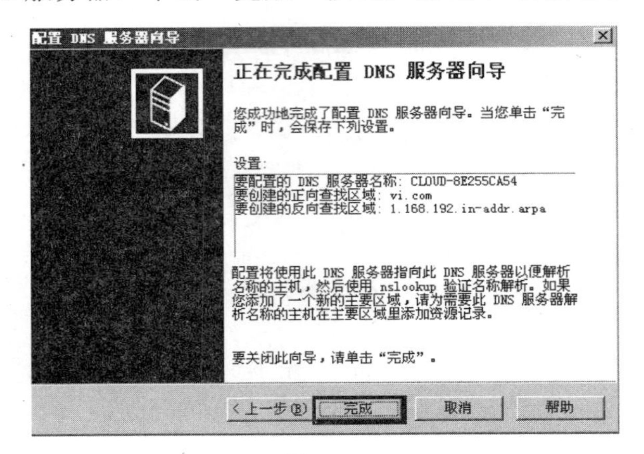

图 1-42

25. 目前这个虚拟机已经成为 DNS 的角色了，单击“完成”按钮，如图 1-43 所示。

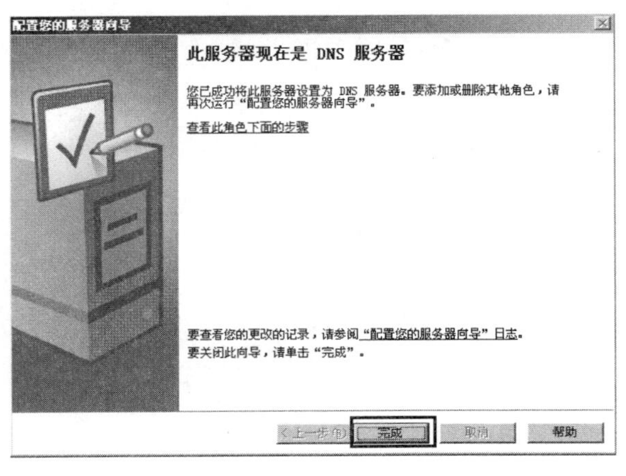

图 1-43

26. 接下来要改变虚拟机的计算机名称与工作组，请右击桌面上的“我的电脑”图标，选择“属性”，再选择“计算机名”标签，单击“更改”按钮，如图 1-44 所示。

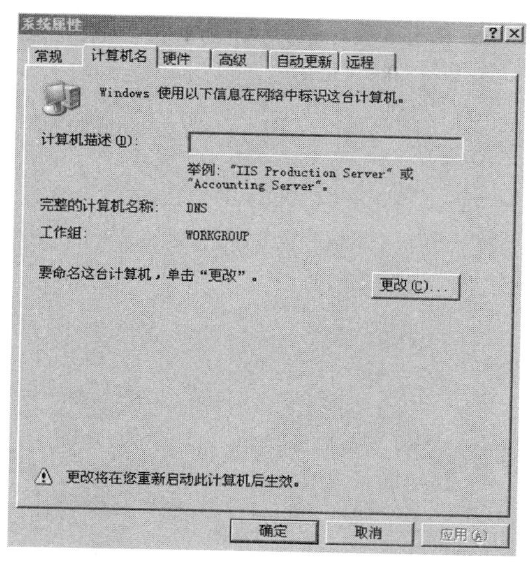

图 1-44

27. 更改计算机名称与工作组。
范例计算机名称：DNS
工作组：vi.com
接着单击“其他”按钮，如图 1-45 所示。

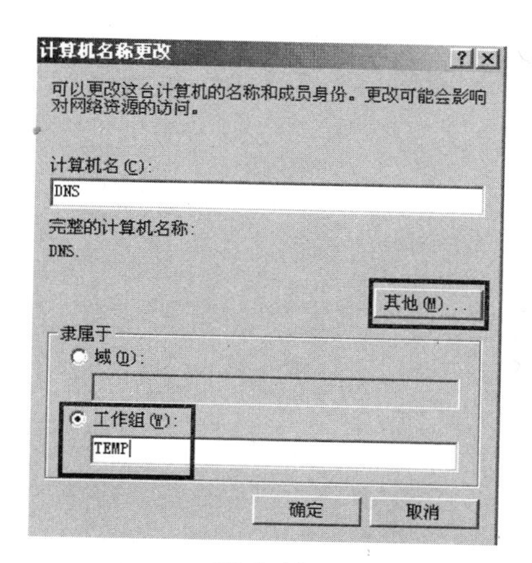

图 1-45

28. 在 DNS 后缀和 NetBIOS 计算机名称的对话框中输入 DNS 后缀，单击“确定”按钮，如图 1-46 所示。
范例：vi.com

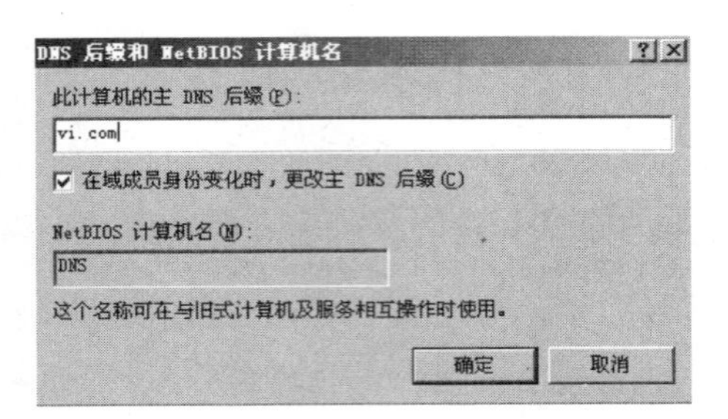

图 1-46

29. 回到上一个界面看看信息是否设置正确。注意完整计算机名称应会出现后缀，单击“确定”按钮，如图 1-47 所示。

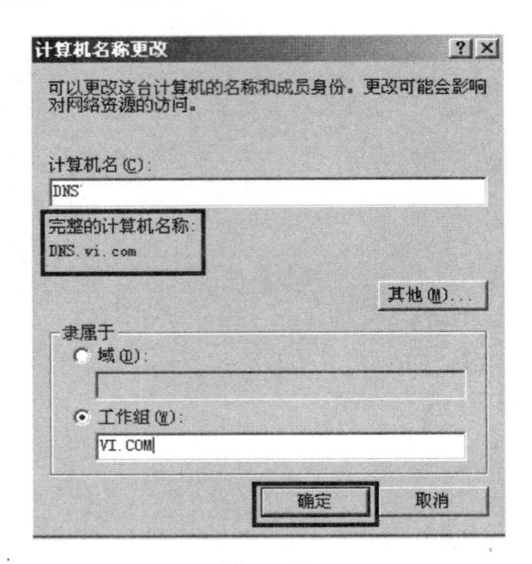

图 1-47

30. 出现“计算机名更改”对话框，欢迎加入工作组，单击“确定”按钮，如图 1-48 所示。

图 1-48

31. 虚拟机要重新启动让设置更改生效，单击“确定”按钮，如图 1-49 所示。

图 1-49

32. 重新进入系统后，单击“开始”→“所有程序”→“管理工具”→**DNS** 命令，如图 1-50 所示。

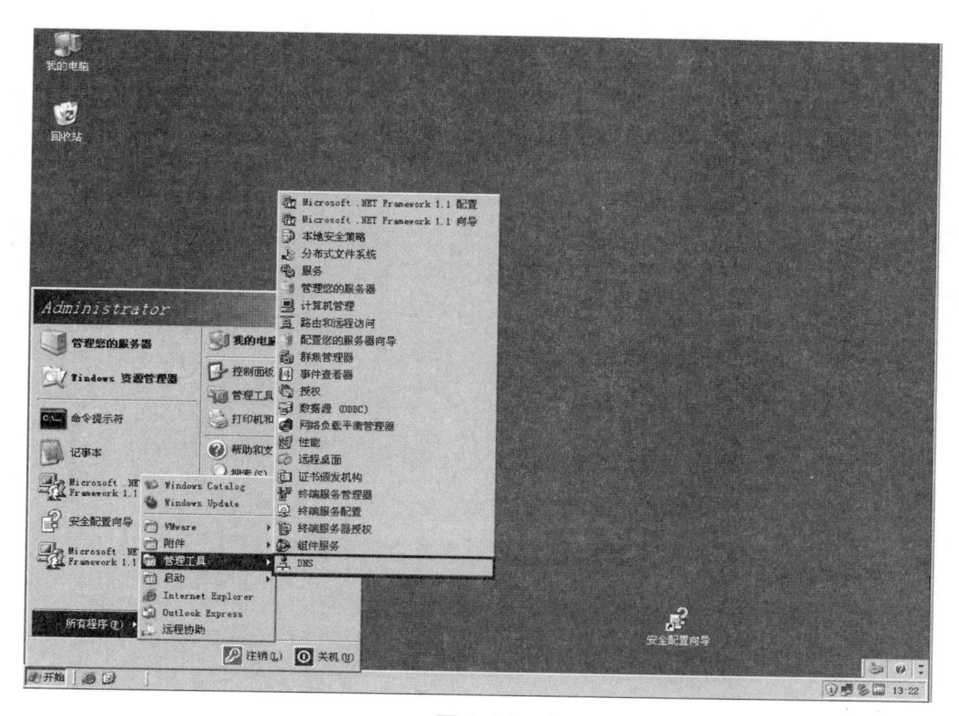

图 1-50

33. 展开左边的正向查找区域，单击 vi.com，接着右击并选择“新建主机”，如图 1-51 所示。

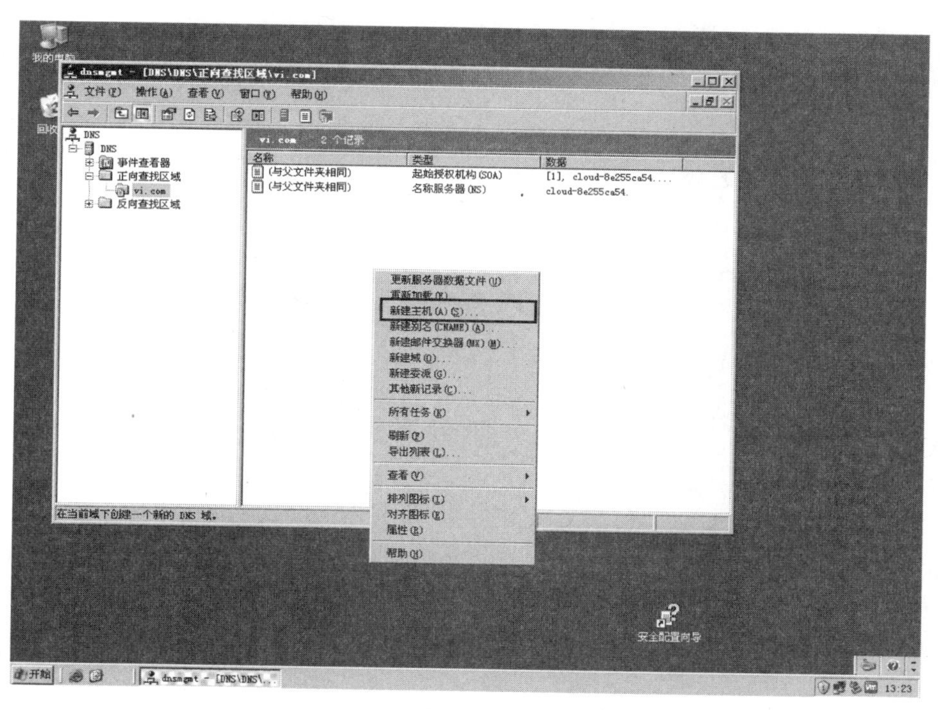

图 1-51

34. 我们要新增几笔记录，第一笔是 DNS Server，请输入主机名称，会自动出现完整的 FQDN，接着输入 IP，范例是 **192.168.1.1**，然后勾选“创建相关的指针（**PTR**）记录”复选框，如图 1-52 所示。

35. 主机记录创建成功，单击“确定”按钮，如图 1-53 所示。

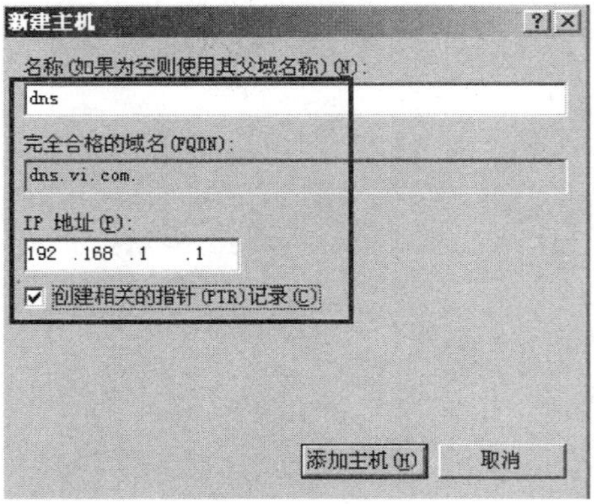

图 1-52

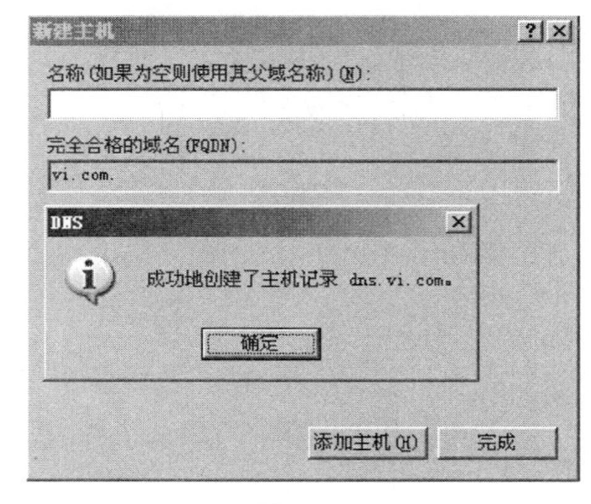

图 1-53

36. 接着，我们要新增 ESX01、ESX02、vCenter、Host OS 等主机名称与 IP 对应，如图 1-54 至图 1-56 所示。

主机名称与 IP 范例：

```
第一部 ESX Server：esx01   IP：192.168.1.101
第二部 ESX Server：esx02   IP：192.168.1.102
vCenter：vc                IP：192.168.1.251
Host OS：johnny7           IP：192.168.1.88
```

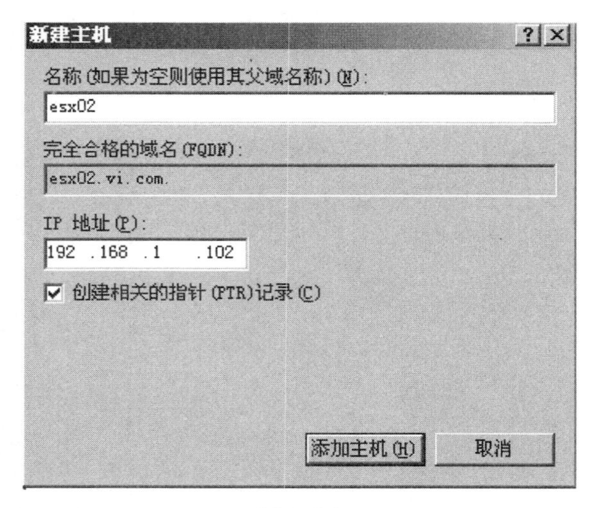

图 1-54

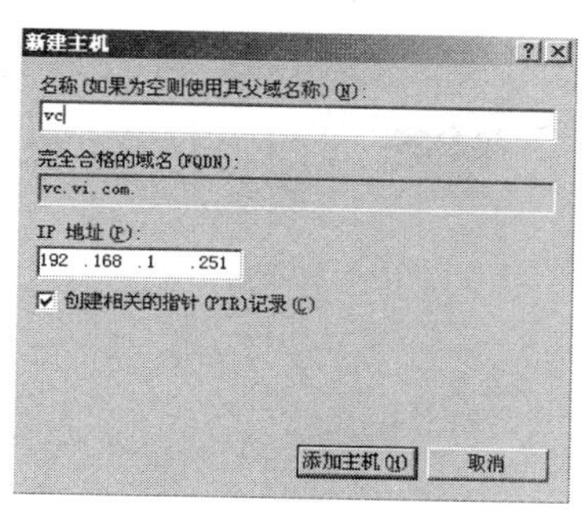

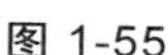
图 1-55

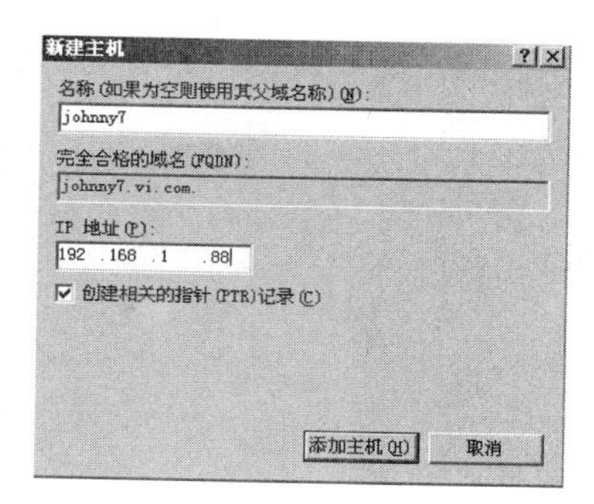

图 1-56

37. 完成输入后，看到以下这些记录，检查一下是否有漏掉或错误的部分，如图 1-57 所示。

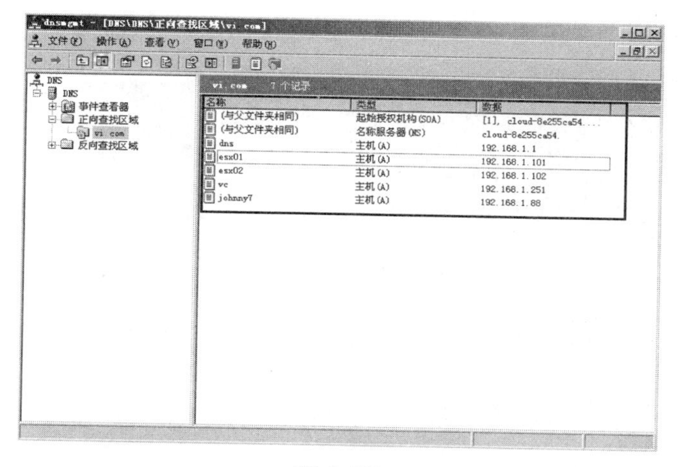

图 1-57

38. 接下来检查反向查找区域，单击 192.168.1.x Subnet，看看 PTR 对应主机名称与 IP 是否正确无误，如图 1-58 所示。

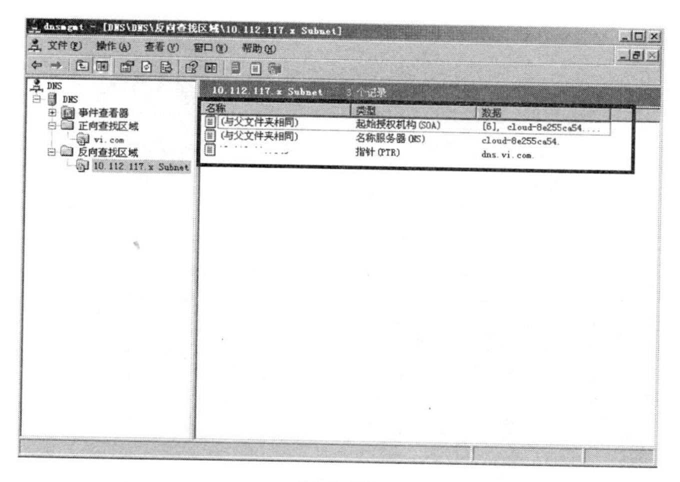

图 1-58

39. 关闭 DNS 窗口后，接着单击“开始”→“执行”命令，输入 **cmd**，如图 1-59 所示。

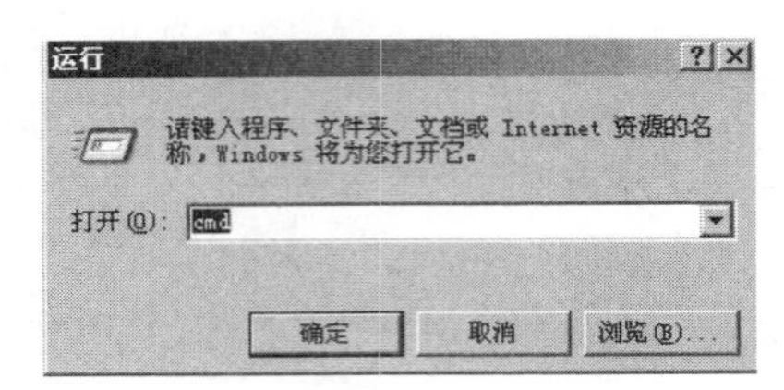

图 1-59

40. 在文字模式下输入 **nslookup**，按 **Enter 键**。

此时若 DNS 服务正常，会出现 Default Server 和 IP Address，例如（如图 1-60 所示）：

Default Server：dns.vi.com

Address：192.168.1.1

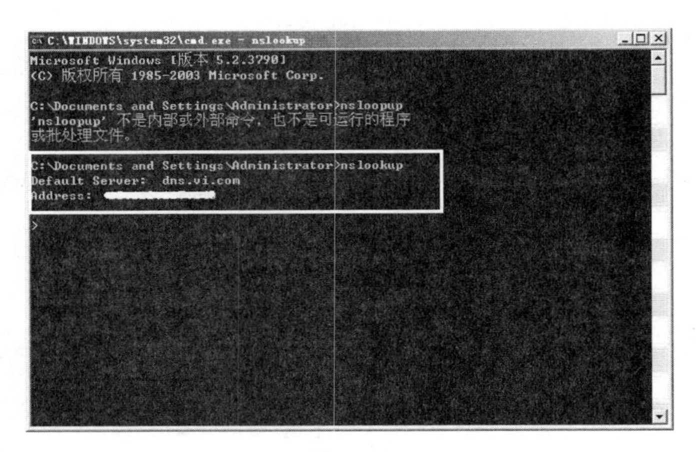

图 1-60

41. 在提示符后按照顺序输入 **esx01** 和 **192.168.1.102**，看看是否都显示了正常的信息对应，如果 OK，输入 **exit** 退出界面，如图 1-61 所示。

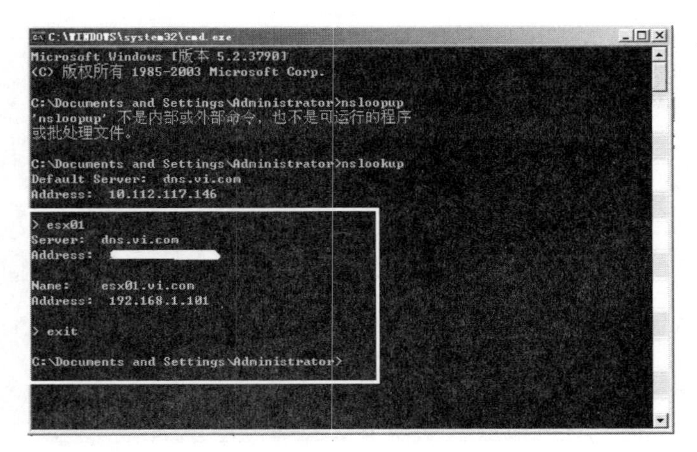

图 1-61

42. 完成后先将 DNS 虚拟机关机，因为稍后要更改 Host OS 的计算机名和工作组，需要重新开机，而 DNS 是 Guest OS，也必须要跟着重新启动。

设置好 DNS 后，接下来要更改 Host OS 的计算机名称、工作组，以便到时候安装 vSphere client 时可以用输入完整 host name 登录 ESX 或 vCenter。以笔者的台式机为例，安装的操作系统是 64 位 Windows 7。

1. 先到 System Properties 对话框里去更改计算机名和工作组，单击 Change 按钮，如图 1-62 所示。

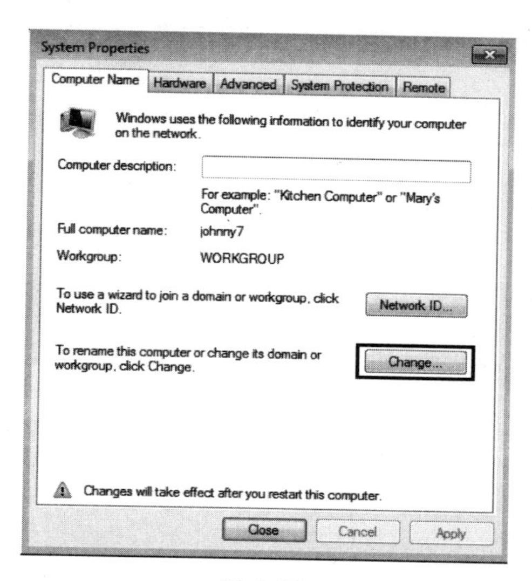

图 1-62

2. 输入计算机名及隶属的工作组，范例是 **vi.com**，然后再单击 More 按钮，如图 1-63 所示。

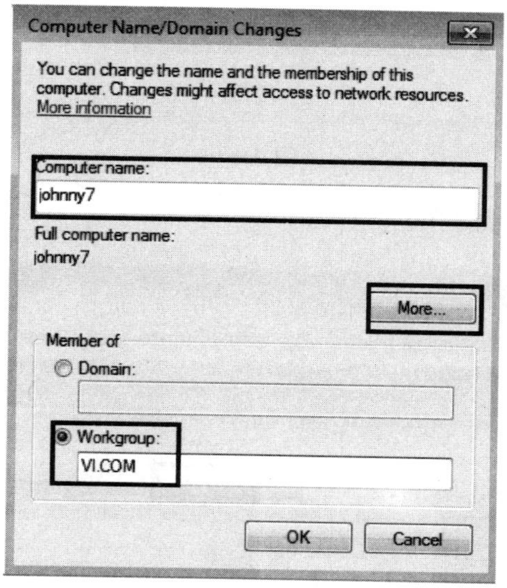

图 1-63

3．输入主要的 DNS 后缀，范例是 **vi.com**，单击 OK 按钮，如图 1-64 所示。

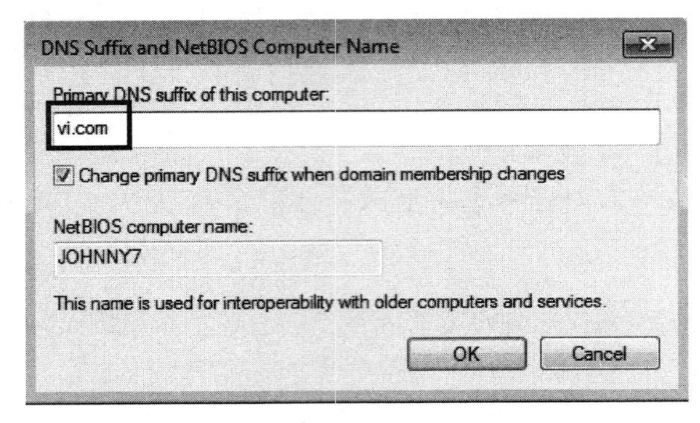

图 1-64

4．回到上一个界面，可以看到计算机名和工作组的信息了，如图 1-65 所示。

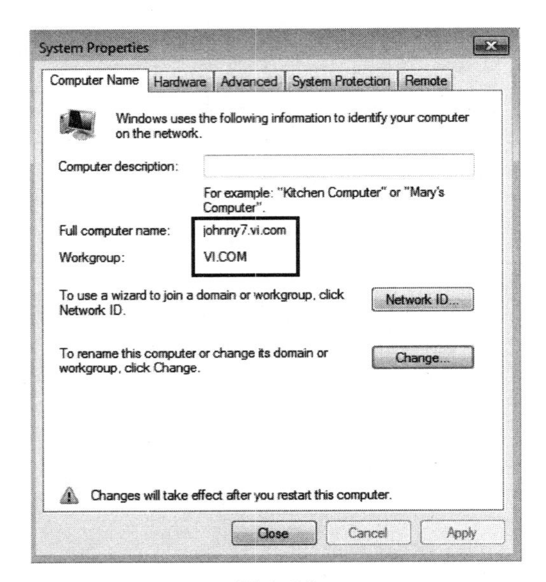

图 1-65

5．重新启动计算机，如图 1-66 所示。

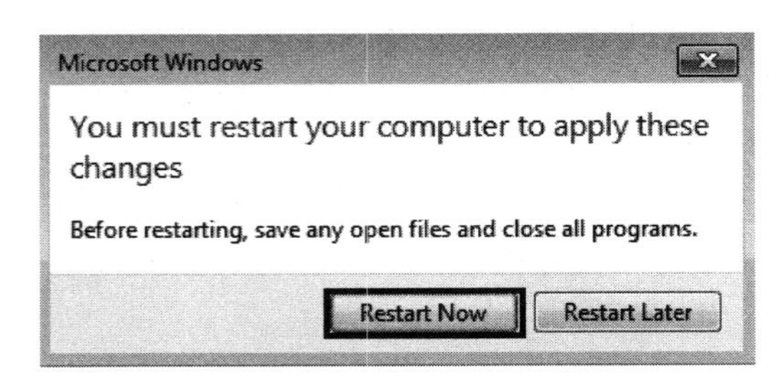

图 1-66

6．重开机后，确认已经出现了完整的计算机名，如图 1-67 所示。

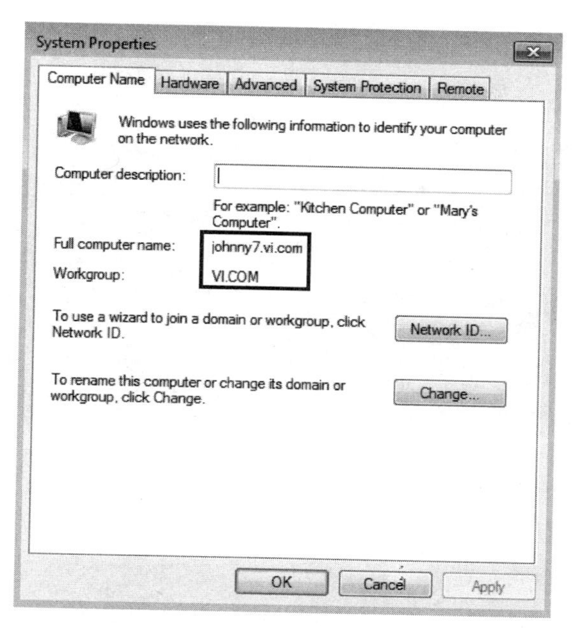

图 1-67

7. 接着请到局域网中联机设置指定 IP 和 DNS。主机范例（如图 1-68 所示）为：

IP：192.168.1.88

子网掩码：255.255.255.0

DNS 服务器：192.168.1.1

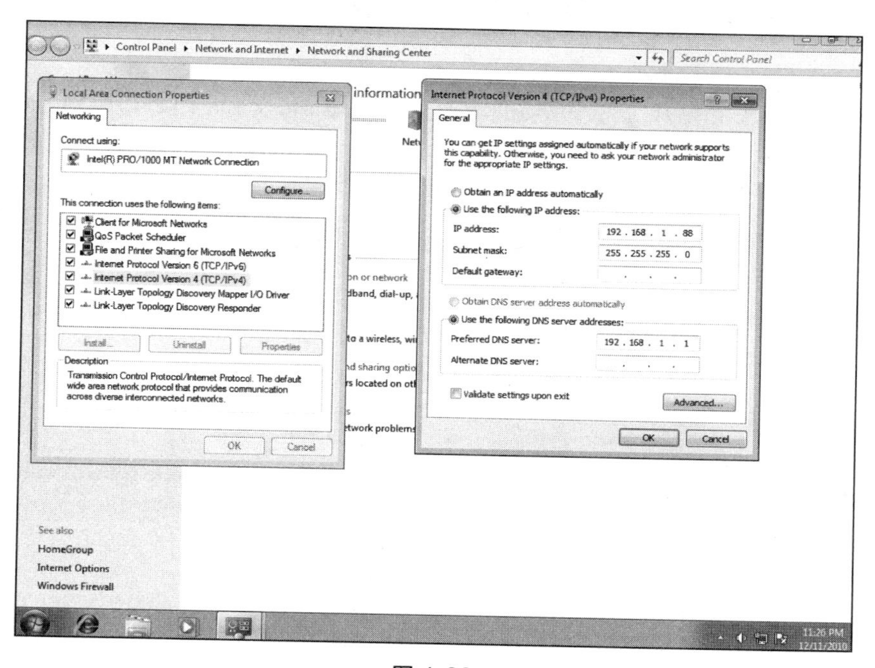

图 1-68

8. 设置好 Host OS 的 IP 和 DNS 后，在文字模式下输入 ping <**dns server name**>，如

果有响应的话，代表你的 DNS 服务起作用了（记得先打开 DNS VM），如图 1-69 所示。

```
C:\Documents and Settings\Administrator>ping dns

Pinging DNS.vi.com [192.168.1.1] with 32 bytes of data:

Reply from 192.168.1.1: bytes=32 time<1ms TTL=128
Reply from 192.168.1.1: bytes=32 time<1ms TTL=128
Reply from 192.168.1.1: bytes=32 time<1ms TTL=128
Reply from 192.168.1.1: bytes=32 time<1ms TTL=128

Ping statistics for 192.168.1.1:
    Packets: Sent = 4, Received = 4, Lost = 0 (0% loss),
Approximate round trip times in milli-seconds:
    Minimum = 0ms, Maximum = 0ms, Average = 0ms

C:\Documents and Settings\Administrator>
```

图 1-69

9．我们可以在 DNS VM 中去 ping 你的 Host OS，看看是否响应正常，如图 1-70 所示。

```
C:\Documents and Settings\Administrator>ping johnny7

Pinging johnny7.vi.com [192.168.1.88] with 32 bytes of data:

Reply from 192.168.1.88: bytes=32 time<1ms TTL=128
Reply from 192.168.1.88: bytes=32 time<1ms TTL=128
Reply from 192.168.1.88: bytes=32 time<1ms TTL=128
Reply from 192.168.1.88: bytes=32 time<1ms TTL=128

Ping statistics for 192.168.1.88:
    Packets: Sent = 4, Received = 4, Lost = 0 (0% loss),
Approximate round trip times in milli-seconds:
    Minimum = 0ms, Maximum = 0ms, Average = 0ms

C:\Documents and Settings\Administrator>
```

图 1-70

现在，我们已经完成了前期准备的部分，后面章节就开始正式创建 VMware vSphere，从架构、管理、应用等层面，让大家实际体验到虚拟化的好处。本书的第 2 章介绍的是 ESX，也是各位读者将要产生的第一朵必要的云。依照每个章节实践，你就会慢慢感受到，身边彷佛开出了一朵朵小云，环绕在你的个人计算机所虚拟出的数据中心周围，就好像整个漂浮了起来，非常灵活多变。

欢迎走入虚拟化的世界。

CHAPTER 2

创造你的第一朵云 - ESX/ESXi

2-1 了解 ESX/ESXi

什么是 ESX/ESXi？

ESX 是 VMware 的企业级虚拟化产品，可以视为虚拟化的平台基础，部署于实体服务器上。不同于 VMware Workstation、VMware Server，ESX 采用的是 Bare-metal（裸金属或裸机）的一种安装方式，直接将 Hypervisor 安装于实体机器上，并不需要先安装 OS。

所谓的 Hypervisor，就是掌控硬件资源的微内核（Micro Kernel），又分成 Type 1 和 Type 2。

- Type 1：Bare-metal，直接在实机上部署 Hypervisor，也称为 Native VM。相关产品：VMware ESX、Citrix XenServer、Microsoft Hyper-V。
- Type 2：以应用程序的方式呈现虚拟化，必须安装在 OS 上，也称为 Hosted VM。相关产品：VMware Workstation、VMware Server、Microsoft Virtual Server。

我们先来看一下两者的区别。

图 2-1 少了 host OS，代表是 Bare-metal 的 Hypervisor 直接控制硬件资源，而图 2-2 的方式必须先安装一个 Windows 或 Linux OS，然后在上面安装 VMware Workstation、VMware Server 等 Type 2 的虚拟化软件。

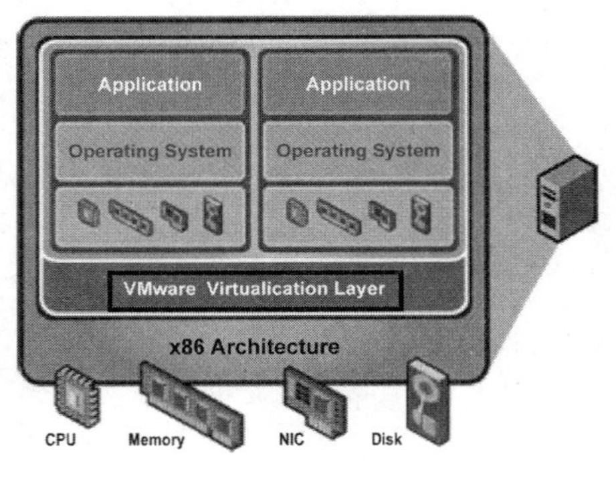

图 2-1

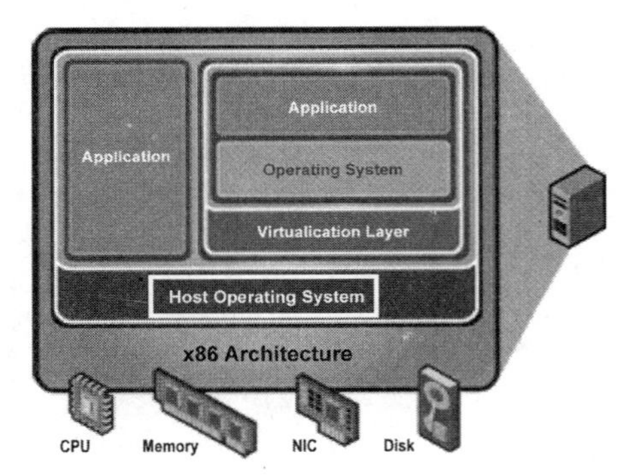

图 2-2

前面提到过，许多人误解 Hosted 和 Bare-metal 指的就是全虚拟化与半虚拟化，其实不是的。不过确实 Type 2（Hosted VM）的虚拟化需要先有 OS，在性能、安全性、可用性与高级功能上均无法与 Type 1（Bare-metal）相比，所以在企业级数据中心的应用上，当然是以 Bare-metal Hypervisor 为首选，而 VMware 的企业级产品就是 ESX Server。

ESX 自从 2001 年推出后，现在已经发展到了第四代，ESX4 的内核也正式升级为 64bit 版本，只能适用于 64 位的 x86 CPU。如果想要在 32 位的 CPU 上安装 ESX，则必须使用 ESX3.5 版本。

也就是说，早期的 P III、P4 CPU 是可以安装 ESX 的，只要你使用 ESX 前一个版本（ESX3 或 3.5），加上硬件外围兼容性的配合（例如硬盘控制器或网卡），即可架设企业级虚拟化环境。别忘了 VMware 用的是 Binary Translation 技术，不需要 CPU 硬件辅助虚拟化即可使用，即使是到了 ESX4，只要你的 CPU 是 64 位的（EM64T 或 AMD64）即可，并不是一定要有 Intel VT 或 AMD-V。这一点与 Hyper-V R2 不同，微软的 Hyper-V 需要有 Intel VT 或 AMD-V 技术的 CPU 才可以安装。

当然，若启用 Intel VT 或 AMD-V 的话，ESX 就不需要运行 Binary Translation，整体性能会得到提升。

注：最新发布的 vSphere 4.1 是最后一个含有 Service Console 的 vSphere 版本，未来将不会再有包含 Service Console 的版本（ESX）出现。

Q：ESX 的内核其实是 Linux？

这种说法似是而非，主要是因为安装 ESX 的时候是用 Linux initrd 来引导开机程序，而安装好之后本机的 Console 界面也跟 Linux 一样，所以造成很多人以为 ESX 的 Hypervisor 是用 Linux 去定制出来的。

其实安装好 ESX 之后，会产生第一个虚拟机来作为管理 ESX 环境之用，我们将它称为 Service Console 或 Console OS（COS）。这一个特别的虚拟机，用于管理软硬件环境，是与 Hypervisor 之间的一道沟通桥梁，我们可以在 Service Console 里面输入命令，或是使用后面会提到的 vSphere client 远程连接，提供图形界面的操作方式。

Service Console 长得跟 Linux 相似，因为它本身是 VMware 以 RedHat Enterprise Linux 所定制出来的第一部虚拟机。ESX 真正的 Hypervisor 名称为 VMkernel，目前为止还是一个封闭的微内核。

切勿将 COS 与 Hypervisor 混为一谈。永远要将 VMkernel 与 Service Console 分开来看，这样在进行配置时才不会造成概念混淆而产生错误，如图 2-3 所示。

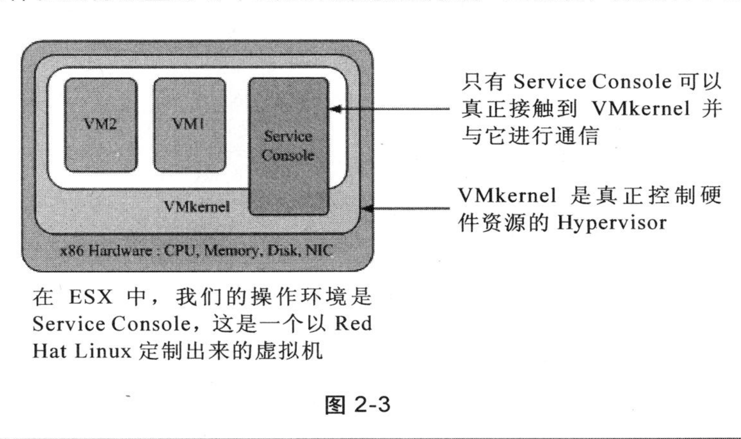
VM2
VM1
Service Console
VMkernel
x86 Hardware : CPU, Memory, Disk, NIC
只有 Service Console 可以真正接触到 VMkernel 并与它进行通信
VMkernel 是真正控制硬件资源的 Hypervisor
在 ESX 中，我们的操作环境是 Service Console，这是一个以 Red Hat Linux 定制出来的虚拟机

图 2-3

ESX 与 ESXi

在 2008 年的时候，VMware 为了迎接微软 Hyper-V 的挑战，推出 ESXi 免费版本，客户可以下载它直接安装在服务器上，便可享受到单机虚拟化的好处（Single Host Virtualization）。

ESXi 其实是 VMware 下一代要替换 ESX 的目标，两者相较之下，ESXi 移除了 Service Console，本身只有 Hypervisor 安装在实体服务器上，精简许多，对于安全性也有很大提升，因为 Service Console 本身是 Linux，难免有许多 OS 漏洞要更新修补，现在将之移除，也少掉一个黑客入侵的渠道。

Q：ESXi 不是免费的吗？如何替换 ESX？

非也。ESXi 有“免费”版本，但是使用免费版只是 Hypervisor 免费，如果需要高级的企业级功能，例如 vMotion、DRS、HA 等，还是需要付费的，免费版的 ESXi 只是 VMware 为了对抗 Hyper-V 而让企业用户可以安装进行单机的虚拟化。所谓“单机”，就是说即使公司里面每部服务器都装了免费版的 ESXi，仍然不能将 ESXi 交由 vCenter 来进行管理，不能使用 DRS Cluster、HA Cluster 等功能。

值得一提的是，因为许多人误解 ESXi 是免费的，造成 VMware 在推广以 ESXi 替换 ESX 时的困扰，所以最新版本的 vSphere 4.1 发布时正式将免费版的 ESXi 改名为 VMware vSphere Hypervisor。

那么为什么在 2008 年就有了 ESX3i，到了 vSphere 4 时代的 ESX4，并没有直接以 ESX4i 替换掉 ESX4 呢？

原因在于早期企业用户使用了 ESX，有很多熟悉 Linux 接口的人才，并且很多厂商开发了代理程序安装在 Service Console 上面。因为企业有一些包袱在，所以没有办法一下子替换成 ESXi，以至于这个版本还继续有含 Service Console 的 ESX 存在。不过 VMware 还是希望企业用户从 ESX 慢慢转移到 ESXi，各位可登录 VMware 网站查询相关细节。

连接：http://www.vmware.com/products/vsphere/esxi-and-esx/overview.html

图 2-4 为 VMware vSphere 各个版本的功能，可以知道不管是 ESX 还是 ESXi，功能几乎完全相同，ESX 所提供的功能 ESXi 也都有。

	ESXi Single Server	Essentials	Essential Plus	Standard	Advanced	Enterprise	Enterprise Plus
ESX/ESXi	ESXi Only	✓	✓	✓	✓	✓	✓
vCenter Server Compatibility	None	vCenter Server for Essentials	vCenter Server for Essentials	vCenter Server Foundation & Standard	vCenter Server Foundation & Standard	vCenter Server Foundation & Standard	vCenter Server Foundation & Standard
Cores per Processor	6	6	6	6	12	6	12
vSMP Support	4-way	4-way	4-way	4-way	4-way	4-way	8-way
Memory/Physical Server	256GB	256GB	256GB	256GB	256GB	256GB	*No license limit
Thin Provisioning	✓	✓	✓	✓	✓	✓	✓
VC Agent		✓	✓	✓	✓	✓	✓
Update Manager		✓	✓	✓	✓	✓	✓
VMSafe		✓	✓	✓	✓	✓	✓
vStorage APIs		✓	✓	✓	✓	✓	✓
High Availability (HA)			✓	✓	✓	✓	✓
Data Recovery			✓		✓	✓	✓
Hot Add					✓	✓	✓
Fault Tolerance					✓	✓	✓
vShield Zones					✓	✓	✓
VMotion					✓	✓	✓
Storage VMotion						✓	✓
DRS						✓	✓
**vNetwork Distributed Switch							✓
Host Profiles							✓
Third Party Multipathing							✓

图 2-4　　　　图片来源：VMware

Q：既然少了 Service Consloe，要如何进行管理？

移除 Service Console 后，Hypervisor 显得非常精简，原本在 Console OS 中的 agent 变成内嵌在 Vmkernel 中，还有服务器厂商的硬件监控也可以通过 CIM 来处理，至于命令行的管理环境，则是在 PC 或 NB 上安装 vCLI（vSphere Command Line Interface）软件包来进行远程命令行管理。

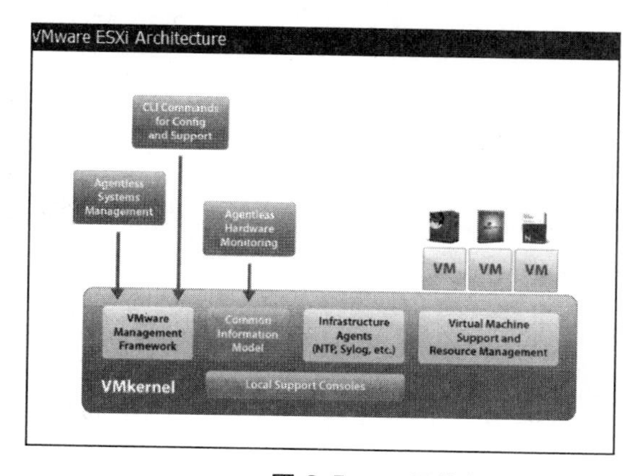

图 2-5　　图片来源：VMware

另外，ESXi 分成两种安装版本：

- ESXi Installable：可从网站上下载 ISO 镜像，刻录后用光盘安装在硬盘上。
- ESXi Embedded：随着服务器厂商出货，已预先安装在 U 盘或 SD 卡上面，开机后从 USB boot，就是一个虚拟化的环境。这样便可以做到 Diskless 的部署方式，实体服务器不用安装硬盘。

ESX/ESXi 可以说是整个 vSphere 最基本的环节，也是各位必须先创造出的第一朵必要的云，我们将在下节介绍如何安装 ESX Server。

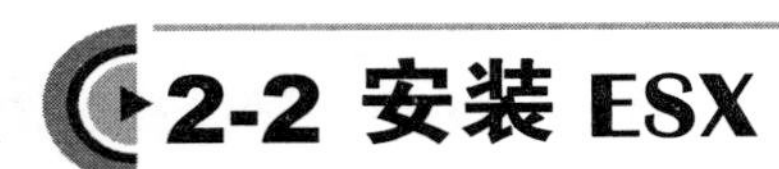

2-2 安装 ESX

安装 ESX4.0

1. 双击 VMware Player 图标，运行程序。
2. 在这里我们要将 ESX 当成一台虚拟机来安装，所以选择 **Create a New Virtual Machine**，如图 2-6 所示。

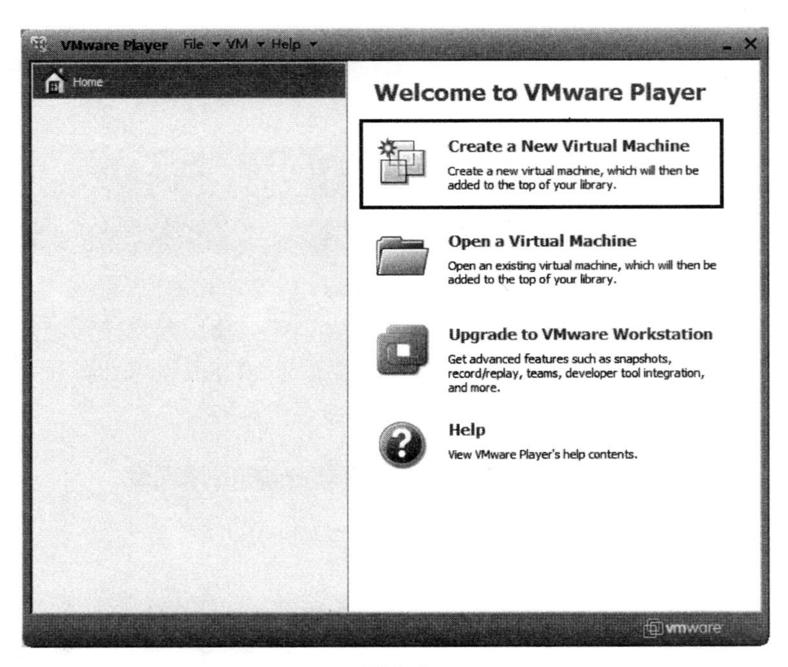

图 2-6

3. 直接挂载 ESX4.0 的 ISO 镜像文件，发现出现警告信息，无法检测识别，因为 VMware Player 没有办法直接安装 ESX，也就是说没有办法用这个镜像文件来开机安装。不过别担心，因为它可以安装 ESXi，下一步我们就来告诉各位怎样利用小技巧来顺利安装 ESX。

注：如果想安装 ESXi 则更简单，直接挂载 ESXi 镜像文件即可。

4．直接单击 **Browse** 按钮，如图 2-7 所示。

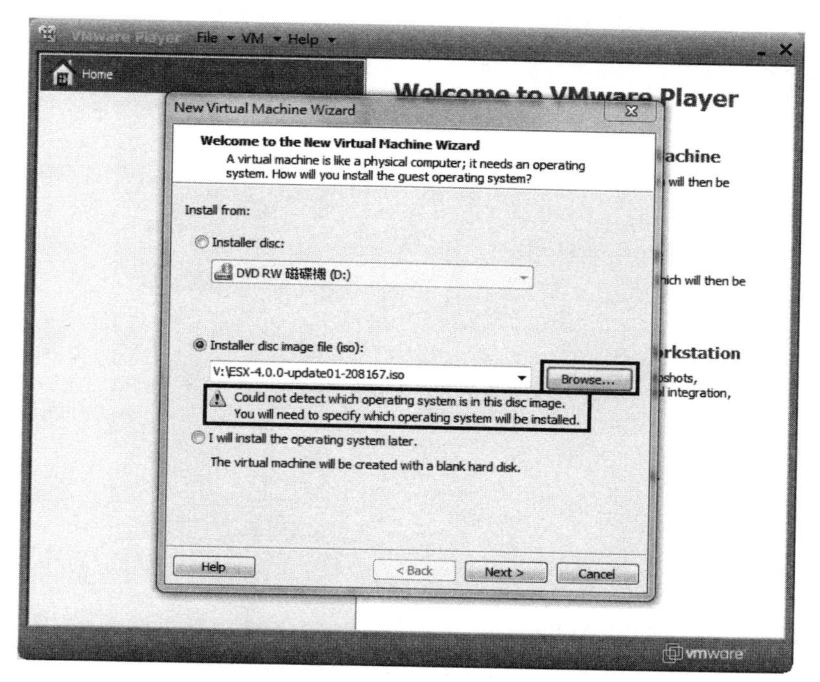

图 2-7

5．在这里改成选择 **ESXi 4.0 VMware-VMvisor-installer-4.0.0update02-208167x86-64** 这个光盘镜像文件，如图 2-8 所示。

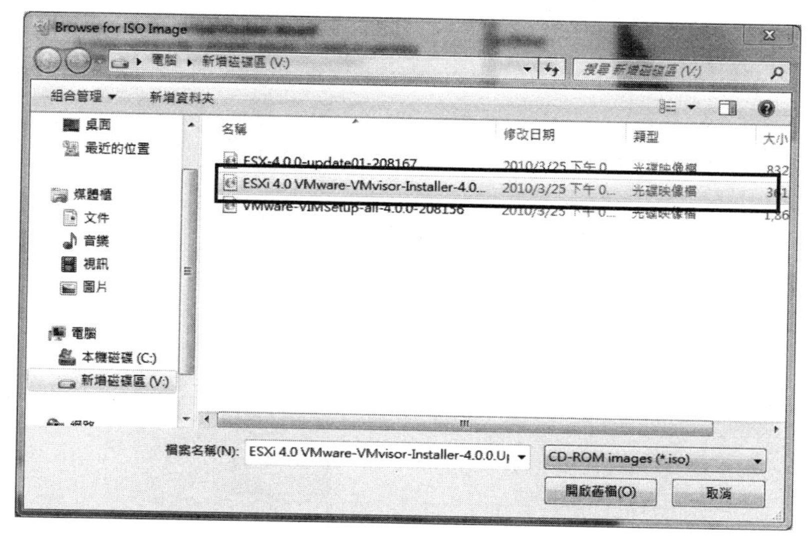

图 2-8

6. 此时会发现已经顺利检测到 ESX Server 4.0，单击 **Next** 按钮，如图 2-9 所示。

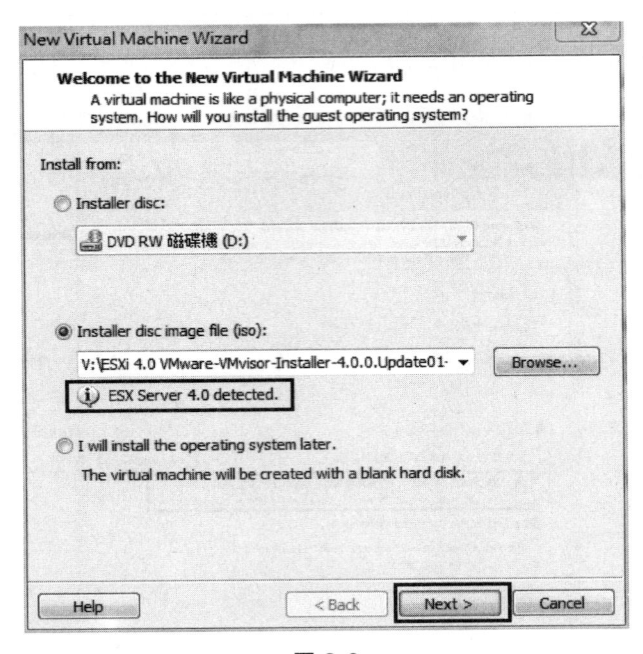

图 2-9

7. 给 Virtual Machine（VM）取一个名称，例如 **ESX01**，单击 **Next** 按钮，如图 2-10 所示。

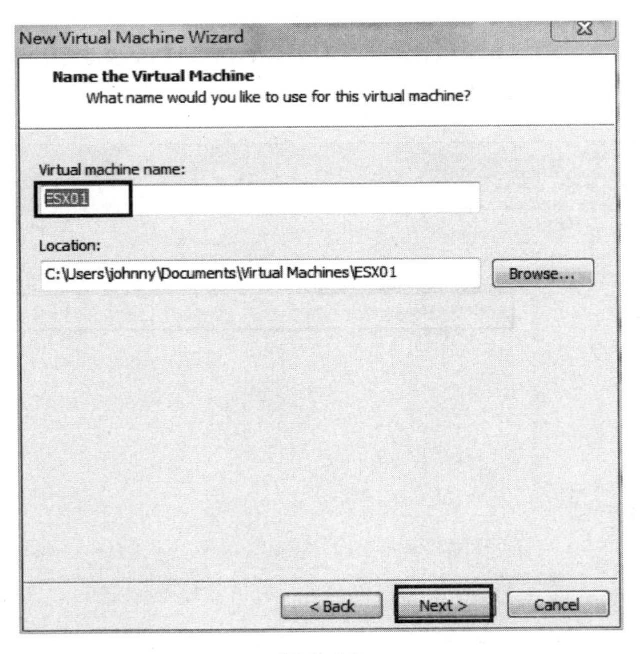

图 2-10

8. 要求给予这个虚拟机以硬盘空间，默认值为 40GB，单击 **Next** 按钮，如图 2-11 所示。

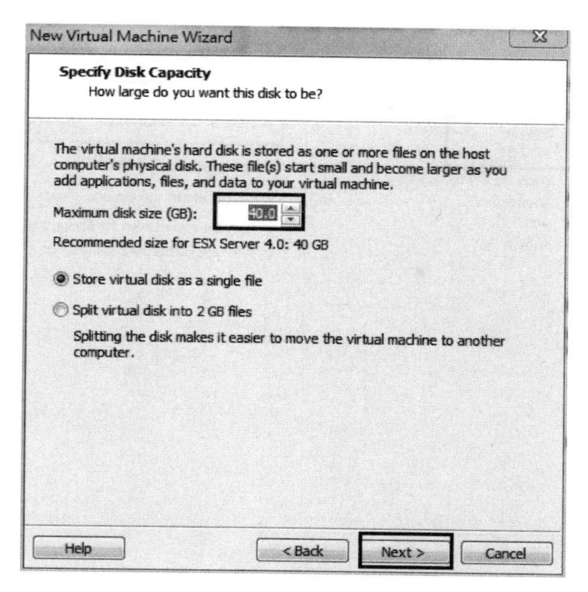

图 2-11

9. 先不要单击 Finish 按钮，我们还要修改硬件设置，单击 **Customize Hardware** 按钮，如图 2-12 所示。

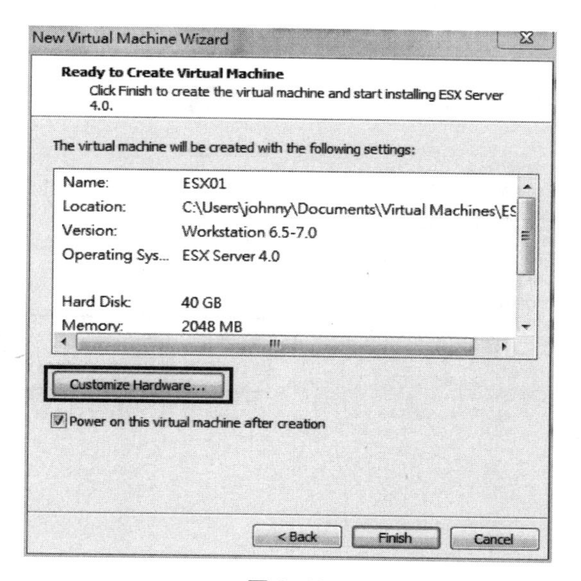

图 2-12

10. 由于 ESX 安装的最低内存需求是 2GB，我们按照默认值给 2048MB。如果你的内存不够，将会被拒绝安装。虽然可以用其他方式修改，使它不要进行内存检查，但不建议这样做，因为装好 ESX 后，Hypervisor 与 Service Console 就会用掉 700～800MB 的内存，加上我们到时候还需要在 ESX 上面运行几个 VM 来实现 vSphere 的功能，其实 2GB 已经算是刚好配置，所剩无几了。

在 Processors 的部分，由于我们的机器是四核，所以选 4 个 cores，如图 2-13 所示。

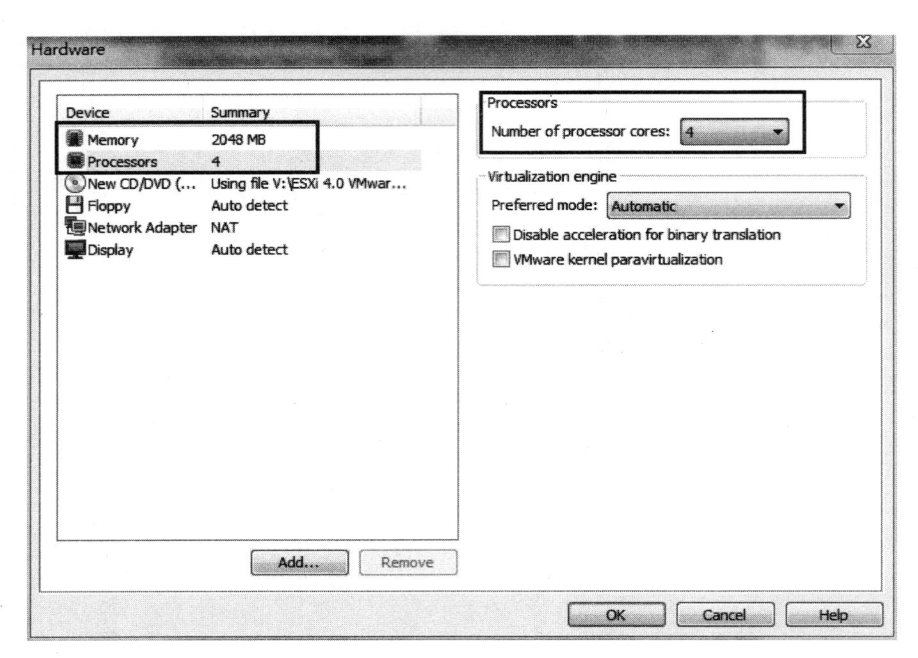

图 2-13

11．还记得刚刚我们改了光盘镜像文件吗？在这里要记得改回 ESX。选择 CD/DVD 设备，然后在右侧单击 **Browse** 按钮，如图 2-14 所示。

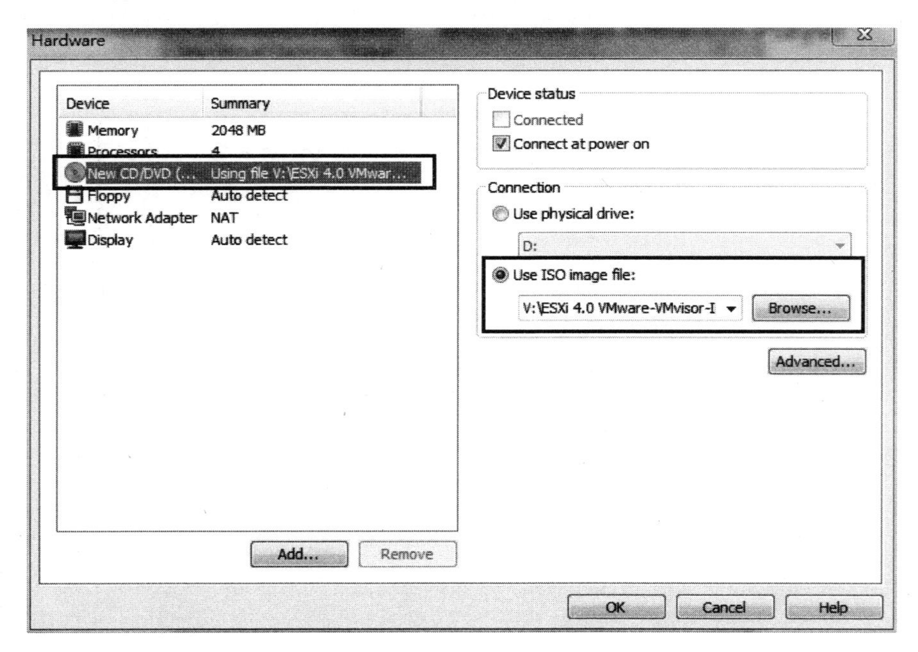

图 2-14

12．选择光盘镜像文件，改回 **ESX-40.0.0-update02-208167**，这样等一下虚拟机开机就会开始安装 ESX 了，如图 2-15 所示。

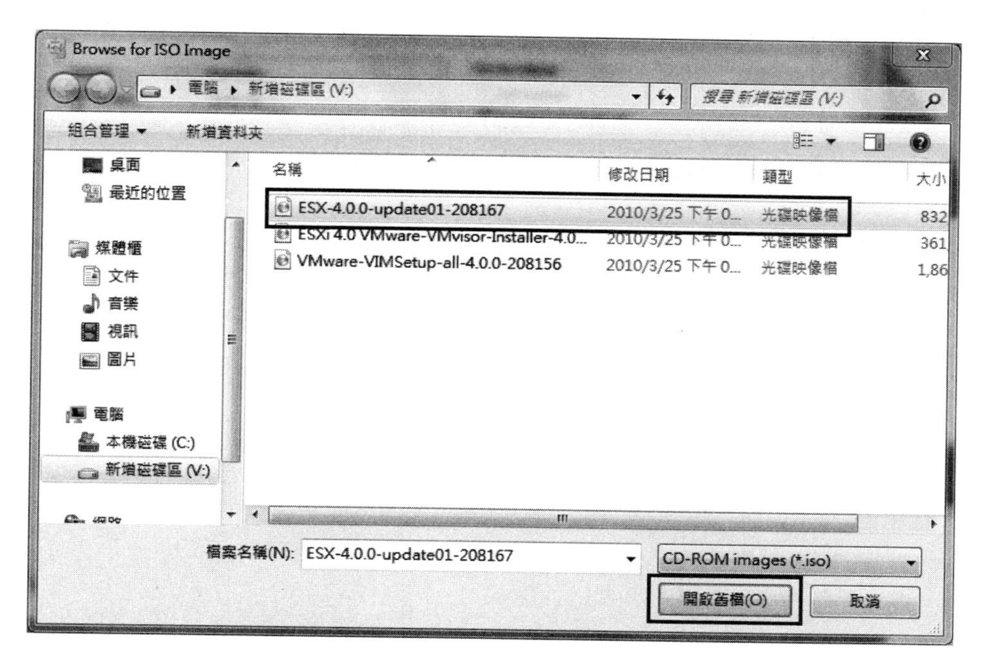

图 2-15

13．注意，务必确认这里改回了 ESX 镜像文件，如图 2-16 所示。

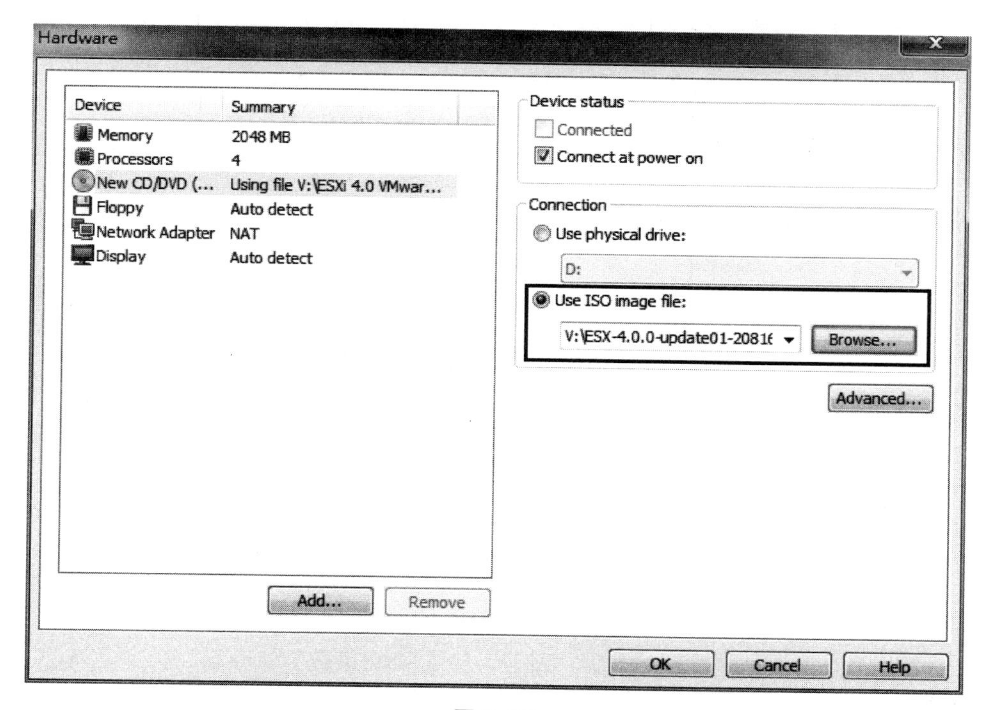

图 2-16

14．顺便将不需要用到的设备删除，例如 Floppy drive，如图 2-17 所示。

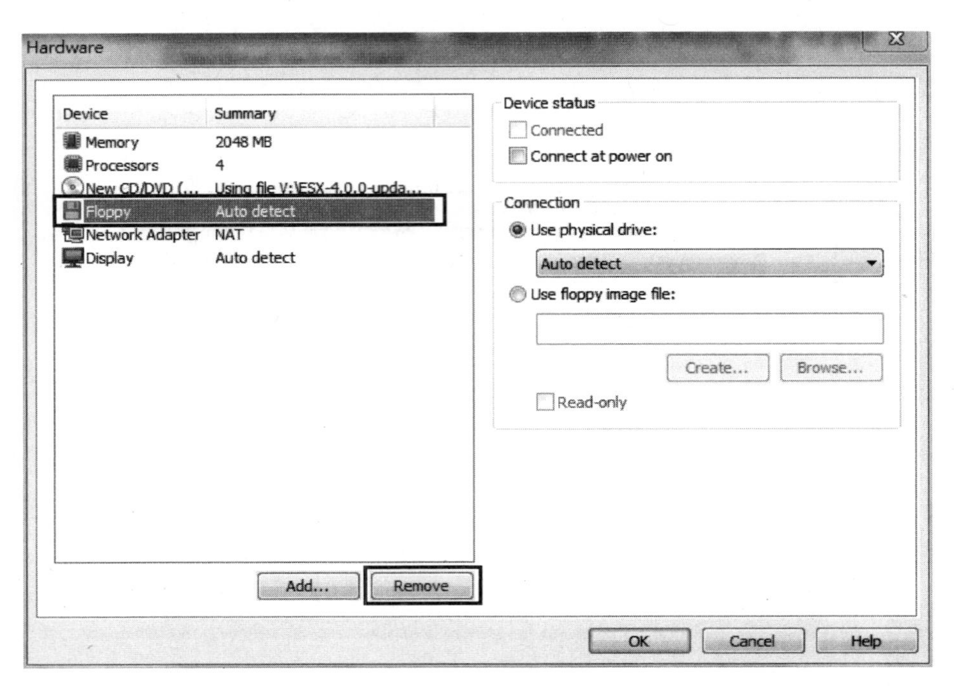

图 2-17

15. 网卡的部分，默认是 NAT mode，我们要改成 **Bridged**，如图 2-18 所示。

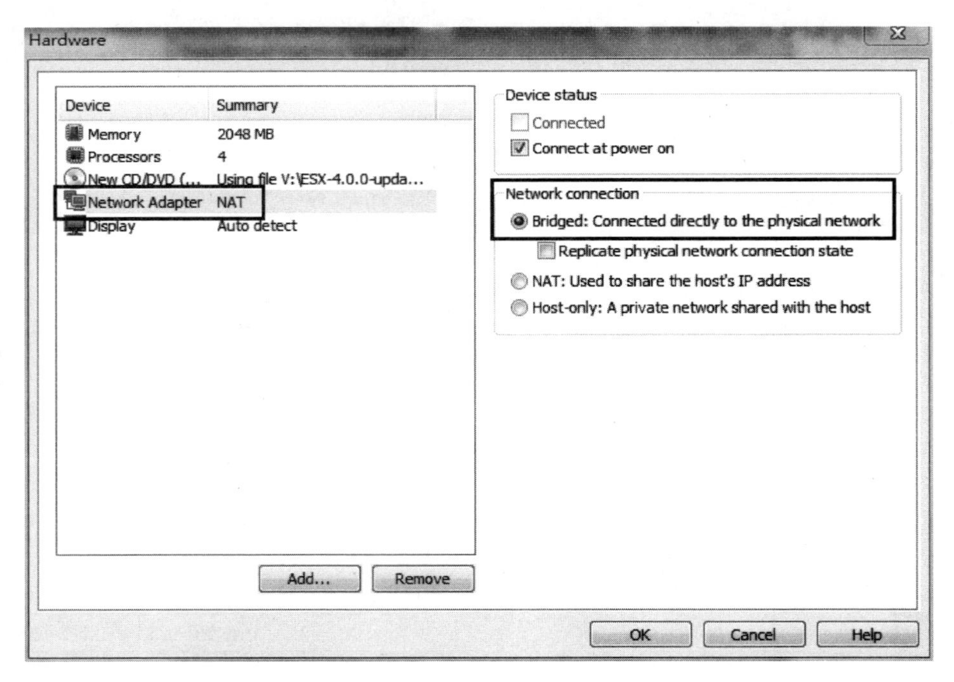

图 2-18

16. 改好后再单击 **Add** 按钮，我们要新建网卡给 ESX Server，如图 2-19 所示。

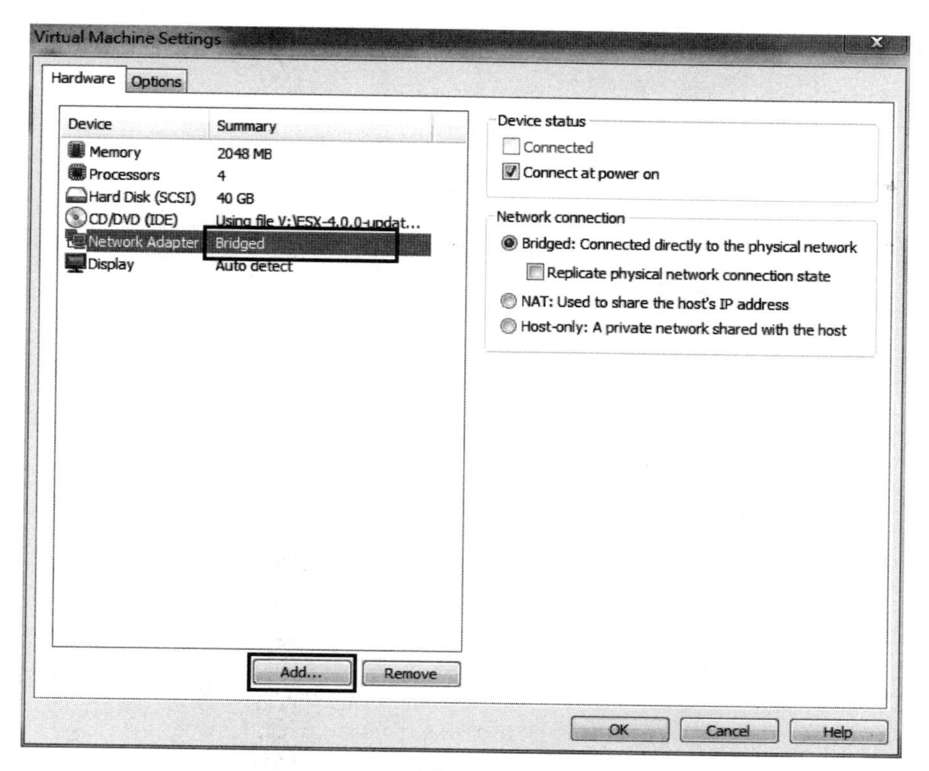

图 2-19

17．在这里要新建的设备选择为 **Network Adapter**，如图 2-20 所示。

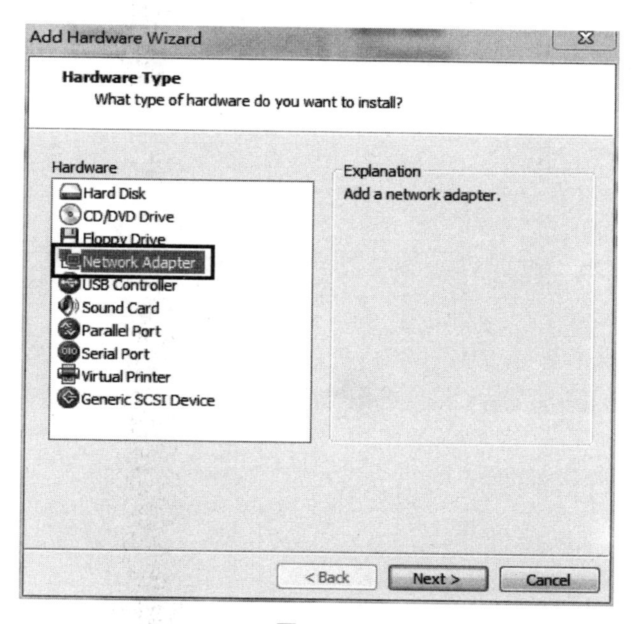

图 2-20

18．网卡的类型一样选择 **Bridged mode**，然后单击 **Finish** 按钮，如图 2-21 所示。

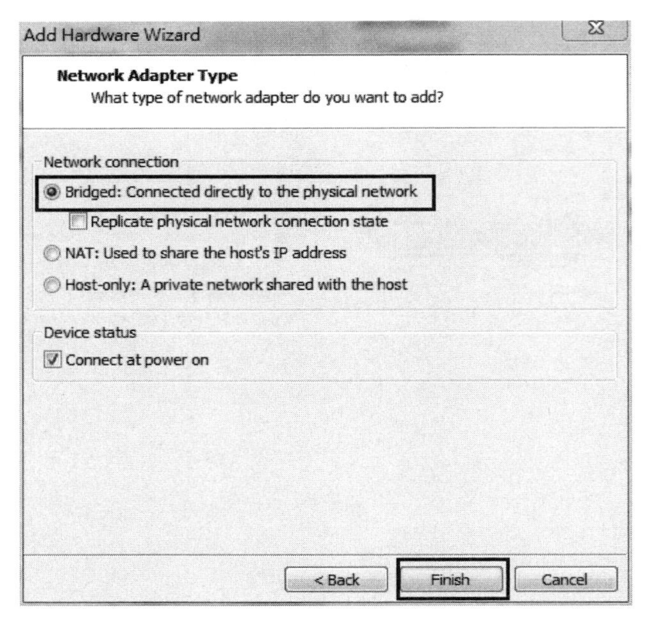

图 2-21

19. 重复以上步骤，共配置 6 个网卡（Network Adapter）给你的 ESX Server，全部设置为 Bridged mode，请将它想象为实体的网卡，如图 2-22 所示。

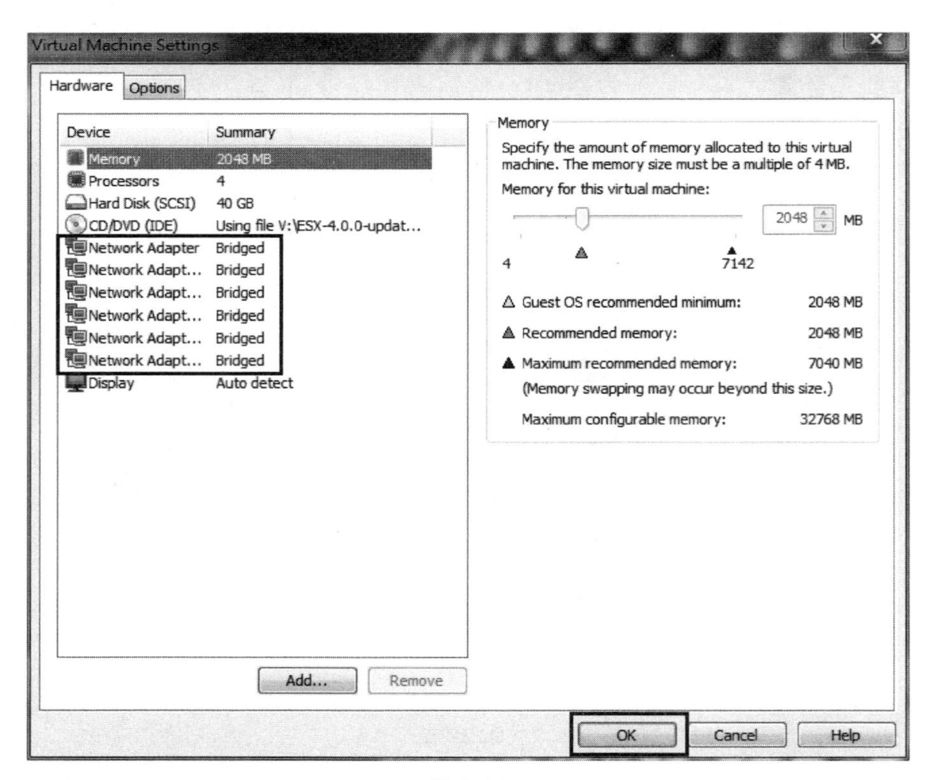

图 2-22

20. 创建虚拟机完成后，自动开机加载 ESX 的光盘镜像，出现开始安装的界面，将光标点进 ESX01 这个 VM，然后用键盘选择 **Install ESX in graphical mode**，按 **Enter** 键，如图 2-23 所示。

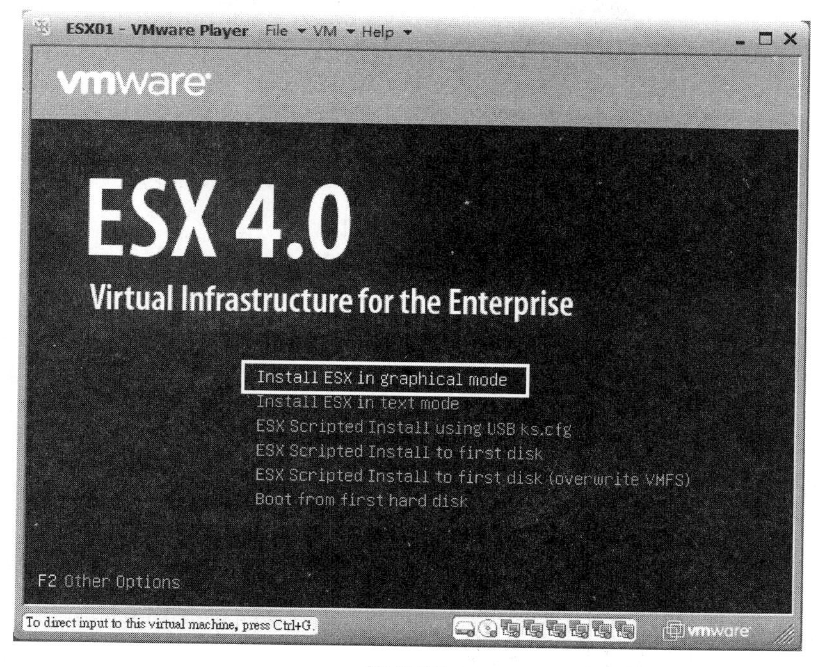

图 2-23

21. 现在正在 VMware Player 里安装 ESX，让 ESX 被虚拟成“外层”VM，然后在 ESX 里还可以再创建“内层”的 VM，这就是所谓的 Nested VM。所以请将这个 ESX VM 想象成实体的服务器，比较容易理解，如图 2-24 所示。

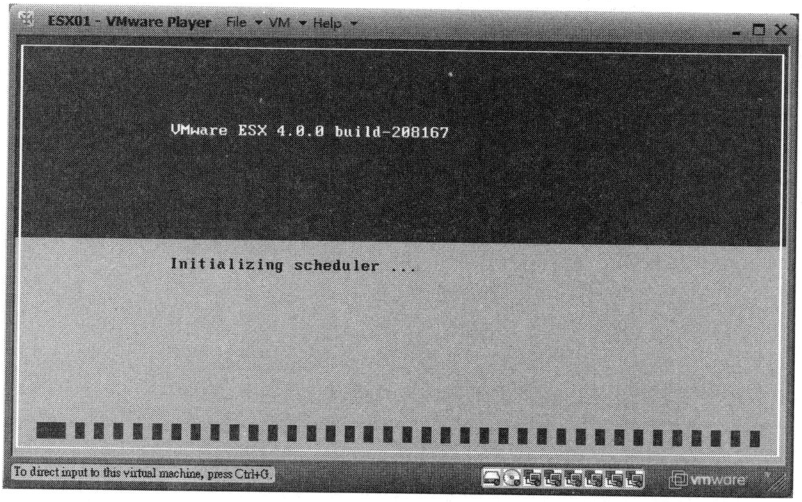

图 2-24

22．安装程序的欢迎界面，直接单击 **Next** 按钮，如图 2-25 所示。

图 2-25

23．勾选 **I accept the terms of the license agreement**，单击 **Next** 按钮，如图 2-26 所示。

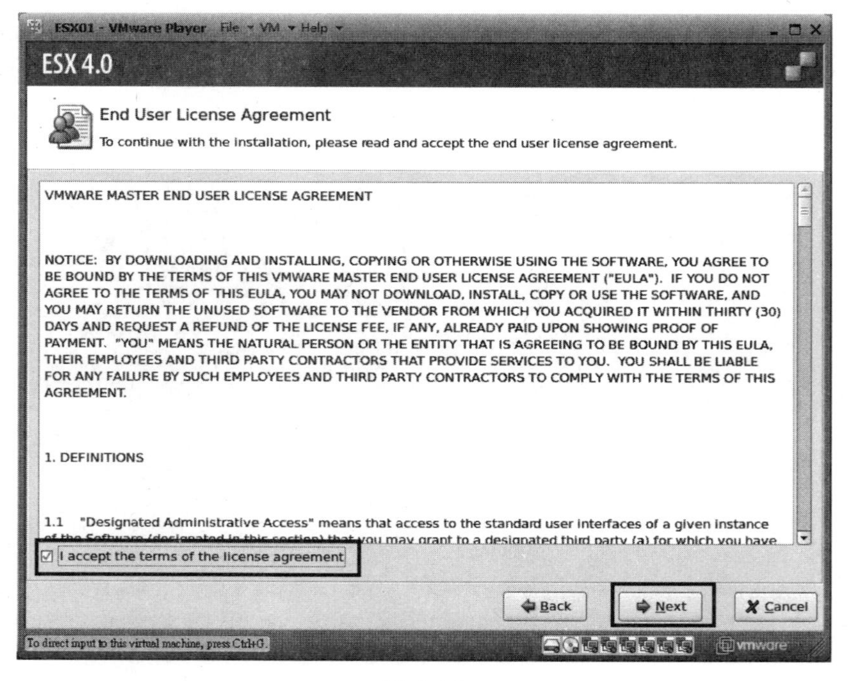

图 2-26

24. 键盘选择，直接单击 **Next** 按钮，如图 2-27 所示。

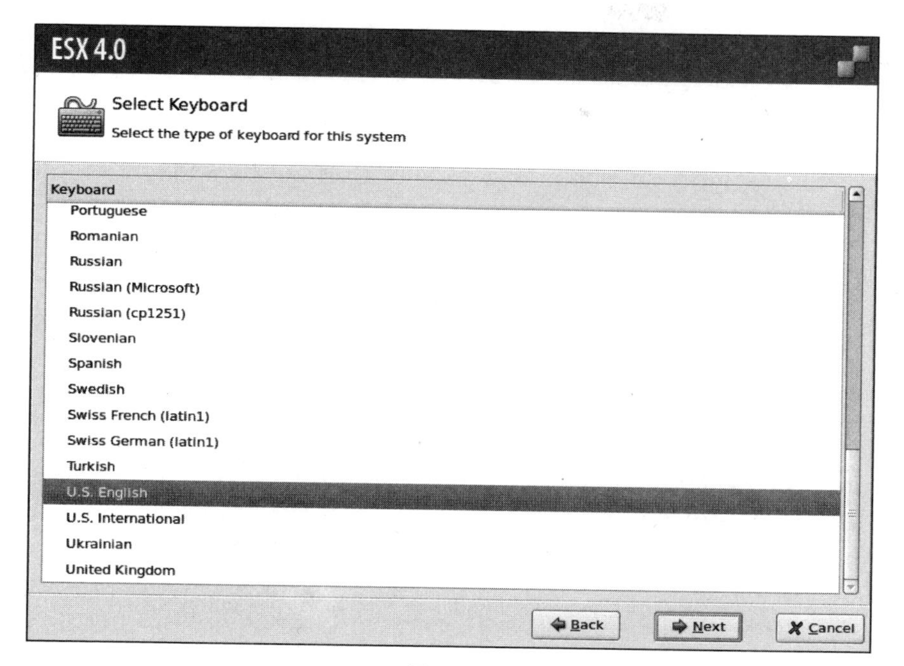

图 2-27

25. 在 install custom drivers 这里，依照默认值选择 **No**，单击 **Next** 按钮，如图 2-28 所示。

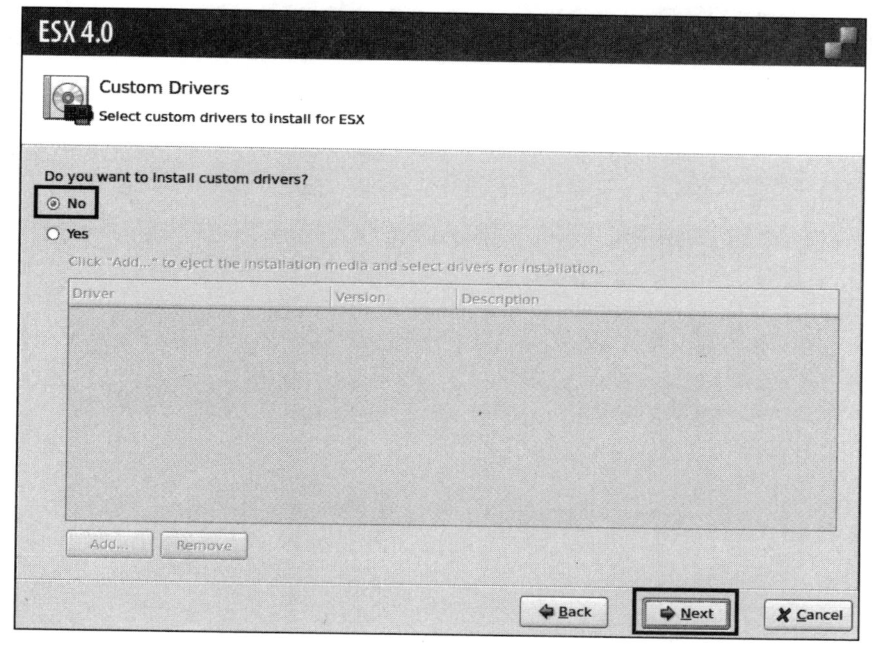

图 2-28

26. 退出 load system drivers 界面，单击 **Yes** 按钮继续下一步，如图 2-29 所示。

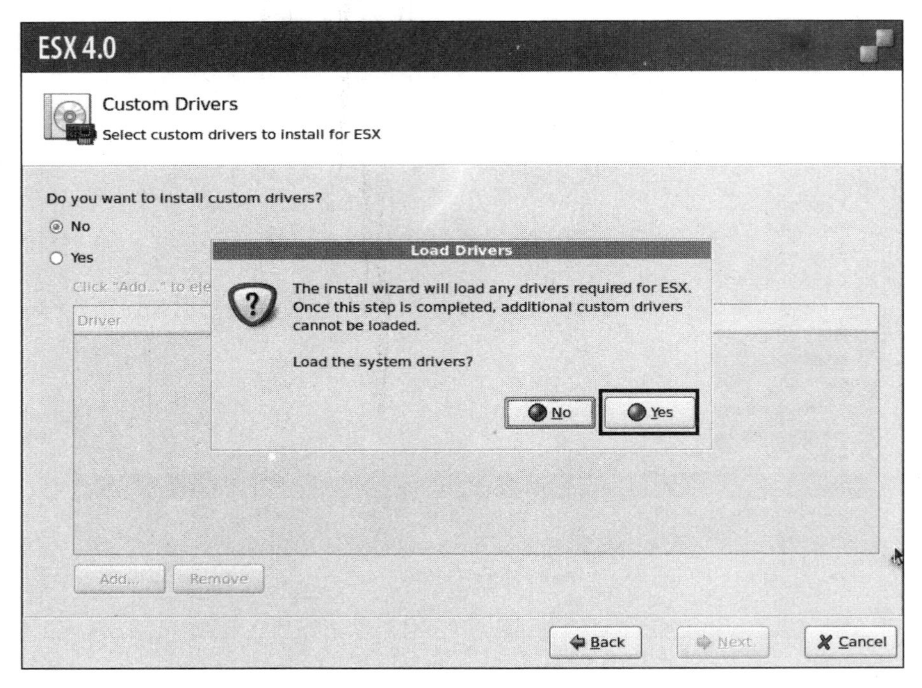

图 2-29

27. 完成后单击 **Next** 按钮，如图 2-30 所示。

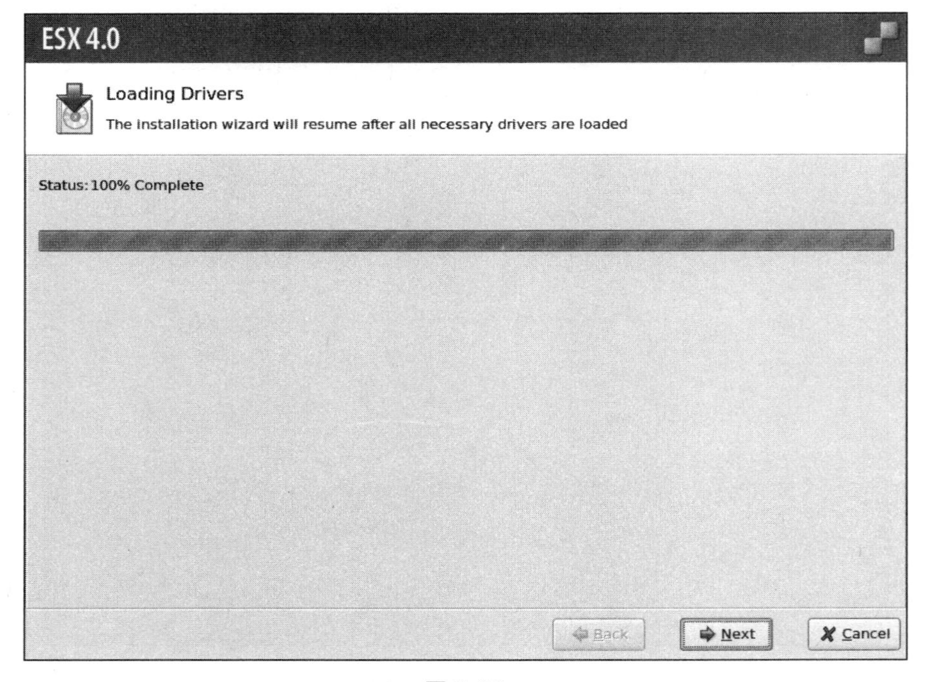

图 2-30

28. 输入序列号的界面，在这里我们选择 **Enter a serial number later**，如图 2-31 所示。

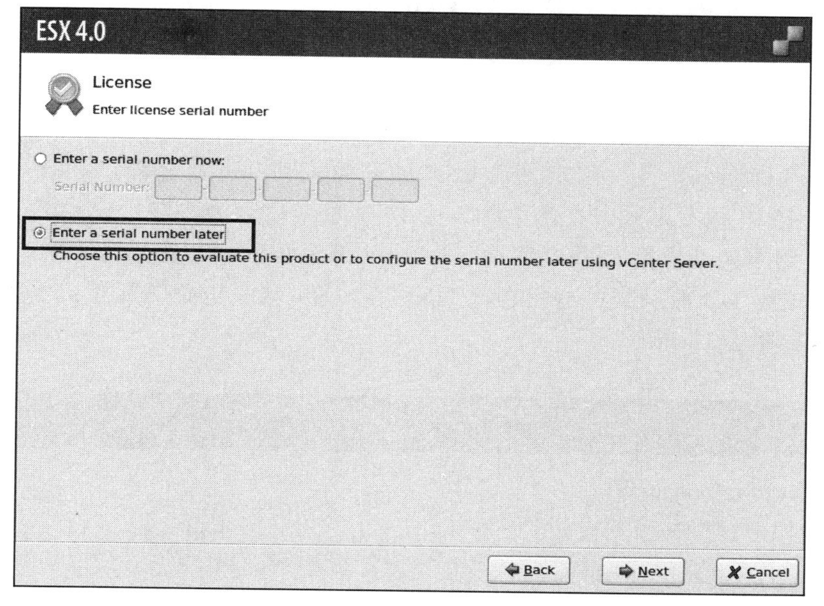

图 2-31

29. 这里要指定一张网卡当作 Service Console 的 uplink，请各位将这些网卡想象成是实体的（记得我们配置了网卡给 ESX 吗？表示在实体服务器上安装了 6 张网卡或是 dual ports 的网卡 3 张）。在此选择第一个网卡当作 uplink，如图 2-32 所示。

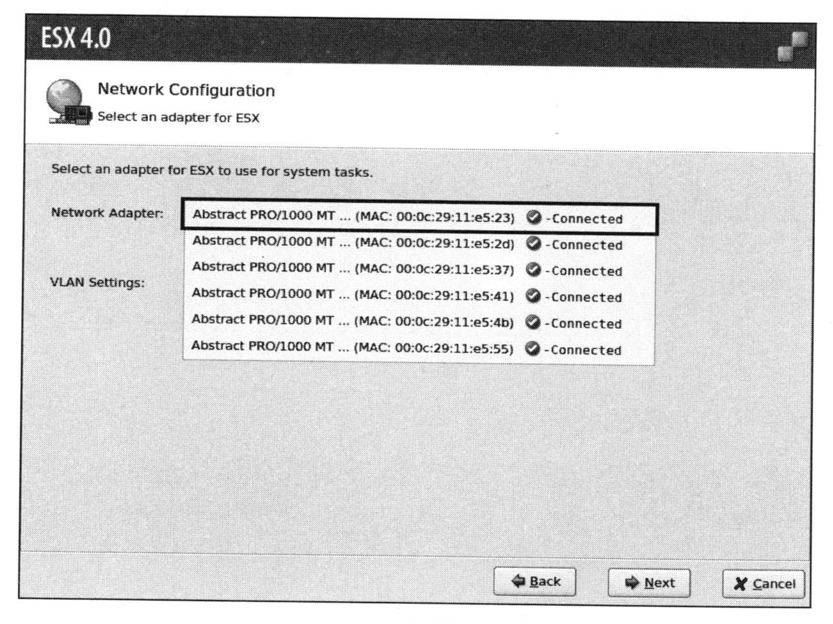

图 2-32

注：在虚拟化的世界，网络的配置也跟着资源共享虚拟化，与实体的概念稍有不同。有时虚拟与实体要分开来看，但是有时候却要一起看。网络的部分在本书的第 4 章进行探讨。

---

30. 在此会要求输入一个 IP 地址，请注意这是给你的 Service Console 使用的 IP。前面提到的 Service Console 也是一个虚拟机（VM），可以让我们用 vSphere client 或 ssh 远程连入，通过它来管理 ESX 的环境，所以需要给它一个 IP 地址。但是这里给的 IP 却不是定位在刚刚的 6 个 IP 地址上，因为刚刚提供给 ESX VM 的 6 个实体网卡的功能是 uplink 用途。vNetwork 具体的说明在第 4 章中。

你可以依照 **1-3** 前期准备进行自己 DNS 的设置，输入正确的配置，然后单击 **Next** 按钮，如图 2-33 所示。

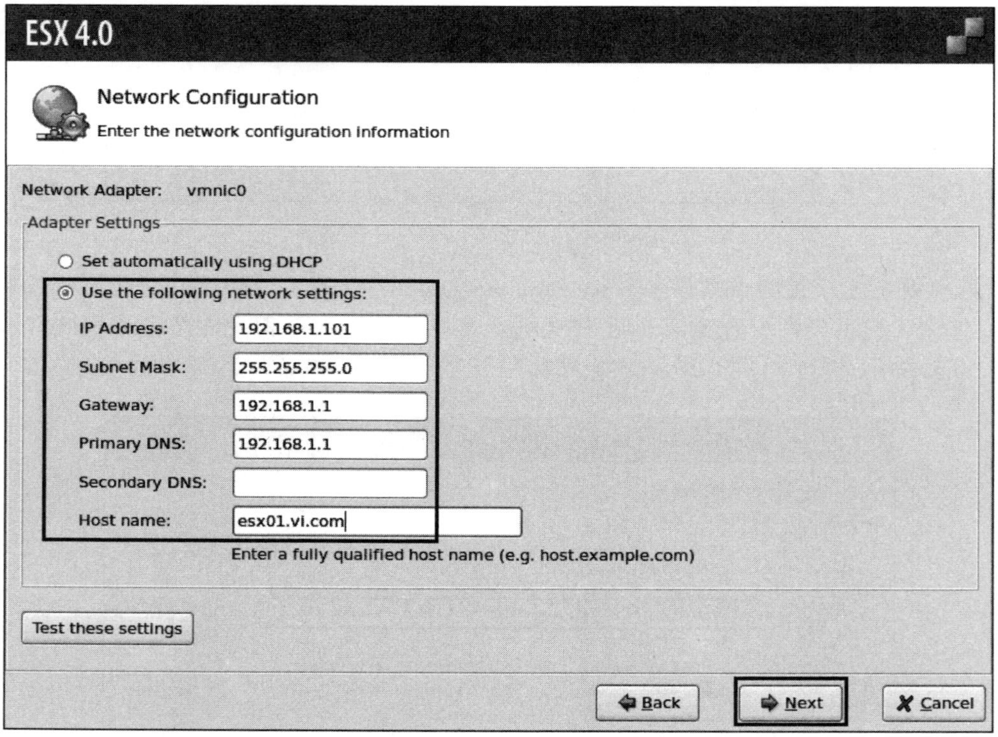

图 2-33

范例中输入的信息为：

```
IP Address:  192.168.1.101       Primary DNS: 192.168.1.1
Subnet Mask: 255.255.255.0       Host name:   esx01.vi.com
Gateway:     192.168.1.1
```

31. Setup Type：一般选择 Standard setup 即可，若有额外想改变 ESX 分区的配置可以选择 Advanced setup，这里我们选择 **Standard setup**，如图 2-34 所示。

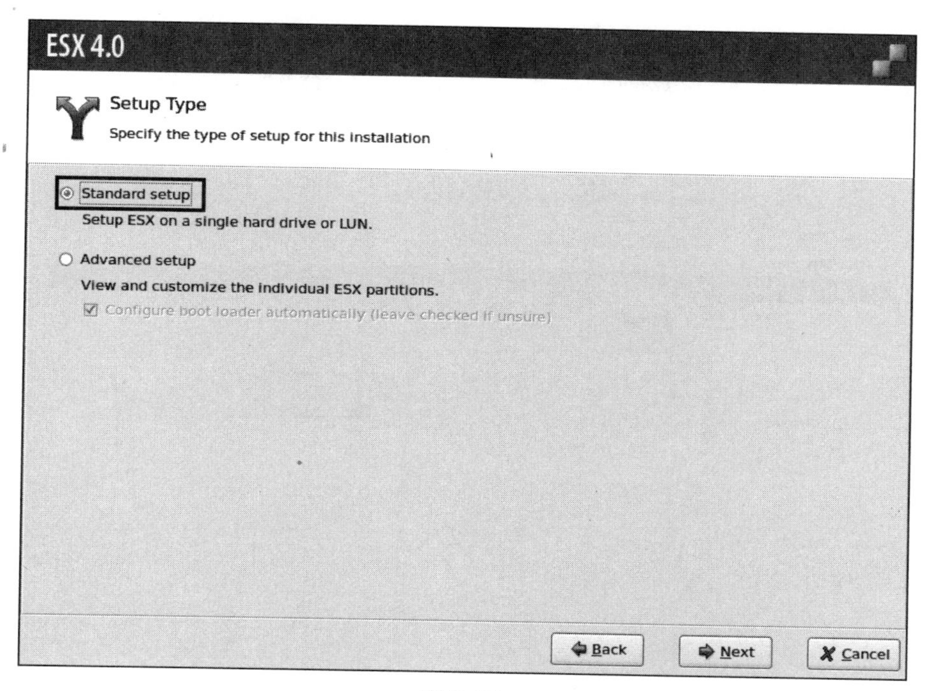

图 2-34

32. 这里可以看出有 40GB 硬盘空间，就是之前分配给 ESX 的虚拟硬盘，如图 2-35 所示。

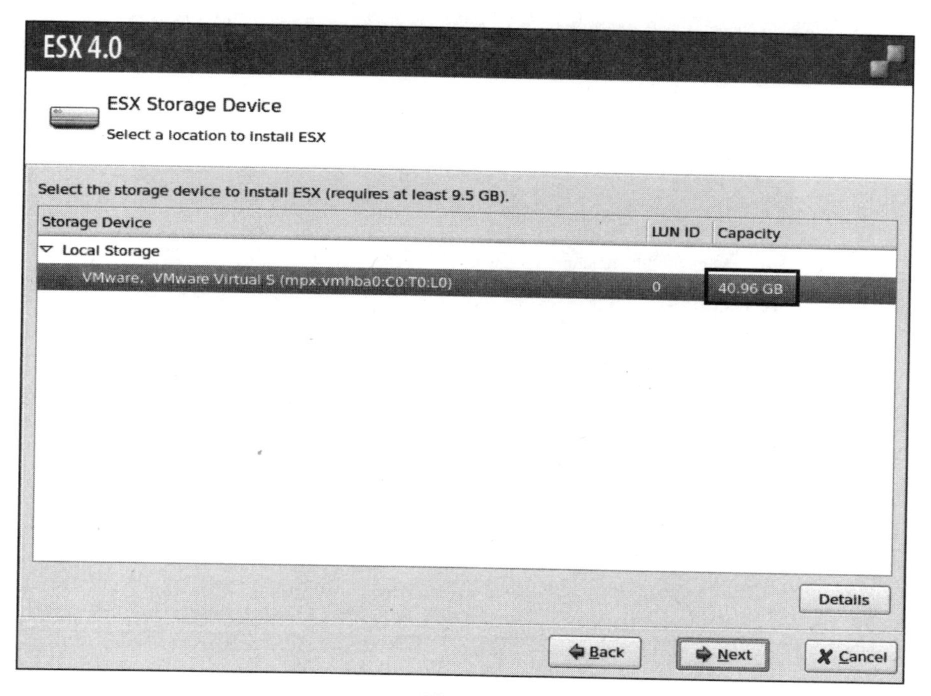

图 2-35

33. 将会出现清除所有硬盘数据的警告信息，单击 **OK** 按钮，如图 2-36 所示。

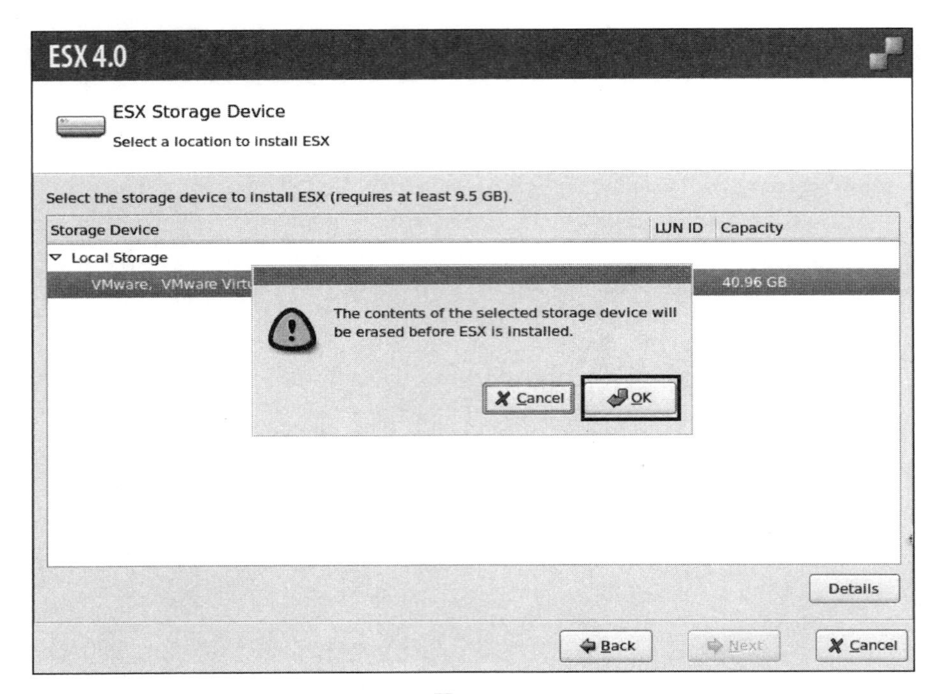

图 2-36

34．选择时区，在此我们选择 **Asia/Hong Knog**，如图 2-37 所示。

图 2-37

35．日期与时间，直接单击 **Next** 按钮即可，如图 2-38 所示。

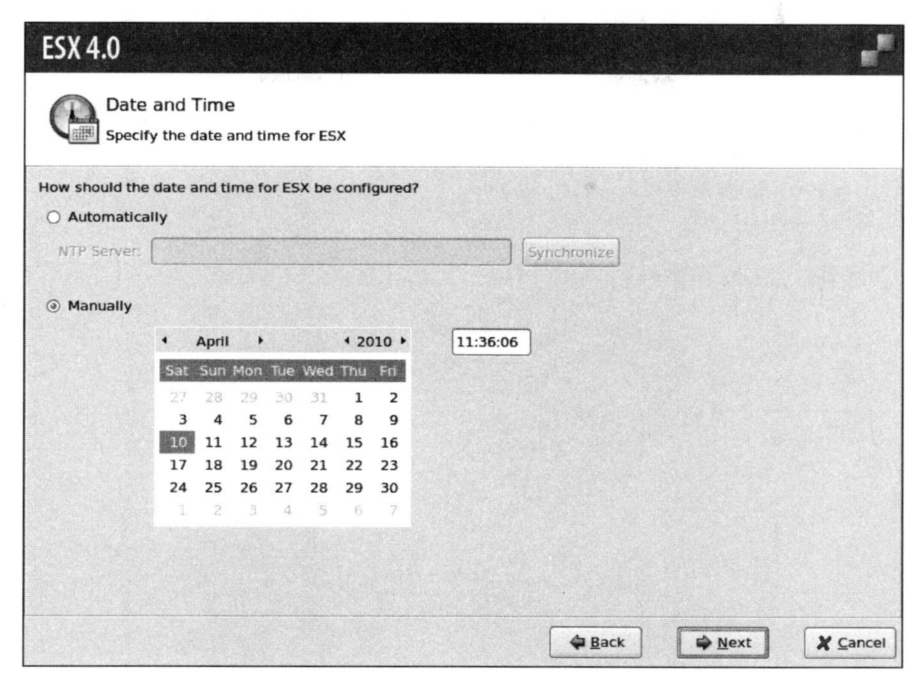

图 2-38

36. 在这里输入 Console OS（COS）的 root 密码，如图 2-39 所示。

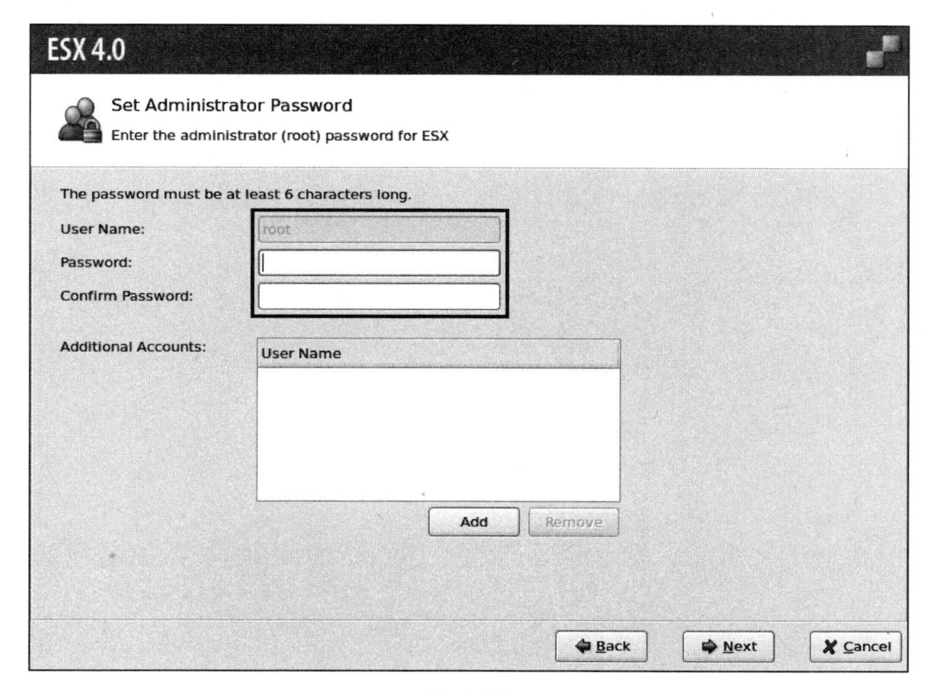

图 2-39

37. 建议在 Additional Accounts 中再添加一位用户，因为日后如果打算用 SSH（Secure Shell）的方式远程登录 COS，为了安全性考虑默认值不允许 root 登录，必须先以一般用户账号登录后再以 su – 更换身份为 root 才行，如图 2-40 所示。

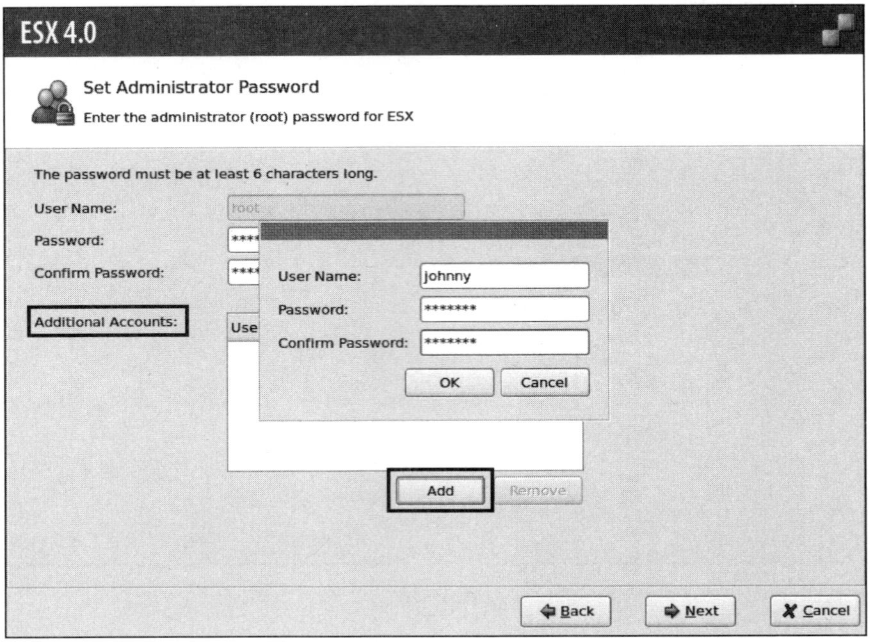

ESX 4.0

Set Administrator Password

Enter the administrator (root) password for ESX

The password must be at least 6 characters long.

User Name: root

Password: ****

Confirm Password: ****

Additional Accounts:

Use

User Name: johnny

Password: *******

Confirm Password: *******

OK Cancel

Add Remove

Back Next Cancel

图 2-40

38．新建一位用户名为 johnny 或其他用户的账号，如图 2-41 所示。

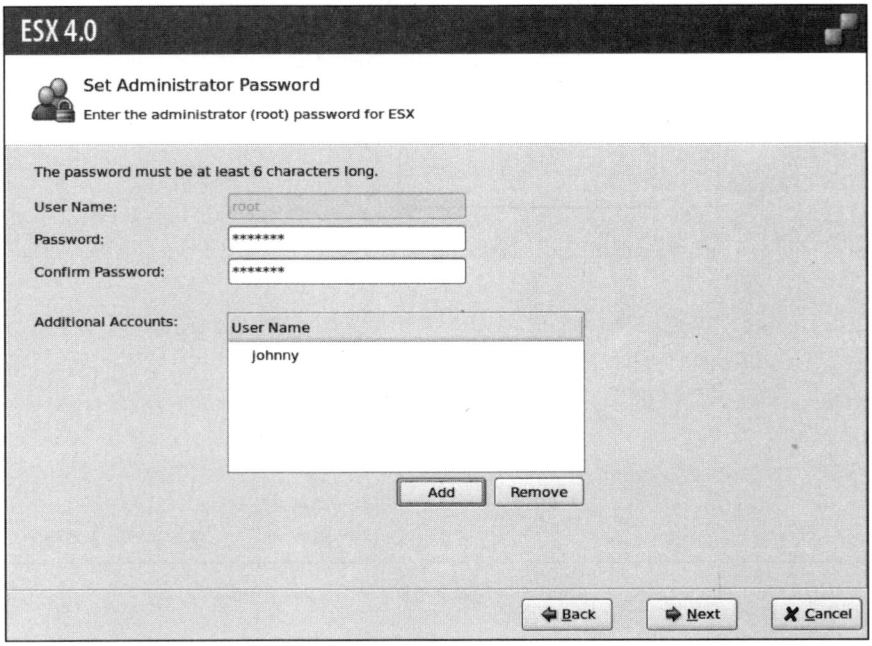

ESX 4.0

Set Administrator Password

Enter the administrator (root) password for ESX

The password must be at least 6 characters long.

User Name: root

Password: *******

Confirm Password: *******

Additional Accounts:

User Name

johnny

Add Remove

Back Next Cancel

图 2-41

39. 由图 2-42 中的信息可以得知 COS 的分割区与网络配置，如果确认没有问题则单击 **Next** 按钮，如图 2-42 所示。

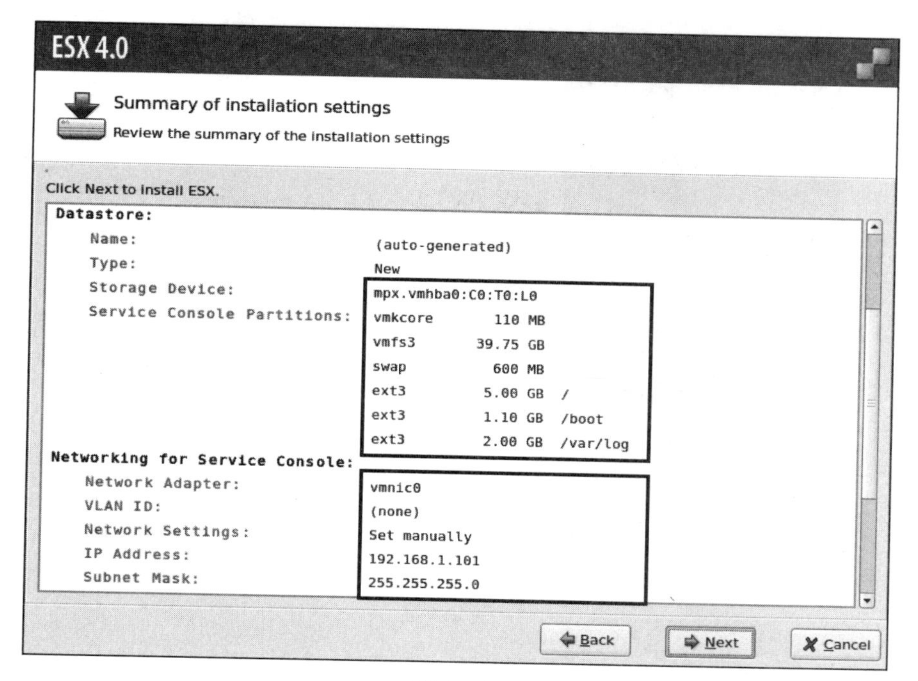

图 2-42

40. 完成安装操作，单击 **Next** 按钮，如图 2-43 所示。

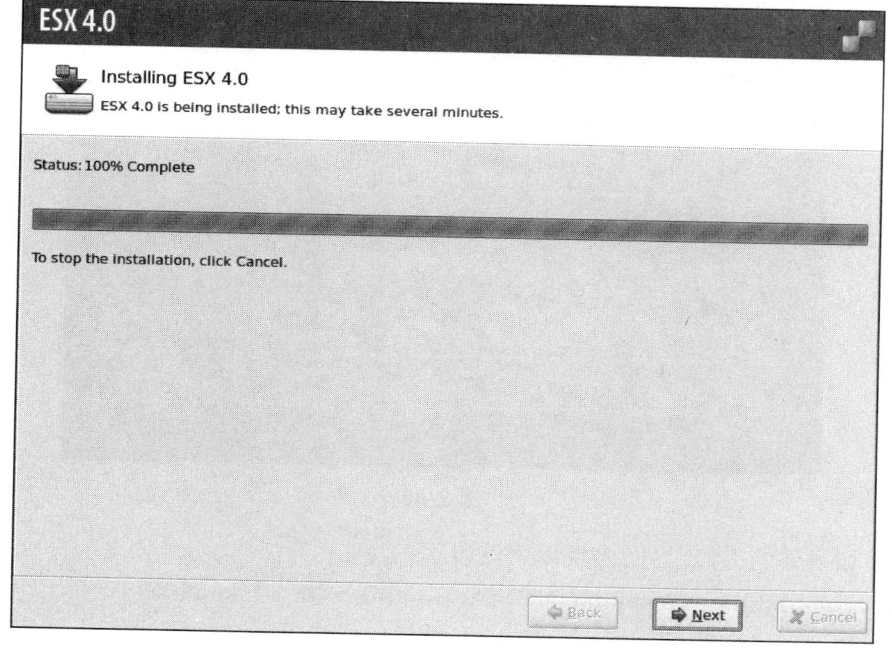

图 2-43

41. 完成安装后，出现请你用 Browser 连接到 COS 的 IP 信息，我们先单击 **Finish** 按钮完成重新开机的操作，如图 2-44 所示。

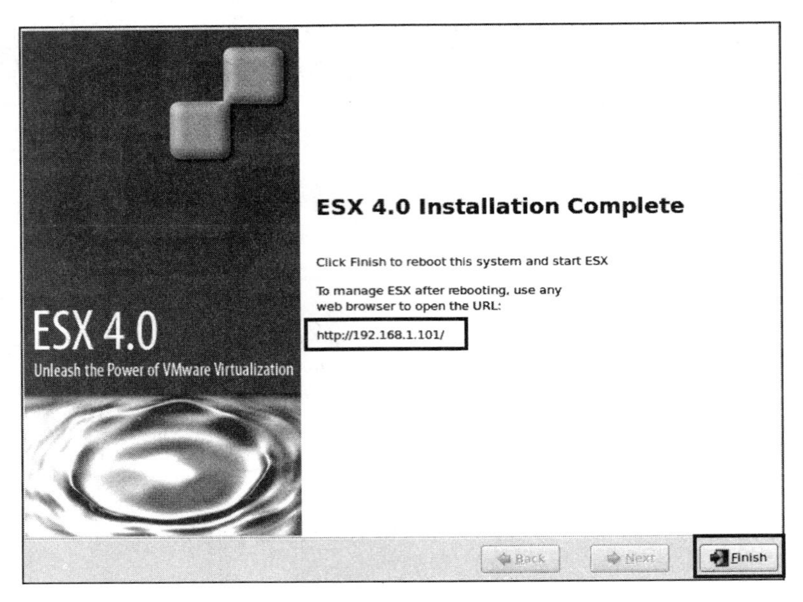

图 2-44

42. 重新开机后看到如图 2-45 所示的界面，表示 ESX 已经正式安装成功。要本地登录文字模式的话，只要按住 **Alt + F1** 组合键即可。有没有注意到界面显示的是 VMware Virtual Platform？代表我们将 ESX 变成了 VM，否则应该出现的是服务器厂商名称和型号。

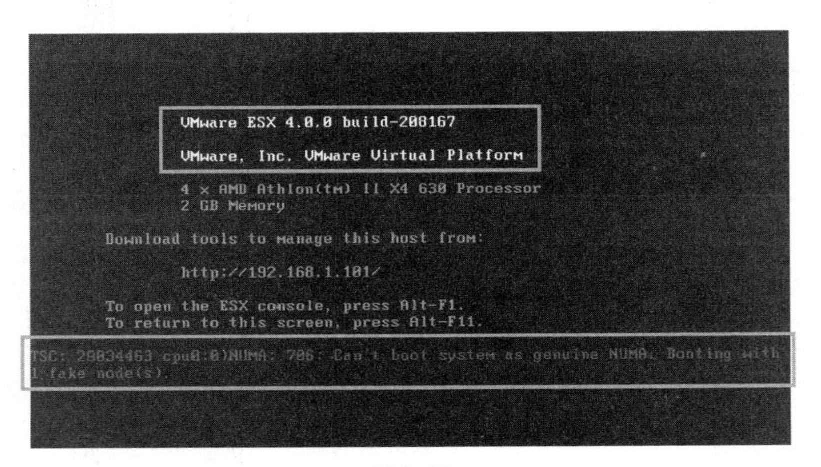

图 2-45

另外如果你的 ESX 界面出现以下这段字的话：

Can't boot system as genuine NUMA. Booting with 1 fake node(s).

根据查询 VMware Knowledge Base 的结果，某些机型会出现此信息，不过这些信息是可以被忽略的，也就是说其实无所谓，不是什么错误，可以放心。

Q：如果安装过程中选择 Advance setup，可以变动的部分有哪些？

主要是针对硬盘 Partition 的部分可以自定义，默认值为：

- vmkcore：主要为存放 core dupmp 的地方，当 ESX 发生死机时的内存内容会 dump 到这个 Partition。
- swap：COS 的 swap 文件存放空间。
- ext3 /：主要的文件系统，默认为 5000MB。
- ext3 /boot：Boot partition 用途，默认为 1100MB。
- ext3 /var/log：存放 log 与设置文件，默认为 2000MB。
- VMFS3：除了上述的分区，剩下的容量全部用于 VMFS，可用来存放虚拟机、模板与 ISO 镜像文件等，本书第 5 章将会探讨 VMFS。

通常我们比较常修改的部分是 Swap 分区，因为在 ESX4 的 COS 默认耗用的内存并不超过 300MB，所以 Swap 硬盘置换文件设为两倍 600MB。如果说你预计你的 COS 会额外需要更多的内存，例如在上面安装硬件厂商的 Management agent，那么你就需要将 Swap 改大一点，但是最大设置到 1600MB，因为 COS 最多耗用不超过 800MB 的内存。

另外，如果你想作到 Boot from SAN（ESX 从 SAN 开机），在这里可以设置将 ESX 安装在 SAN 的存储设备上，这样的话你的 ESX Server 可以不需要有硬盘。

不过 SAN boot 有一些条件要符合，例如每个 ESX host 均要分配一个专属的 boot Lun，这个 Lun 不能被其他的 ESX 访问使用、不能为 Direct-Connect 架构（没有 SAN Switch），另外还必须要设置 HBA 卡的 BIOS。

现在我们完成了第一台 ESX Server（ESX01）的安装，基本上将它的窗口最小化后就可以不用理它了。接着，重复刚刚所有的步骤创建第二台 ESX Server（ESX02），这是因为本书的实验环境需要有两部 ESX，这样我们才能实现一些高级的功能：vMotion/DRS/HA。

安装 vSphere client

1. 装好 ESX 后，接着要安装 vSphere client，要到哪里下载呢？其实在 ESX Server 的 Web 即可下载。

   首先打开 IE，输入 ESX01 的 IP 地址 http://192.168.1.101.....嗯？怎么会出现 503 Service Unavailable（如图 2-46 所示）？答案就是基于安全性考虑，默认并没有打开 ESX 的 web access 功能，如果需要访问，则必须在 COS 下用命令将它启动。

https://192.168.1.101/
503 Service Unavailable

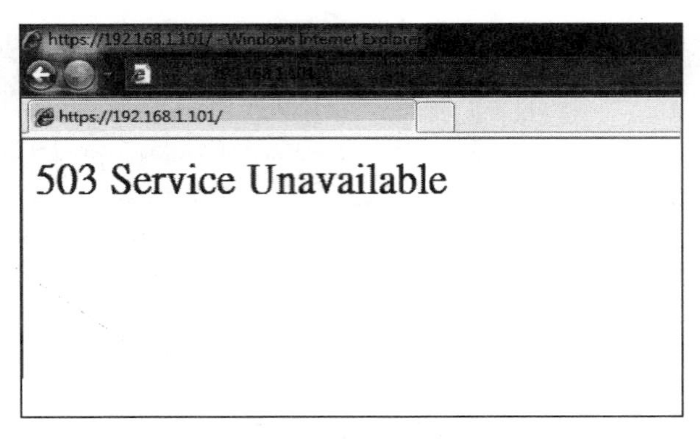

图 2-46

2. 将 ESX 界面打开，鼠标点进，按 **Alt+F1** 组合键，以 root 登录 COS 本地界面，如图 2-47 所示。

VMware ESX 4.0 (Kandinsky)
Kernel 2.6.18-128.ESX on an x86_64
esx01 login: root
Password: _

图 2-47

3. 在命令提示符下输入 **service vmware-webAccess status**（请注意 A 为大写），会出现 webAccess is stopped（表示目前是停止的状态，没有启动 web access），如图 2-48 所示。

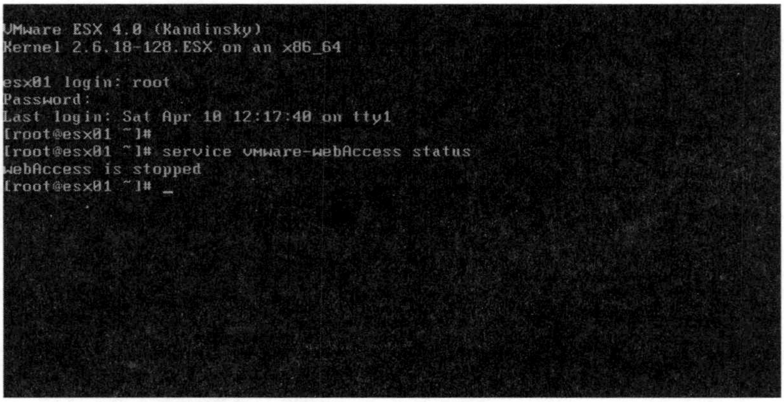

VMware ESX 4.0 (Kandinsky)
Kernel 2.6.18-128.ESX on an x86_64
esx01 login: root
Password:
Last login: Sat Apr 10 12:17:40 on tty1
[root@esx01 ~]#
[root@esx01 ~]# service vmware-webAccess status
webAccess is stopped
[root@esx01 ~]# _

图 2-48

4．接着输入 **service vmware-webAccess start**（注意 A 要大写），看见 OK 表示成功启动 web access，如图 2-49 所示。接着按 **Alt+F11** 组合键，然后将 ESX 窗口缩小。

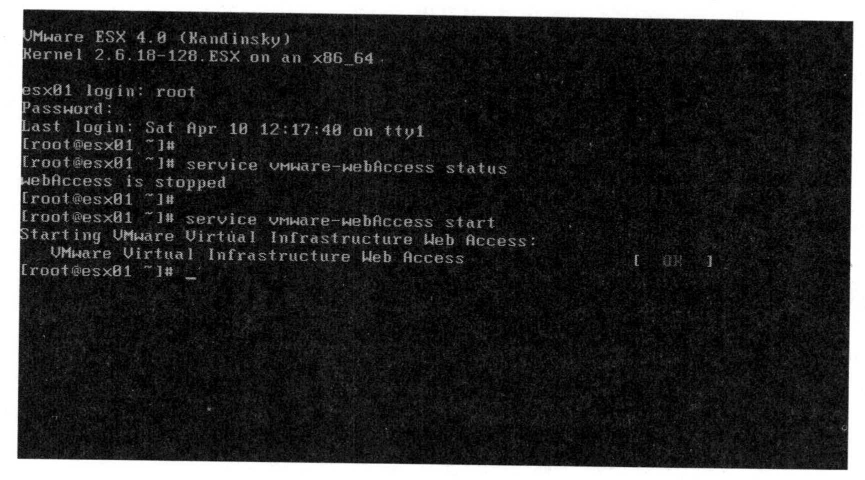

图 2-49

5．再输入 ESX01 的 IP 地址 **http://192.168.1.101**，出现了 Web 界面。接着单击选择“下载 **vSphere client**”，如图 2-50 所示。

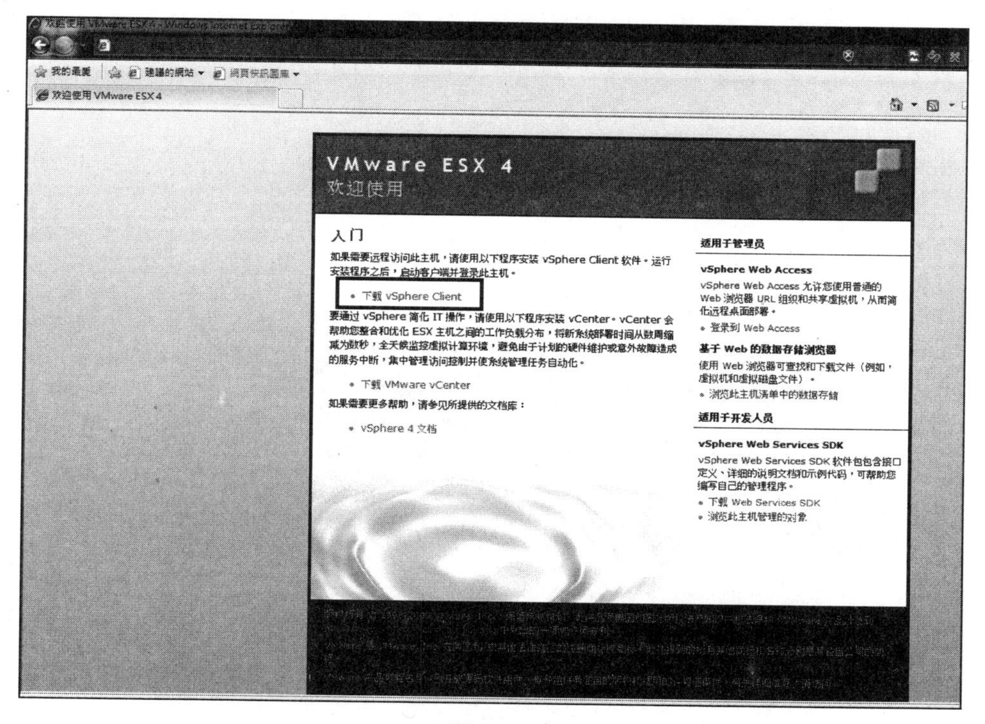

图 2-50

6．可以直接运行，或者先存储安装程序到硬盘上，如图 2-51 所示。

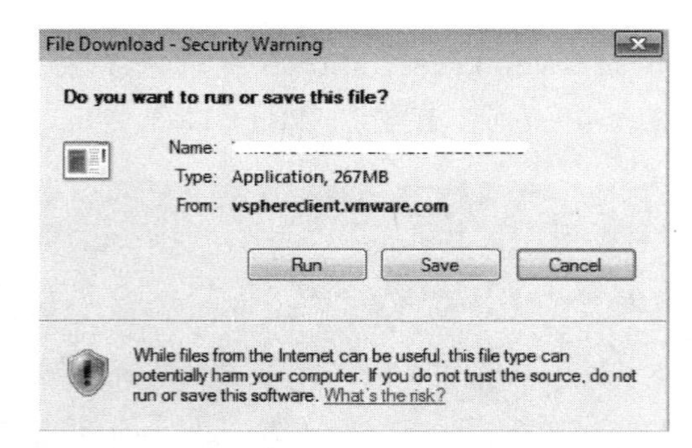

图 2-51

7．笔者选择将它存放在桌面上，如图 2-52 所示。

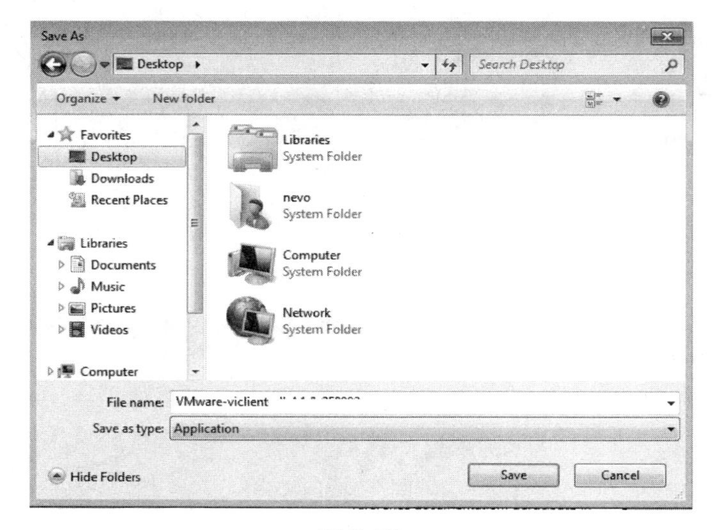

图 2-52

8．双击开始安装，如图 2-53 所示。

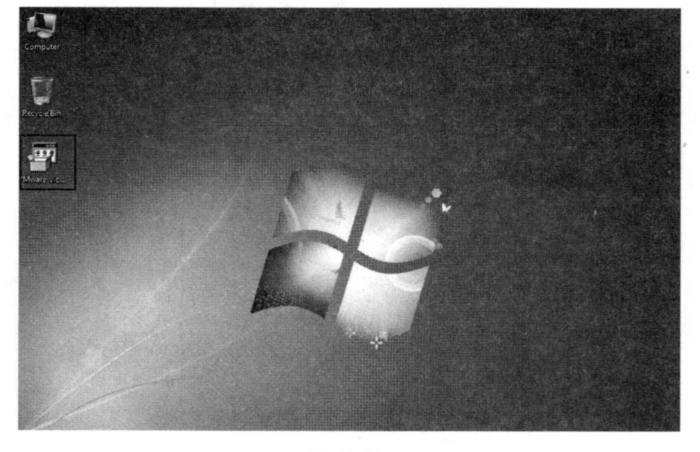

图 2-53

9．安装过程的语言，这里选择 **English**，如图 2-54 所示。

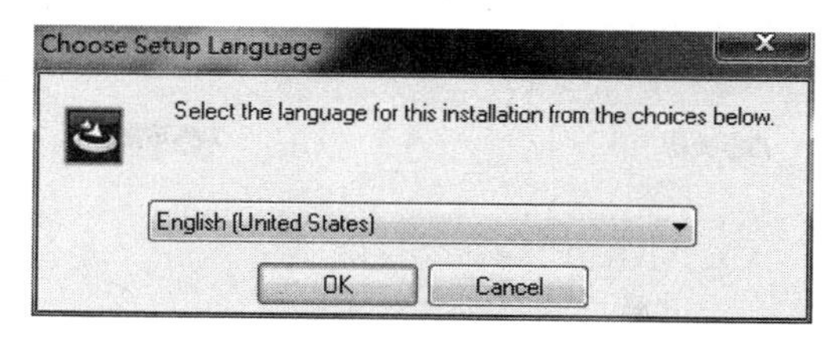

图 2-54

10．开始安装向导，单击 **Next** 按钮，如图 2-55 所示。

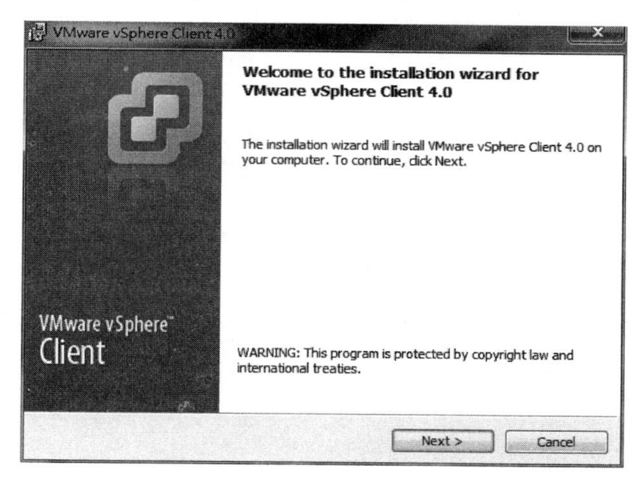

图 2-55

11．选择 **I agree to the terms in the license agreement**，然后单击 **Next** 按钮，如图 2-56 所示。

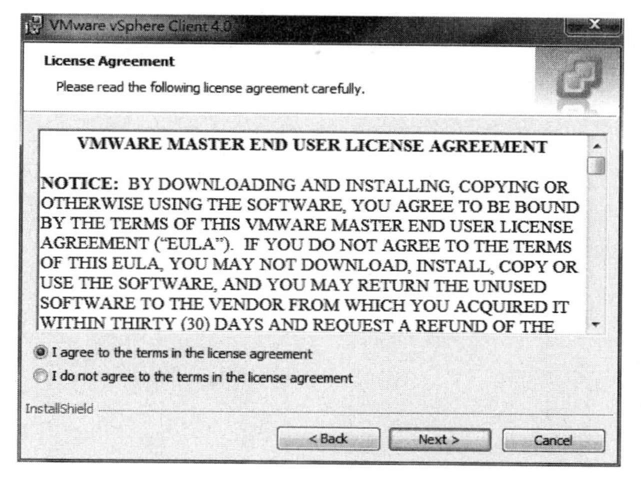

图 2-56

12．输入用户与组织名称，然后单击 **Next** 按钮，如图 2-57 所示。

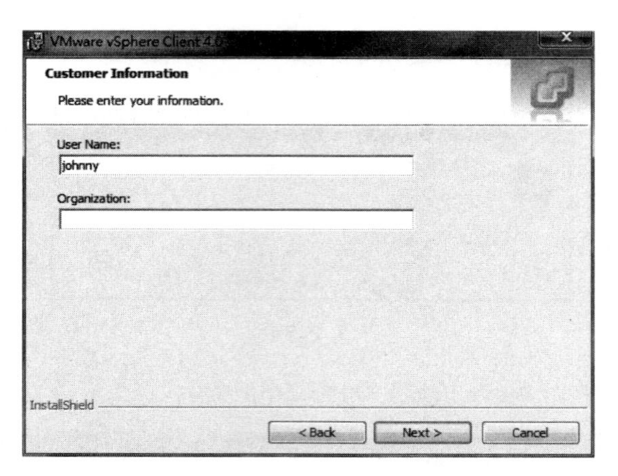

图 2-57

13. 有一个 Install vSphere Host Update Utility 4.0，这是给旧版 ESX 升级到新版的一个工具，在这里不会用到，所以不勾选，直接单击 **Next** 按钮，如图 2-58 所示。

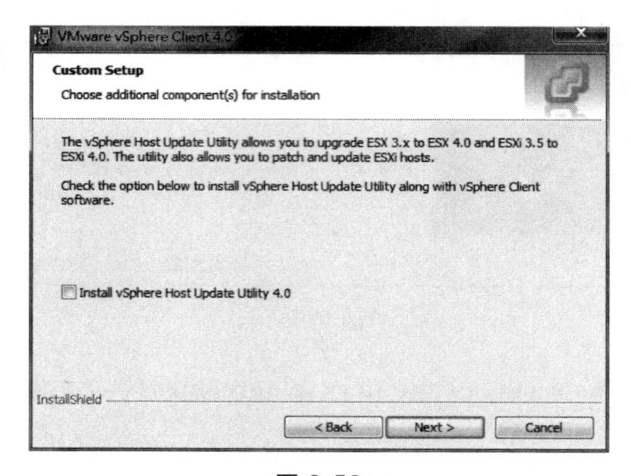

图 2-58

14. 安装 vSphere Client 的路径，采用默认即可，单击 **Next** 按钮，如图 2-59 所示。

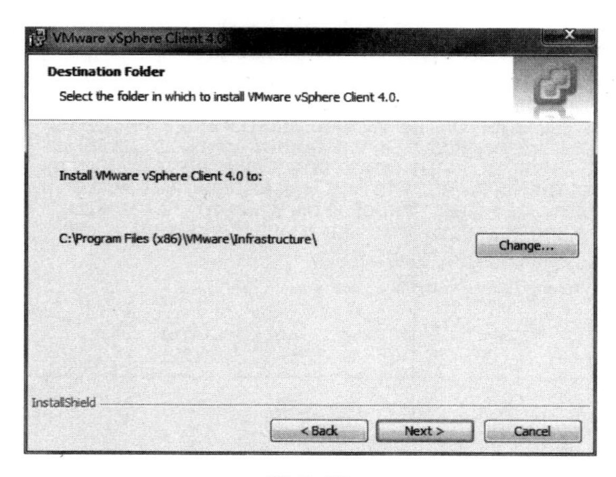

图 2-59

15. 直接单击 **Install** 按钮，如图 2-60 所示。

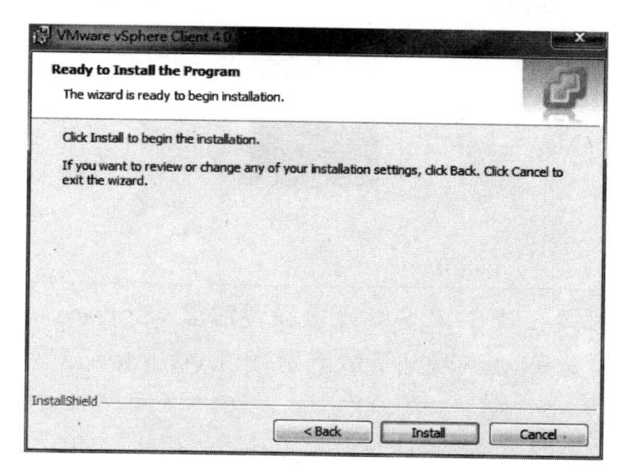

图 2-60

16. 开始安装，如图 2-61 所示。

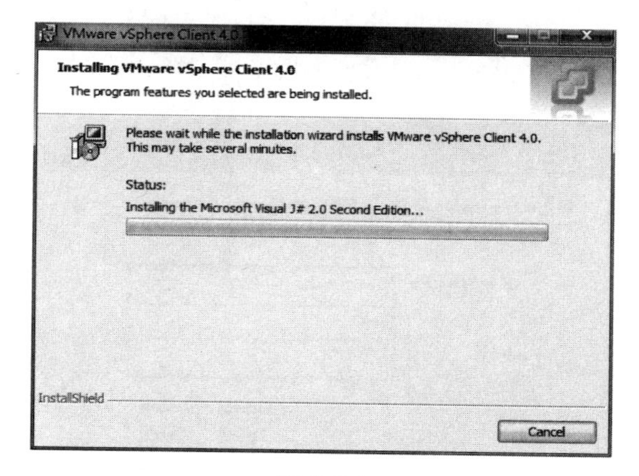

图 2-61

17. 安装完成后，单击 **Finish** 按钮，如图 2-62 所示。

图 2-62

18. 桌面上出现 vSphere client 的图标（如图 2-63 所示），双击即可运行。

图 2-63

注：vSphere 4.1 版本的 ESX/ESXi 光盘没有包含 vSphere client，且没有提供 web access 的方式，必须从 VMware 网站下载或是通过 vCenter 光盘安装。

---

19. 输入要连入管理的 ESX Server IP 或 hostname、root 账号和密码，如图 2-64 所示。例如 192.168.1.101 或 esx01.vi.com（必须有 DNS 进行名称解析）。

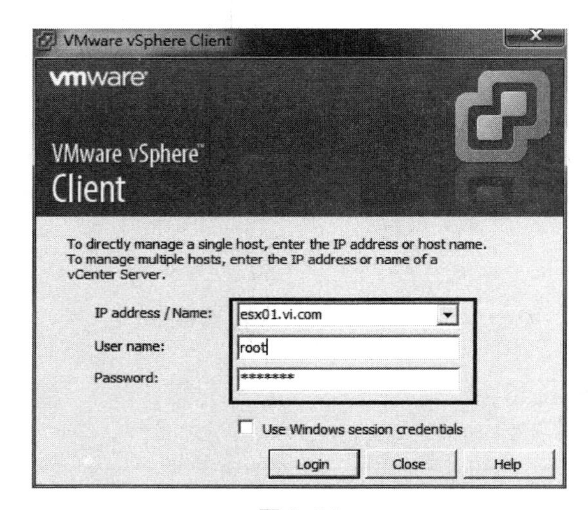

图 2-64

20. 先勾选 **Install this certificate and do not display any security warnings for...**，以避免每次都出现这个信息，然后单击 **Ignore** 按钮，如图 2-65 所示。

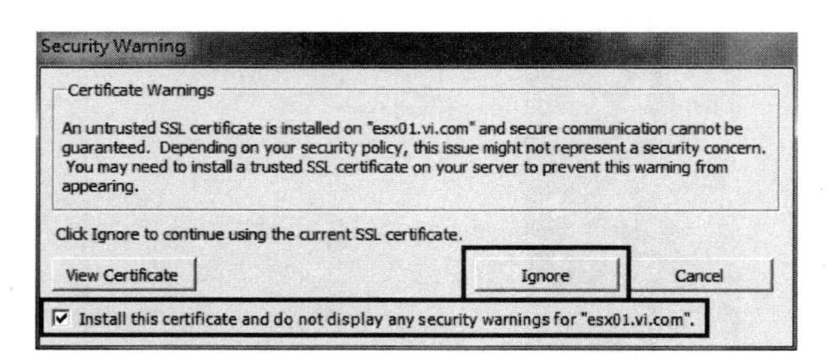

图 2-65

21. 这就是 vSphere client 连接到 ESX Server 的界面了，如图 2-66 所示。

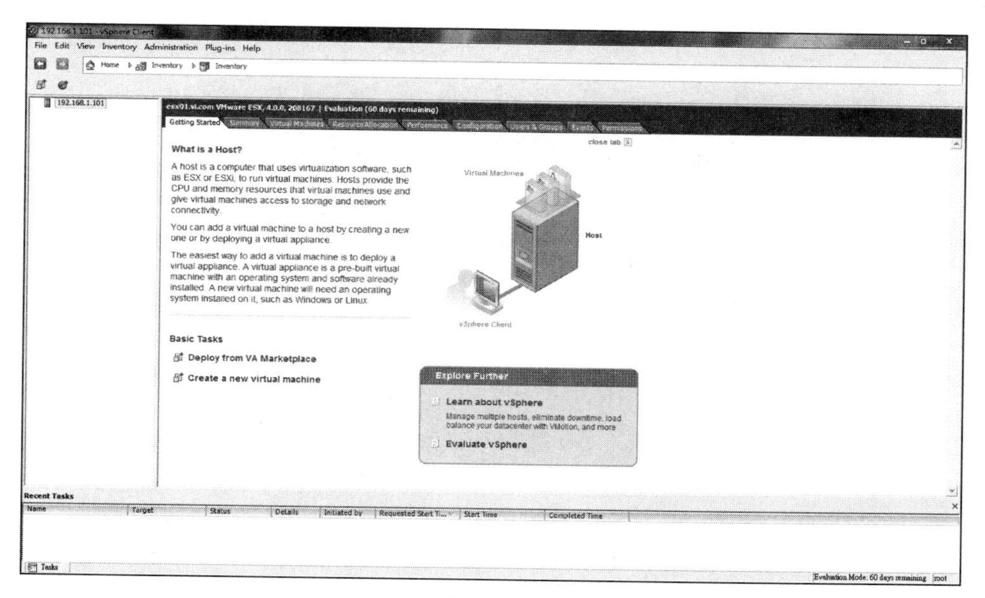

图 2-66

22. 另外偶尔也会出现使用天数剩下多少的提示，如图 2-67 所示。还记得吗？我们一开始安装 ESX 没有输入序列号，所以它会自动变成 Evaluation Mode 评估版本，功能全无限制，但是只能使用 60 天，并且会不时提醒你还剩几天可以使用。

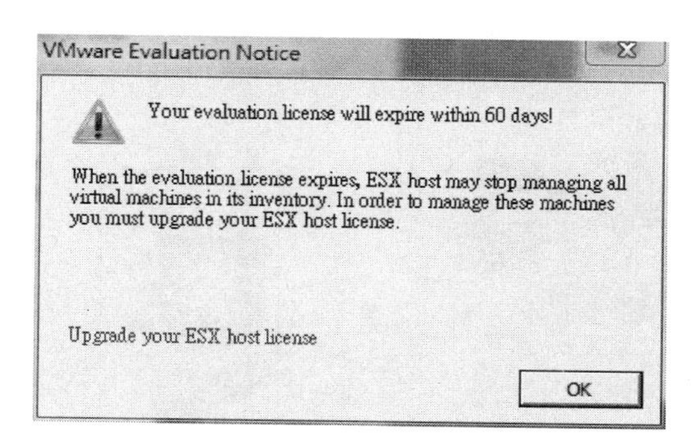

图 2-67

我们只用一台计算机模拟 vSphere 的架构，请各位想象，就像是图 2-68 和图 2-69 中的实体架构一样：你有一台台式机安装了 vSphere client，并且有三台实体服务器，一台当作 DNS，两台都安装了 ESX4.0。

至于一开始每个 ESX 服务器配置了 6 个网卡，网络配置的部分应该要怎样想象呢？可以将它想成实体服务器有一张双端口的实体网卡，再加了一张四端口的实体网卡上去，这样就有 6 个网络端口给一部实体服务器使用。

而我们一开始可以通过 vSphere client 联机到 ESX Server，是因为在安装的时候指定了 COS 的 IP，所以在联机的时候，其实是通过将实体网卡的一个端口当成 uplink 来与 COS 连接，这个部分现在不太了解没有关系，在第 4 章网络的部分会解释得更详细。

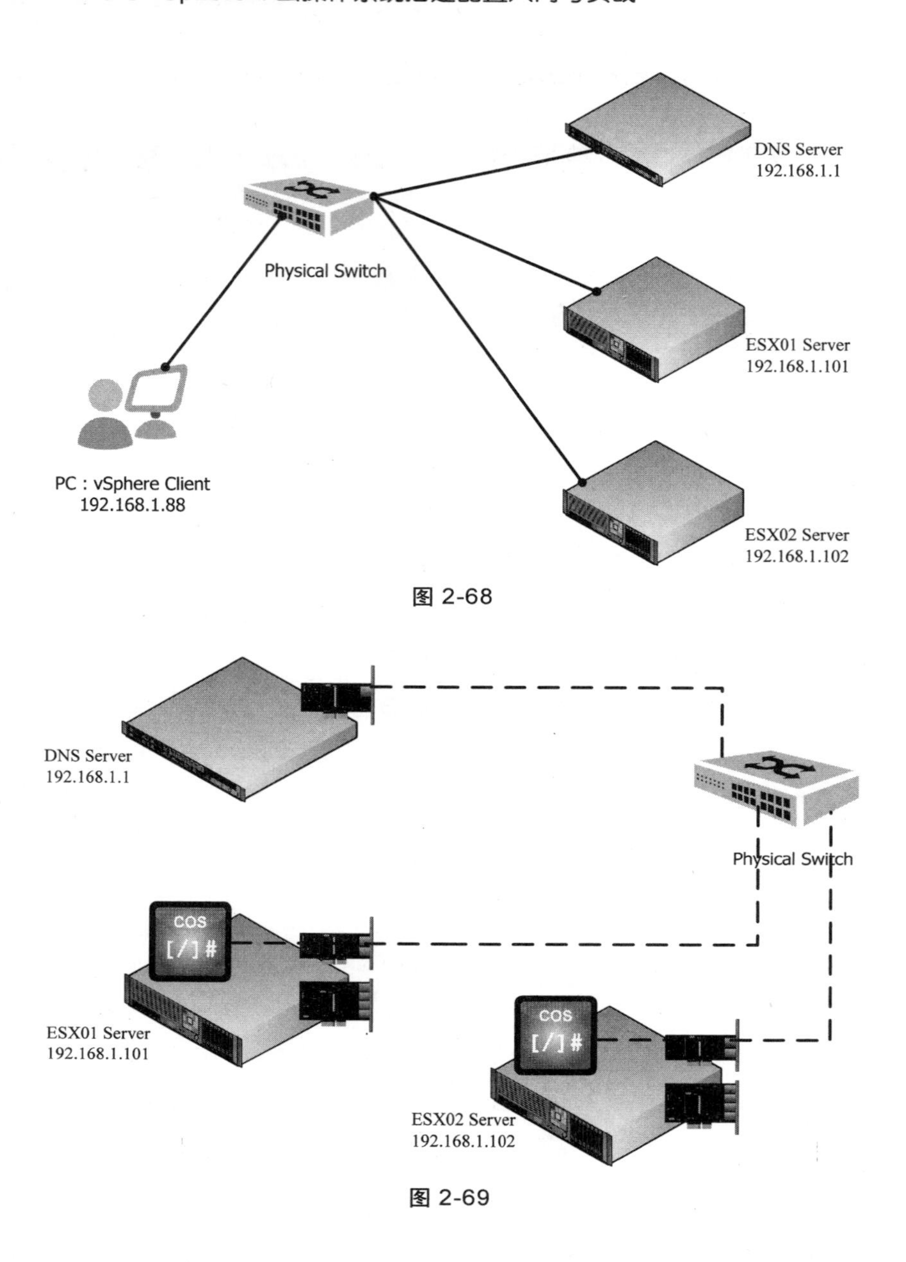

图 2-68

图 2-69

2-3 导航 ESX

下面以 vSphere client 连至 ESX Server，大概浏览一下设置与配置的部分。其实这些配置与设置在 vCenter 中都可以做到，我们不需要一台台 ESX 个别联机去进行设置，当公司环境有为数众多的 ESX Server 时，每次只能连上一部 ESX 进行设置是很累人的一件事，这时会需要 vCenter 来统一管理所有的 ESX Server。

另外想要达到高级的功能，例如 vMotion、HA 等，也一定要有 vCenter。所以 2-3 的目的是先让大家熟悉 vSphere client 的操作和 vSphere 图形界面的配置。

1. 这是用 vSphere client 直接联机到 ESX Server 的界面，左侧显示的服务器图案就是你所联机的 ESX host，如图 2-70 所示。

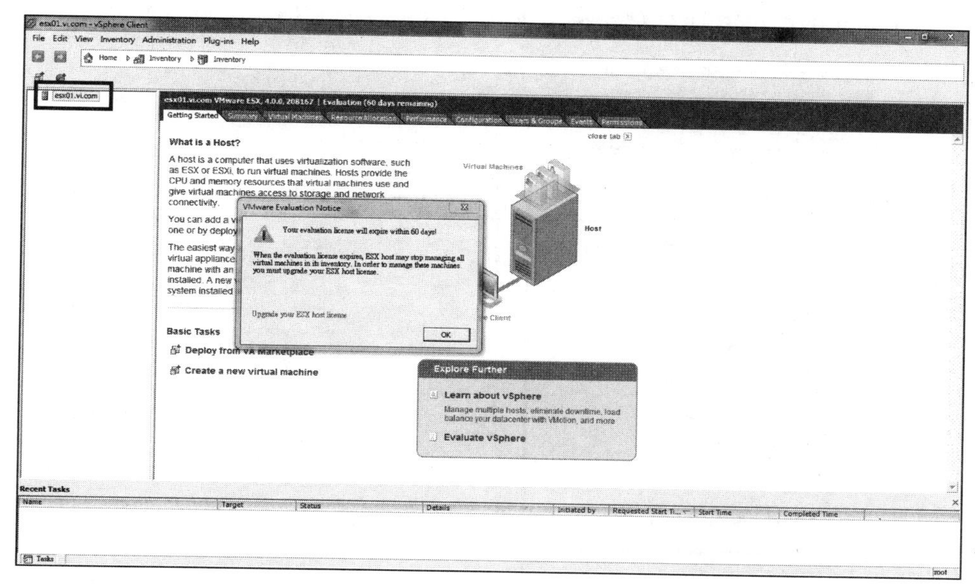

图 2-70

2. 下面要导航的是右侧上面整排的标签栏。点选 ESX、VM 等不同对象均会有标签栏，显示的状态与信息是针对该对象而定的，如图 2-71 所示。

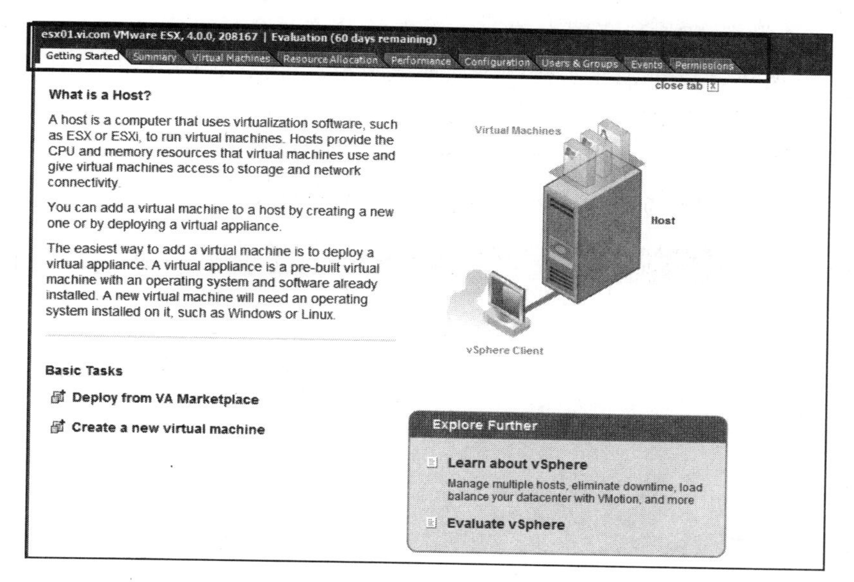

图 2-71

3. 首先看 **Summary**，如图 2-72 所示。
   - General：会有 CPU 和 License 的信息，此外还会显示出现在 ESX 是否启用了 vMotion、EVC、VMware Fault Tolerance 等功能。

- Resource：显示现在实体处理器及物理内存的耗用程度，还有网络与存储设备的连接。
- Commands：可以针对对象执行操作，例如关掉 ESX、新建 VM 等。

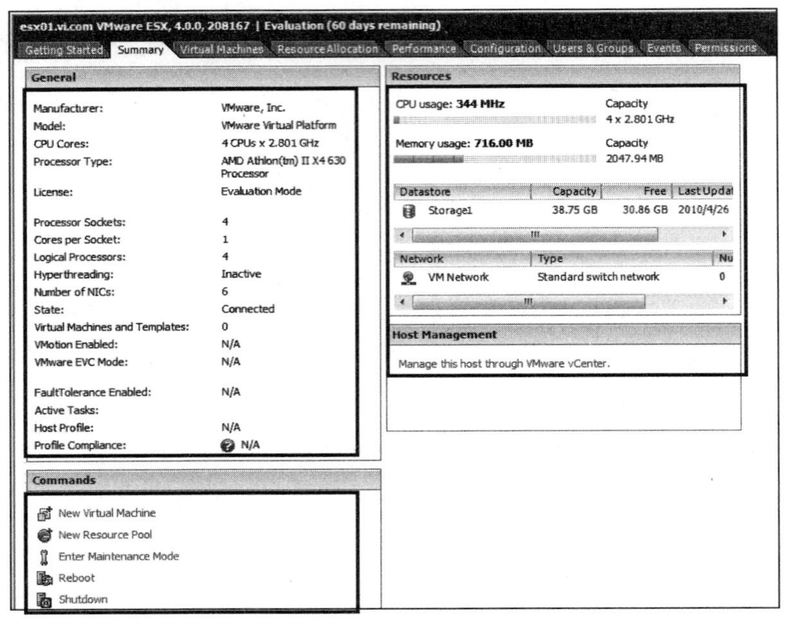

图 2-72

4. 因为目前还没有 VM 和资源设置，所以先跳过这两个标签，单击 **Performance**，如图 2-73 所示。这里会显示每隔一段时间 CPU、内存、网络和磁盘的使用情况，有很多指标可以进行性能监测。例如范例中我们的 ESX 有四块实体 CPU，按照顺序是 CPU0、1、2、3，可以选择你想监测的 CPU 来显示或是全部都列出来。并且可随时切换至 Memory、Network 或 Disk 来进行监控。

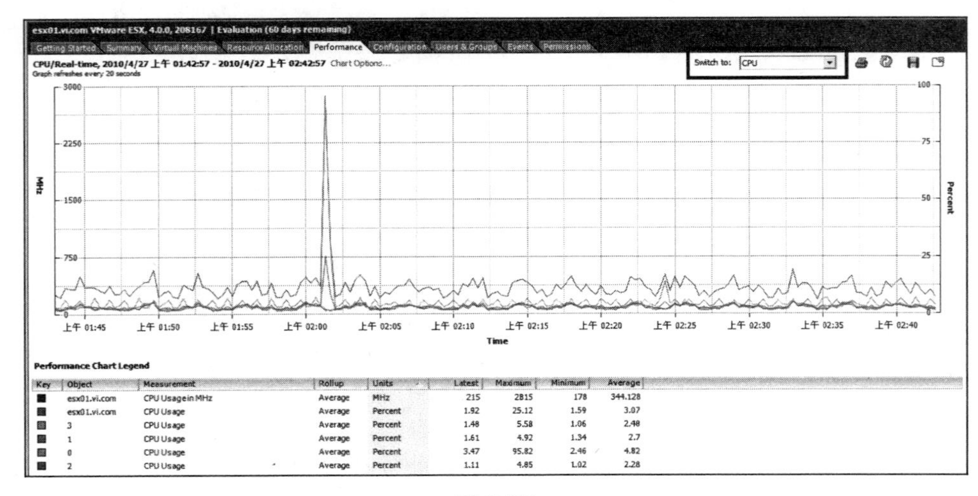

Key	Object	Measurement	Rollup	Units	Latest	Maximum	Minimum	Average
■	esx01.vi.com	CPU Usagein MHz	Average	MHz	215	2815	178	344.128
■	esx01.vi.com	CPU Usage	Average	Percent	1.92	25.12	1.59	3.07
■	3	CPU Usage	Average	Percent	1.48	5.58	1.06	2.48
■	1	CPU Usage	Average	Percent	1.61	4.92	1.34	2.7
■	0	CPU Usage	Average	Percent	3.47	95.82	2.46	4.82
■	2	CPU Usage	Average	Percent	1.11	4.85	1.02	2.28

图 2-73

5. 几乎所有的设置都是在 **Configuration** 这里完成的（如图 2-74 所示），分成 Hardware 和 Software 两个区块，单击 **Health Status**，可以看到服务器相关硬件的健康状态，由于我们的 ESX 是虚拟出来的，所以显示的硬件信息并不多。

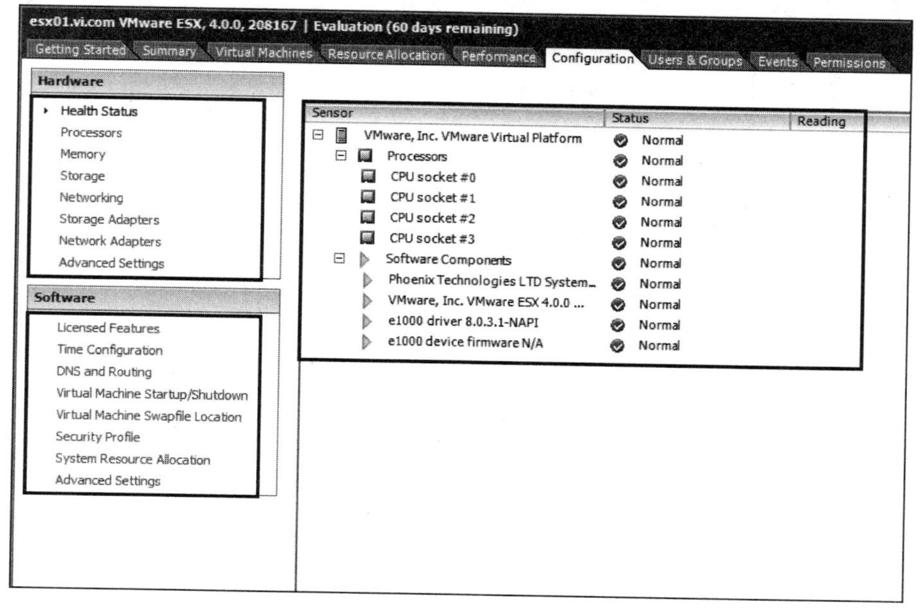

图 2-74

6. 单击 **Memory**，可看到 ESX 总物理内存为 2047MB，Service Console 占用了 300MB，System 占用 177MB，尚有 1570MB 是用来分配给虚拟机（Virtual Machines）使用的，如图 2-75 所示。

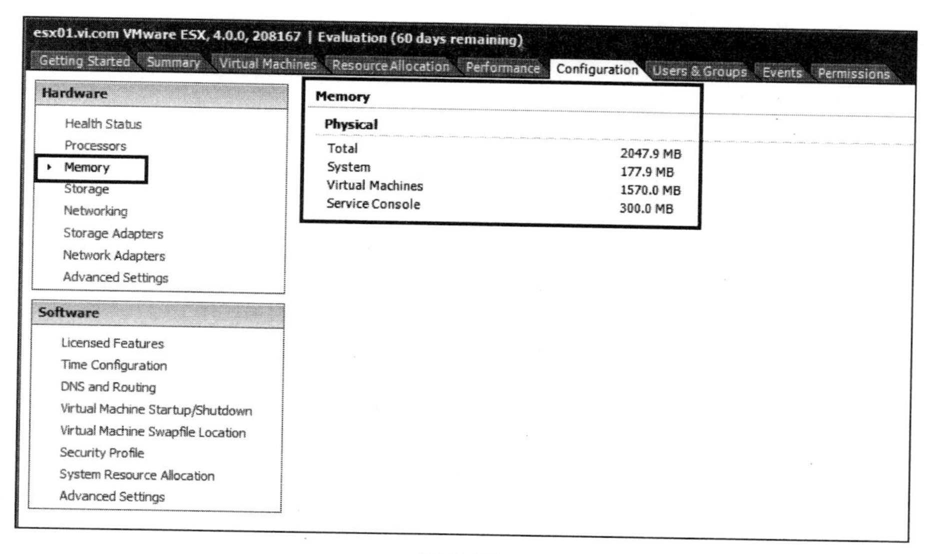

图 2-75

7. **Storage** 会显示与此 ESX 有关的存储设备，例如目前 ESX 只有一个 40GB 的硬盘，这里就可以看到有一个 Storage 1，是 local 的。下面会出现详细的 Datastore 配置情况，如图 2-76 所示。

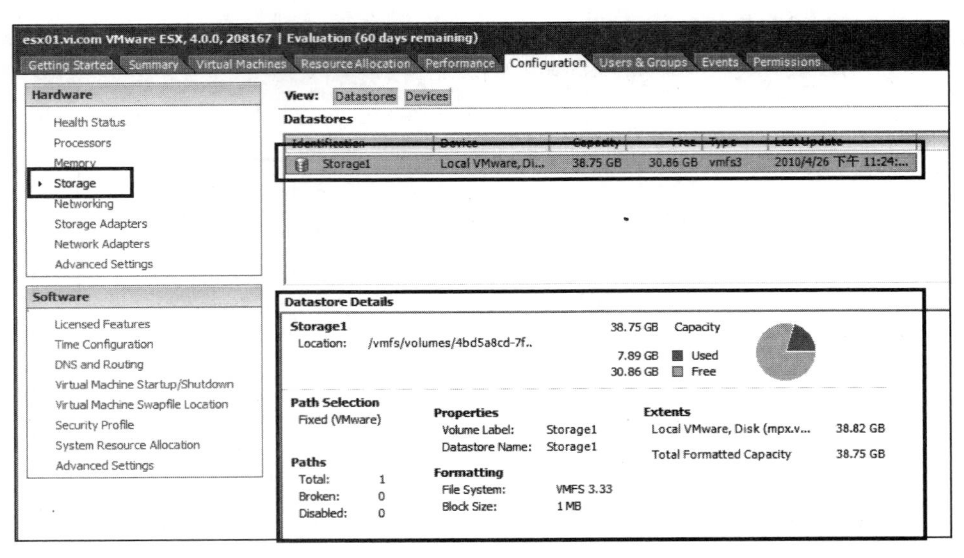

图 2-76

8. 单击 **Netwoking**，可以在这里看到虚拟交换器（Virtual Switch）的配置，Virtual Switch 的添加、vMotion 网络启用，以及实体网卡的负载平衡设置均可以在这里完成，如图 2-77 所示。

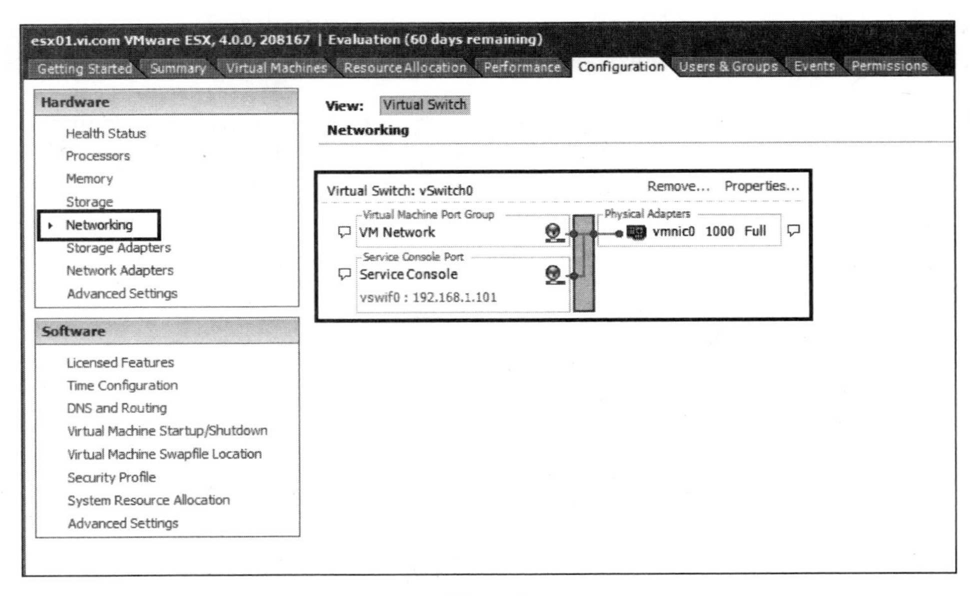

图 2-77

9. **Storage Adapters** 提供有关存储控制器的信息与设置，包括 IDE Controller、SAN HBA、iSCSI software Adapter 等，如图 2-78 所示。

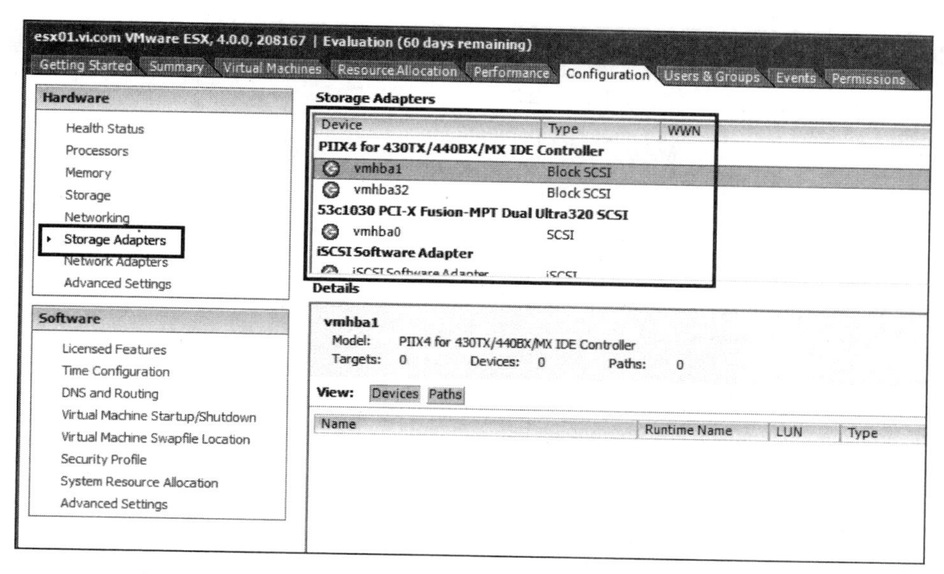

图 2-78

10. **Network Adapters** 可以列出目前 ESX 实体网卡的信息，例如连接哪个 Virtual Switch、MAC address 等，如图 2-79 所示。

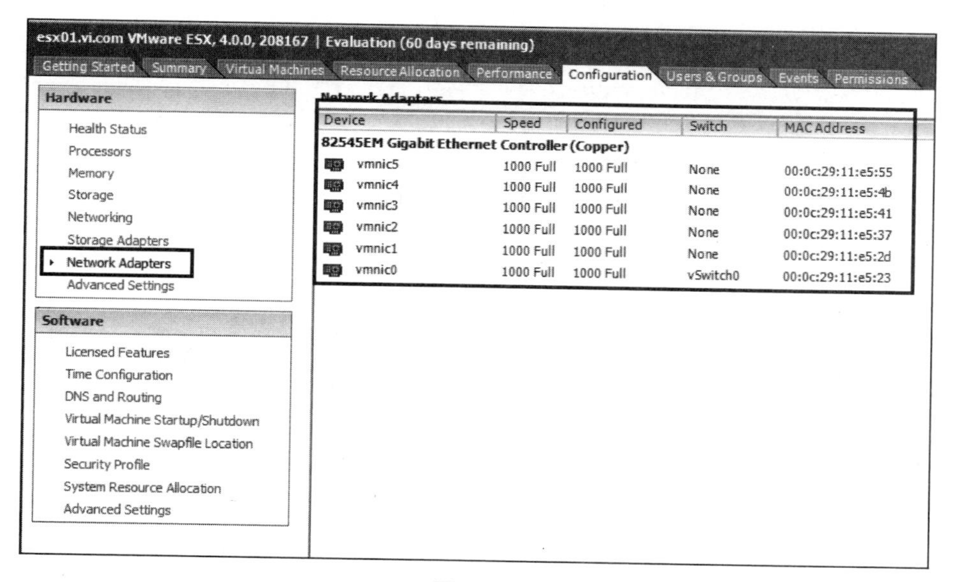

图 2-79

11. Advanced Settings 可以设置一些高级选项，例如 VMDirectPath I/O，如图 2-80 所示。这个功能可将实体的 HBA 卡或网卡直接用 pass-through 的方式指派给某一个 VM 单独使用，VMkernel 不去控制该硬件，所以不能让其他的 VM 来共享它。如果你的某一个 VM 有大量 I/O 的需求，不愿意分享硬件资源给其他的 VM，则可以用这个模式。要注意的是，ESX Server 的芯片组必须支持 Intel VT-d 或 AMD IOMMU 的功能才行。

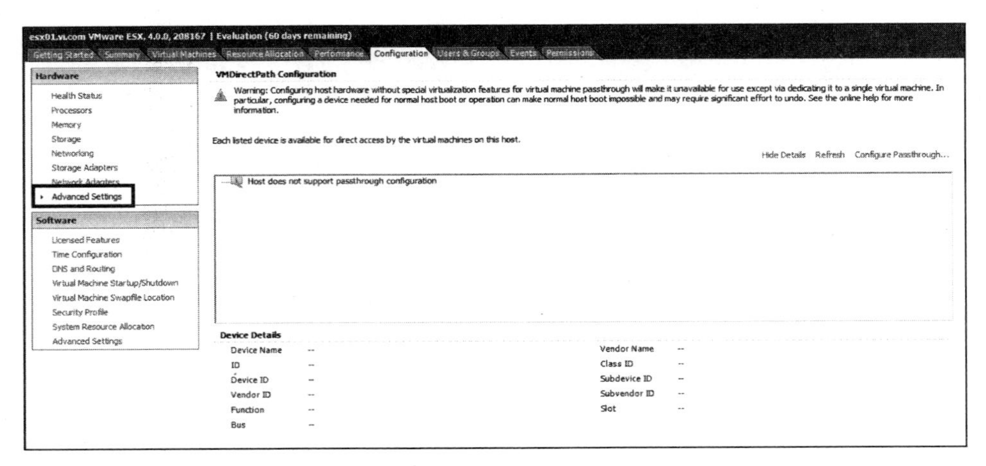

图 2-80

12．再来看 Software 区块。首先选择 **Licensed Features**，会显示出目前 ESX 的授权版本是否有到期日以及可以使用何种功能，如图 2-81 所示。VMware vSphere 4 采用的是序列号授权，费用以实体 CPU 数目计价，任何功能的有无均由序列号来作决定。你可以随时输入一组序列号替换原来的 ESX 授权模式，例如我们目前显示的是 Evaluation Mode（No License Key），所以有到期日限制，当购买了正式版本之后，来这里输入序列号即可。

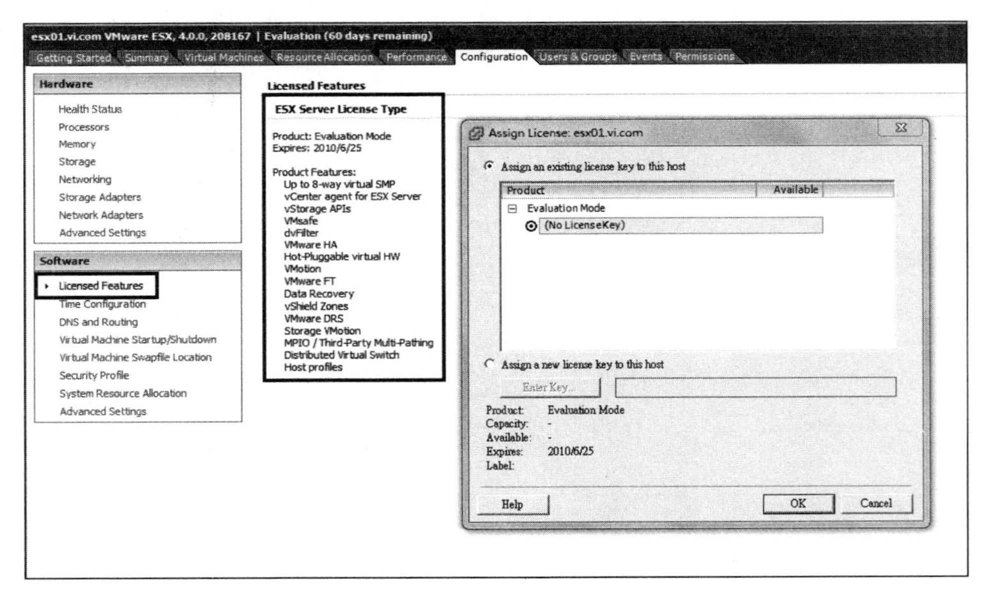

图 2-81

13．**Time Configuration** 这个选项相当重要，在企业环境下会有许多 ESX Server 同时运行，我们可以将这些 ESX 通过 vCenter 创建出 Cluser，将数个 ESX 归类在一个组，这样就可以配置 DRS 与 VMware HA、Resource Pool。这时 ESX 彼此之间的时间同步就十分重要了。

在 Time Configuration 中可以将 ESX 设置为 NTP client，通常公司环境会有 Time Server 来保持时间的一致性，只要在所有 ESX 上启用 NTP client 即可，如图 2-82 所示。

假使每个 ESX Server 的时间都不一致，会导致 log 信息时间错误、历史数据、性能监控失准等问题产生。

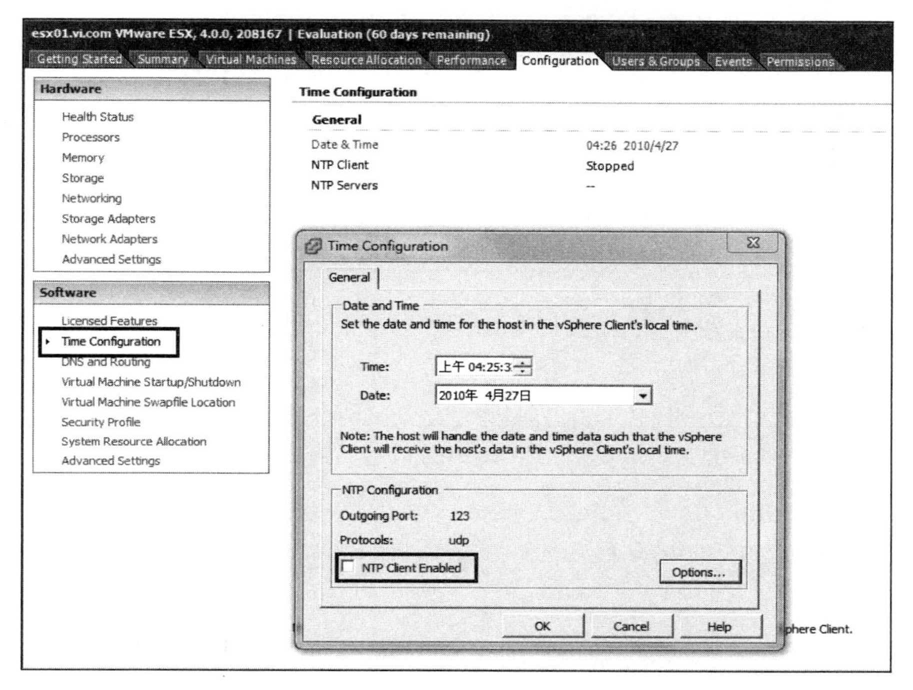

图 2-82

14. 在此输入 NTP Server 的 IP 即可，不过我们的环境中没有 Time Server，而且本书实作的部分并没有涉及这一方面，所以不用设置 NTP Server，如图 2-83 所示。不过，还是要再强调一次，ESX 的时间同步在企业的虚拟化运行上是非常重要的。

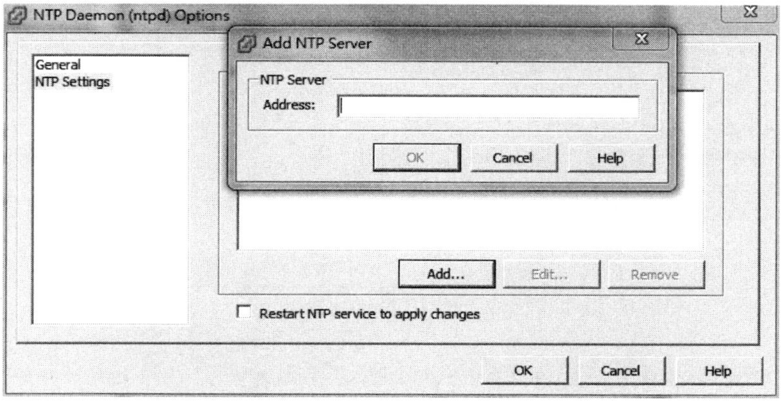

图 2-83

15. DNS and Routing：可以更改 ESX 的 Host name、DNS Server 和 Gateways，如图 2-84 所示。

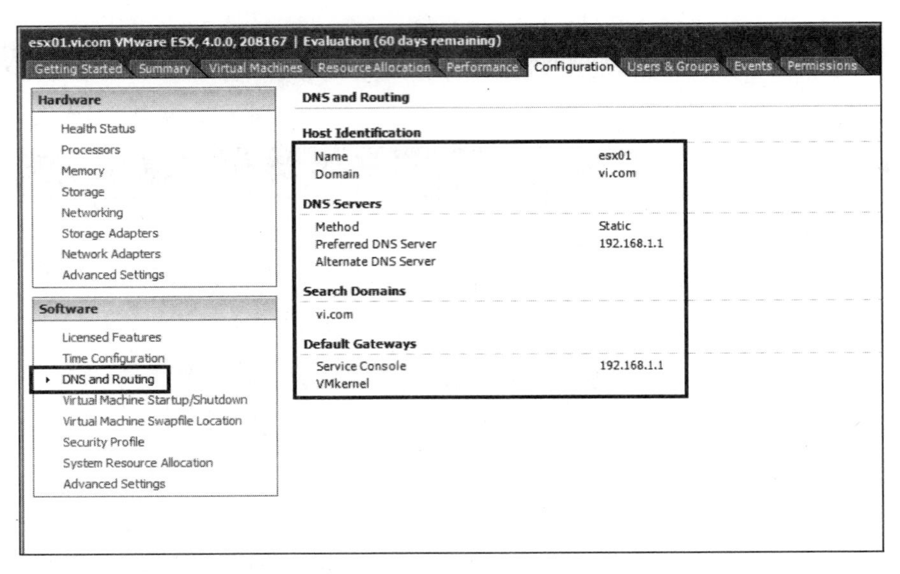

图 2-84

16. Security Profile：这是 Service Console（COS）虚拟机的防火墙，如果打开服务或装有 agent 的话，记得到这里来打开 Incoming 或 Outgoing 的 Port number，如图 2-85 所示。

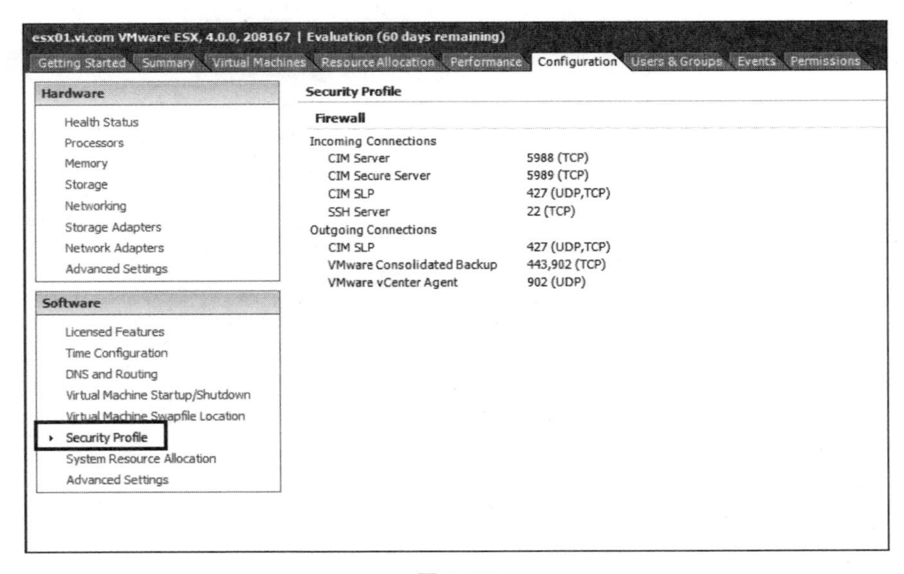

图 2-85

17. 在 Firewall Properties 这里勾选即可，通常打开服务时会一并自动打开 port number，如图 2-86 所示。请注意这个防火墙是 COS 的，与 Hypervisor 并没有关系。

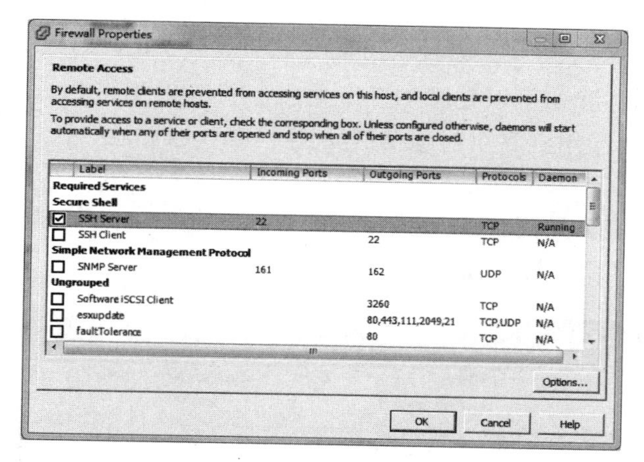

图 2-86

18． 接下来是 **Users&Groups**，这里会显示 COS 里的用户，我们在安装过程中新建一个用户 johnny，其实是在 Service Console 中的账号，在这里出现，UID=500，如图 2-87 所示。

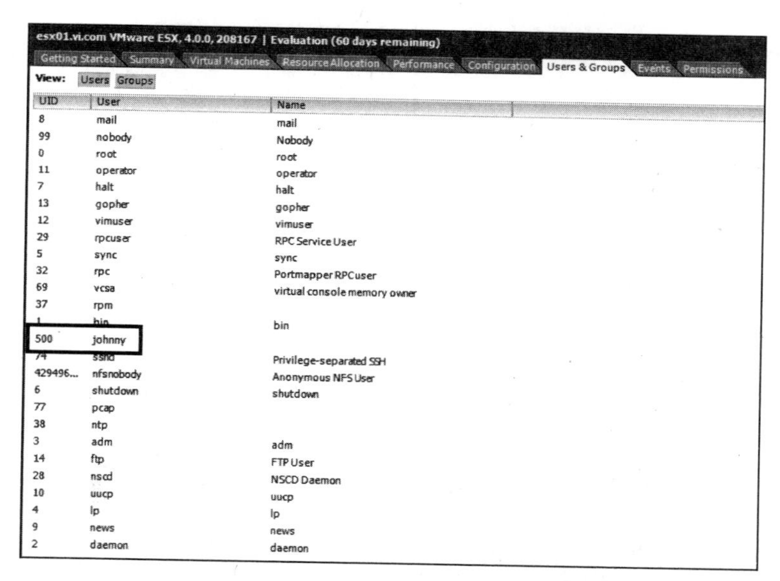

UID	User	Name
8	mail	mail
99	nobody	Nobody
0	root	root
11	operator	operator
7	halt	halt
13	gopher	gopher
12	vimuser	vimuser
29	rpcuser	RPC Service User
5	sync	sync
32	rpc	Portmapper RPCuser
69	vcsa	virtual console memory owner
37	rpm	
1	bin	bin
500	johnny	
74	sshd	Privilege-separated SSH
429496...	nfsnobody	Anonymous NFS User
6	shutdown	shutdown
77	pcap	
38	ntp	
3	adm	adm
14	ftp	FTP User
28	nscd	NSCD Daemon
10	uucp	uucp
4	lp	lp
9	news	news
2	daemon	daemon

图 2-87

19．Event：产生的事件均记录在此以供查询，如图 2-88 所示。

esx01.vi.com VMware ESX, 4.0.0, 208167 | Evaluation (60 days remaining)

Getting Started | Summary | Virtual Machines | Resource Allocation | Performance | Configuration | Users & Groups | Events | Permissions

Show all entries ▾

Description	Type	Date Time	Task	Target	User
User root@192.168.1.88 logged in	info	2010/4/27 上午 02:35:03			root
User root logged out	info	2010/4/26 下午 11:24:26			root
User root@127.0.0.1 logged in	info	2010/4/26 下午 11:24:26			root
User root logged out	info	2010/4/26 下午 11:24:26			root
User root@127.0.0.1 logged in	info	2010/4/26 下午 11:24:26			root

图 2-88

20. 在 **Permissions** 里可以定义哪些用户拥有哪些权限，可针对哪些对象来进行管理，如图 2-89 所示。我们可以先添加一个角色，勾选想要的 Privileges，再将此角色赋予用户，然后应用到某个对象（例如整个 host 或单独一个 VM）就完成了权限设置。

Permissions 在多人共同管理 vCenter 或 ESX host 的时候会需要用到，因为本书的主题是入门的设置与体验，所以这个部分就没有多加介绍了。

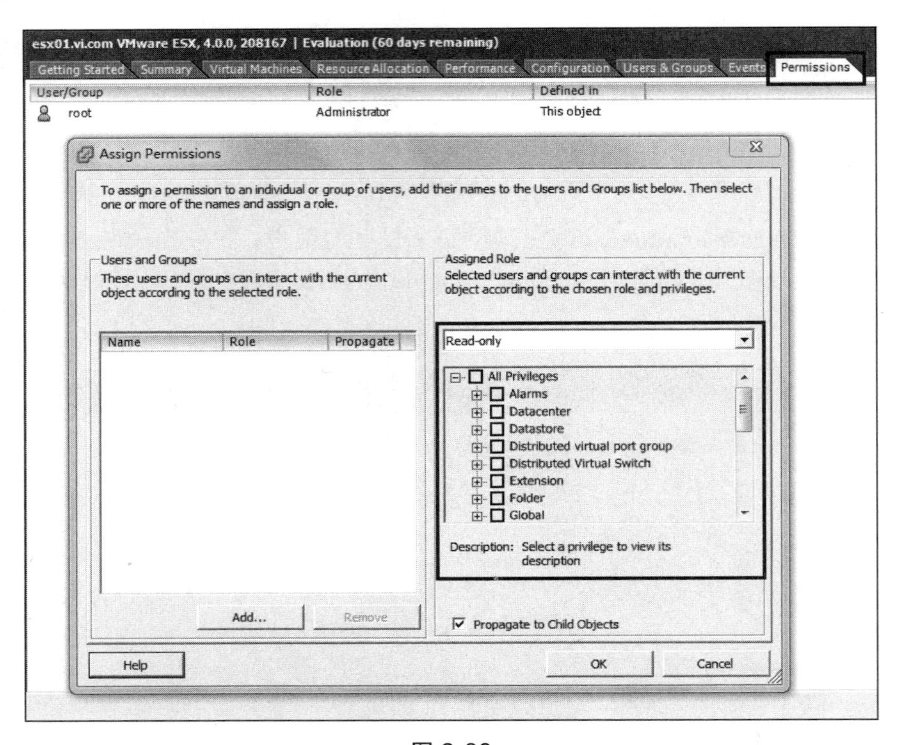

图 2-89

Q：远程用 root 账号 SSH 登录 COS，却出现 access denied？

安装好 ESX，因为安全考虑的关系，默认是无法远程 SSH 登录 COS 的，如果你有远程登录需求，请先用一般用户账号登录，再切换身份为 Root。如果一定要直接以 Root login 的话，那么就要去更改 sshd_config 设置文件。不啰唆了，我们直接连上 VMware KB 看看怎么做，既可以节省篇幅，又可以顺便学习如何查询 Knowledge Base。

1. 打开浏览器，连上 **http://kb.vmware.com**，如图 2-90 所示。VMware KB 是个拥有丰富信息的地方，举凡 bug、What's new、Spec、How to 都可以查询得到，推荐给各位。

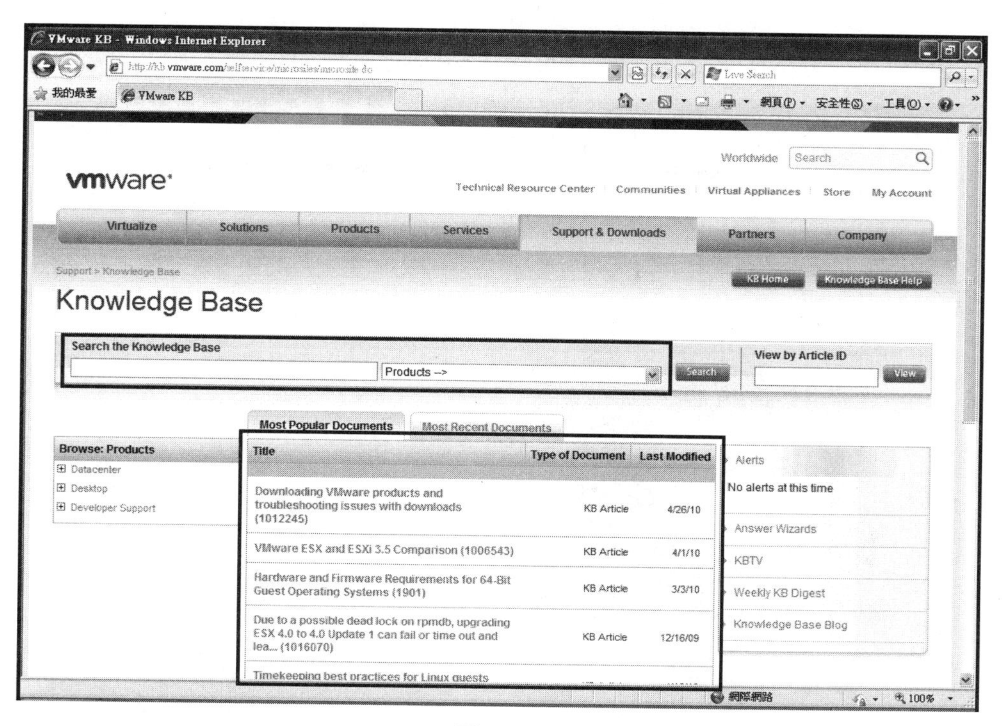

图 2-90

2．我们已经知道 KB ID，所以选择 View by Article，输入 **8375637**，单击 **View** 按钮，如图 2-91 所示。

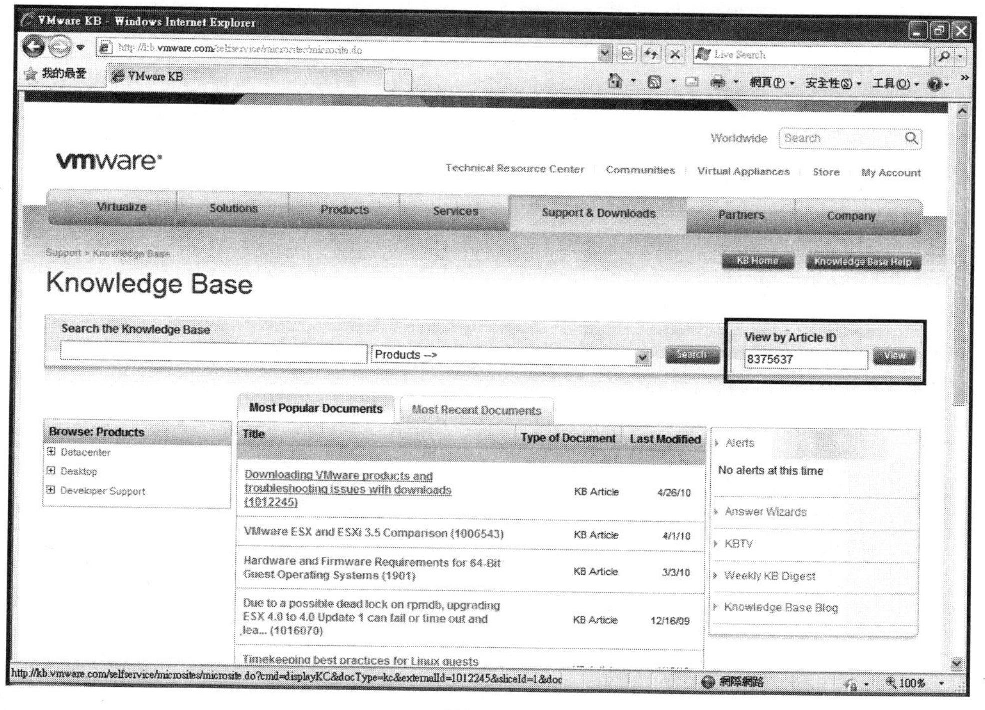

图 2-91

3．出现教学了，还有 YouTube 在线影音操作界面呢，如图 2-92 所示。

图 2-92

现在，各位都对 VMware vSphere 有一些基本的了解了。同样的东西，因为语系或简写、表述的方式不同，常会派生出很多同义字。为了不让读者混淆，我们在此将下列名词进行统一：

- ESX/ESXi Server ➔ 后面章节以 ESX/ESXi host 称之。
- Service Console ➔ 后面章节以 COS（Console OS）称之。
- 虚拟机➔ 后面章节以 VM（Virtual Machine）称之。

另外在本书即将完成时，VMware 也发表了 vSphere 4.1，架构一脉相承。因为本书重点在于基础入门，这些基本概念都是不变的，请各位不必担心会有差异性，笔者也会在最后一章完整地向大家介绍 4.1 新增的功能。

vSphere 4.1 改变了两个旧有名称：

- ESXi free edition：免费版 ESXi 改称为 VMware vSphere Hypervisor。
- VMotion：现在改称为 vMotion。

CHAPTER 3

创造你的第二朵云 - vCenter

3-1 认识 vCenter

什么是 vCenter？

vCenter 是 vSphere 架构中负责管理 Clusters、Resources Pools、ESX/ESXi hosts、VM 等对象的运行系统，另外提供了许多额外的功能模块来扩展你的虚拟架构。vCenter 是不可或缺的一个环节，也是各位要创造出来的第二朵云。少了它，就无法集中统一控管 vSphere，并且无法使用 VMware HA、vMotion、DRS 等功能。换句话说，vCenter 是 VMware 虚拟化架构的管理中心，如图 3-1 和图 3-2 所示。

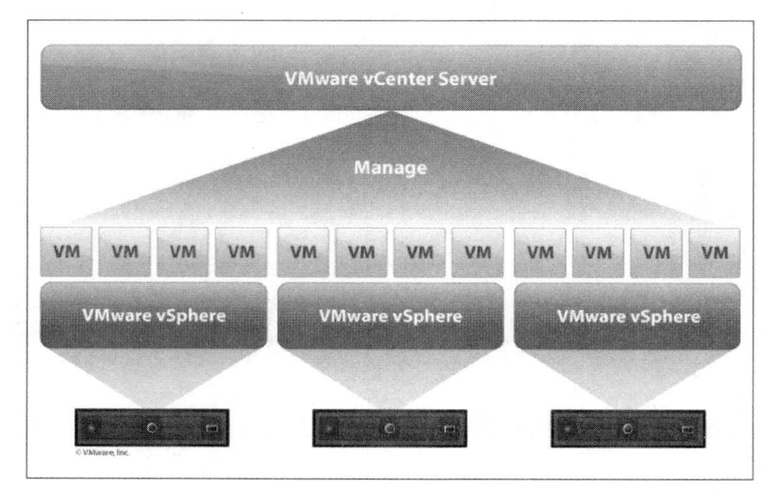

图 3-1　　图片来源：VMware 网站

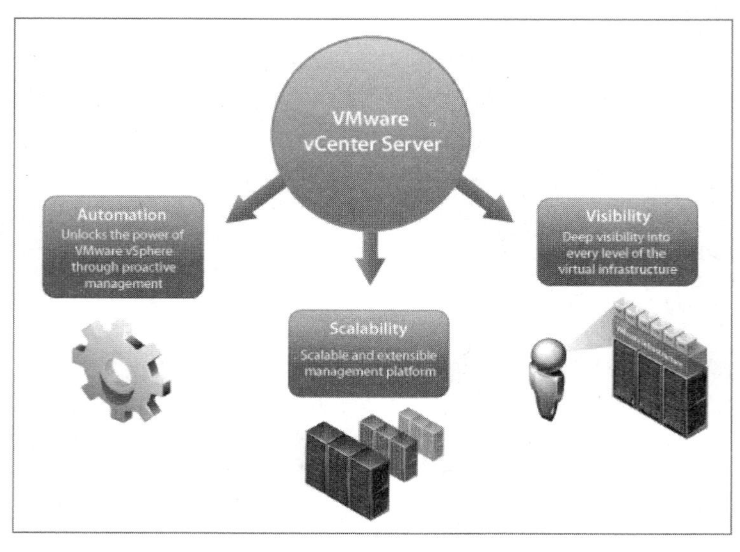

图 3-2　　图片来源：VMware 网站

vCenter 提供了以 vSphere client 图形接口访问和 Web 访问等管理功能。另外它需要拥有一个数据库来存放所有的 event、log、performance data 等状态，所以我们必须先要在网络环境上有一个 DB Server。vSphere 平台的自动化功能、扩展性应用、各层级的管理均依赖 vCenter。

Q：不另外购买 vCenter 可以吗？

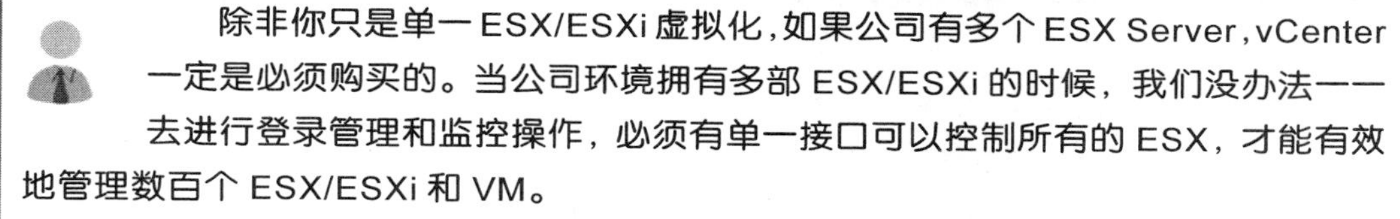

除非你只是单一 ESX/ESXi 虚拟化，如果公司有多个 ESX Server，vCenter 一定是必须购买的。当公司环境拥有多部 ESX/ESXi 的时候，我们没办法一一去进行登录管理和监控操作，必须有单一接口可以控制所有的 ESX，才能有效地管理数百个 ESX/ESXi 和 VM。

除了 vSphere Essentials 和 Essentials Plus 版本的 vCenter 包含在内外，其他版本的 vCenter 是额外授权的，需要另外付费。但是 Essentials 的 vCenter 是 Foundation 版本，被限制在只能管控不超过 3 部 ESX/ESXi 的环境。

Q：Essentials 与 Essentials Plus 是比较特殊的 vSphere 版本吗？

vSphere Essentials 是特别为中小企业提供的一个优惠版本，不同于其他版本，vSphere Essentials 不以实体处理器数量计算授权费用，而是 3 个实体 ESX 服务器以内的授权，并提供 vCenter for Essential 进行控管（但单一实体服务器内的 CPU 数不能超过 2 块）。所以会有 6 个实体 CPU 授权可分配给 3 部 ESX host，倘若你的 3 部 ESX 都只是单块 CPU 机种，虽然还会剩下 3 个 CPU 授权尚未使用，但是也不允许增加第 4 部 ESX 进到 vCenter 中。

vSphere4 Essentilas 又分为两种：Essentials 和 Essentials Plus 版本。前者不包含 HA 与 Data Recovery 功能，而后者则包含。

注： 新版 vSphere 4.1 Essentials Plus 已经将 vMotion 功能包含进去了。

vCenter 的软硬件需求

安装 vCenter 的硬件基本需求如下：

- CPU：Intel 或 AMD x86 处理器，2GHz 以上
- Memory：2GB RAM
- Disk：2GB 硬盘空间
- Network：一张网卡（GbE recommended）

请注意，CPU 与内存均为基本要求，如果你是将数据库与 vCenter 装在同一个操作系统上，并且环境中有许多 ESX 和 VM 的话，CPU 和 Memory 的需求要更多。

软件需求：

vCenter 所需操作系统：Windows XP、Windows 2003 Server 或 Windows Server 2008。不论 32 位还是 64 位的 Windows，都可以安装 vCenter。

注：为了扩展 vCenter 管理 ESX host 和 VM 的数量，vCenter Server 4.1 后，将只支持 64 位的 Windows OS。

DataBase 需求，目前 vCenter 支持的数据库：

- Microsoft SQL Server 2005
- Microsoft SQL Server 2008
- Oracle 10g、11g

如果公司环境没有 DB Server 可供 vCenter 使用的话，可以用 vCenter 光盘内置的 Microsoft SQL Server 2005 Express 免费安装使用，本书的测试环境就是使用这个版本。但因为是免费的，微软限制了数据库的大小和联机数，所以 SQL Server 2005 Express 比较适合应用在测试的环境或是小型的公司部门环境（基本上要控管的 ESX/ESXi 不超过 5 部，虚拟机不超过 50 个的情况较为适用）。

Q：vCenter 只需要一个就可以吗？

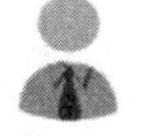

视公司环境而定。如果数据中心的 ESX/ESXi 和 VM 的数量非常庞大，就有可能会需要数个 vCenter。根据 VMware Configuration Maximums 4.0 文件：单一 vCenter 在 32 位的 OS 下可以管控 200 个 ESX Hosts、2000 个 VM。如果安装在 64 位的 OS 下，则可管控 300 个 ESX Hosts、3000 个 VM。如果数据中心的 ESX host 与 VM 超过此数量则必须要有第二、第三个 vCenter，然后以 Linked Mode 将之连接起来，显示于单一接口。

另一种情形是，如果公司是跨国、跨 WAN 的情况，虽然单一 vCenter 可以通过 WAN 来进行连接管理，有时考虑到全球组织架构的分层权责或安全设置，也会使用不止一个 vCenter。

vSphere 4.0 Configuration Maximums 文件下载：

http://www.vmware.com/pdf/vsphere4/r40/vsp_40_config_max.pdf

vSphere 4.1 Configuration Maximums 文件下载：

http://www.vmware.com/pdf/vsphere4/r41/vsp_41_config_max.pdf

注：在 4.1 版单一 vCenter 可管控的 ESX/ESXi Hosts 已达到 1000 个时，同时间开机运行的 VM 可高达 10000 个。

Q：可否将 vCenter 安装于虚拟机上？

可以的。在本书的范例里，vCenter 就是以 VM 的形式存在（不过是属于外层 VMware Player 的 VM，不受 HA 保护）。这种方式的优点是 vCenter 可以享受到 VMware HA 的保护与虚拟架构的快速备份、迁移；缺点是，如果将 vCenter 安装于 ESX VM，占用的是 ESX Host 的硬件资源。安装于实体服务器的好处是与虚拟架构隔离开来，vCenter 不必与其他 VM 共享资源，缺点是你得另外提供保护实体服务器的机制，例如备份、硬件容错、另一部备机或者不停顿运行的架构（例如 MSCS、vCenter Server Heartbeat）。

如何决定 vCenter 的保护层级，取决于贵公司数据中心对 vCenter 停机的重视程度为何，少了 vCenter 并不影响 ESX/ESXi 与 VM 的正常运行，但是停机的这段时间就没有办法做到统一控管或是 vMotion 等功能。

3-2 安装 vCenter

下面就开始安装 vCenter，请先参考图 3-3：打钩的部分是我们已经安装完成的外层 VM，由于我们稍后会在 DNS 这个 VM 上加装 iSCSi Target Service，所以旁边以一个加号表示尚未安装。

请以 VMware Player 产生一个 Windows Server 2003 的 VM，配置 2 个 CPU 和 2GB 的内存，硬盘空间分配 20GB，然后安装 vCenter，如图 3-3 中圈起来的部分。安装 OS 的过程就不再多占篇幅了，请各位自行安装。

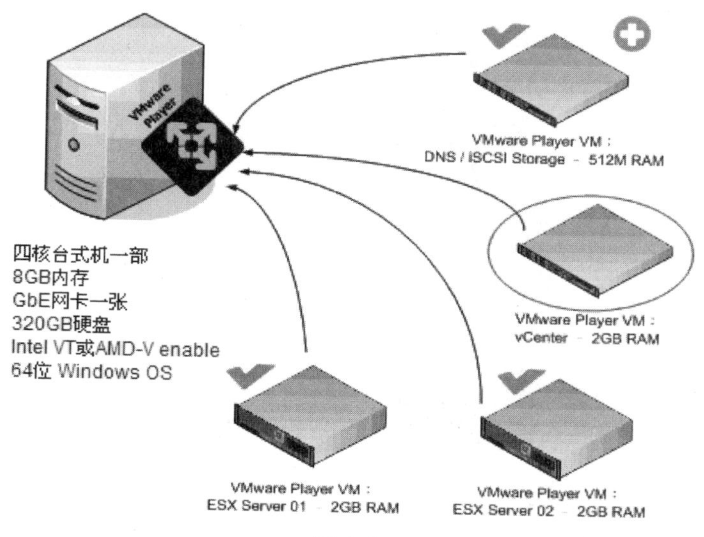

图 3-3

以 VMware Player 创建好 Windows Server 2003 VM 后，首先要更改计算机名称和工作组，并设置一组固定 IP 给 vCenter，我们已经在上一章的 DNS 里指定 vCenter 的名称为 vc，IP 是 192.168.1.251。

更改 vCenter VM 的计算机名称

1. 在 Windows Server 2003 VM 的桌面上右击“我的电脑”图标，再选择“计算机名称”选项卡，单击“更改”按钮，如图 3-4 所示。

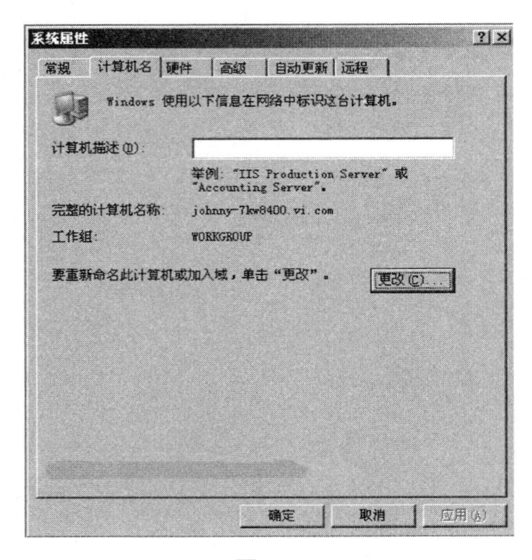

图 3-4

2. 计算机名称更改为 **vc**，工作组范例输入为 **vi.com**，单击“其他”按钮，如图 3-5 所示。

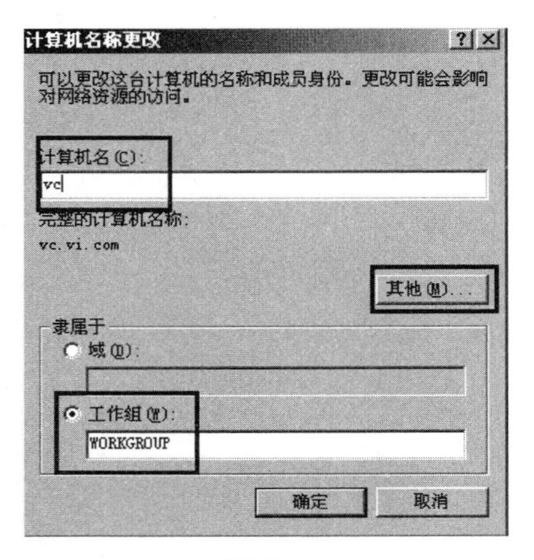

图 3-5

3. 主要的 DNS 后缀，范例输入为 **vi.com**，单击“确定”按钮，如图 3-6 所示。

4. 重新启动 Windows Server 2003 VM，如图 3-7 所示。

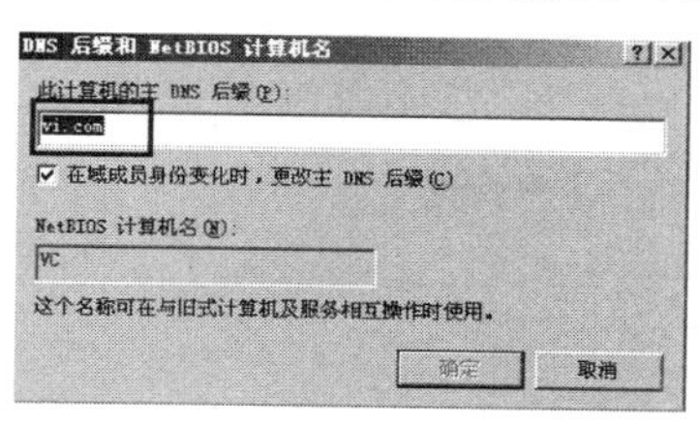

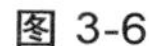

图 3-6

图 3-7

如果先前安装 Windows Server 2003 时未指定 IP，请记得将 vCenter VM 设置为固定 IP，范例为 192.168.1.251。

挂载 vCenter 镜像文件

1. 重新开机后，Windows VM 要挂载 vCenter 的镜像文件。请单击 VMware Player 工具栏中的 VM/Setting 选项，可以看到虚拟硬件的配置，单击 **CD/DVD（IDE）**，然后再单击右侧的 **Use ISO image file**，单击 **Browse** 按钮，如图 3-8 所示。

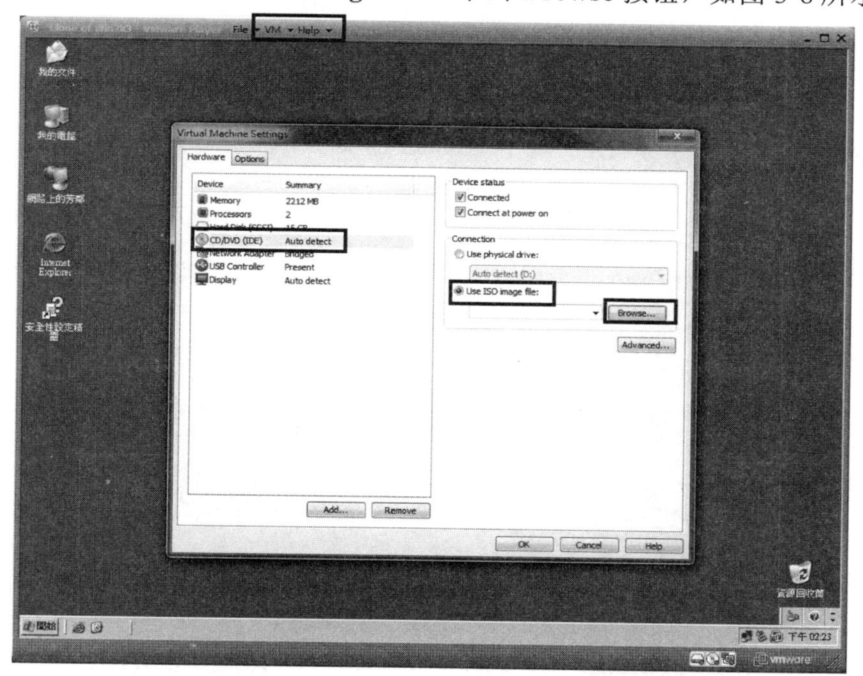

图 3-8

2. 单击 VMware-VIMSetup-all-4.0.0-208156 光盘镜像文件，如图 3-9 所示。

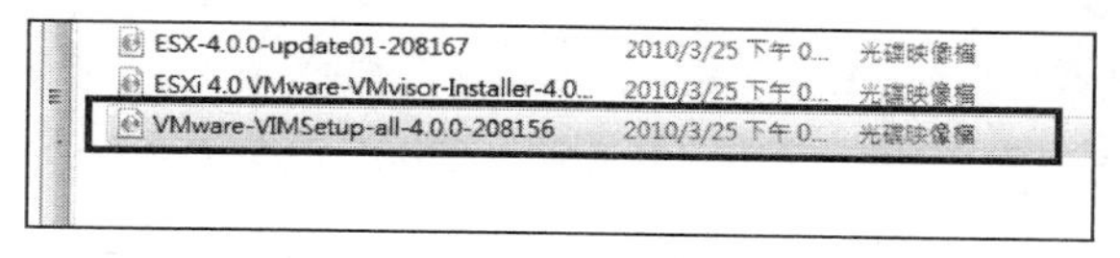

图 3-9

3. 自动回到上一个界面，注意虚拟光驱 **Connected** 的选项要勾取，单击 **OK** 按钮，如图 3-10 所示。

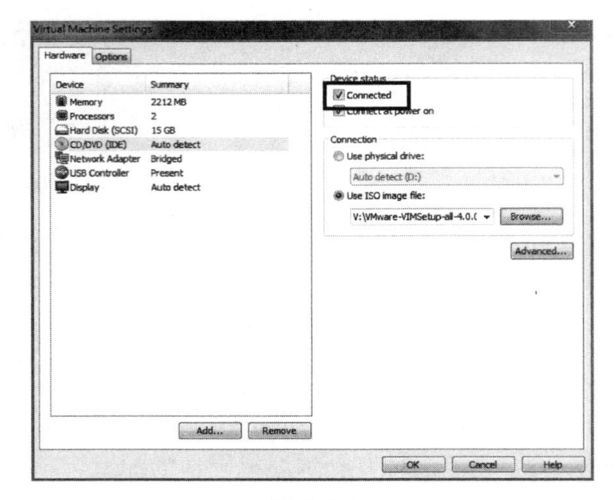

图 3-10

开始安装 vCenter

1. 挂载镜像文件后，自动执行出现了 vCenter 的安装界面。在此选择 **vCenter Server**，如图 3-11 所示。安装界面的选项简单说明如下：
   - vCenter Server：内核的组件，开始一定要安装。
   - vCenter Guided Consolidation：评估与分析实体服务器，自动化 P2V 的工具。
   - vSphere Client：可以从 ESX Web 界面下载，也可以从这里安装。
   - vCenter Converter：可以从 vCenter 直接针对实体服务器 P2V，变成 ESX VM。

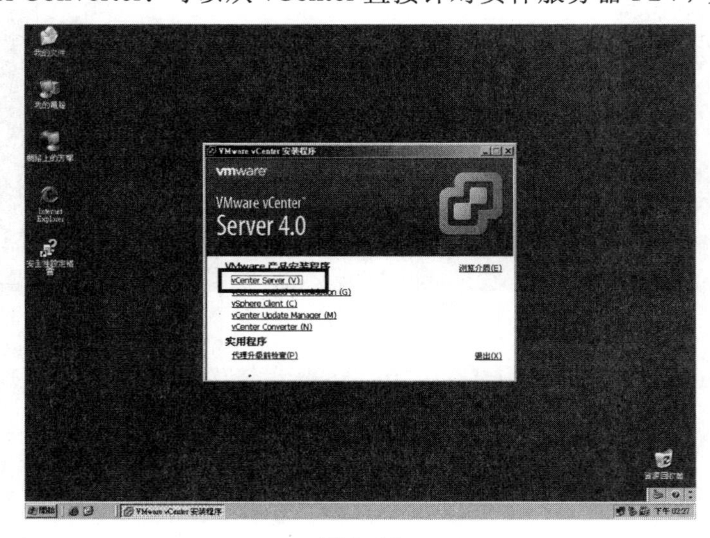

图 3-11

2．安装时的语系，在此选择 **English**，单击 **OK** 按钮，如图 3-12 所示。

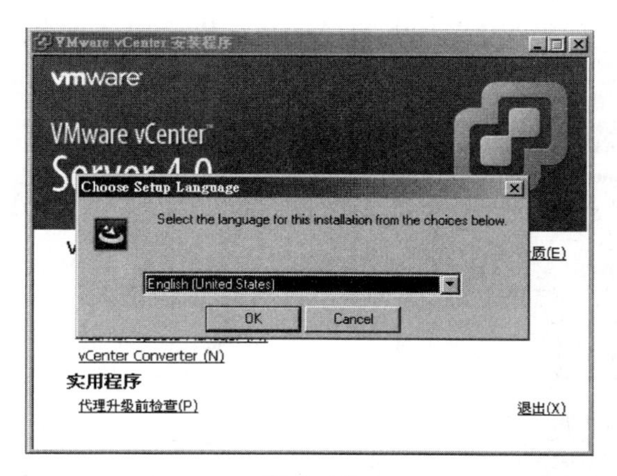

图 3-12

3．开始安装，单击 **Next** 按钮，如图 3-13 所示。

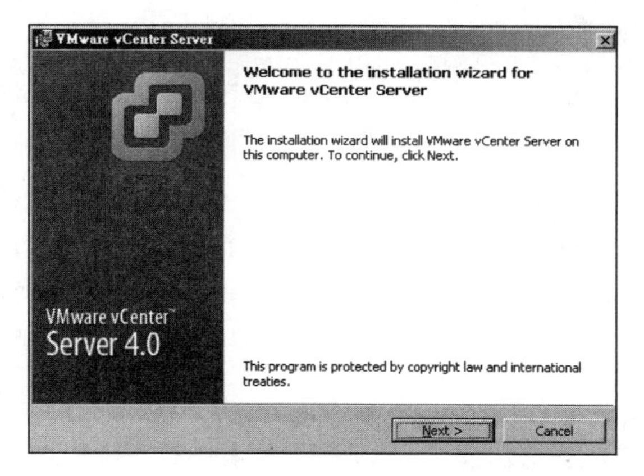

图 3-13

4．选择 **I agree to the terms in the license agreement**，单击 **Next** 按钮，如图 3-14 所示。

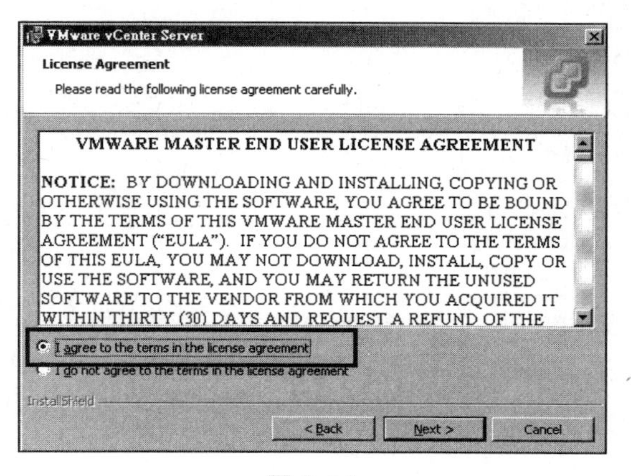

图 3-14

5. 输入用户与组织信息、序列号，在这里序列号栏不需要输入序列号，保留空白，表示默认是要使用 Evaluation Mode、vCenter 60 天全功能版本。单击 **Next** 按钮，如图 3-15 所示。

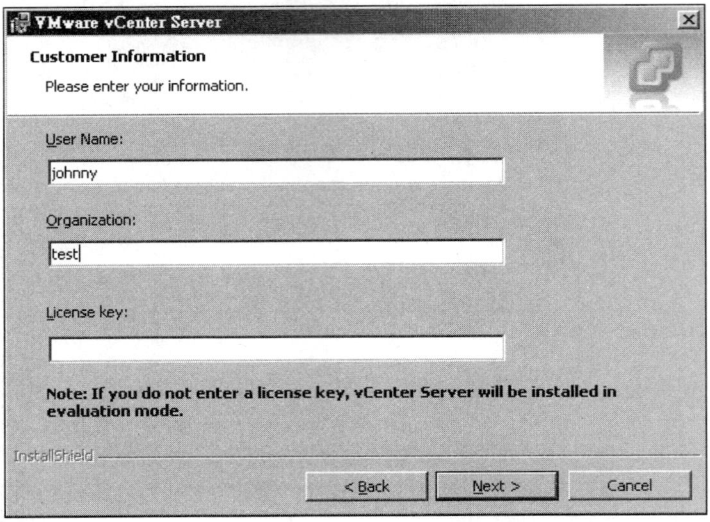

VMware vCenter Server

Customer Information

Please enter your information.

User Name:

johnny

Organization:

test

License key:

Note: If you do not enter a license key, vCenter Server will be installed in evaluation mode.

InstallShield

< Back　Next >　Cancel

图 3-15

6. 接着选择 Database，如果环境中已经有 MS SQL Server 或 Oracle，则选择第二项。没有的话，就安装免费的 SQL Server 2005 Express 在 vCenter 本机上（vCenter 光盘镜像文件内含）。在此我们选择第一个项目：**Install a Microsoft SQL Server 2005 Express instance（for small scale deployments）**，然后单击 **Next** 按钮，如图 3-16 所示。

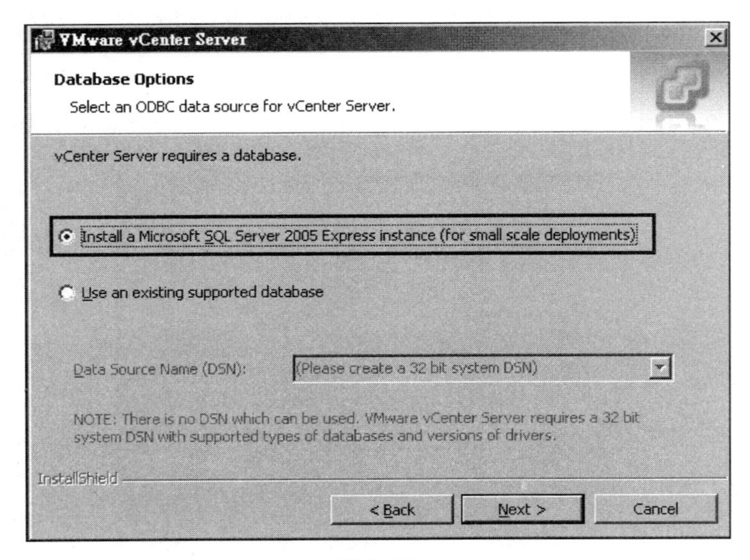

图 3-16

7．勾选 **Use SYSTEM Account**，单击 **Next** 按钮，如图 3-17 所示。

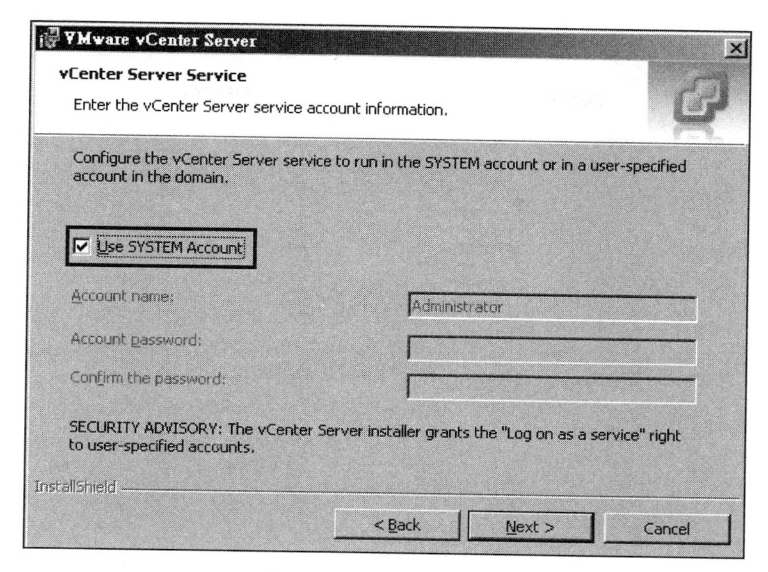

图 3-17

8．采用默认目标文件夹，直接单击 **Next** 按钮即可，如图 3-18 所示。

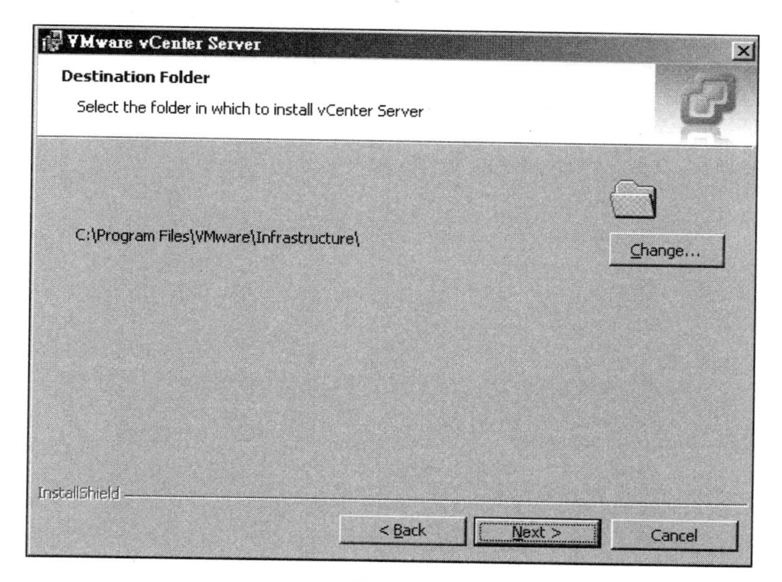

图 3-18

9．这里选择是否采用 Linked Mode。如果有多个 vCenter，则可将它们组织起来，形成单一管理接口。我们只有一个 vCenter，所以选择 **Create a standalone VMware vCenter Server instance**，单击 **Next** 按钮，如图 3-19 所示。

10．vCenter 运行时需要用到的 Ports number，不做更改，直接单击 **Next** 按钮，如图 3-20 所示。

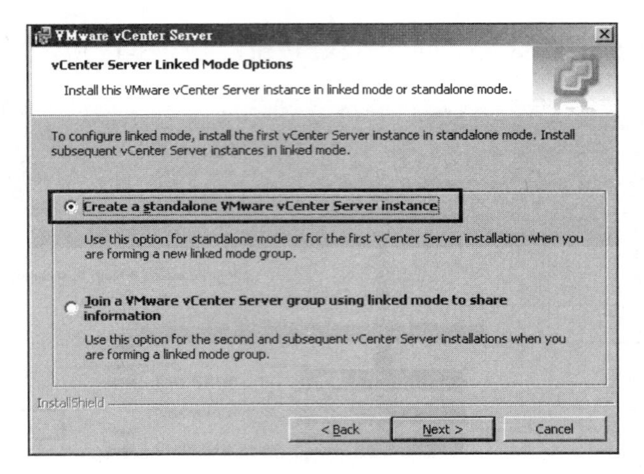

图 3-19

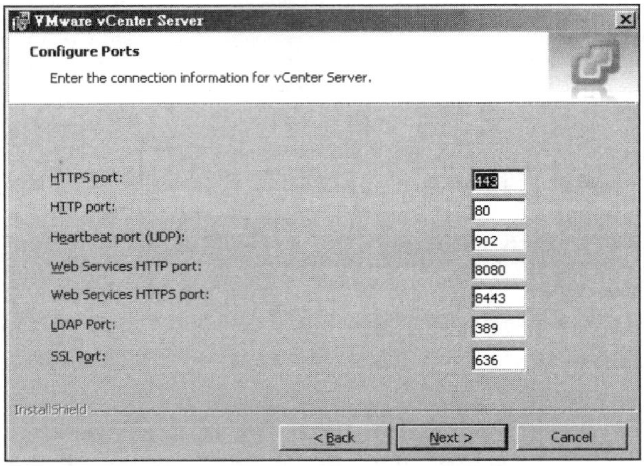

VMware vCenter Server

Configure Ports

Enter the connection information for vCenter Server.

HTTPS port: 443

HTTP port: 80

Heartbeat port (UDP): 902

Web Services HTTP port: 8080

Web Services HTTPS port: 8443

LDAP Port: 389

SSL Port: 636

InstallShield

< Back | Next > | Cancel

图 3-20

11．准备开始安装，单击 **Install** 按钮，如图 3-21 所示。

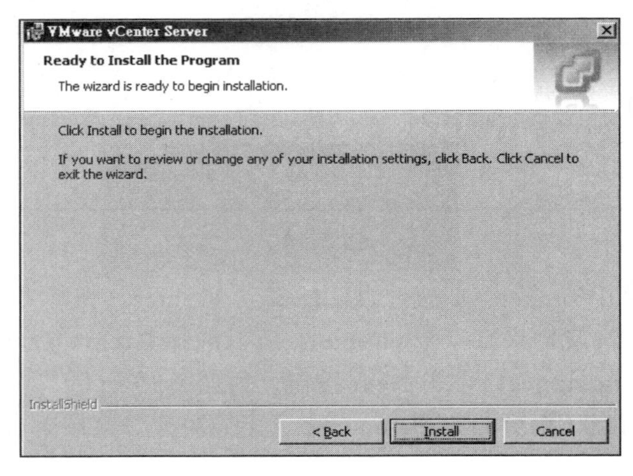

图 3-21

12．过程中安装 Microsoft .Net framework，如图 3-22 所示。

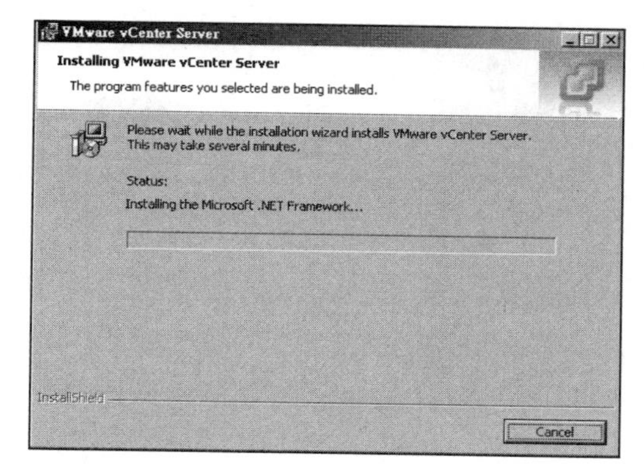

图 3-22

13．过程中安装 SQL Server 2005 Express，如图 3-23 所示。

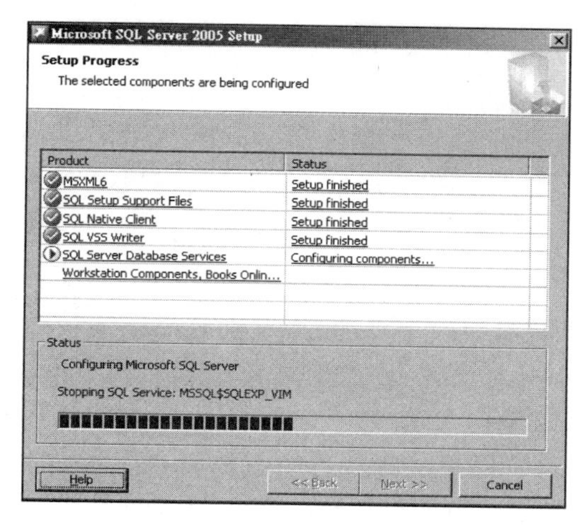

图 3-23

14．开始安装 VMware vCenter Server，如图 3-24 所示。

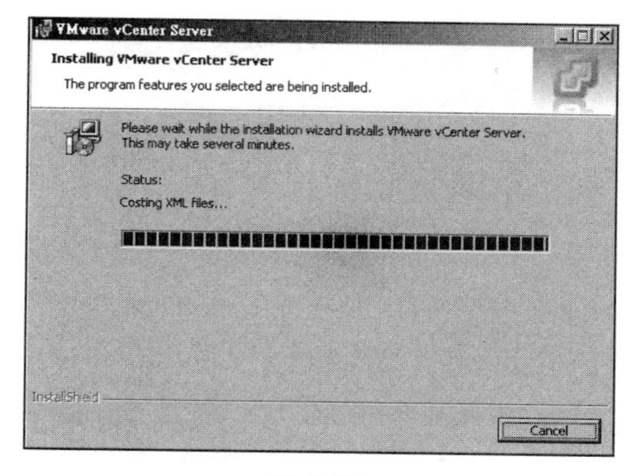

图 3-24

15. 安装完成的界面，直接单击 **Finish** 按钮，如图 3-25 所示。

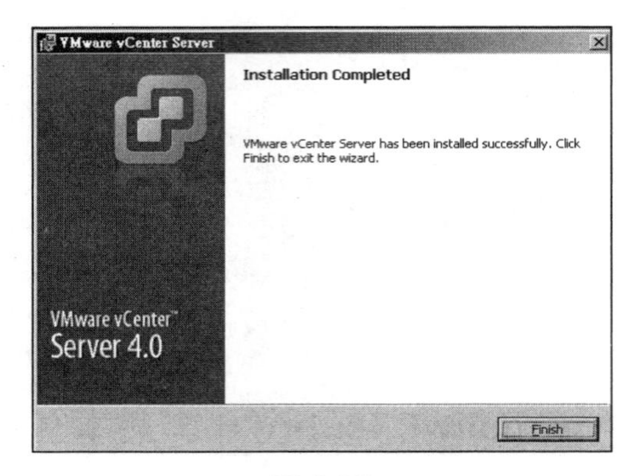

图 3-25

16. 重新开机后，正式成为 vCenter VM，如图 3-26 所示。

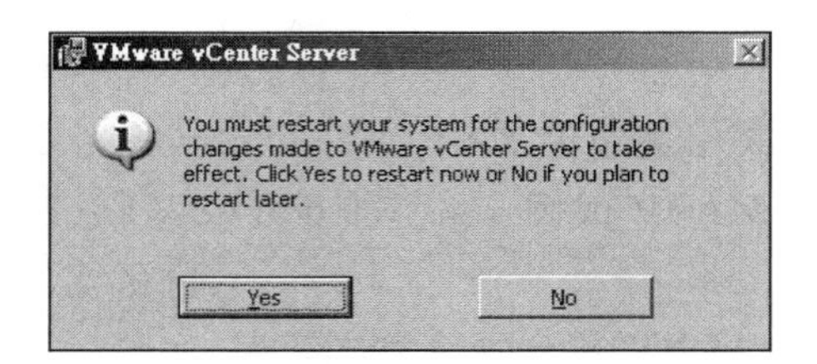

图 3-26

17. 重新启动 VM 后，将其窗口最小化，接下来回到已经安装了 vSphere Client 的 Host OS（范例是 Windows 7），打开 vSphere Client 联机到 vCenter。

- IP address/Name：范例中输入 vCenter FQDN – **vc.vi.com**（或 192.168.1.251）。
- User name：请注意这里的账号已经不是 root，我们联机的对象是 vCenter，而不是 ESX，所以用的是 Windows 账号（Administrator）。
- Password：输入登录 Windows vCenter VM（Administrator）的密码。

如图 3-27 所示。

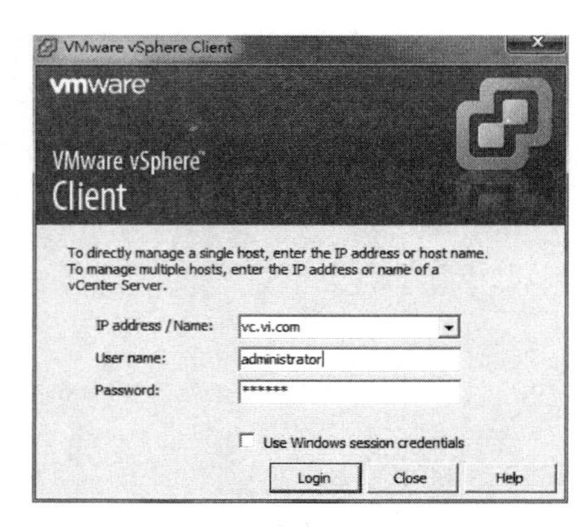

图 3-27

18. 出现 Security Warning，勾选 **Install this certificate do not display any security warnings for “vc.vi.com”**，单击 **Ignore** 按钮，如图 3-28 所示。

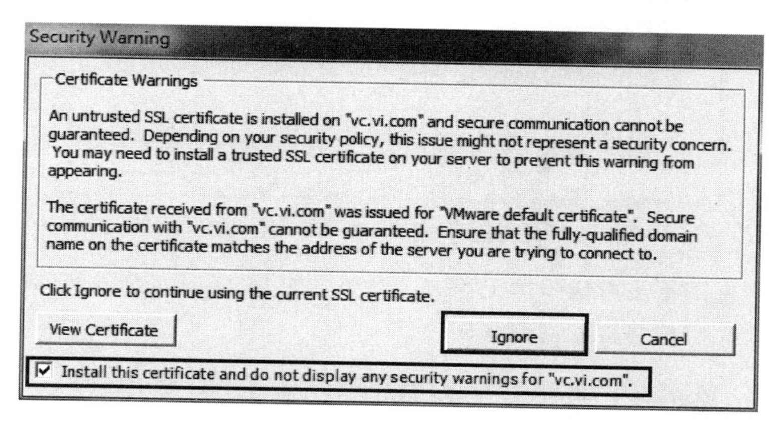

图 3-28

19. vSphere client 联机成功的界面。乍看之下，与联机到 ESX Server 没有什么不同，接口编排很相似。但是请注意现在联机的对象是 vCenter，稍后再来说明 vCenter 的主要配置与操作，如图 3-29 所示。

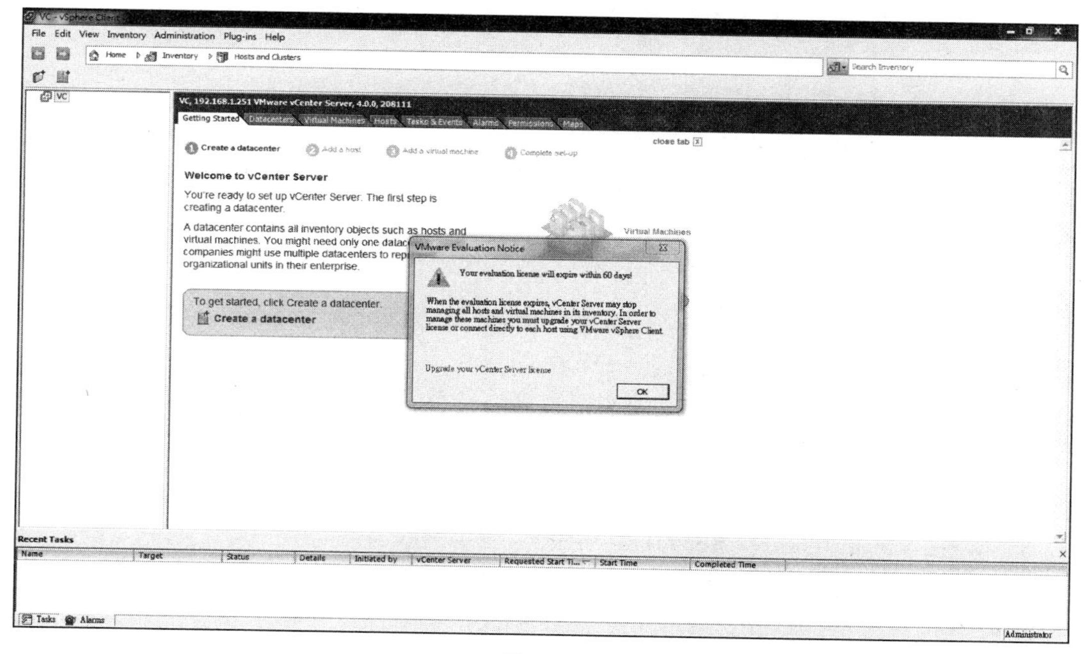

图 3-29

无法联机成功的情形

1. 有时候用 vSphere client 联机到 vCenter，会出现如图 3-30 所示的情形。

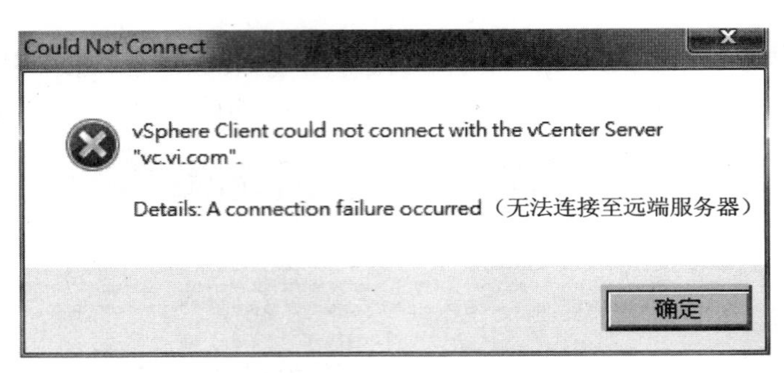

图 3-30

2. 确认过账号密码都没有错，但无论怎么联机，都是 Connection failed，如图 3-31 所示，该怎么解决这样的问题呢？

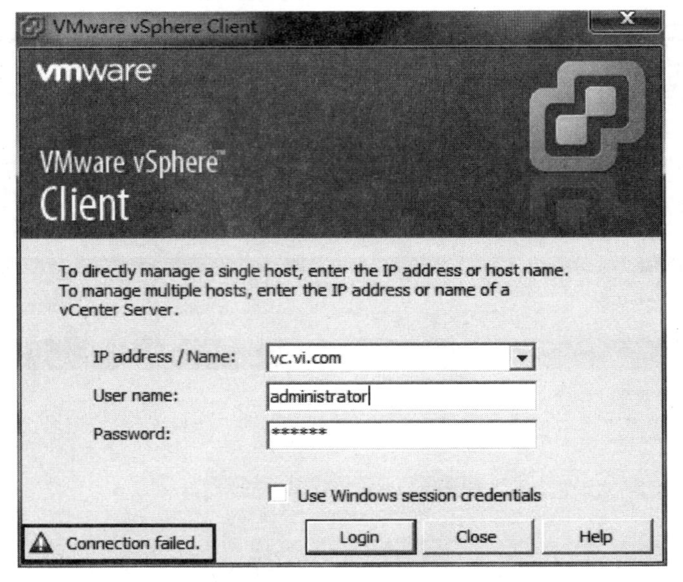

图 3-31

3. 如果遇到这种情形，请到安装 vCenter 的 Windows 操作系统里（本范例是 Windows Server 2003 VM）查看服务和应用程序，选择服务，然后右侧会显示 Windows 所有的 Services，找到 **VMware VirtualCenter Management Webservices** 和 **VMware VirtualCenter Server** 两个服务。
这时应会看到这两个服务的状态都没有出现“已启动”的字样，如图 3-32 所示。也就是说，目前 vCenter 的 Server Services 并没有正常提供服务，当然会造成 vSphere client 无法联机。这种情形发生的情况颇为普遍，重新开机也可能带不起服务，无法解决问题。
4. 只要将这两个服务重新启动即可，或是直接重新启动 **VMware VirtualCenter Management Webservices**，这样会顺便带起 **VMware VirtualCenter Server** 的服务，如图 3-33 所示。

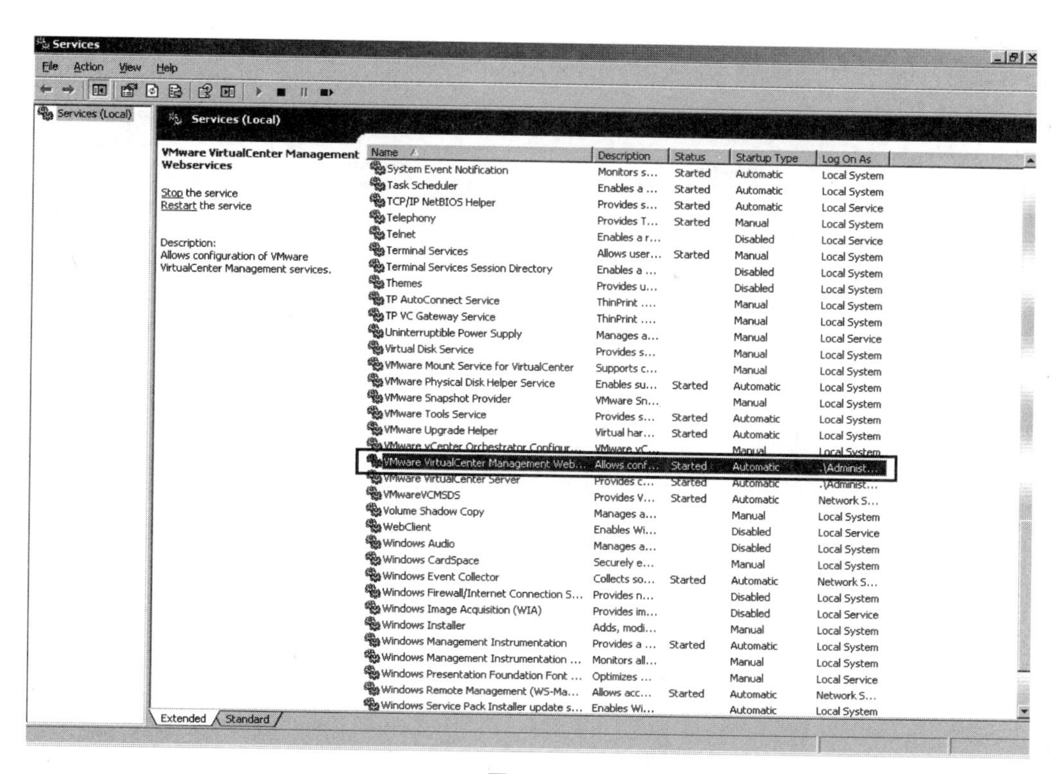
Services
File Action View Help
Services (Local)
Services (Local)
VMware VirtualCenter Management Webservices
Stop the service
Restart the service
Description:
Allows configuration of VMware VirtualCenter Management services.
Name
Description
Status
Startup Type
Log On As
System Event Notification
Task Scheduler
TCP/IP NetBIOS Helper
Telephony
Telnet
Terminal Services
Terminal Services Session Directory
Themes
TP AutoConnect Service
TP VC Gateway Service
Uninterruptible Power Supply
Virtual Disk Service
VMware Mount Service for VirtualCenter
VMware Physical Disk Helper Service
VMware Snapshot Provider
VMware Tools Service
VMware Upgrade Helper
VMware VirtualCenter Management Web...
VMwareVCMSDS
Volume Shadow Copy
WebClient
Windows Audio
Windows CardSpace
Windows Event Collector
Windows Firewall/Internet Connection S...
Windows Image Acquisition (WIA)
Windows Installer
Windows Management Instrumentation
Windows Management Instrumentation ...
Windows Presentation Foundation Font ...
Windows Remote Management (WS-Ma...
Windows Service Pack Installer update s...
Extended
Standard

图 3-32

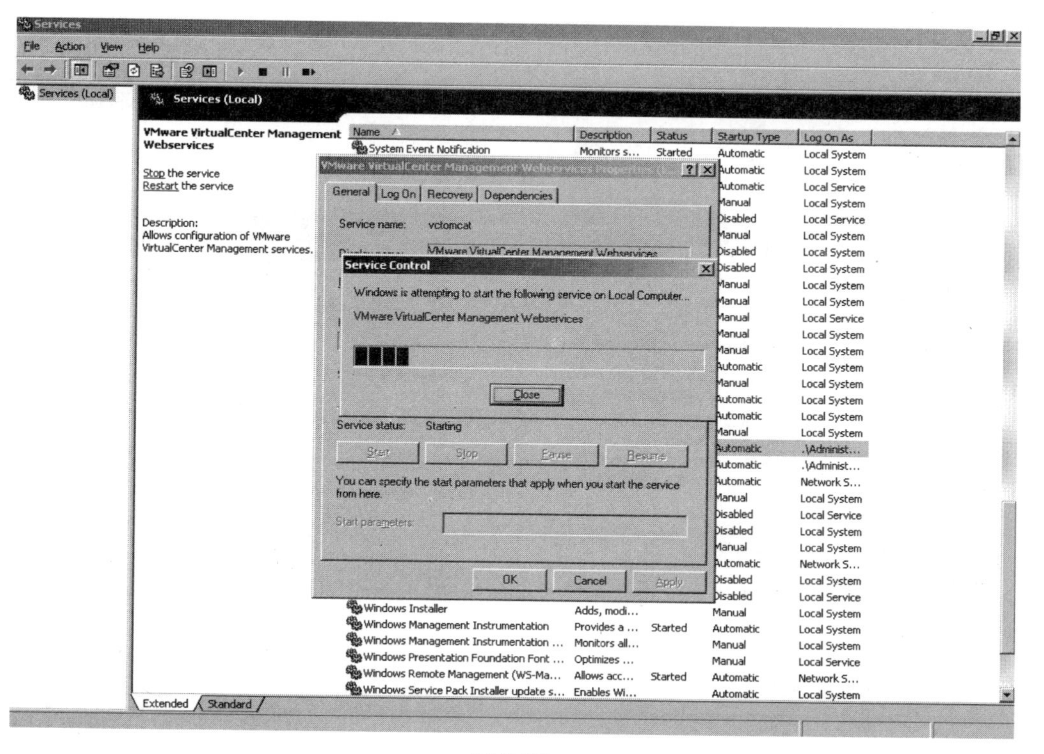
Services
File Action View Help
Services (Local)
Services (Local)
VMware VirtualCenter Management Webservices
Stop the service
Restart the service
Description:
Allows configuration of VMware VirtualCenter Management services.
General
Log On
Recovery
Dependencies
Service name: vctomcat
Service Control
Windows is attempting to start the following service on Local Computer...
VMware VirtualCenter Management Webservices
Close
Service status: Starting
Start
Stop
Pause
Resume
You can specify the start parameters that apply when you start the service from here.
Start parameters:
OK
Cancel
Apply
Windows Installer
Windows Management Instrumentation
Windows Management Instrumentation ...
Windows Presentation Foundation Font ...
Windows Remote Management (WS-Ma...
Windows Service Pack Installer update s...
Extended
Standard

图 3-33

5．确认两个服务状态呈现“已启动”，如图 3-34 所示。

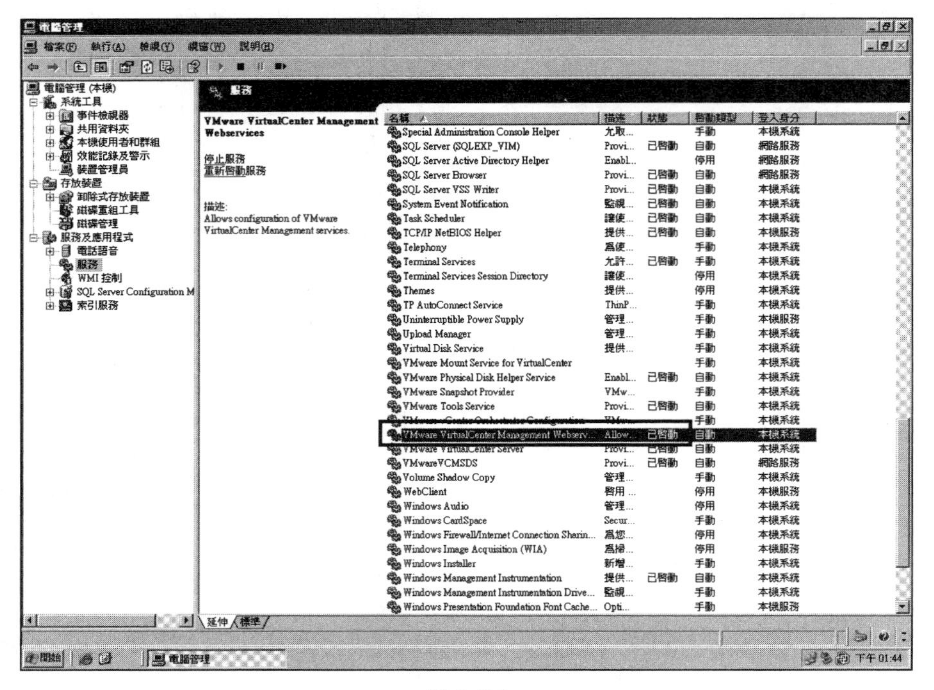

图 3-34

6．再次以 vSphere client 联机，这次没有问题了，如图 3-35 所示。

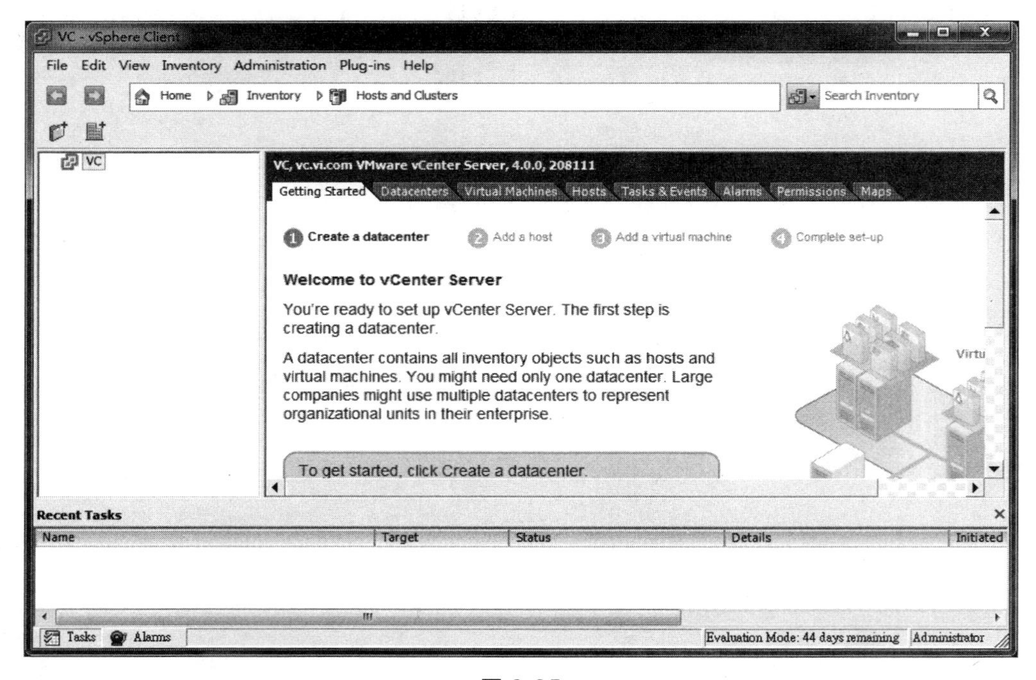

图 3-35

3-3 导航 vCenter

在连入 vCenter 之后，首先看到的是欢迎界面，此时的 vCenter 没有办法直接进行设置与配置，为什么呢？请看图 3-36 的左侧，目前只有树状架构的最上层（root）（范例是 vc.vi.com，所以会看到 root 名称为 VC）。

接着在 Getting Started 标签中，VMware 告诉你要做四个步骤：

（1）Create a datacenter：创造出一个 Datacenter，这是首先必须要做的。

（2）Add a host：将 ESX Server 添加进你的 Datacenter（host 指的是 ESX）。

（3）Add a Virtual Machine：在 ESX 中可以创建或添加虚拟机。

（4）Complete set-up：可以针对这些对象来进行配置与设置的操作了。

1．现在先添加一个 Datacenter，请单击 **Create a datacenter**，如图 3-36 所示。

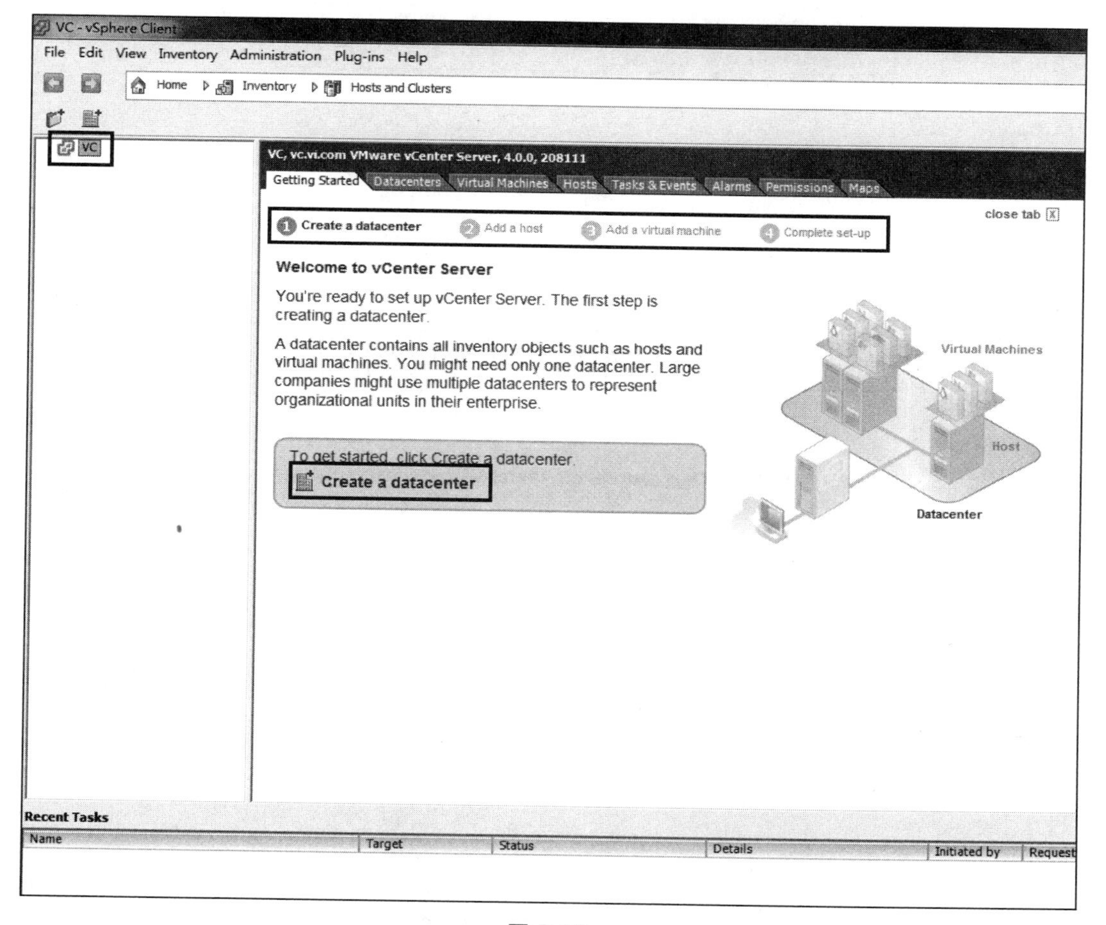

图 3-36

2．或是直接在 root 这一层右击，选择 **New Datacenter**，如图 3-37 所示。

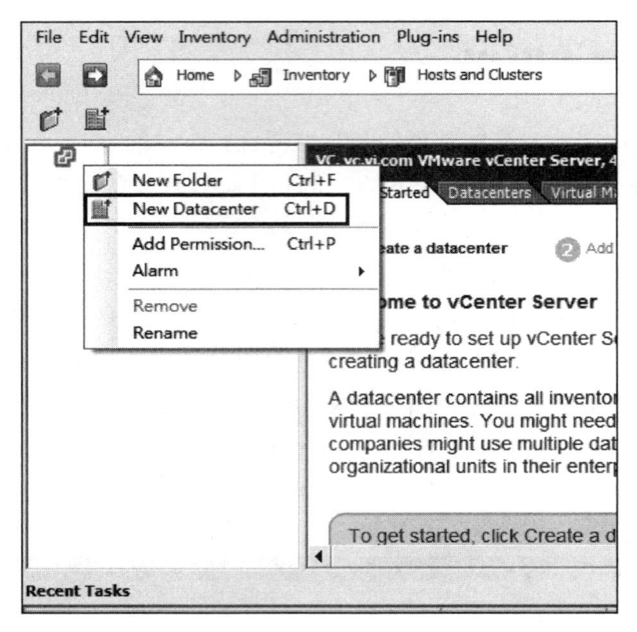

图 3-37

3．出现了 Datacenter 的图标，在此给它一个名称（范例为 home），如图 3-38 所示。

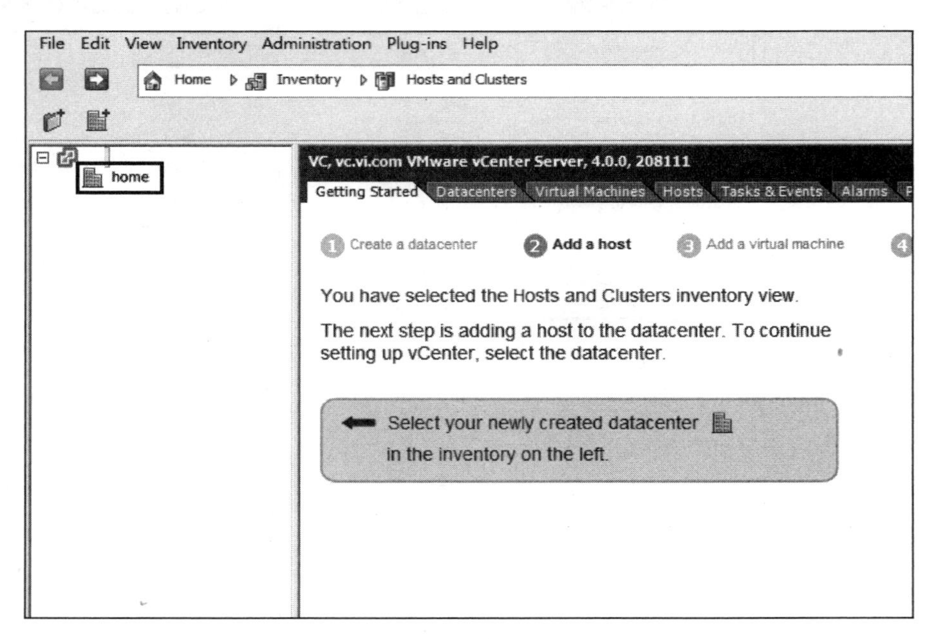

图 3-38

4．再单击 Datacenter，会发现右侧出现不同于 root 的界面与标签了。我们只要点选左侧不同的对象就会在右侧出现对应该对象的功能设置。从这个界面可以发现，在 Datacenter 层级可以新增 host（ESX Server），单击 **Add a host**，如图 3-39 所示。

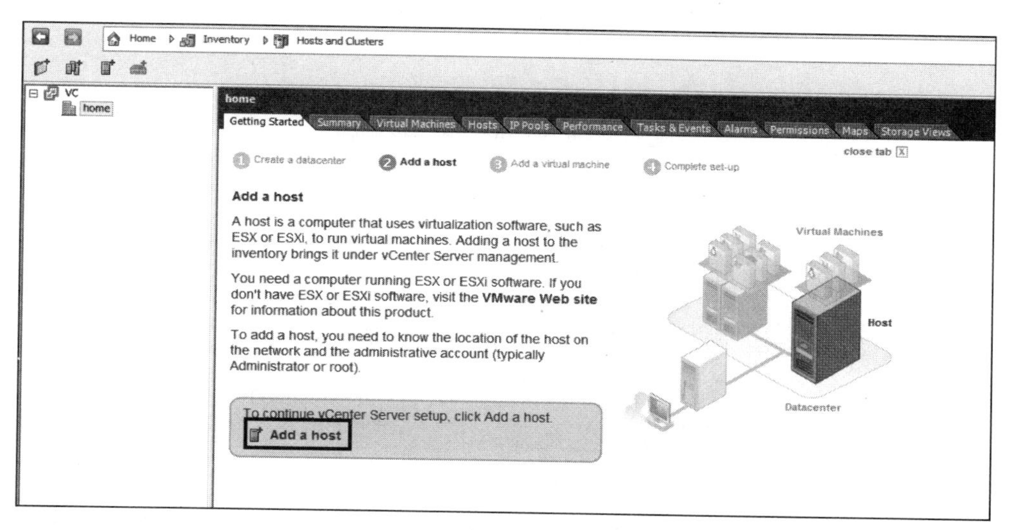

图 3-39

5. 出现 Add Host 向导，在此要输入想添加这个 Datacenter 的 ESX/ESXi host 名称（范例是 esx01.vi.com）和 root 的密码，这样才可以获得 ESX 添加的授权，如图 3-40 所示。

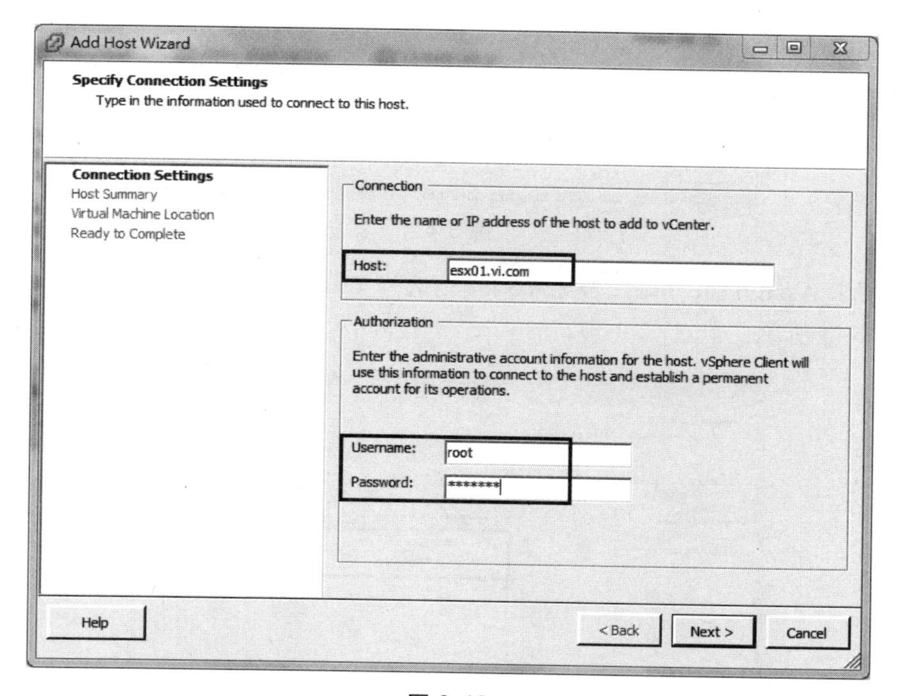

图 3-40

6. Security Alert 出现，直接单击“是”按钮进行确认，如图 3-41 所示。
7. 这个界面显示了该 ESX host 的 Name、Model、Version 等信息。单击 **Next** 按钮，如图 3-42 所示。

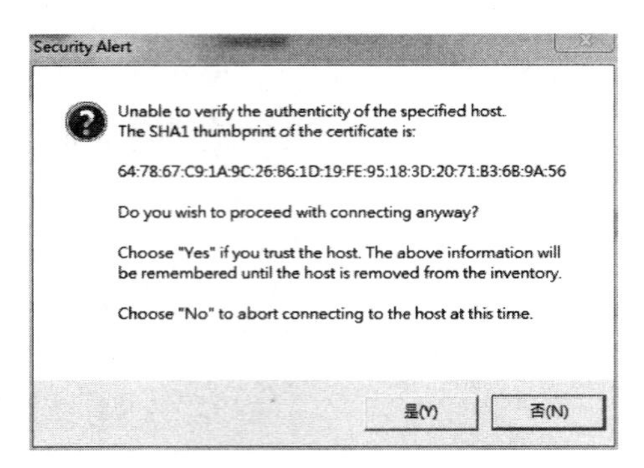

图 3-41

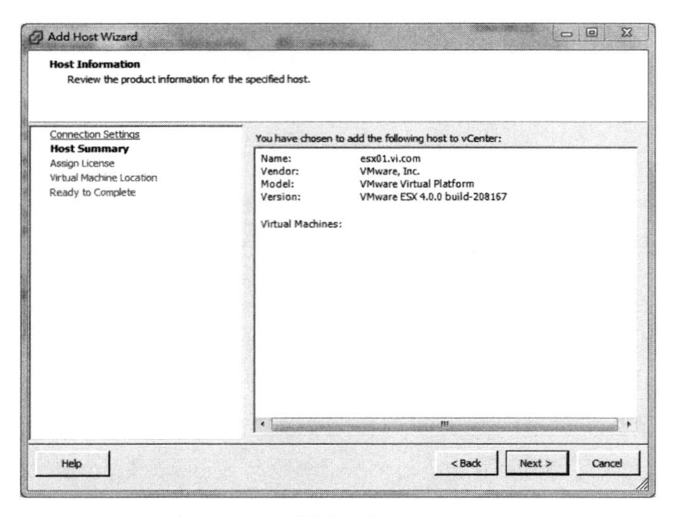

图 3-42

8．这里要求 Assign License，若无序列号则选择 **Evaluation Mode**。单击 **Next** 按钮，如图 3-43 所示。

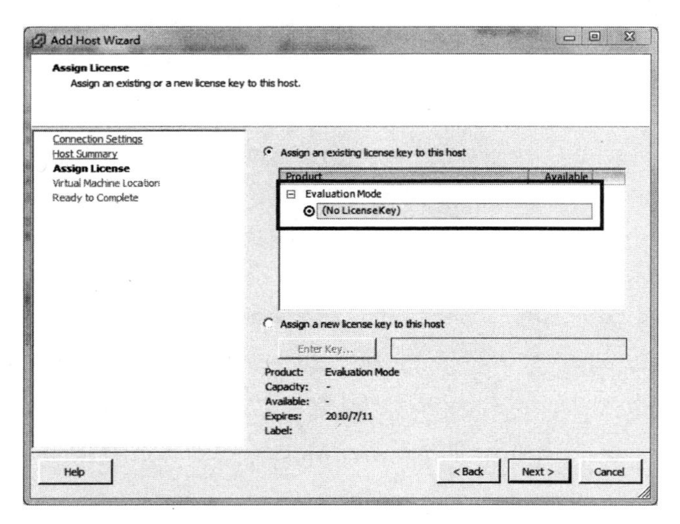

图 3-43

9．询问要将 VM 放置于哪个 Datacenter，我们只有一个，单击 **Next** 按钮，如图 3-44 所示。

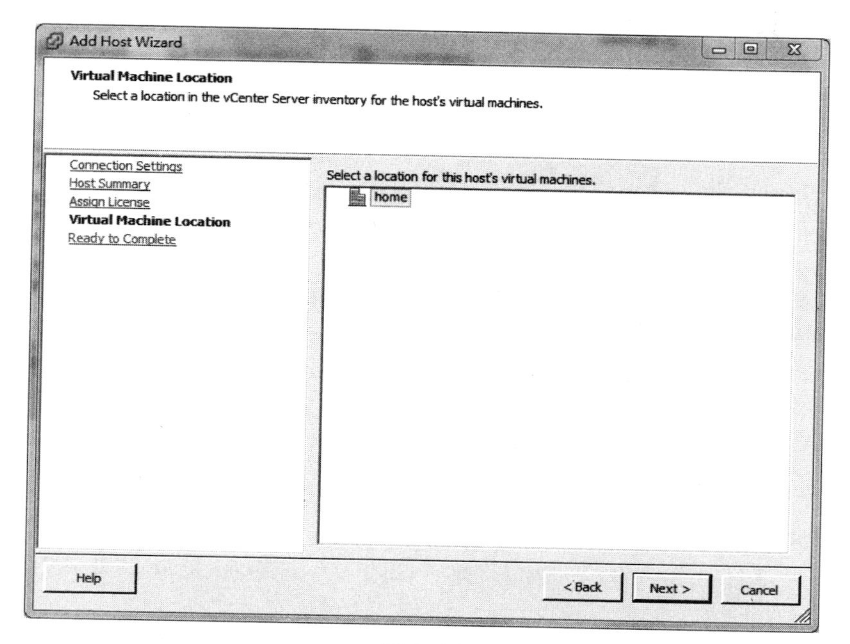

图 3-44

10．准备完成，看一下出现的信息，如图 3-45 所示，单击 **Finish** 按钮。

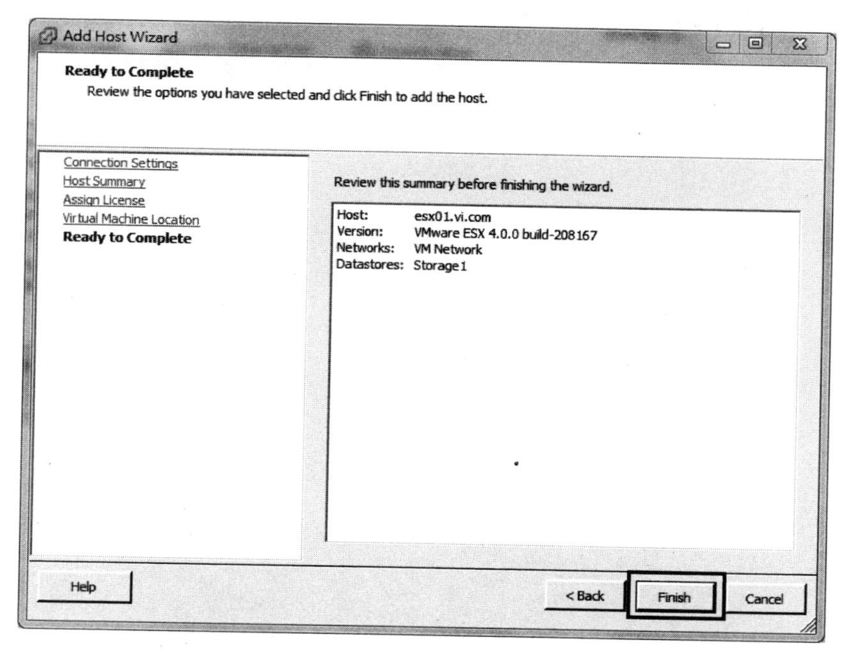

图 3-45

11．下方的 Recent Tasks 中会出现 vCenter 在 ESX host 安装 vCenter agent 的进度，

等到安装成功，就表示现在这个 ESX 已经归 vCenter 控管，如图 3-46 所示。

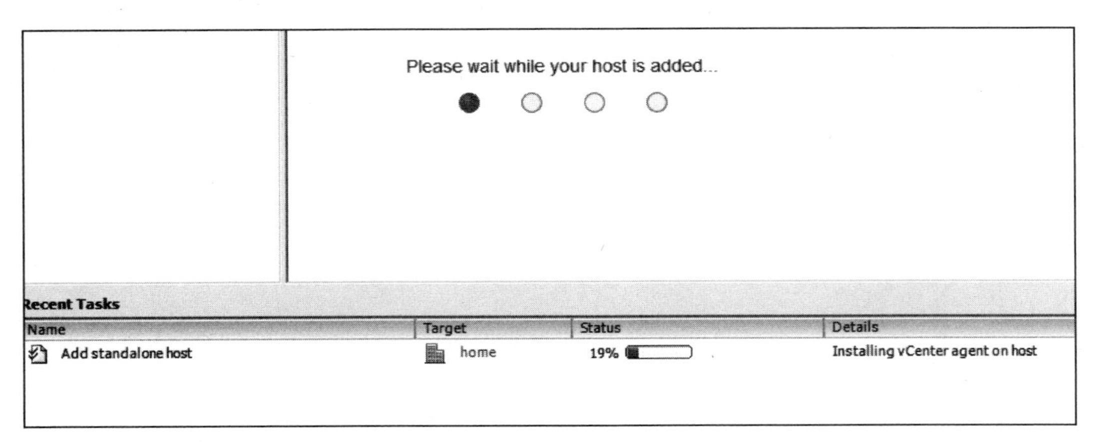

图 3-46

12. 现在 ESX01 这个 host 已经出现在 vCenter 的 Datacenter 下面了。点选 ESX01 即可针对此 host 来进行管理。稍安勿躁，因为尚有一部 ESX02 未添加，所以接着请单击上方有一个 host 加号的图案（此为另一种添加 host 的方式），如图 3-47 所示。

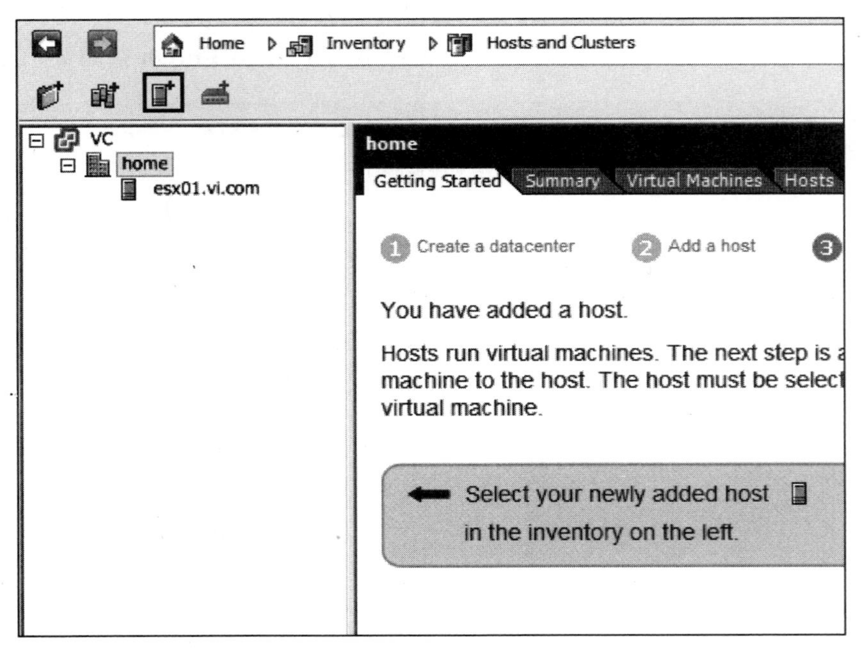

图 3-47

13. 一样出现 Add Host 向导，接下来将 esx02.vi.com 添加进 vCenter，如图 3-48 所示。后续的操作与前面的 ESX01 相同，所以不再重复说明。

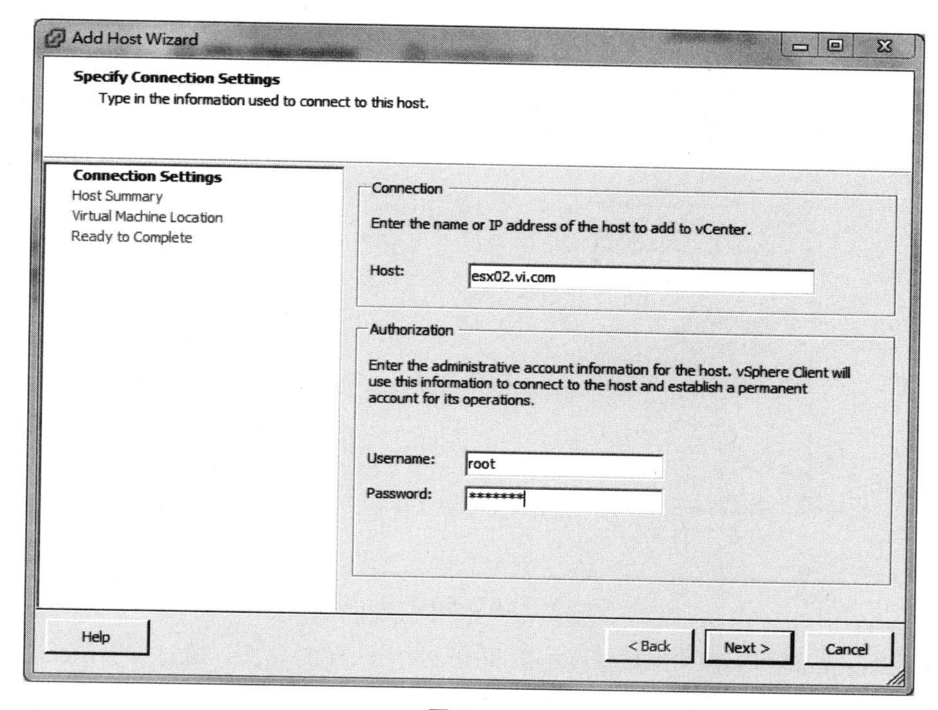

图 3-48

14．完成后，各位会看到 home Datacenter 底下有两部 ESX Server 被纳管，如图 3-49 所示。

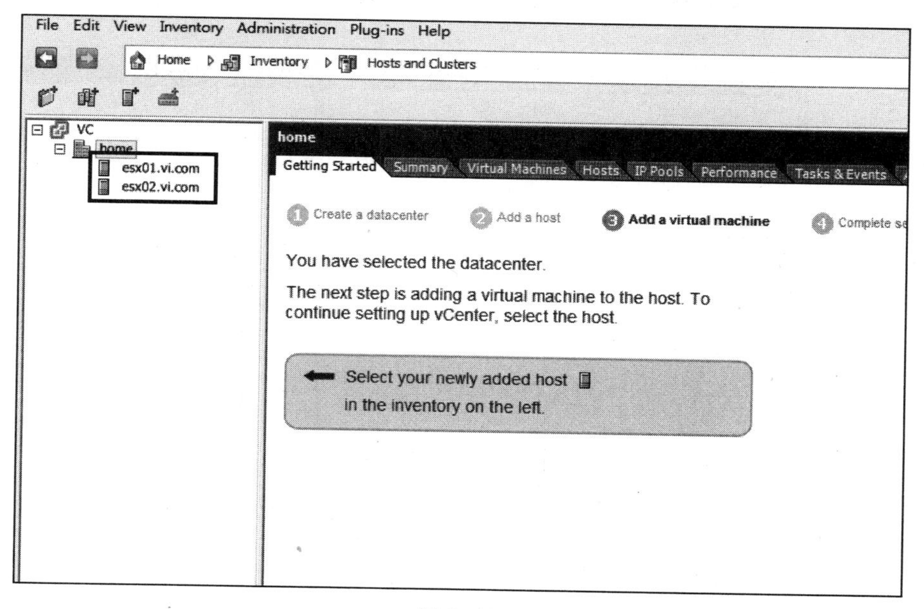

图 3-49

15．单击 ESX01，右侧立即切换为与 host 相关的标签，如图 3-50 所示。

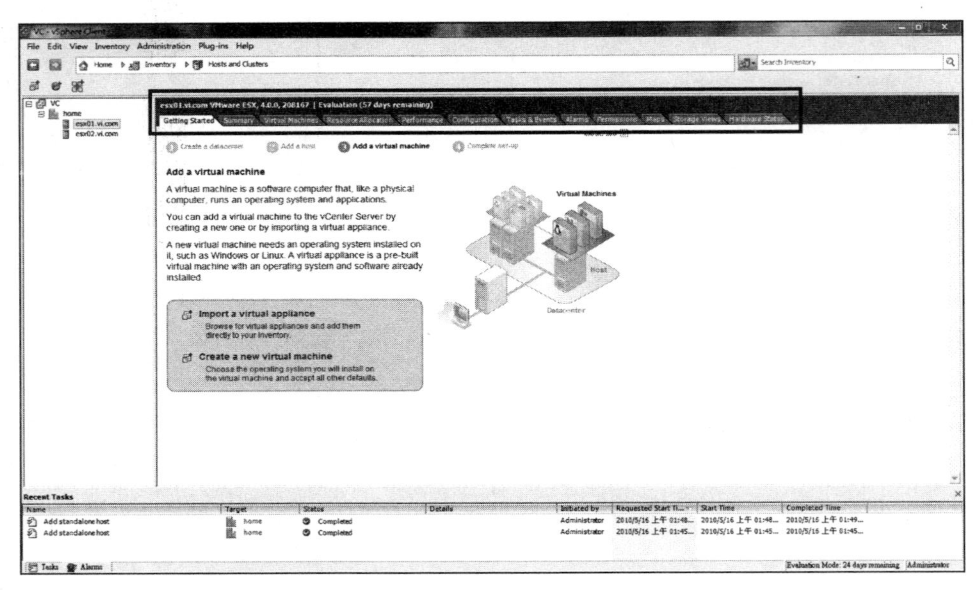

图 3-50

16．单击 Summary 标签，出现与直接联机到 ESX 一样的界面，通过 vCenter，可以随时针对被纳管的 ESX 改变设置与配置，如图 3-51 所示。因为本书的范例只有两部 ESX，想象一下如果有 20 部、200 部 ESX 的时候，没有 vCenter 的话，要如何进行有效的管理呢？所以 vCenter 在企业环境里一定是必备的。

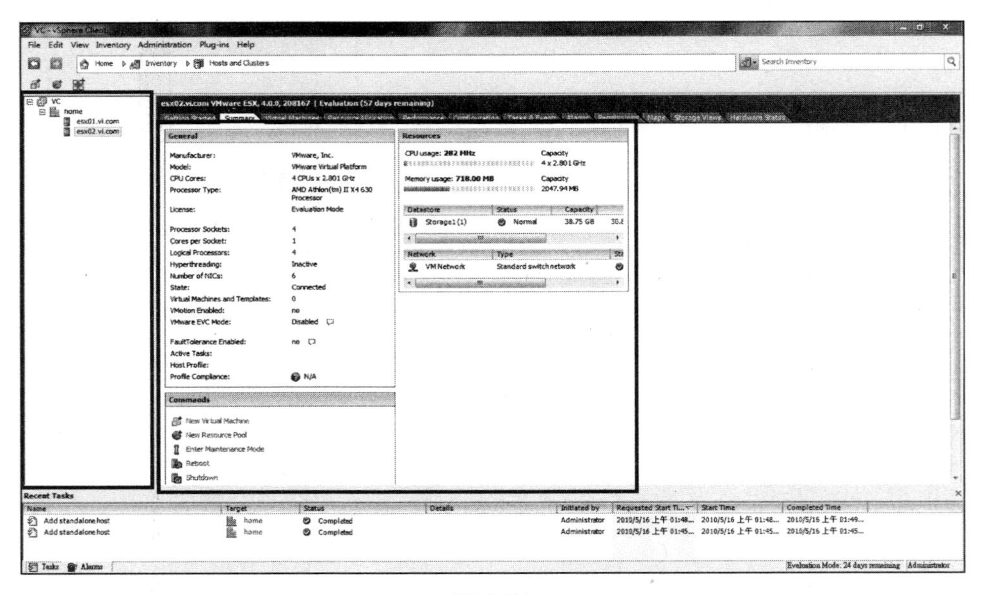

图 3-51

你一定觉得奇怪，vCenter 明明是一台 Windows 的机器，为何它可以控管所有的 ESX Server 呢？用 vSphere client 联机到单一 ESX，使用的是 COS 的 root 账号，才能有权限进行管理，而联机到 vCenter，采用的是 Windows Administrator 的账号，不同于 ESX，怎么管？

我们先来看图 3-52，这是 vSphere Client 联机到 ESX 或 vCenter 的过程：

1. 当 vCphere Client 直接联机到 ESX Server 时，其实是联机到 Service Console（COS），由一个叫做 hostd 的 daemon 来提供联机服务，使用的端口（ports number）是 80 和 443（实线部分）。
2. 当联机到 vCenter 时，假设我们要将 ESX 纳管，这时 vCenter 就会在 ESX 上安装 vCenter Agent（请参考图 3-46，这也就是需要 root 验证的原因），安装完成后，你的 ESX 就会产生 vpxa，专门提供 vCenter 联机的服务，所以其实当我们连接 vCenter 时，由 vpxd（vCenter Server Service）通过 902/903 的 port number 负责与各 ESX 的 vpxa 互相沟通（虚线部分）。
3. vpxa 再告诉 hostd vCenter 打算做什么样的动作，而在 ESX 上会产生一个用户账号称为 vpxuser，vCenter 通过 vpxa 以这个特别的账号对 ESX 下命令。

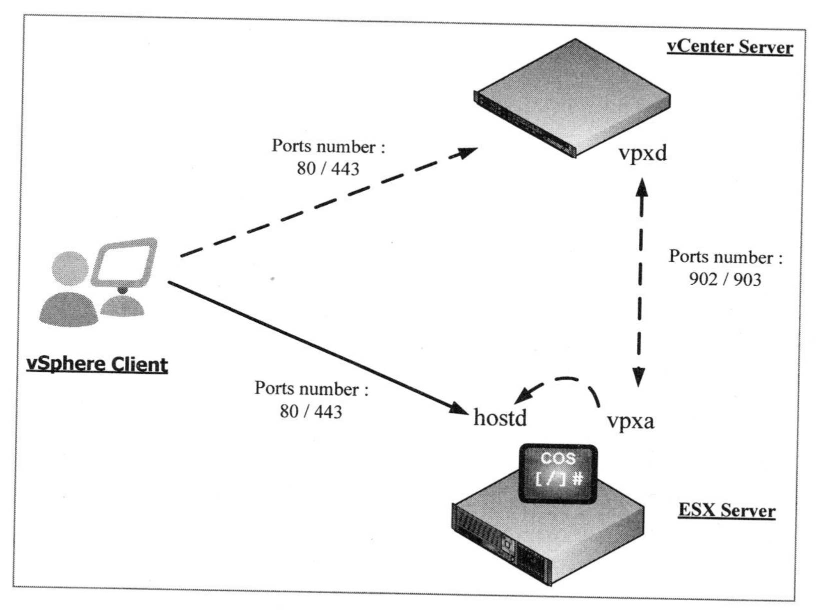

图 3-52

所以说，稍早我们在 COS 有一个用户 johnny，可以用 vSphere Client 以这个用户账号连入 ESX。但是当你改为联机到 vCenter 时，你用 johnny 账号想连接 vCenter，它连理都不理你。因为你在 vCenter 的 Windows VM 里根本没有 johnny 这个人（除非 vCenter、ESX/ESXi 添加了 Windows 域，使用 Domain Account）。

我们之所以可以用 Administrator 账号登录 vCenter 并管控所有的 ESX，那是因为有 vpxa、vpxuser 的帮忙，并且默认值 vCenter Administrators 群组在 ESX 里面就是 Administrator 的角色，所以理所当然可以做任何事情。

权限管理的部分，受限于篇幅，在此只是略提，要管理好这些权限设置，需要依照公司的需求适当地分配角色与设置安全控管。哪些人可以管理 VM？哪些人可以管理 ESX host？每家公司权责划分与安全需求不尽相同，管理员需要花时间与功夫进行缜密规划。

Q：在 add host 向导添加 ESX 到 vCenter 时，不能直接输入 ESX 的 IP 吗？

建议使用完全合格域名（FQDN）。使用 IP 添加 vCenter 纳管当然也可以，大部分的功能也都可以运行正常。但是用 Fully Qualified Domain Name 的好处是，在 Datacenter 显示的名称较易理解，如果列出来都只是 ESX/ESXi 的 IP 地址的话，数目一多会造成管理上的困扰。

另一个重点，VMware HA 的功能需要使用到名称解析，如果你在此用的不是 FQDN，会导致 HA 的功能失败。这也是为什么网络环境需要一个 DNS 的缘故。

如果你先前是以 ESX IP 添加 vCenter 的话也没有关系，将之移除再以 FQDN 添加即可。

右击 ESX，选择 Remove 即可将 ESX host 从 vCenter 数据库移除，如图 3-53 所示。

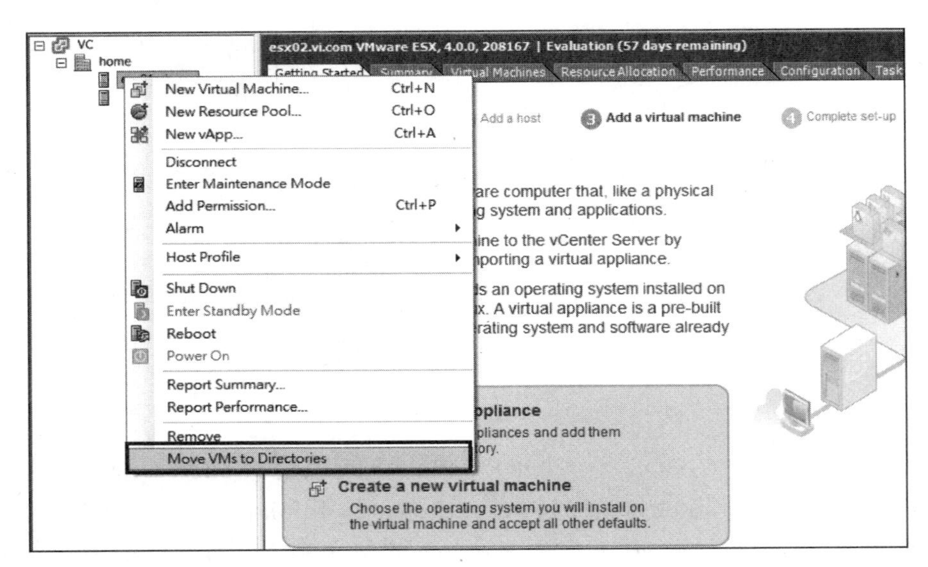

图 3-53

如果以 FQDN 无法让 ESX host 添加进 vCenter，使用 IP 却可以，那么就是 DNS 出了问题，以至于名称无法解析。检查的方法如下：

1. 在 Windows command mode 中输入 nslookup 并按 Enter 键，会显示 DNS 默认服务器。然后在提示符号下输入 esx01 和 192.168.1.102，看看是否能被正确解析，如图 3-54 所示。

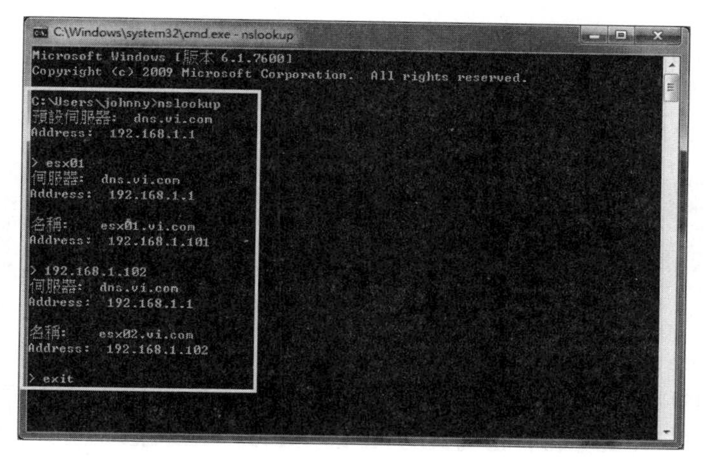

图 3-54

2. 接着去 ping esx01 和 esx02（输入 host name 即可），看看是否有响应，如果这两个步骤都 OK 的话则没有问题；反之，则请检查你的 DNS VM 设置，如图 3-55 所示。

```
C:\Windows\system32\cmd.exe
C:\Users\johnny>ping esx01

Ping esx01.vi.com [192.168.1.101] (使用 32 位元組的資料):
回覆自 192.168.1.101: 位元組=32 時間=2ms TTL=64
回覆自 192.168.1.101: 位元組=32 時間=1ms TTL=64
回覆自 192.168.1.101: 位元組=32 time<1ms TTL=64
回覆自 192.168.1.101: 位元組=32 時間=1ms TTL=64

192.168.1.101 的 Ping 統計資料:
    封包: 已傳送 = 4，已收到 = 4, 已遺失 = 0 (0% 遺失),
大約的來回時間 (毫秒):
    最小值 = 0ms，最大值 = 2ms，平均 = 1ms

C:\Users\johnny>ping esx02

Ping esx02.vi.com [192.168.1.102] (使用 32 位元組的資料):
回覆自 192.168.1.102: 位元組=32 時間=1ms TTL=64
回覆自 192.168.1.102: 位元組=32 時間=1ms TTL=64
回覆自 192.168.1.102: 位元組=32 時間=1ms TTL=64
回覆自 192.168.1.102: 位元組=32 時間=1ms TTL=64

192.168.1.102 的 Ping 統計資料:
    封包: 已傳送 = 4，已收到 = 4, 已遺失 = 0 (0% 遺失),
大約的來回時間 (毫秒):
    最小值 = 1ms，最大值 = 1ms，平均 = 1ms
```

图 3-55

Datacenter 的定义

前面提到在 vCenter 中一定要先有 Datacenter，之后才能有其他的对象存在。我们可以在 vCenter 中创建多个 Datacenter，例如公司在北京、上海、深圳都各有一个数据中心，那么你的 vCenter 就可以有三个 Datacenter，跨 WAN 来管理不同地域的数据中心。

请不要将不同楼层的机房分成不同的 Datacenter，如果这样做你会发现楼上楼下的 ESX/ESXi 和 VM 受到很多限制。VMware 在 vCenter 中定义的 Datacenter 真的是不同地区的数据中心，很多事情跨 Datacenter 没有办法做，例如 vMotion 或者将不同 Datacenter 的 ESX/ESXi hosts 组织起来成为 Cluster。

也不要将跨 WAN、不同地区的实体数据中心的 ESX/ESXi 归在同一个 Datacenter 底下。这些做法都不是一个好的配置。正确的做法是，属于不同地区的实体数据中心，在 vCenter 中就依照实际的情况区分 Datacenter。

Q：所以没办法将虚拟机从台北的数据中心 vMotion 到台中吗？

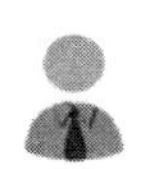

VMware 在 VMWorld 2009 大会里首次发表了长距离 vMotion（Long Distance VMotion）的技术，配合一些厂商合作，展示了让 VM 在远距不同的数据中心跨 WAN 在线迁移，但是目前的 vSphere 版本尚未支持这个功能。

虽然说目前技术上可行，也确实能让企业的云端更加灵活，但各位还是要了解时候未到。现阶段的 vMotion 只能在同样 Datacenter 的不同 ESX/ESXi hosts 之间彼此互相在线移转。

了解 vCenter 不同的 Inventory 视图模式

下面介绍的是 vCenter 的四种不同 Inventory View，这四种视图模式各有用途，也是方便在设定配置的时候提供快速切换。

1. 单击 Home，会到达 vCenter 首页，在 Inventory 部分会看到四种视图，如图 3-56 所示。

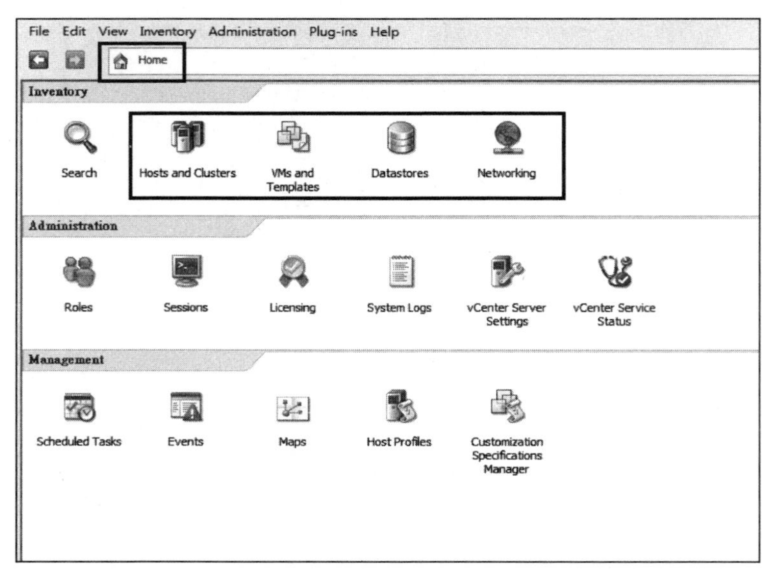

图 3-56

2. 第一种是 **Host and Clusters View**，在这里可以看到 ESX hosts、Clusers、Resource Pools 和 Virtual Machines。目前的范例只有 hosts，如图 3-57 所示。

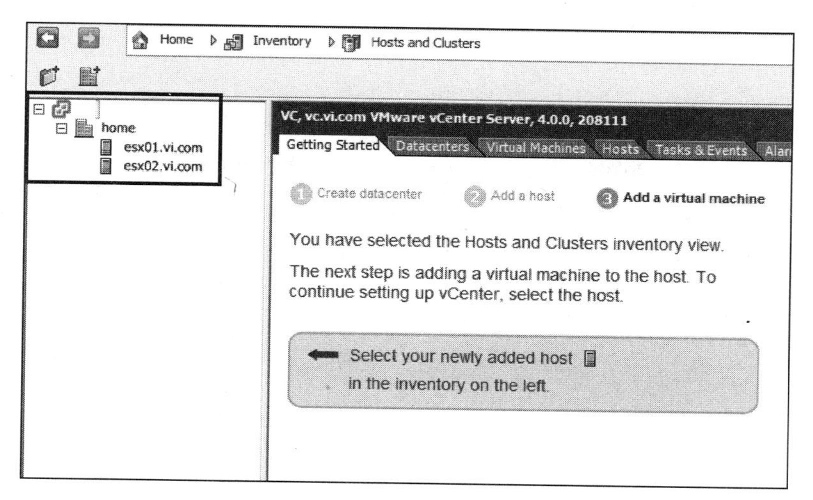

图 3-57

3．第二种是 **VMs and Templates View**，专门查看的是 VM 与模板，在这里看不到 hosts 和 clusers，我们可以将分散在不同 ESX 上的 VM 分门别类地在此归纳，方便管理与查看，不受第一种 View 影响。例如，当一个 DB VM 从 ESX01 vMotion 到了 ESX02，而你在 DB Server 文件夹中依然可以找到这个 VM，如图 3-58 所示。

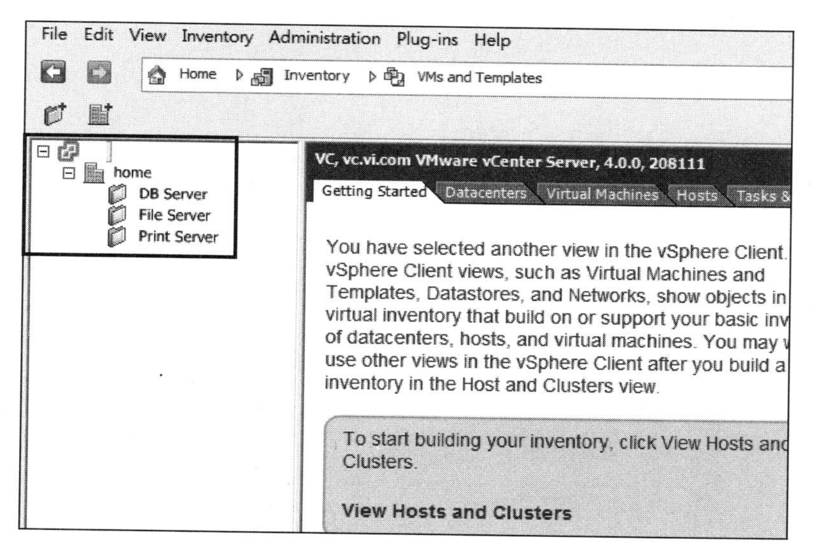

图 3-58

4．第三种是 **Networking View**，这里可以查看与修改 Networking 的相关设置，如图 3-59 所示。

5．第四种 Storage View，在此可以查看与修改 Storage 的相关设置。图 3-60 是 ESX01 与 02 的两个 Storage，但是因为名称相同，在 vCenter 里就会变成后面多一个 (1)。

6．若不到首页的话，另一种更快速的切换查看方式是，在各种 Views 的组件范围以外右击，直接切换到你要的 View，或是按键盘快速键，如图 3-61 所示。

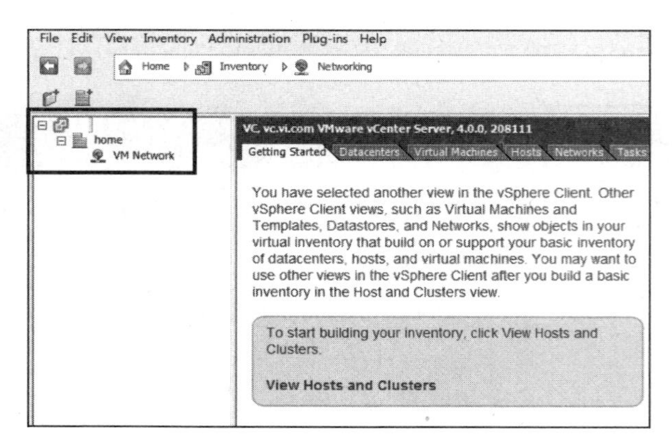

图 3-59

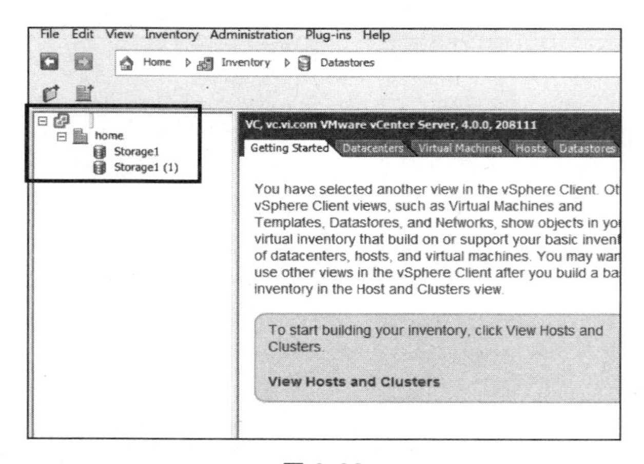

图 3-60

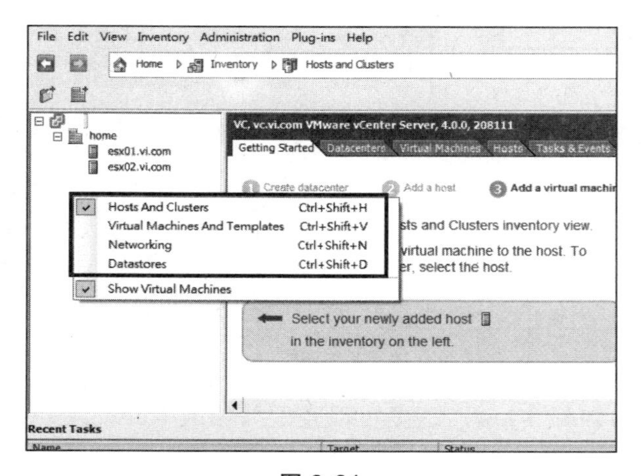

图 3-61

现在，你的个人数据中心形成了第二朵云–vCenter 的设置，这朵云非常重要，所有的资源配置都要 vCenter 来集中掌握，所有的管理功能与额外高级功能都要靠它才能实现。

下一章要介绍的是第三朵云，vNetwork 的部分。

CHAPTER 4

创造你的第三朵云 - vNetwork

4-1 认识 vNetwork

传统的实体网络架构，会在服务器与 PC 上面安装实体网卡，并接上实体交换机，通过网线连接，以此形成局域网，彼此交换数据和提供服务。

那么，在虚拟化的环境下，如何让 VM 与外界通信呢？如果一台实体服务器只有一个网卡，但服务器里却有 10 个 VM，要如何分配带宽的优先级？如果有数个实体网卡，又如何让 ESX/ESXi host 里的 VM 做到分流、容错、安全性？这些问题，就是本章要讨论的内容。

虚拟化网络环境的基本概念 – Virtual Switch

虚拟化做到了 Server Consolidation，将很多的 VM 集中在一台实体的服务器上，达到资源共享。但无论如何，VM 一定要通过网络才能提供服务，如何让众多的 VM 能够通过实体网卡与外界联系是非常重要的。于是就有了虚拟交换机（Virtual Switch）的概念。

Virtual Switch（也称为 vSwitch）是由 ESX 所虚拟出来的，功能类似一台实体的 Layer 2 交换机，拥有大部分 L2 Switch 的功能，例如 VLAN。但它毕竟是虚拟出来的，所以跟实体交换机并不完全相同。

有了 Virtual Switch 后，接着是实体网卡所扮演的角色。

在虚拟化的环境里，实体网卡会被虚化成 Virtual Switch 上的一个 uplink port，它不再单纯只是一张网卡，而是一个“通道”，你不能在这个实体网卡上指定 IP，因为它的功能是要提供“路”给 VM 来走，使 VM 可以与外界进行沟通。当你的“通道”很多的时候，我们可以让不同的 VM 走不同的路，某一条路走不通了（网卡损坏或线路问题），VM 可以改走不同的道路。

如果不能在实体网卡上面指派 IP，那我们早先在安装 ESX 时所输入的 IP 地址又是什么（192.168.1.101/102）？答案是当时所指定的 IP 是在 Service Console 上的虚拟网卡，别忘了 COS 也是一个 VM，它也需要有一个 IP 地址，才能让我们远程联机管理 ESX host。而当时选择的实体网卡只是让你决定一个通道，要让 COS 走哪一条路与外界沟通。

在图 4-1 的范例中，左侧有 3 个虚拟机，假设每个 VM 都配置了一个虚拟网卡，然后我们将 VM 的虚拟网卡接上虚拟交换机（vSwitch），再来将实体网卡也接上同一个 Virtual Switch，这样 VM 便可以通过 vSwitch 的 uplink port（实体网卡）来提供服务给 Client 端了。

vNetwrok 的几个名词解释

vNetwork Standard Switch：简称 vSS，就是 VI3 时代的 Virtual Switch（VS），因为在 vSphere4 后新增了 vDS，所以将一般的虚拟交换机改称为 vSS。承接图 4-1，

我们可以将中间的 Virtual Switch 称为一个 vSS，在一个 ESX/ESXi host 中，我们可以视情况所需创造出许多 vSS，如图 4-2 所示。

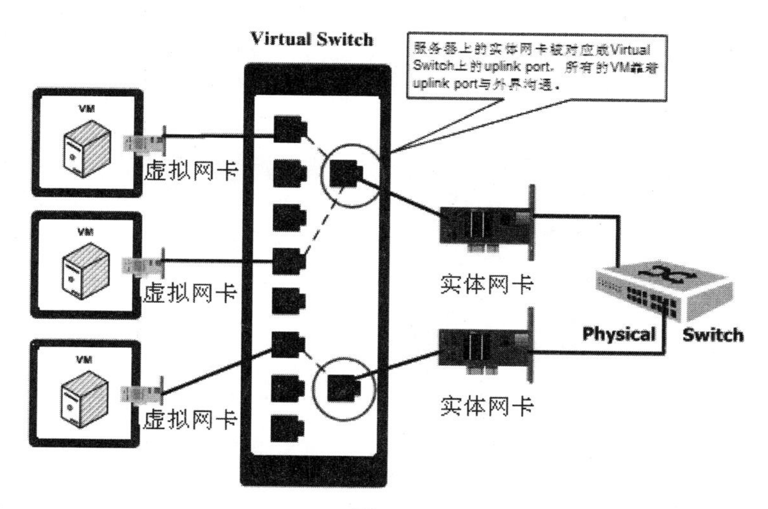

图 4-1

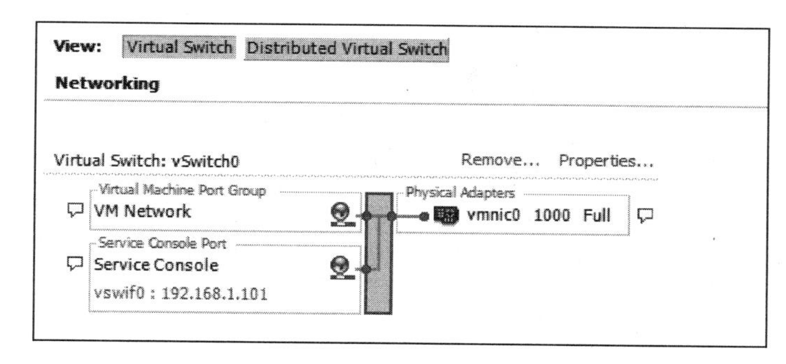

图 4-2 vSS

vNetwork Distributed Switch：简称 vDS 或 DVS（Distributed Virtual Switch），这是新的功能，可以让虚拟交换机看起来是一个横跨不同 ESX host 的大型 Switch，便于管理员统一针对它进行设置，简化了以往 Virtual Switch 必须在每个 ESX host 上产生，并且每个单独 host 进行设置的管理困扰，如图 4-3 所示。

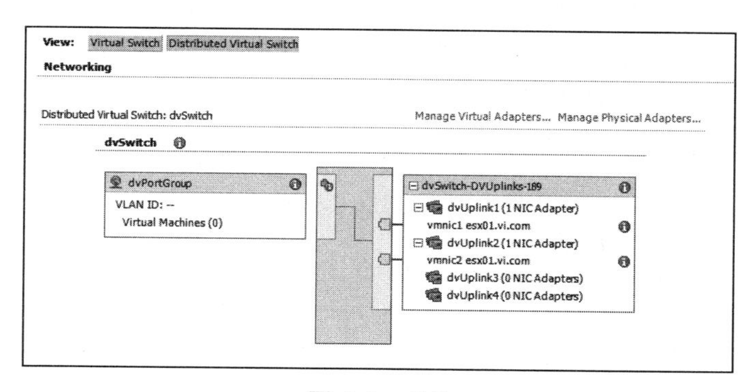

图 4-3 vDS

Virtual Switch ports：每一个虚拟交换机都可以指定网络端口的数量，在 ESX/ESXi 4 中，一个 vSwitch 最多可以拥有 4088 个 ports。

vmnic：你一定以为 vmnic 是虚拟网卡吧？错了，vmnic 指的是实体的网卡，编号从 vmnic0 开始，如果实体服务器有 6 个网络端口，就会看到 vmnic0～vmnic5，如图 4-4 所示。

esx01.vi.com VMware ESX, 4.0.0, 208167 | Evaluation (56 days remaining)

Getting Started | Summary | Virtual Machines | Resource Allocation | Performance | Configuration | Tasks & Events | Alarms | Permissions | Maps

Hardware: Processors, Memory, Storage, Networking, Storage Adapters, Network Adapters, Advanced Settings

Network Adapters

Device	Speed	Configured	Switch	MAC Address
82545EM Gigabit Ethernet Controller (Copper)				
vmnic5	1000 Full	1000 Full	None	00:0c:29:11:e5:55
vmnic4	1000 Full	1000 Full	None	00:0c:29:11:e5:4b
vmnic3	1000 Full	1000 Full	None	00:0c:29:11:e5:41
vmnic2	1000 Full	1000 Full	None	00:0c:29:11:e5:37
vmnic1	1000 Full	1000 Full	None	00:0c:29:11:e5:2d
vmnic0	1000 Full	1000 Full	vSwitch0	00:0c:29:11:e5:23

图 4-4

Virtual NIC：也可以叫 vNIC。Virtual NIC 指的才是虚拟网卡。在 ESX/ESXi 4 里，一个 VM 最多可以虚拟出 10 个网卡，而每个 vNIC 都拥有自己的 MAC Address。由于实体网卡（vmnic）是 vSwitch 上的 uplink port，所以真正的 IP 地址指定是在 VM 的 vNIC 上。

Q：虚拟网卡的 MAC Address 是否可以改变呢？

网卡的 MAC Address 前三个字节是 Company ID，可以辨识出网卡的制造厂商。VMware 是虚拟网卡的制造厂商，所以也会有 Company ID。VMware 的 vNIC MAC Address 的前六码为 00-0C-29 和 00-50-56 两组。

00-50-56 这组是可以手动更改的，范围为 00:50:56:00:00:00 ~ 00:50:56:3F:FF:FF。但是如果想自定义不同的 MAC address（不属于 VMware 的 Company ID 范围），则需要在 Guest OS level（Windows 或 Linux）这一层进行修改。

在图 4-4 中，看到的实体网卡 vmnic0 ~ vmnic5 MAC Address 都是 00:0C:29 开头，为什么呢？因为我们的 ESX 是以 VMware Player 安装成 VM。ESX 上所有的实体网卡都是虚拟出来的，当然就是 vNIC 的 MAC Address。

了解了 vNIC 和 vmnic，现在可以将图 4-1 重新绘制为图 4-5，更加简洁。

NIC Teaming：当多个 vmnic 指派给一个 vSwitch 时，就表示接在这个 vSwitch 上面的 VM 有了"不同路线"的支持机制。前面提到 uplink port 是 VM 的"通路"，如果只有一条路大家共享，可能就会发生堵车，或是此路不通就无路可走的情况。如果有两个以上的 vmnic，则可以做到平时分流、损坏时互相支援的机制，例如图 4-6，在一个实体网卡损坏的情形下 VM3 仍然能够自动切换到另一条路持续地提供服务。

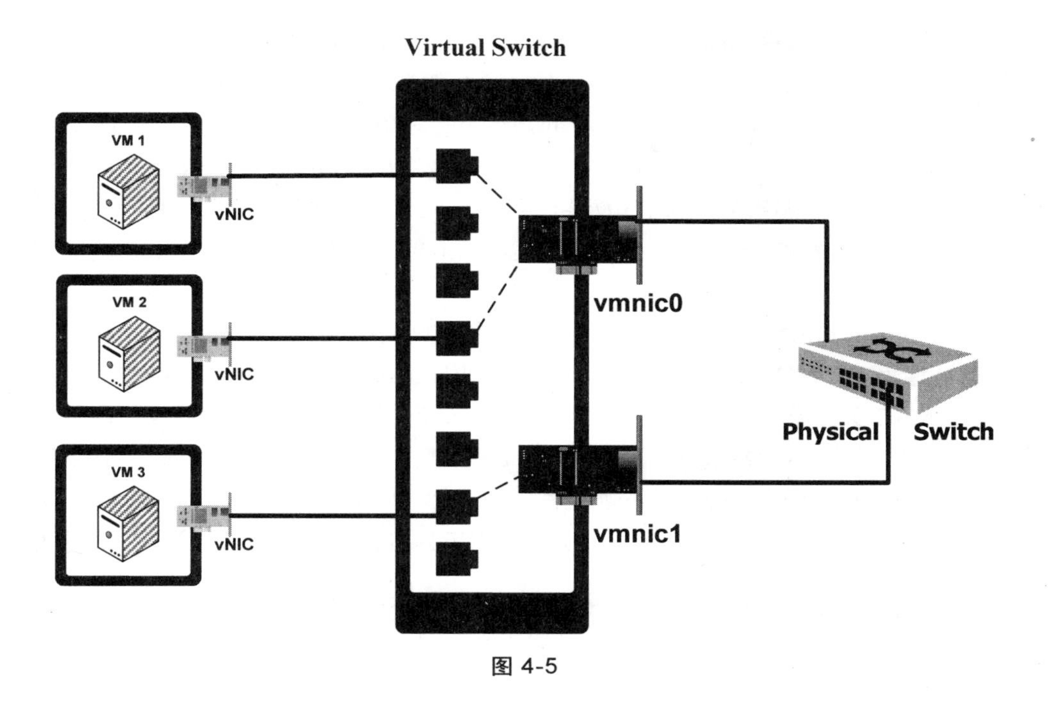

图 4-5

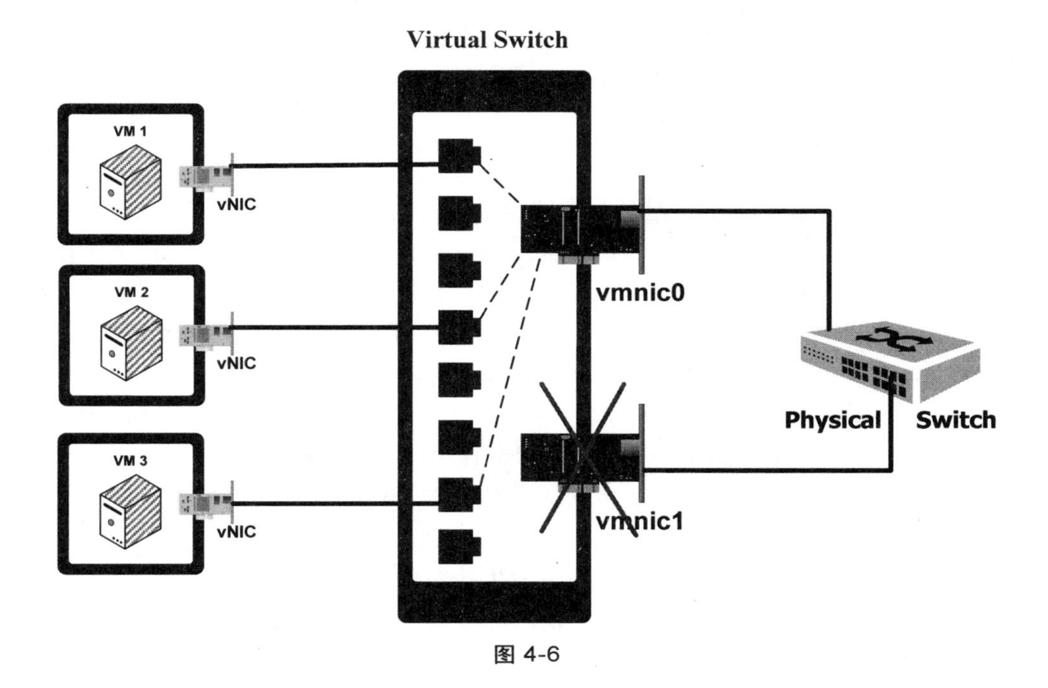

图 4-6

Q：NIC teaming 要如何设置才能达到负载平衡机制？

基本上不需要设置，当一个 vSwitch 拥有多个 vmnic 时，会自动成为 NIC teaming。VMware ESX/ESXi 的网络负载平衡有三种方式：

- **Originating virtual port ID**：VMkernel 以 vSwitch port 为 hash 标的，决定哪个 port 走哪条路，当 vNIC 使用那个 port 时就会走已经选定好的 vmnic。
- **Source MAC hash**：VMkernel 以 VM 的 vNIC MAC Address 为 hash 标的。
- **IP base hash**：以 VM 的 IP 和 client 的 IP 两者一起为 hash 标的。

默认值是 Port ID base，原则上不需要特别设置负载平衡方式，Port ID base 与 Soruce MAC 负载平衡模式类似，而第三种 IP base 则适用于特定的环境。前两种负载平衡都是让不同的 VM 走不同的路，IP base 则可以让一个 VM 同时走很多条路（vmnic），前提是实体 Switch 必须支持 802.3ad（LACP）的功能，如图 4-7 所示。

*注意，负载平衡只管 VM 从 uplink port 出去的流量，没有办法管从外面进来的。

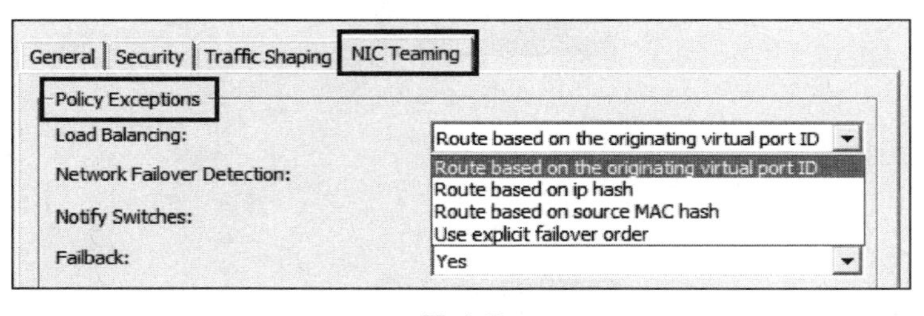

图 4-7

实际中，ESX/ESXi host 配置多个实体网卡进行 NIC teaming 时，通常会避免将属于同一张实体网卡上的多个网络端口 teaming 在一起。也就是说，要让 vSwitch 的 uplink port 实现 NIC teaming，请尽量让不同实体网卡的网络端口在同一个 vSwitch 上。例如图 4-8，服务器上有两张双网络端口的实体网卡和一个 on board 网卡，在进行 vmnic 的 NIC Teaming 时，就可以将不同实体网卡的网络端口指派在同一个 vSwitch 上，或是内置网络端口与插卡的网络端口在同一组，成为某个 vSwitch 的 uplink ports。

这种做法的好处是不会因为一张实体网卡坏掉而导致 vSwitch 的 uplink 都失效，因为 Teaming 在一起的 vmnic 分属不同的实体网卡。Vmware 还建议实体网卡最好也分属不同的厂家、不同的型号。这样还可以避免因为韧体和芯片设计瑕疵、制造质量瑕疵等问题导致服务器上的实体网卡同时发生状况的不幸情形。

Port Group：在一个 vSwitch 里，我们可以将一些 VM 组织起来，成为一个 port group，然后针对整个 port group 应用网络原则与设置，例如 VLAN、Security 与 Traffic Shaping。一个 vSwitch 可以包含多个 port group，例如图 4-9。

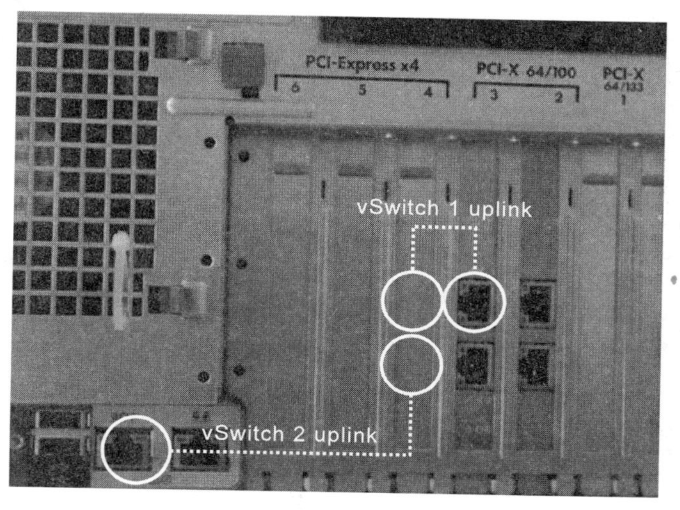

图 4-8

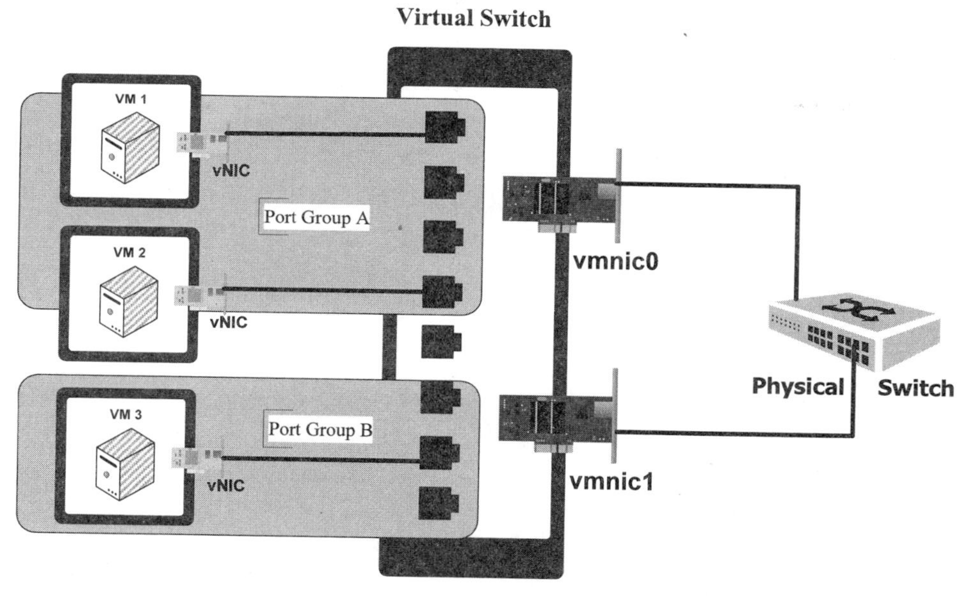

图 4-9

Traffic Shaping：可以针对 Port Group（PG）进行流量的控管，例如，PG A 为 Production VMs，PG B 是 Test VM，相形之下不是那么重要，当网络带宽紧张时，就可以对 PG B 的 VM 限制流量，使它不要使用超过固定带宽（图 4-10）。

VLAN：VLAN 在企业网络环境中应用很普遍，一般用来解决网络性能（只有同样 VLAN 的成员可以收到 Ethernet Frame）以及安全性（有效隔离 Broadcast Domain）的问题。在一个 vSwitch 上可以对不同的 Port Group 定义不同的 VLAN（802.1Q），与实体 VLAN 相同，分属不同 Port Group 的 VM 彼此之间无法互通（除非有 Routing）。VLAN 的配置在虚拟环境下有三种不同方式：

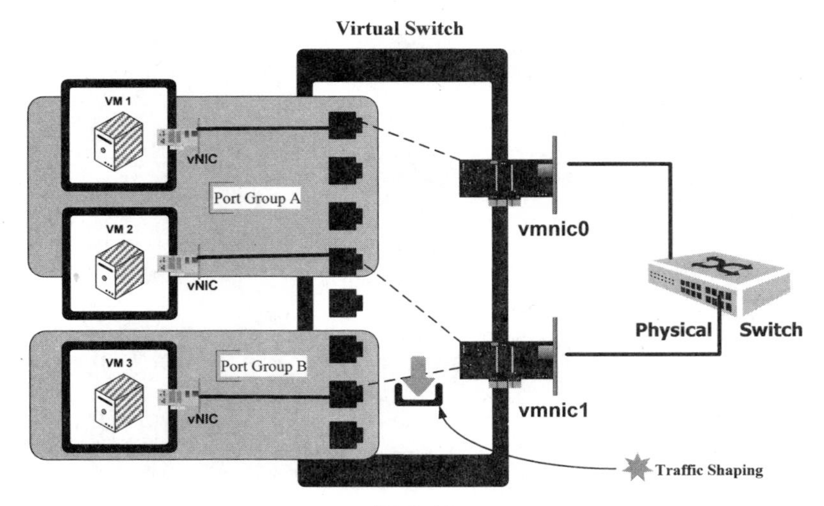

图 4-10

- **VST（Virtual Switch Tagging）**：在 vSwitch 上定义 VLAN 的做法，称为 VST。各个 Port Group 都可以给一个 VLAN ID（1～4094），由于通过 uplink port 载送不同的 VLAN ID，所以 vmnic 必须接在实体 Switch 的 trunk port 上，而不能是属于实体 Switch 的某个 VLAN port，请参考图 4-11。采用 VST 的方式做 VLAN，因为实际上 vSwitch 是由 VMkernel 在运行，VMkernel 必须要做 tagged 和 untagged 的操作，所以会消耗掉一些实体 ESX host 的性能。好处是不同的 Port Group 有不同的 VLAN tag，均能通过 vmnic 载送，VM 在切换与配置方面较灵活。

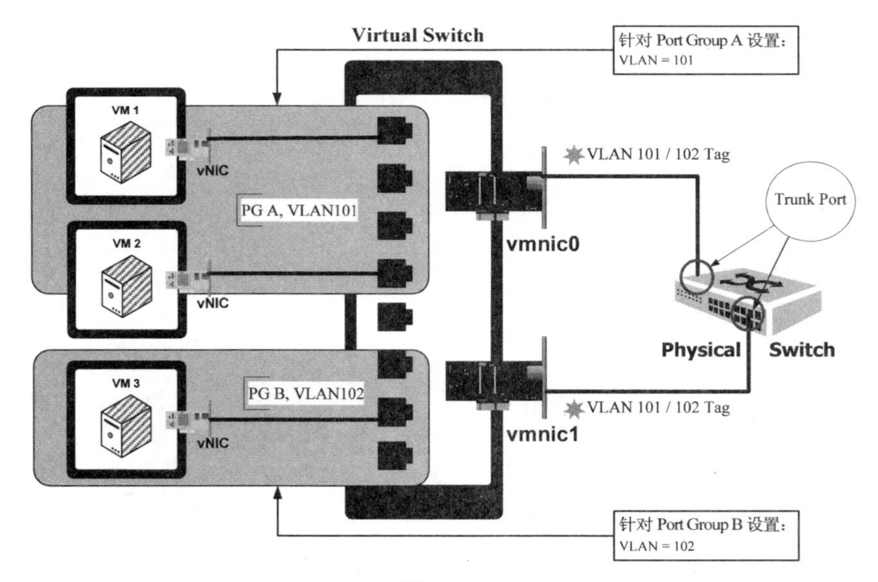

图 4-11

- **EST（External Switch Tagging）**：实体交换机设置 VLAN，然后 vSwitch 不做操作。这种做法称为 EST，不用在 vSwitch 上给 VLAN ID，vmnic 不用

接在 trunk port 上。接在实体 Switch 上的 vmnic 属于哪一个 VLAN，通过该 vmnic uplink 的 VM 就会直接属于该 VLAN 成员，例如图 4-12。

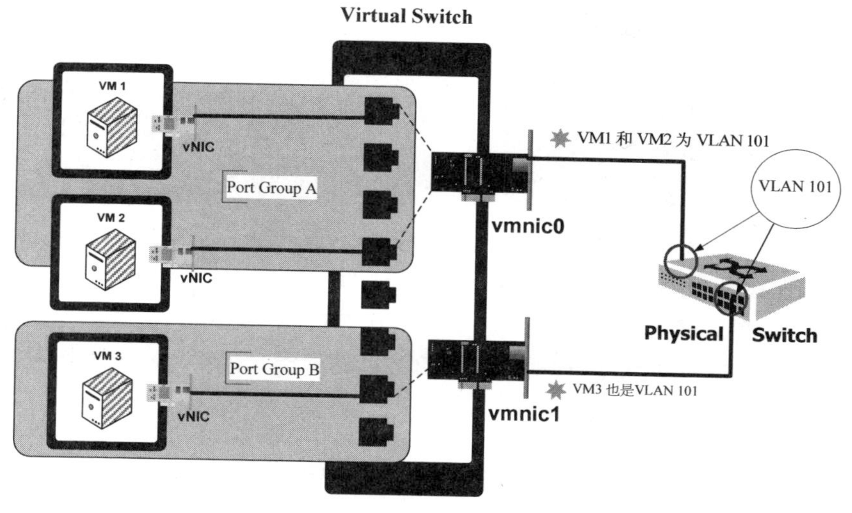

图 4-12

- **VGT（Virtual Guest Tagging）**：EST 与 VST 都是由 Switch 来 tagged/untagged 的，OS 层不需要认得 802.1Q Frame，但 VGT 则是由 Guest OS 自行负责 tagged 和 untagged 的，而不通过 Switch level 来做 VLAN，一般而言较少采用这种方式。

但所有的 VM 一定要在同一个 vSwitch 里面，然后再区分 Port Group 吗？当然不是。你也可以在 ESX host 里有多个 vSwitch。注意 vNetwork 并没有制式的配置，只要符合需求即可，例如图 4-13。

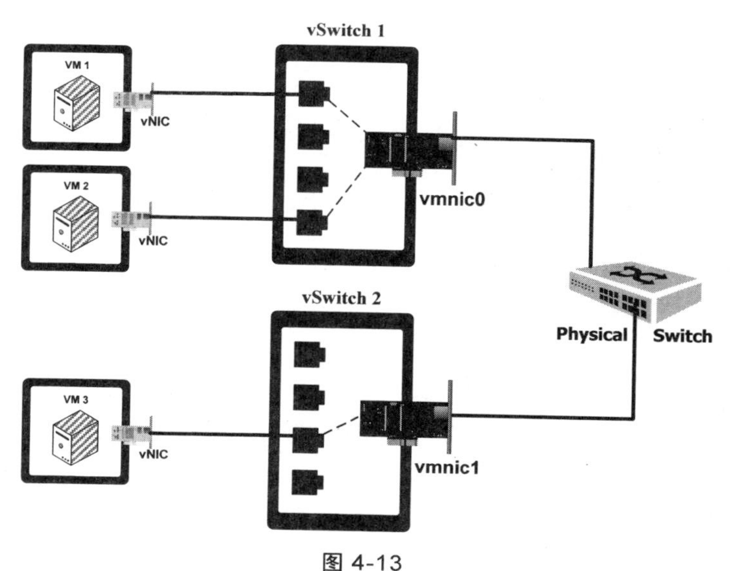

图 4-13

图 4-13 的配置，在一个 ESX/ESXi host 上创建 2 个 vSwitch，每个 vSwitch 各只

有一个 Port Group，确实地将 VM3 与 VM1/2 的 uplink 分开来，这样便不需要针对 Port Group 应用细部设置。但是这样配置的缺点是，因为实体网卡不足（只有两个 vmnic），每个 vSwitch 的 uplink 都没有负载平衡的功能和网络 fail over 的机制，因为一个 vSwitch 就只分配到一个 vmnic，无法运行 NIC Teaming。

Q：可以将一个 vmnic 指派给两个 vSwitch 使用吗？

不行，我们可以将多个 vmnic 给一个 vSwitch，达到 NIC Teaming 的功能，但是却没有办法将一个 vmnic 分给多个 vSwitch 来使用。

也就是说，今天这个 vmnic 是某个 vSwitch 的 uplink port，它就不能同时又属于另一个 vSwitch 的 uplink port。当然，你可以随意更动哪个 vmnic 要属于哪一个 vSwitch，这个部分是可以调整的。

Q：那么一部实体的 ESX host 应该需要多少实体网卡呢？

建议是越多越好，规划分配较有弹性，在一个硬件网络资源不足的情况下，无可避免地会造成一些安全性或性能问题，因为大家都要使用少数的 uplink port。举例来说，如果你的 ESX 有 8 个实体网卡，就可以做到 2 for COS、3 for VMkernel（IP Storage、vMotion、FT）、3 for VM port group 的配置。

当然，假如有 10GbE 的网络那就更好用了，整个带宽提升很大，通通一起载送都没有问题，顶多再针对每种 Connection Type 和 port group 使用 Traffic Shaping 限制不同的流量。假如两个 10GbE 更妙，一个专门给 VM 使用，一个专门给 COS 和 VMkernel，然后两个 uplink 再设置互援（为彼此的 Standby）即可。

Q：如果一个 vSwitch 没有 uplink port，会造成什么样的情况？

在创建一个 vSwitch 时，如果默认不勾选任何一个 vmnic，则表示这个 vSwitch 没有任何 uplink，是一个 Internal Only 的 vSwitch。

这样的 vSwitch，接在上面的 VM 只能自成一个内部的 LAN，没办法跟外界沟通，因为没有 uplink 可以走出去。但是也因为不与外界沟通，没有实体 TCP/IP 会产生的碰撞（collision）问题，内部网的 VM 彼此之间传送数据，性能会非常好。

另一种情况是，可以用一个拥有双虚拟网卡（vNIC）的 VM，分别将一个接往有 uplink 的 vSwitch，另一个 vNIC 接上 Internal vSwitch，形成一个 NAT 的环境。这样 Internal vSwitch 上的所有 VM 都是 NAT clients，都可以通过 NAT Router VM 来与外界的实体网络沟通，并受到保护。

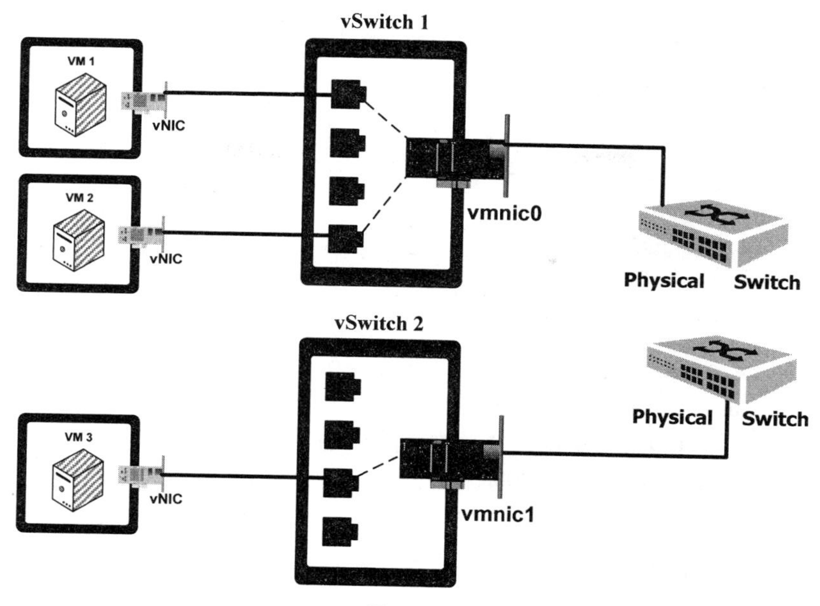

图 4-14

不同 vSwitch 上的 vmnic 连接不同实体 Switch 可以吗？行。那么同一个 vSwitch 的多个 vmnic 分别连接不同实体 Switch 呢？也行。

怎样去运用 vSwitch，使其与实体网络结合，并没有一定标准配置的答案。所以，我们在规划虚拟网络环境时，要针对 vmnic 的实际数量、VM 的用途、VLAN 的设置、实体交换机的设置等进行通盘考虑，规划最适合公司环境的配置方法。

vSwitch 的 Connection Type

在创建 vSwitch 时，首先必须从三种 Connection Type（Virtual Machine、VMkernel、Service Console）中选择一种创建，如图 4-15 所示。

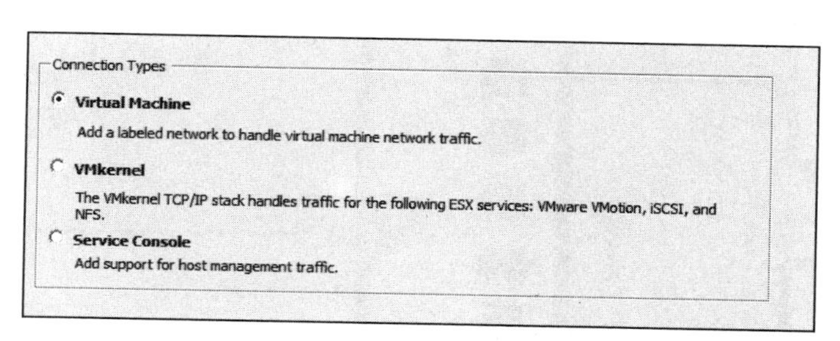

图 4-15

这并不是说从此以后该 vSwitch 就只能有一种 Connection Type，可以视需要而定，随时在 vSwitch 里再增加不同的 Connection Type。

那么 Connection Type 的用途是什么呢？我们一个一个来看。

Virtual Machine Port Group：选择这一种的话，vSwitch 将会产生 VM 的 Port Group，专门给 VM 来连接使用。如图 4-16 所示，初期只会有一个 Port Group 可以放

VM，如果有需要可随时新增不同的 Port Group。请大家再回头看图 4-5，就是只有一个 Virtual Machine Port Group 的情况，而图 4-9，则是一个 vSwitch 包含了两个 Port Group。

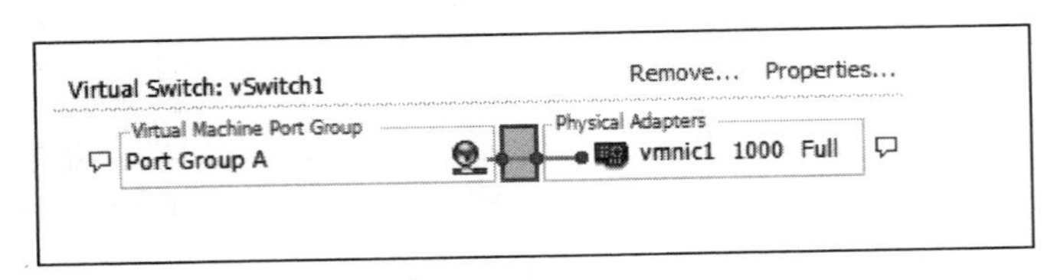

图 4-16

VMkernel Port：许多人不是很了解何时该创建 VMkernel Prot 以及它的用途。请各位将它想象成：VMkernel 也拥有虚拟的网卡，需要一个 IP，接上 vSwitch 走 uplink 去对外访问，如图 4-17 所示。有两种情形，必须在 vSwitch 上创建 VMkernel Port：

- vMotion：vMotion 在线转移 VM 的行为，其实是将 ESX host 的内存数据状态通过 IP 网络从 host A 传送到 host B，所以双方 host 的 VMkernel 都需要有 IP 地址，并且经由 vSwitch 通过 vmnic uplink 互通，即可传送 VM 内存状态（vMotion 的运行原理及限制将在第 8 章进行说明）。
- 访问 iSCSI/NFS Storage：如果存放 VM 文件的 Storage 是 iSCSI/NFS，用的是 IP SAN 而不是 FC SAN，那么也需要创建 VMkernel Port，让 VMkernel 可以识别到 IP 存储设备（详情见第 5 章）。

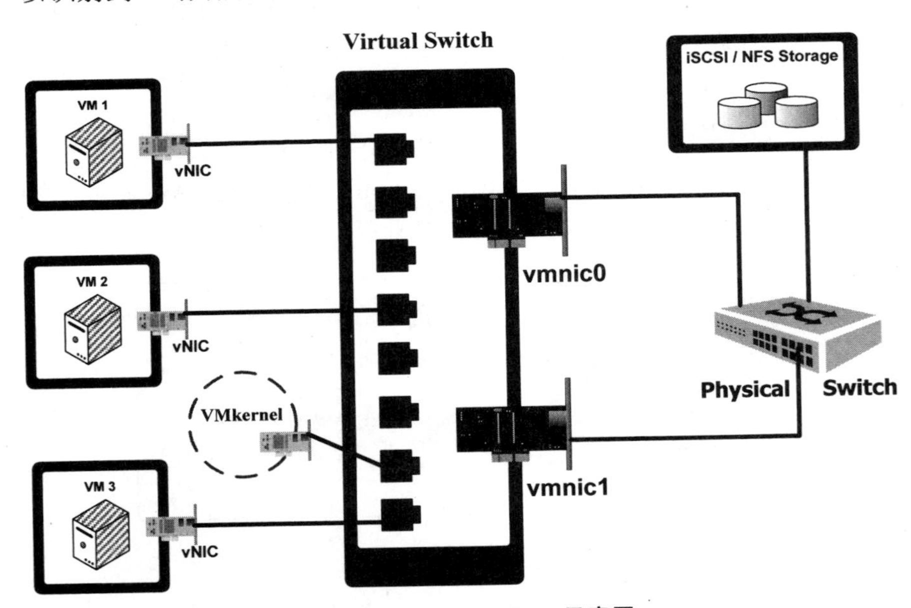

图 4-17 VMkernel Port 示意图

而某些时候，我们也会需要多个 VMkernel Port，这样的做法是为了将 vMotion 与 iSCSI/NFS 的流量隔开，避免通通经由同样的 vmnic 造成性能与安全性的问题。请各位想象，就好似在 VMkernel 上装了多个虚拟网卡，分接到不同的 vSwitch 上，各走各的路，例如图 4-18。

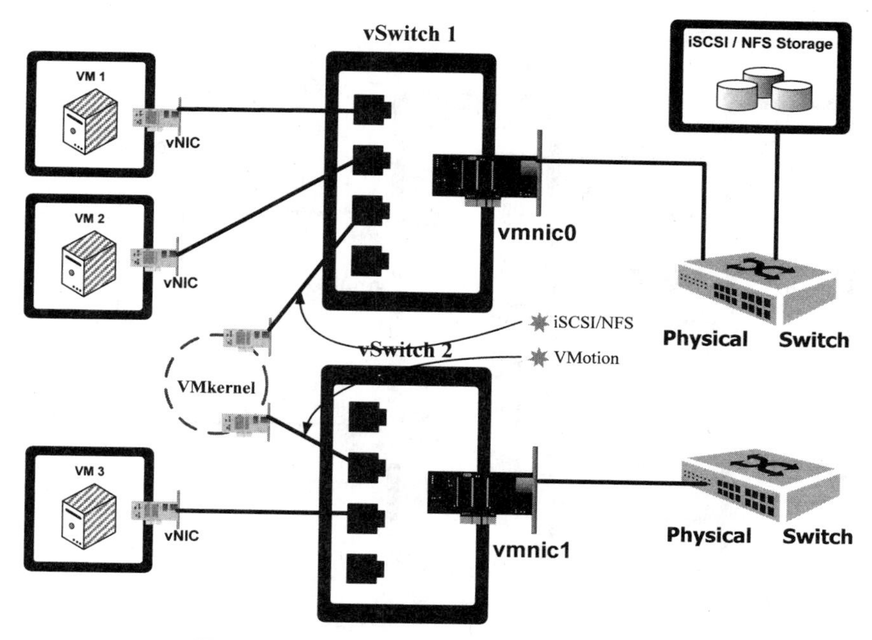

图 4-18　vMotion 与 IP Storage Traffic 分开

Service Console Port： 当 ESX 安装完成时，Host 其实就已经有第一个 vSwitch 了，叫做 vSwitch0。这个 vSwitch 默认会有两种 Connection Type：一个是给 VM 用的，默认叫做 VM Network 的 Port Group；另一个则是 Service Console Port。图 4-19 在 Service Console 下有一个 vswif0：192.168.1.101，这个 IP 指的并不是 vSwitch 上的 IP，vSwitch 本身是没有 IP 的，此 IP 是 COS 的虚拟网卡的 IP 地址。

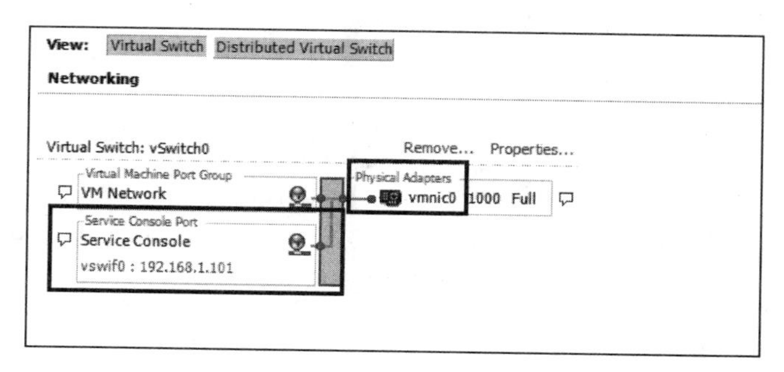

图 4-19

注： 安装 ESX 才会有 Service Console port，安装 ESXi 则没有。

不知道大家还有没有印象，在安装 ESX 时，要求输入一个 IP 地址，然后选择 vmnic，这个 IP 其实是指定在 COS 上，也就是说，安装好 ESX，其实就创建好了 Service Console Port，否则，我们要如何用 vSphere Client 连到 ESX host 进行管理呢？所以，各位可

以想象成 COS 有一个虚拟网卡，接上了 vSwitch，然后就可以通过 vmnic 联机到 COS，如图 4-20 所示。

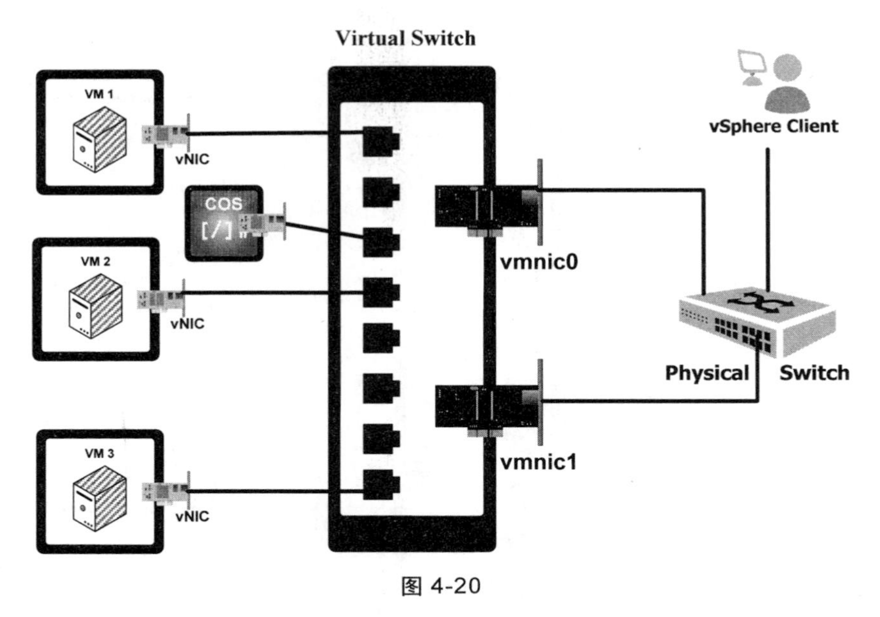

图 4-20

某些时候，也会需要第二个 Service Port，走不同的 uplink。例如，VMware HA 是使用 COS 来作 Heartbeat，就需要（非必要）新增第二个 Service Console Port，以避免 COS Heartbeat 通讯的 SPOF（单点故障）情形发生。请各位想象就如同在 COS 上新增了第二个虚拟网卡，然后将它连接到不同的 vSwitch 走不同的 uplink 即可（见图 4-21）。

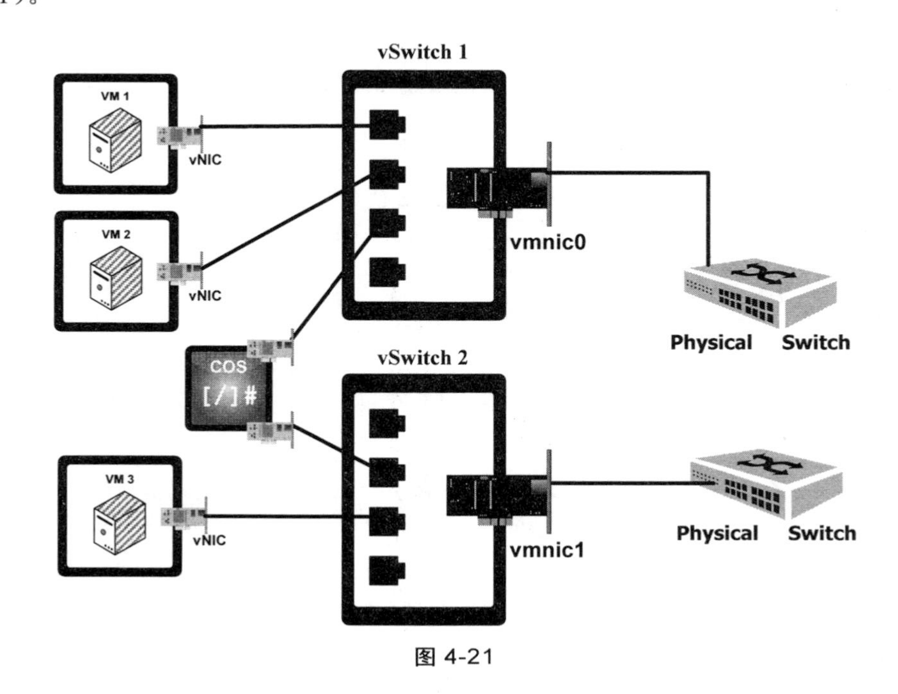

图 4-21

在一个网络资源有限的情况下（例如范例中实体网卡只有 2 个），如果要实现每一种应用，势必会是一个混合类型，也就是三种 Connection Type 都出现在同一个 vSwitch 中，并共享 vmnic，如图 4-22 所示。

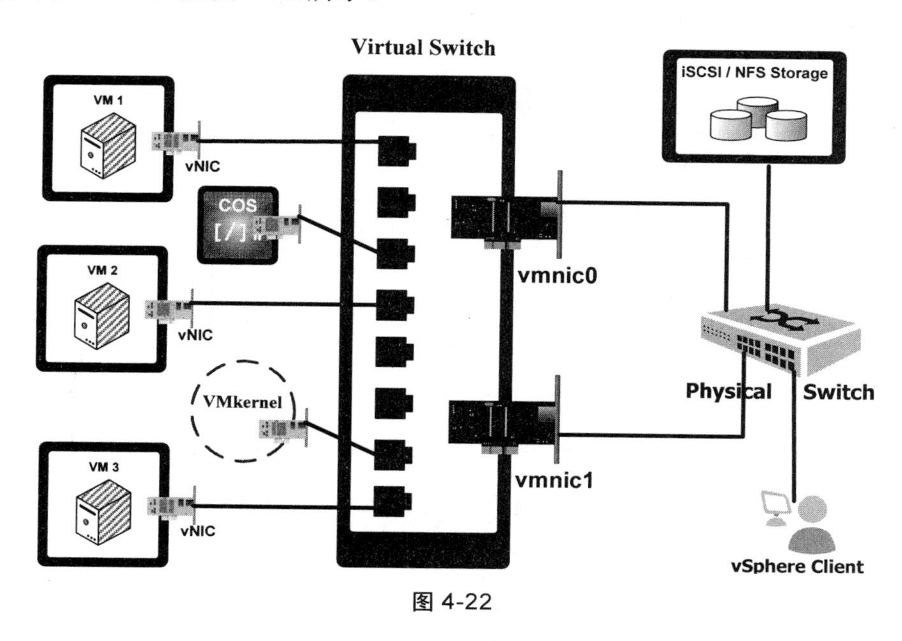

图 4-22

4-2 设置 vNetwork Standard Switch

俗话说：“一图解千文”。上一节用了许多辅助图片来介绍 vSS 的运作，希望能让读者对 Virtual Switch 有清晰的虚拟化网络概念。接下来，就要实际操作，针对范例的环境创建 vSwitch、设置各种 Connection Type。

新增 vSwitch、VM Port Group

1. 登录 vCenter，单击 **ESX01 host**，再单击 **Configuration→Networking**，如图 4-23 所示。

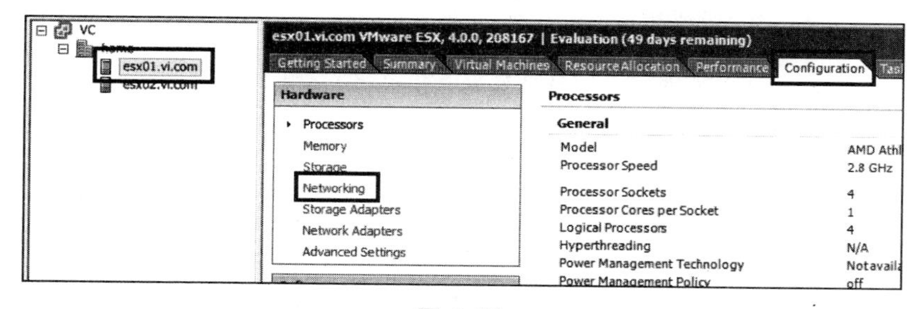

图 4-23

2．在 Networking 里，看到的就是第一个 vSwitch（vSwitch0），这个是安装好 ESX 时就有了，默认是有一个 Service Console Port 和 VM Port Group，我们现在要将 VM Network 这个 Port Group 删除，代表 vmnic0 纯粹当成 Management Network 来使用，不掺杂其他 VM 的 Network Traffic。请选择 **Properties**，如图 4-24 所示。

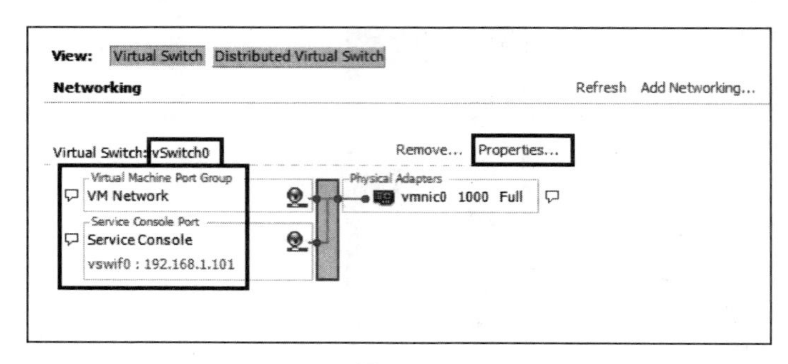

图 4-24

3．单击 VM Network 这个 Port Group，再单击 **Remove** 按钮，如图 4-25 所示。

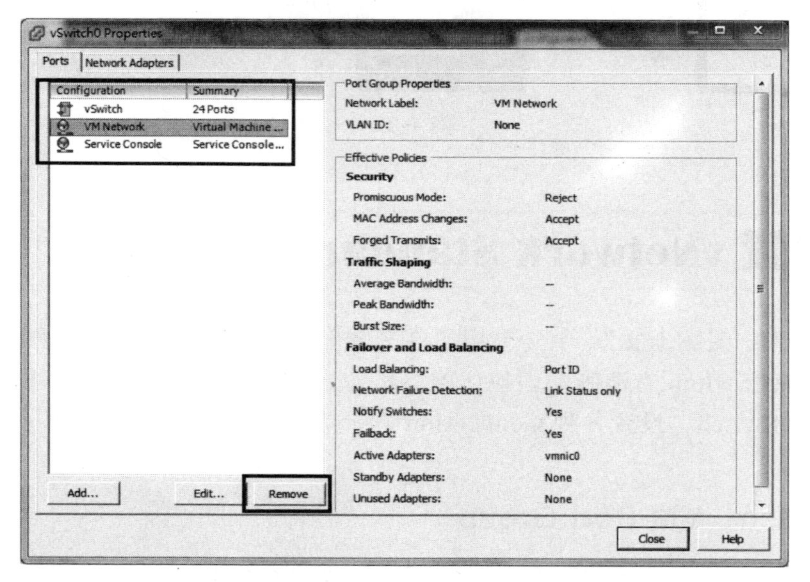

图 4-25

4．出现确认是否要删除的对话框，单击“是”按钮，如图 4-26 所示。

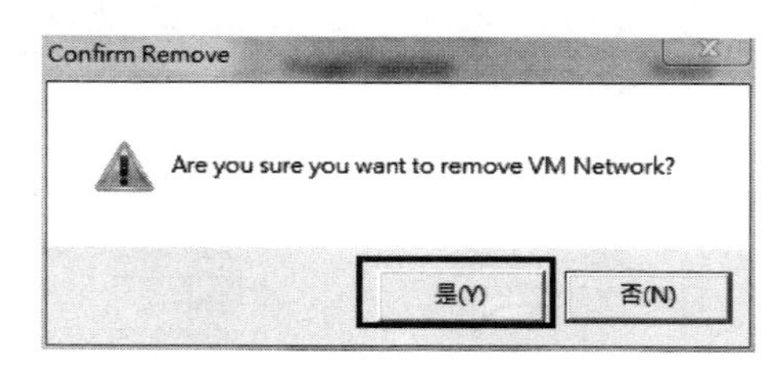

图 4-26

5. 删除后，发现 VM Network Port Group 不见了，只剩下 Service Console Port，如图 4-27 所示。

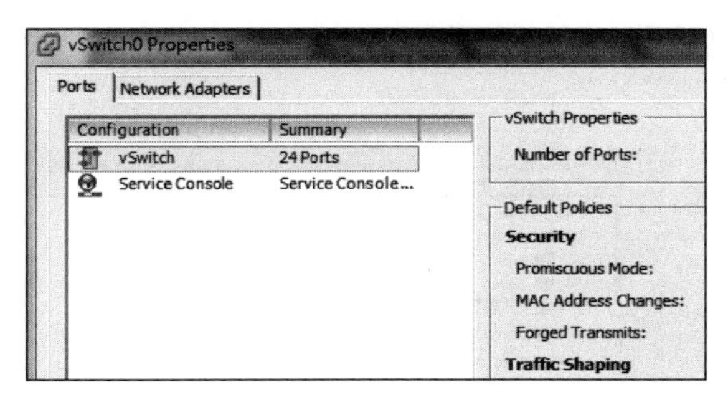

图 4-27

6. 回到 vSwitch 界面，确认只剩下 Service Console 走 vmnic0 uplink。再添加一个 vSwitch，请单击 **Add Networking** 按钮，如图 4-28 所示。

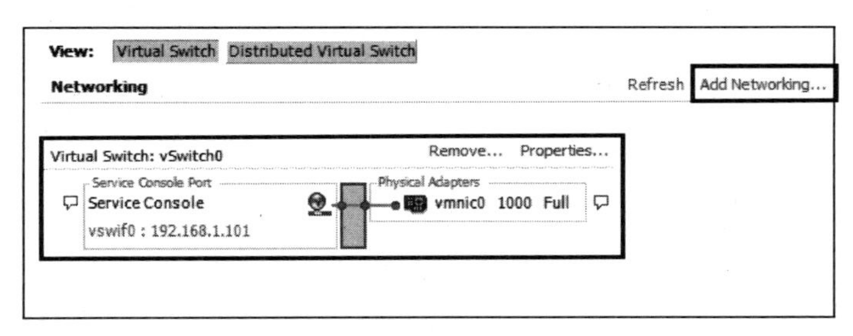

图 4-28

7. 首先要选择一种 Connection Type for vSwitch，在这里选择 **Virtual Machine**，单击 **Next** 按钮，如图 4-29 所示。

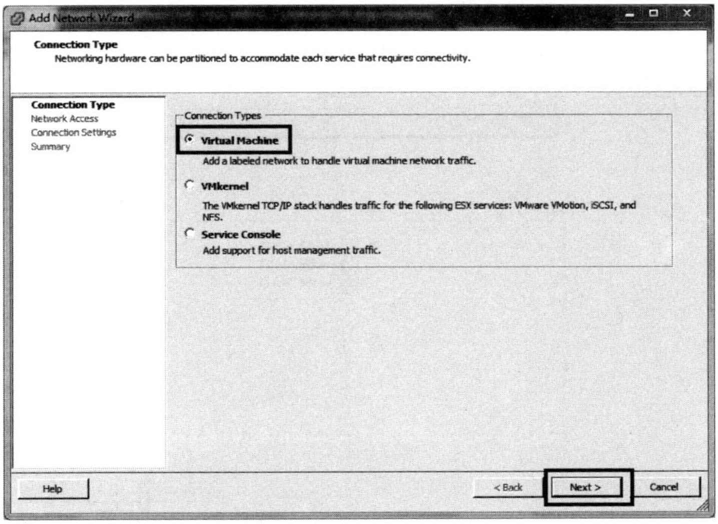

图 4-29

8．决定哪些 vmnic 要给这个 vSwitch 当成 uplink port，这里勾选 **vmnic1**、**2**、**3** 当作 uplink，形成 NIC Teaming 的机制，单击 **Next** 按钮，如图 4-30 所示。

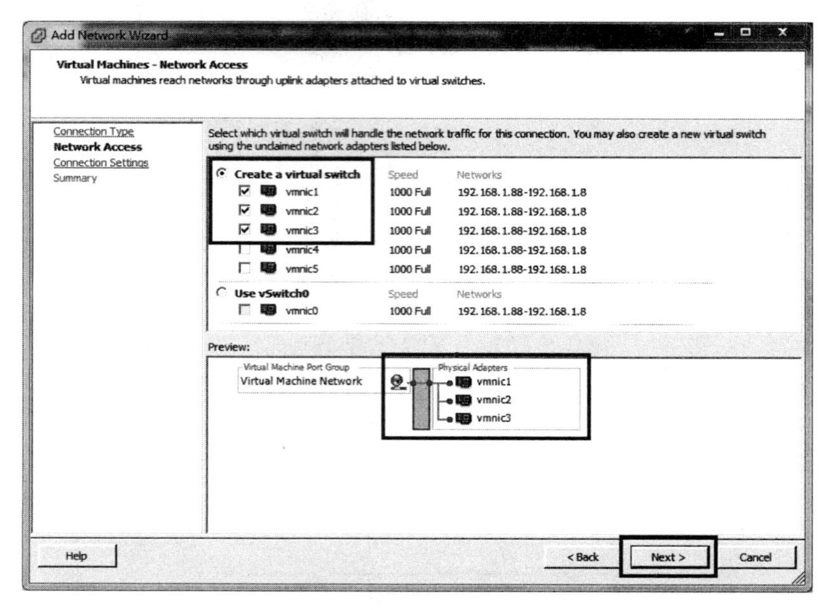

图 4-30

9．Port Group 的部分。Network Label 指的是 Port Group 的名称，范例取名为 **Production**，另外 VLAN ID 字段如果给了一个 ID，代表 vSwitch 要做 VLAN，就是前面提到的 VST，我们不在这里设置 VLAN，单击 **Next** 按钮，如图 4-31 所示。

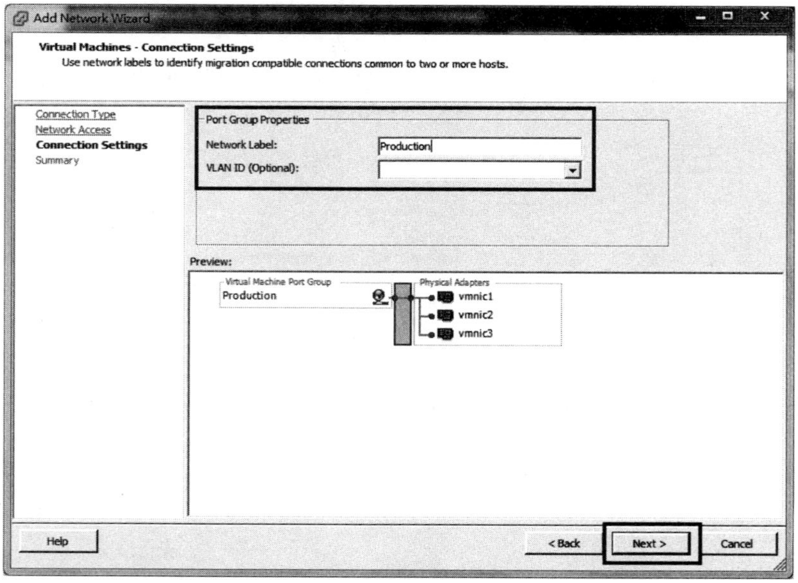

图 4-31

10. 创建好 vSwitch、vmnic 与 Port Group Name，单击 **Finish** 按钮，如图 4-32 所示。

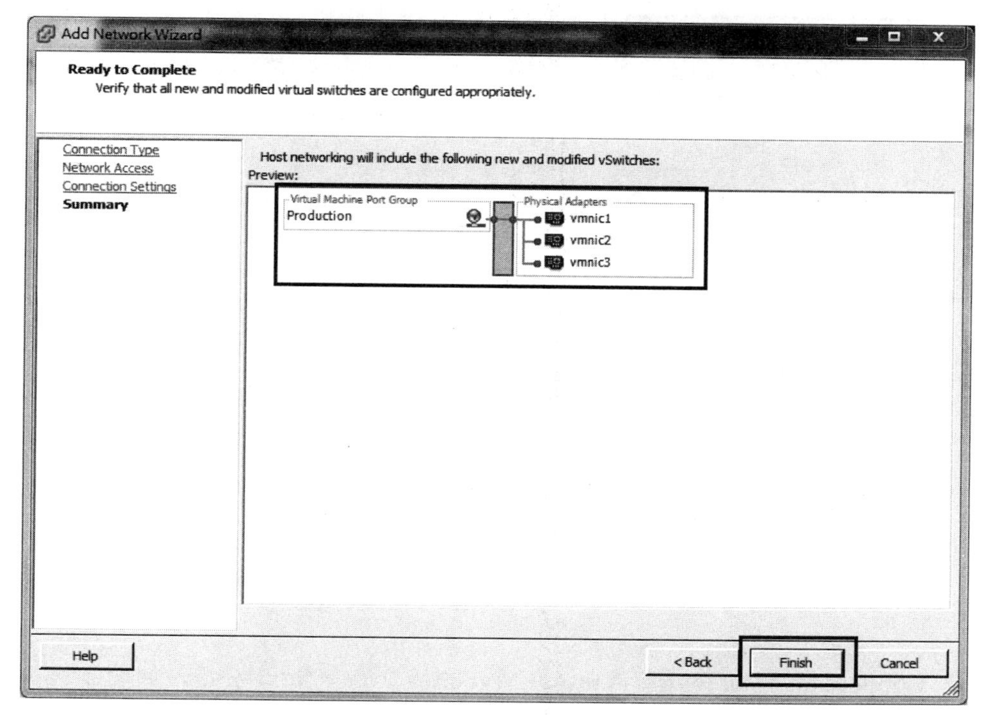

图 4-32

11. 现在看到已经出现了新的 vSwitch。接着要在 vSwitch1 上新增第二个 Port Group，请单击 vSwitch1 的 **Properties** 按钮，如图 4-33 所示。

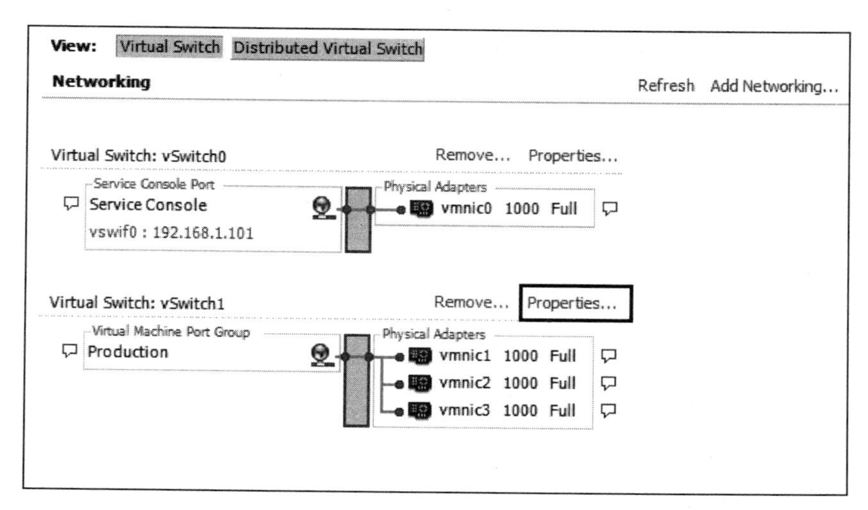

图 4-33

12. 目前 vSwitch 只有一个叫做 Production 的 Port Group，单击 **Add** 按钮，如图 4-34 所示。

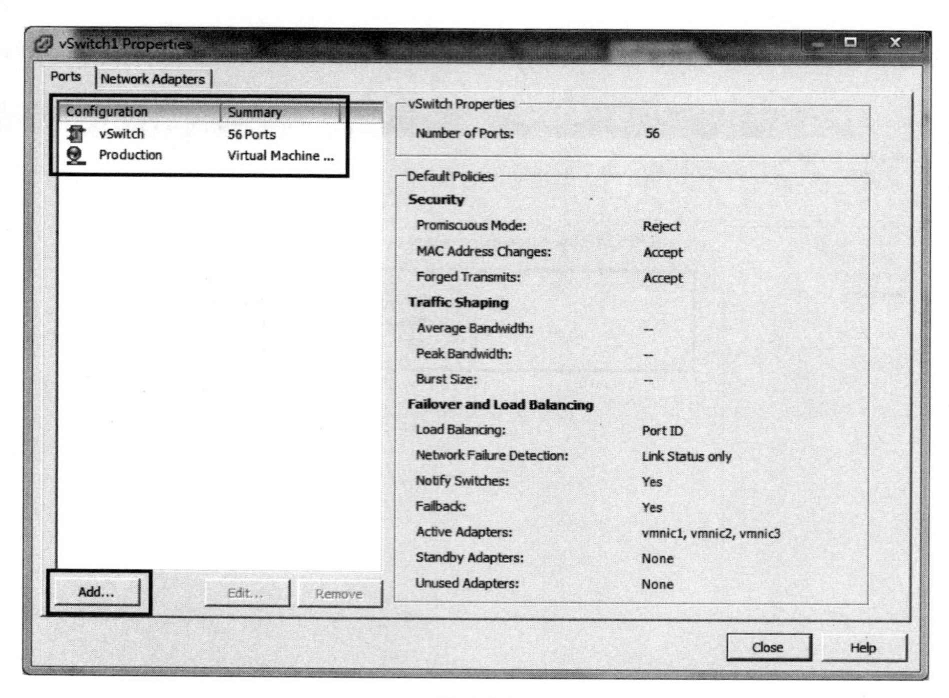

图 4-34

13. 在 Connection Type 下选择 **Virtual Machine**，单击 **Next** 按钮，如图 4-35 所示。

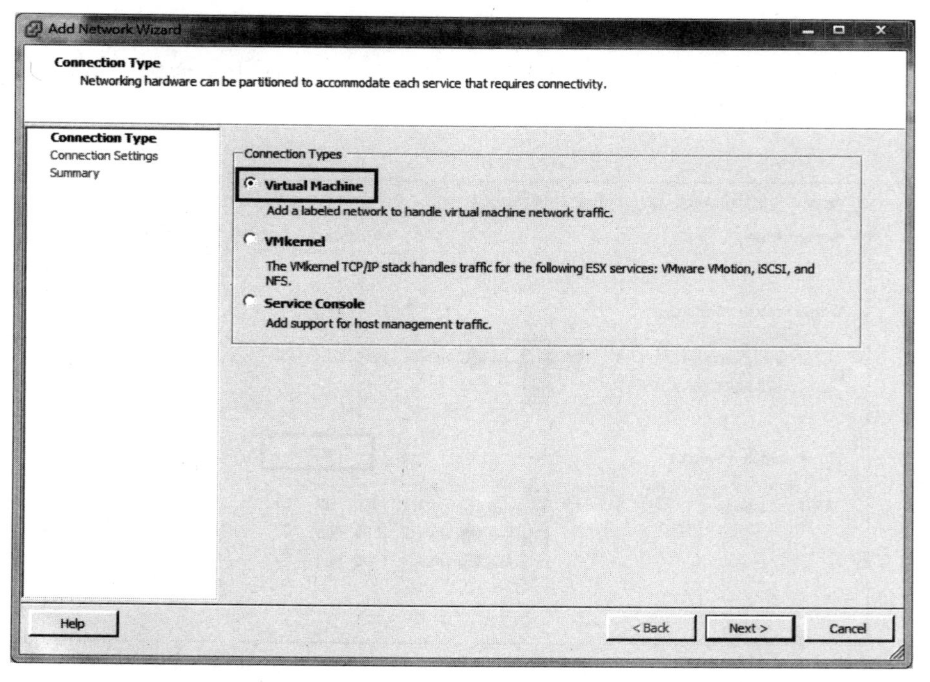

图 4-35

14. 为 Port Group 取名称为 **Test**，然后单击 **Next** 按钮，如图 4-36 所示。

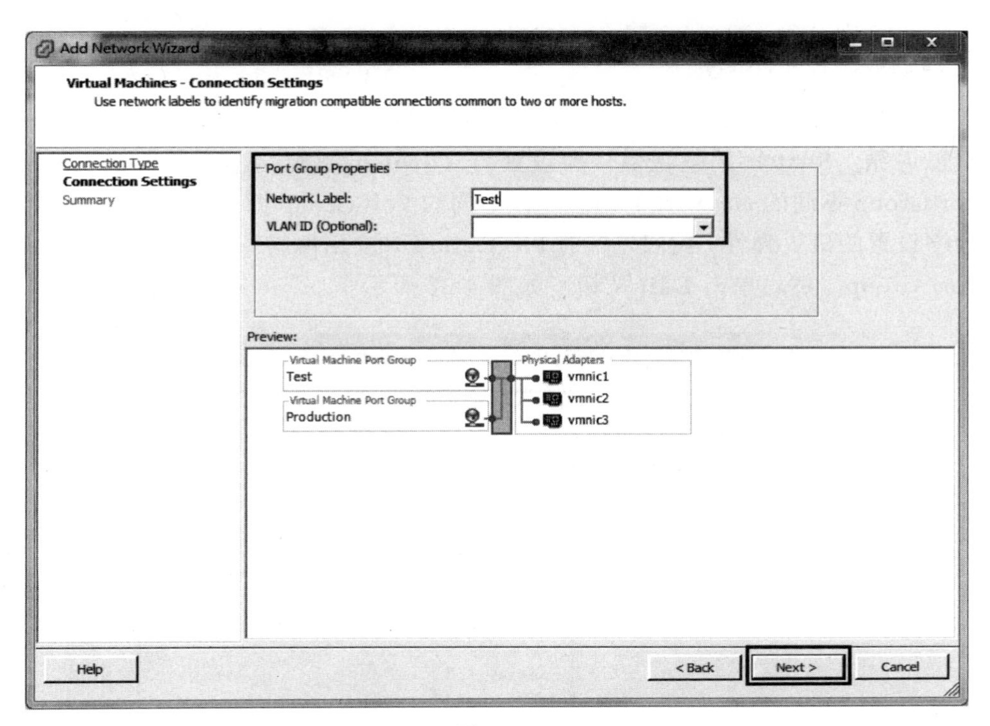

图 4-36

15. 多出了一个 Test 的 Port Group，单击 **Finsh** 按钮，如图 4-37 所示。

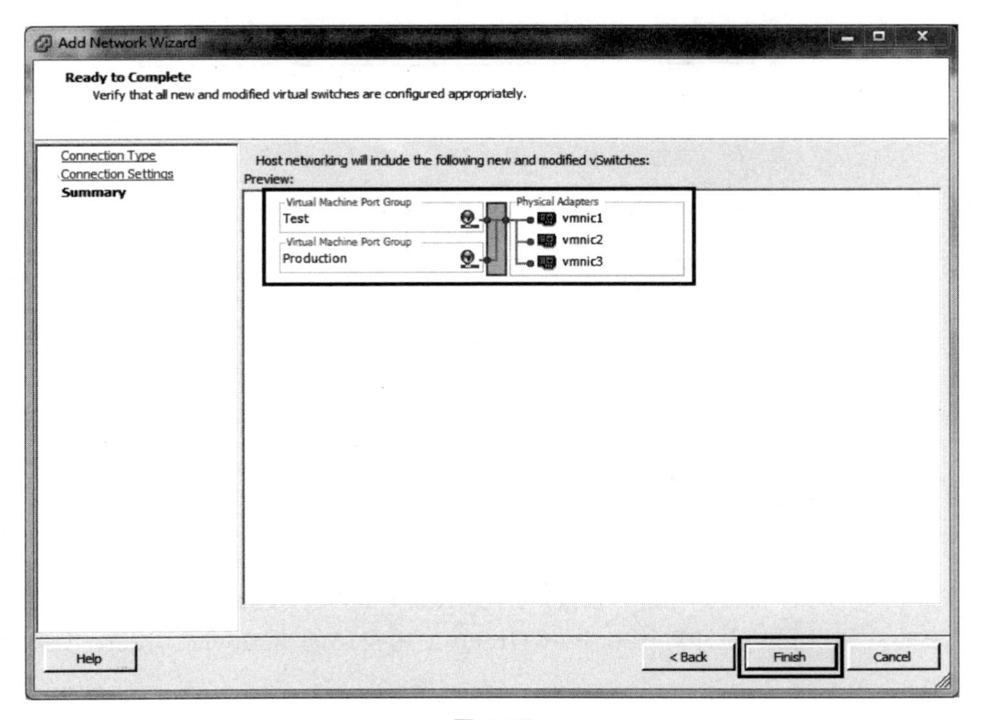

图 4-37

设置 Network Policy

1. 现在可以看到 vSwitch 有两个 Port Group，右侧会显示目前的设置值。这两个 PG 可以遵循 vSwitch 的默认值，即设置与 vSwitch 都相同。但是也可以给予每个 PortGroup 不同的 Network Policy，让不同的 Port Group 拥有不同的 Policy，达到网络设置的最大弹性。我们先针对 Production 来应用网络原则，请选择 Production Port Group，然后单击 **Edit** 按钮，如图 4-38 所示。

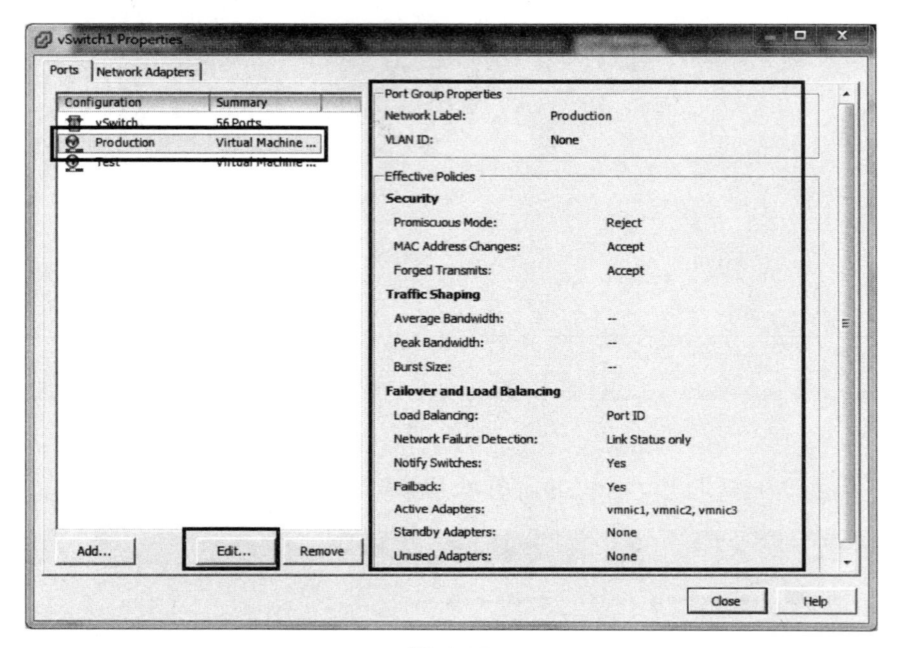

图 4-38

2. 我们要设置的是 NIC Teaming 部分，单击 **NIC Teaming** 选项卡，如图 4-39 所示。

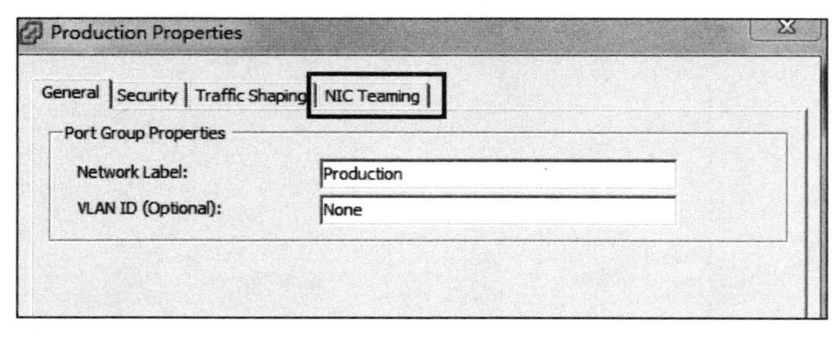

图 4-39

3. 在 Failover Order 部分，勾选 **Override vSwitch failover order**，表示不依照 vSwitch 原来的共同设置，而针对这个 Port Group 使用自己的 Failover Order，如图 4-40 所示。
4. 使用 Move Up 和 Move Down 按钮，调整 vmnic 的 Active/Standby 顺序。在此范例我们将 vmnic3 调整成 Production Port Group 的 Standby，表示平时 Production

是使用 vmnic1 和 vmnic2 这两个 uplink，一旦这两个 uplink 发生问题时，自动切换到 vmnic3。设置好 failover order，单击 **OK** 按钮，如图 4-41 所示。

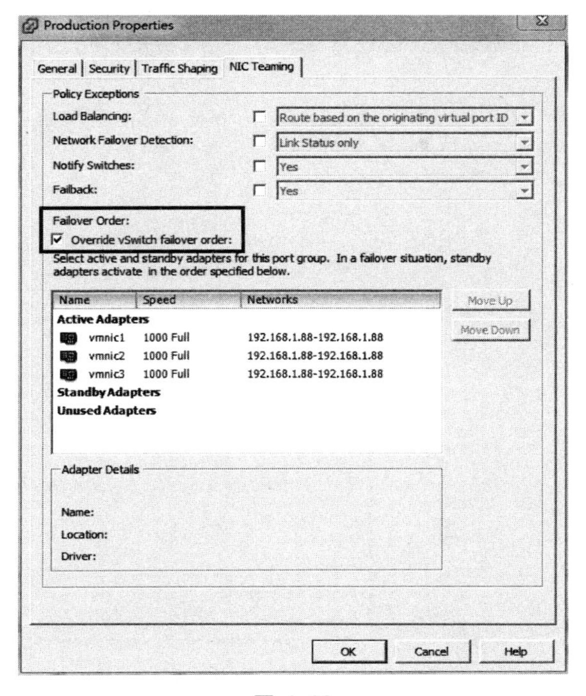

图 4-40

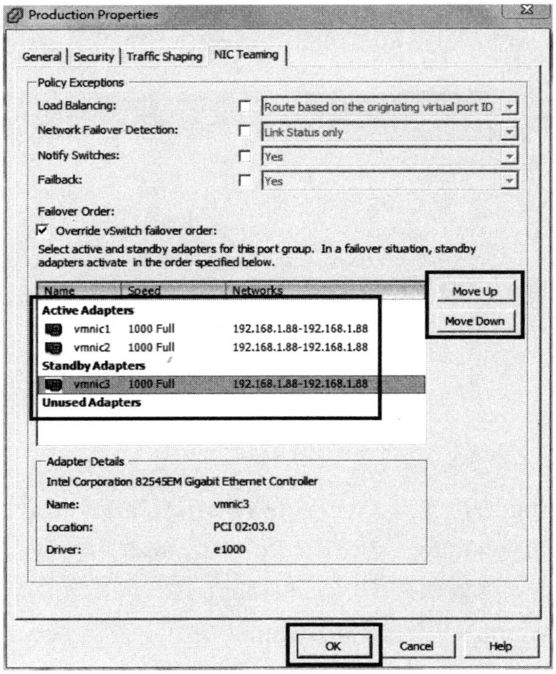

图 4-41

5. 检查右侧信息栏中的 Failover and Load Balancing，确认 Active Adapters 和 Standby Adapters 是否显示出正确的设置，如图 4-42 所示。

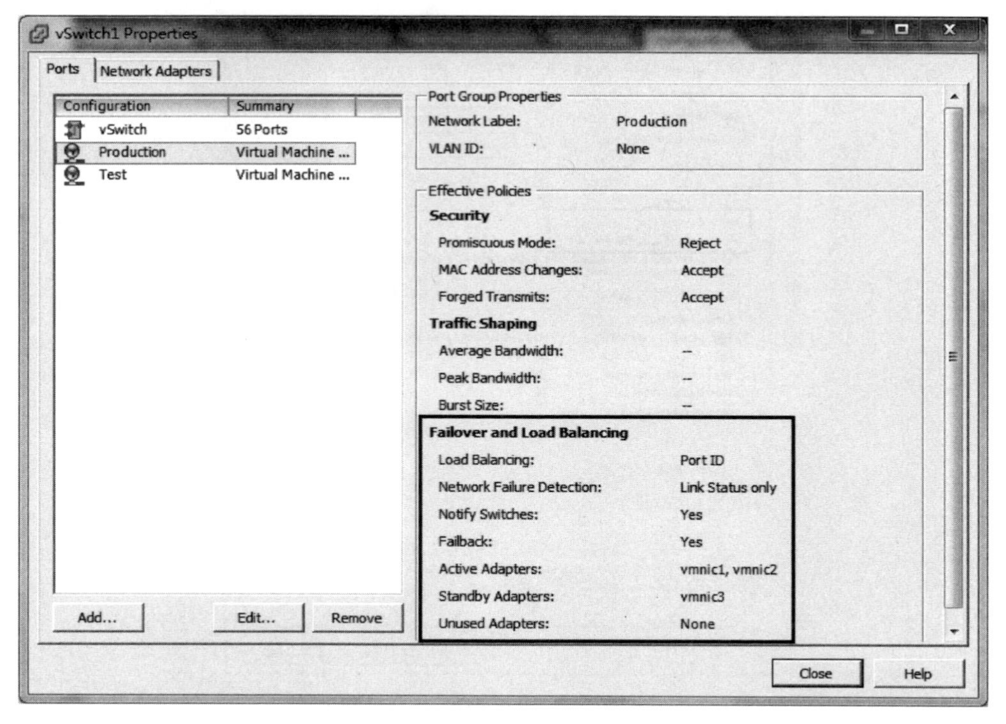

图 4-42

6. 接着要更动的是 Test Port Group。单击 **Test PG**，单击 **Edit** 按钮，如图 4-43 所示。

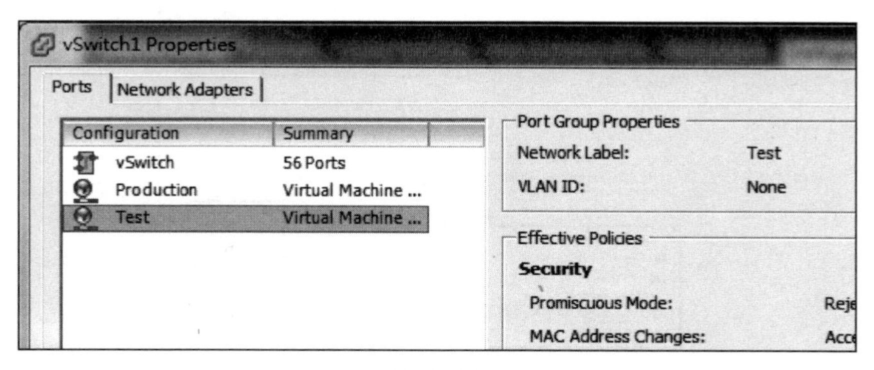

图 4-43

7. 一样到 NIC Teaming 中，勾选 **Override vSwitch failover order**，然后将 vmnic 调整成如图 4-44 所示：vmnic3 为 Test Port Group 的 Active Adapters，vmnic2 是 Standby，而 vmnic1 则调整到 Unused Adapters。这代表，我们让 Test Port Group 的 VM 平时只用 vmnic3，故障时由 vmnic2 接手，至于 vmnic1 则不让 Test PG 来使用。

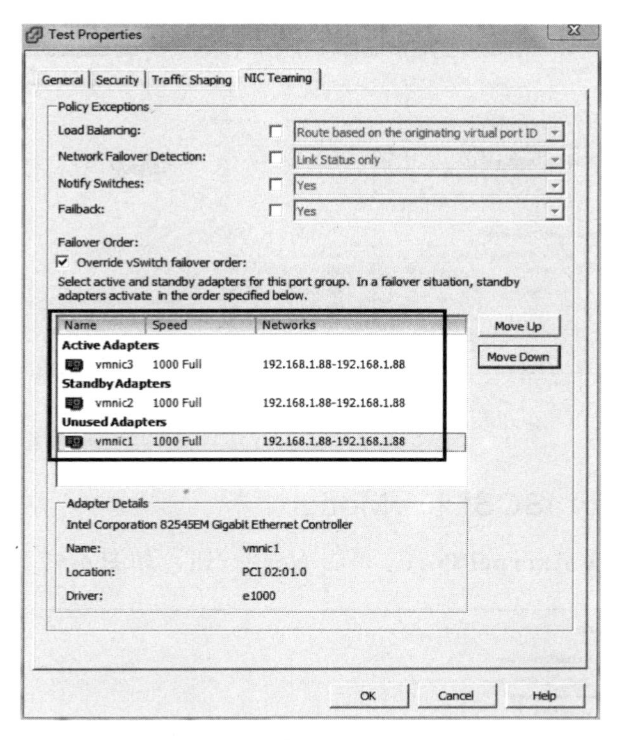

图 4-44

8. 来看一下 TEST PG 的设置吧！没有问题的话，请单击 **Close** 按钮，如图 4-45 所示。

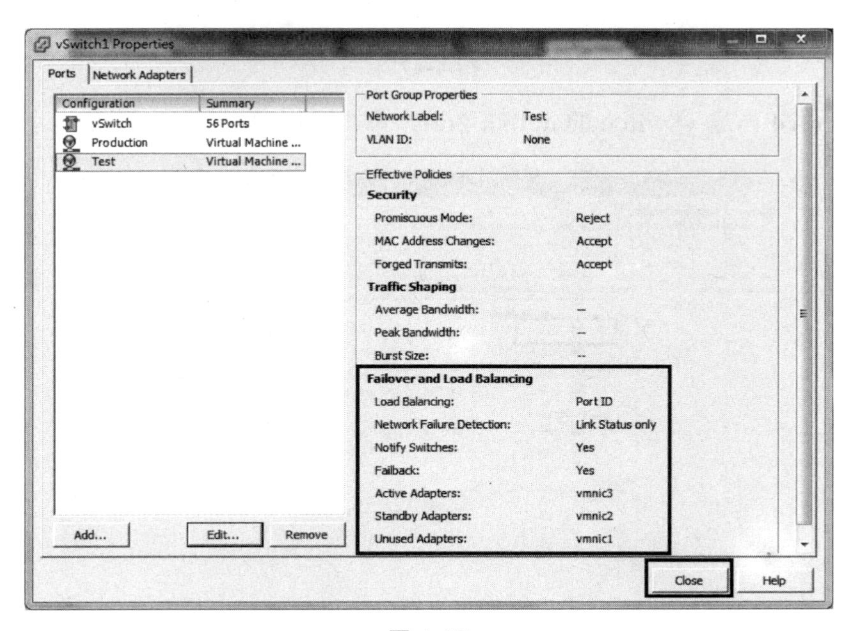

图 4-45

9. 返回到 Networking 的界面，现在 vSwitch1 已经有了两个 Port Group。接着要再新增第三个 vSwitch，单击 **Add Networking** 按钮，如图 4-46 所示。

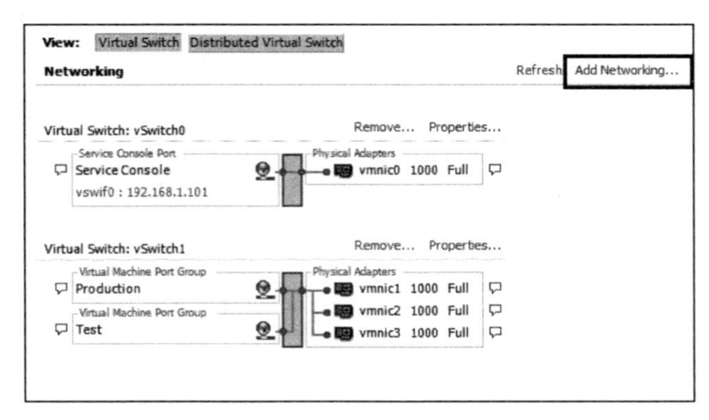

图 4-46

VMkernel Port for iSCSI 和 vMotion

1．这次要选择的是 **VMkernel Port**，单击 **Next** 按钮，如图 4-47 所示。

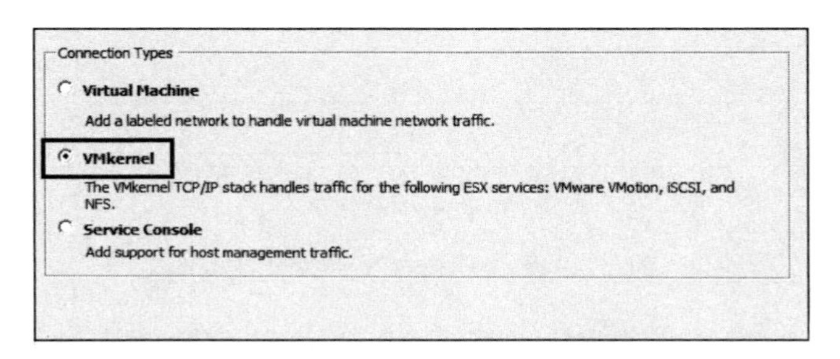

图 4-47

2．选择 **vmnic4** 当成 vSwitch 的 uplink Port，单击 **Next** 按钮，如图 4-48 所示。

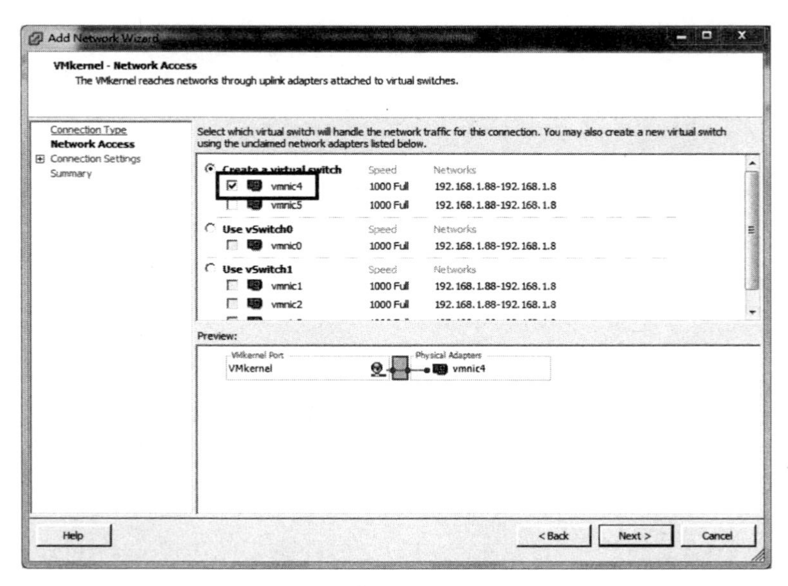

图 4-48

3．取个名称，范例为 **for iSCSI access**，如图 4-49 所示。

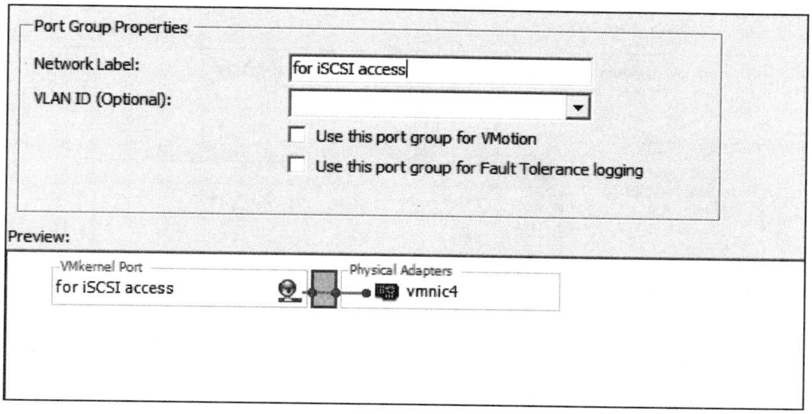

Port Group Properties
Network Label: for iSCSI access
VLAN ID (Optional):
Use this port group for VMotion
Use this port group for Fault Tolerance logging
Preview:
VMkernel Port
for iSCSI access
Physical Adapters
vmnic4

图 4-49

4．VMkernel Port 需要指定一个 IP 地址，因为 VMkernel 也要有一个 IP 才能去访问 iSCSI 的存储设备，下一章介绍 Storage 时，我们会安装 iSCSI Target。范例的 IP 地址设置为：**192.168.1.51**，Subnet Mask：**255.255.255.0**（ESX01 host 的 VMkernel Port 的 IP），如图 4-50 所示。

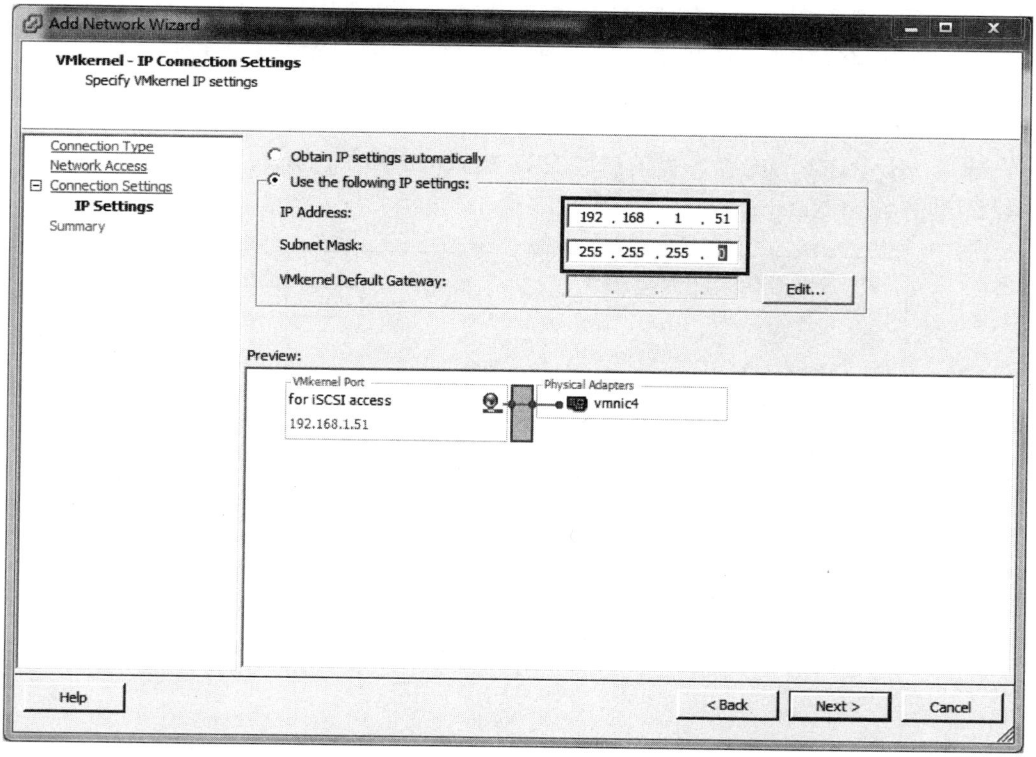

Add Network Wizard
VMkernel - IP Connection Settings
Specify VMkernel IP settings
Connection Type
Network Access
Connection Settings
IP Settings
Summary
Obtain IP settings automatically
Use the following IP settings:
IP Address: 192 . 168 . 1 . 51
Subnet Mask: 255 . 255 . 255 . 0
VMkernel Default Gateway: . . .
Edit...
Preview:
VMkernel Port
for iSCSI access
192.168.1.51
Physical Adapters
vmnic4
Help
< Back
Next >
Cancel

图 4-50

5．这个 vSwitch 是给 VMkernel 访问 iSCSI 专用的，uplink 是 vmnic4，如图 4-51 所示。直接单击 **Finish** 按钮。

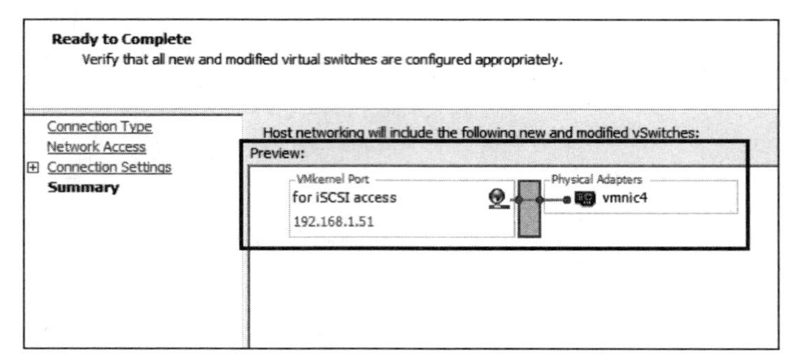

图 4-51

6．因为没有设置 default gateway，所以出现询问对话框，本书的练习没有 default gateway，所以不用设置，单击"否"按钮即可，如图 4-52 所示。

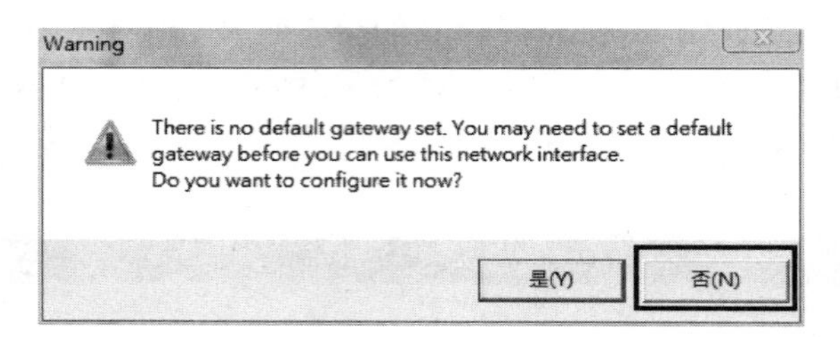

图 4-52

7．完成了 vSwitch2 的配置，目前已经有三个 vSwitch 了。还需要一个 vSwitch，所以请单击 **Add Networking**，如图 4-53 所示。

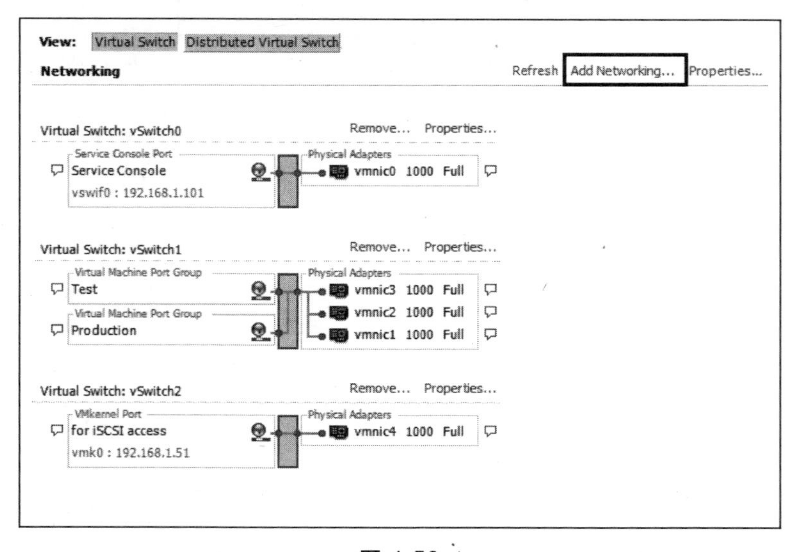

图 4-53

8. 这次选择的仍是 **VMkernel Port**，要用作 vMotion 用途，如图 4-54 所示。

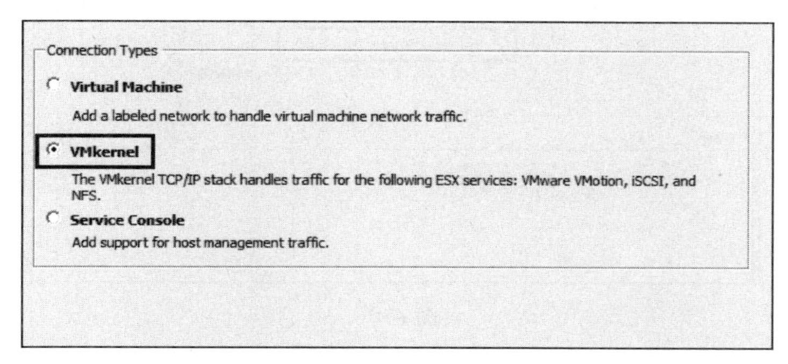

图 4-54

9. 只剩下一个 vmnic 可以分配给新的 vSwitch 了，勾选 **vmnic5**，单击 **Next** 按钮，如图 4-55 所示。

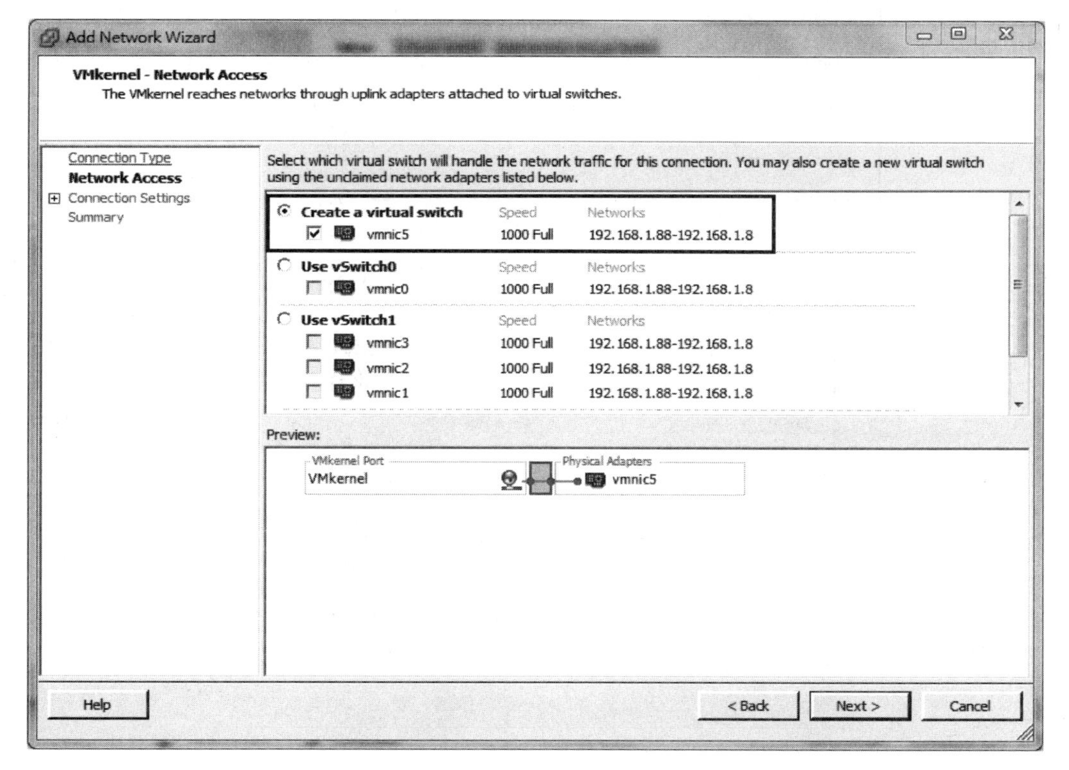

图 4-55

10. 取一个名称，请输入 **for vMotion**，并勾选下面的 **Use this port group for VMotion**，表示要以这个 uplink 来传送 vMotion，如图 4-56 所示。

11. 第二个 VMkernel 仍然要输入 IP 地址，范例是 **192.168.1.61**，Subnet Mask 是 **255.255.255.0**，单击 **Next** 按钮，如图 4-57 所示。

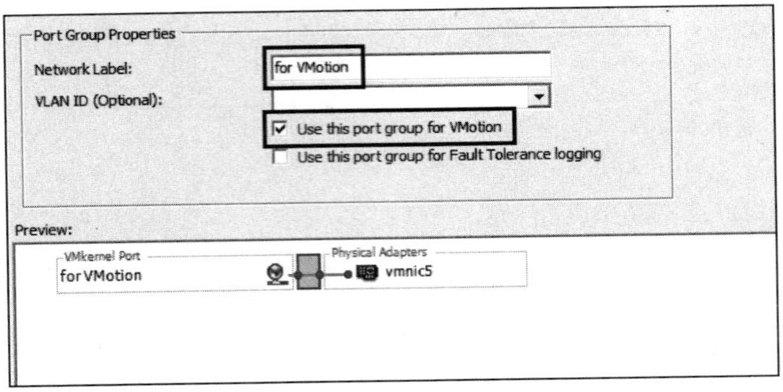

Port Group Properties
Network Label:
for VMotion
VLAN ID (Optional):
Use this port group for VMotion
Use this port group for Fault Tolerance logging
Preview:
VMkernel Port
for VMotion
Physical Adapters
vmnic5

图 4-56

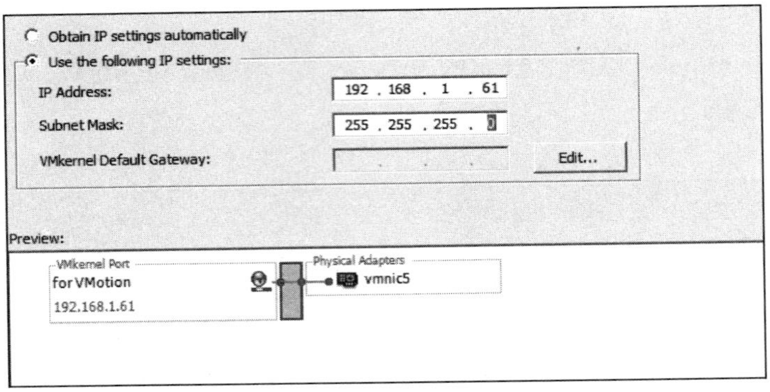

Obtain IP settings automatically
Use the following IP settings:
IP Address:
192 . 168 . 1 . 61
Subnet Mask:
255 . 255 . 255 . 0
VMkernel Default Gateway:
Edit...
Preview:
VMkernel Port
for VMotion
192.168.1.61
Physical Adapters
vmnic5

图 4-57

12. 这个 vSwitch 代表的意义是，以后的 vMotion 将使用这个 uplink，如图 4-58 所示。

Host networking will include the following new and modified vSwitches:
Preview:
VMkernel Port
for VMotion
192.168.1.61
Physical Adapters
vmnic5

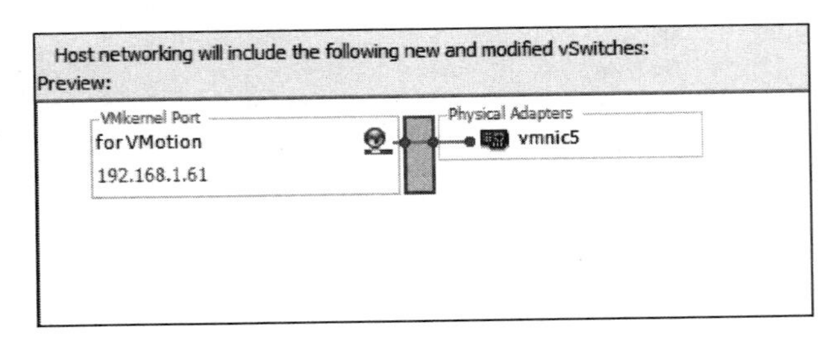

图 4-58

13. 一样不设置 default gateway，单击“否”按钮，如图 4-59 所示。

Warning
There is no default gateway set. You may need to set a default
gateway before you can use this network interface.
Do you want to configure it now?
是(Y)
否(N)

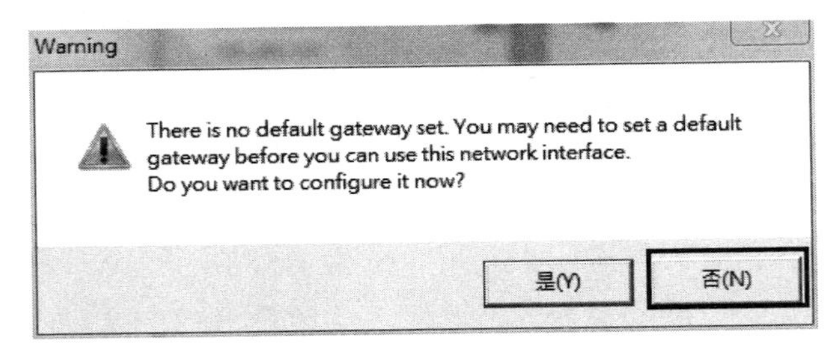

图 4-59

14. 完成了 ESX01 的所有 vSwitch 配置，如图 4-60 所示。接着请各位读者照着 4-2 节的所有步骤对着 ESX02 再设置一遍，整个网络的配置就大功告成了。

ESX02 的 vmk0（VMkernel IP）范例为：192.168.1.52，vmk1 为 192.168.1.62。

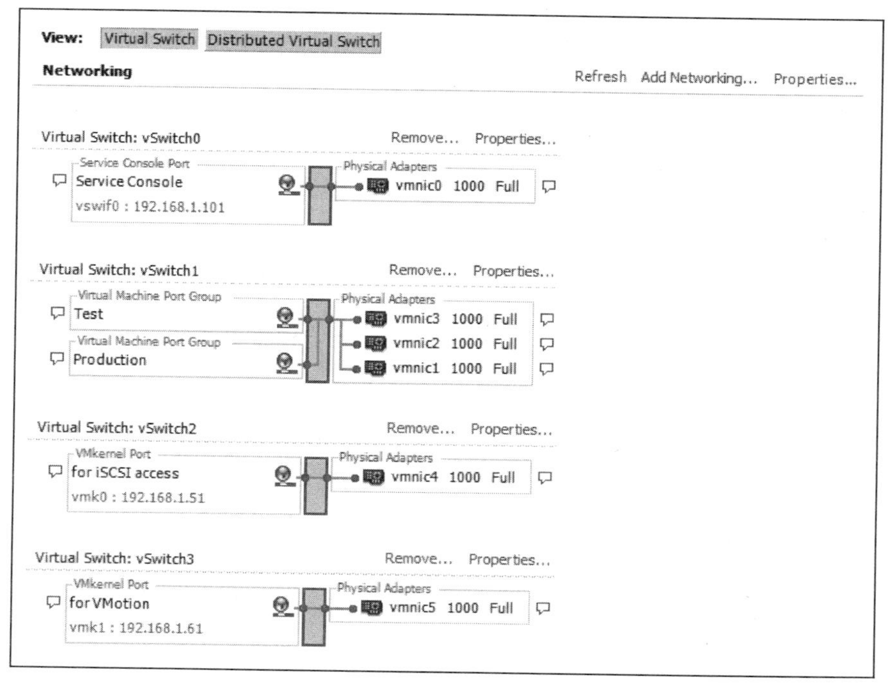

图 4-60

Q：为何不讨论 vDS？

vDS 是横跨 host 的 vSwitch，功能强大且提高管理效率。我们只是配置两个 ESX host 的 vSwitch 就花了一些时间，如果今天有 100 个 ESX host 等着你去设置呢？每个 host 去设置 vSwitch 确实有些麻烦，vDS 可以简化设置步骤，我们可以用 vCenter 来配置逻辑上看起来是横跨多个 host 的 vSwitch，这样便可以将不同 host 上的 VM 都连接到相同的 port group 上，以便一致性地应用 Network Policy（请注意 host profile、vDS 都必须是 Enterprise Plus 版本才有提供的功能）。

此外，vNetwrok API 开放给网络设备厂商自行开发自己的 vDS，提供更高级的功能，例如客户可以用 Cisco Nexus 1000V 替换掉原来 VMware 的 vDS。这样做的好处是可以将 vSwitch 的配置控制权交由网络团队来主导，避免缺乏讨论沟通、网络配置不当、网络团队无法监控造成安全死角或服务中断的问题。由于 Cisco 的 vDS 采用与实体交换机相同的命令行管理模式，方便网络设备管理人员设置，且可以与实体 Cisco 设备整合在一起，并提供了许多高级功能，例如更多元的 NIC Teaming 负载平衡方式、VN-Link，解决 Network Configuration 因 vMotion 之后，由于 uplink link 不同，若实体 Switch 的 port policy 或 ACL 限制所产生 VM 服务中断的问题等。

还认为虚拟化只是 Data Center Server Team 的事情吗？其实虚拟化冲击了许多层面，传统的数据中心，通常是各司其职：服务器、网络设备、存储设备等，可能都是不同的团队，各有各的专业。但虚拟化涉及的层面很广泛，也有许多新思维，致使每个团队必须要互相合作才能规划出完全适合数据中心的应用方案。所以，虚拟化可以说与每个 IT 人员多少都会有关系。

即便是如此，笔者仍然不建议刚接触 vSphere 的人直接使用和设置 vDS。笔者见过许多例子，尚未接触过 vNetwork 的人，实体与虚拟网络之间常常造成概念混淆，如果此时再去介绍 vDS，只会乱上加乱。例如，有人听了 NIC Teaming 的作用，以为它可以像 Layer 4 Switch 一样地做到 NLB 的功能，实际上那是做不到的。Virtual Switch 只是一个虚拟的 L2 交换机，NIC Teaming 也不能控制 Inbound Traffic，怎么能要求它做到 L4 这一层的功能呢？除非 VM 使用 Windows Server 的 NLB Cluster 来配合。

vSwitch 的初始目的是，要让 VM 可以在虚拟化的环境，通过实体的网络与外界沟通，然后我们再利用这些 uplink port 来实现频宽分配、优先级、容错等机制，在有限的实体网卡（最多到 32 个 vmnic，不过实体服务器应该不会有这么多 slot）下，配置出最符合网络性能与需求的环境。

所以，对于刚接触虚拟化的人来说，笔者诚心地建议：请先忘了 vDS。好好地掌握 vSS 的概念、配置及应用，等到 vSphere 真的上手之后，再来看 vDS，便可轻松驾驭。

目前，ESX host 上的 6 个 vmnic（实体网卡）都用上了，各司其职，每个都有其用途。但是不代表这样的设置就完善，或是符合需求的完美配置。并不见得。例如，我们的环境并没有使用 VMware FT 的功能（vSphere in a box 硬件限制），也没有配置 VLAN，相较于企业环境与数据中心，单纯了许多，所以目前配置 6 个 vmnic 已足够使用（你可以用 VMware Player 虚拟出最多 10 个 vmnic 来给 ESX 使用）。

这里要再强调一次，每个环境的需求、实体网络配置与应用都不相同，每一种设置也各有优缺点。一个好的规划配置是优点多、缺点少，只要秉承这个方向，规划出你的 vNetwork 配置，符合公司环境的应用即可。

现在，我们已经完成了第三朵小云，即网络（vNetwrok）的部分，网络的安全性、性能等配置对虚拟化之后的数据中心非常的重要，云端世界的所有服务均需要依赖网络传递，这绝对是每个企业都必须要面对的课题。

CHAPTER 5

创造你的第四朵云 - vStorage

5-1 认识 vStorage

存储设备在 vSphere 的虚拟化环境下占有相当重要的地位，存储产品的选择与配置正确与否，将是你的 VM 运行性能以及能否使用 vMotion/HA/DRS 功能的关键。我们必须先创建起正确的观念，才能让 Storage 顺畅地在虚拟的环境中使用。

该用本地 SCSI 硬盘（DAS），还是 SAN？

假设现在的环境有很多实体服务器，而且这些服务器都配备有 SCSI 硬盘和 FC 的 HBA 卡，通过 FC Switch 连接了 SAN Storage。先来看看下面的一些情形：

- 情况一：如图 5-1 所示，将 ESX/ESXi 安装于服务器的 SCSI 硬盘上，并且将 VM 文件也放置在实体服务器的硬盘上。

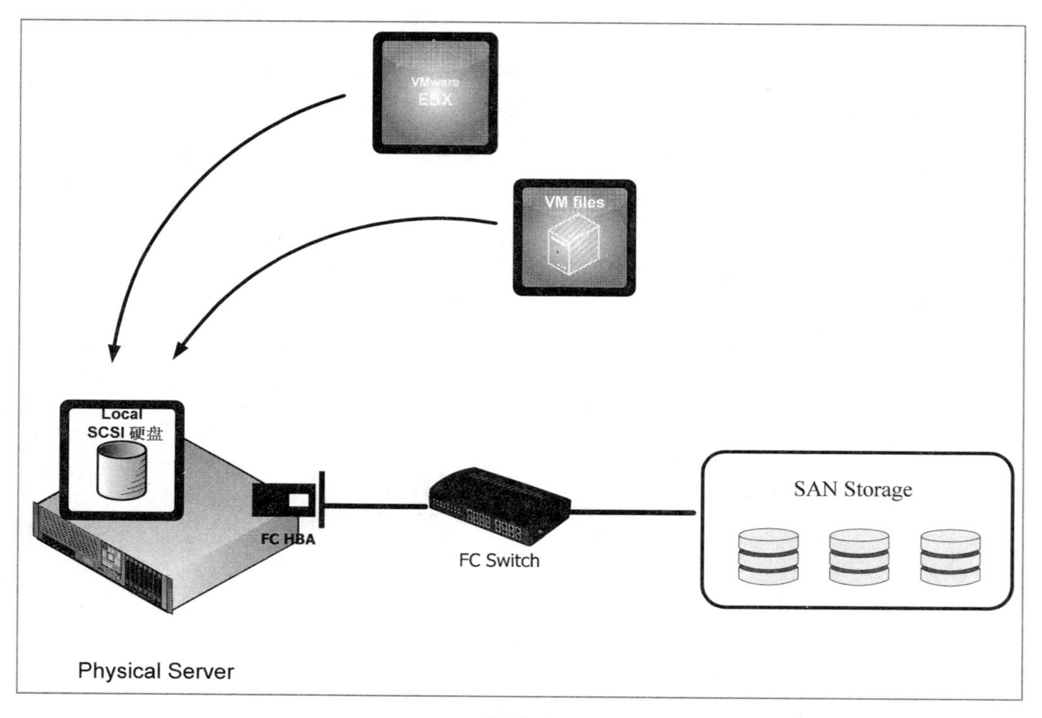

图 5-1

造成结果：ESX/ESXi、VM 均可正常运行，但是 VM 无法运行 vMotion/HA/DRS。只要是将 VM 放在服务器的 local SCSI 硬盘，VM 就只能在该 ESX host 上运行，因为服务器硬盘并不是共享资源。如果要实现 vMotion 或 VMware HA，共享资源是其中的一个条件。

Q：如果 VM 放在 local SCSI 硬盘，则造成不能 vMotion，将来想执行这个功能的话，该如何处理？

只需要将 VM 所有的文件转换阵地，移至 Shared Storage 即可。怎么移动呢？如果允许 VM 停机，则可以用 Cold Migrate 将 VM 转移到 SAN，如果不能停机，则先使用 Storage vMotion 的功能搬移 VM 文件到不同的 Storage，然后便可以使用 vMotion 的功能了。

- 情况二：如图 5-2 所示，将 ESX/ESXi 安装于 SAN，并且将 VM 文件也放置在 SAN LUN 上。

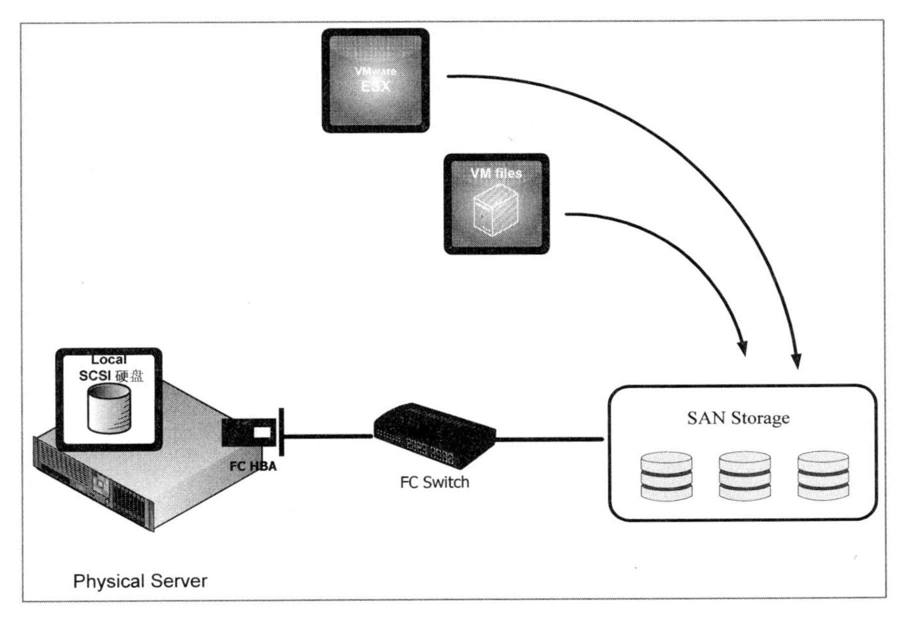

图 5-2

造成结果：ESX/ESXi 可以从 SAN 开机，也就是所谓的 Boot from SAN（SAN boot）。这样的话，实体服务器可以不需要安装硬盘，实现 Diskless 的环境。加上 VM 文件也存放在 SAN Storage 上，如果 ESX/ESXi host 彼此之间都可以访问放置 VM 的 SAN LUN，则能运行 vMotion/HA/DRS。

Q：要如何才能将 ESX/ESXi Boot from SAN？

首先，要让每个 ESX/ESXi host 都拥有专属的 boot LUN，也就是说如果有 3 个 ESX 要 SAN boot 的话，每个 ESX 都要有一个只有自己可以访问的

LUN，然后设置服务器的 BIOS 与 FC HBA 卡，确认从 HBA 开机。安装 ESX 时，在 Advance Setup 中将 ESX 选择装在 SAN 上面。要注意的是，如果你的 SAN 不是 Fabric 架构，而是用 Direct-Connect 的话（HBA 直接连接 SAN Storage，不通过 FC Switch），就无法使用 SAN boot。

■ 情况三：如图 5-3 所示，ESX 安装于 SAN，VM 文件放置在 local SCSI 硬盘。

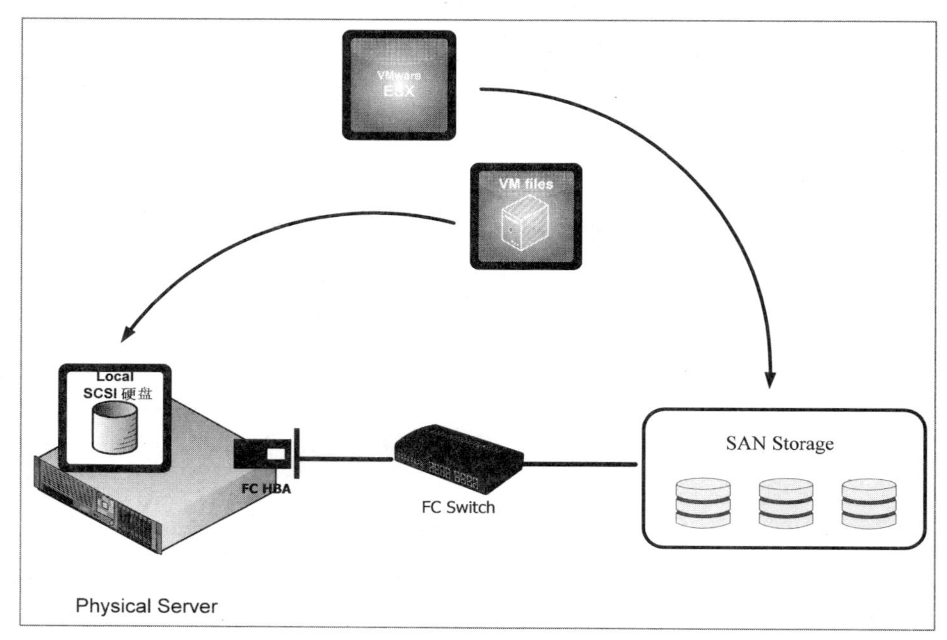

图 5-3

造成结果：ESX/ESXi 可以 Boot from SAN 启动，但置于 SCSI 硬盘里的 VM 不能 vMotion/HA/DRS。虽然可行，但笔者实际上未曾见过这种配置，因为既然要 SAN boot，实体服务器通常就不会有硬盘，况且 VM 在 SCSI 硬盘里，因为不是共享资源，所以无法 vMotion。

Q：如果是 ESXi 的话，可以 SAN boot 吗？

目前只有 ESX 支持 Boot from SAN，ESXi 尚未支持。但下个版本应该可以支持。不过若采用的版本是 ESXi embedded 版本，Hypervisor 本身是安装在 USB flash、SD 卡上面的，也可以做到 Diskless 的环境。

注：vSphere 4.1 版本的 ESXi 已于 2010 年 7 月 13 日发布，确认支持 SAN boot。

■ 情况四：如图 5-4 所示，将 ESX/ESXi 安装在服务器硬盘上，然后 VM 文件放置在 SAN Storage 中运行。

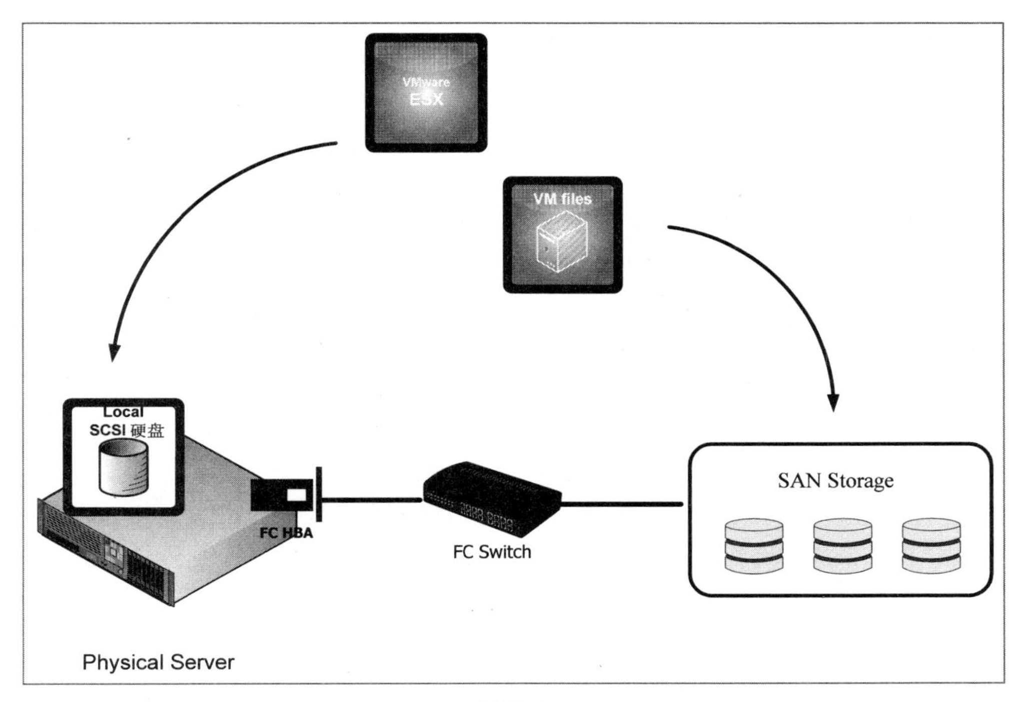

图 5-4

造成结果：ESX/ESXi 安装于服务器硬盘，而 VM 则置放于 SAN Storage，可以 vMotion/HA/DRS。目前大多采用这种配置。因为大部分环境的 ESX/ESXi 都不需要 SAN boot，但是使用了虚拟化的数据中心，VM 一定会执行 vMotion 或 VMware HA。我们的 vSphere in a box 测试环境，接下来也会安装 iSCSI Target，让 DNS VM 同时也成为 SAN Storage，形成一个 Virtual SAN，然后将 VM 文件放置在 SAN LUN 中。

Q：现在硬盘空间都很大，如果服务器只装了 ESX/ESXi，剩余的空间岂不是都浪费掉了？

其实还是可以做一些弹性运用。安装 ESX 只不过占用了 10GB 左右的容量，其余的硬盘空间则全部格式化成 VMFS。笔者习惯将模板（Template）放置于此，因为模板不需要运行 vMotion 或 DRS，只是用来部署 VM 用。

另外，如果将一个 VM 放在 local Storage 中，然后在 Guest OS 安装 iSCSI Target 的软件，则可以做出一个 iSCSI SAN（或安装 NFS Server），那么它分享出来的 Datastore 就可供每个 ESX host 来访问，本地 SCSI 硬盘摇身一变，成为 Shared Storage。这种 Virtual SAN 的架构，在测试 vMotion/DRS/HA 的时候很好用，本书也是采用这样方式来实现这些功能的。

注：有关模板（Template）的使用，请参考第 6 章。
有关 vMotion/DRS/HA 的原理、条件与配置，详见第 8、9 两章。

vSphere 环境下的存储应用

既然存储设备在 vSphere 中是重要的环节，那么哪些是可以让 ESX/ESXi 应用的呢？不同存储设备之间的差别又在哪里呢？先来看三种存储设备：

- **FC SAN**：如果存储设备是 Fibre Channel（光纤信道）的话，基本上任何应用均可以实现。除了可以将 LUN 做成 VMFS，也可以使用 RDM 格式（直接访问 Raw LUN）。VMotion/DRS/HA、SAN boot、MSCS（微软 Cluster Service）等，通通都可以，完全没有限制。
- **iSCSI SAN**：iSCSI 相对于 FC，是较便宜的 SAN 架构。由于是 SCSI over IP，因此设备的部分可以用一般的网卡、网络交换机以及 PC 安装 iSCSI Target software 来实现。如果不考虑性能、稳定性、容错等问题，采用 iSCSI 可以不需要额外的花费。图 5-5 是 ESX 将 iSCSI 资源转化给 VM 使用的示意图。

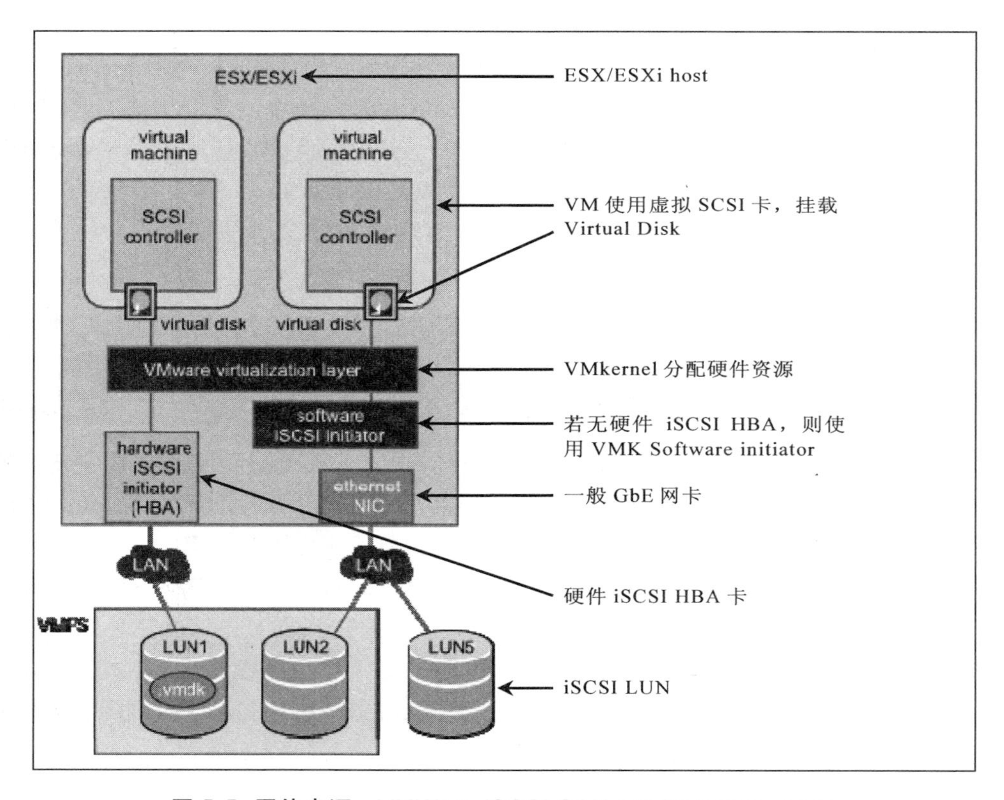

图 5-5 图片来源：VMWare iSCSI SAN configuration guide

注： iSCSI SAN 可以实现大部分 ESX 所需的应用，与 FC SAN 几乎相同。除了一点，如果要做到 SAN boot，则必须要使用硬件 iSCSI HBA，不能用 Software iSCSI initiator。另外，采用 Software iSCSI initiator 来运作的话，由于 VMkernel 必须负责原本硬件 HBA 的运算，会造成一些 ESX 实体性能的负担。

- **NFS：** 目前可被 ESX 应用的 NAS（File level）只有 NFS V3 以上才支持。有别于 FC、iSCSI SAN 这些 Block level 的架构，NFS 已经自有文件系统（Network File System），没有办法将它所分享的 Datastore 格式变成 VMFS 或 RDM，所以无法做 ESX SAN boot、MSCS。但是除此之外，NFS 可以实现主要的应用（VMotin/DRS/HA），并可胜任关键性应用环境。

Q：到底该选择哪种 Storage？SAN 还是 NFS？

这并不一定，应从成本、环境、管理性等多方面去考虑。一般人都认为昂贵的 FC SAN 具有较好的性能，数据中心虚拟化应以 SAN 存储设备为首选。事实上，这种迷思应该被打破。NFS 如果经过正确调试与配置（例如使用 10GbE），可以发挥出完全不逊于 FC SAN 的性能与稳定度，甚至在某些情况之下，使用 NFS 更具有弹性（配置简单）。

在国外的许多应用例证，NFS 已经被证明了在 Mission Critical 的环境中使用是没有问题的。VMware 有一份关于 vSphere on NFS 的 Best Practices 文件，各位有兴趣可以下载来看：

http://vmware.com/files/pdf/techpaper/VMware-NFS-BestPractices-WP-EN.pdf

什么是 Datastore？

上述的三种存储架构（FC、iSCSI、NFS）均能被 ESX 应用。所谓的应用，就是将它拿来当作 Datastore，用以存放 VMs、Virtual Appliances、Templates、ISO image 等。至于 Datastore 的类型，则有 VMFS、NFS、RDM 三种。

- VMFS：VMware 的 Virtual Machine File System，我们将一个 LUN 做成 VMFS 格式的 Datastore，然后将创建的 VM 文件放置于此，就可以看到一个个文件夹，每一个文件夹就是一个 VM 的所有文件。如图 5-6 所示，左侧的 ESX 运行两个 VM（VM1、VM2），右侧的 ESX 运行一个 VM（VM3），两个 ESX host 的 VM 文件都是存放在 Shared LUN 上，VMFS 允许多个 ESX host 同时访问多个 VM，并且因为是共享资源的关系，所以可以运行 vMotion/DRS/HA。

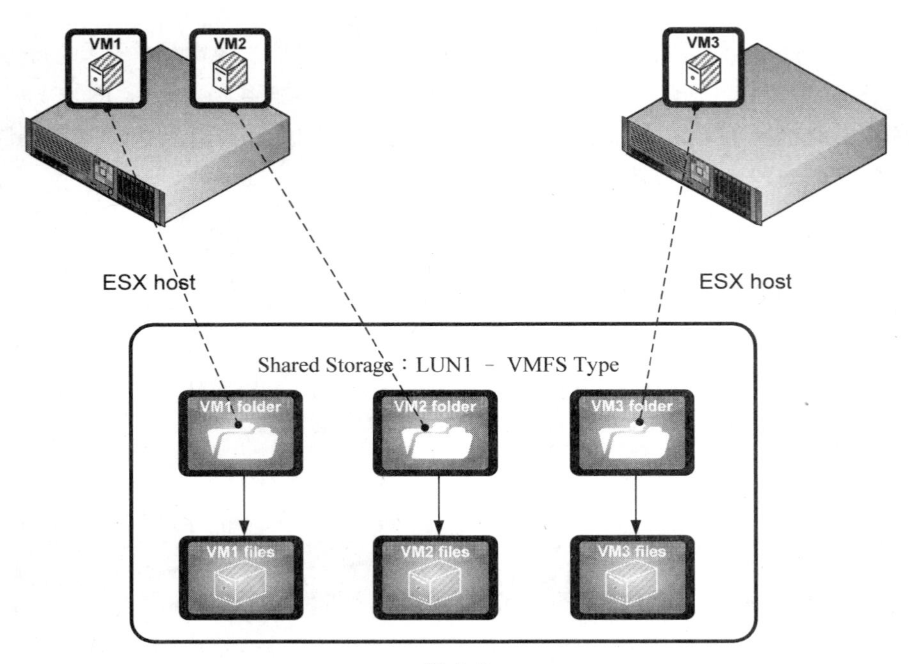

图 5-6

■ RDM（Raw Device Mapping）：不进行格式化 VMFS 的操作，直接让 VM 去访问一个 Raw LUN，此时，在 VMFS Datastore 上会产生一个 Mapping file，指向 Raw LUN。例如，图 5-7 中的 VM3 采用 RDM 模式，实际整个的 VM 相关文件并不是存放在 VMFS 上，而是使用了整个 Raw Lun 的容量，但是在 VMFS 上仍然会有一个 RDM Mapping file。

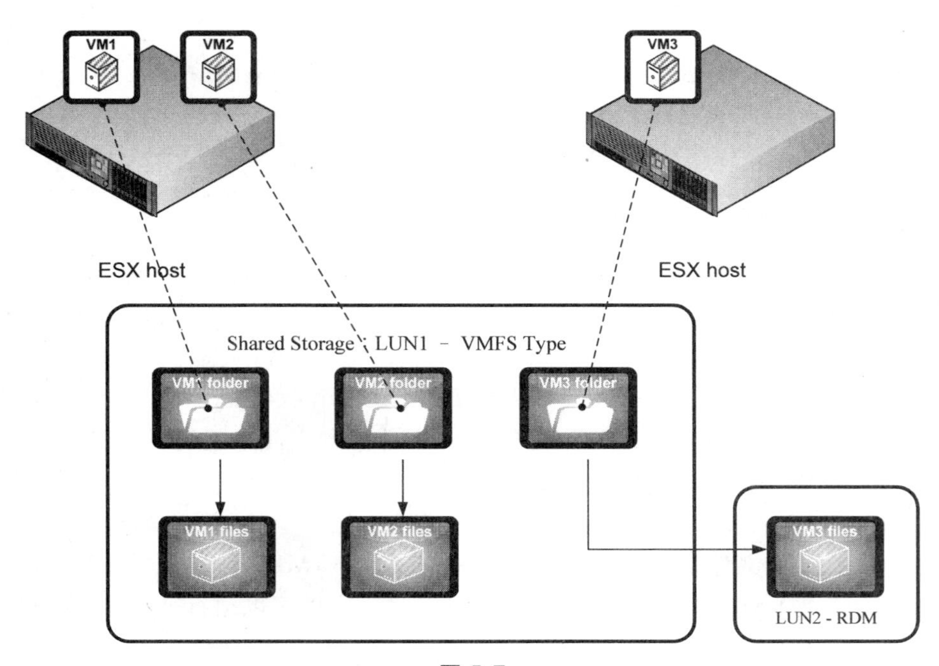

图 5-7

Q：何时该使用 RDM？何时使用 VMFS？哪一种 I/O 性能比较好？

根据 VMware 测试 VMFS 与 RDM 访问方式的性能，显示两者之间几乎没有什么差别，因此 VMware 建议如无特殊需求就用 VMFS。

那么何时需要使用 RDM？如果你需要做 SAN based 的 snapshot（非 ESX/ESXi 的 snapshot 功能）或是 Microsoft Cluster Service 的时候，则使用 RDM。

RDM 又区分为 Physical Compatibility Mode 和 Virtual Compatibility Mode 两种。如果选择了 Physical，那么 VMkernel 会 pass 所有的 SCSI command，不进行 virtualized 的操作，保有 SAN Storage 硬件本身管理功能与性能的最大弹性（响应 Storage 厂商所提供的功能）。但 ESX/ESXi 就不能针对 RDM 执行 snapshot、VMware FT，以及 VCB 与 VDR 备份，在执行 Storage vMotion 时，也无法将其转换成 VMDK 文件格式。

总之，如果想保有存储设备厂商的原有功能，则选择 Physical Compatibility Mode；想要执行 VMware 大部分的功能，则选择 Virtual Compatibility Mode。

这是一般的使用判断原则，话虽如此，笔者认为各位在实际导入虚拟环境的时候，还是听从存储设备厂商的建议，因为只有存储厂商最了解自己设备的特性和优势。通则只是使你的应用不致出错，却不一定能保证达到最佳配备。

- NFS Datastore：直接以 NFS 格式访问，由于是 File level 而不是 Block level，所以没有 LUN。采用 Mount Point 的方式，将 NFS export directory 交由 ESX/ESXi 使用，允许多个 ESX/ESXi host 同时访问多个 VM，因为是共享资源的关系，所以可以执行 vMotion/DRS/HA，如图 5-8 所示。

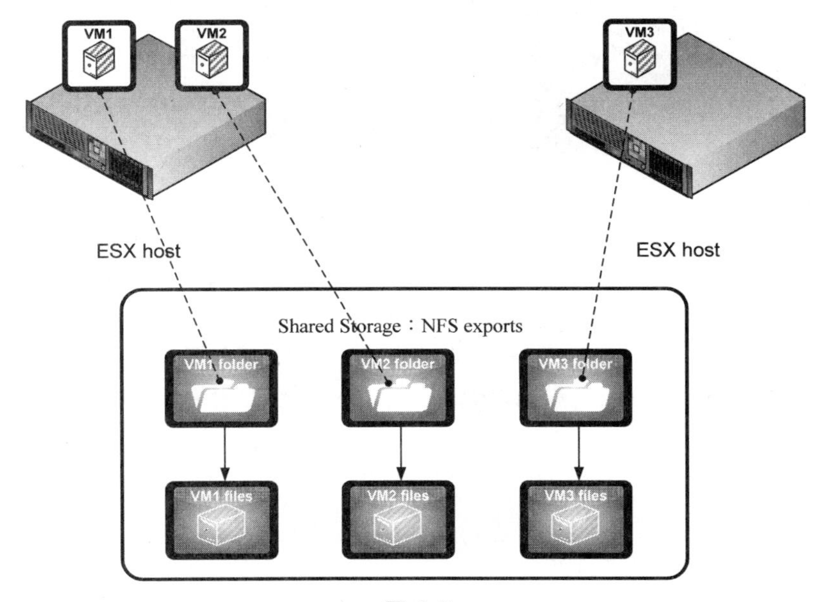

图 5-8

5-2 安装 iSCSI Target

本节要开始安装 iSCSI Target，让 vSphere in a box 的测试环境拥有 iSCSI SAN，这样后面就可以来体验到 vMotion/DRS/HA 了。

iSCSI Target 的选择很多，硬件形式包括企业用的专属 iSCSI Storage、NAS（现在许多 NAS 也具备 iSCSI Target 角色，SAN 与 NAS 的分界日趋模糊）。而软件的部分，则可以安装在 Windows、Linux OS 上，让 PC、Server 或 VM 变成 iSCSI Storage，提供 IP SAN 的功能。

软件形式的 iSCSI Target 也有很多种，在此介绍的是安装于 Windows OS 上的软件，叫做 StarWind。采用 StarWind 的原因，除了我们的 vSphere 环境是 Windows 为主（直接安装于 DNS 这个 VM 上即可）之外，StarWind 的配置很简单，同时也提供免费版本下载（有容量不能超过 2TB 及部分功能限制），很适合本书的操作环境。下面我们要先连上 StarWind 的网站去下载免费版的 iSCSI Target。

软件下载

1. 打开浏览器，输入http://www.starwindsoftware.com，登录到 StarWind 网站，如图 5-9 所示。

图 5-9

2. 选择上方的 **Try**，如图 5-10 所示。

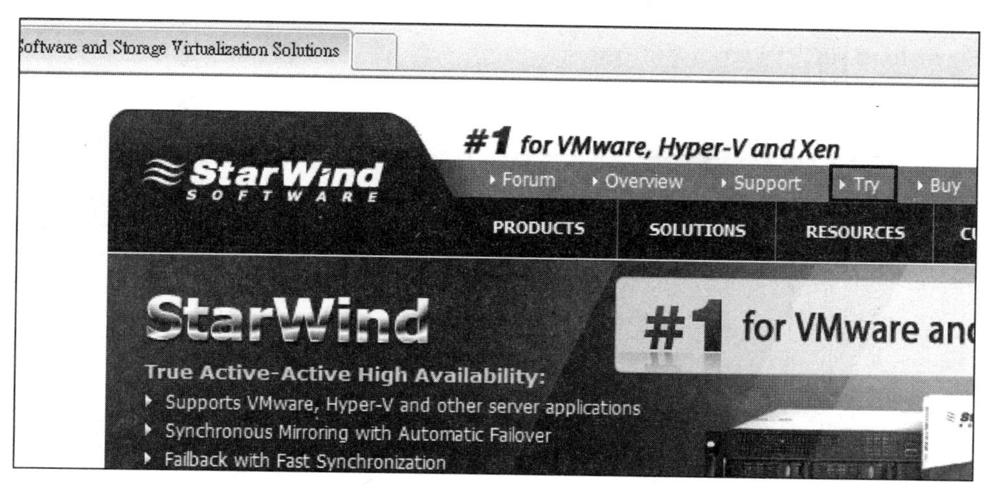

图 5-10

3. 在 Download Center 页面找到 Free Products：StarWind–Free，单击右边的 **Download** 按钮，如图 5-11 所示。

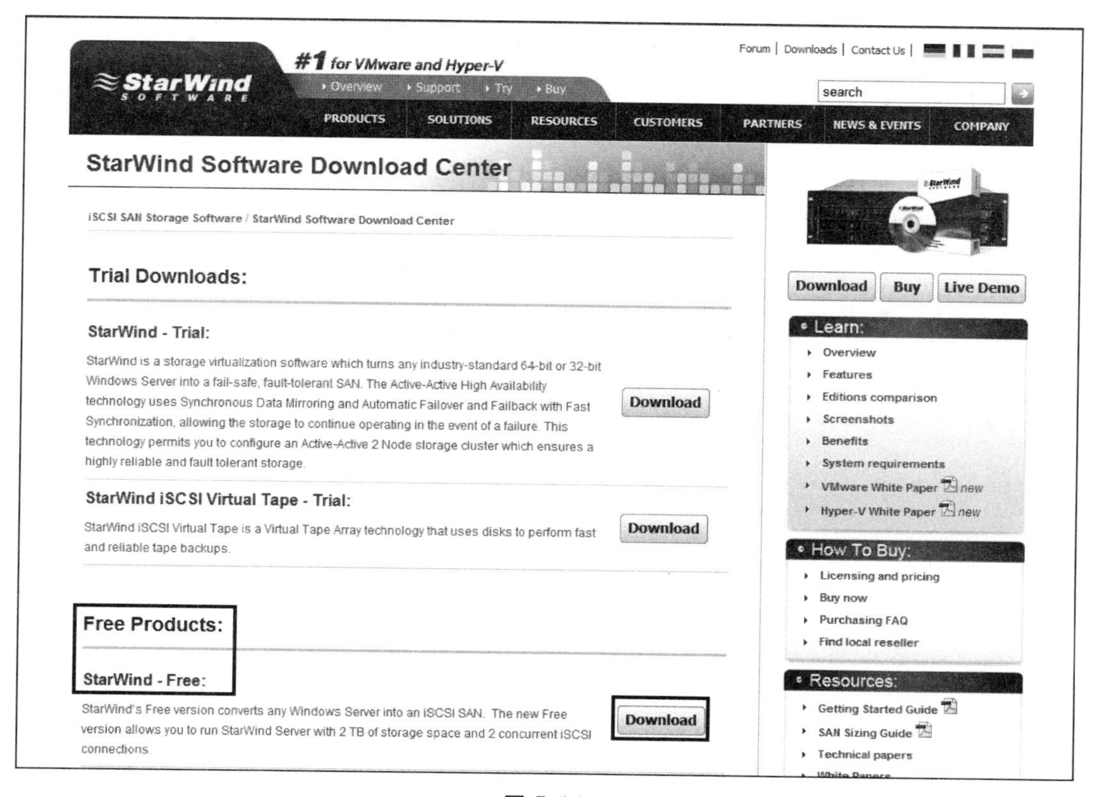

图 5-11

4. 需要填写注册个人信息才能下载，星号为必填字段，如图 5-12 所示。

Download iSCSI Target Software

iSCSI SAN Storage Software / StarWind / Download StarWind Free

Download StarWind Free iSCSI Software Target

Free version has a limited functionality (for full functionality use Trial Version).

Required Information for Activation Key

First Name: *

Last Name: *

Phone Number: * 886 ( ) Ext. #

Company Name: *

E-mail: *

E-mail confirmation: *

(*) Required fields are marked with asterisks

Optional Information

Company Website:

Country: Taiwan

☑ Tell me about the StarWind Customer Council.

☑ Tell me about upcoming product news.

Submit Your information will only be used strictly in accordance with StarWind's Privacy Policy.

DOWNLOAD

Useful Links:

- Download Full Trial
- StarWind Editions Comparison
- Find Local Reseller
- Getting Started Guide
- Data Sheets
- Technical Papers
- Live Demo

Got questions?

Request a Quote

Request Live Demo

Feel free to contact us:

USA and LATAM:

1-617-449-7717

EMEA and APAC:

+44(0)2071936727

+44(0)2071936350

Voice Mail:

1-866-790-2646

Email:

sales@starwindsoftware.com

图 5-12

5．填写完成后，就准备到信箱收 E-mail 了，如图 5-13 所示。

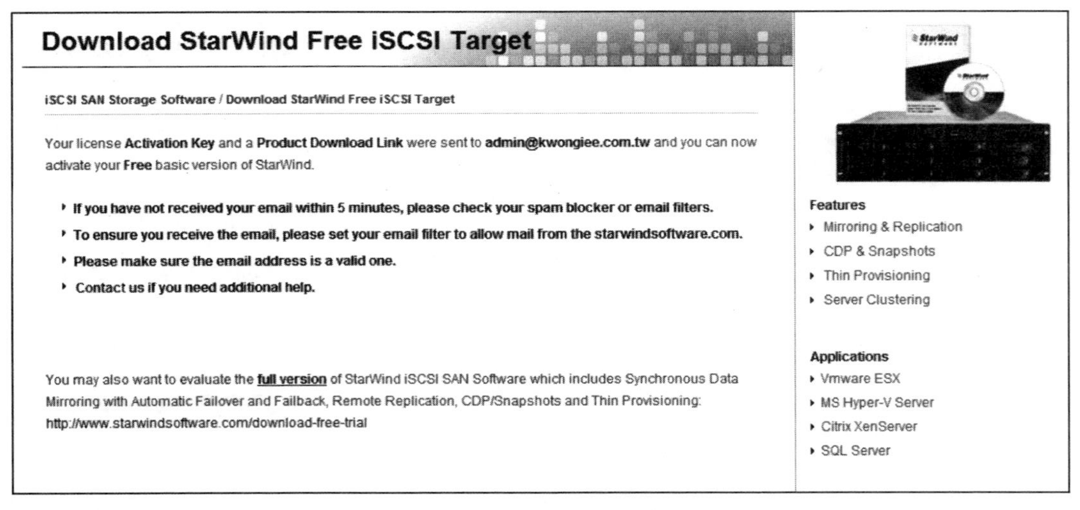

图 5-13

6．检查信箱，是否收到了来自 StarWind 的 E-mail，点击连接下载免费版 StarWind，如图 5-14 所示。

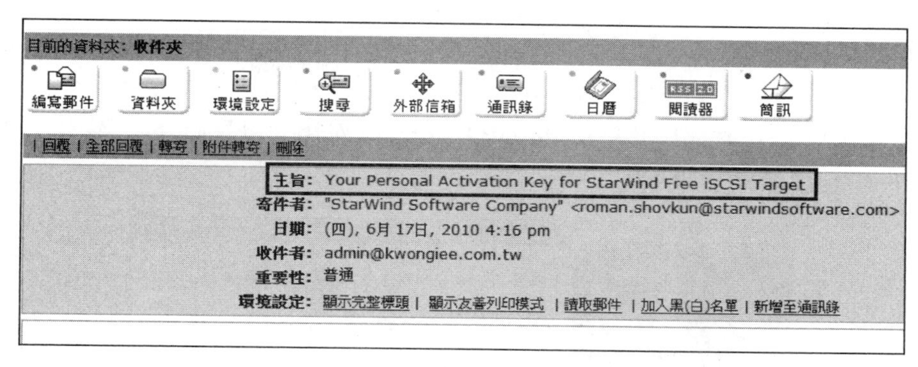

图 5-14

7. E-mail 附件含有 License key，不要忘了下载，如图 5-15 所示。

图 5-15

安装 StarWind

下面就来安装 iSCSI Target。目前我们配置了 4 个 VMware Player VM，分别是 DNS、ESX01、ESX02、vCenter。直接选择 DNS 的 VM 来安装 StarWind 即可，不需要再另外创造一个 VM 出来，这个 VM 的内存 512MB 已经足够安装此服务。请参考图 5-16。

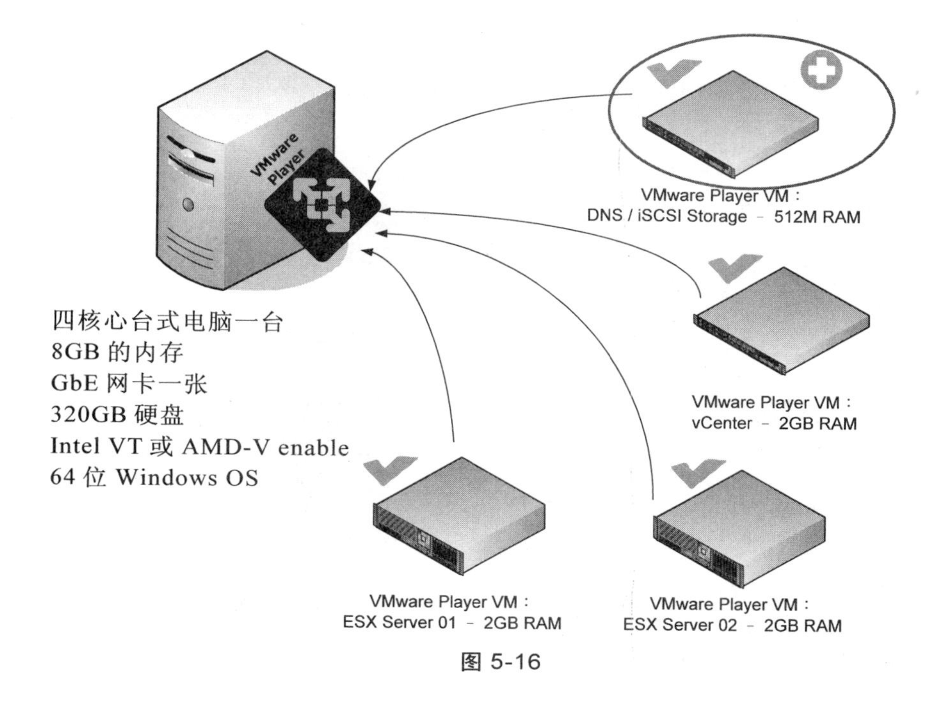

图 5-16

1. 这个版本的 StarWind（使用版本为 5.3）要求 Windows Server 要先安装 Microsoft iSCSI Initiator，才能继续 StarWind 的安装（上个版本并未如此要求），所以，我们要先下载 Microsoft iSCSI Initiator 安装，如图 5-17 所示。本书使用的是 Initiator-2.06-build3497。

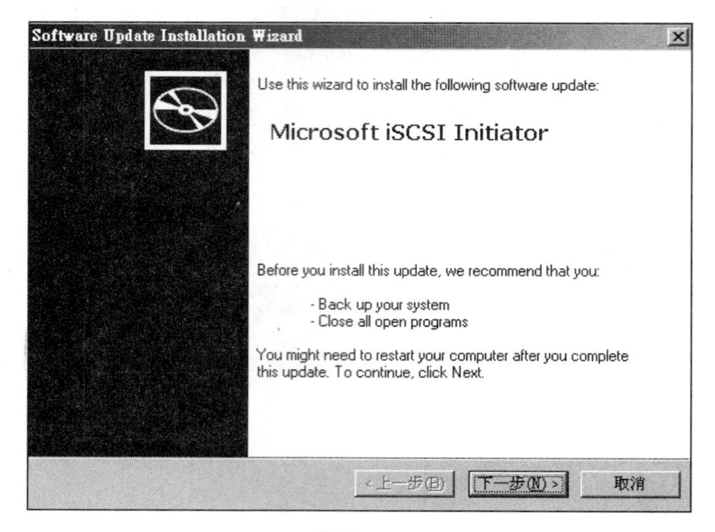

图 5-17

2. 使用默认值，安装 Initiator Service、Software Initiator，单击“下一步”按钮，如图 5-18 所示。

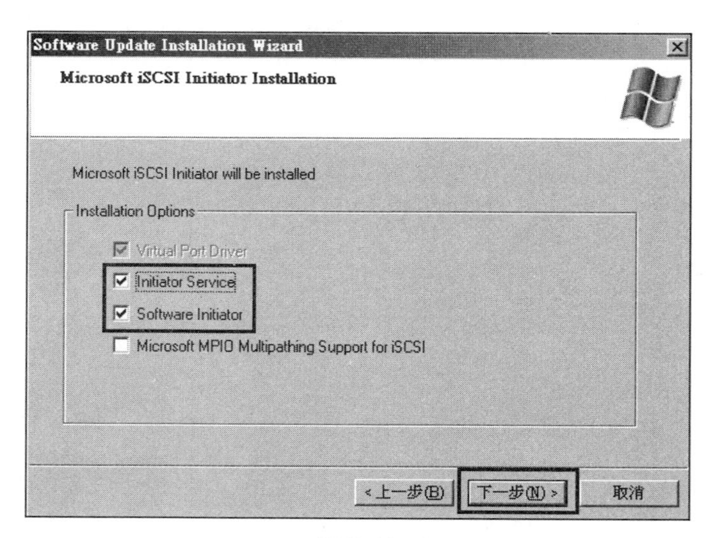

图 5-18

3. 选择 **I Agree** 单选项，单击“下一步”按钮，如图 5-19 所示。
4. 开始安装 Microsoft Software Initiator，如图 5-20 所示。
5. 安装好后，单击“完成”按钮，如图 5-21 所示。

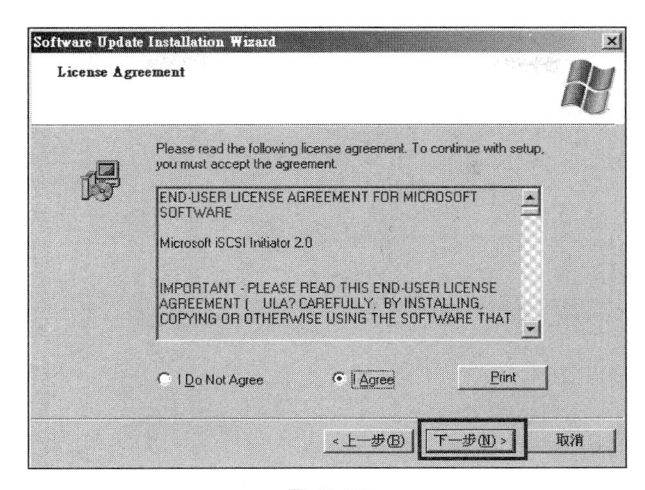

图 5-19

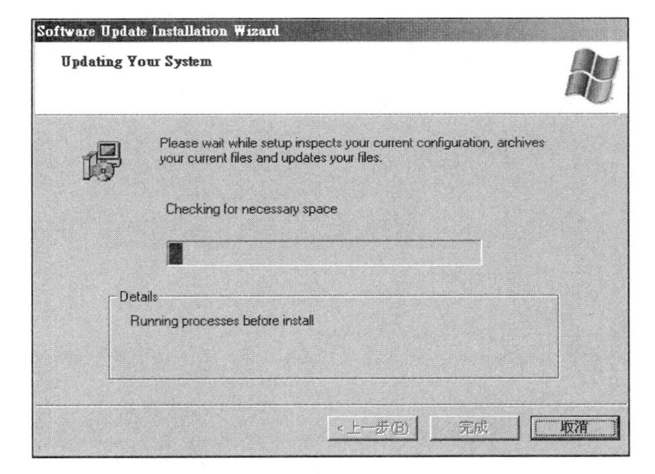

图 5-20

图 5-21

6. 到控制面板中查看是否出现了 IQN，确认服务，如图 5-22 所示。

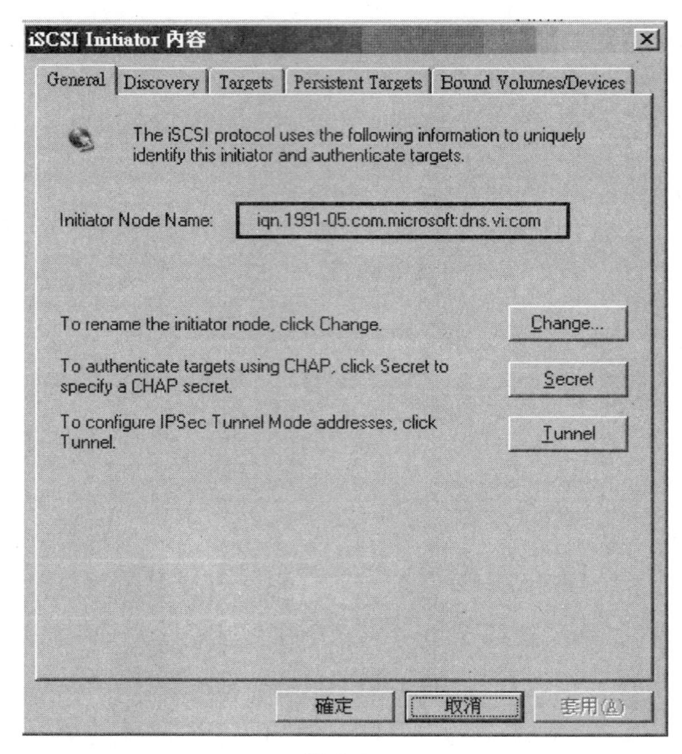

图 5-22

7. 接下来要开始安装 StarWind，请将下载的软件放到 DNS VM 里，如图 5-23 所示。

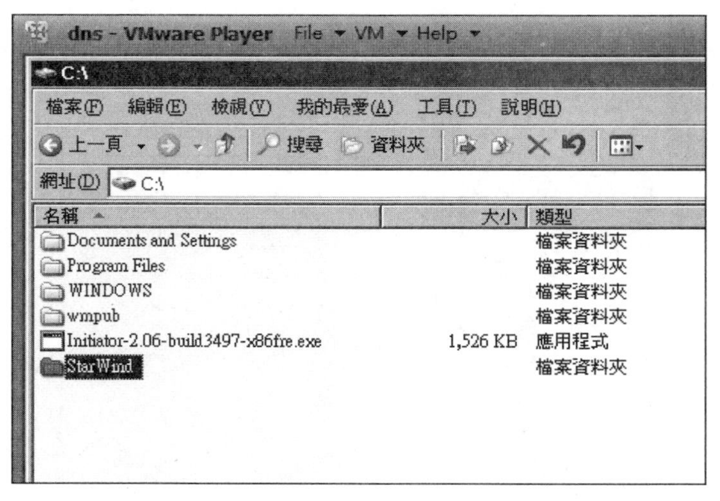

图 5-23

8. 下载的主程序和 License Key 两个文件，如图 5-24 所示，双击 starwind.exe 图标运行。

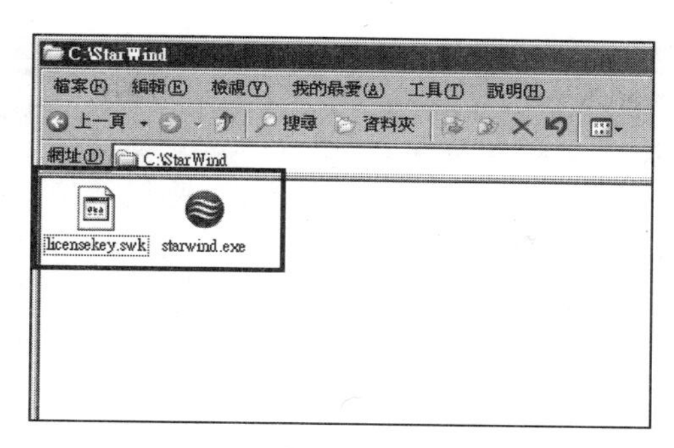

图 5-24

9． 开始安装 StarWind，单击 **Next** 按钮，如图 5-25 所示。

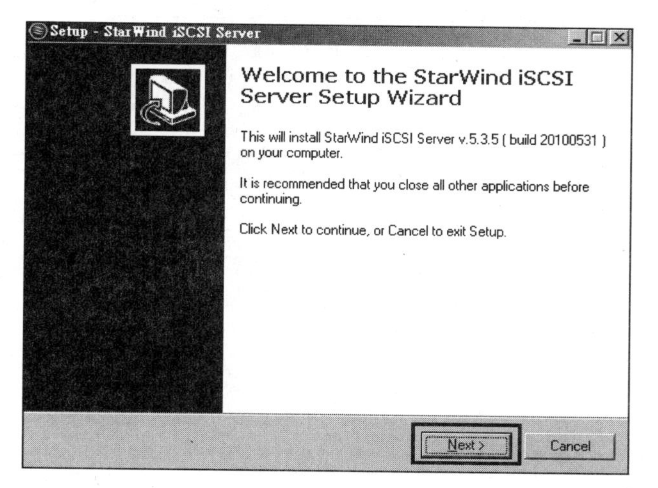

图 5-25

10． 选择 **I accept the agreement**，单击 **Next** 按钮，如图 5-26 所示。

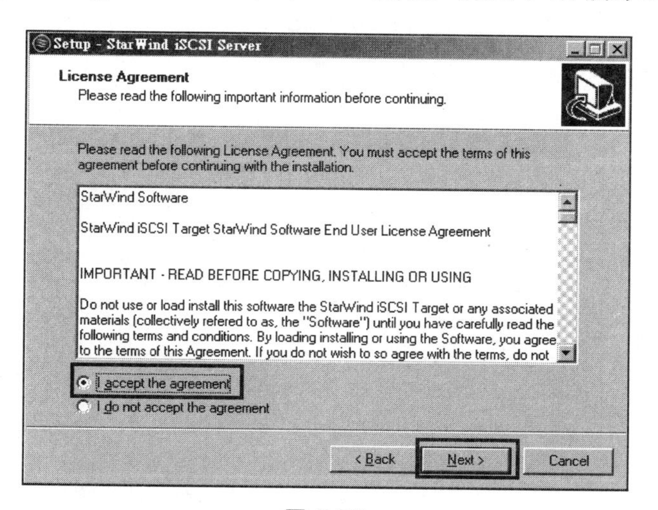

图 5-26

11． 安装信息，目前使用的版本是 5.3.5，如图 5-27 所示，单击 **Next** 按钮。

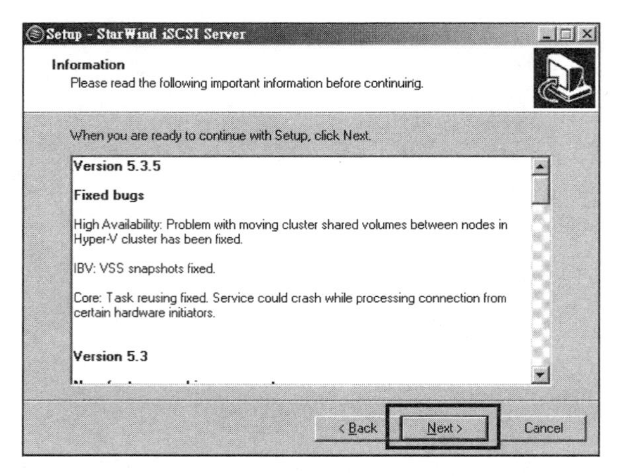

图 5-27

12. 安装路径，采用默认值即可。单击 **Next** 按钮，如图 5-28 所示。

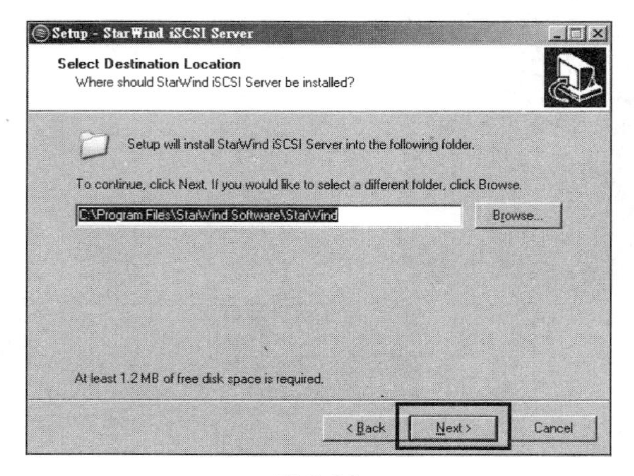

图 5-28

13. 默认值是 **Full installation**，单击 **Next** 按钮，如图 5-29 所示。

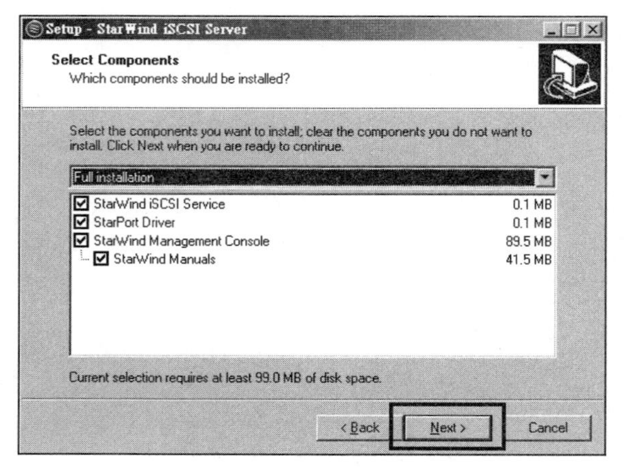

图 5-29

14. 每次开机启动，单击 **Next** 按钮，如图 5-30 所示。

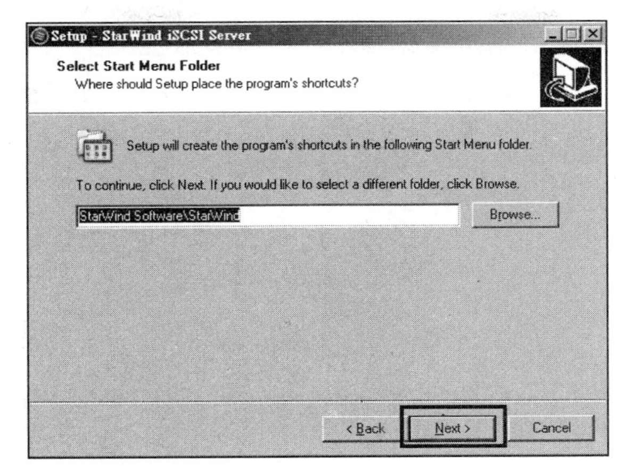

图 5-30

15．勾选 **Create a desktop icon**，单击 **Next** 按钮，如图 5-31 所示。

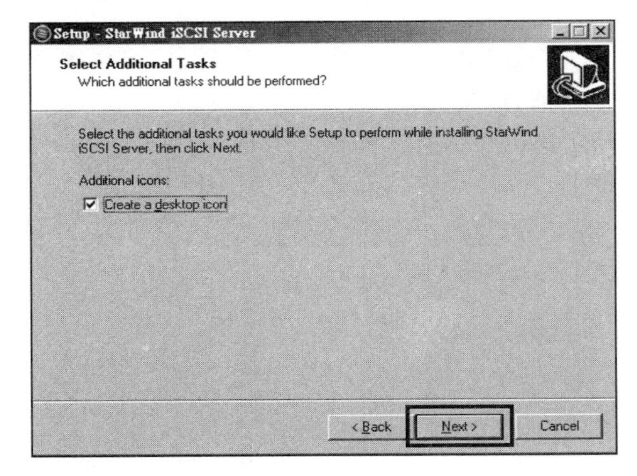

图 5-31

16. 单击 **Install** 按钮开始安装，如图 5-32 所示。

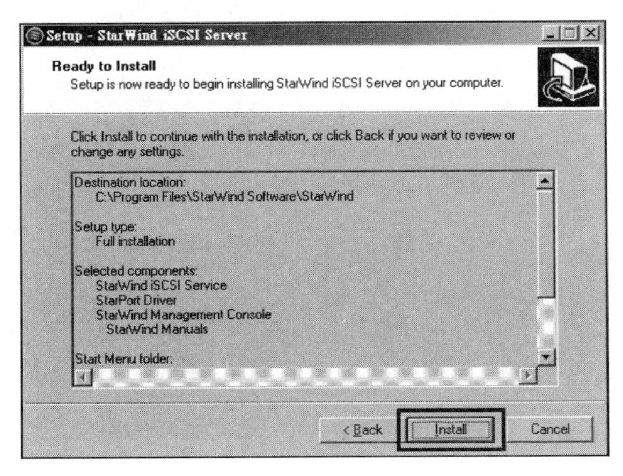

图 5-32

17. 迅速完成安装，如图 5-33 所示。

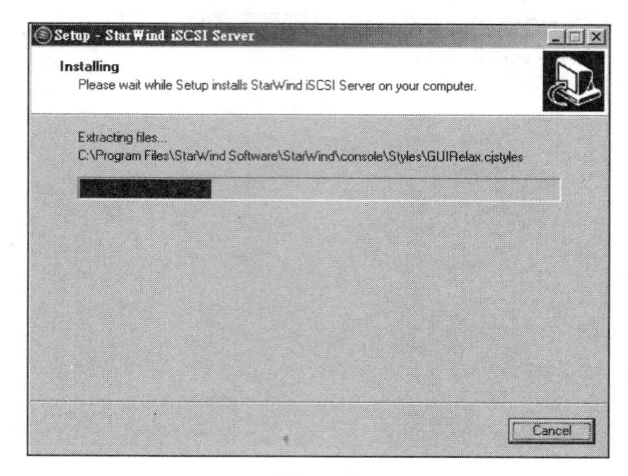

图 5-33

18. 单击 **Finish** 按钮完成，如图 5-34 所示。

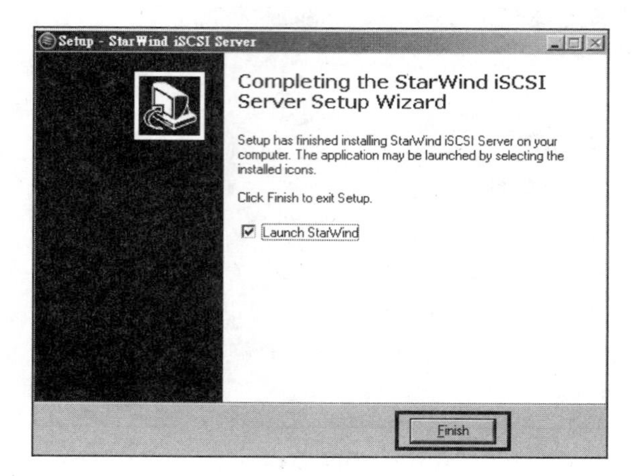

图 5-34

19. 桌面以及右下角会出现 StarWind 的图标，如图 5-35 所示。然后来设置 iSCSI Target。

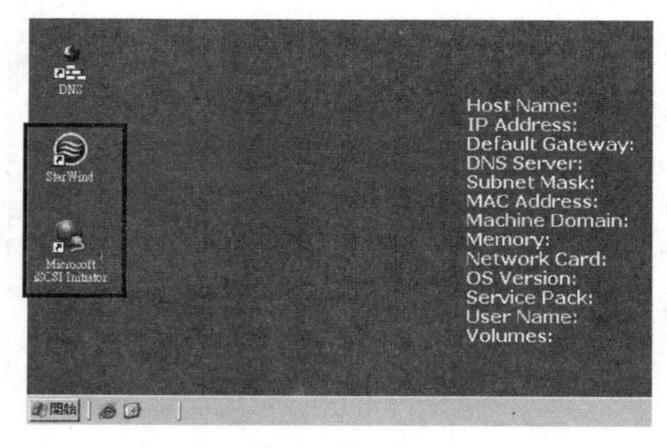

图 5-35

5-3 vSphere 架构的 iSCSI 应用

设置 iSCSI target

1. 单击 DNS/iSCSI Target VM 桌面上的 StarWind 图标，会出现 StarWind Management Console 的设置界面，如图 5-36 所示。

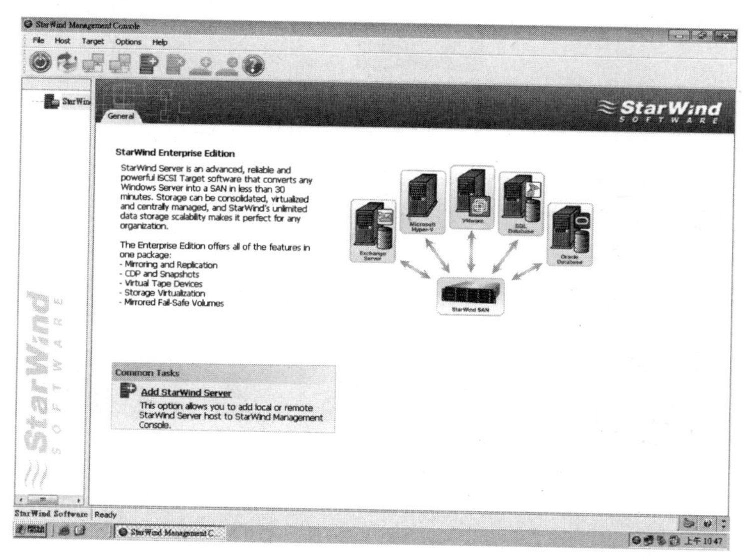

图 5-36

2. 左侧有 StarWind Servers 列表，Management Console 可以控制多部 StarWind Server。因为我们尚未新建任何 host，所以请单击上面的 Add Host 图标来新建一个 StarWind Server，如图 5-37 所示。

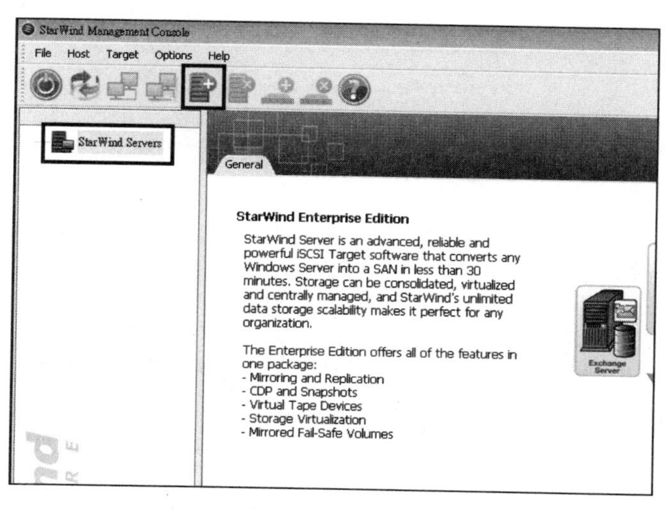

图 5-37

3. 要求输入 Host IP，由于 StarWind Server 和 Management Console 在同一台计算机上，所以默认值 127.0.0.1 就是自己，管理的 Port number 默认是 3261，单击 **OK** 按钮，如图 5-38 所示。

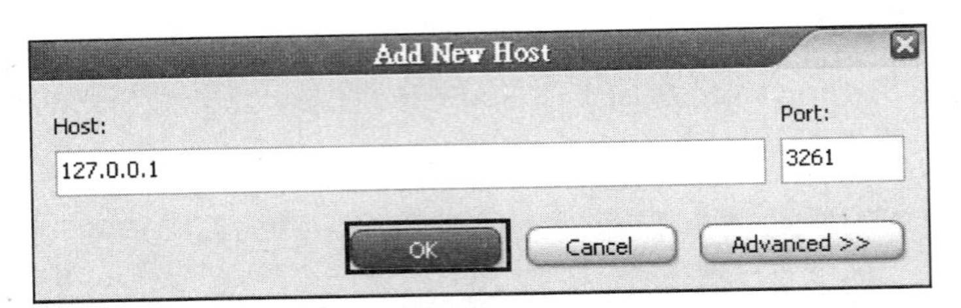

图 5-38

4. 新建完成，出现 DNS.VI.COM（127.0.0.1）:3261 这个 Server。接下来 Management Console 就要联机管理。单击下方的 **Connect**，如图 5-39 所示。

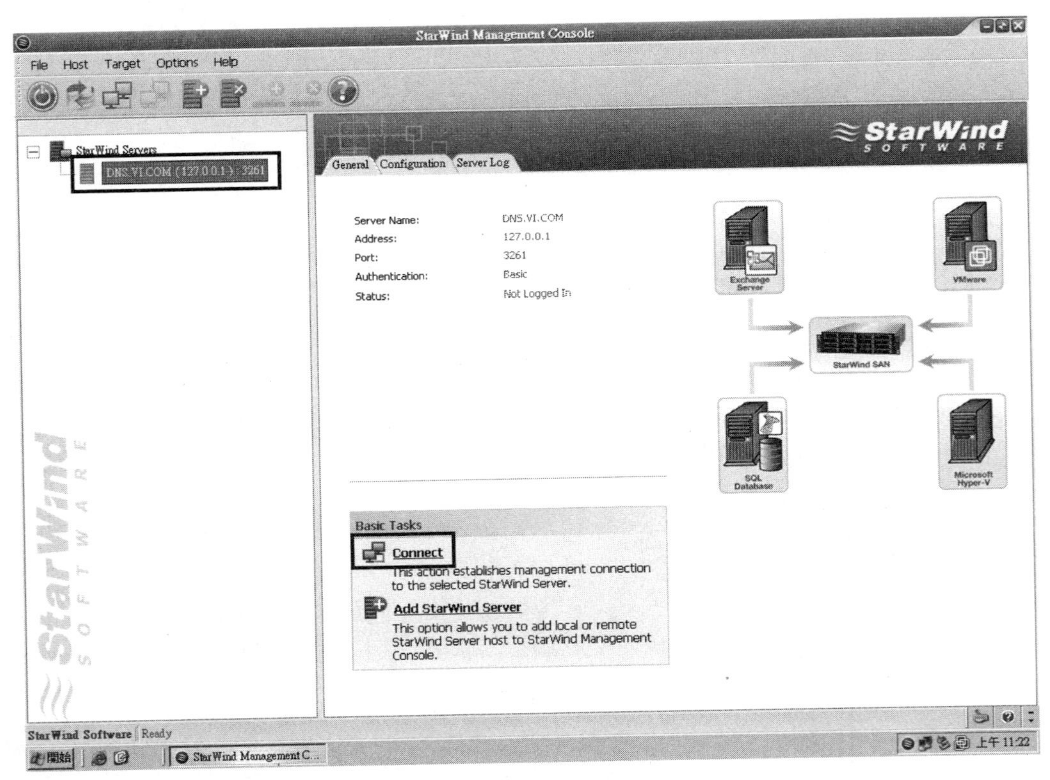

图 5-39

5. 要求输入 Login 的账号密码，账号默认值是 root，密码是 starwind，如图 5-40 所示。

6. 出现了 Targets，稍后即可进行 iSCSI 设置，目前还是未授权版本，先来应用 License Key，如图 5-41 所示。

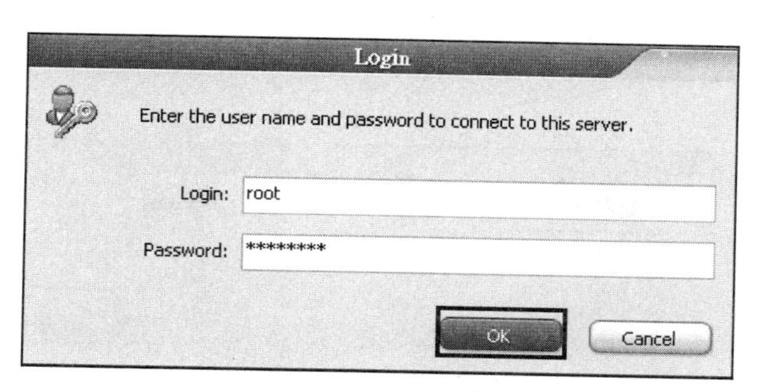

图 5-40

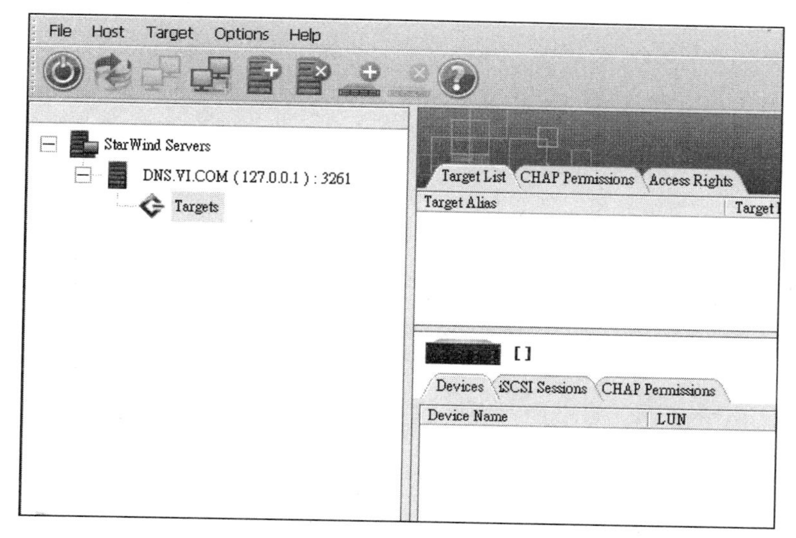

图 5-41

7．选择 **Host→Registration→Load License** 命令，如图 5-42 所示。

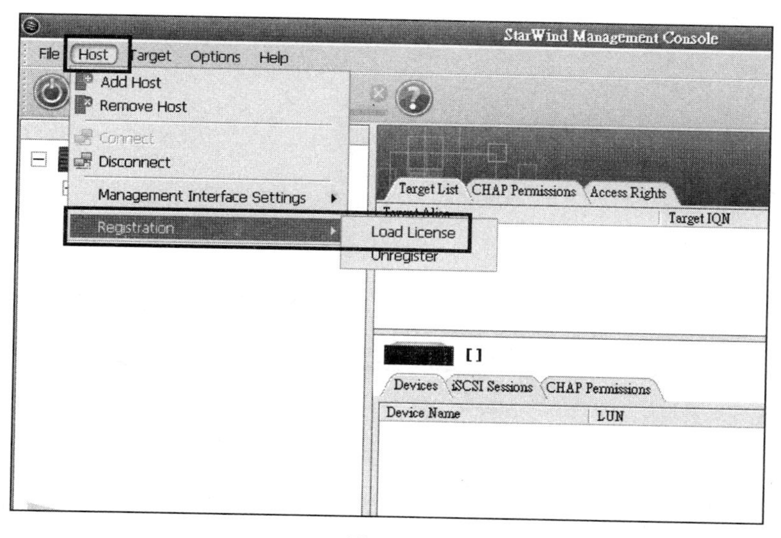

图 5-42

8. 选择 **Load license from file**，单击 **Load** 按钮，如图 5-43 所示。

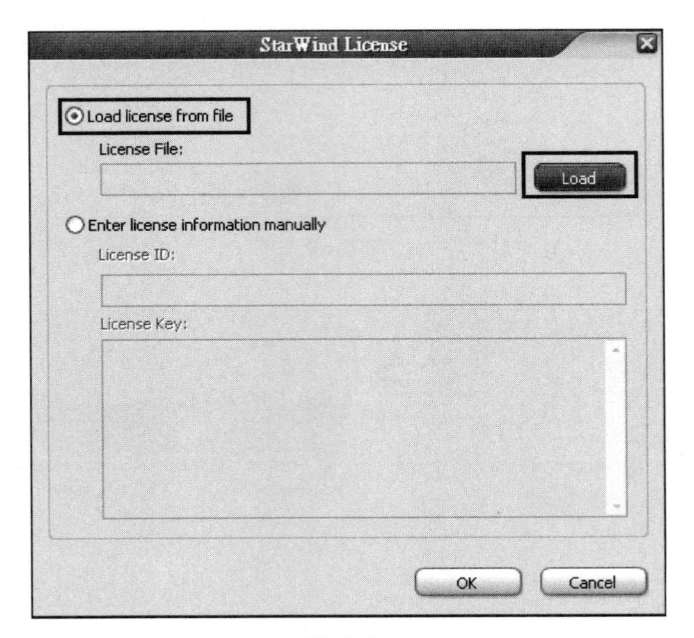

图 5-43

9. 指向存放 License Key 的路径，单击文件 **licensekey.swk**，单击“打开”按钮，如图 5-44 所示。

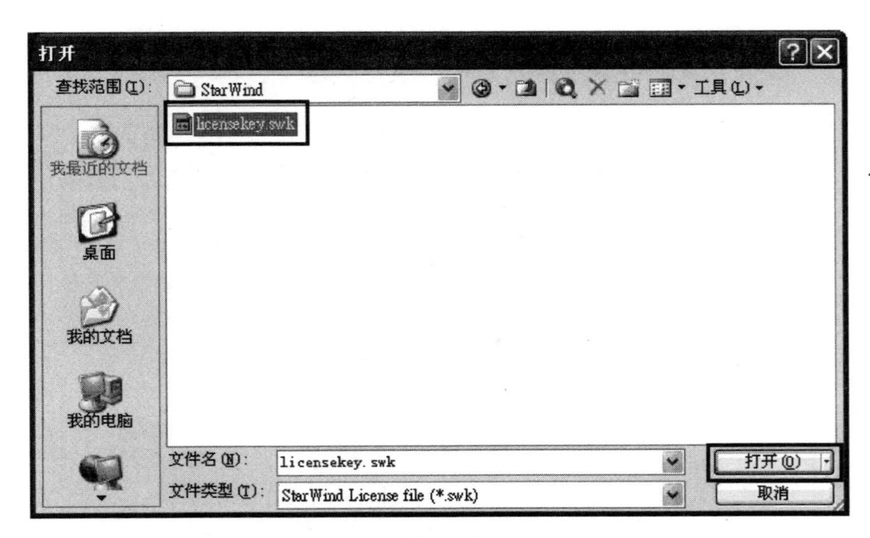

图 5-44

10. 完成了载入免费版的授权，选择 **Host/Configuration/Registration** 可以看见授权的相关详细信息，如图 5-45 所示。

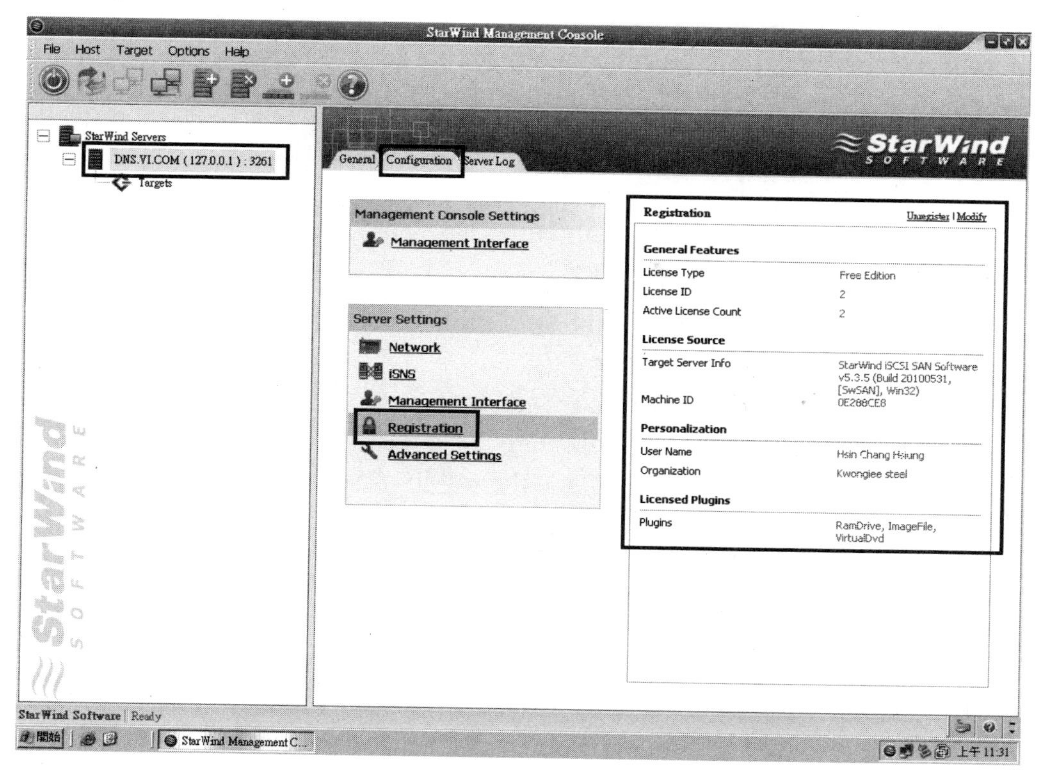

图 5-45

11. 右击 **Targets** 并选择 **Add Target**，如图 5-46 所示。

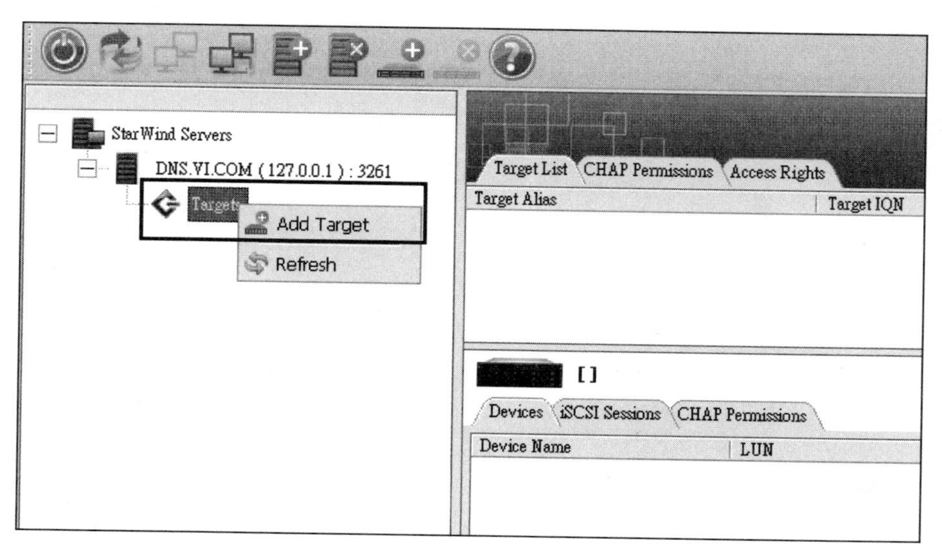

图 5-46

12. 在 Target Alias 中输入 iSCSI Target 的别名，范例为 **ipstor**，会自动带出下面的 IQN，不用特别去勾选，除非要更改它。单击“下一步”按钮，如图 5-47 所示。

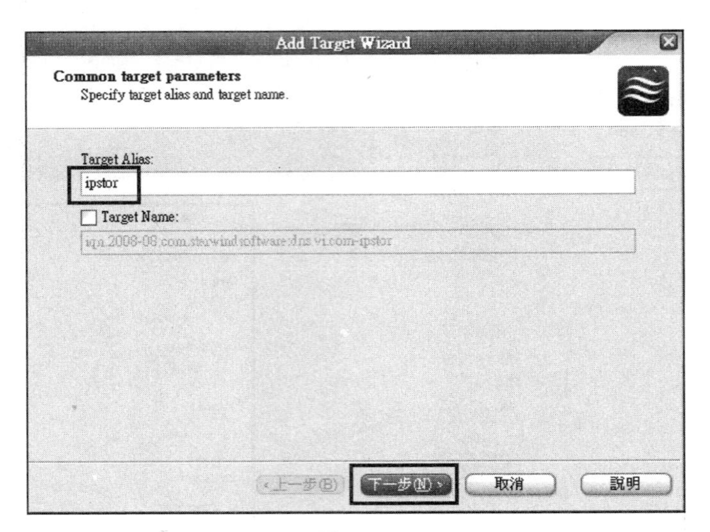

图 5-47

注： IQN（iSCSI Qualified Names）是 iSCSI SAN 的单一标识名称，就好像 FC SAN 的 WWN 一样，不会重复。其格式为 iqn.yyyy-mm.naming-authority:unique name。

范例：iqn.2008-08.com.starwindsoftware.dns.vi.com-ipstor

解释：2008-8 是该设备厂商注册域名的年份与月份，.com.starwindsoftware 是厂商公司的域名，.dns.vi.com 是 subdomain，ipstor 是 unique name。

另一种单一标识名称是 EUI（Enterprise Unique Identifiers），相对于 IQN，较少被使用。

---

13. 在 Storage type 对话框中，要选择的是 **Hard Disk**，单击“下一步”按钮，如图 5-48 所示。

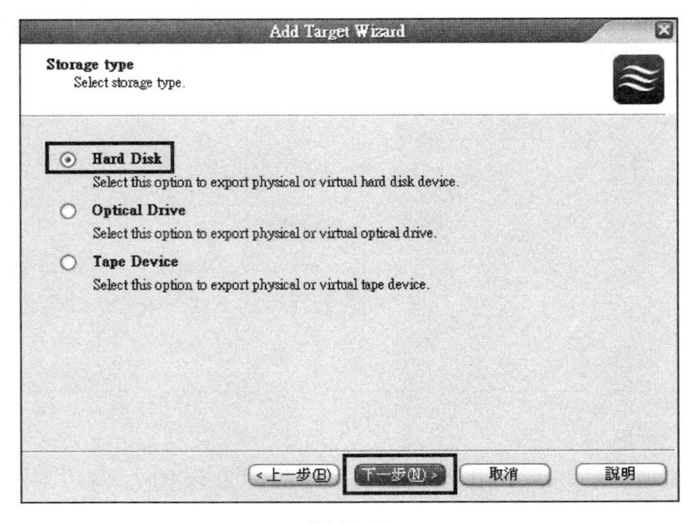

图 5-48

14. **Physical** 的功能被锁住了，不能直接让一个实体硬盘成为 LUN，所以改单击 **Advanced Virtual** 试试看，单击“下一步”按钮，如图 5-49 所示。

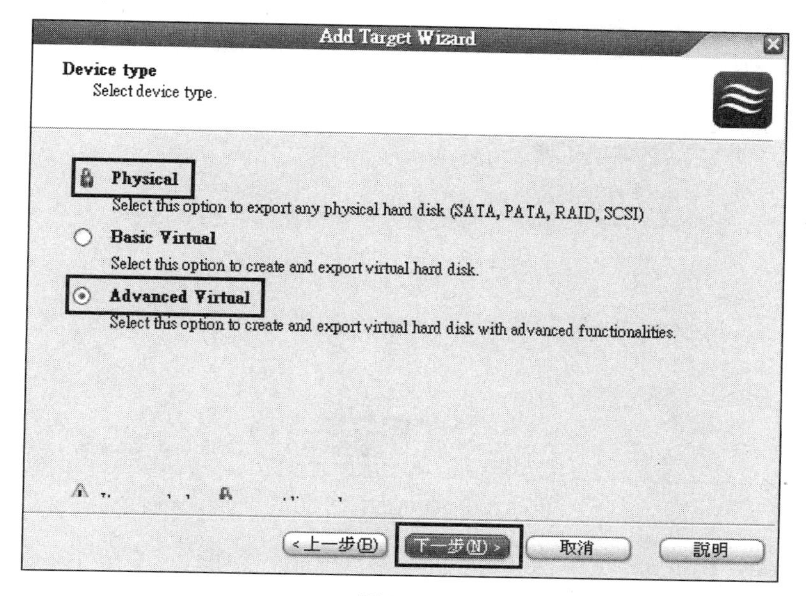

图 5-49

15. StarWind 的高级功能：Mirror、Snapshot、CDP、HA 全部被锁，免费版无法使用。只好回到上一步，如图 5-50 所示。

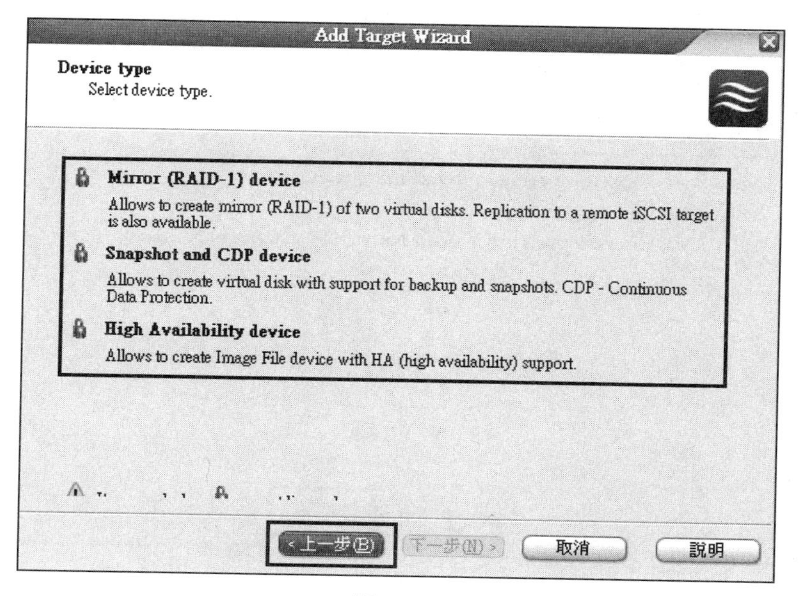

图 5-50

16. 这次选择 **Basic Virtual**，单击“下一步”按钮，如图 5-51 所示。

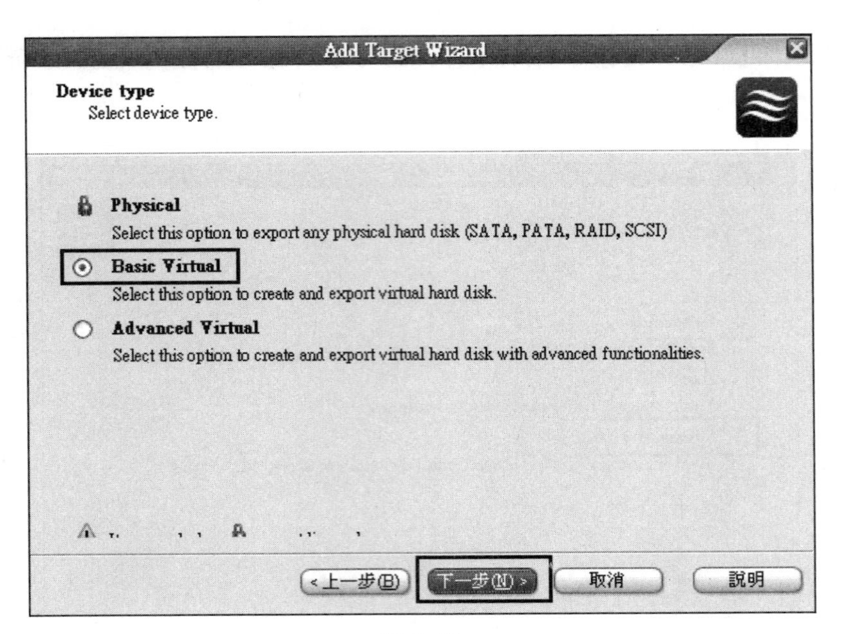

图 5-51

17. 选择 **Image File device**，单击“下一步”按钮，如图 5-52 所示。如果 RAM 足够，用 RAM disk 当作 iSCSI LUN 非常快速，只是要注意关机后数据无法保存的问题。

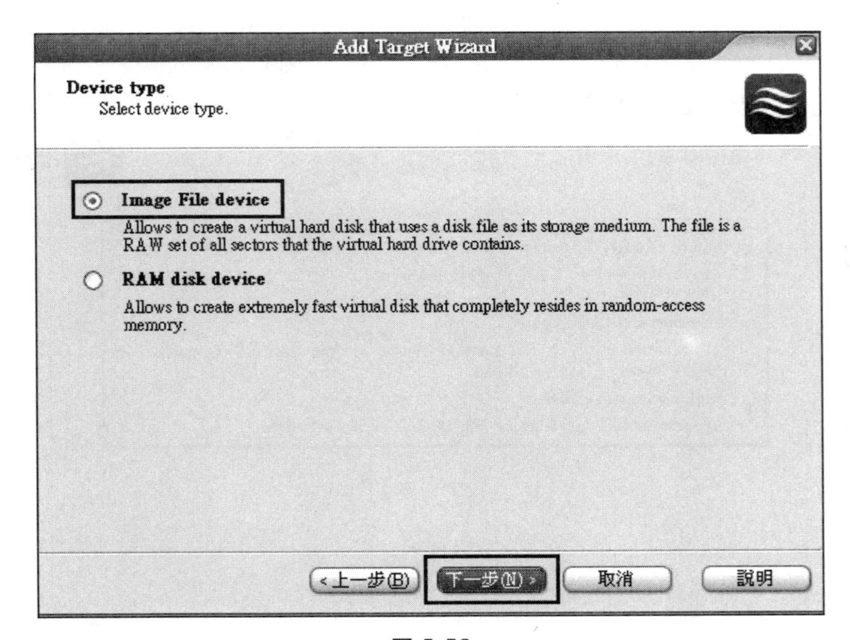

图 5-52

18. 选择 **Create new virtual disk**，单击“下一步”按钮，如图 5-53 所示。到时候 image 文档就是 LUN size。

Add Target Wizard
Device creation method
Select device creation method.
Mount existing virtual disk
Choose existing virtual disk and export it as iSCSI target.
Create new virtual disk
Create new virtual hard disk and export it as iSCSI target.
Create new virtual disk based on Snapshot and CDP one
Choose existing Snapshot and CDP virtual disk to create new Image File virtual disk based on it and export it as iSCSI target.
< 上一步(B)
下一步(N) >
取消
說明

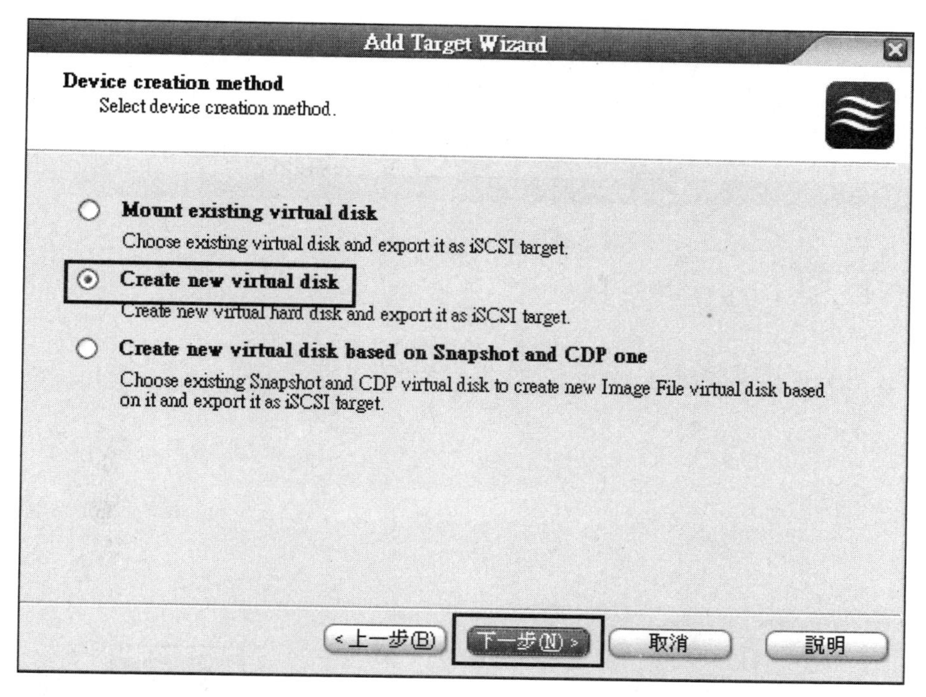

图 5-53

19. 在这里要给一个 virtual disk 存放的路径和名称，先单击右侧的图标，如图 5-54 所示。

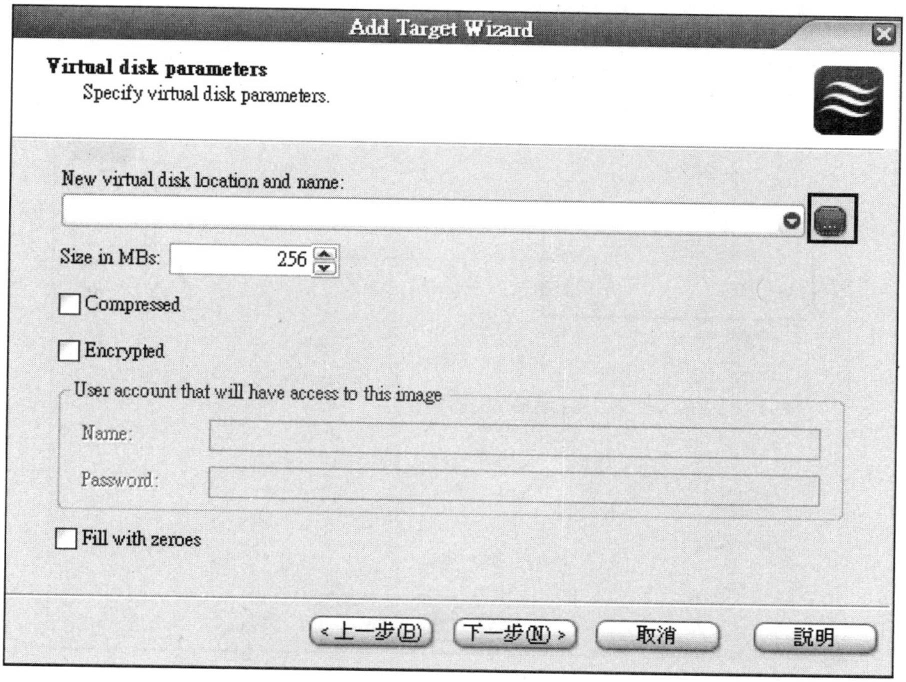

Add Target Wizard
Virtual disk parameters
Specify virtual disk parameters.
New virtual disk location and name:
Size in MBs:
256
Compressed
Encrypted
User account that will have access to this image
Name:
Password:
Fill with zeroes
< 上一步(B)
下一步(N) >
取消
說明

图 5-54

20. 单击 C 磁盘后，下方出现 My Computer\C\，接着在后面输入 **lun1**，完整的名称显示为 **My Computer\C\lun1**，表示将此 virtual disk 放置于 C: 的根目录下，image 名称为 lun1，单击 **OK** 按钮，如图 5-55 所示。

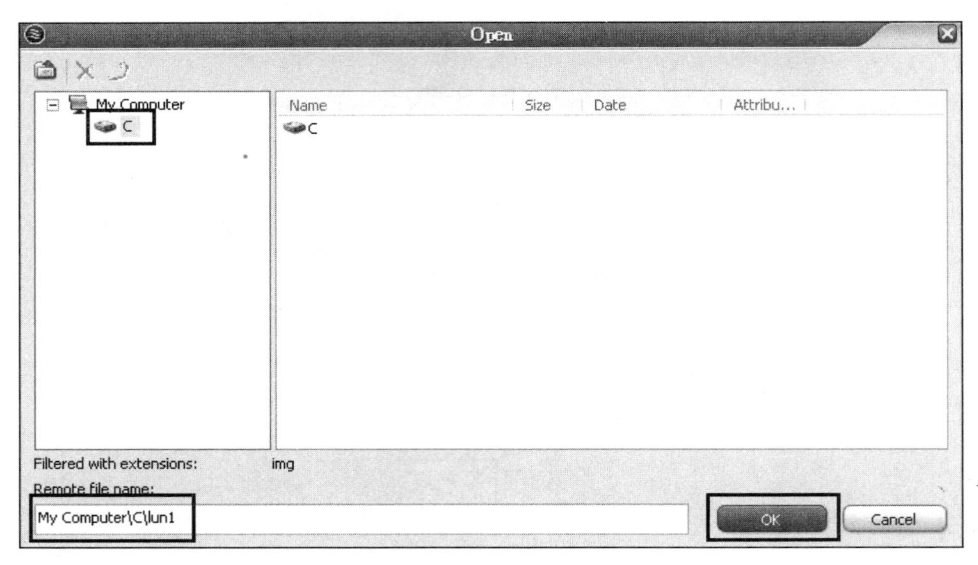

图 5-55

21. 自动出现 virtual disk 路径名称，接着要在 Size in MBs 中输入容量大小，范例是 **9999**MB（10GB），这就是未来的 LUN size，如图 5-56 所示，单击“下一步”按钮。

Add Target Wizard
Virtual disk parameters
Specify virtual disk parameters.
New virtual disk location and name:
My Computer\C\lun1.img
Size in MBs: 9999
Compressed
Encrypted
User account that will have access to this image
Name:
Password:
Fill with zeroes
< 上一步(B)　下一步(N) >　取消　說明

图 5-56

22. 注意这里一定要勾选 **Allow multiple concurrent iSCSI connections（clustering）**，才可以让多个 ESX host 同时访问 iSCSI LUN，如图 5-57 所示，单击“下一步”按钮。

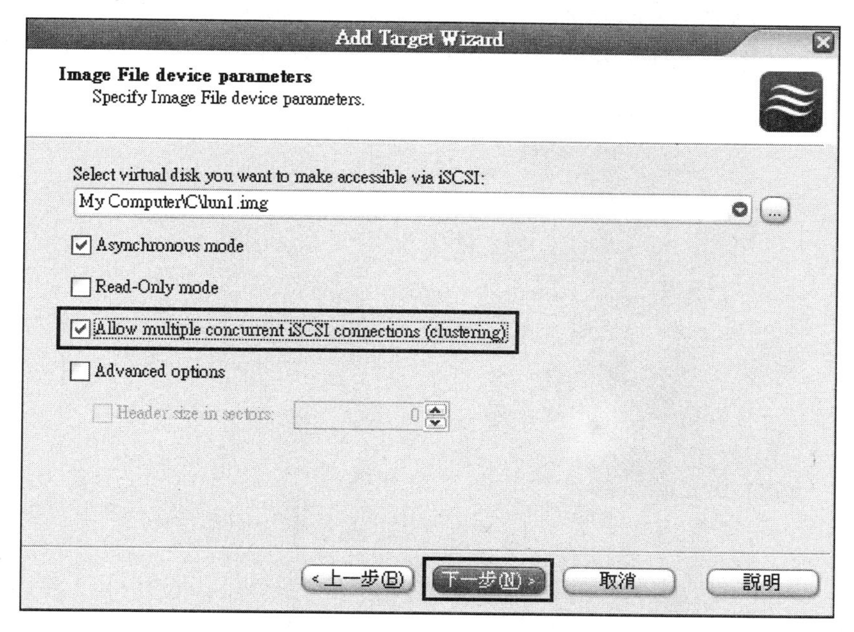

图 5-57

23. 使用默认值即可，单击“下一步”按钮，如图 5-58 所示。

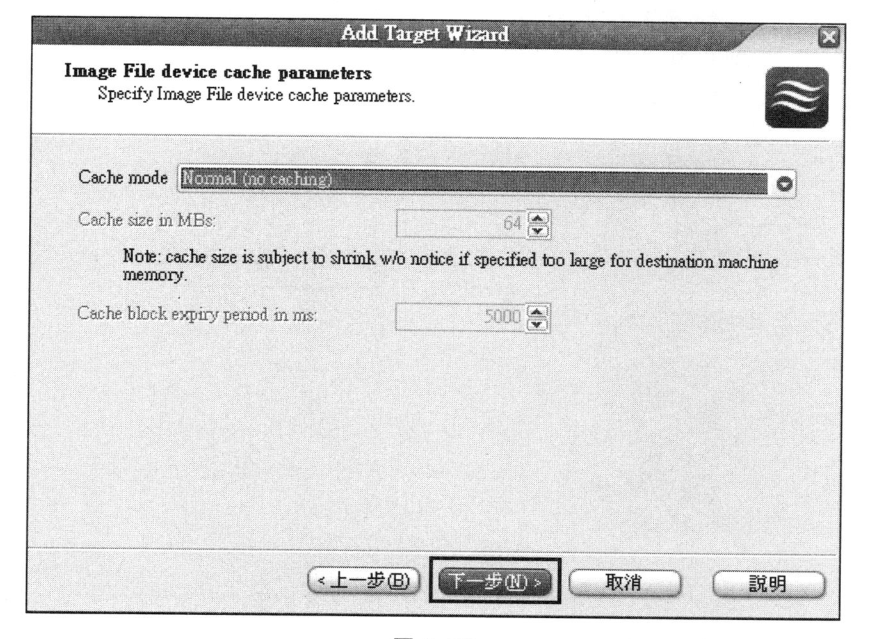

图 5-58

24．即将完成，单击“下一步”按钮，如图 5-59 所示。

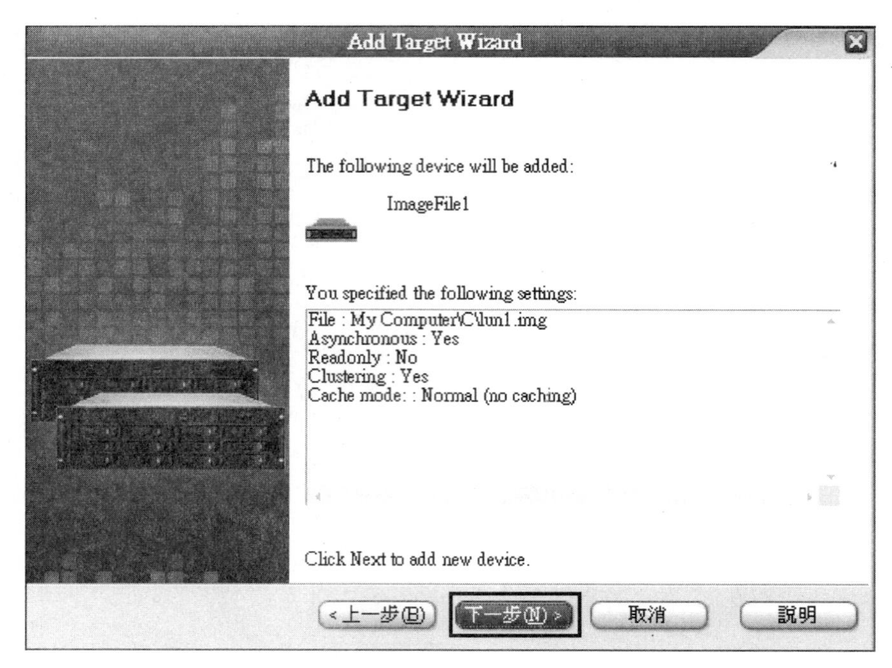

图 5-59

25．确认 iSCSI Target name，单击“完成”按钮，如图 5-60 所示。

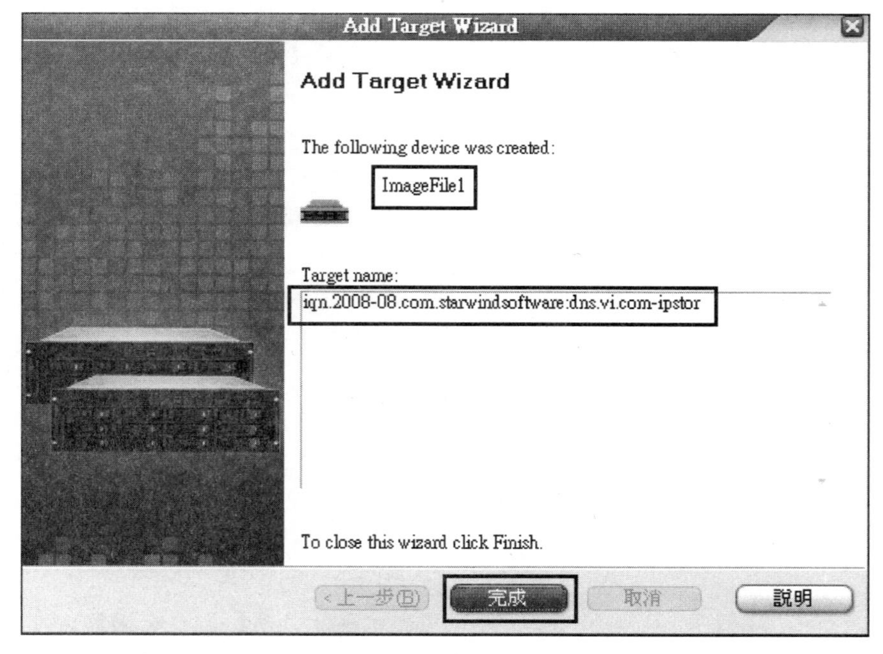

图 5-60

26. 设置好了 iSCSI Target，现在我们拥有了 Virtual SAN，如图 5-61 所示。

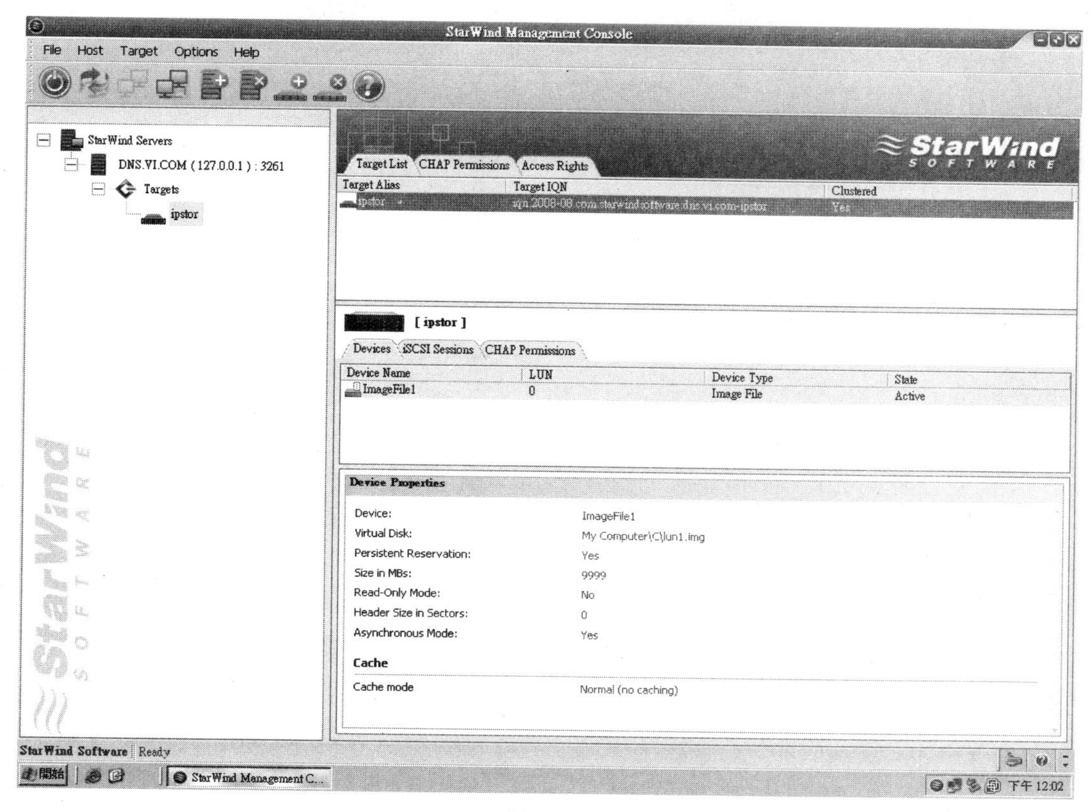

图 5-61

iSCSI Datastore

现在，我们要设置 ESX，让它可以访问 iSCSI SAN，这样便可以将 iSCSI Targaet 所 present 的 LUN 格式化成 VMFS 当作 Datastore，用以存放 VMs、Virtual Appliances、Templates、ISO image，未来只要是放置在这个 shared LUN 上的 VM，就可以运行 vMotion/DRS/HA。

ESX Server 有支持硬件及软件形式的 iSCSI initiator，如果有购买硬件 HBA 的预算，就可以不用启用 iSCSI Software Initiator。在 ESX 的默认环境中，并没有启用 Software initiator，本书是以网卡来当 initiator，所以必须先启用 iSCSI Software Initiator。

1. 以 vSphere client 连接 vCenter，选择 **esx01.vi.com** 这个 ESX host，然后到 **Configuration/Storage Adapters** 里寻找 **iSCSI Software Adapter**，然后选择 **Properties** 选项卡，如图 5-62 所示。

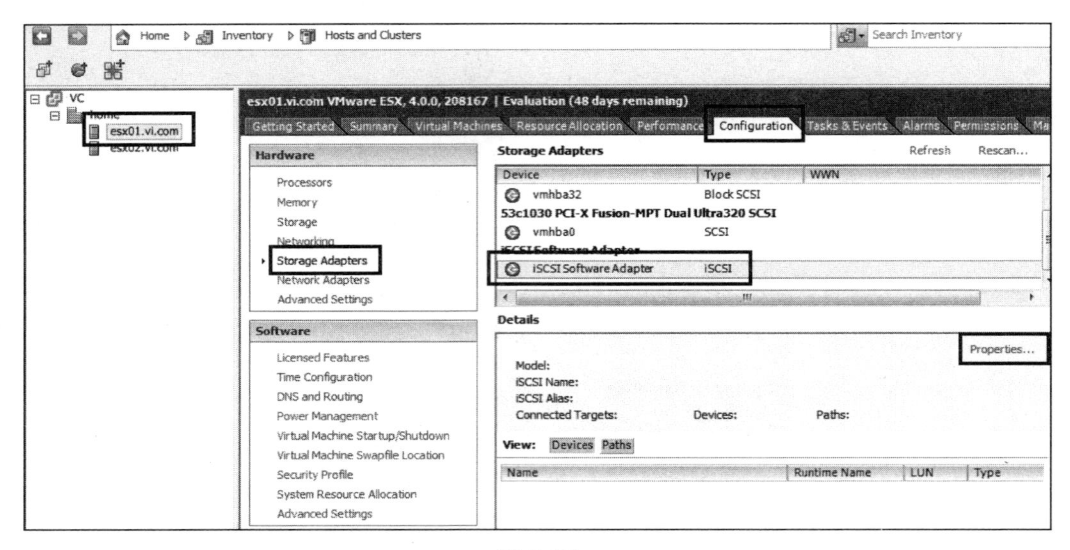

图 5-62

2．在 General 选项卡中，单击 **Configure** 按钮，如图 5-63 所示。

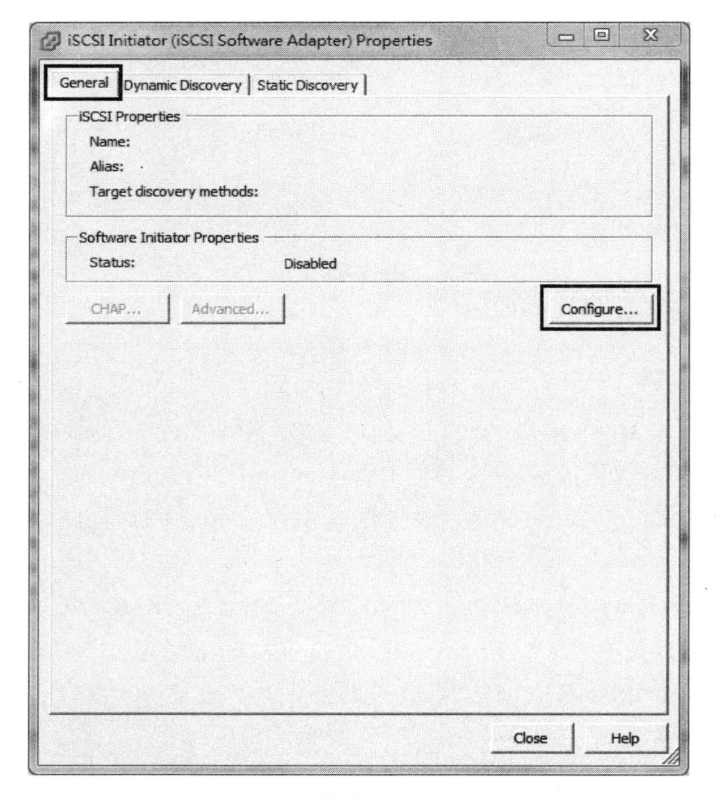

图 5-63

3．勾选 Enabled，单击 **OK** 按钮，表示要将 Software iSCSI initiator 的功能打开，如图 5-64 所示。

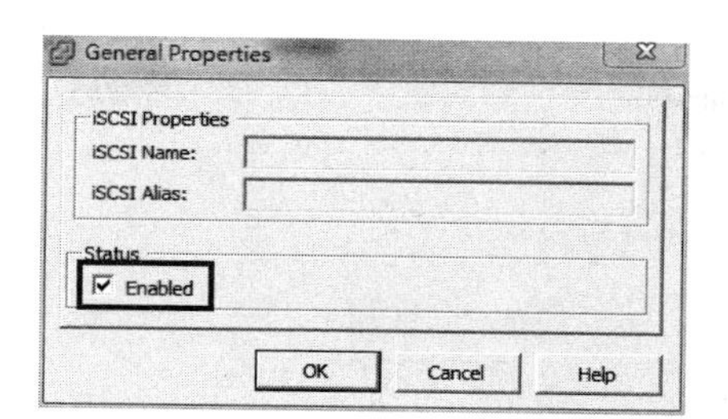

图 5-64

4. 回到上一层后，发现启用后已经出现了 IQN，由于这是 VMware Software Initiator，所以 IQN 是 VMware Domain，如图 5-65 所示。

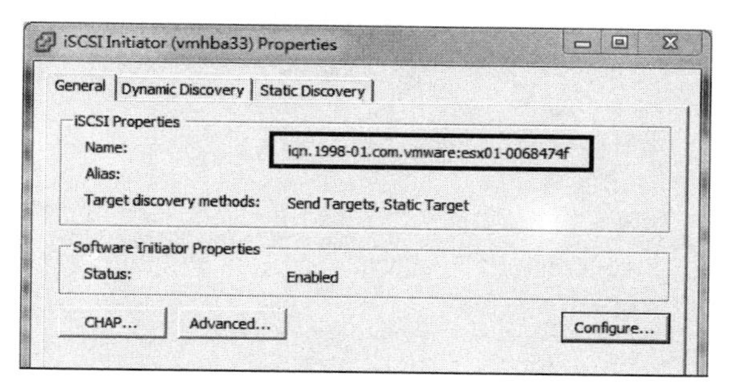

图 5-65

5. 再单击 **Dynamic Discovery** 选项卡，表示要用这种方式 Discovery 网络上的 iSCSI Target，单击 **Add** 按钮，如图 5-66 所示。

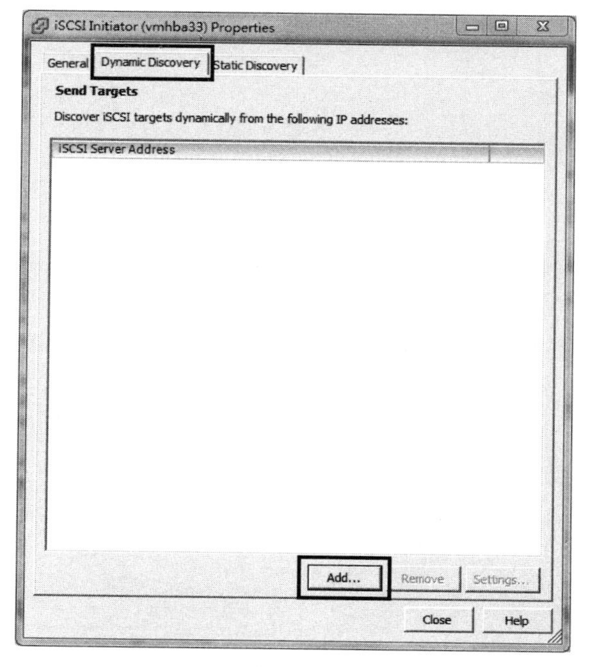

图 5-66

6．输入 iSCSI Server 的 IP 和 port number，范例是 192.168.1.1 这个 DNS/iSCSI VM，单击 **OK** 按钮，如图 5-67 所示。

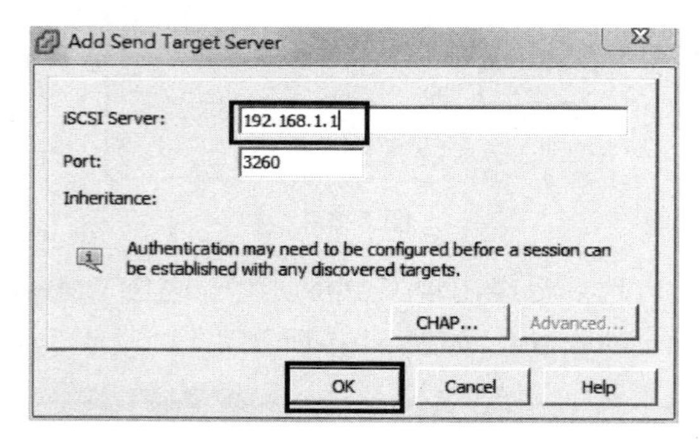

图 5-67

7．完成 Send Targets，单击 **Close** 按钮，如图 5-68 所示。

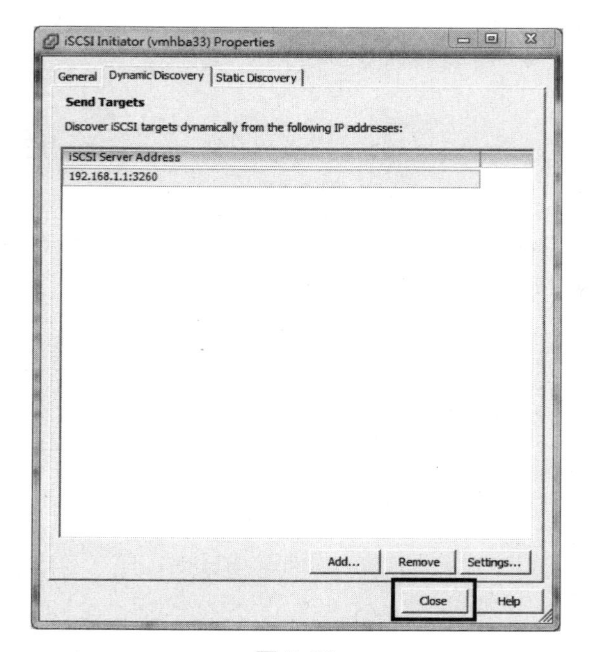

图 5-68

8．要求重新将 Storage adapter rescan，单击“是”按钮，如图 5-69 所示。

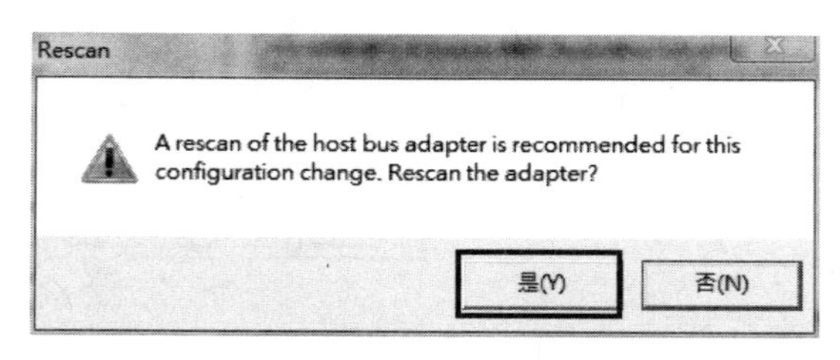

图 5-69

9. 设置好 Softare Initiator，会看见 vmhba33（或之后的数字），代表 ESX 用的是 iSCSI Software Adapter。在下方显示已经识别到了 iSCSI Target 的 LUN，容量有 9.76GB（之前给的 image file 10GB），可以随意使用，等一下将它格式化成 VMFS 之后 VMkernel 就可以将这个 LUN 的空间分配给 VM 来使用，如图 5-70 所示。

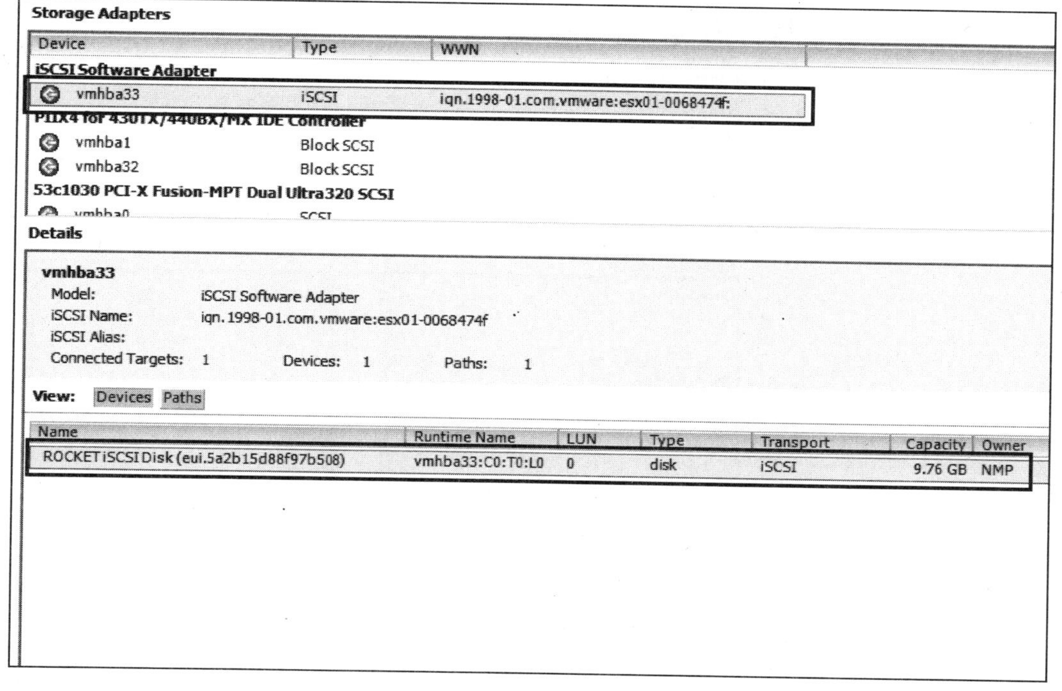

图 5-70

10. 单击 Paths，可以看到目前由哪一个 vmhba 访问哪个 Target 的哪个 LUN，如果存储设备是使用 MultiPathing 的模式，可由 Active 的部分得知目前是通过哪条路径来进行访问操作，如图 5-71 所示。

Details

vmhba33
Model: iSCSI Software Adapter
iSCSI Name: iqn.1998-01.com.vmware:esx01-0068474f
iSCSI Alias:
Connected Targets: 1　Devices: 1　Paths: 1

View: Devices Paths

Runtime Name	Target	LUN	Status
vmhba33:C0:T0:L0	iqn.2008-08.com.starwindsoftware:d...	0	Active (I/O)

图 5-71

11. 单击 **Configuration/Storage**，可以显示出 Datastores 的详细信息。目前我们的 ESX 只有一个 Datastore（Storage 1，是 ESX 本地硬盘，我们安装的时候是采用默认值给 40GB），如图 5-72 所示。

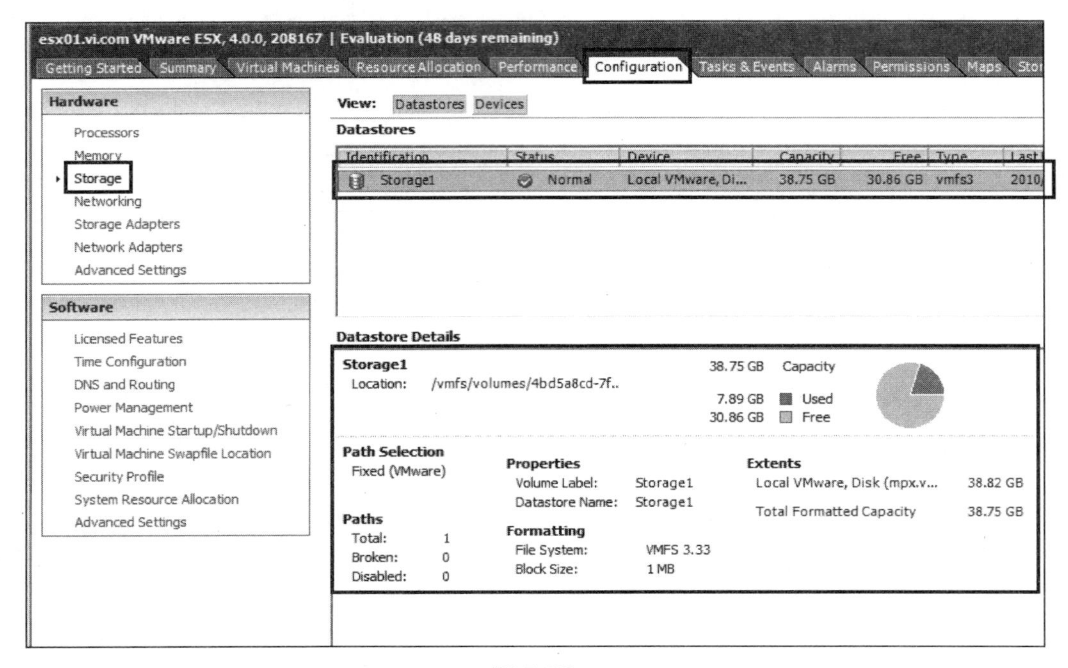

图 5-72

12. 新建一个 Datastore，即 iSCSI Target 的 LUN。单击 **Add Storage**，如图 5-73 所示。

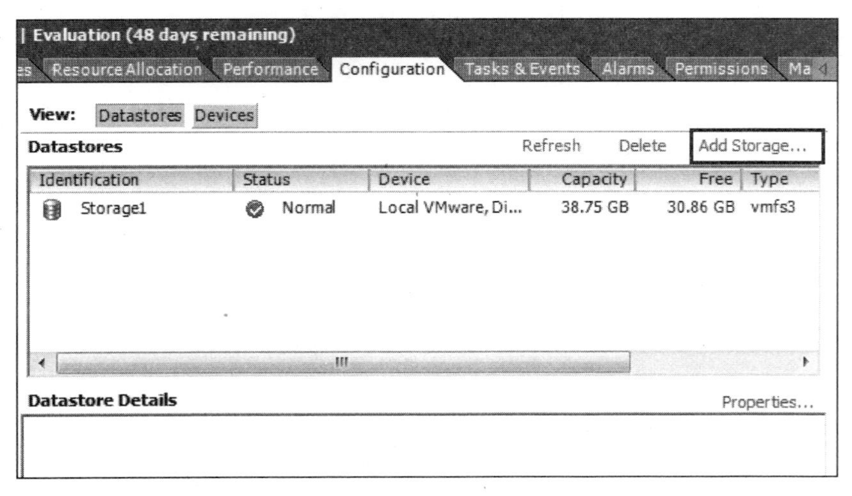

图 5-73

13. 选择 Disk/LUN，另一个选项是新建 NFS Datastore 时才会用到，单击 **Next** 按钮，如图 5-74 所示。

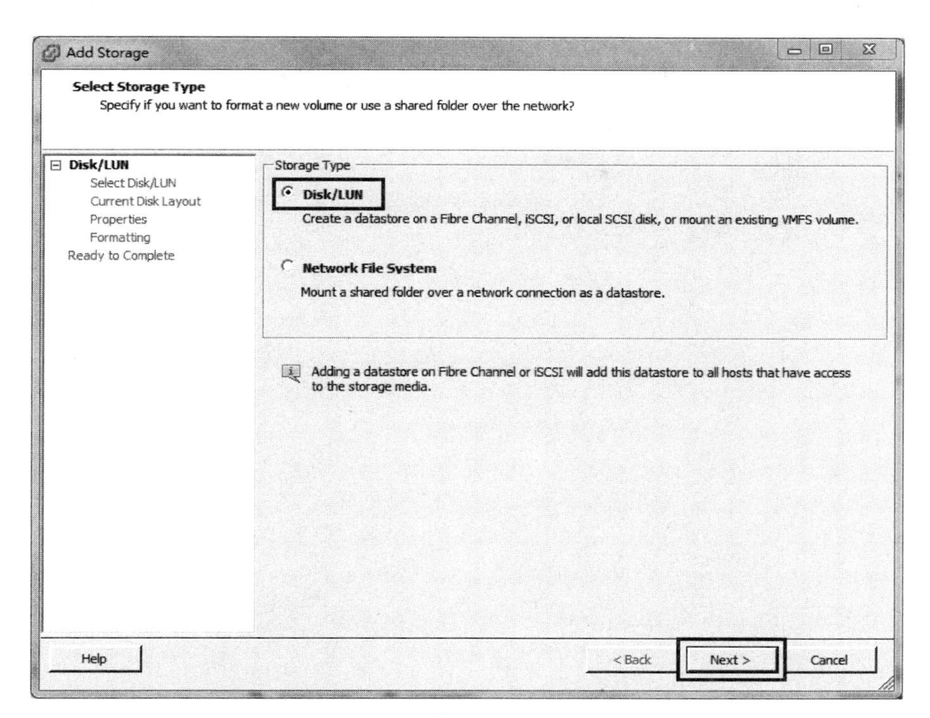

图 5-74

14. 看到了 iSCSI 的 LUN，单击 **Next** 按钮，如图 5-75 所示。

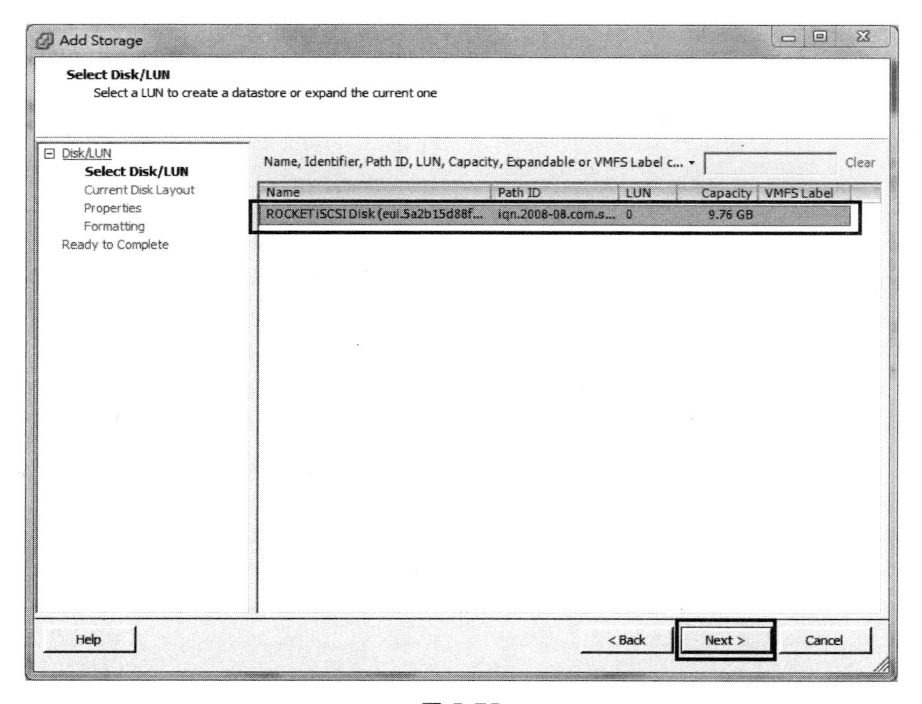

图 5-75

15. 目前这个 LUN 是 Raw Device，尚未被使用，单击 **Next** 按钮，如图 5-76 所示。

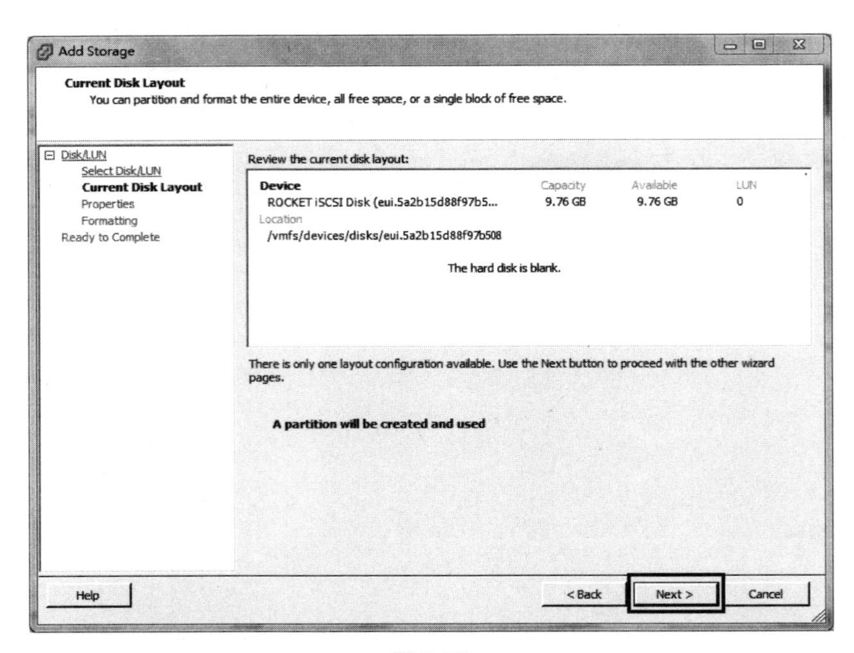

图 5-76

16. 准备拿来当成 Datastore，输入一个名称，范例是 **iSCSI Lun**，单击 **Next** 按钮，如图 5-77 所示。

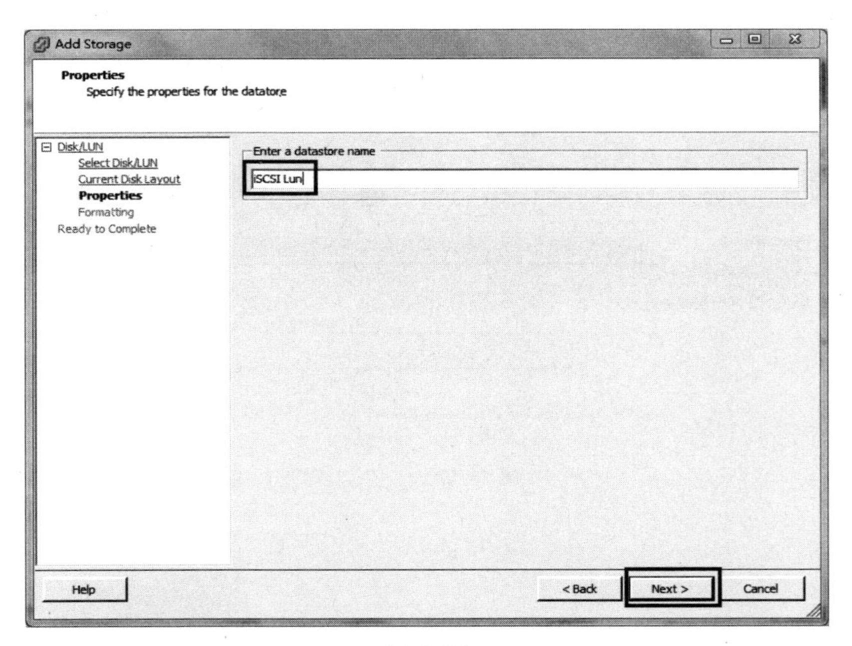

图 5-77

17. 现在进行格式化 VMFS 的操作，先选择 **block size**，大小关系到单一 VMFS 的 filesize 容量限制。勾选 **Maxmize capacity** 则表示要使用整个 LUN 作为 VMFS，单击 **Next** 按钮，如图 5-78 所示。

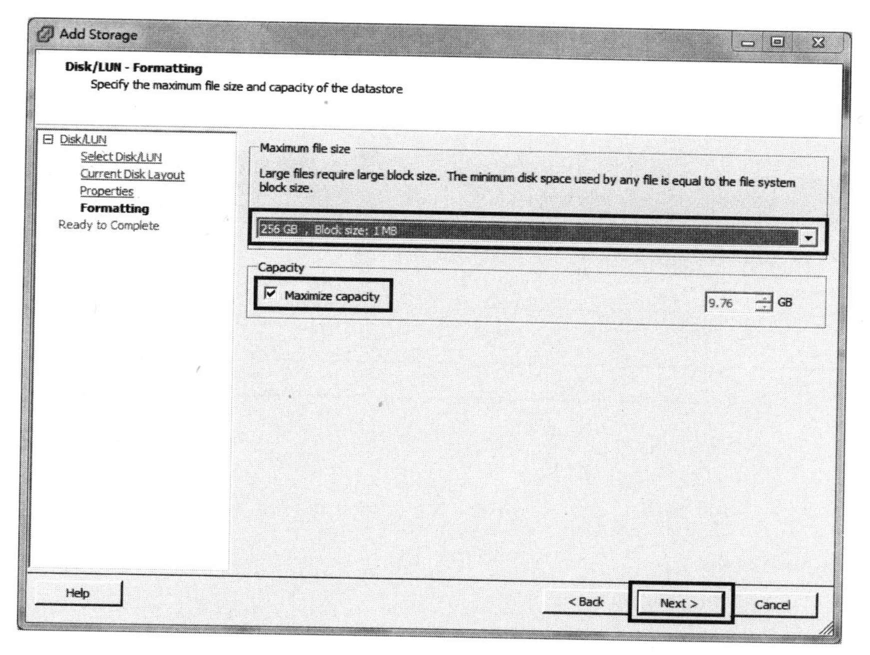

图 5-78

注：单一 VMFS 最大是 2TB，但是可以用合并 LUN 的方式扩展 VMFS，最多可合并 32 个 LUN，将 VMFS 扩展到 64TB。

18. 即将完成操作，单击 **Finish** 按钮，如图 5-79 所示。

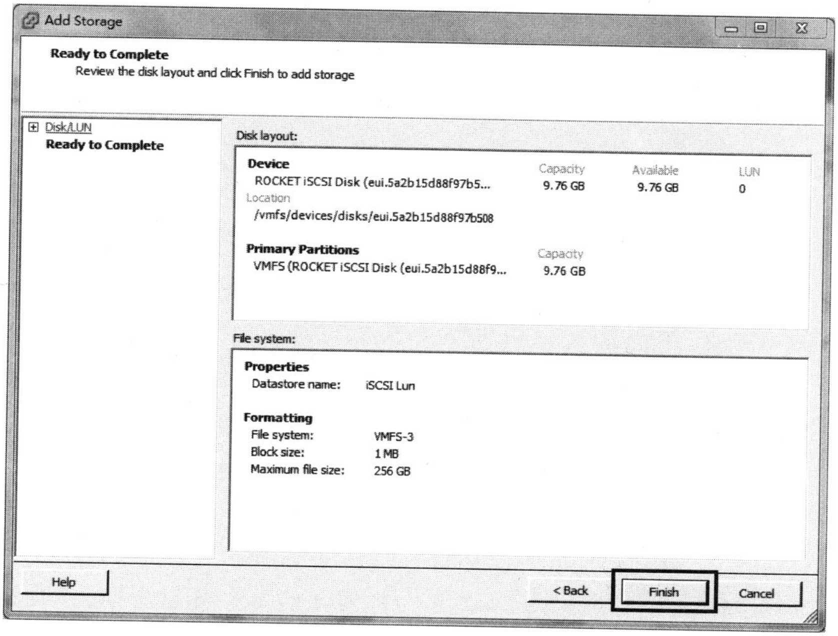

图 5-79

19. 在 ESX01 的 **Configuration/Storage** 中看见了新的 Datastore，名称是 **iSCSI Lun**，如图 5-80 所示。

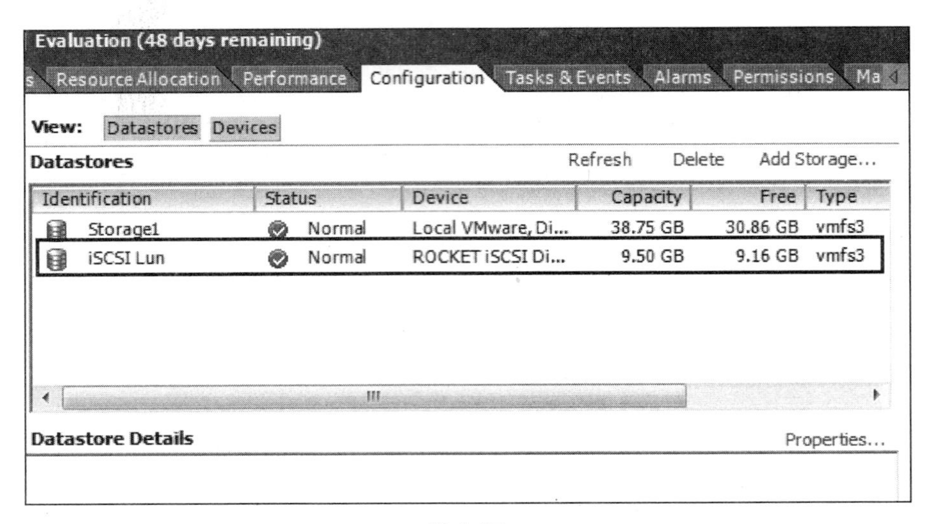

图 5-80

20. 成功了，一个 Shared LUN 已经可以使用，由于这是共享资源，其他 ESX host 也可以访问，所以如果 VM 放置在这里，则可以执行 vMotion 等高级功能，如图 5-81 所示。

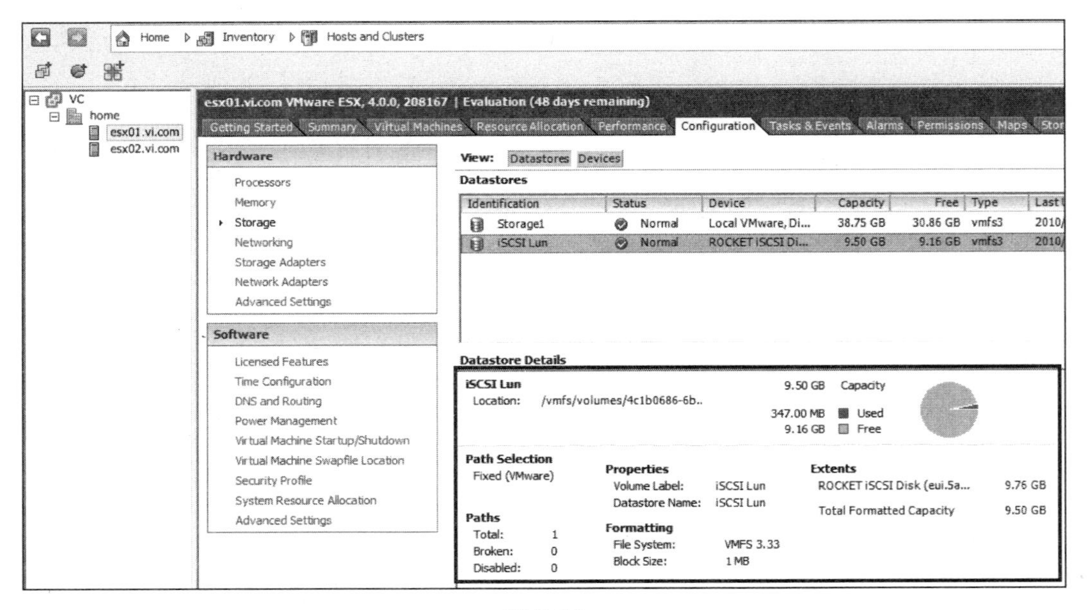

图 5-81

21. 那为什么 ESX02 看不到 Shared LUN 呢？因为它尚未启用 Software iSCSI Initiator，请重复上面的步骤，让 ESX02 也可以访问 iSCSI Lun，如图 5-82 所示。

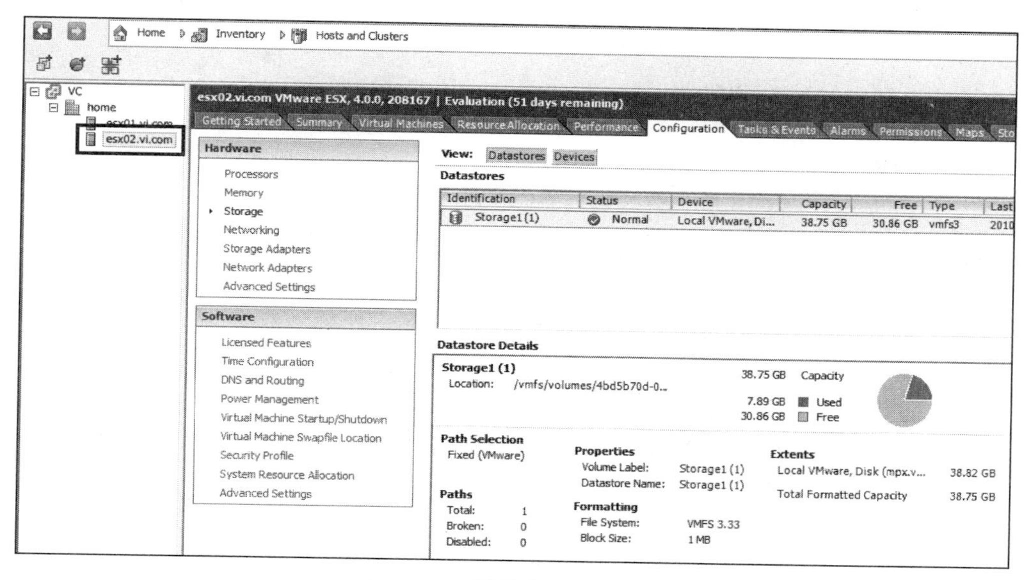

图 5-82

22. 让 ESX02 也可以顺利使用 Share LUN 之后，就完成了本节的所有设置，如图 5-83 所示。

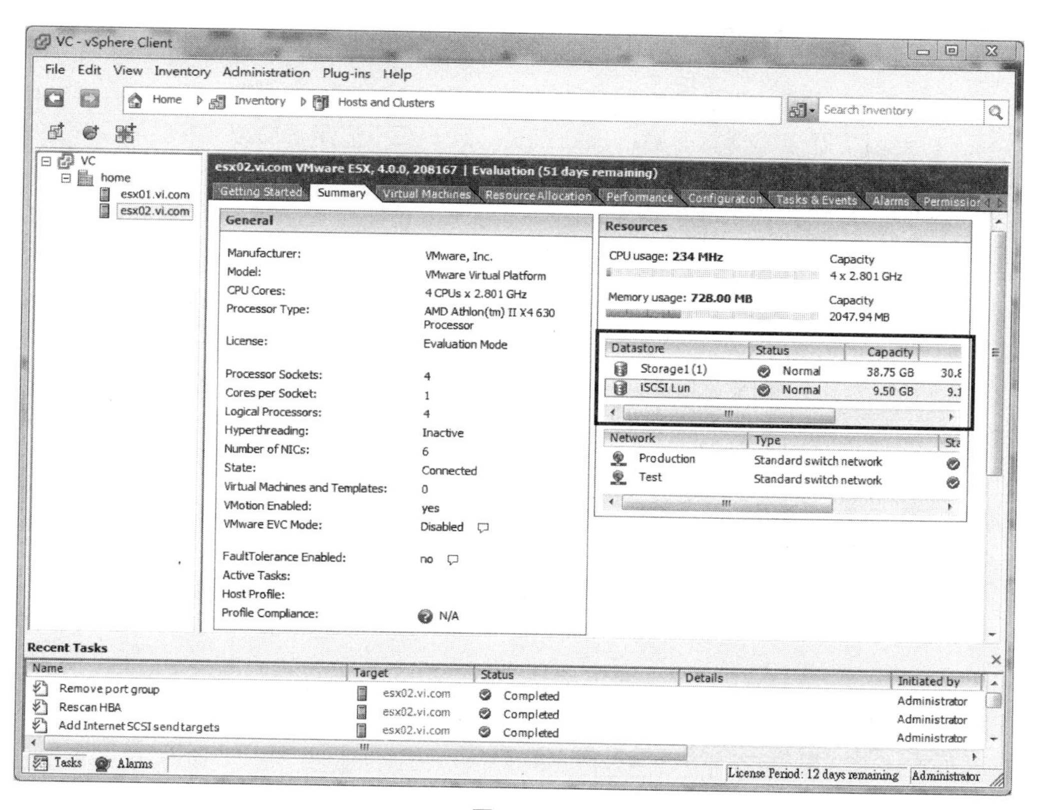

图 5-83

Q：如果 Storage 是 Multipath 架构的话，VM 需不需要安装 HBA driver 和存储厂商的 Path Management Software？

不需要。请注意，所有的硬件资源均是由 VMkernel 这个 Hypervisor 来控制的，包含 Storage Multipathing。Guest OS 不需要安装硬件 HBA 卡的 driver 和 Path Management 软件（例如 EMC PowerPath），因为 VM 根本不知道它的硬件资源是从哪里来的，一切都由 Hypervisor 来分配，只要 Hypervisor 能正确识别 Storage，就可以控制存储设备的硬件资源。

现在 vStorage API 可以支持存储设备厂商自己的 Path Mangement 模块（PSA 架构），嵌入 VMkernel 替换 VMware 原有的多路径管理，Hypervisor 不介入管控，以厂商自己提供的功能为主。但是这与 VM 还是没有相关，等于是 vSphere 协同厂商模块运作，分配存储资源给 VM 使用。

Q：Storage 下的 VM 备份方式是什么？

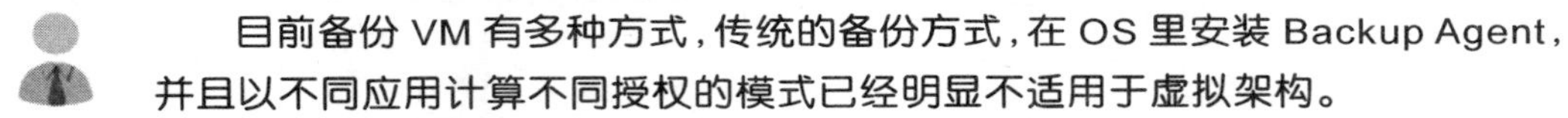

目前备份 VM 有多种方式，传统的备份方式，在 OS 里安装 Backup Agent，并且以不同应用计算不同授权的模式已经明显不适用于虚拟架构。

VM 其实就是由一些文件所组成，只要将这些文件备份起来，拿到另一个 ESX host 即可执行，或是经过 Converter 转换后在不同虚拟软件上面仍可顺畅运行。如果要在线备份大量的 VM，目前主流的方式是采用 VCB，它是一个 Proxy server，负责将所有存储设备上的 VM 挂载进来，但后端备份仍要依靠备份软件来处理。VCB 的备份方式在有了 vStorage API 之后将逐渐被淘汰。

现在新的做法是采用 vStorage API for Data Protection（VADP），让第三方备份软件厂商开发备份虚拟机器（Virtual Appliances）来在线备份所有的 VM，VMware 实作了 VDR（Data Recovery），可以让中小企业的环境轻松地备份 VM。

注：直接简单的 VM 备份方式可通过 vSphere Client 在 VM 关机的状态下进行备份（如图 5-84 所示，以 vSphere client 直接下载文件），或是运用像是 FastSCP 的工具快速地复制 VM。如果各位对 VDR 有兴趣，也可以连上 VMware 网站下载，体验 VADP 的备份方式。下一章将会介绍在线备份 VM 的练习。

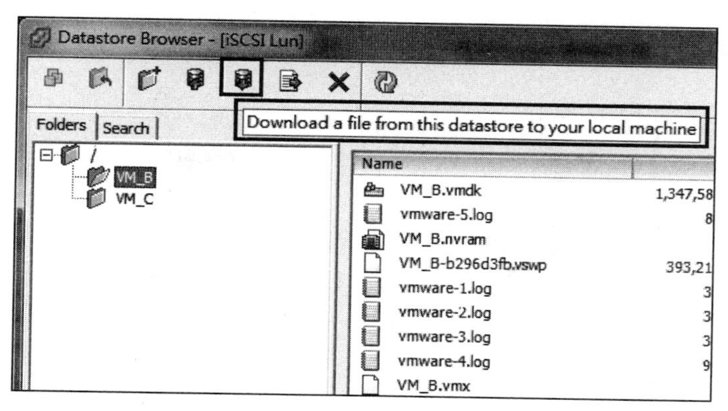

图 5-84

存储的部分与第 4 章讲的网络相同，在虚拟化的架构下都扮演着很重要的角色。第四朵云不可或缺，因为所有的 VM 都要在 Shared Storage 上运行，I/O 性能、稳定度、负载平衡非常重要，如何避免 Disk I/O 成为虚拟化的主要瓶颈关系到 VM 运行的顺畅与否。没有共享存储设备，则没有办法享受到企业级虚拟化的好处。网络设备、存储设备是虚拟化数据中心关键中的关键。

CHAPTER 6

创造你的第五朵云 - Virtual Machine

6-1 关于 Virtual Machine

VM 是由哪些文件组成的？

我们知道 VM 是由一个个文件组成的，备份一个虚拟机时，只要将这些文件复制起来，其实就算完成了一个虚拟机的备份。这些文件有着不同的扩展名，各自代表着不同的属性。下面就针对一些主要的 VM 文件进行探讨。

假设有一个 VM 的名称叫做 XYZ，从 Datastore 去找寻 XYZ 文件夹，会发现文件夹底下有多个文件，一个文件夹就代表一个 VM。来看这些文件，注意它的扩展名都是具有意义的。

- XYZ.NVRAM：扩展名 nvram 代表的是这个 VM 的 BIOS 文件，VM 与实体机器相同，都具有 BIOS。当一个 VM 开机时可以按 F2 键进入 BIOS 界面进行设置并保存，nvram 文件非常小，只有几 KB。
- XYZ .VMX：vmx 是一个 Configuration 文件，以纯文本形式存在，可直接由文字编辑器修改。这个文件记录着 OS 版本、内存大小、硬盘、虚拟网卡 MAC Address 等，也是只有几 KB 的大小。
- XYZ .VMDK：扩展名 vmdk 指的是 Virtual Disk 文件。许多人认为这个文件就是实际给 VM 的硬盘容量大小，其实不然。它只是一个小小的 Descriptor，真正 VM 的硬盘是 flat.vmdk。
- XYZ- FLAT.VMDK：实际虚拟硬盘所占用的容量大小就是这个文件，但是在 Datastore 里，只看到一个很大容量的 VMDK，当你实际将 VM 备份出来或是用 FastSCP tool 去看，就会发现真正的 Virtual Disk 不是 vmdk 而是 flat-vmdk。
- XYZ-DELTA.VMDK：当使用 snapshot（快照）时，原来的 vmdk 就会保持当时的状态，不会再被写入，并生成 delta.vmdk。之后所有的变动都是在 delta file 上面更改，如果做了多份快照，就会有多个 delta-vmdk。
- XYZ.VMSD：此为快照文件的 metadata file。
- XYZ.VMSN：Snapshot 如果包含有 memory state，就会生成这个文件。
- XYZ.VMSS：如果让 VM 进入 Suspend 模式，则会生成这个文件。Suspend 等于是 Power Off 关机，但是保留目前的操作状态。直到这个 VM 真正执行标准关机，vmss 文件才会被删除。
- XYZ.LOG：关于此虚拟机的 log，会依照编号顺序保存，太旧的则会删除。
- XYZ.VSWP：又称为 VMkernel Swap，VM 开机时产生，关机时则消失。用途是准备给 VM 在 Memory Overcommitment 时可能会产生的 Swap 操作。这个文件的大小默认会等于该 VM 的内存容量，如果我们设置了保留（Reservation），则 vswap 文件大小会等于 VM 的内存容量，减掉设置的保留值（有关 Memory Overcommitment、Reservation 请见第 8 章），如图 6-1 所示。

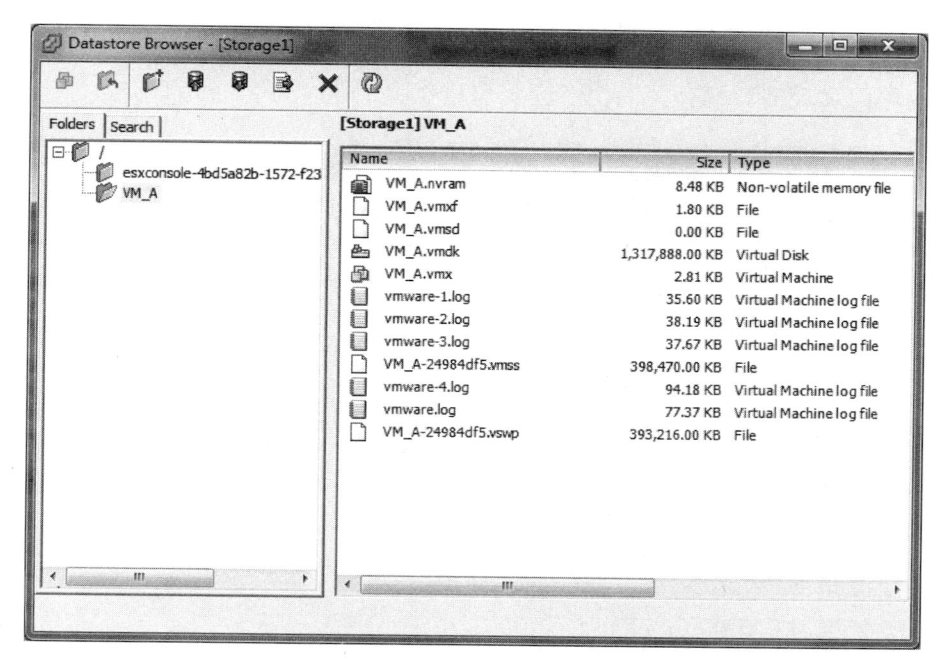

图 6-1

Virtual Hardware（虚拟硬件配置）

在创建一个 VM 时，首先要给它一个虚拟的硬件环境，称为 Virtual Machine Hardware，例如分配一个虚拟 CPU、2GB 内存、3 个虚拟网卡给 VM。当 Virtual Hardware 定义出来之后，就可以安装 Guest OS，而 Guest OS 会检测到这些虚拟硬件资源，给它多少，它就认为自己拥有多少，因为实际上硬件资源已经不归它管，而是由 Hypervisor 来分配。

既然每个 VM 的硬件是虚拟出来的，那么有没有实际的最大上限呢？答案是有的。例如在 ESX3 的 Host，一个虚拟机最大能分配到 64GB 的内存，而 ESX4 的 VM，若采用最新的 Hardware Version，则可以分配到 255GB 的内存（前提是你的实体服务器的内存插槽足够多，可以支持 256 GB 以上，且 Guest OS 也有支持）。

什么？Virtual Hardware 还有分版本？没错，ESX3 的版本称为 Version 4，而 ESX4 的则是 Version 7。这两个版本的主要差别除了虚拟硬件扩展能力增加之外，Version 7 还提供了某些新的硬件设备（如 PVSCSI）和更新一代的 Virtual Drivers。

VMware 网站提供了一份文件，叫做 Configuration Maximums，里面记录了 vSphere 平台里一些详细的配置限制，例如 vSwitch 的数量、Cluster 可容纳多少 ESX host、vCenter 可控制多少个 host 和 VM 等。里面的 VM Maximums 指的就是 Virtual Hardware 是 Version 7 的情况下。此文件在设计与配置 vSphere 时，极具参考价值。各位读者可以通过以下链接下载：

- vSphere 4.0：http://www.vmware.com/pdf/vsphere4/r40/vsp_40_config_max.pdf
- vSphere 4.1：http://www.vmware.com/pdf/vsphere4/r41/vsp_41_config_max.pdf

由于 Virtual Machine 要提到的细节很多，紧接着我们就直接开始创建 VM，并在操作过程中附加说明和解释，以便于读者快速吸收。

Q: 如果数据中心同时拥有 VI3 和 vSphere4，必须将 VM 的 Virtual Hardware 升级成一致的吗？

不一定要升级，请依照 VM 的特性而定。假使希望 VM 的虚拟硬件扩展能力更强（例如想要 VM 可运行 8 个 Virtual CPU），那么就升级到 Version 7。但是升级之后，你的 VM 就不能在 ESX3 的 host 下运行，只能在 ESX4 下运行。不升级 Virtual Hardware 的 VM，是可以在 ESX4 下运行的，因为 ESX4 有向下兼容的能力。

那么何时选择不升级呢？如果想要让这个 VM 在 ESX3 和 ESX4 下都可以运行，并且彼此之间可以 vMotion，那么就必须是 Virtual Hardware Version 4 版本。

6-2 创建 Virtual Machine

配置 Virtual Machine Hardware

1. 单击 ESX01，在 Getting Started 选项卡中会看到 **Create a new Virtual Machine**，单击就会出现创建 VM 向导模式（或直接在 ESX01 上右击并选择 **New virtual Machine**），如图 6-2 所示。

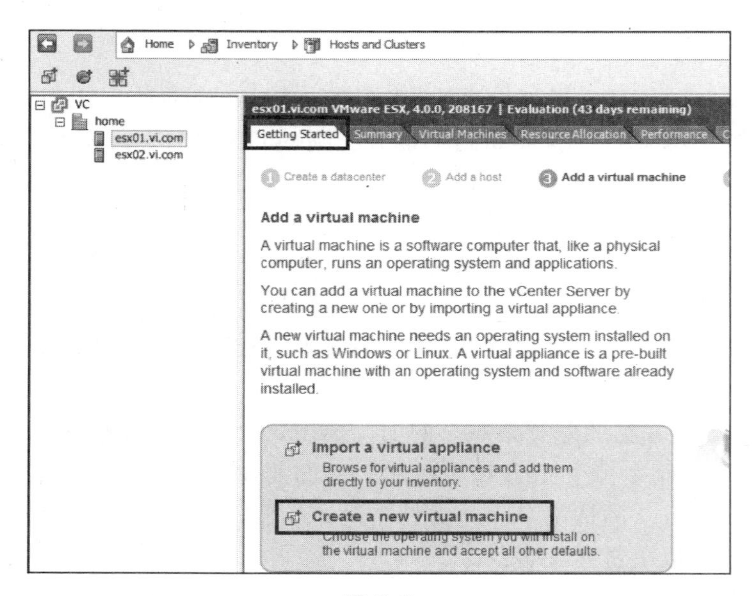

图 6-2

2. 配置选项有两个：Typical 和 Custom。我们选择 **Custom**，有比较多的选项可以配置，再针对这些选项来进行说明，如图 6-3 所示。

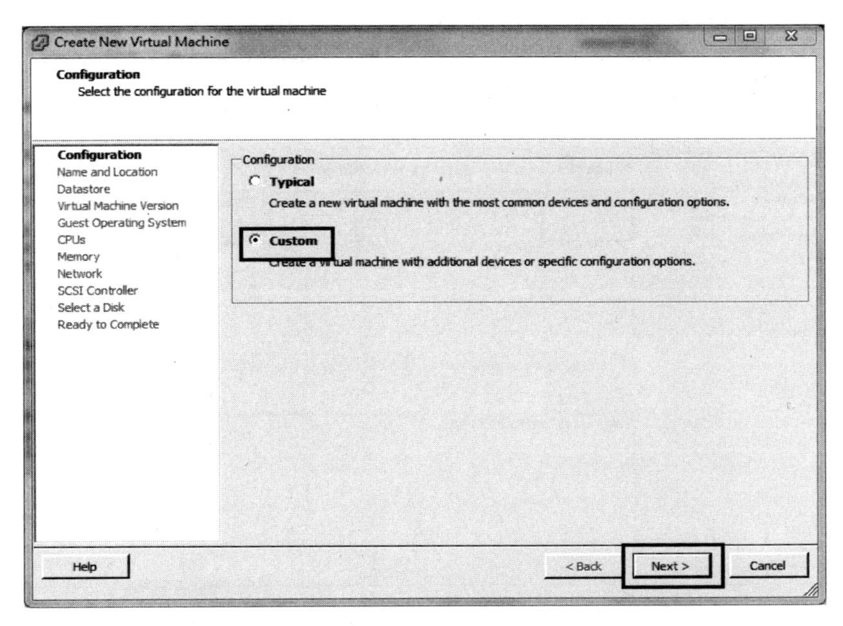

图 6-3

3. 为即将产生的 VM 命名，范例是 **VM_A**（此为 vCenter 所显示的名称），并存放在你想放置的 Inventory 中，范例是放在 **DB Server** 的文件夹里，如果读者没有创建文件夹，则直接选择 Datacenter 即可，如图 6-4 所示。

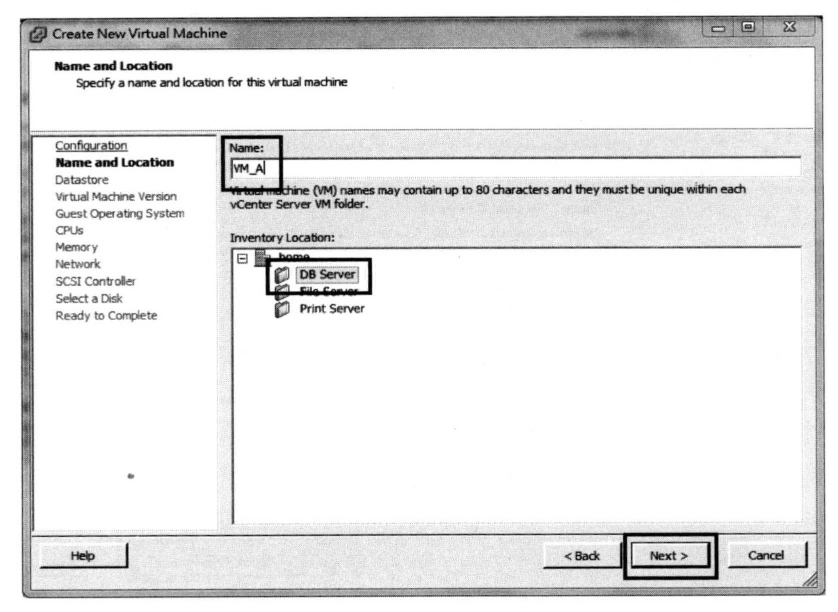

图 6-4

4. 现在的环境里有两个 Datastore：一个是 ESX01 本身的 local storage，另一个是 iSCSI Lun，在此先选择将 VM 放置在 local 中，如图 6-5 所示。

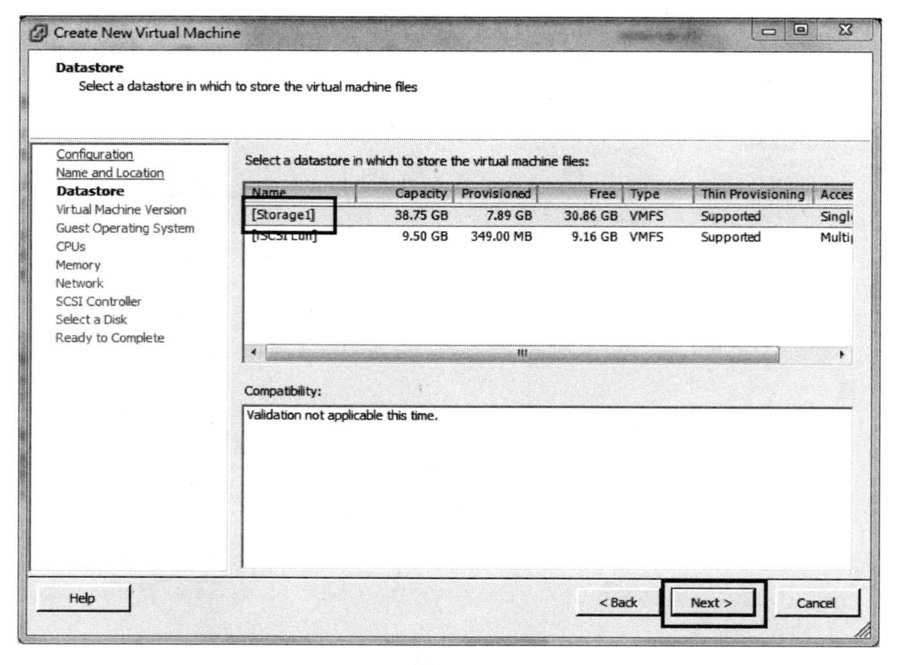

图 6-5

5. 选择 Hardware Version，在此选择 **Virtual Machine Version: 7**，如图 6-6 所示。

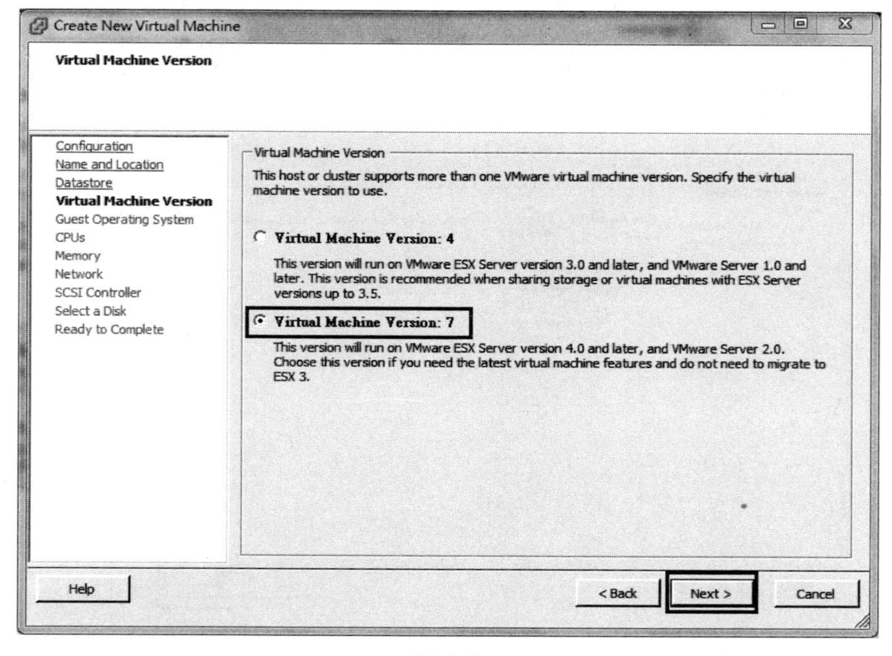

图 6-6

6. 依你准备的 Windows Server 2003 版本选择，单击 **Next** 按钮，如图 6-7 所示。

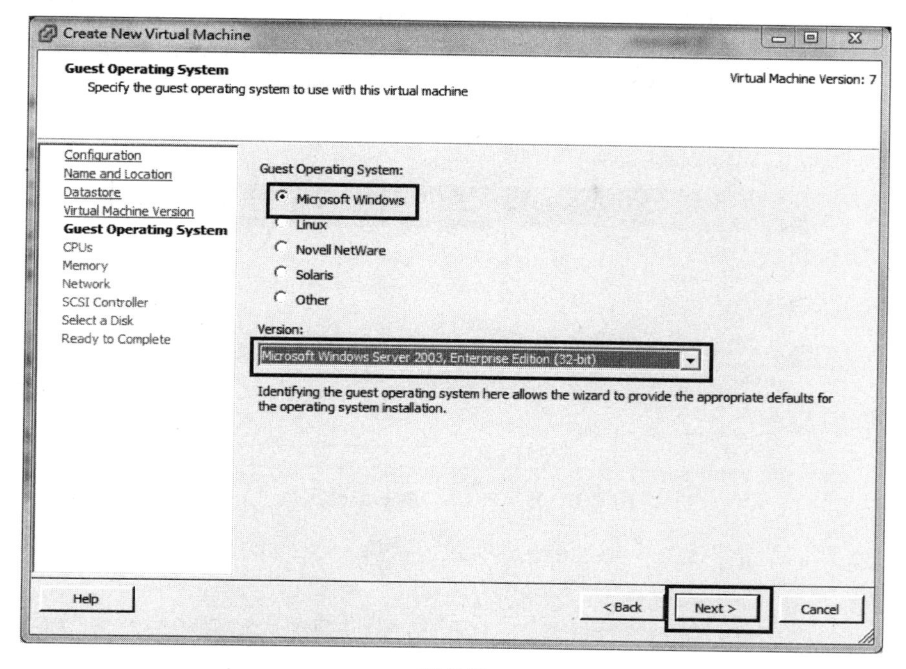

图 6-7

7. 选择 Virtual CPU 的数量，在此选择 1 个，单击 **Next** 按钮，如图 6-8 所示。

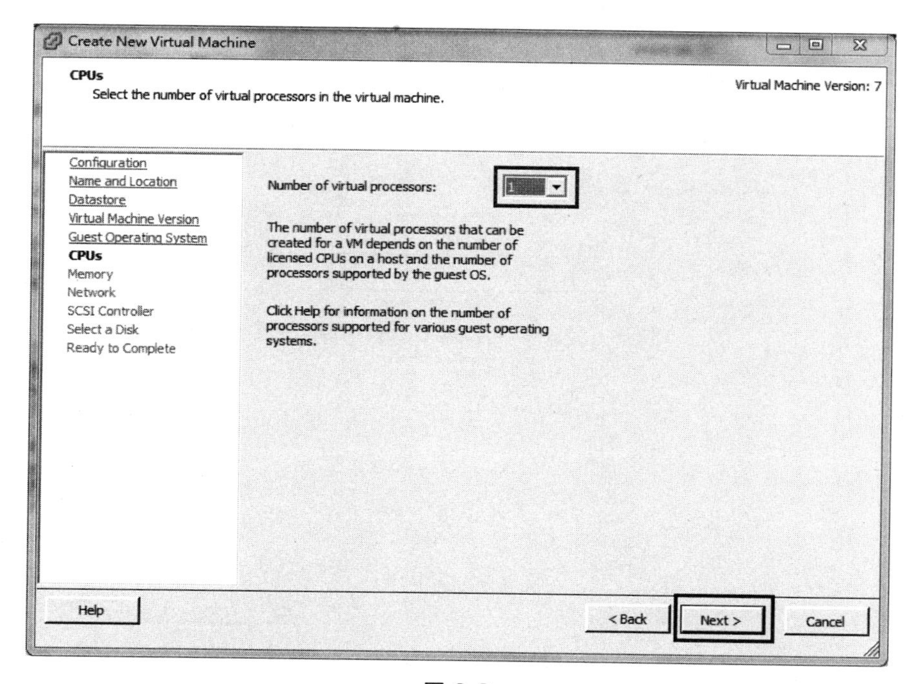

图 6-8

注 1：VMware vSphere 的授权方式是以实体 CPU 计价（以处理器为单位，不以内核计费，但一般版本限制单块处理器仍不得超过六核），然后依照不同版本给予不同的功能。有个好消息是，vSphere4.1 已经将 vMotion 的功能下放到 Essentials Plus 的版本，在以前必须要 Advanced 的版本才拥有 vMotion 功能，如图 6-9 所示。

VMware vSphere Essentials Kits

	vSphere Essentials	vSphere Essentials Plus
1 Make better use of existing infrastructure	✓	✓
2 Save time in managing infrastructure	✓	✓
3 Improve application availability with VMware High Availability and vMotion		✓
4 Better protect business data with VMware Data Recovery		✓

图 6-9 图片来源：VMware 网站

注 2：如果 VM 虚拟出 2 个以上的 CPU 进行计算，则必须注意购买的版本要有 Virtual SMP 的授权。

注 3：实体内核具备实际的计算能力，Virtual CPU 是以内核为单位新增，再交由 CPU Scheduler 分配实际的内核计算能力给予 VM。举例来说，一个四核的计算机，VM 可以虚拟出 4 个 vCPU 来进行 Virtual SMP 运算（Logical CPU 其实还包含 HT 的部分，详见第 7 章）。

8．内存配置给予 **384MB** 即可，单击 **Next** 按钮，如图 6-10 所示。

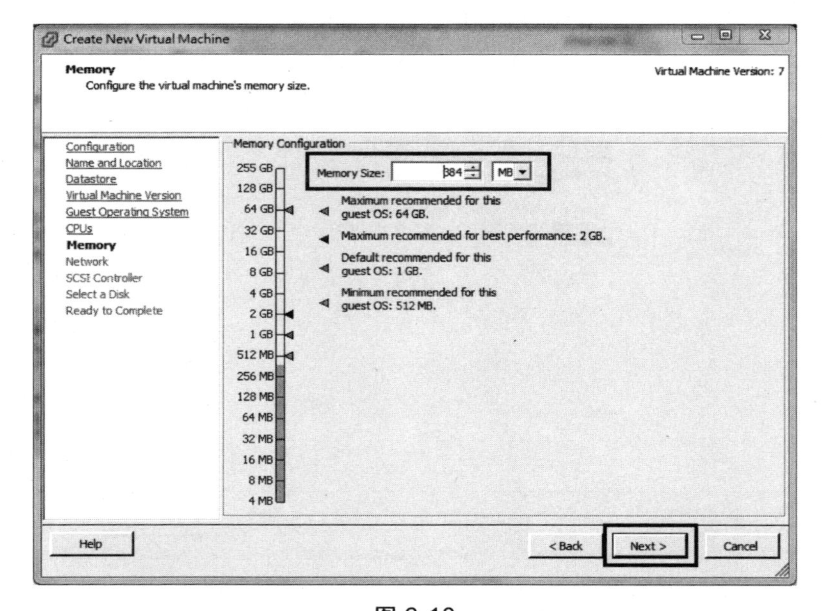

图 6-10

注 1：Hardware Version 7 可以配置给单一 VM 高达 255GB 的内存，而旧版 Version 4 则可以配置到 64GB。

注 2：我们的 ESX 配置 2GB 的 RAM，那么如果创建 VM 时，选择给予 VM 8GB 的内存，有可能吗？答案是可以的，而且你会发现 VM 还可以开机操作。为什么会这样呢？各位先想一想原因，下一章会进行相关说明。

9. 配置给 VM 一个虚拟网卡，连接到 vSwitch 的 **Production** Port Group，如图 6-11 所示。

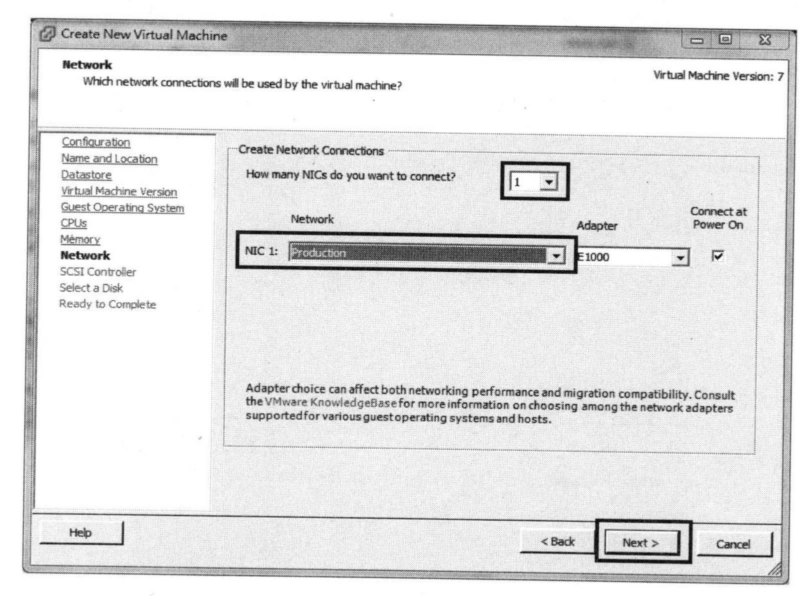

图 6-11

注 1：虚拟网卡会依据不同的 OS 给予不同的 vNIC，VM 网络性能是否最优，很重要的一点是取决于有没有安装 VMware Tools。下面是几种不同的 vNIC 之间的差别：

- vlance：也称为 PCNet32，支持绝大多数的 Guest OS，就算不安装 VMware Tools，也能使用 vlance 来驱动网卡。
- vmxnet：安装了 VMware Tools 才会有，Guest OS 会得到比 vlance 更好的性能。
- Flexible：如果是 ESX3 的 32 位 VM，默认值选择 Flexible，安装完 VMware Tools 会以 vmxnet 驱动网络，不安装 VMware Tools 则以 vlance 驱动。
- E1000：仿真 Intel e1000 的网卡驱动，支持比较新或是 64 位的 OS。
- vmxnet2：第二代的 vmxnet，支持 Jumbo Frame，安装好 VMware Tools 后，可以选择 vmxnet2 驱动。
- vmxnet3：第三代 vmxnet，必须是 vSphere 才提供，支持 IPv6 checksum、TSO over IPv6、VLAN off-loading、VMDirectPath I/O。

注 2：VMDirectPath I/O 可以让单独的 VM 直接使用该设备，VMkernel 会 bypass device 而不将之虚拟化，让 VM 独享资源。必须 CPU 支持 Intel VT-d 或 AMD 的 IOMMU，另外若使用 VMDirectPath I/O，则将不能启用 vMotion 功能。

---

10. 配置 SCSI 卡，Windows Server 2003 默认值是选择 **LSI Logic Parallel**，如图 6-12 所示。

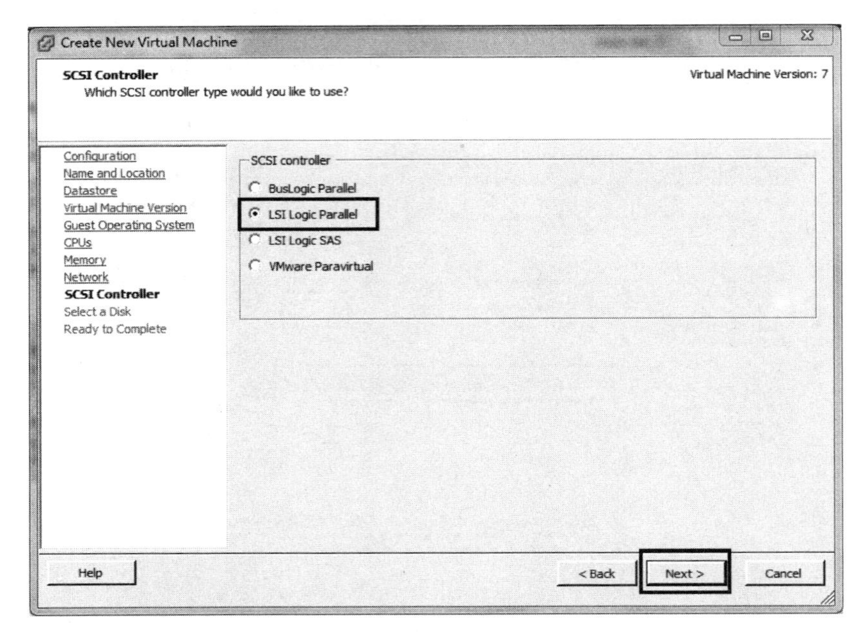

图 6-12

注：Hardware Version 7 新增两种新的 SCSI Controller：

- LSI Logic SAS：目前用于 Windows 2008 Clustering。
- VMware Paravirtual（PVSCSI）：限用于少数 Guest OS（Windows Server 2003、2008、RHEL5），可减轻 CPU workload，提高性能，不过要注意 VM 的 IOPS 必须要是很大量的情况下才适合，否则会适得其反。另外若使用 PVSCSI，则将无法启用 Faoult Tolerance（VMware FT）。

---

11. 创建虚拟硬盘，请单击 **Create a new virtual disk**，再单击 **Next** 按钮，如图 6-13 所示。

注：Select a disk 的选项如下：

- Create a new virtual disk：创建一个全新的虚拟硬盘在 Datastore。
- Use a existing virtual disk：挂载一个已存在的 VMDK 给 VM。
- Raw Device Mapping：VM 使用 Raw Lun 直接访问。
- Do not create disk：不给 Virtual Disk，例如挂载 Live CD 或磁盘 image 给 VM。

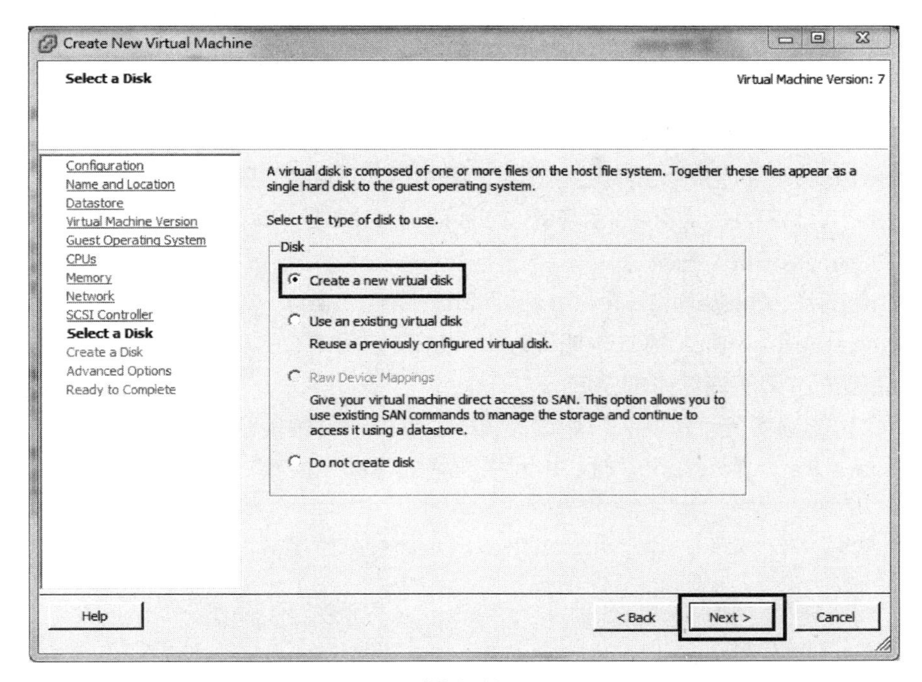

图 6-13

12. Disk Size 给 **3GB** 大小即可，并勾选 **Allocate and commit space on demand（Thin Provisioning）**，单击 **Next** 按钮，如图 6-14 所示。

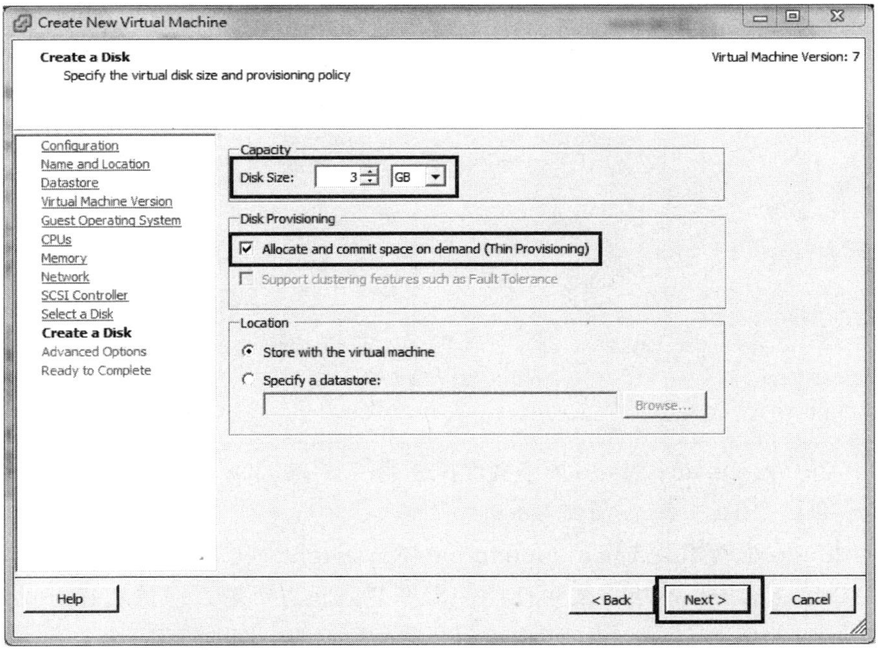

图 6-14

注：关于 Disk Provisioning 的选项如下：

- Allocate and commit space on demand（Thin Provisioning）：勾选此项，VMDK 会随着数据慢慢变大，而不是一开始就占用全部，这样做可以省下很多 Datastore 的空间。例如，图 6-14 虽然给了 3GB 的容量，但安装好 OS 之后只占用了 1.8GB，VMDK 就不是 3GB 而是 1.8GB。假如不勾选，Virtual Disk 则为 zeroedthick 格式。
- Support clustering features such as Fault Tolerance：使用的是 eagerzeroedthick 格式，如果这个 VM 要启用 FT 的功能，则勾选此项，VMDK 会预先占用所有给予的空间。

这两个功能选项是互斥的，只能选择其一。若你一开始使用 Thin Provisioning，当启用了 VMware Fault Tolerance 时，thin 格式将会自动转换成 eagerzeroedthink 格式。

13. 高级选项，保持默认值即可，单击 **Next** 按钮，如图 6-15 所示。

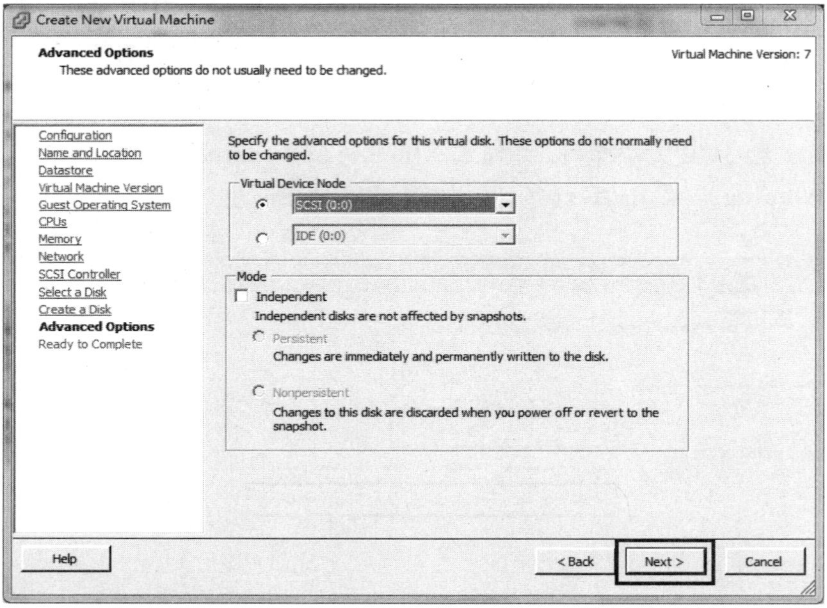

图 6-15

注 1：Virtual Device Node 可选择虚拟硬盘的 SCSI ID，一个 VM 可给予 4 个虚拟 SCSI 卡，每个 SCSI 卡有 15 个 SCSI ID。

注 2：Mode 选项如果选择 Independent - Persistent，则之后所有 VM 操作都会立刻被执行，并且 snapshot 不会发生作用，操作之后无法反悔，但性能较好；如果选择 Independent – Nonpersistent，则 VM 开机之后所做的一切动作都不算数，关机后会回复到之前的状态，就好像没有发生过一样。

14. 配置完成，检查一下设置是否正确，勾选 **Edit the virtual machine settings before completion**，单击 **Continue** 按钮，如图 6-16 所示。

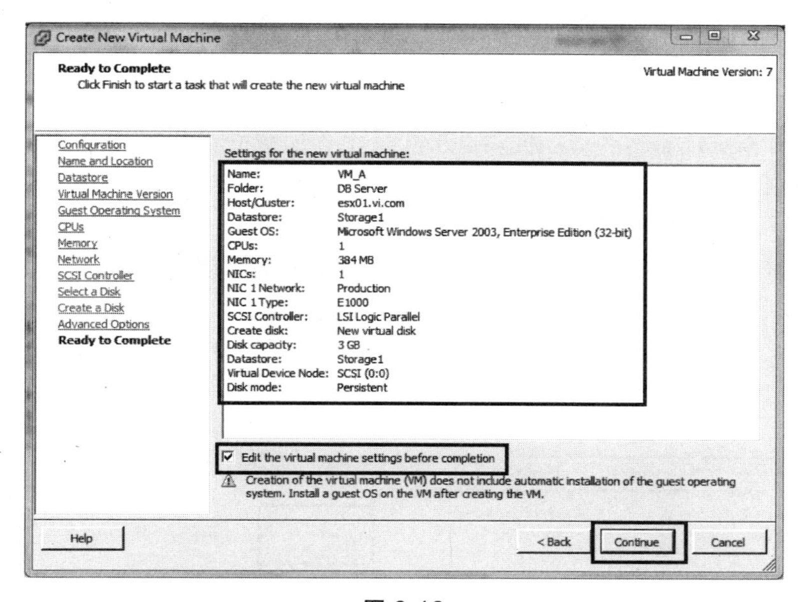

图 6-16

15. 出现 Edit Setting 界面，先单击虚拟磁盘驱动器（Floppy）设备，再单击 **Remove** 按钮，如图 6-17 所示。

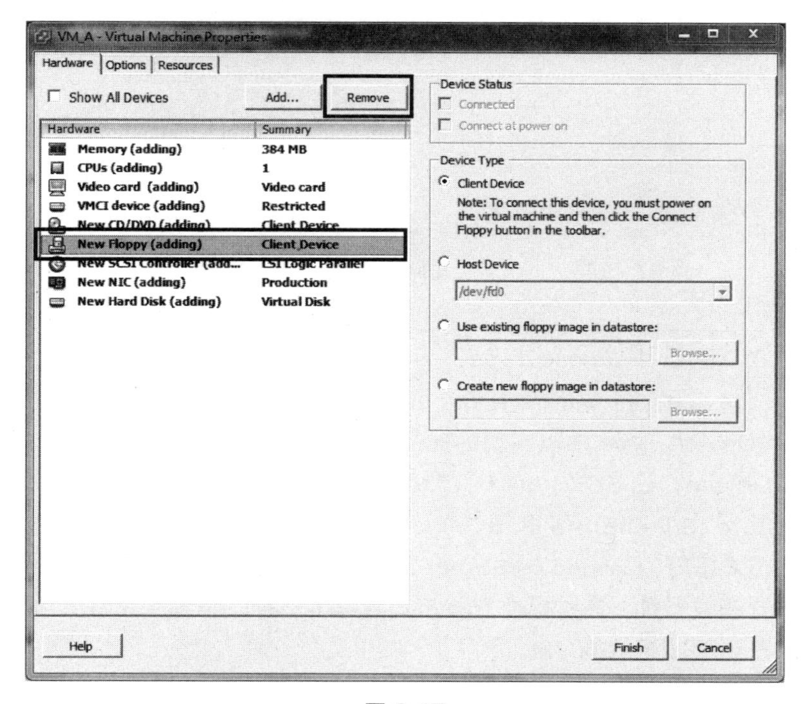

图 6-17

注：所有的 Virtual Hardware 都是由 Hypervisor（VMkernel）虚拟出来的，会耗损实体性能。所以如果有不需要、不必要的虚拟硬件外设，可将其移除，以提高 VM 的运行效率。

16. 单击 **CD/DVD Drive**，确认 Device Type 是否为 **Host Device**，然后记得勾选 **Connect at power on**，这样 VM 开机时才会加载光盘设备，单击 **OK** 按钮，如图 6-18 所示。

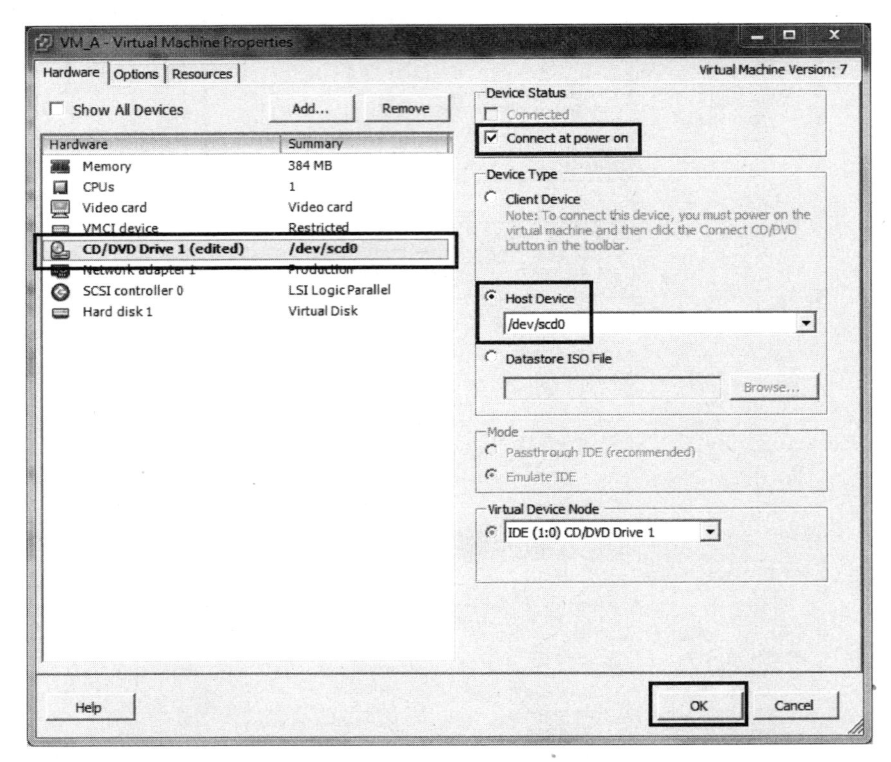

图 6-18

注：CD/DVD 的三种 Device Type：

- Client Device：将 vSphere Client 这台计算机的光驱变成是 VM 的光驱，通过 Client Device Type 可以实现远程 Virtual CDROM 安装。
- Host Device：让 ESX host（实体服务器）的光驱成为 VM 的光驱。
- Datastore ISO File：可将 ISO image 放置于 DataStore，让 VM 挂载使用。

现在我们将准备好的 Windows Server 2003 放进光驱里，即将安装 Guest OS 于 VM。产生 VM 的方式有很多种，这种标准安装方式为其中一种，等到 VM 做出来后，可以用它来作为模板来产生更多相同的 VM。

安装 Guest OS

1. 现在 ESX01 已经产生了 **VM_A**，接下来要安装 Windows Server 2003，如图 6-19 所示。

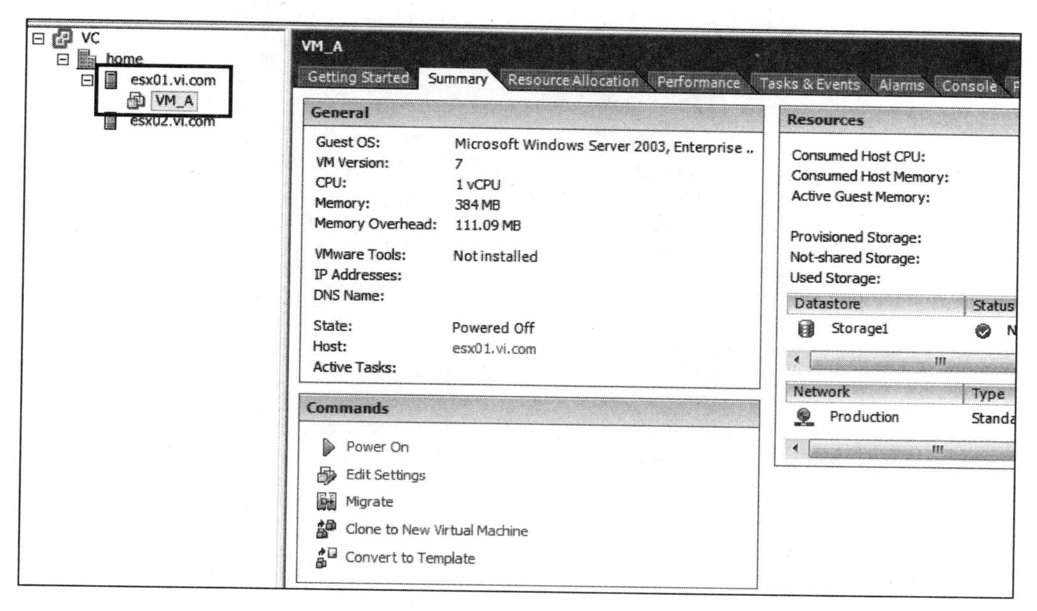

图 6-19

2. 右击 VM_A 并选择 **Open Console**，如图 6-20 所示。

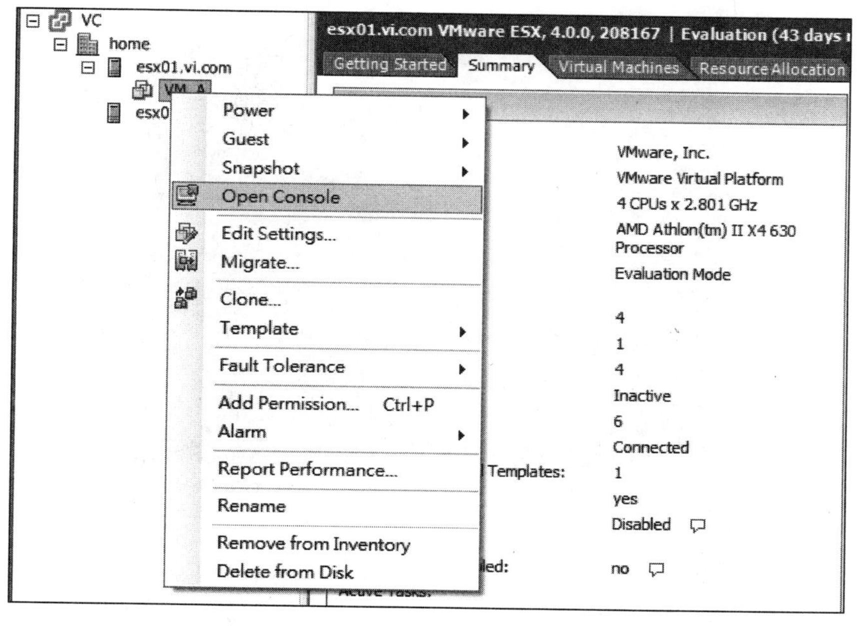

图 6-20

3. 出现了 VM_A 的 console，单击绿色三角形的 **Power On** 按钮，如图 6-21 所示。

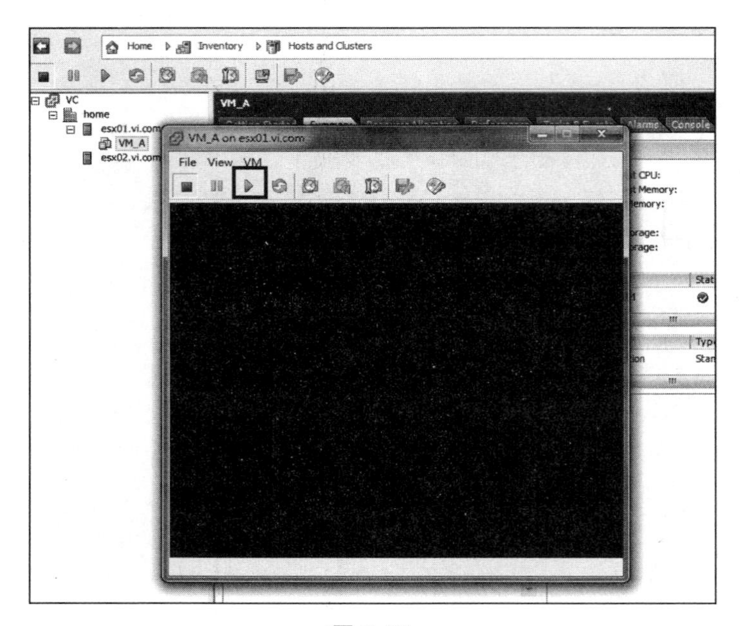

图 6-21

4. 开机界面……，如图 6-22 所示。咦？怎么会是 ESX？刚刚明明选择了 Host Device，放进去的也是 Windows CD 啊。现在，请先将 VM 关机（单击 Console 的红色方块按钮没有用，要到 VM_A 中右击并选择 **Power Off**）。

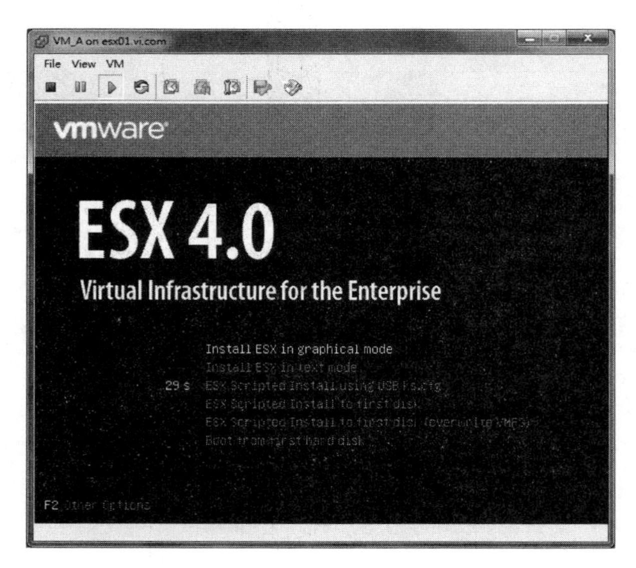

图 6-22

解答：各位想想看，刚刚选择的 Host Device，正常的状况理解为实体服务器的光盘并没有错，但是，我们的环境采用的是 Nested VM 的方式，所以这个 Host Device 指的其实是 ESX VM 而不是你的实体计算机。在第 3 章时，我们的 ESX VM 挂载了 ESX4 的光盘 ISO 文件，所以当这里的 VM 选择 Host Device 时就变成从 ESX VM 所挂载的 ISO 文件来开机了。

5. 现在打开 ESX01 VM 的 Console（VMware Player），单击 VMware Player 光驱的图标，再选择 **Settings**，如图 6-23 所示。

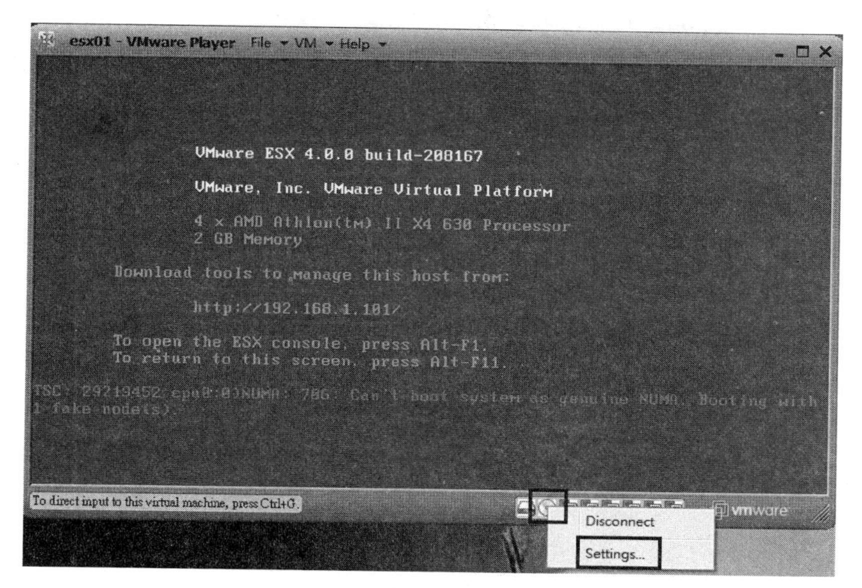

图 6-23

6. 单击 CD/DVD，果然发现设置是在 Use ISO image file，请将它更改为 **Use physical drive**，表示 ESX host 目前将使用实体光驱，单击 **OK** 按钮，如图 6-24 所示。

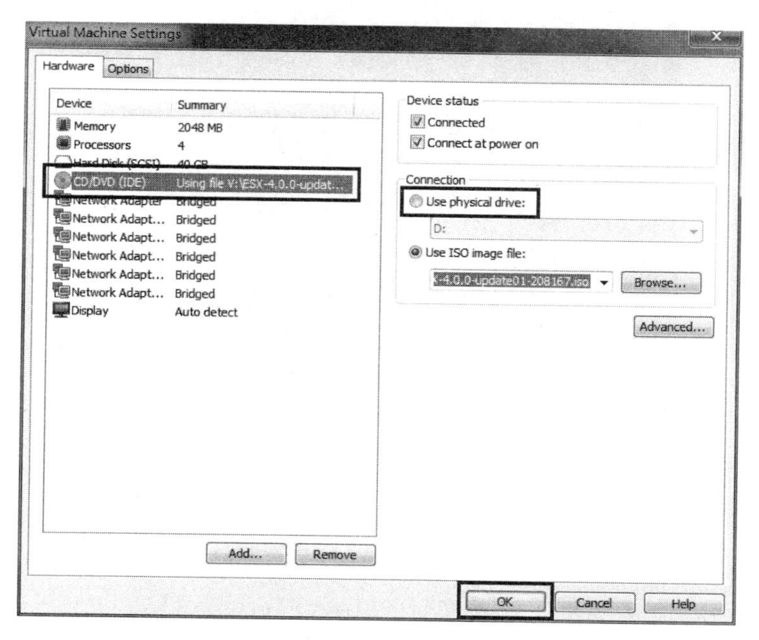

图 6-24

7. 再到 ESX01 下的 VM_A Console，单击绿色三角形的 **Power On** 按钮，就会从实体计算机的光驱启动了，如图 6-25 所示。

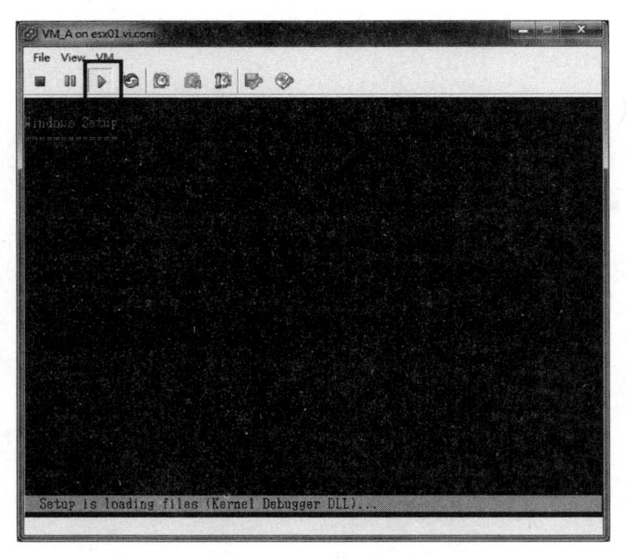

图 6-25

8. 正在安装 Windows Server 2003，请稍等，如图 6-26 所示。

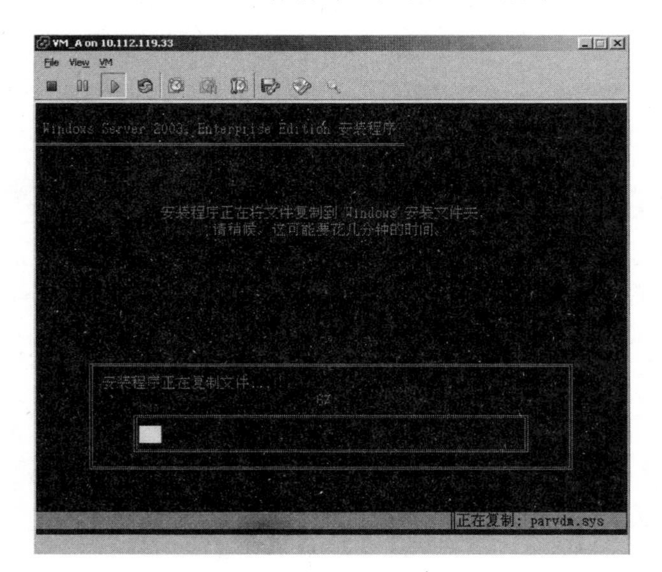

图 6-26

9. 安装好 OS 之后，如何从 VM Console 登录 Windows 呢？将鼠标光标点进 Console 里面，按 **Ctrl + Alt + Insert** 组合键。将来要让鼠标释放出来，不在 VM 里移动的话，则按 **Ctrl + Alt** 组合键，如图 6-27 所示。

10. 登录之后，第一件要做的事就是安装 VMware Tools。请单击 **VM→Guest→Install →Upgrade VMware Tools** 命令，如图 6-28 所示。

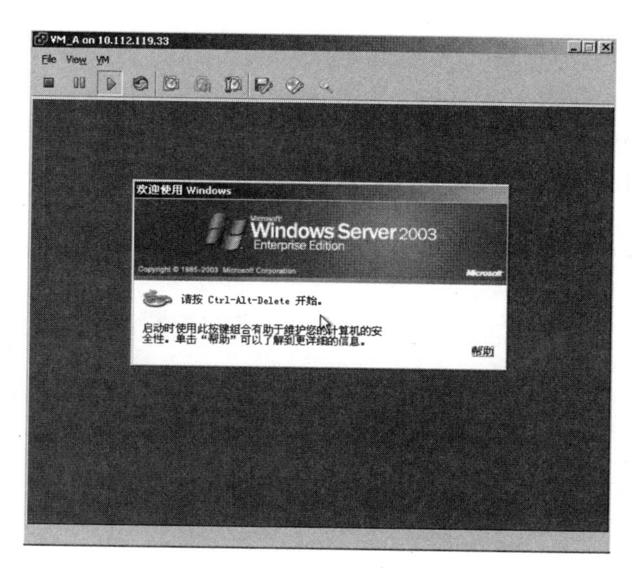

图 6-27

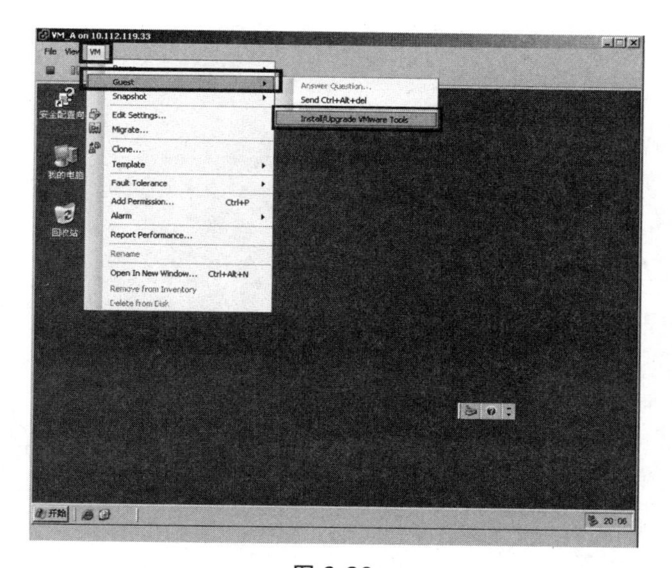

图 6-28

注：安装 VMware Tools 对于 VM 有许多好处，所以建议一定要安装。

- Virtual drivers 最优化：针对不同的 OS 给予不同的 Virtual drivers，如果以原来 Guest OS 默认的驱动程序，VM 无法拥有最佳的工作性能。
- VM 时间同步：让所有 VM 的时间保持与 ESX host 同步，必须注意的是如果 VM 选择了与 AD Domain 同步，则不要再勾选与 host 同步。
- VM heartbeat：现在 VMware HA 除了保护硬件故障的问题，也保护到 VM 发生死机时，但硬件正常的状态。VM 的心跳是用 VMware Tools 检测，再来做重启 OS 的操作。

- 内存管理：亦称 vmmemctl，这也是 VMware Tools 提供的主要内存管理的功能，第 7 章会加以说明。
- 按键正常关机操作：单击红色方块停止 VM，VMware Tools 提供让 OS 正常关机，而不是直接断电。

11．直接单击 **OK** 按钮，如图 6-29 所示。

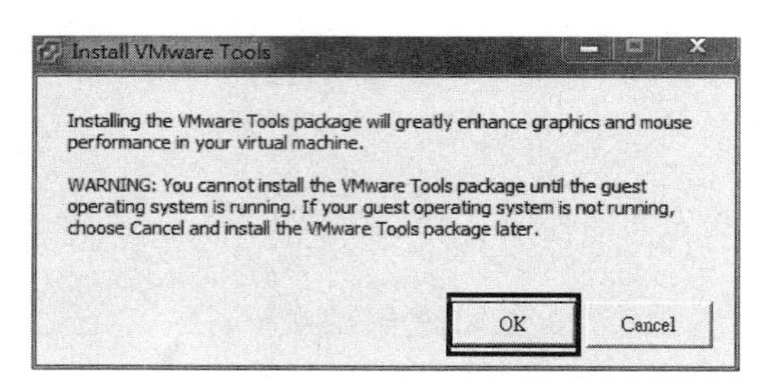

图 6-29

12．开始安装 VMware Tools，如图 6-30 所示。

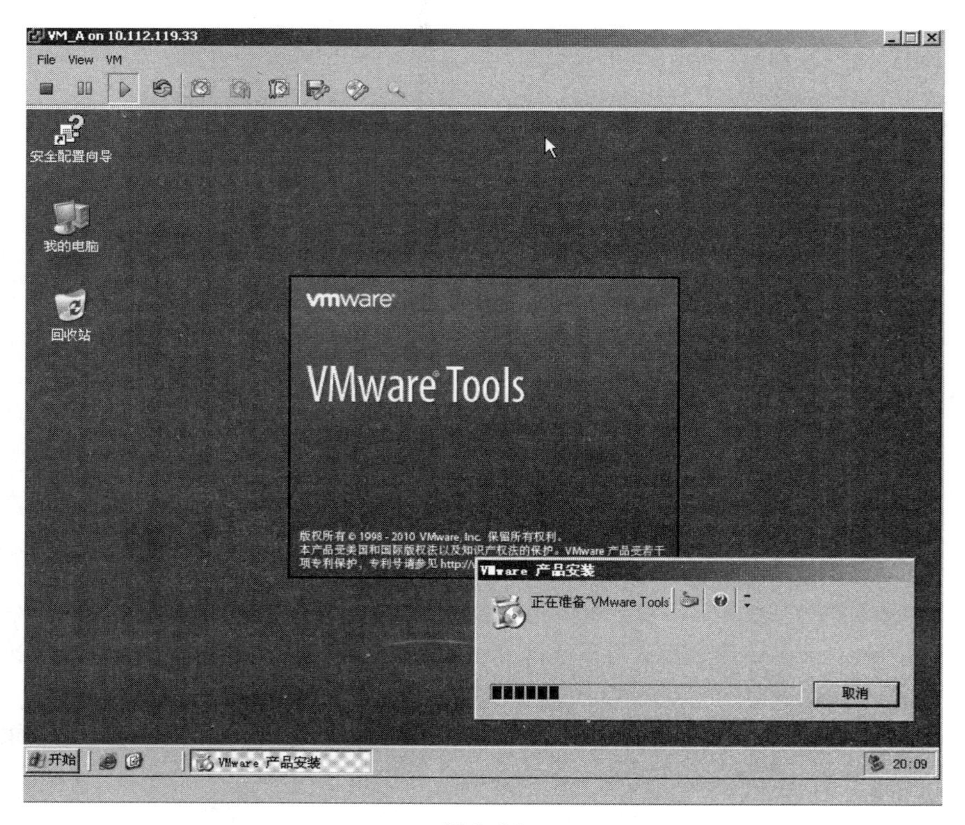

图 6-30

13．检测到鼠标和显示器目前性能有问题，询问要不要启用硬件加速功能，单击“是”按钮，如图 6-31 所示。

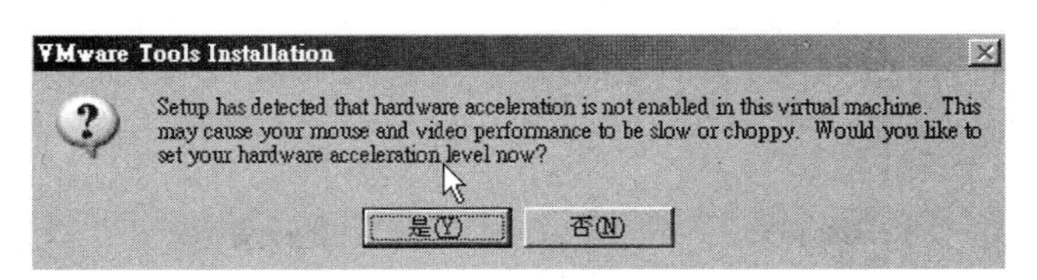

图 6-31

14. 出现完成安装界面，单击 Finish 按钮后会出现要求 reboot 的对话框，先暂时不理会它，直接调整图形加速的功能，如图 6-32 所示。

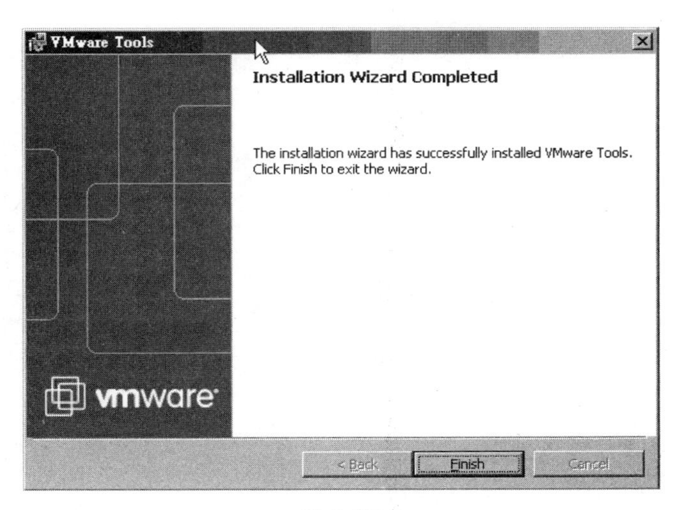

图 6-32

15. 到显示器的内容，单击“设置”选项卡，再单击“高级”按钮，如图 6-33 所示。

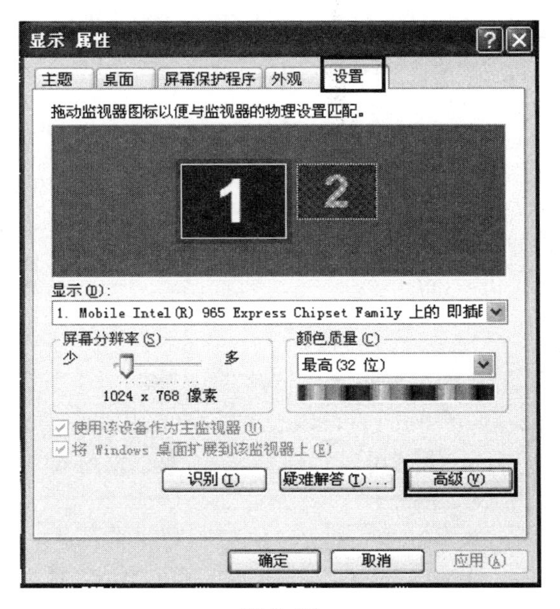

图 6-33

16. 在“疑难排解”选项卡中，将硬件加速的功能往右拉到最大，单击“确定”按钮，如图 6-34 所示。

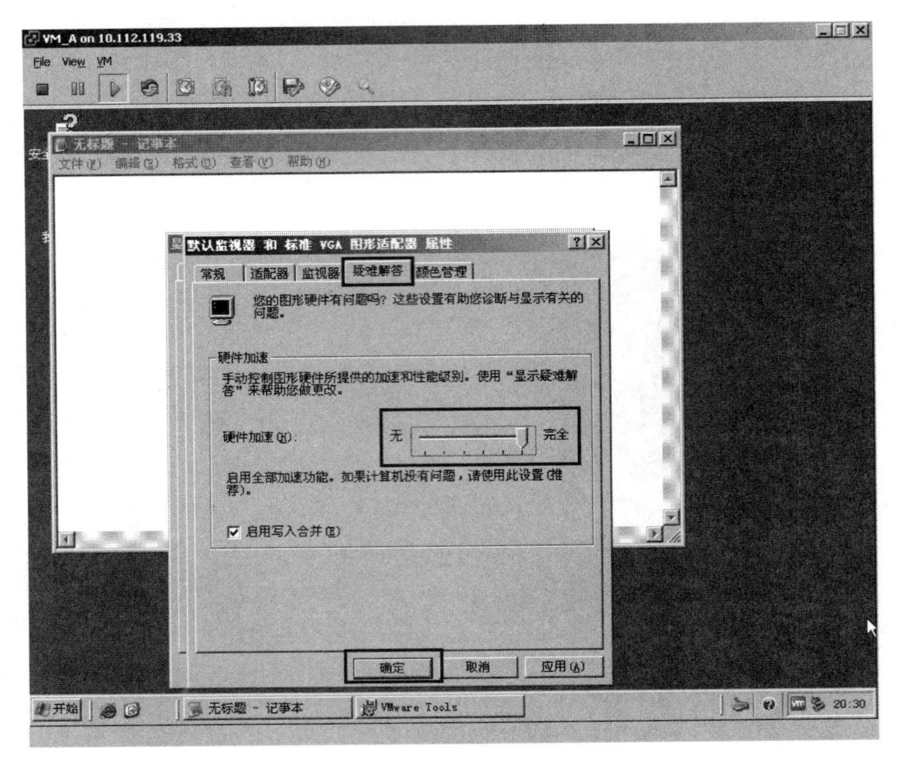

图 6-34

17. 现在 VM_A 可以重新开机了，单击 **Yes** 按钮，如图 6-35 所示。

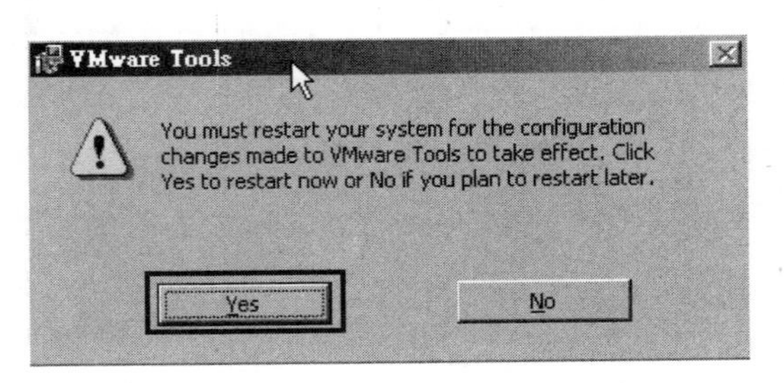

图 6-35

18. 登录后，会看到右下角有 VMware Tools 的图标，双击打开属性对话框，然后勾选 **Time synchronization between the virtual machine and the ESX Server**，表示 VM 将与 ESX host 的时间同步，保持一致性，如图 6-36 所示。

注：若公司环境已有 Time Server，则 VM 的时间同步请在 Time Server 或 ESX/ESXi host 之间选择其一。例如，让 VM 与 Windows AD 时间同步，那么 VMware tools 这里则不要再勾选与 ESX/ESXi host 同步。

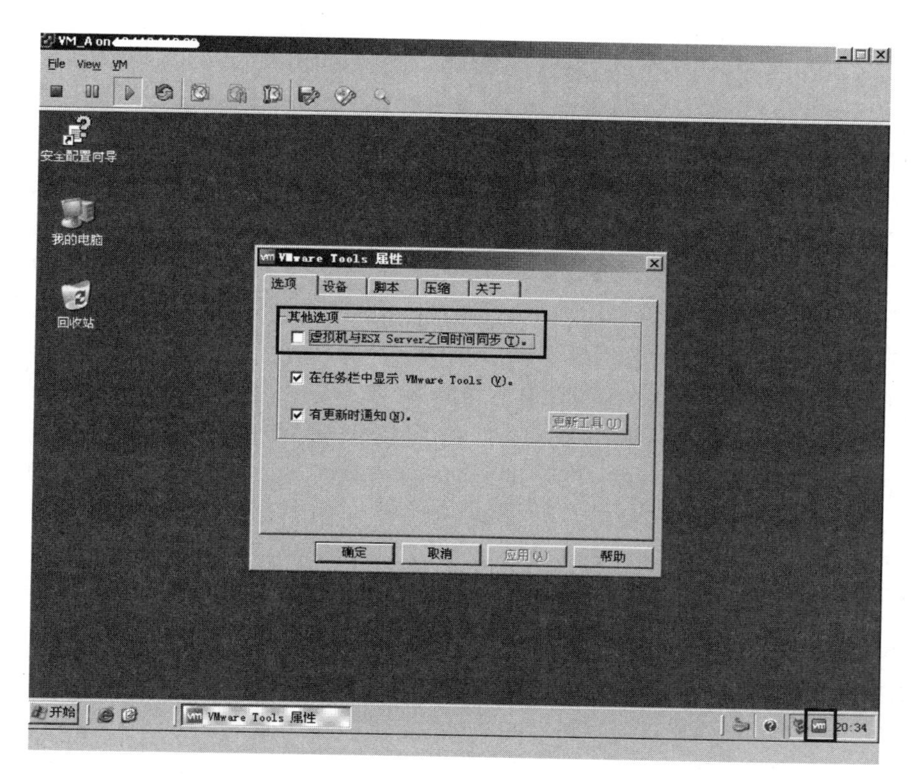

图 6-36

6-3 Template（模板）使用

创建 Template

我们通过标准安装方式，拥有了单一 VM，接着就是如何通过更简便的方式，大量部署更多的 VM 出来。产生 VM 的方式有很多种，用途也不尽相同。先来看一下部署 VM 的一些方法。

- **Virtual Appliance**：在 VMware 网站上，有一个 Marketplace，上面有各式各样的 VM 提供下载，下载回来的 OVF 格式，可直接部署于 ESX 或其他虚拟环境上。这种 VM 也称为 VA（Virtual Appliance）。越来越多的软件开发厂商都采用这种形式推出新产品，方便客户直接下载、应用，省掉很多设置和安装的时间。包含 VMware 自己本身的 Data Recovery，就是以 VA 的形式存在，可快速部署备份解决方案。想要更进一步了解 VA，请参考：http://www.vmware.com/appliances/。
- **vCenter Converter**：主要的用途为 P2V，可将本来在实体服务器上运行的 OS 转换成 VM。这在以前是个大工程，OS 转换到不同硬设备的过程非常麻烦，并且需要停机，现在通过 P2V，可以离线或在线将实体服务器上的 OS 直接 Convert，将原本硬件的驱动程序替换为 Virtual drivers，让你从此摆脱硬件限制，无拘无束。VMware 免费提供了 Converter Stand alone 的版本，可单独安装于 Windows，想要轻松免费做 P2V 吗？一定不能错过！请参考：http://www.vmware.com/products/converter/。

- **Guide Consolidation**：是一个自动化分析工具，依据 OS 的特性监视 CPU、Memory、Network、Disk I/O 等项目，决定 P2V 适合生存的环境（生成建议值，告诉你 P2V 到哪一个 ESX host 最适合它），必须结合 vCenter Converter 功能，适合于中小企业环境，省掉人工评估、计算资源耗用，并手动 P2V 的麻烦。
- **Template**：本章要介绍的 VM 部署方式，是先以一个 VM 当成模板，变成 Template 之后，以后部署出来的 VM 就会长得一模一样。所以，Template 其实也是系统备份的一种方式，可以有许多不同种类的 Template，例如 DB 的模板、Mail Server 的模板等，随时可产生各种 VM 应用，非常灵活。Template 本身其实就是一个 VM，只是属性被限定为不能开机，如果要 Power on Template，必须先经过将它转换成正常 VM 的操作才行。

要创建模板，产生一模一样的 VM，首先就会遇到计算机名称、IP 地址相冲突的问题，如果 VM 是 Windows OS 还会有 SID 重复的问题。为了解决这个问题，vCenter 提供了为每个 VM 执行 sysprep 的功能，本节就来实现这个功能。

1. 选择你的 vCenter VM，我们要将 sysprep 的文件放到这里来。单击 VMware Player 窗口下方的光驱设备，出现 **Settings** 可以更改，如图 6-37 所示。

图 6-37

2. 单击 **CD/DVD (IDE)**，目前是挂载 vCenter 镜像文件。将 Connection 调整成 **Use physical drive**，读取光驱中的 Windows 光盘，单击 **OK** 按钮，如图 6-38 所示。

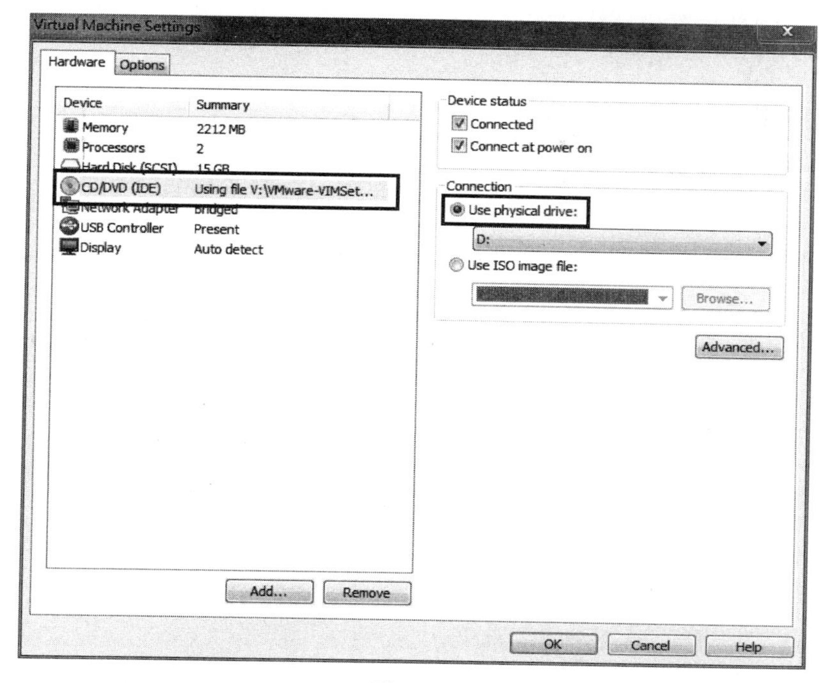

图 6-38

3. 出现 Auto Run 的界面，请将它关闭，如图 6-39 所示。

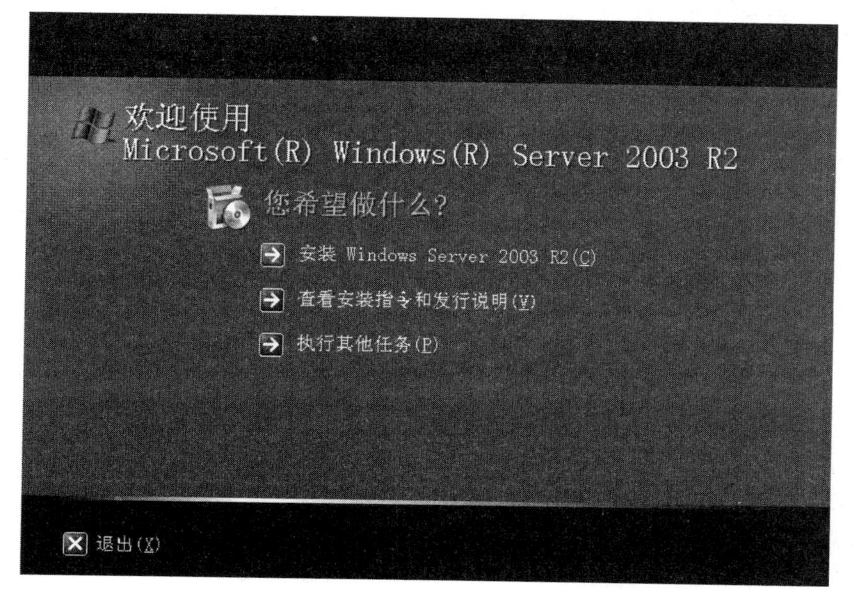

图 6-39

4. 在我的计算机里，右击光驱图标并选择“搜索”，如图 6-40 所示。

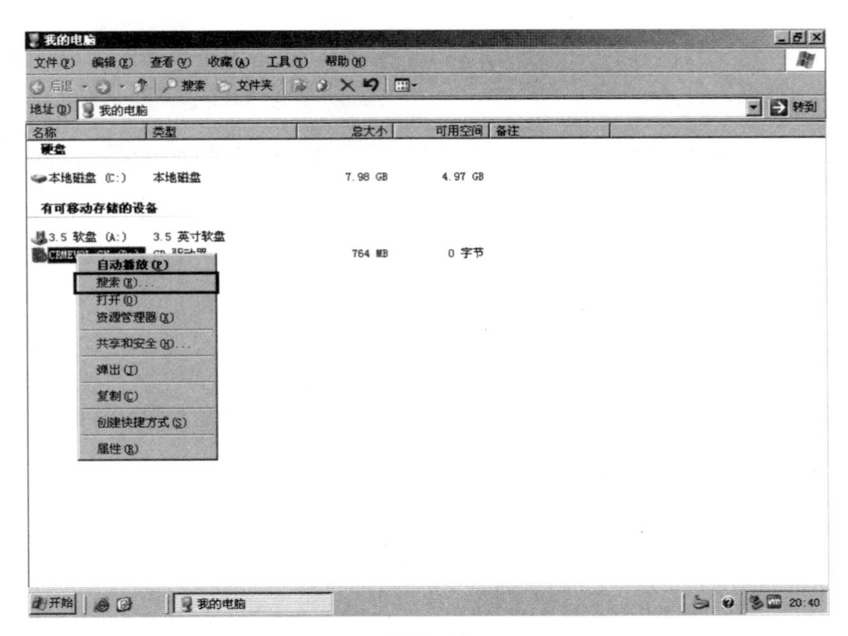

图 6-40

5. 在“搜索”文本框里输入 **deploy.cab**，单击“搜索”按钮，如图 6-41 所示。

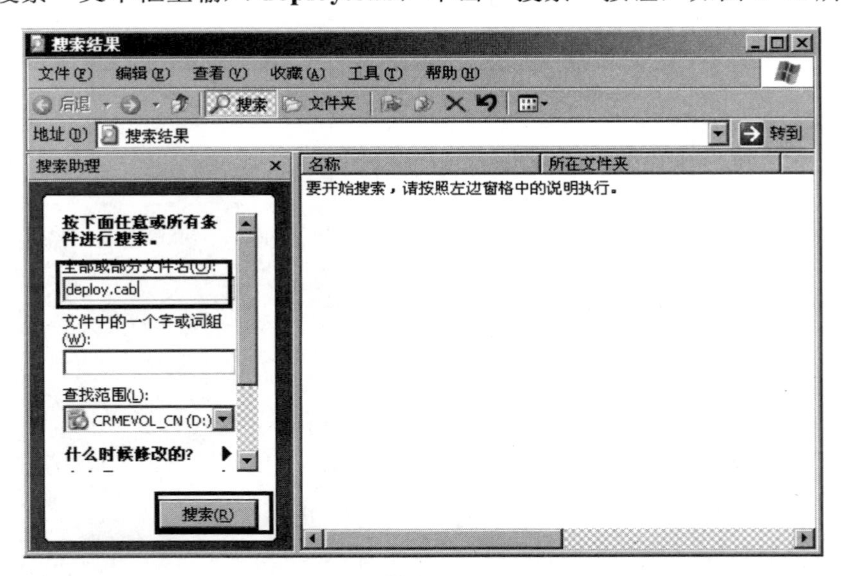

图 6-41

注 1：我们要将 sysprep 文件放到 vCenter 特定的文件夹中，以后只要部署新的 VM，vCenter 就会针对 Windows VM 进行 customization 的操作。

注 2：deploy.cab 包含在 Support\Tools\文件夹里，每种版本的 Windows OS 光盘都会有，要注意的是不同版本间的 Sysprep 不可共享。若没有光盘，也可以到微软网站上下载。

注 3：Windows Server 2008、Windows 7、Vista sysprep 已内置于 OS，不需要再将 sysprep files 放入 vCenter VM 文件夹里。

6. 搜索到 DEPLOY.CAB 后，在其上右击并选择“复制”，如图 6-42 所示。

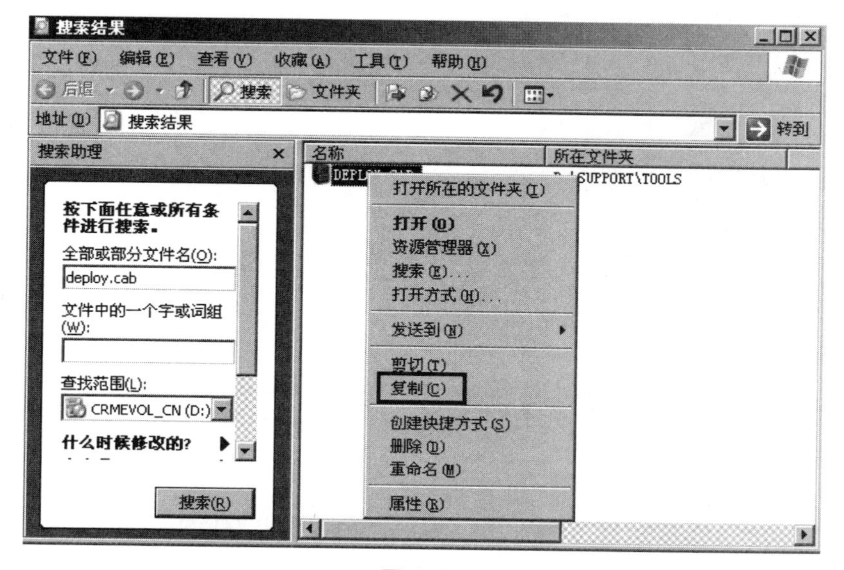

图 6-42

7. 将 **DEPLOY.CAB** 粘贴到 vCenter VM 的桌面上后，双击出现窗口内容，如图 6-43 所示。

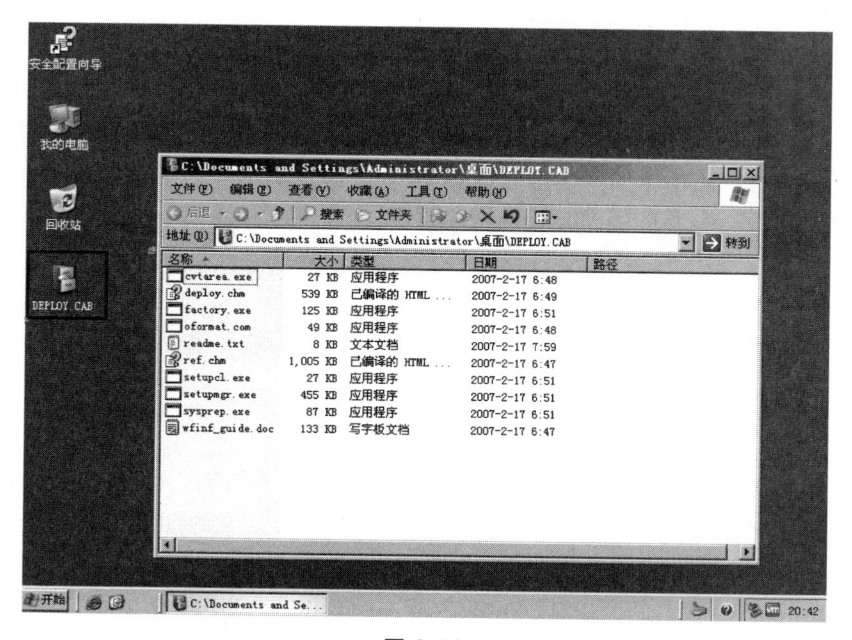

图 6-43

8. 将文件全选，右击并选择“提取”，如图 6-44 所示。

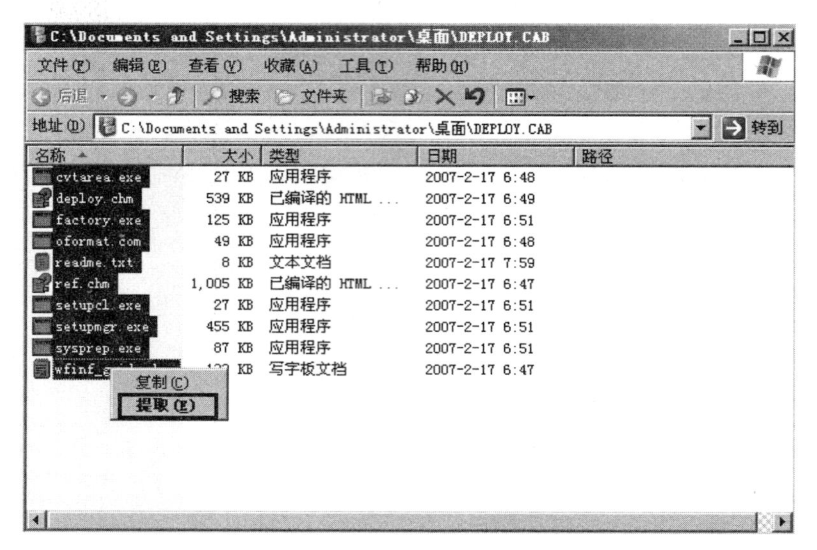

图 6-44

9. 请将文件解压缩到 **C:\Documents and settings\ALL Users\Application Data\VMware\VMware VirtualaCenter\sysprep\svr2003** 的文件夹里，如图 6-45 所示。

图 6-45

注：请务必确认存放文件夹的路径是否正确，若位置没放对，部署新的 VM 是不会执行 sysprep 操作的，这样会产生一模一样的 VM，导致相互冲突的问题。

---

10. 回到 vSphere 环境，选中 VM_A 并右击，选择 **Template→Clone to Template**，如图 6-46 所示。

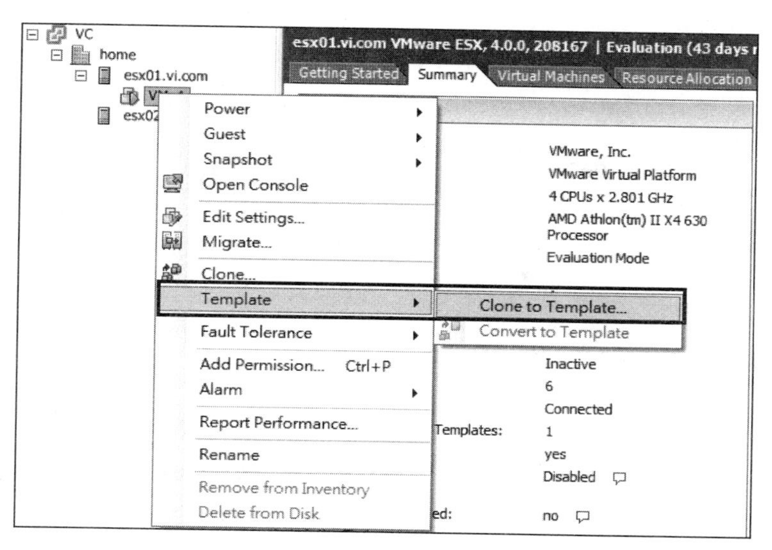

图 6-46

注：Template 的生成有两种方式：一种是由 VM 复制出一个模板（Clone to Template，可在线或离线复制），VM 本身继续保留；另一种是直接将这个 VM 转成模板（Convert to Template，只能关机执行），不保留 VM。

11. 为 Template 取一个名称，这里沿用默认的命名 **New Template**，选择 Location 将它放置于 **home DataCenter** 中，单击 **Next** 按钮，如图 6-47 所示。

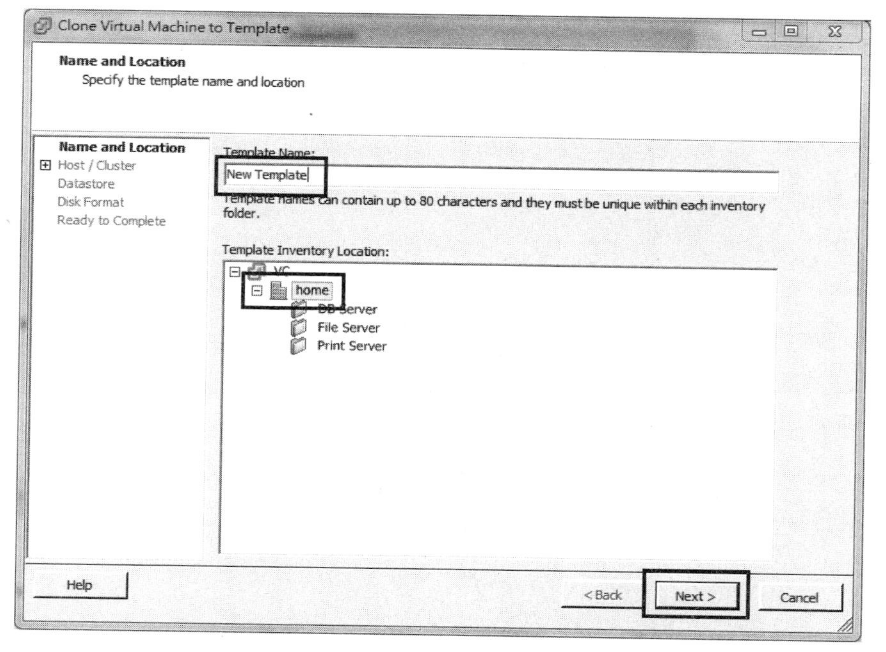

图 6-47

12. 选择要让 VM 在哪一个 ESX host 上运行，这里选择 **ESX02**，单击 **Next** 按钮，如图 6-48 所示。

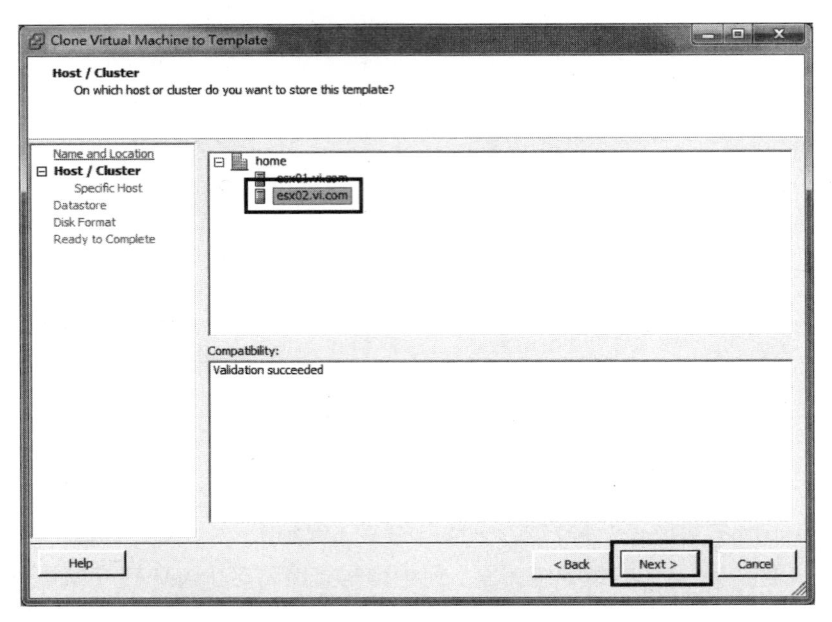

图 6-48

13. 选择 ESX02 的 local Storage（**Storate1(1)**），单击 **Next** 按钮，如图 6-49 所示。

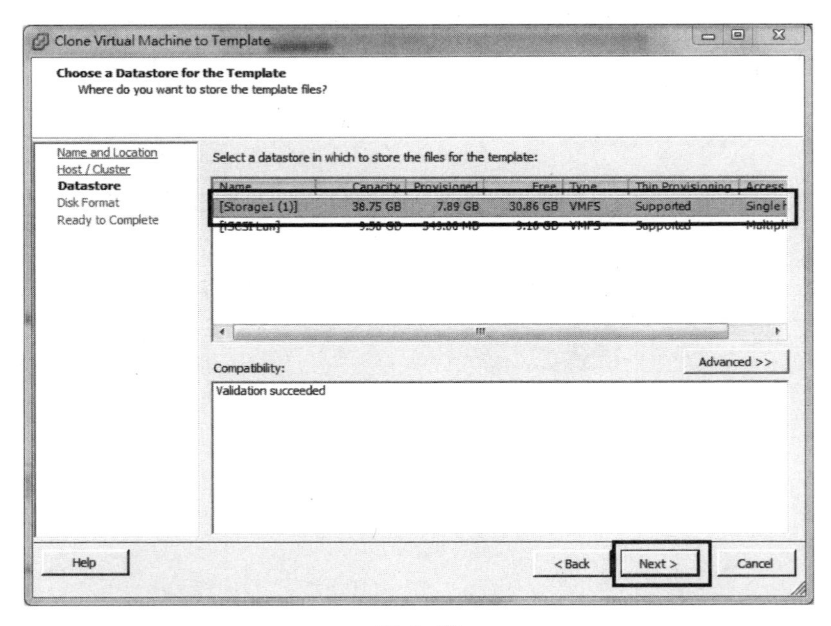

图 6-49

14. 选择模板的 Disk format，选择 **Same format as source**，表示与 VM 相同，单击 **Next** 按钮，如图 6-50 所示。

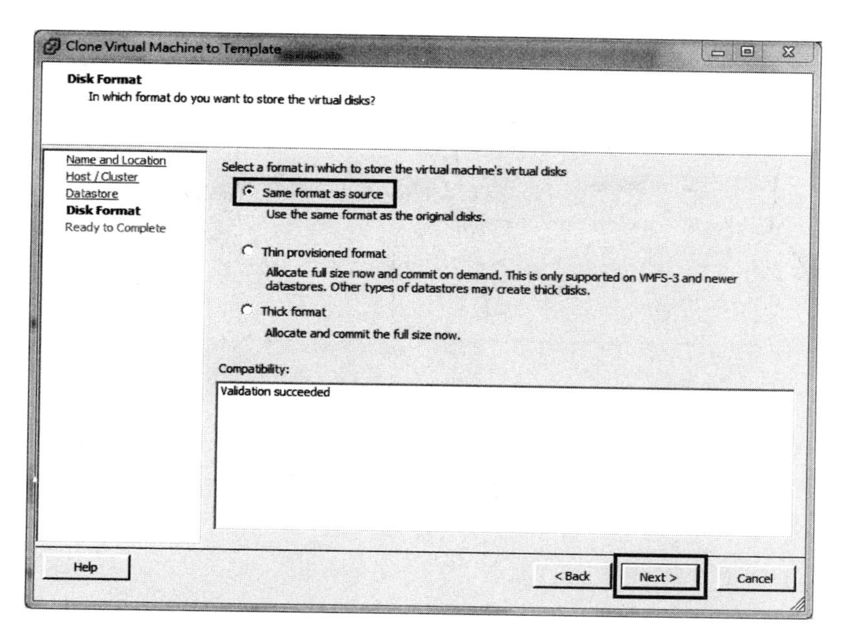

图 6-50

注：创建模板、复制 VM 或 Storage vMotion 时，可趁机转换 vmdk 原来的格式。

- Same format as source：与原来的 VM 相同磁盘格式。
- Thin Provisioned format：转成 Thin Provisioning 的方式。
- Thick format：转成 Thick 磁盘格式。

---

15. 单击 **Finish** 按钮，开始创建 Template，如图 6-51 所示。

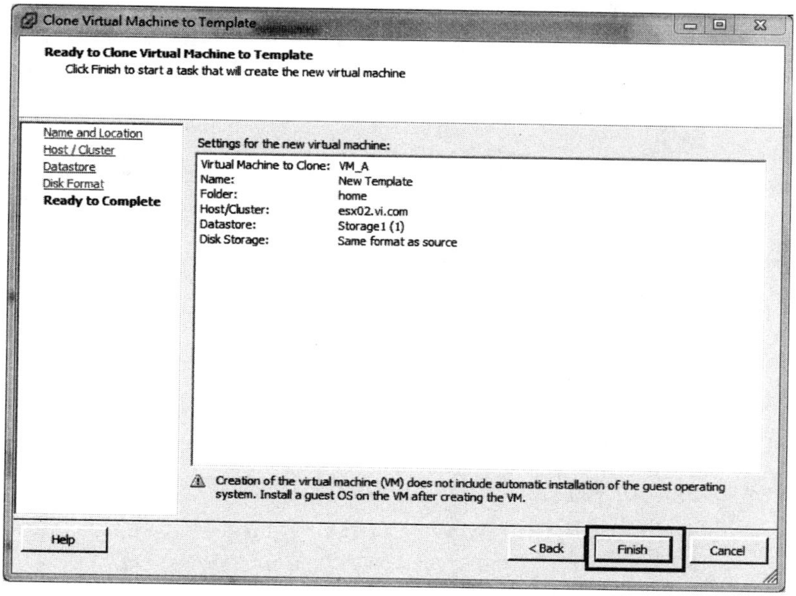

图 6-51

16. 在 Hosts and Clusters View 会看不到 Template，要选择右侧的 **Virtual Machines** 选项卡才会显示出来，如图 6-52 所示。

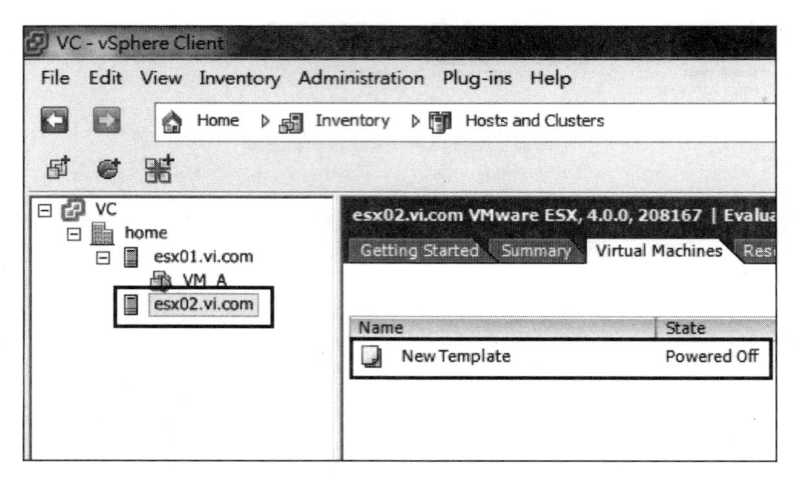

图 6-52

17. 或是切换到 **VMs and Templates View**，也会显示出 Template，如图 6-53 所示。

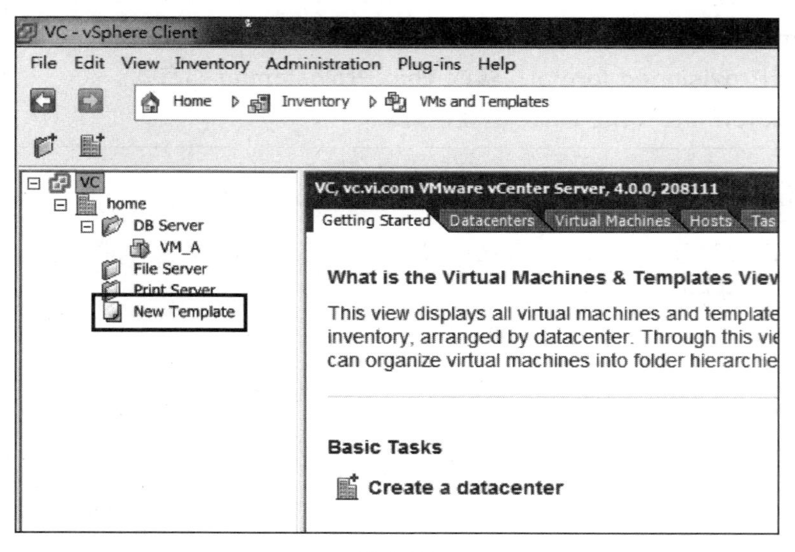

图 6-53

从 Template 部署 VM

现在，我们已经成功地生成了一个 Template，下面要从 Template 来部署 VM。

1. 选中 Template 并右击，选择 **Deploy Virtual Machine from this Template**，如图 6-54 所示。

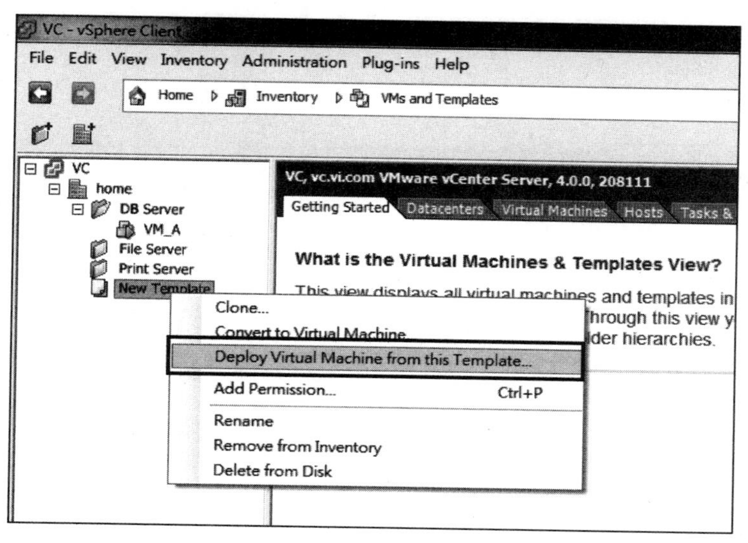

图 6-54

2．输入 VM 的名称和位置，范例取名为 **VM_B**，放置于 **File Server** 文件夹，如图 6-55 所示，单击 **Next** 按钮。

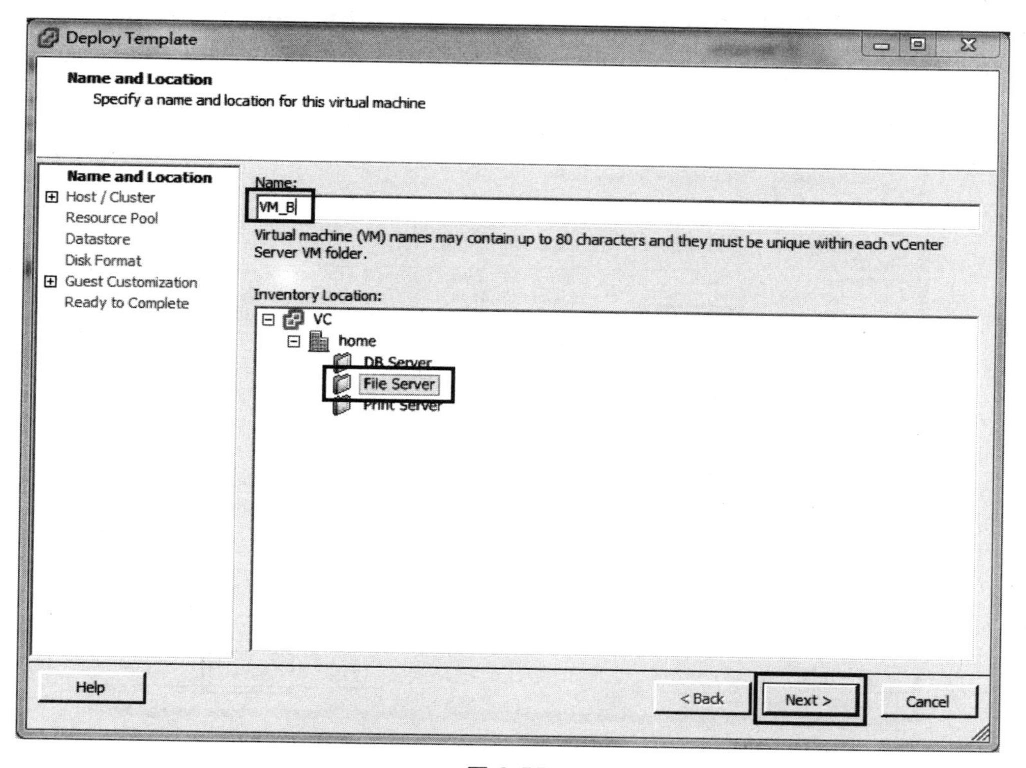

图 6-55

3．选择 **ESX02**，表示此 VM 将在 ESX02 host 上运行，如图 6-56 所示。

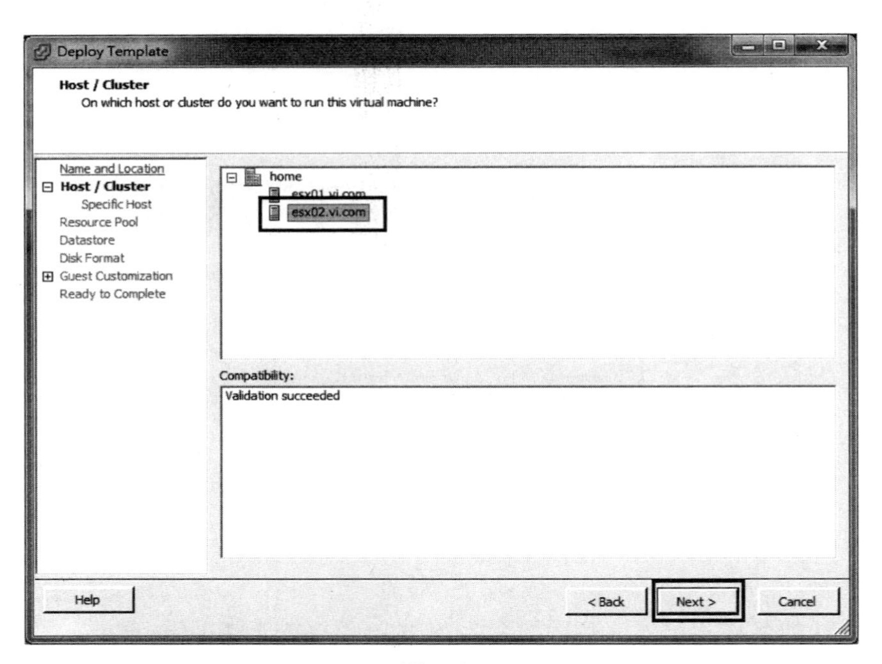

图 6-56

4. ESX02 有 2 个 Datastore，我们这次选择 **iSCSI Lun**，将 VM 文件放置在此，如图 6-57 所示。

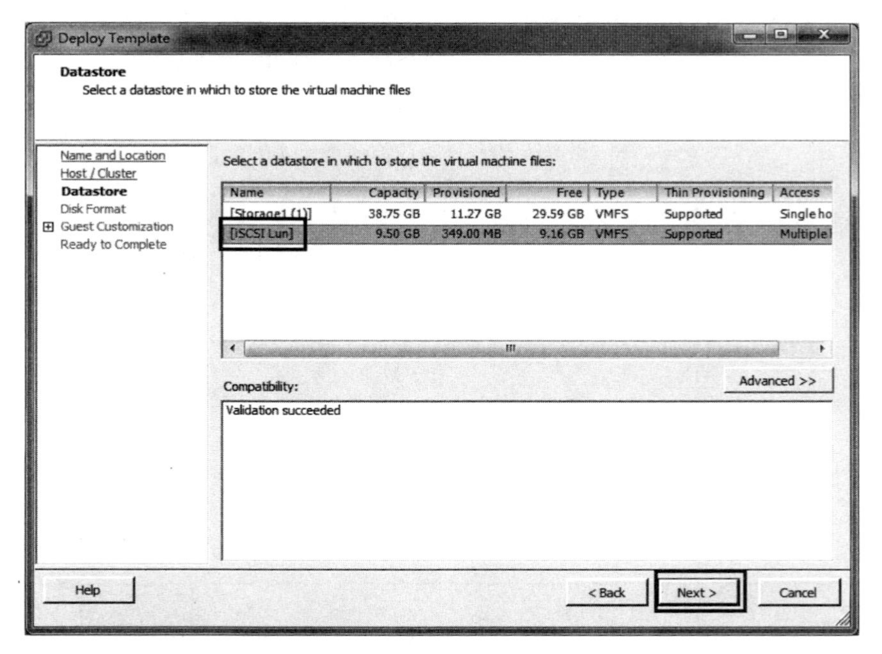

图 6-57

5. VM 的 Disk format 要采用 Thin 还是 Thick，默认值与 Template 相同，如图 6-58 所示。

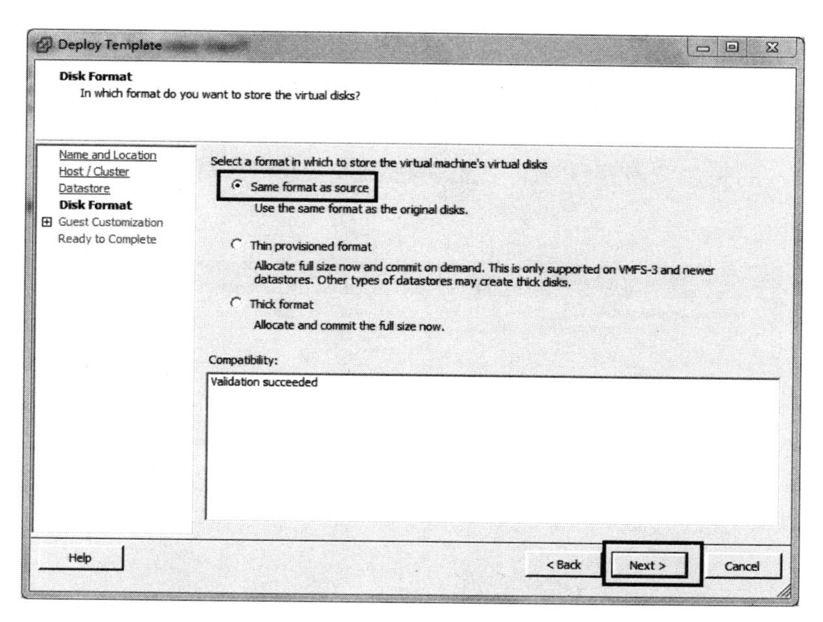

图 6-58

6．选择 **Customize using the Customization Wizard**，单击 **Next** 按钮，如图 6-59 所示。

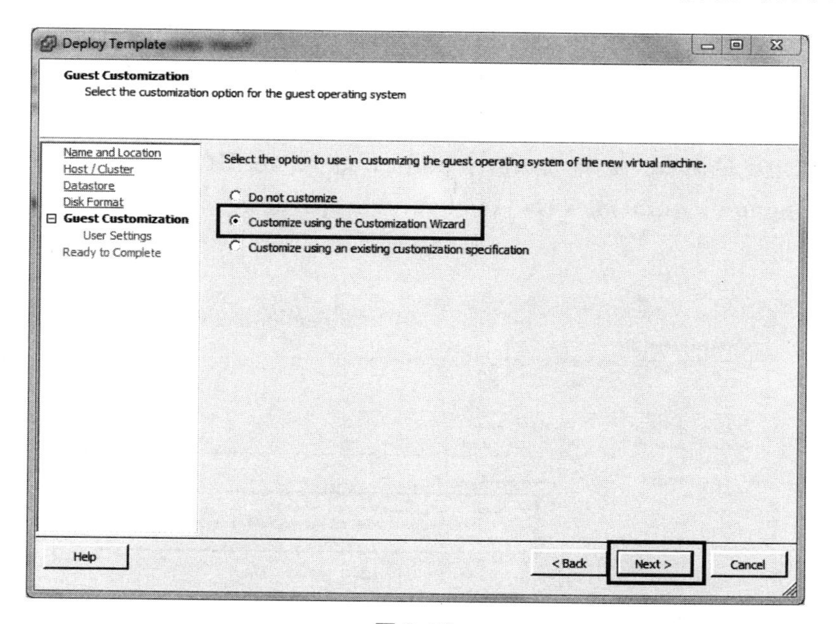

图 6-59

注：在 Guest Customization 中有三个选项，如果 sysprep 文件没有放到 vCenter 的文件夹里，将不能选中 Customization Wizard。

- Do not customize：不要执行 sysprep，将会产生一模一样的 VM。
- Customize using Customization Wizard：使用定制化向导，表示部署 VM 时会出现向导模式，可输入此 VM 需要的信息，并可保存为配置文件。

- Customize using customization specification：可使用 Specifications Manager 管理配置文件，在这里可以选择要应用哪一个配置文件。

---

7. 首先要输入的是用户与组织名称，范例都填入 **user**，单击 **Next** 按钮，如图 6-60 所示。

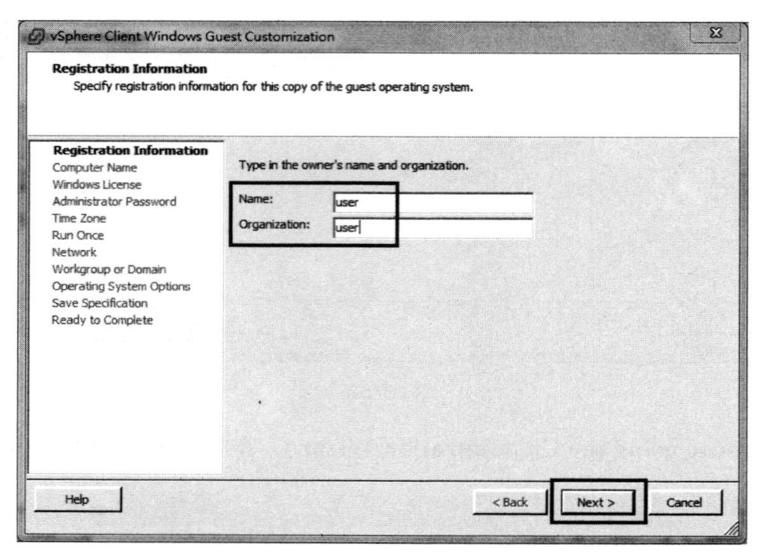

图 6-60

8. 在此输入计算机名称，选择 **Enter a name**，填入 NetBIOS Name，范例是 **VM-**，并勾选 **Append a numeric value to ensure uniqueness**，单击 **Next** 按钮，如图 6-61 所示。

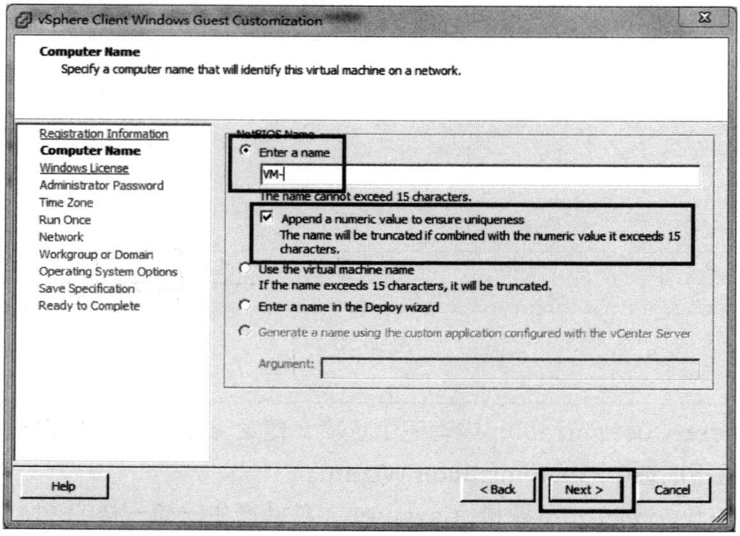

图 6-61

注：Computer name 的选项如下：

- Enter a name：预先输入一个固定名称，之后产生的 Guest OS 都以此名称为主，如果勾选 Append a numeric value to ensure uniqueness，则会在后面加上编号，使每个 VM 的计算机名称不会发生重复。
- Use the virtual machine's name：使用与 vCenter 显示的 VM 名称相同的 NetBIOS name。
- Enter a name in the Deploy wizard：在部署的过程中，主动询问计算机名称，手动输入。
- Generate a name using the custom application configured with the vCenter Server Argument：如果使用 custom application，则可以在此输入参数由 vCenter pass 给 application。

9. 要求输入 Windows License 序列号，若输入错误，在部署过程中会要求重新输入，如图 6-62 所示。

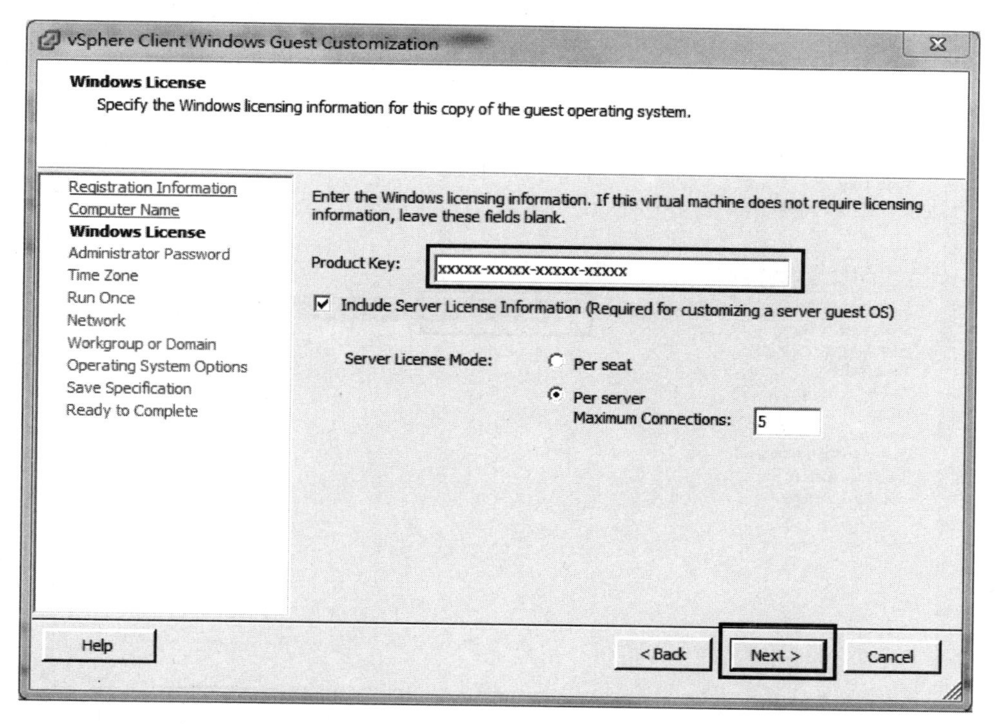

图 6-62

10. 输入 Guest OS 的 **Administrator Password**，单击 **Next** 按钮，如图 6-63 所示。

11. 设置 Guest OS 时区，单击 **Next** 按钮，如图 6-64 所示。

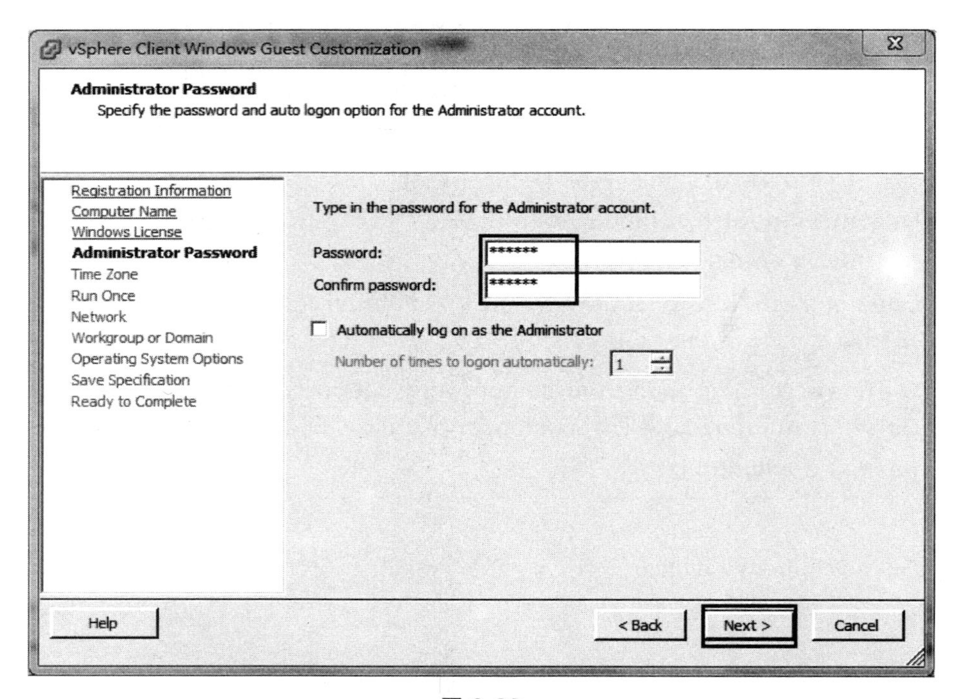

图 6-63

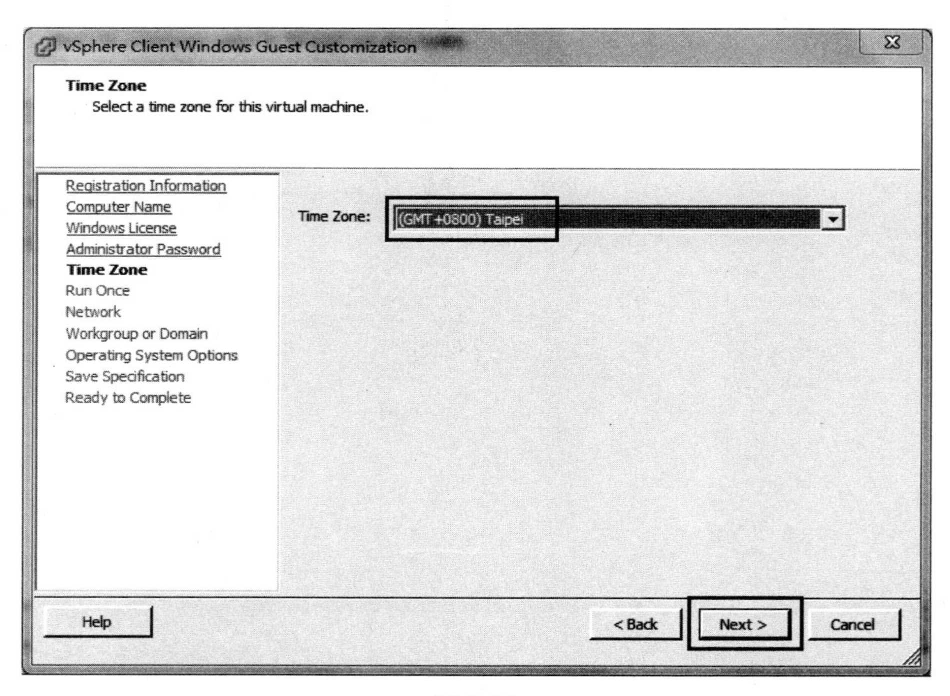

图 6-64

12． Run Once 不输入任何命令，直接单击 **Next** 按钮，如图 6-65 所示。

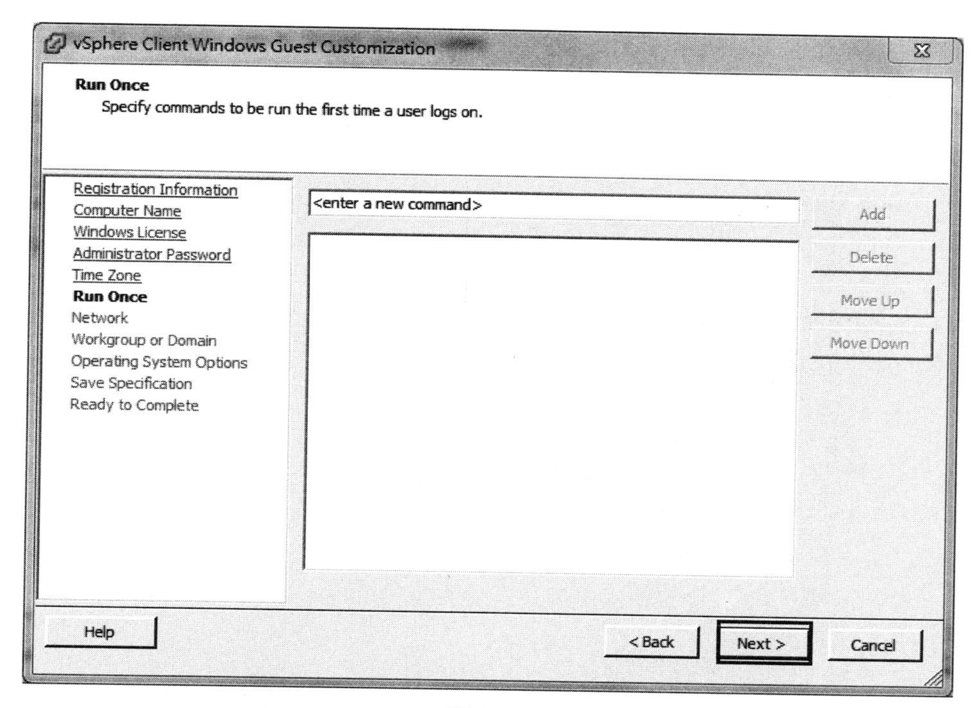

图 6-65

13．Network 的部分，选中 **Custom settings**，单击 **Next** 按钮，如图 6-66 所示。

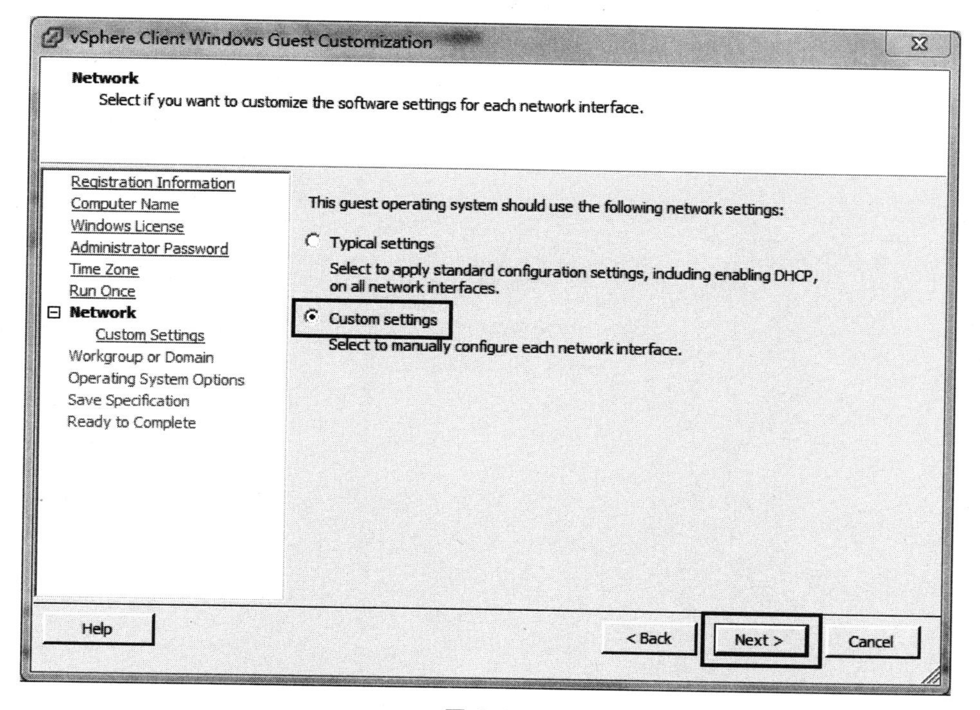

图 6-66

14. 这里可以选择哪个 vNIC 需要 DHCP 或固定 IP。若要设置 IP，则请单击右边的方块，如图 6-67 所示。

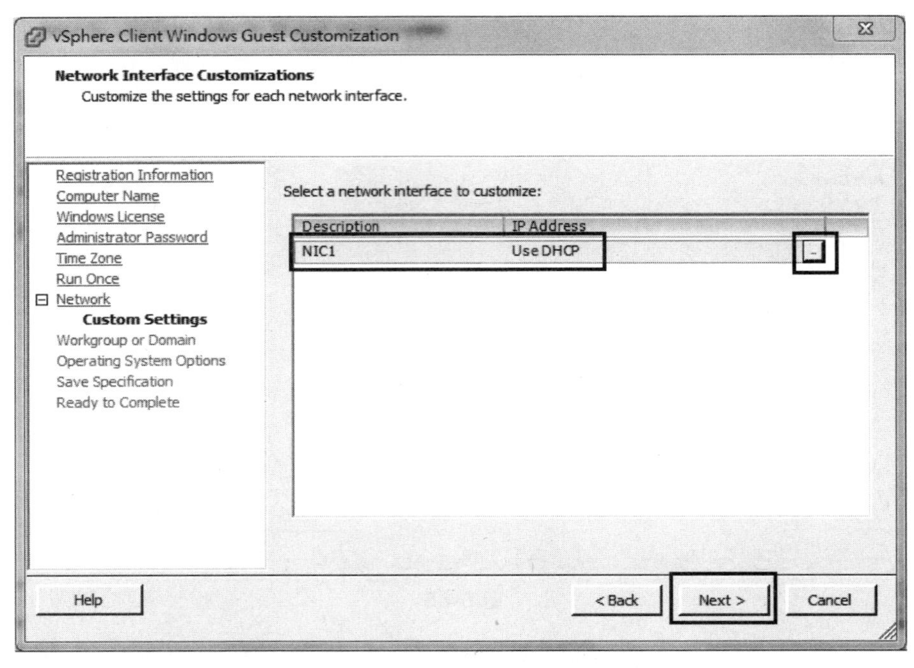

图 6-67

15. 本书环境没有 Domain，选择 **Workgroup**，单击 **Next** 按钮，如图 6-68 所示。

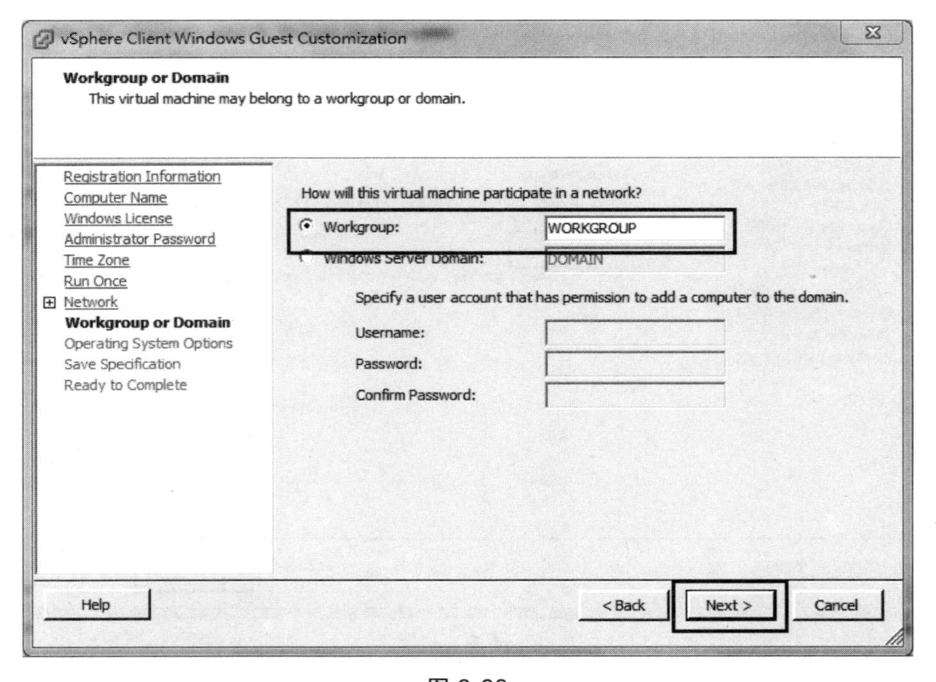

图 6-68

16. 要重新生成 SID，勾选 **Generate New Security ID (SID)**，单击 **Next** 按钮，如图 6-69 所示。

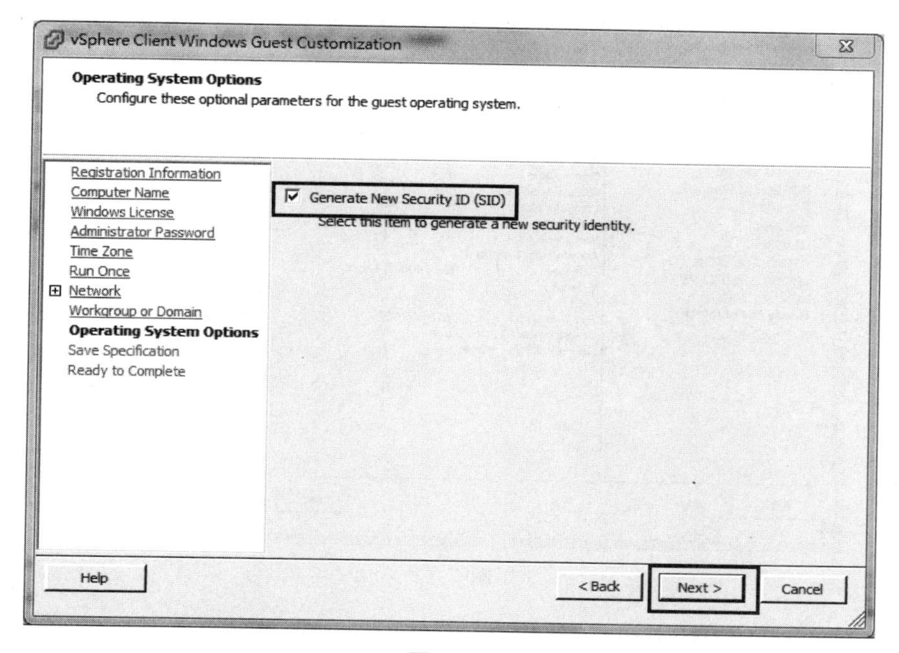

图 6-69

17. 勾选 **Save this customization specification for later use**，将刚刚的配置存成配置文件，方便日后应用；文件名范例是 **xyz**，单击 **Next** 按钮，如图 6-70 所示。

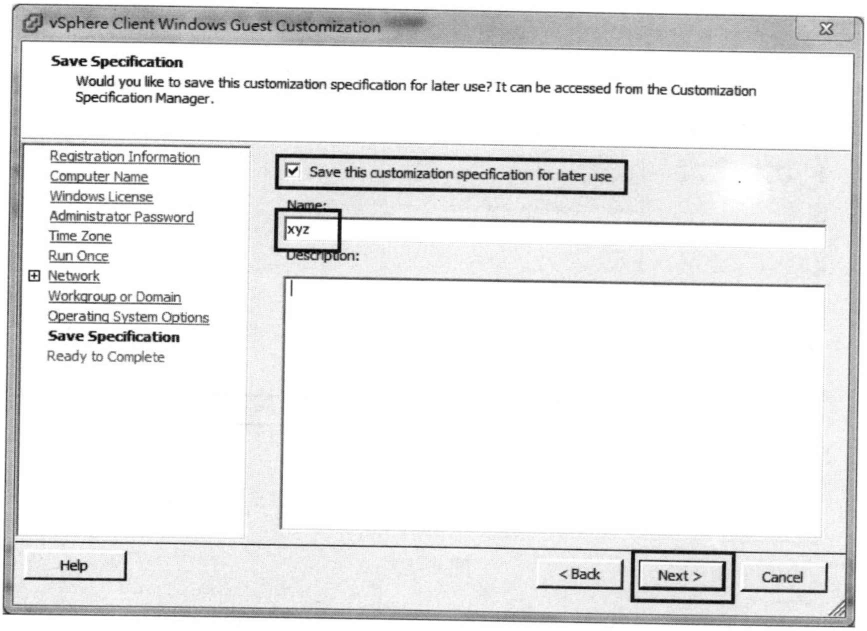

图 6-70

18. 完成了 Customization，单击 **Finish** 按钮，如图 6-71 所示。

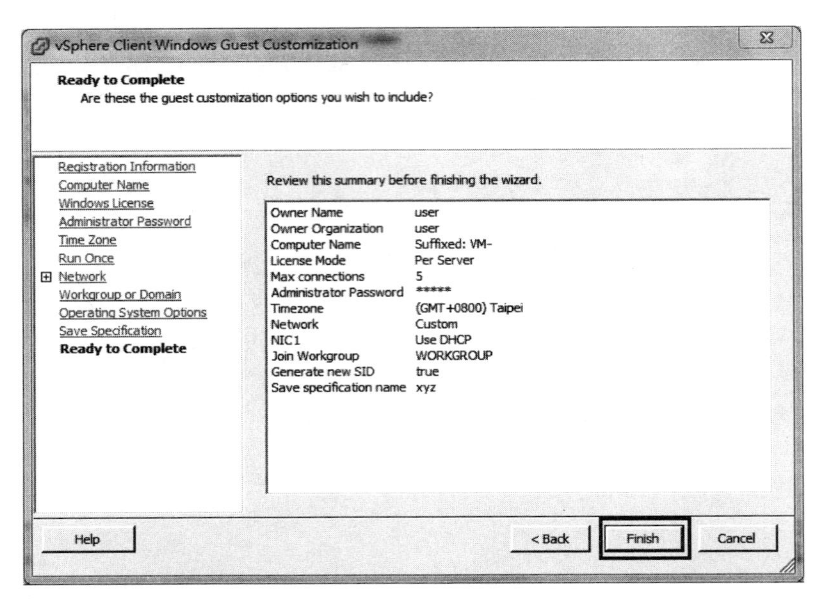

图 6-71

19. 勾选 **Power on this Virtual Machine after creation**，创建好 VM 会立即开机。再勾选 **Edit virtual hardware**，会出现 VM 的 Virtual Hardware 设置，如图 6-72 所示。

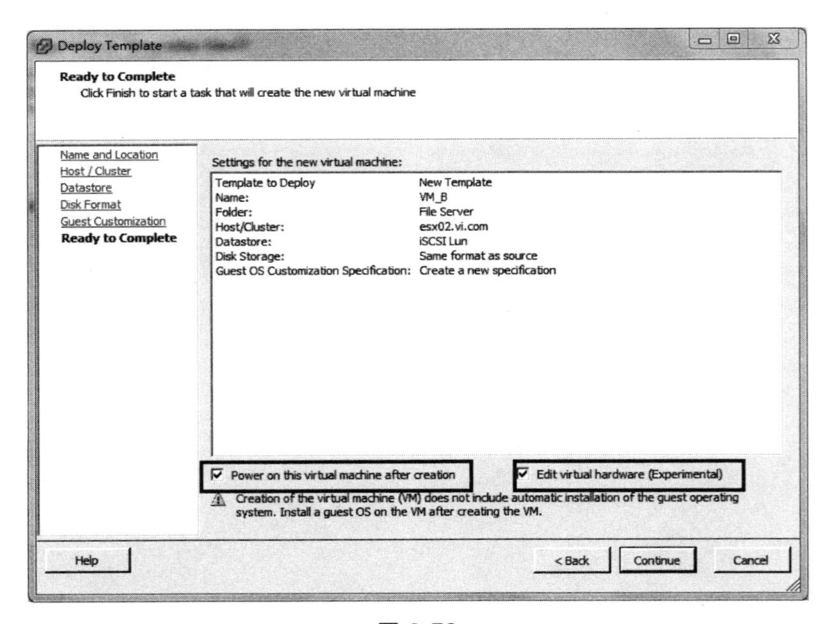

图 6-72

20. 出现了 Edit Setting 的界面，可以在此进行 Virtual Machine Hardware 的调整。确认无误后单击 **OK** 按钮，如图 6-73 所示。

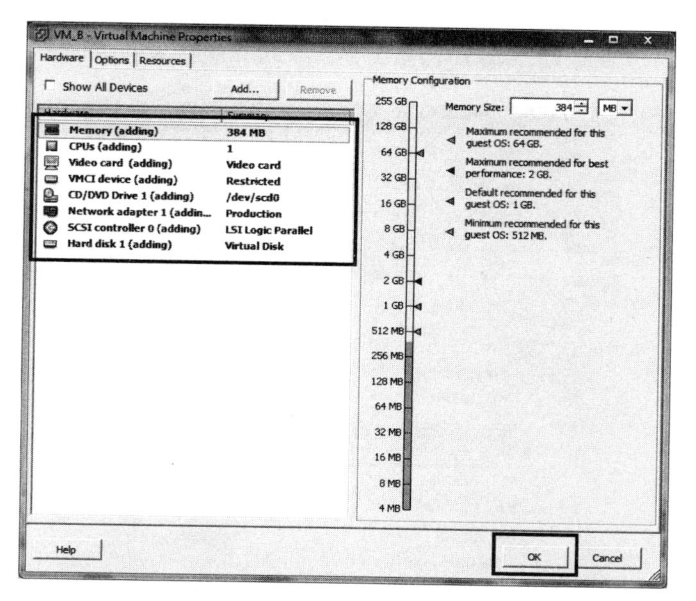

图 6-73

22．注意看下方的 **Recent Tasks**，目前开始创建 VM，等进度跑完才算完成，需要等候数分钟，如图 6-74 所示。

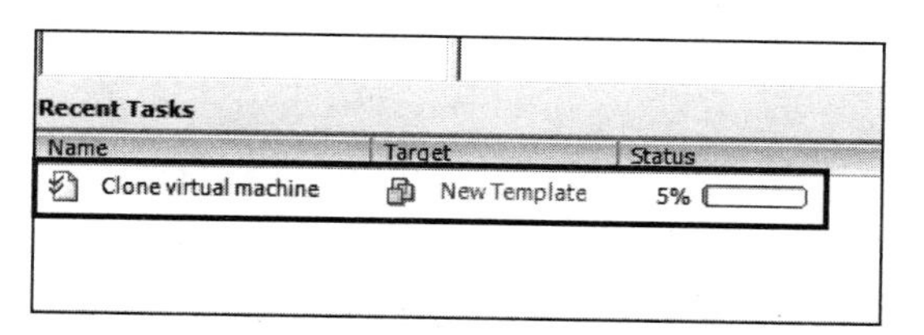

图 6-74

22．此时 Inventory 已经出现了 VM_B，但还是不能立刻作用，需要等部署完成，如图 6-75 所示。

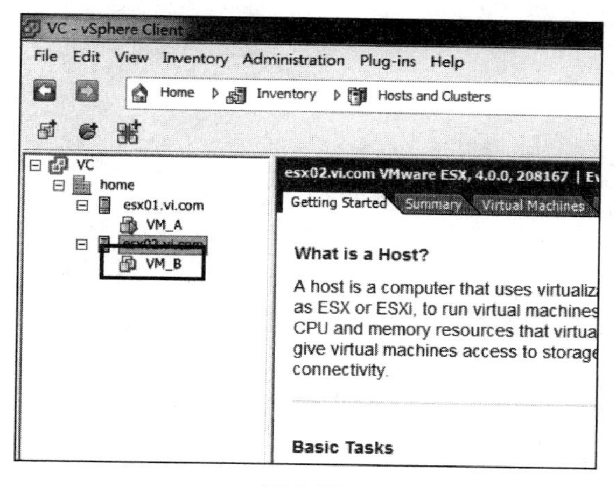

图 6-75

23．部署完成，VM_B 自动启动，右击并选择 **Open Cnsole**，如图 6-76 所示。

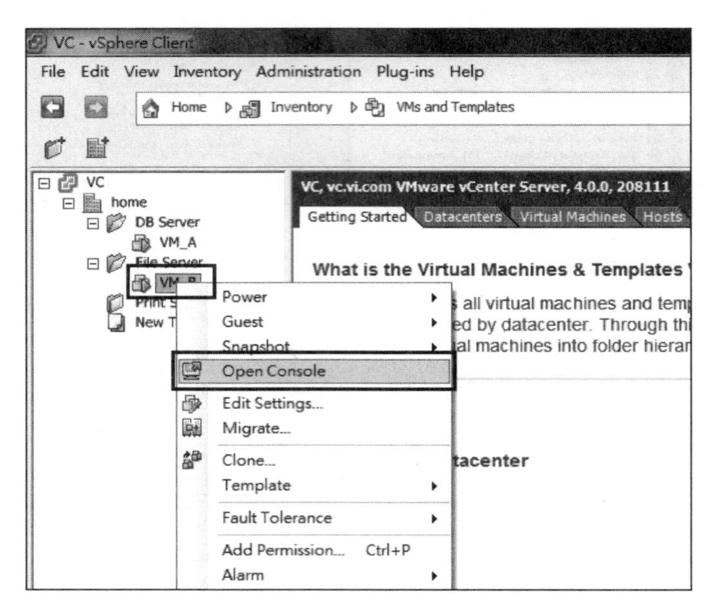

图 6-76

24．迅速登录，会看见 Sysprep 在执行中，然后会自动重新开机，如图 6-77 所示。

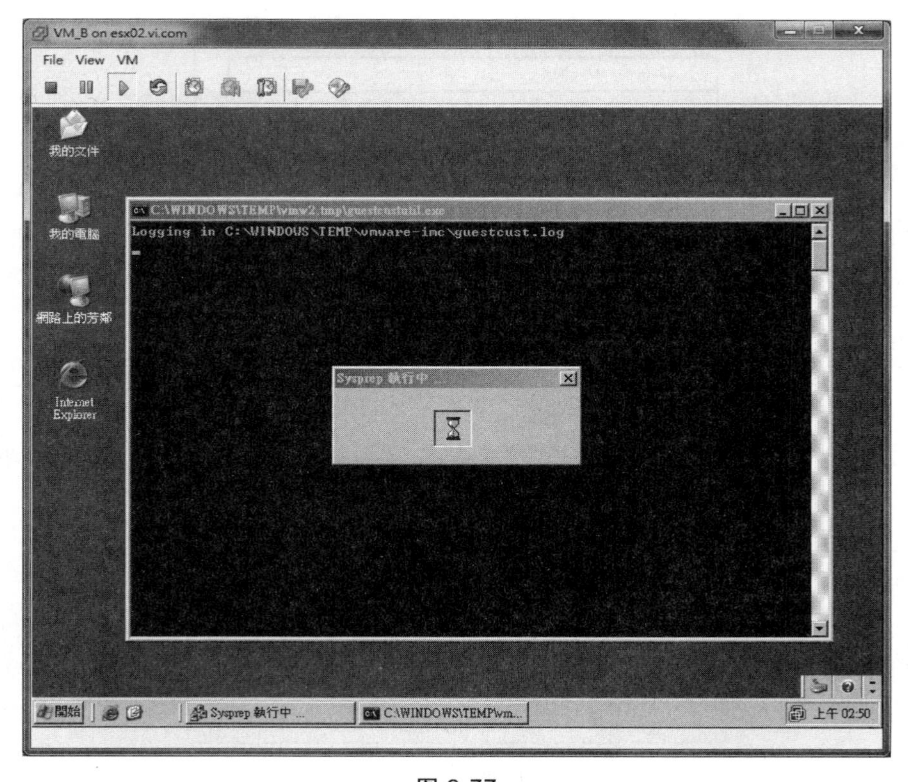

图 6-77

25. 重新启动后的 customization 界面，会再次重新开机，如图 6-78 所示。

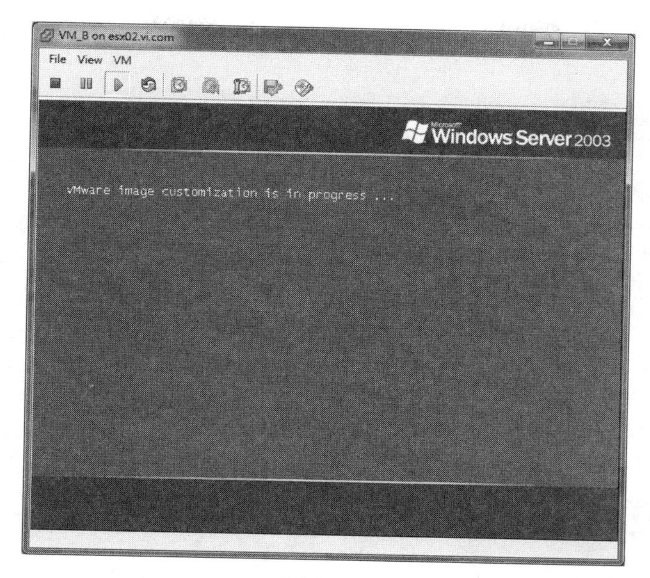

图 6-78

26. 重新启动两三次后，总算完成 sysprep，VM 可以正式登录使用了，如图 6-79 所示。

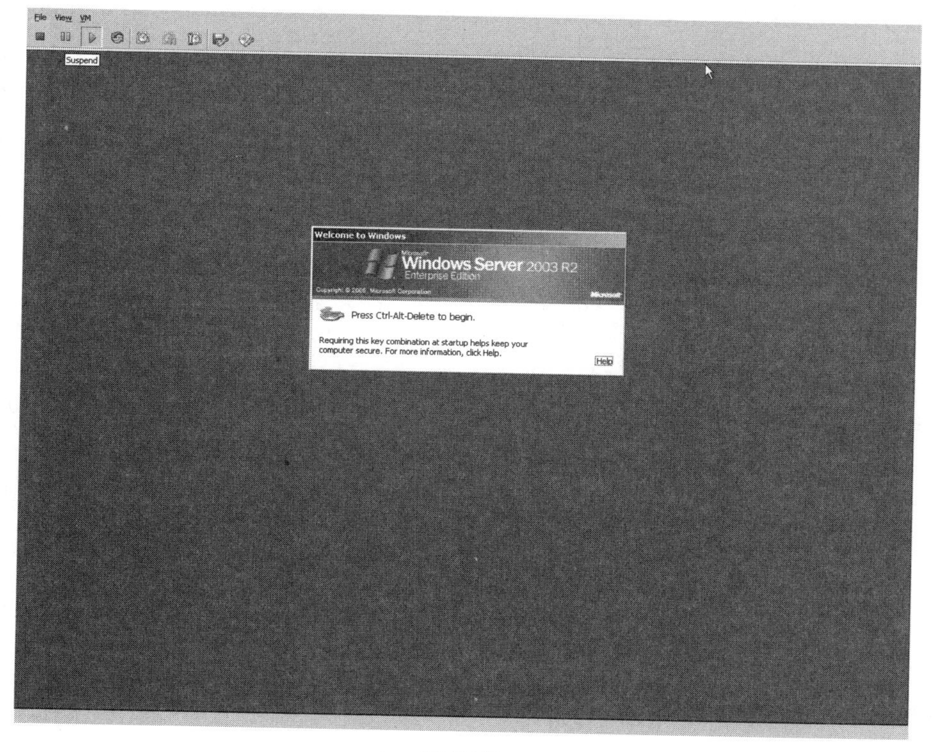

图 6-79

27. 进入界面先看计算机名称，果然是 **VM--**编号。IP 地址也是 **DHCP**，可自行进行更改与调整，如图 6-80 所示。

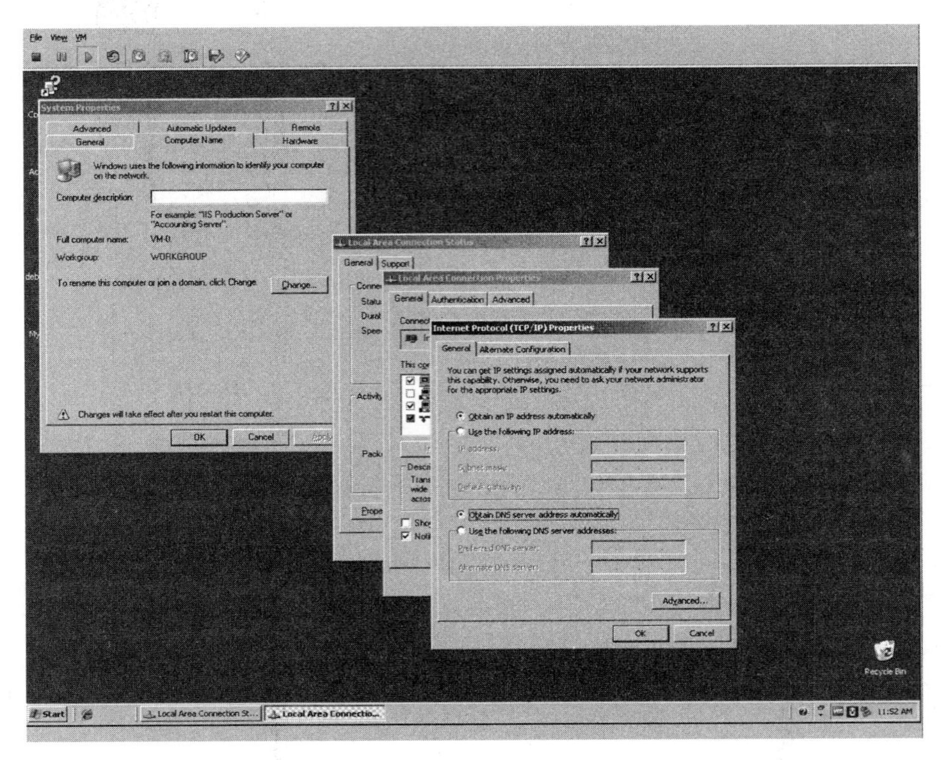

图 6-80

注：范例中 VM_A、VM_B、VM_C 的 IP 地址设置如下：

- VM_A：192.168.1.11
- VM_B：192.168.1.12
- VM_C：192.168.1.13

6-4 Storage vMotion

接下来要实现的是 Storage vMotion，这个功能可以让 VM 在运行之中将 Datastore 里的 VM 文件搬到不同的存储设备，不会造成停机，不影响到 VM 的正常运作。请注意，与 vMotion 并不相同，Storage vMotion 在线搬移的是 VM 的文件，并不是在 ESX host 上运行的 VM 内存状态。

再产生一个虚拟机（VM_C）

1. 还必须再 Deploy 出一个 VM，请选中 **ESX02**，在右侧的 **Virtual Machines** 选项卡

中找到 **Template**，右击并选择 **Deploy Virtual Machine from this Template**，如图 6-81 所示。

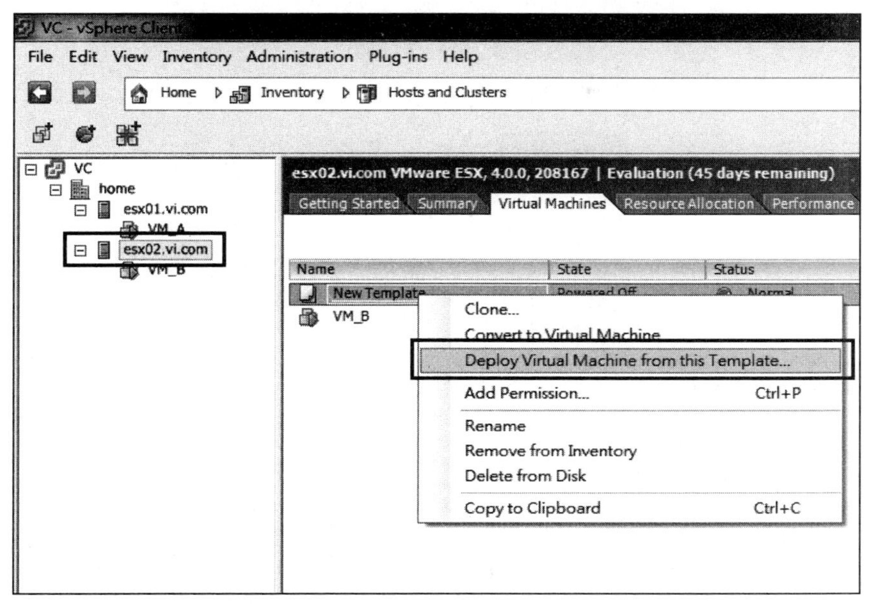

图 6-81

2．范例取名称为 **VM_C**，放置在 **Print Server** 文件夹中，单击 **Next** 按钮，如图 6-82 所示。

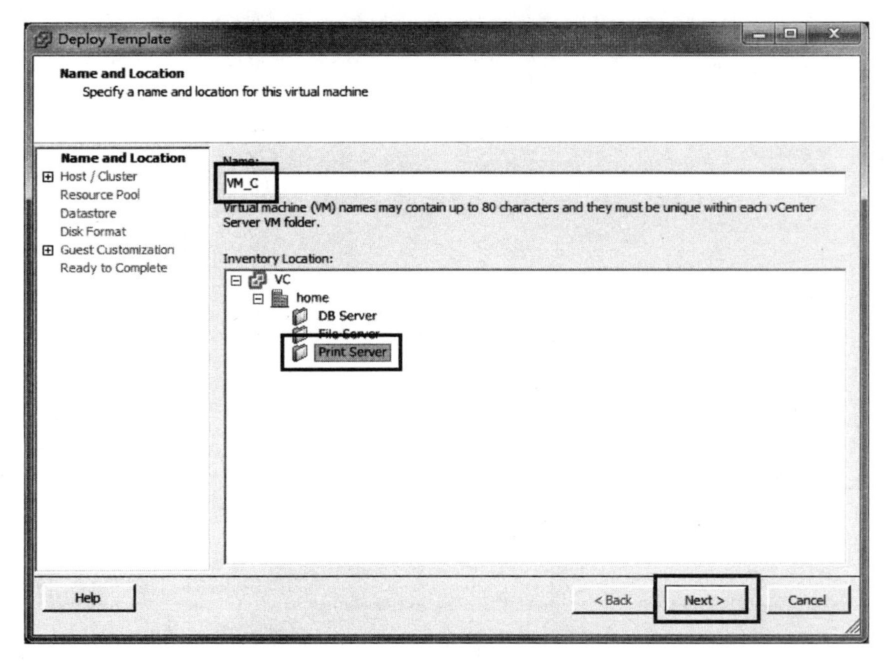

图 6-82

3．VM 所在的 host，选择 ESX02，单击 **Next** 按钮，如图 6-83 所示。

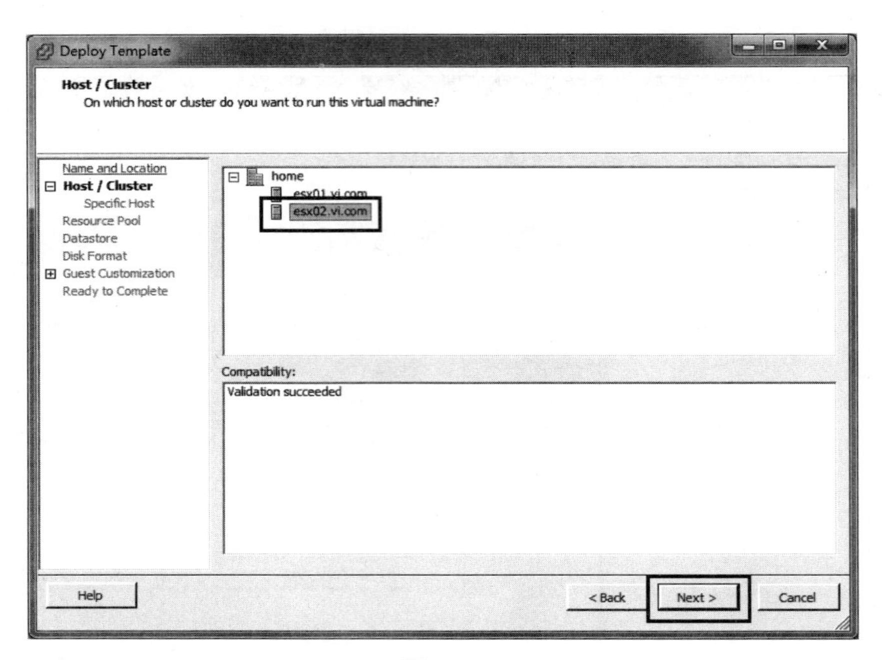

图 6-83

4．选择放置 VM 文件的 Datastore，单击 **Storage(1)**，再单击 **Next** 按钮，如图 6-84 所示。

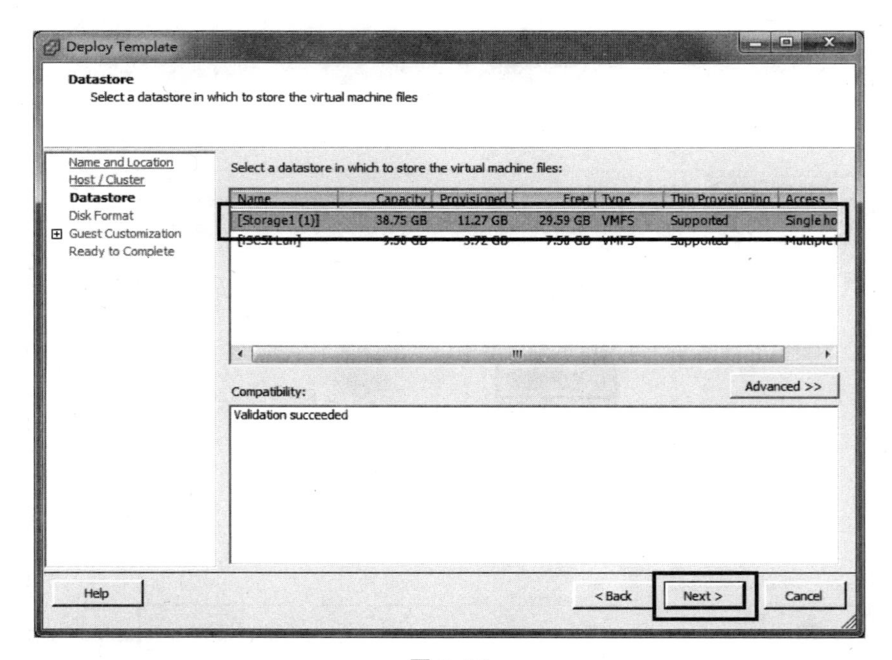

图 6-84

5．一样都选择 **Same format as source**，单击 **Next** 按钮，如图 6-85 所示。

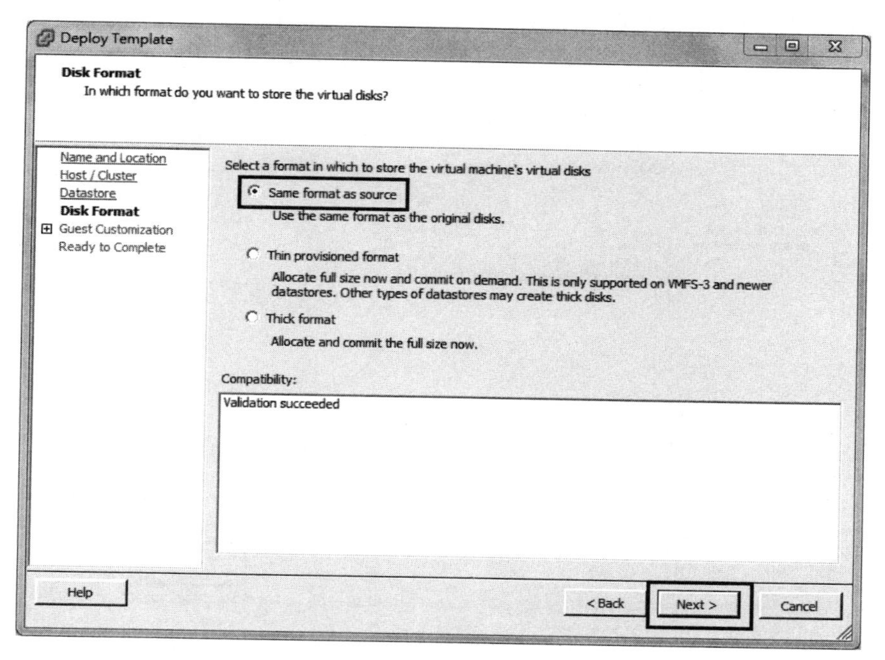

图 6-85

6. 这次选择 **Customize using an existing customization specification**，应用上次存储的 **xyz** 配置文件，如图 6-86 所示。

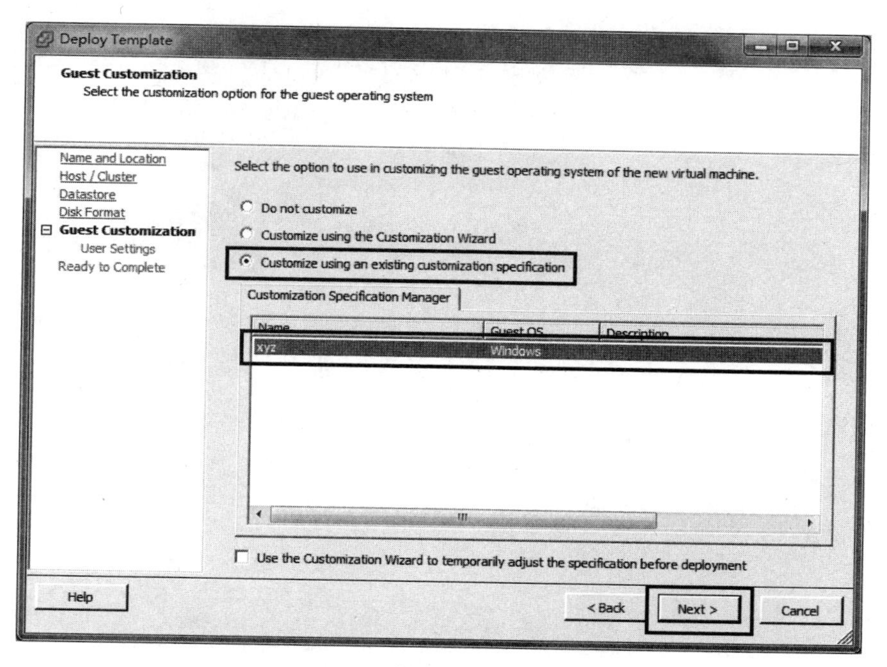

图 6-86

7. 选择 **Power on this virtual machine after creation**，单击 **Finish** 按钮，如图 6-87 所示。

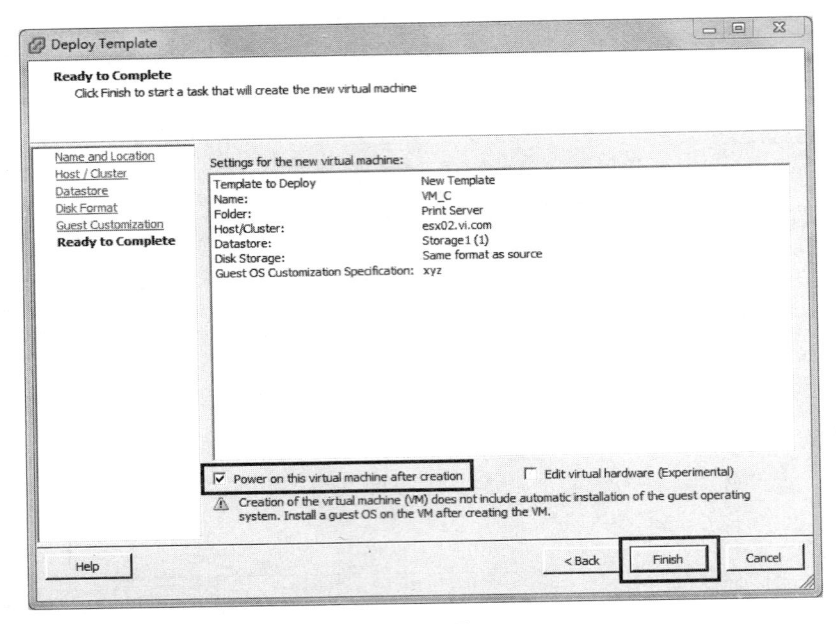

图 6-87

8．创建 VM、Sysprep 的界面为了避免重复，在此略过。完成后登录，xyz 配置文件与之前的配置一样（计算机名称 VM--编号、DHCP），如图 6-88 所示。

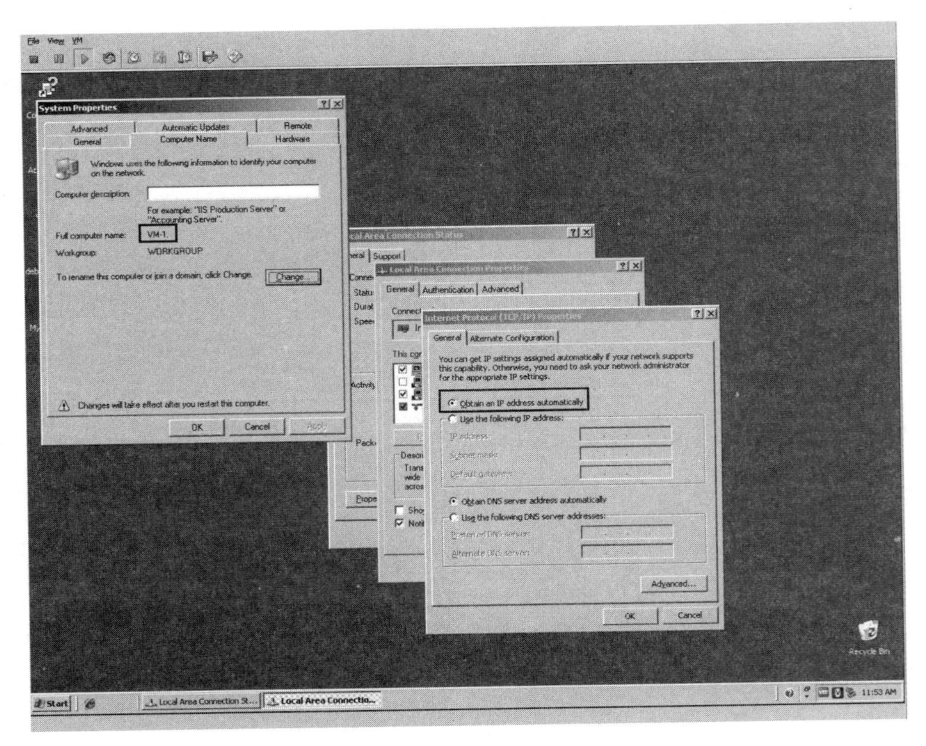

图 6-88

9．现在已经有 3 个 VM 在我们的测试环境里了，请选中 **ESX02**，如图 6-89 所示。

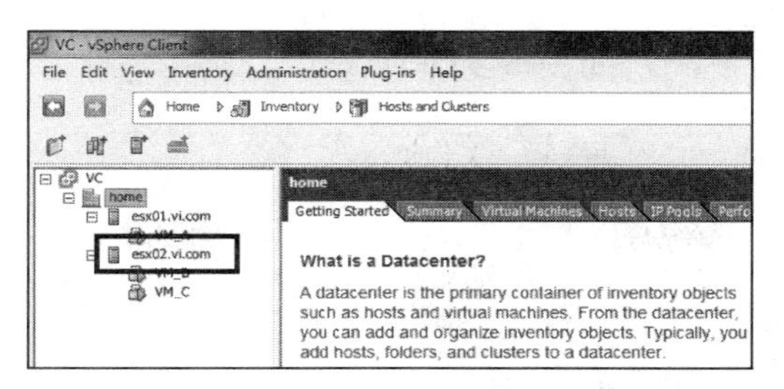

图 6-89

Q：成为虚拟机后，Windows 的授权模式该怎么算？

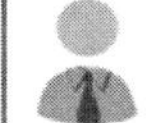

由于虚拟化冲击到许多层面，包含以前惯用的一实机一个授权方式也受到影响。根据微软最新的调整做法，企业采购了 Windows Server 2008 R2：

- **Standard**：可在一个实体 ESX/ESXi host 或 Hyper-V 环境中虚拟出 1 个 Windows VM。
- **Enterprise**：可在一个实体 ESX/ESXi host 或 Hyper-V 环境中虚拟出 4 个 Windows VM。
- **DataCenter**：可在一个实体 ESX/ESXi host 或 Hyper-V 环境，Windows VM 不限数量。

另外，版本系列、种类均向下兼容。购买 Windows 2008 可以安装 2003、2000、NT 的 VM，购买 Datacenter 版本可以安装 Enterprise、Standard 版的 VM。

但必须注意的是，目前这样的授权模式仍被限制在单一实体，例如购买了 Windows Server 2008 Enterprise，当您的 ESX/ESXi host 本来已有 4 个 Windows VM，如果使用 vMotion 再将一个 Windows Server VM 转到这个 host 上，将被视为不合法。

10. 再单击右侧的 Maps 选项卡，可以看出目前 ESX02 host 有 2 个 VM。**VM_B** 在 iSCSI Lun，**VM_C** 在本地硬盘，如图 6-90 所示。

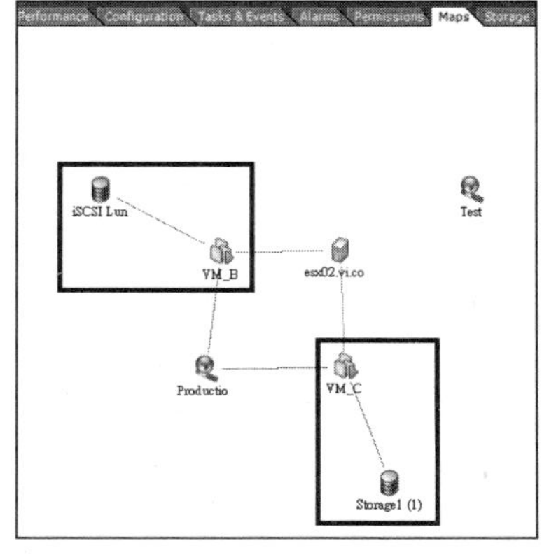

图 6-90

11． 这就是现在的实际情况，如图 6-91 所示。

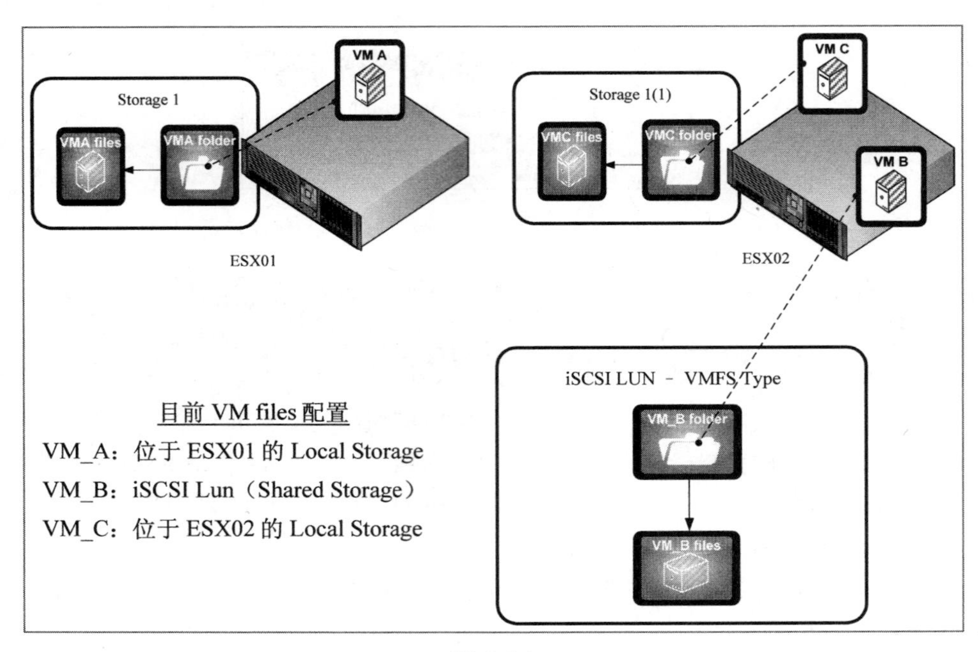

图 6-91

实现 Storage vMotion

现在就来实际体验一下，将 VM_C 这个虚拟机所有的文件从 ESX02 的本机硬盘（Storage1(1)）在线不中断运行搬迁到 iSCSI LUN 中。

1． 选中 ESX02 的 **Summary** 选项卡，下方的 Datastore 选中 **Storage1(1)**并右击，选择 **Browse Datastore**，如图 6-92 所示。

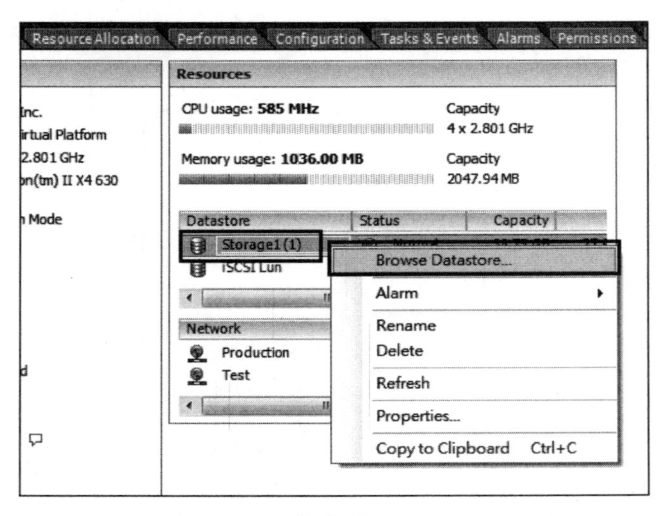

图 6-92

2．确认 VM_C 这个 VM 现在确实位于 ESX02 的 local storage，如图 6-93 所示。

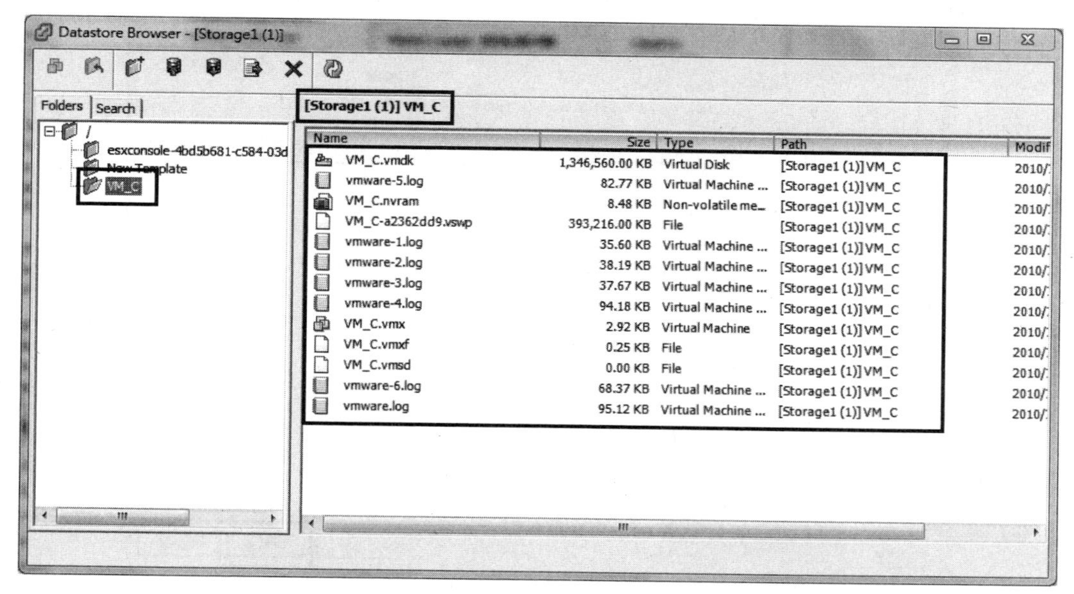

图 6-93

3．目前 VM_C 是正在运行中的状态，右击并选择 **Migrate**，如图 6-94 所示。

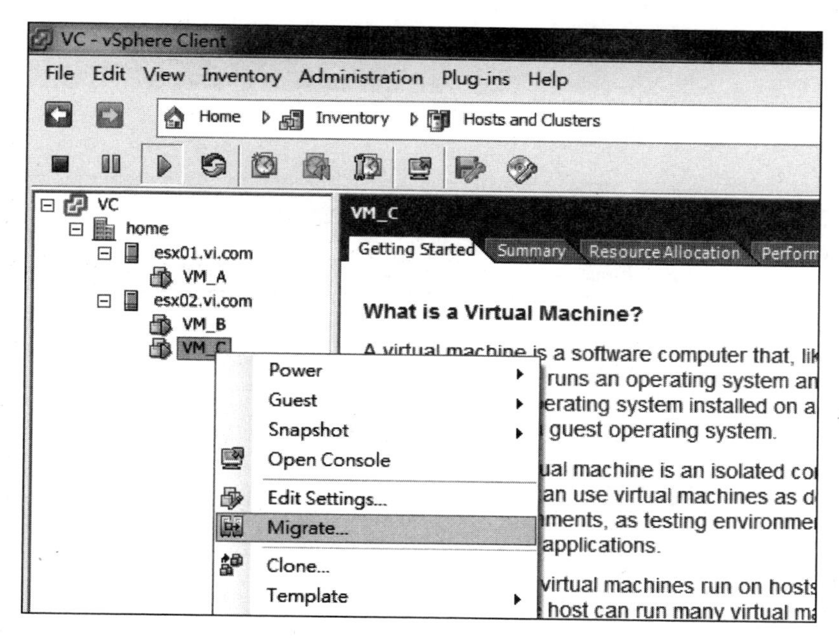

图 6-94

4．选中 **Change datastore**，单击 **Next** 按钮。如果你的 VM 是开机在线运行的状态，那么这个选项就是执行 **Storage vMotion**，如图 6-95 所示。

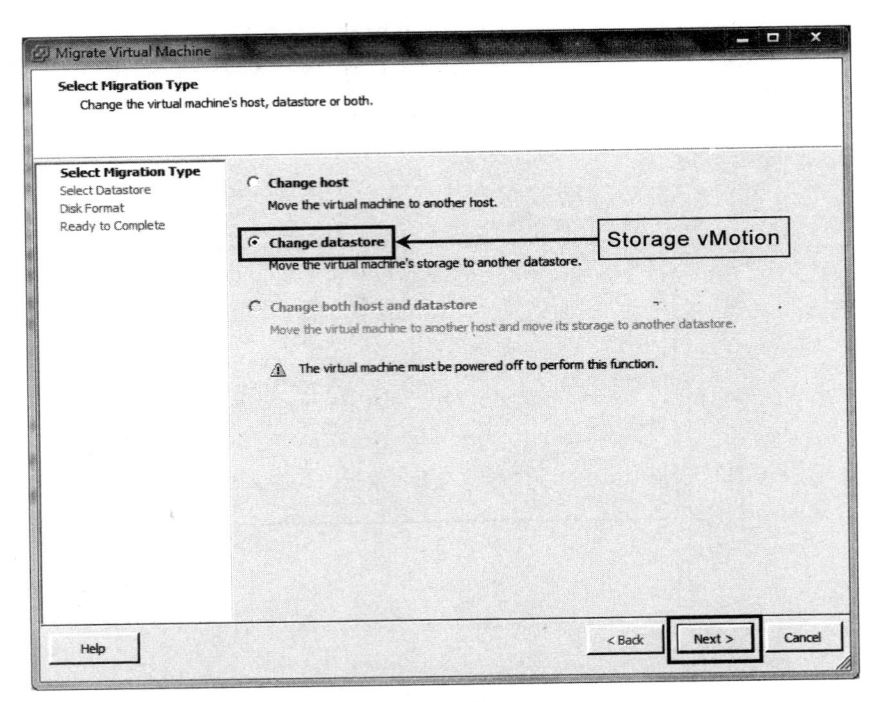

图 6-95

5．现在，我们将 VM_C 搬家，更换 Datastore 到 **iSCSI Lun**，单击 **Next** 按钮，如图 6-96 所示。

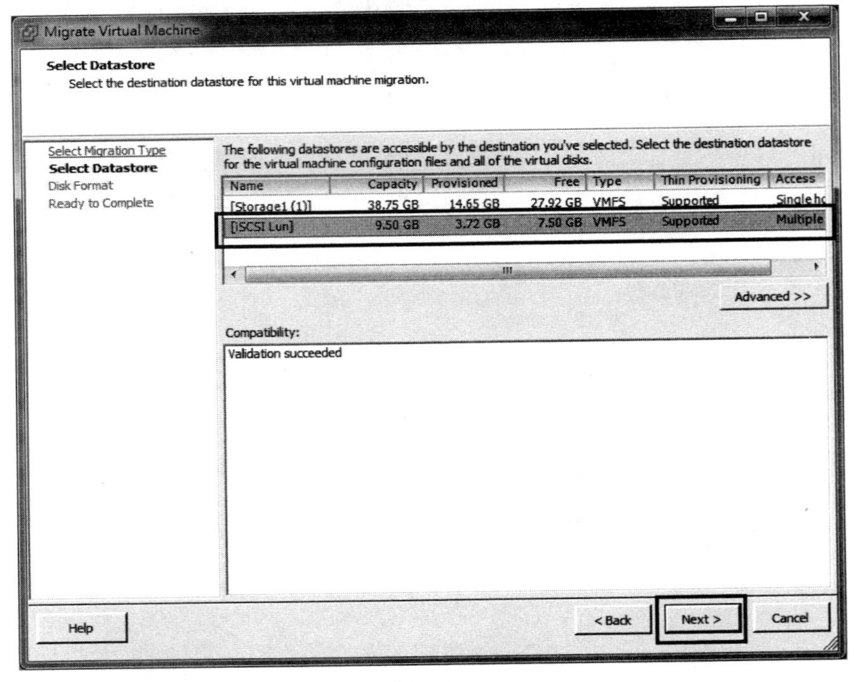

图 6-96

注：Storage vMotion 和 vMotion，在操作运行时实际上看不到这两个名词，当我们对 VM 右击并选择 Migrate 时，只会看到这个界面的三个选项：

- Change host：如果 VM 是正在运行的状态，那么就是 vMotion。
- Change datastore：如果 VM 是正在运行的状态，那就是 Storage vMotion。
- Change both host and datastore：如果 VM 是正在运行的状态，那么这个选项不能选择，除非 VM 是关机的状态。因为 VM 会同时移转到不同的实体服务器与不同的 Datastore，必须关机才能同时移转。

真的是这样吗？不要怀疑，只要 VM 是在开机运行的前提下，Change datastore 就是 Storage vMotion。

Change host 会将 VM 移转到不同的 ESX/ESXi host 中，让这个 VM 使用另一个 ESX/ESXi host 的 CPU、Memory 资源。而 Change datastore，则是 VM 还在原来的 ESX/ESXi host 不动，但是将 VM 实体文件所在的位置搬家，更换到不同的存储设备。注意 Storage vMotion 是单一 VM 的搬移，而不是整个 Datastore 里的所有 VM 一次全部搬家。

---

6. 在 Storage vMotion 时，还可以顺便决定是否更改 Disk Format，例如想将 VMDK 从 Thin 改成 Thick。这里选择 **Same format as source**，表示搬家后的 VMDK 格式与原来相同，单击 **Next** 按钮，如图 6-97 所示。

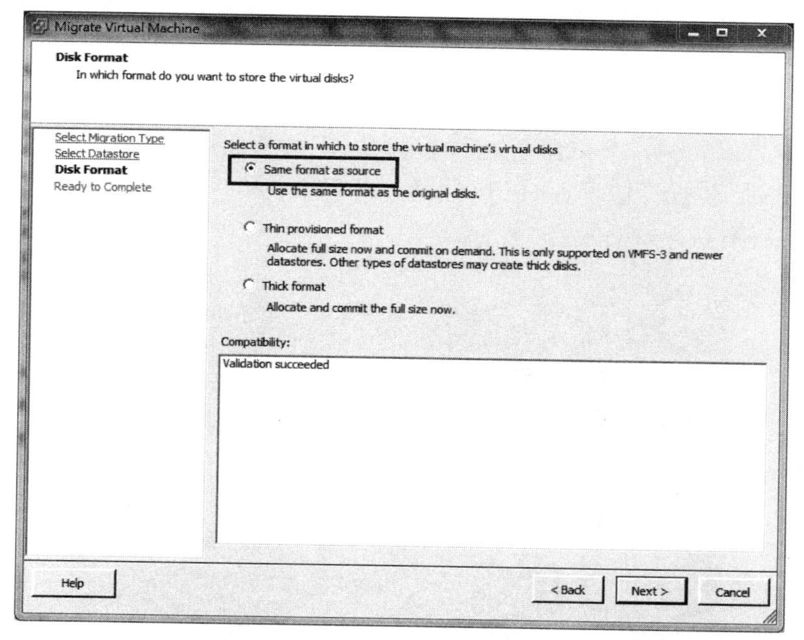

图 6-97

7. 完成选项设置后，单击 **Finish** 按钮，准备开始运行 Storage vMotion，如图 6-98 所示。
8. VM_C 开始从 local storage 搬迁到 iSCSI Lun，从 Recent Tasks 可以看到目前正在进行 Storage vMotion，如图 6-99 所示。

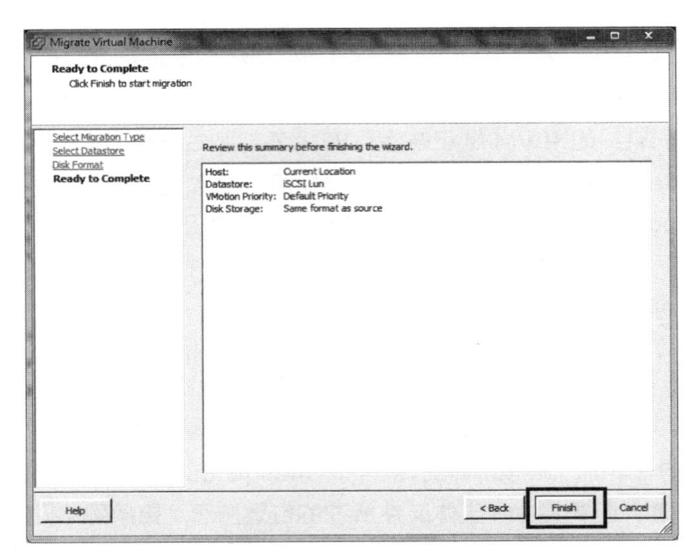

图 6-98

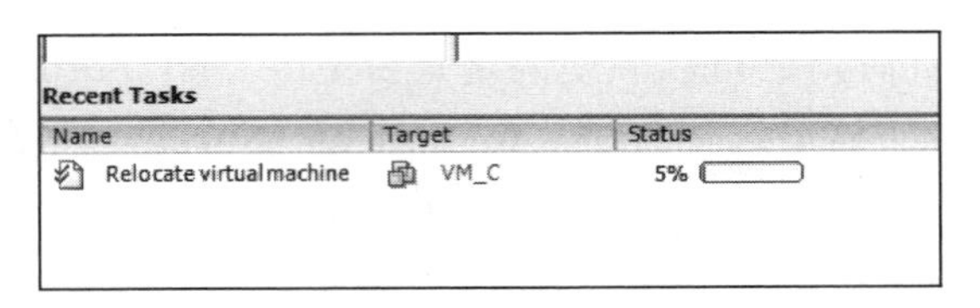

图 6-99

9. 在搬迁的过程中，仍可针对 VM_C 进行操作，证明它现在是开机运行中的状态。例如，打开 Windows 显示器设置，预览屏幕保护程序看看。Storage vMotion 过程的时间长短，依据存储设备的 I/O 性能、VM 文件大小、ESX host 系统性能、网络状况而有所不同，如图 6-100 所示。

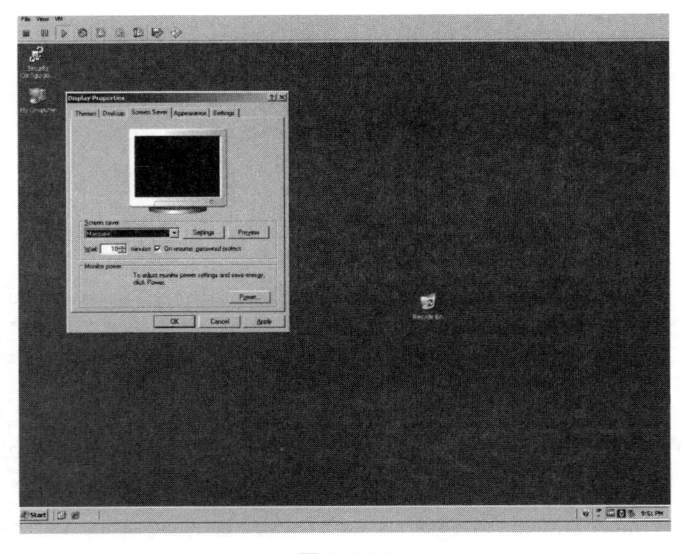

图 6-100

10. 完成后，再到 ESX02 host 的 Maps 选项卡，现在 VM_B、VM_C 的 VM 文件都已经在 iSCSI Lun 的 Datastore 中了，如图 6-101 所示。

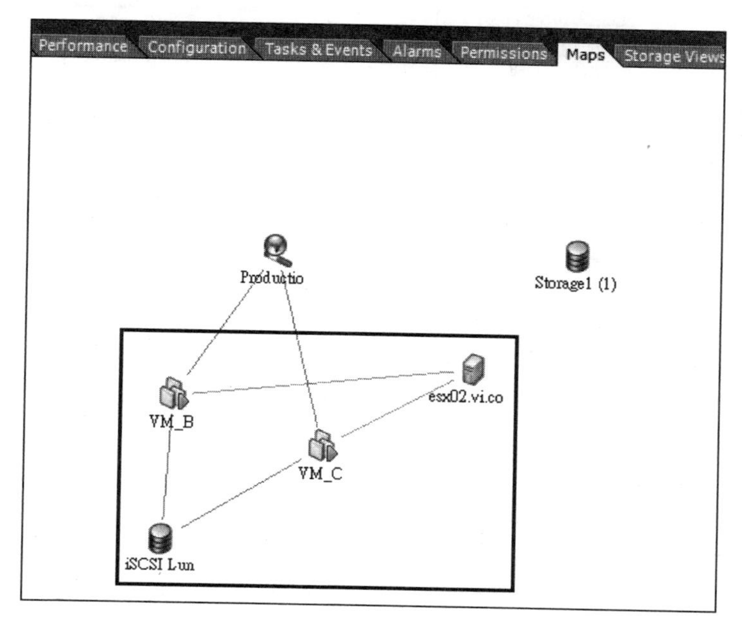

图 6-101

11. 再到 iSCSI 的 Datastore 来确认一下。右击并选择 **Browse Datastore**，如图 6-102 所示。

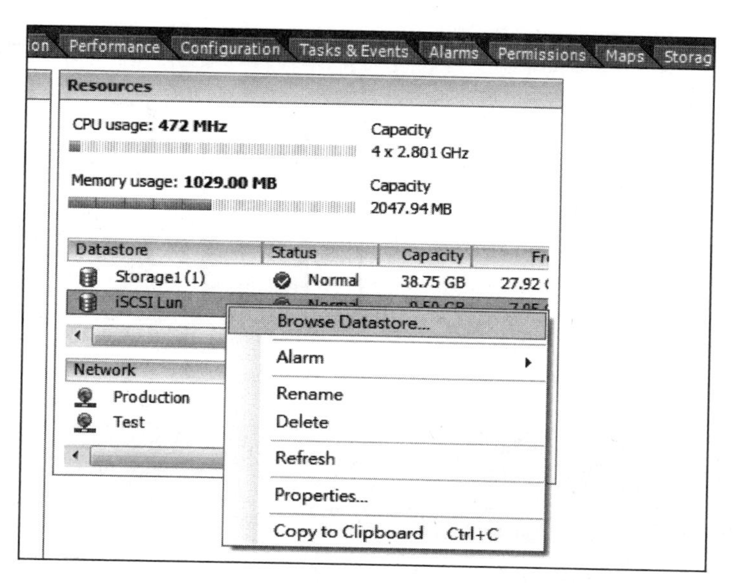

图 6-102

12. 确认 VM_C 已经搬家到了 iSCSI Lun，Storage vMotion 成功，如图 6-103 所示。

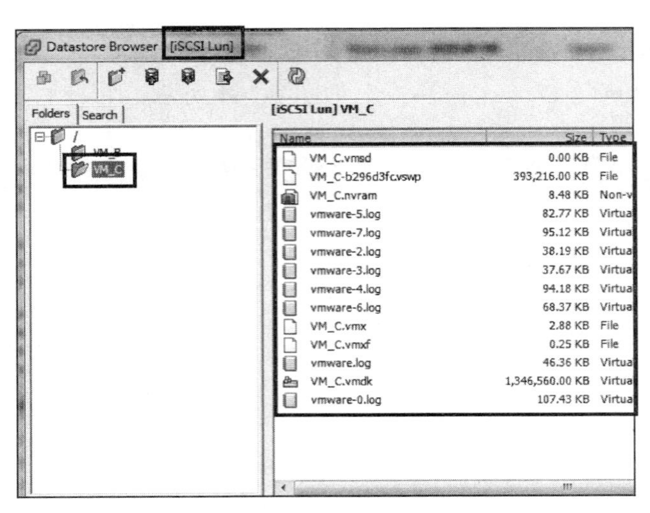

图 6-103

VM_C 执行 Storage vMotion 到 iSCSI LUN 后，目前的状态如图 6-104 所示。

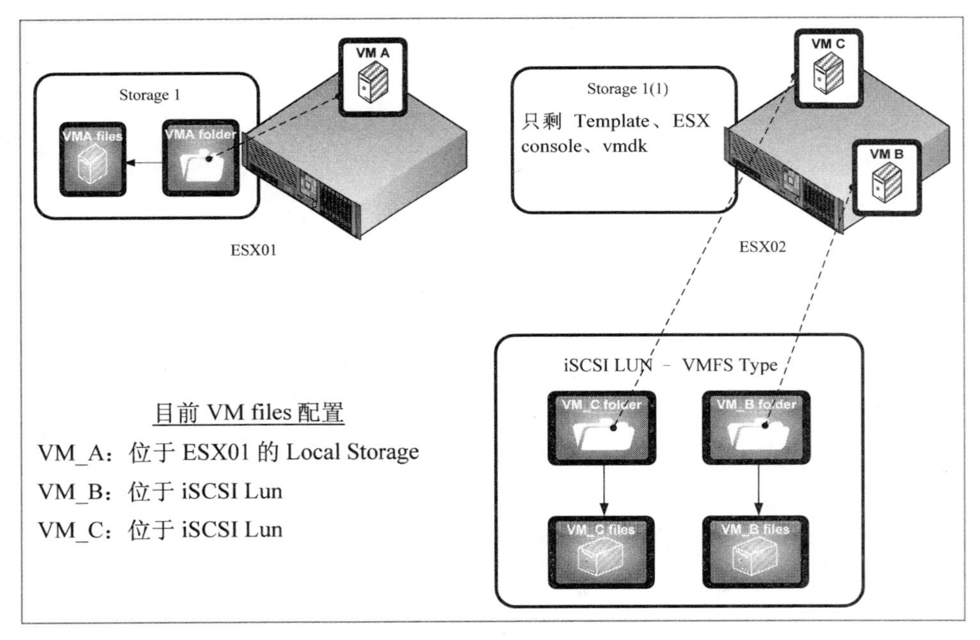

图 6-104

Q：Storage vMotion 在移转 VM 文件时有什么限制吗？

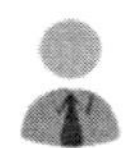

Storage vMotion 有着 Storage-type independent 的特性，不管你的存储设备是高级还是低级，也不管它是 NFS、iSCSI、Fibre Channel 还是本地 SCSI 硬盘，VM 的文件通通可以在彼此之间互相在线搬移。

是不是觉得很方便呢？如果今天存储设备要维护、重新配置或淘汰时，这种计划性的设备停机，使用 Storage vMotion 可以达到不影响 VM 运行的效果。或是当你觉得 VM 性能不好，怀疑是存储设备性能的问题，可以将 VM 文件搬迁到另一个存储设备，立刻得知结果，达到 Storage 设备的负载重分配的目的。

要注意的地方是，如果 VM 有进行 Snapshot（快照）的话，则不能执行 Storage vMotion，必须删除所有的 Snapshot，才能将 VM 文件搬迁。此外，Storage vMotion 也不允许横跨 Datacenter 执行。

虽然 Storage vMotion 很方便，但是真正要运行时，在数据中心的环境下，还是必须要谨慎评估。通常，掌管存储设备的团队与服务器团队分属不同单位，双方必须协同计划，互相配合。因为 Storage vMotion 会占用的是网络、存储与 ESX/ESXi host 运算性能，尽量避免在上班尖峰时段执行。

Q：如果 VM 是在关机状态下，执行这些操作又有哪些限制？

关机的情况下移转 VM 称为 Cold Migration，这种移转方式就没有任何限制，不管有没有 snapshot，也不管是不是跨 Datacenter、Shared Storage 或 CPU 限制（vMotion 的要求条件请参阅第 8 章），全部都可以不用管，VM 也可以同时转移到不同实体服务器与不同存储设备。

Cold Migration 自由度是最高的，VM 可以随时随心所欲地移转。许多人会认为非要 Storage vMotion 或 vMotion 不可，但别忘了在线进行移动都是有一些条件限制的，不是想执行立刻就能执行。如果你的 VM 可以允许短暂的关机，使用 Cold Migration 也是一种很好的方式。

Q：该如何防止存储设备因为非计划性突然故障，导致影响放置于此的 VM？

如果担心组件故障问题，存储设备可以架构 MultiPath 走多路径来防止 SPOF（Single point of failure）。如果要确保 VM 不会因为整个设备损坏就中断运行，则可以考虑针对整个存储设备建构 High Availability。

例如，范例使用的 StarWind iSCSI SAN，付费的高级版本额外提供了 CDP/Snapshots、Storage Server Mirroring、Remote Replication 等功能来满足不同的需求。根据 StarWind 在 2010 年 2 月发布的新闻稿，只要你是 VCI、vExpert 或 VCP，将可以向 StarWind 免费取得高级功能软件（限用于测试或展示环境），详见：http://www.starwindsoftware.com/news/30。

或者询问您的存储设备厂商，应该都会有专属的 Storage HA 相关解决方案。

6-5 Memory Hot Add/Disk Hot Extend

在以前，如果想要 x86 服务器的 OS 运行不中断的情况下，在线热插拔 CPU、内存，可能吗？答案是可以做得到，但是你得花大把的钞票，购买最高档的 x86 服务器才提供在线热插拔 CPU、内存零件的功能。虚拟化之后，这些原本看似高不可攀、难以实现的事情都变得很简单。下面就来实现内存 Hot Add 的功能和 Virtual Disk 在线容量扩展的功能。

在开始之前，请先确认 VM 的 OS 版本是否支持 Memory Hot Add 和 CPU Hot Plug 的功能，例如笔者在 ESX 下安装的 VM 是 Windows Server 2003 Enterprise，支持 Memory Hot Add，但是不支持 CPU Hot Plug 的功能（需要 DataCenter 版本才提供）。除了 OS 授权版本，32 位与 64 位支持也会有差异，如果是企业用户，则可以询问您的 OS Vendor。在 xtravirt 网站上也列出了详细的 Windows Server 支持，请参考网址：http://xtravirt.com/vmware-hot-add-memorycpu-support。

Memory Hot Add 实践

1. 请先确认 VM_A 是关机的状态。首先要启用 Memory/CPU Hotplug 的功能，右击并选择 **Edit Settings**，如图 6-105 所示。

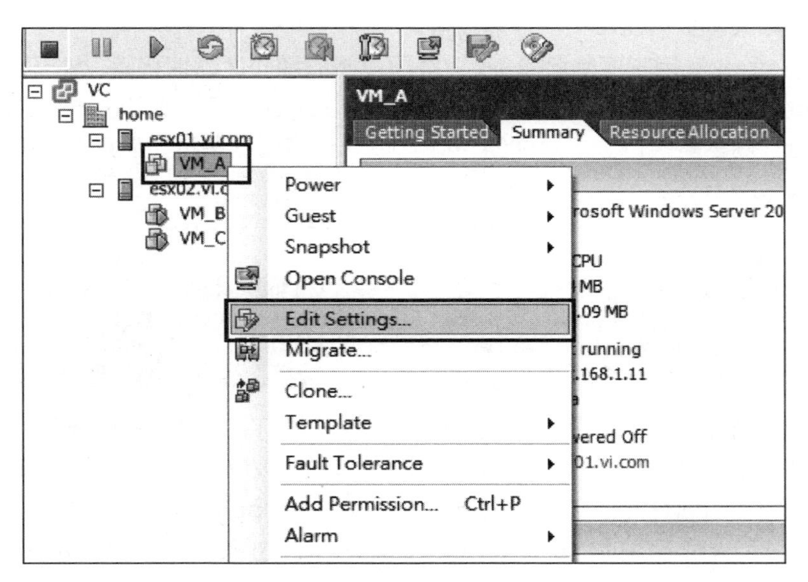

图 6-105

2. 在 **Options** 选项卡中单击 **Memory/CPU Hotplg**，然后在右侧的 Memory Hot Add 区域里选择 **Enable memory hot add for this virtual machine**，单击 **OK** 按钮，如图 6-106 所示。

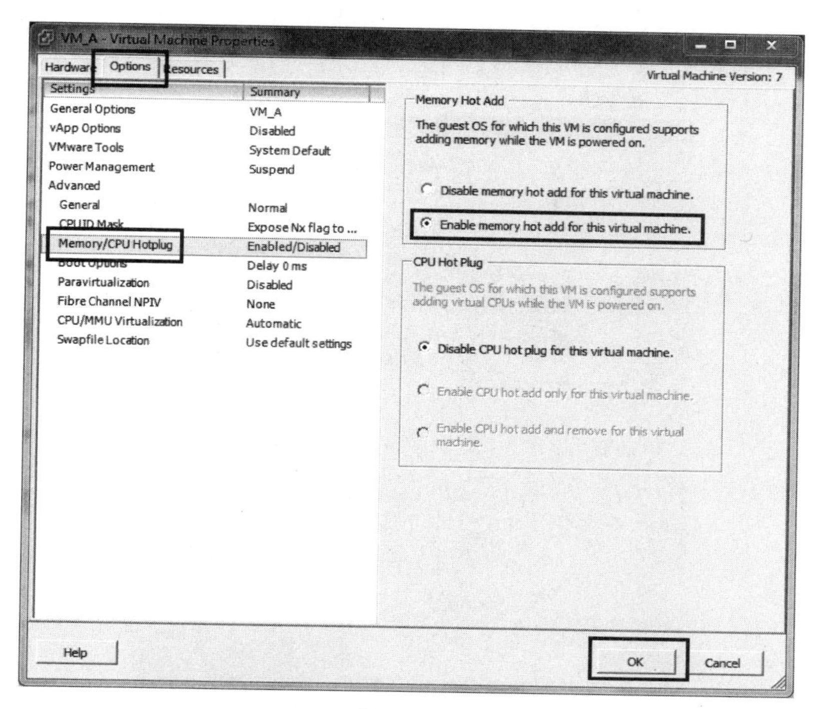

图 6-106

3．现在可以将 VM_A 开机了，打开 Virtual Machine Console 界面，如图 6-107 所示。

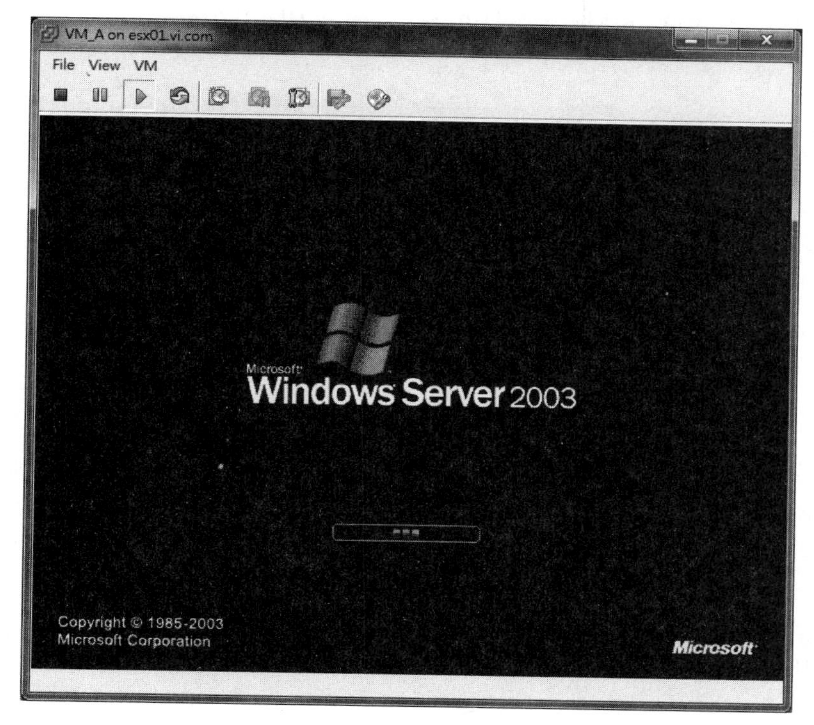

图 6-107

4. 登录后，先查看系统属性，确认目前的 VM 是 384MB 的内存，如图 6-108 所示。

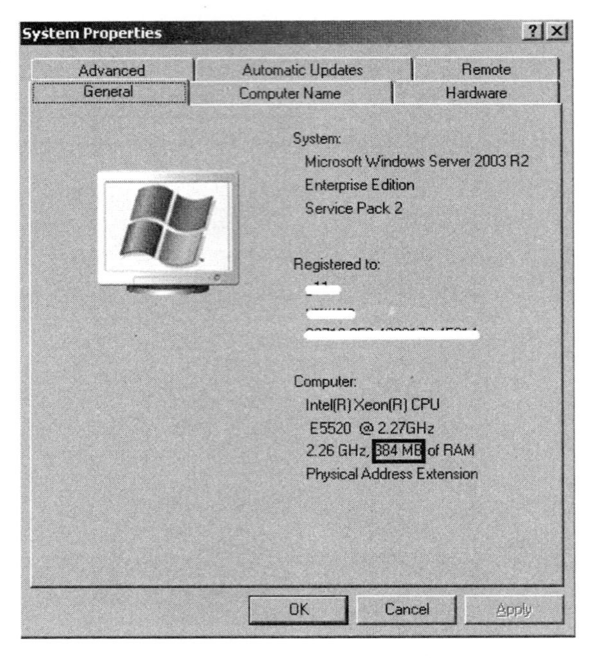

图 6-108

5. 单击 Console 上的 **VM→Edit Settings**，如图 6-109 所示。

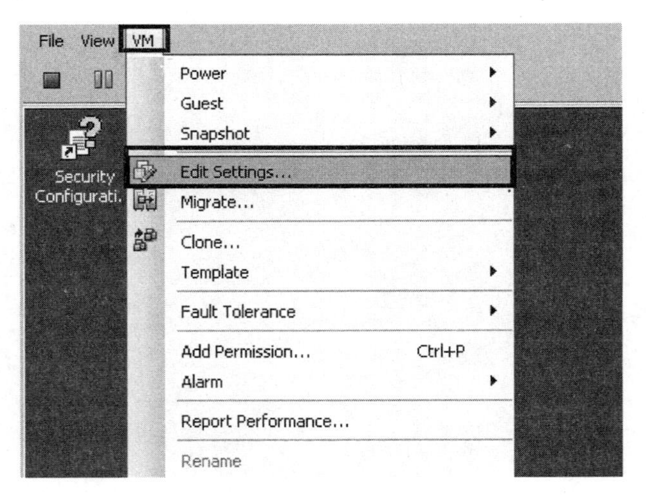

图 6-109

6. 选中 Memory，发现可以动态调整 Virtula Hardware 的内存了。我们将原本分配给 OS 的 384MB 内存改成 **500MB**，单击 **OK** 按钮，如图 6-110 所示。
7. 现在立即到 VM_A Console 中去查看系统属性，发现 OS 的内存真的变成 500MB 了，如图 6-111 所示。

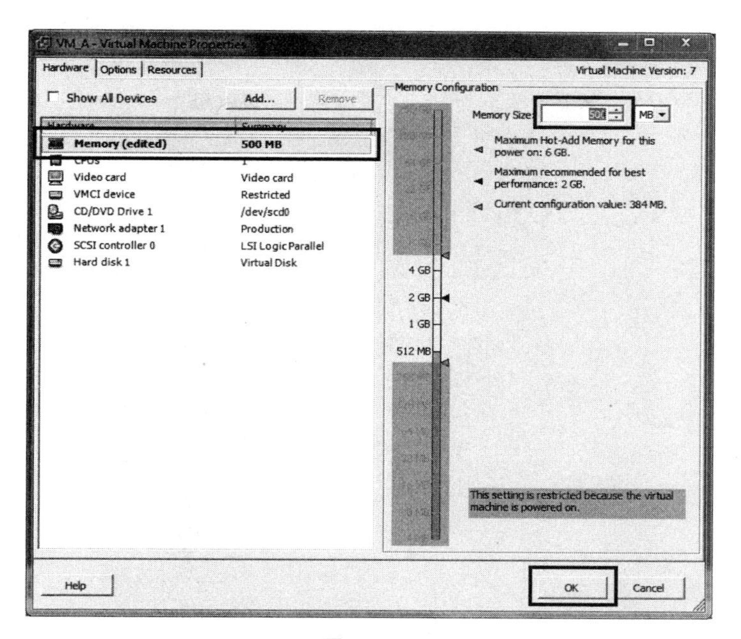

图 6-110

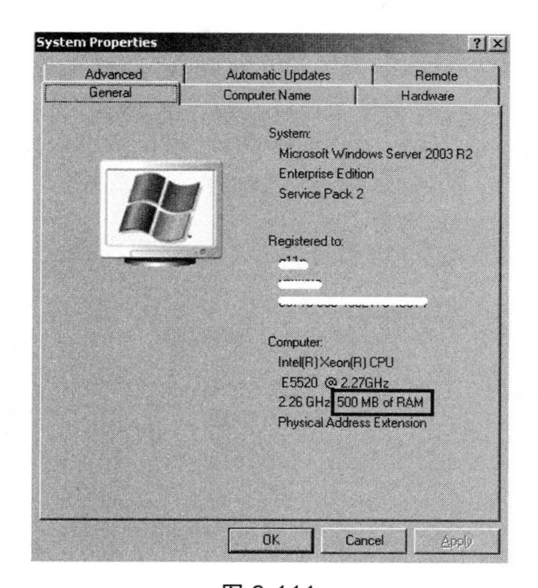

图 6-111

8. 再到任务管理器中确认，确实显示的总共内存是 500MB，轻易实现了 OS 运行中直接增加内存的功能，如图 6-112 所示。

注：在 Windows OS 任务管理器下看到的物理内存，真的是它实际所拥有的内存吗？其实是不一定的，别忘了这是虚拟化的环境，VM 所有的资源都是被分配而来，既然是大家一起被分配，就会有资源竞争与资源不足的问题。Guest OS 自己所看到的不一定是真的。这个问题将会在下一章中进行探讨。

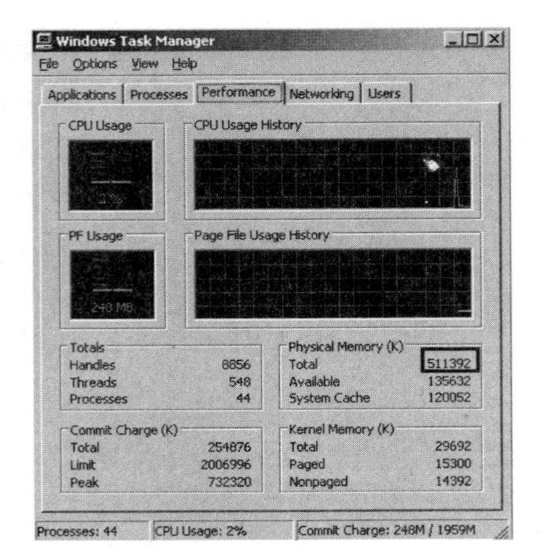

图 6-112

Disk Hot Extend 实践

如果我们希望的是，VM 硬盘空间变大呢？当 OS 硬盘空间不够用时，有没有办法在不中断运行的情况下，直接加大硬盘空间容量？

没问题。这也是虚拟化的好处之一，现在就来看怎样在线扩增 Virtual Disk。

1. 在 VM_A 的 Virtual Hardware 里，可以看到目前有一个 Virtual Disk，可以随时单击 Add 按钮新增第二个 Virtual Disk 给它（占用另一个 SCSI ID），但是我们现在是要将原来的 Virtual Disk 变大，所以不采用这种方式，如图 6-113 所示。

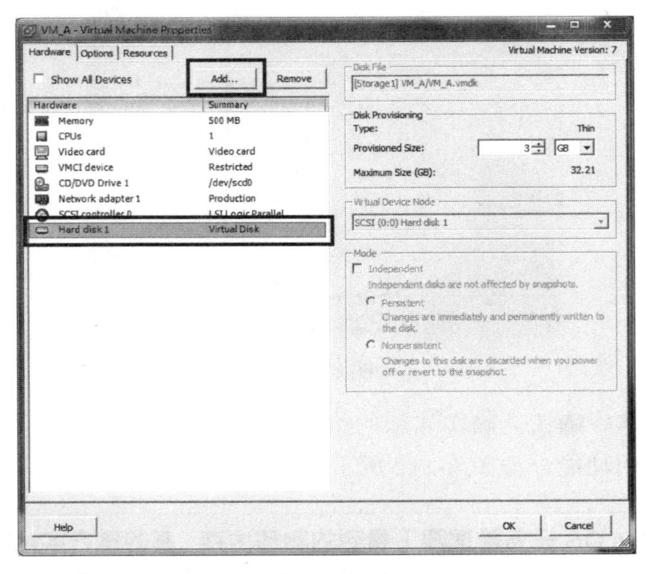

图 6-113

2. 在 VM_A 目前正在运行的状态下选中 **Hard Disk 1**，然后在右侧将原本 **3GB** 的硬盘空间大小改成 **5GB**，单击 **OK** 按钮，如图 6-114 所示。

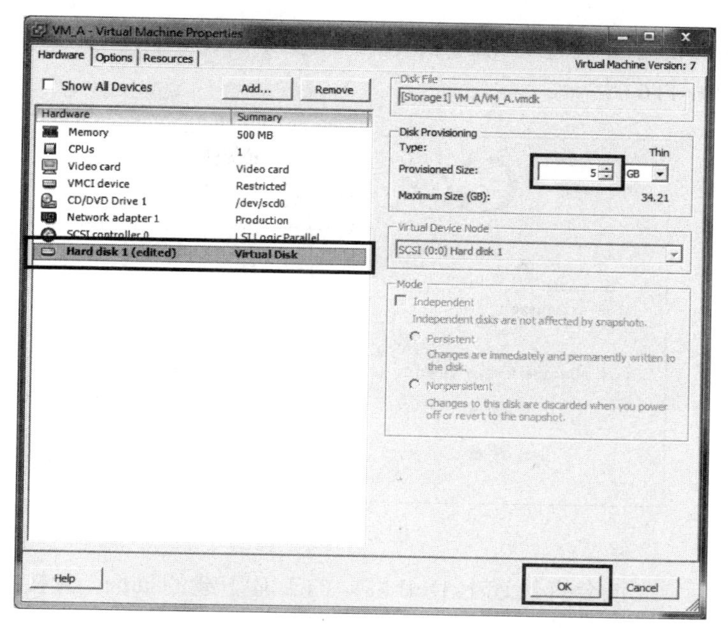

图 6-114

3. 立即查看 VM_A 的磁盘管理，发现除了原本 3GB 容量的硬盘空间，果然出现了额外的 2GB 未配置空间。如果此时将它格式化，就会变成另一个分区（Partition）。如果是想要将 C drive 容量变大，则必须要在 OS 下使用磁盘分割与合并的工具才行（例如微软的 Diskpart）。下面要介绍一个好用的免费工具，由 Dell 提供，可通过网络下载，如图 6-115 所示。

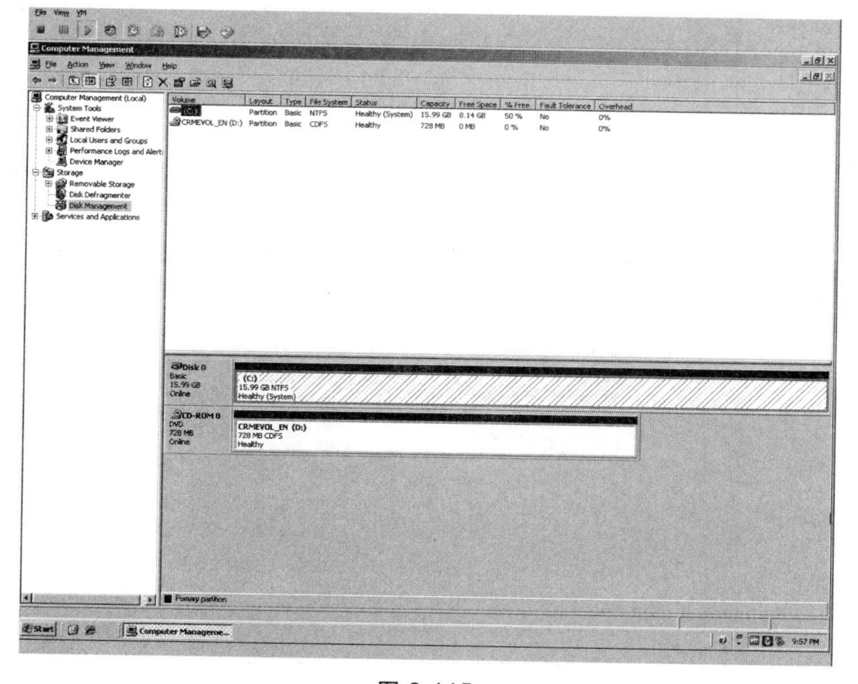

图 6-115

4. 使用可以上网的计算机连上 Google 搜索，输入 **dell extpart**，单击“手气不错”按钮，如图 6-116 所示。

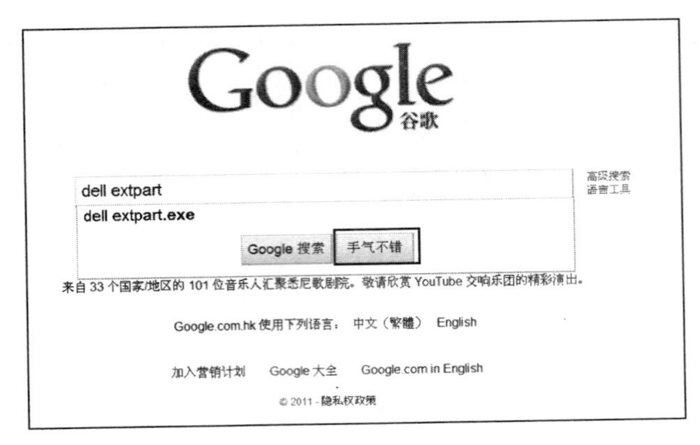

图 6-116

5. 没有意外的话，应该会直接连上 Dell 网站的工具下载的页面，直接单击 **Download** 按钮即可，如图 6-117 所示。

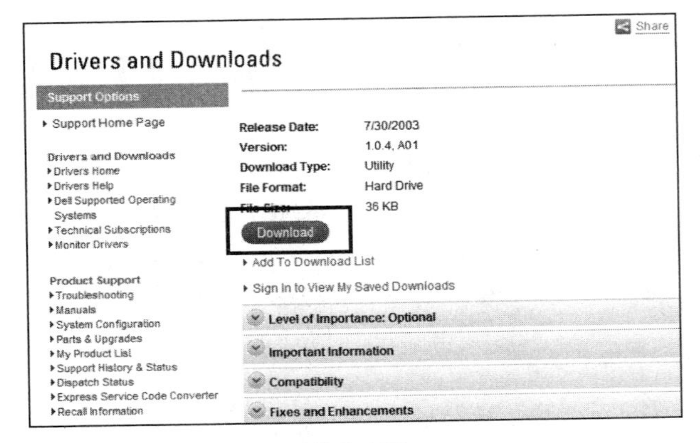

图 6-117

6. 文件非常小巧，下载完成后放置到 vSphere in a box 的个人电脑上，然后打开共享文件夹共享，如图 6-118 所示。

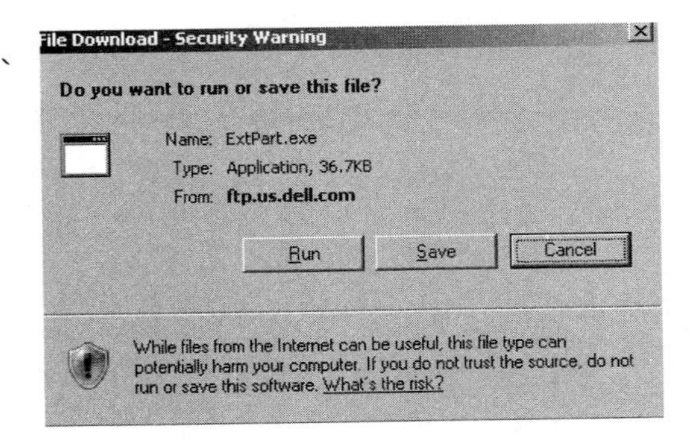

图 6-118

7. 再来到 VM_A 的 Console（或用 RDP 远程桌面联机到 VM_A），然后通过网络分享，运行 **ExtPart.exe** 解压缩，将这个工具放到 VM_A，如图 6-119 所示。

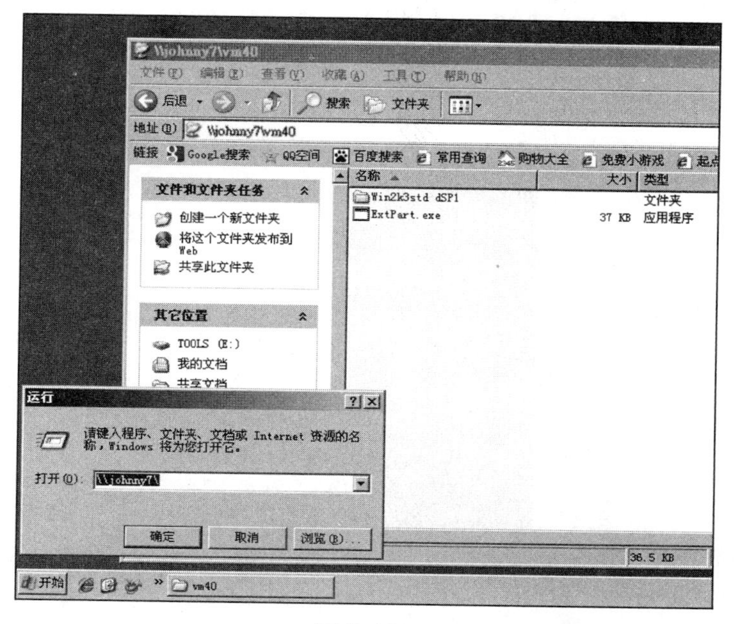

图 6-119

8. 解压缩路径使用默认值即可，单击 **Unzip** 按钮，如图 6-120 所示。

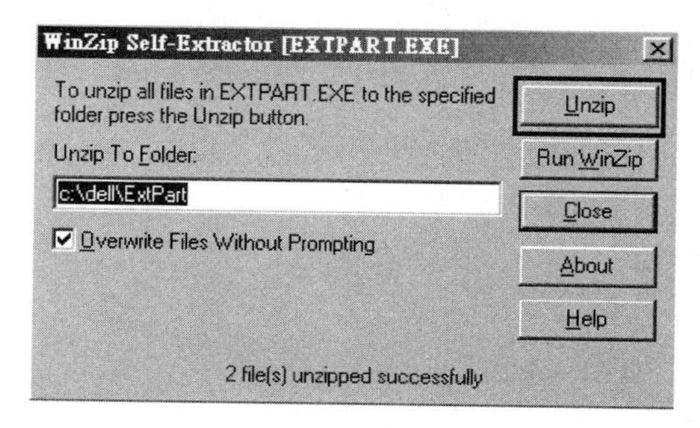

图 6-120

9. 完成解压缩，如图 6-121 所示。

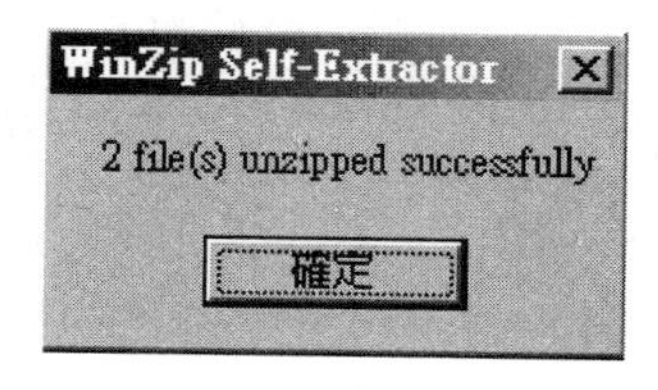

图 6-121

10. 请到解压缩完成的路径下双击 **extpart.exe**，如图 6-122 所示。

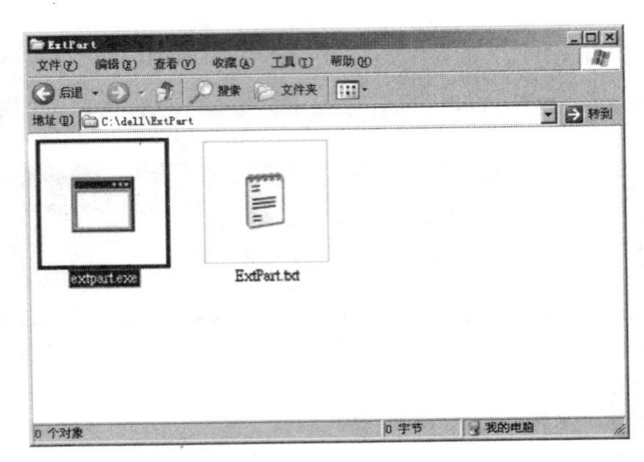

图 6-122

11. 出现命令行模式，要求输入想要扩展分区磁盘驱动器代号的界面，如图 6-123 所示。

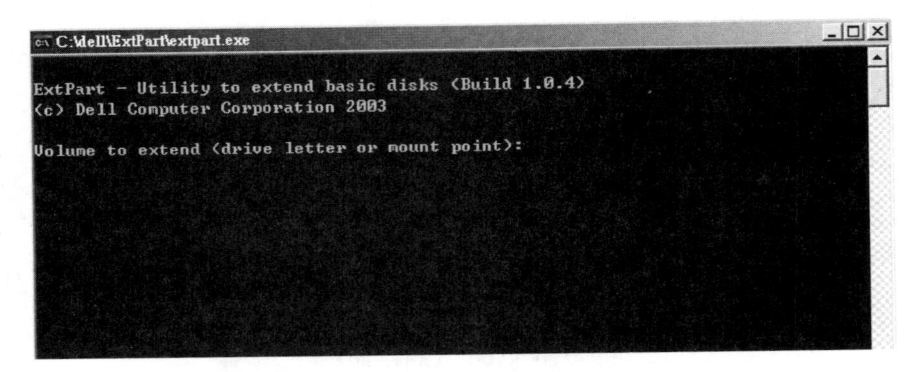

图 6-123

12. 我们要让 VM_A 的 C 分区由 3GB 扩增成 5GB，所以请输入 **c:**，按 **Enter** 键，如图 6-124 所示。

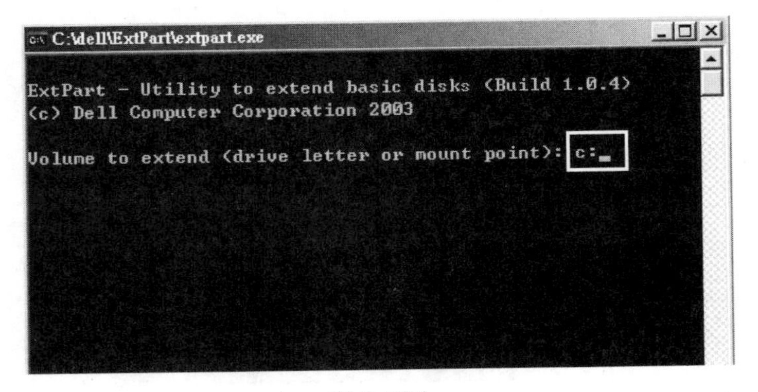

图 6-124

13. 出现了目前 VM_A 的 C 分区容量信息，然后要求输入要扩增的容量，请输入 **2000**，单位是 MB，按 **Enter** 键，如图 6-125 所示。

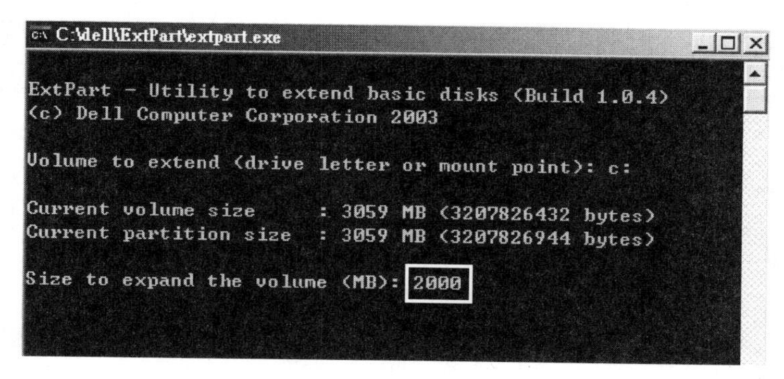

图 6-125

注：请注意这里输入的不是 5000，因为本来 C 驱动器就已经是 3GB 了，我们将 VMDK 变大成 5GB，所以会有 2GB 未分配空间，而 C 驱动器要扩展的就是 2GB。

14．到磁盘管理中来看一下，果然发现 C 分区已经变成 5GB 硬盘空间了，如图 6-126 所示。

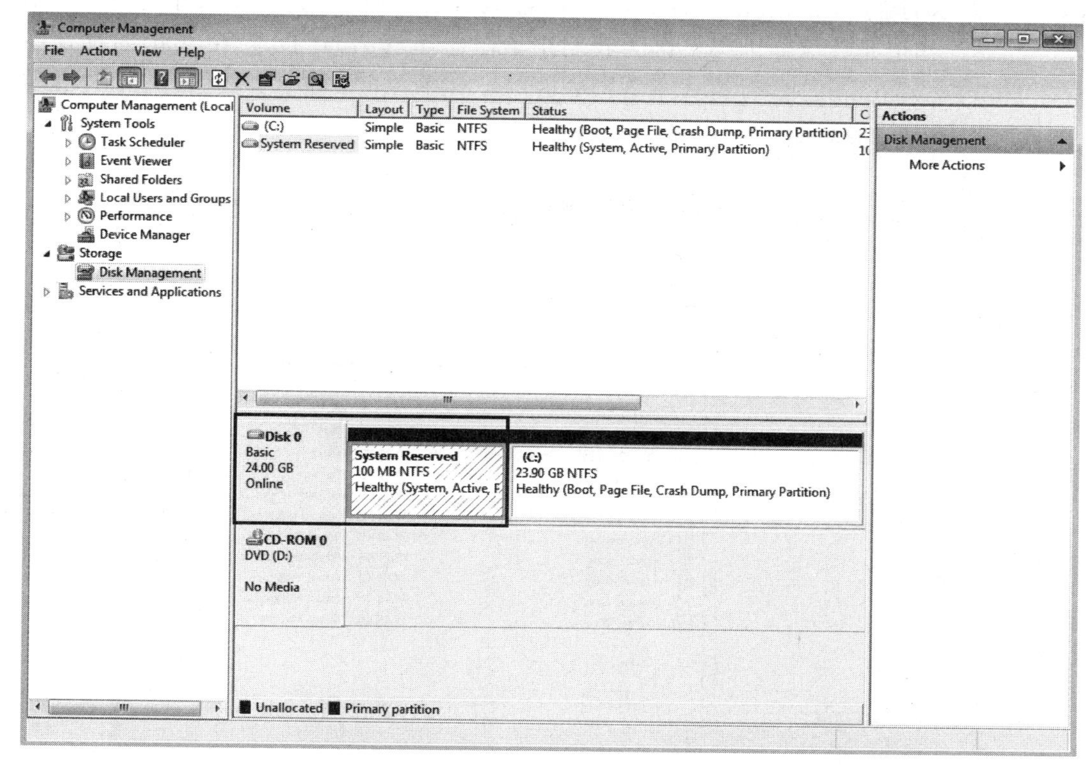

图 6-126

15．在我的计算机里，发现 C 分区确实变成 5GB 了，如图 6-127 所示。

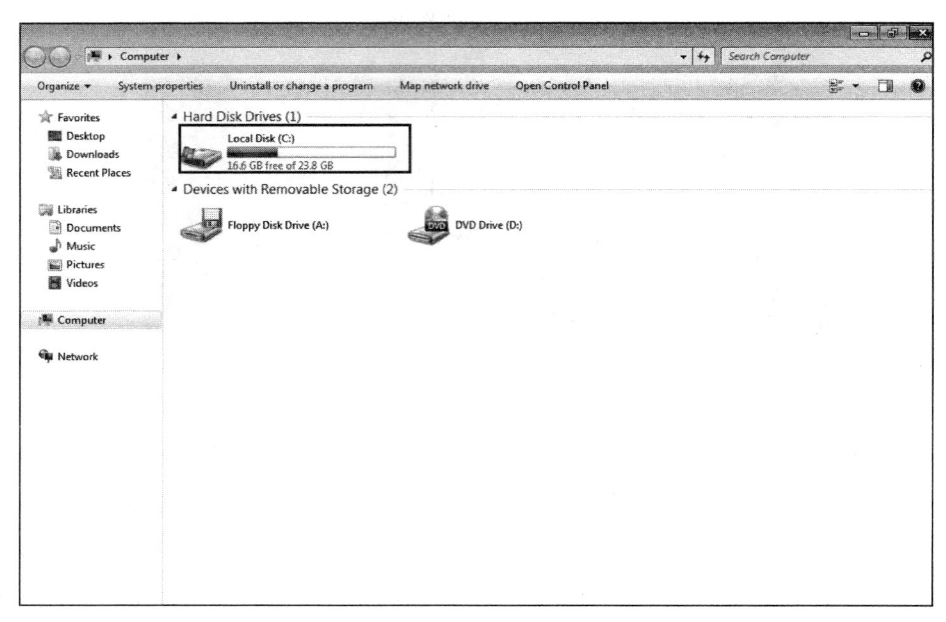

图 6-127

16. 再到 ESX01 的 local Storage 查看 VM_A 的 VMDK 文件。目前 Size 大小还是 1.3GB 左右，知道是什么原因吗？因为我们稍早在选择 Virtual Disk format 时都是用 Thin Provisioning，这种格式不会预先占用 VMFS 空间，放多少数据进去，VMDK 才会增加多少容量，如图 6-128 所示。

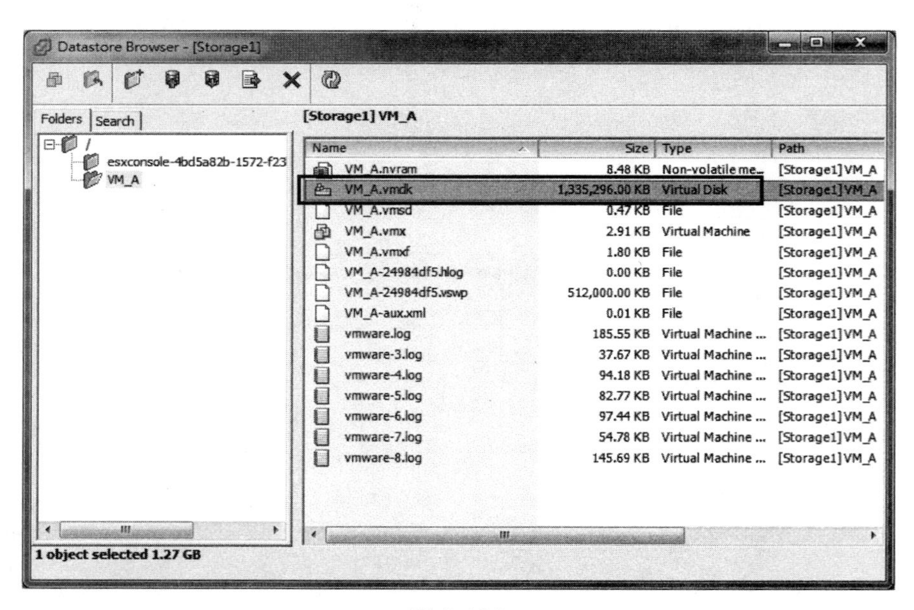

图 6-128

17. 要改成 Thick 格式也很简单，选中 VMDK 并右击，再选择 **Inflate**，如图 6-129 所示。

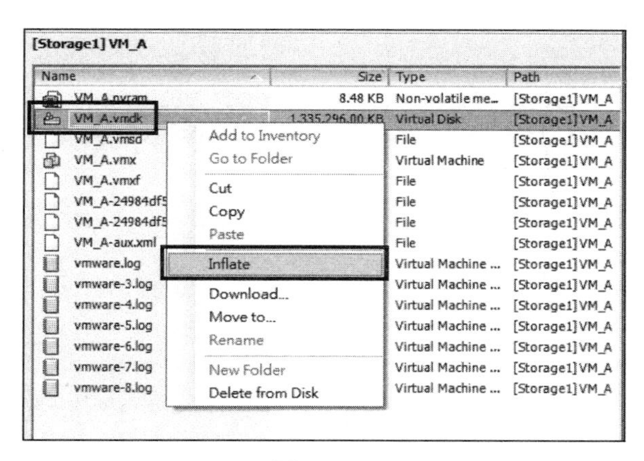

图 6-129

注 1： 注意要将 VMDK 由 Thin 格式改成 Thick 格式，必须要将 VM 关机才能 Inflate，否则转换会失败。

注 2： 由 Thick 转成 Thin 则不能直接转换，必须以 Clone 另一个 VM 或先转成 Template 的方式，才能选成 Thin。或是采用 Storage vMotion，运行时可以选择 Virtual Disk 格式，这是比较快速的方法。

6-6 ESX/ESXi host 的移除与 VM 的删除

1. 如果在 vCenter 里将 ESX/ESXi host 移除，会造成什么样的结果呢？在 ESX 运行的 VM 又会产生什么影响？我们将 ESX01 从 vCenter 移除试试看。选择 **ESX01** 并右击，选择 **Remove**，如图 6-130 所示。

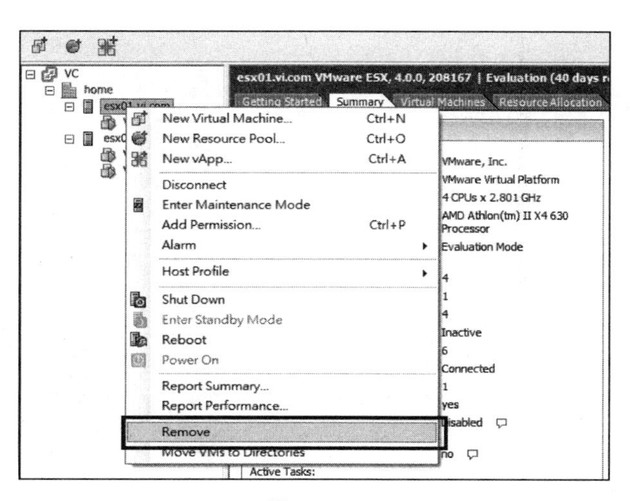

图 6-130

2. 询问是否确实要移除 ESX01 host，单击“是”按钮，如图 6-131 所示。

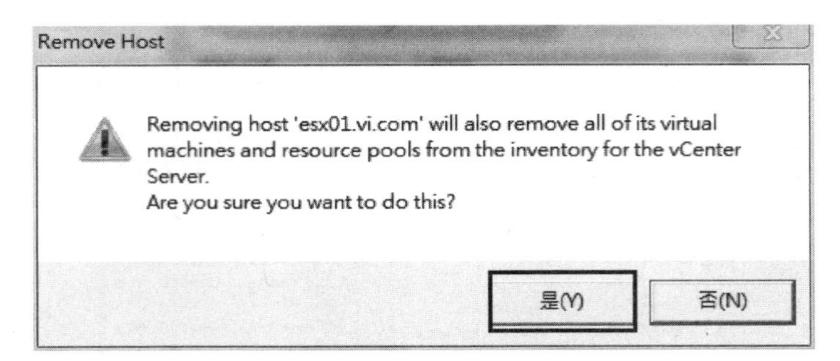

图 6-131

3. 移除 ESX01 后，现在 vCenter 只剩下 ESX02 了，如图 6-132 所示。

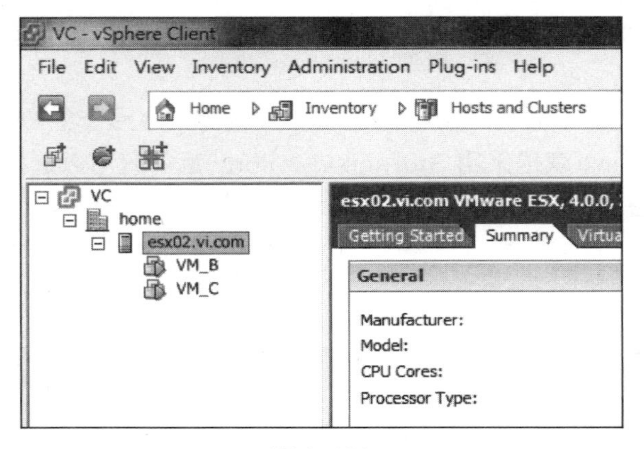

图 6-132

4. 立即 ping 一下 VM_A，结果有响应，VM 正常运行中，如图 6-133 所示。

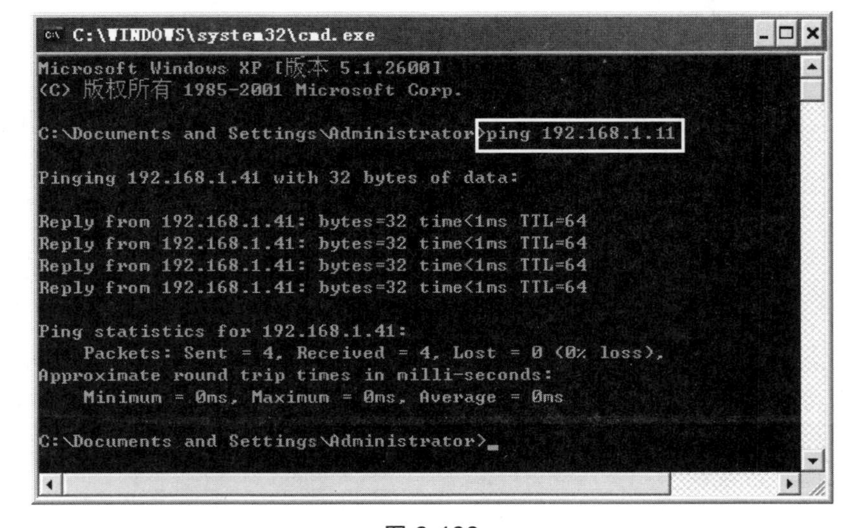

图 6-133

5. 再来 ping 一下 ESX01 host，也是有回应，正常运行中，如图 6-134 所示。

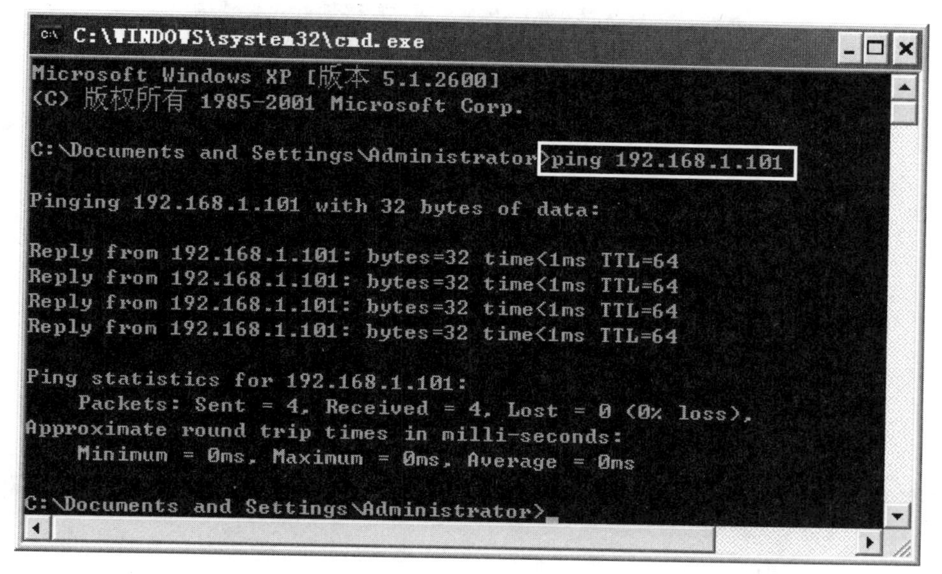

图 6-134

由此可知，Remove host 只是将这个 ESX host 从 vCenter 的数据库中将其移除，使这个 vCenter 不再去控制它而已，并不是删除了这个 host 或 VM。

6. 现在选择 Datacenter 并右击，选择 **Add Host** 再将 ESX01 加回 vCenter，如图 6-135 所示。

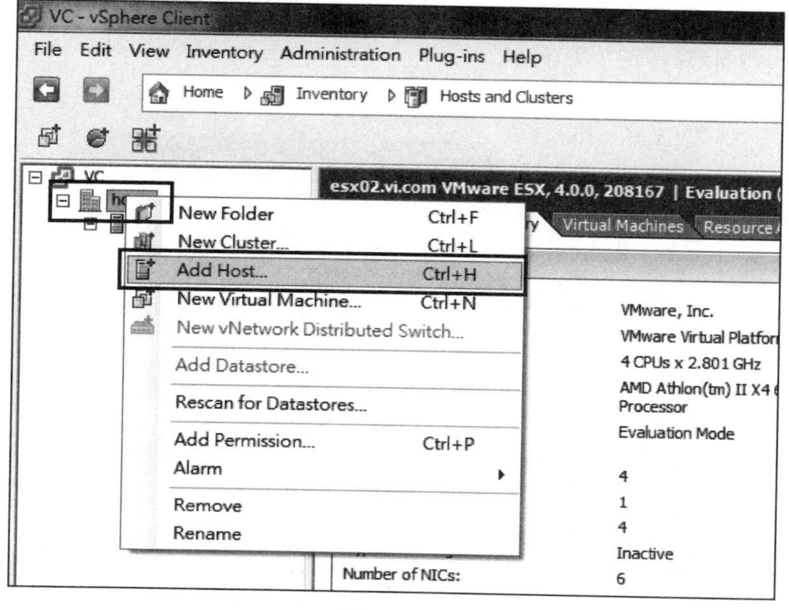

图 6-135

7. 经过 host 的 root 验证之后，就将 host 加进了 vCenter，如图 6-136 所示。

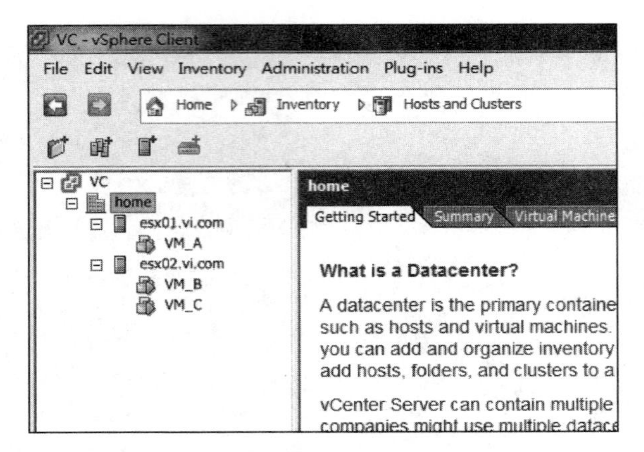

图 6-136

Q：ESX/ESXi host 可以被多个 vCenter 所控管吗？

同一时间单一 ESX/ESXi host 只能由一个 vCenter 所控制，如果数据中心的环境有多个 vCenter，host 现在想由另一个 vCenter 管制，就必须使用上述的方式，先将此 ESX/ESXi host 由原来的 vCenter 移除，再将 host 添加另一个 vCenter，这才是正确的移除/添加方式。

8. 那么 VM 在 host 里的移除与添加呢？必须先将 VM 关机，右击并选择 **Remove from Inventory**，如图 6-137 所示。

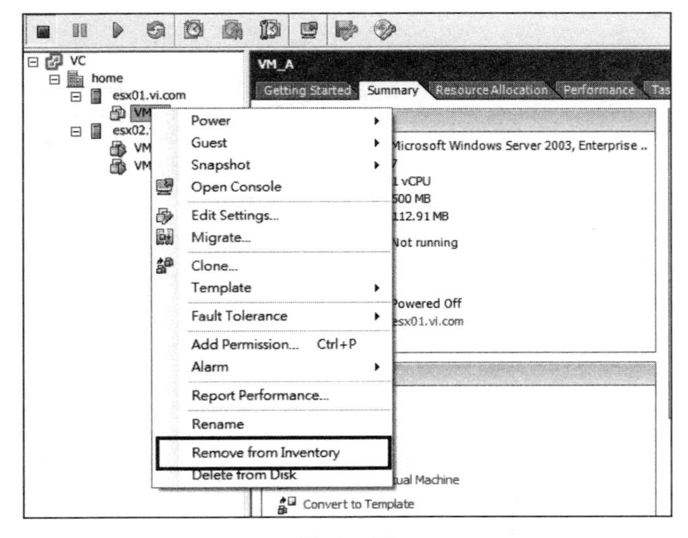

图 6-137

9. 询问是否确实要移除 VM，单击“是”按钮，如图 6-138 所示。

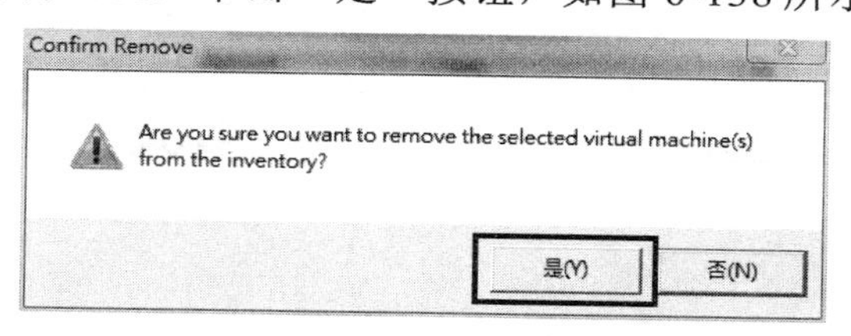

图 6-138

10. 已经看不到 VM_A 在 ESX01 host 中了，如图 6-139 所示。

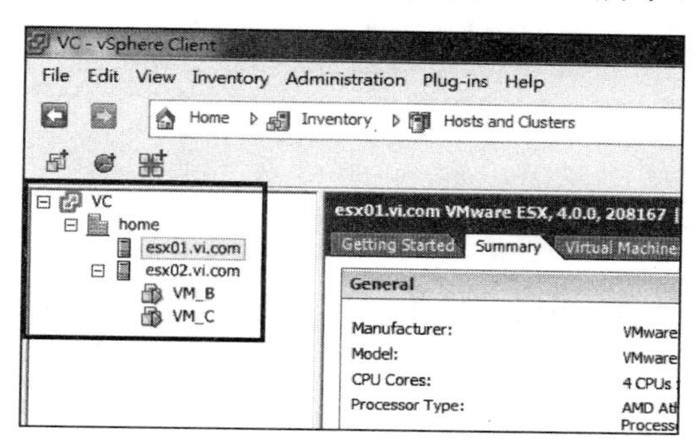

图 6-139

11. 要怎样将 VM 加到 ESX/ESXi host 呢？请到放置 VM 的 Datastore 找到 VM 文件夹，范例是 VM_A，然后选择 vmx 文件，右击并选择 **Add to Inventory**，如图 6-140 所示。

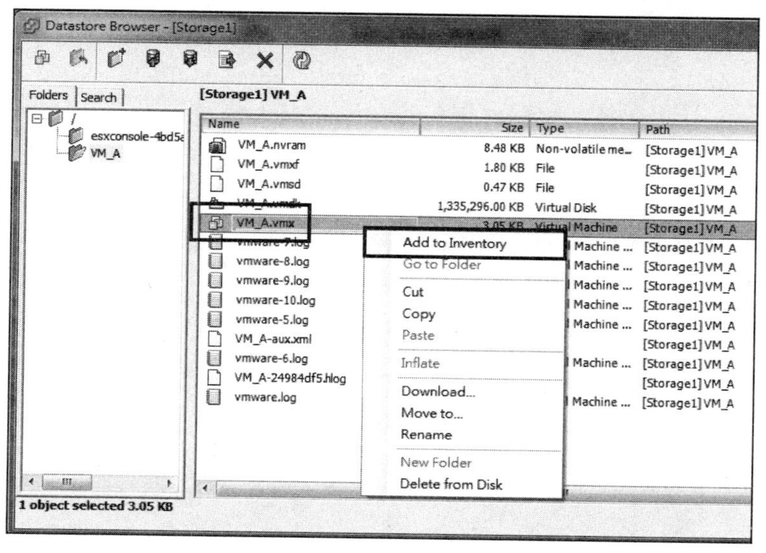

图 6-140

12. 如果要真的删除 VM 呢？请右击并选择 **Delete from Disk**。这样就会将 VM 的所有文件从 Datastore 真正地删除掉，如图 6-141 所示。

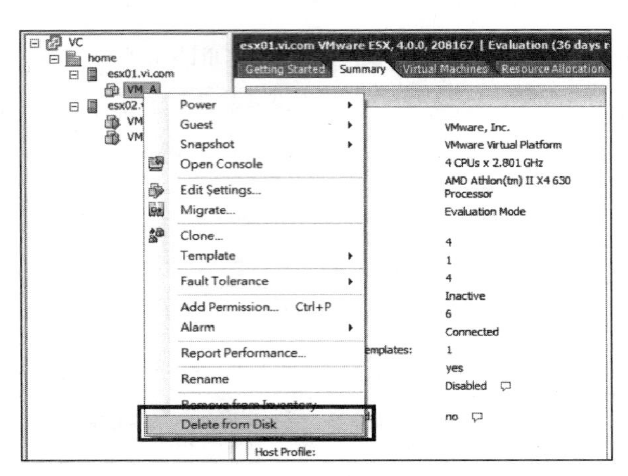

图 6-141

6-7 在线不停机的 VM 备份

上一章提到了 VM 的备份方式，目前新的做法是采用 vStorage API for Data Protection（VADP），让第三方备份软件厂商开发在线备份所有的 VM，以前的 VCB 备份方式将逐渐被替换掉。有关 VADP 的备份方式已经有多家厂商提供，如 Veeam、Acronis、Symantec 等，大部分是以 Backup Virtual Appliances 的形式存在，可以轻松地部署在 ESX/ESXi host 上。甚至 VMware 自己也提供了 VDR 供中小企业使用，有兴趣的读者可以上网搜索一下。

不过上述的备份软件厂商，虽然提供的备份方式功能强大，但都是要收费的，包括 VMware Data Recovery 也必须要购买至少是 vSphere Essentials Plus 的版本才有提供。

我们的 vSphere in a box 测试环境，由于是用单台实体计算机仿真出整个 vSphere 架构，资源相当有限。如果再去部署这些 Virtual Appliances，比较容易发生资源不够的情况。尤其一些 VA 本身还有设置要拥有一定的硬件资源，才能确保执行备份不会产生问题。例如 VDR 其实就是一个客制化的 Linux 备份服务器，以 VA 的形式部署在虚拟化环境里，来备份整个 vCenter 管控的 VM，也一定会占用实体 ESX/ESXi host 的硬件资源。

在这里要向各位介绍的是一款免费实用的备份工具，叫做 Trilead VM Explorer。不需要部署 Backup Virtual Appliances，即可用来备份运行中的 VM。免费版允许 5 个 hosts 的备份使用，但不提供排程备份。虽然不如专业备份软件厂商的功能强大，但很适合小型企业或部门，只有几部 ESXi（VMware vSphere Hypervisor）或测试环境的备份、文件快速复制，远程 SSH 联机的使用，非常容易地实现快速的在线备份。

VM Explorer 的安装与设置

1. 请使用可上网的计算机，然后连上 http://www.trilead.com，单击首页中的 **TRY IT**

FOR FREE 按钮，如图 6-142 所示。

图 6-142

2．勾选复选框，然后直接单击 **Download Now** 按钮，如图 6-143 所示。

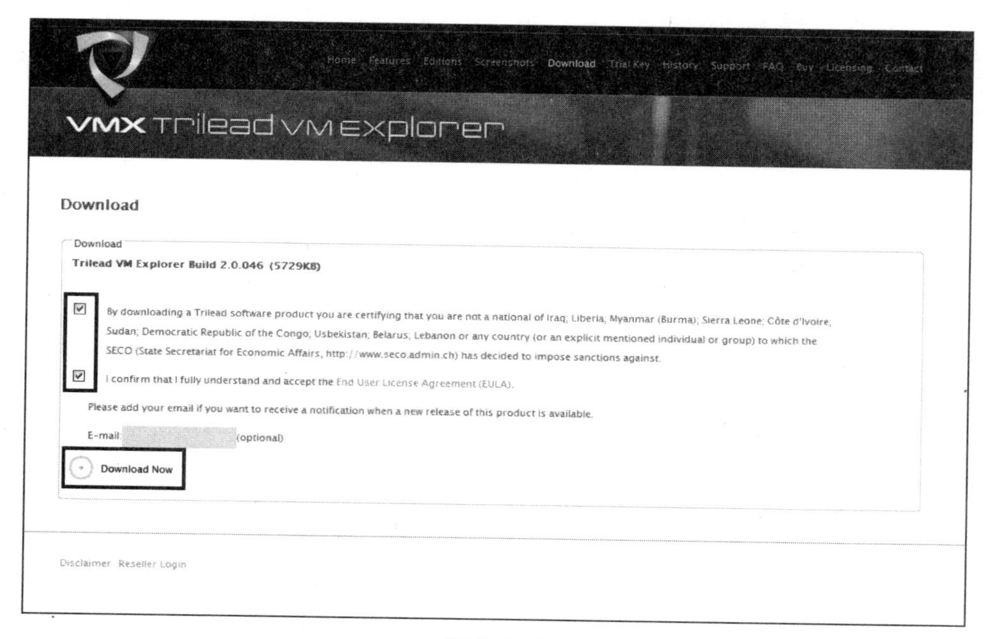

图 6-143

3．下载到目前的版本是 2.0.046，将它存储到硬盘，如图 6-144 所示。

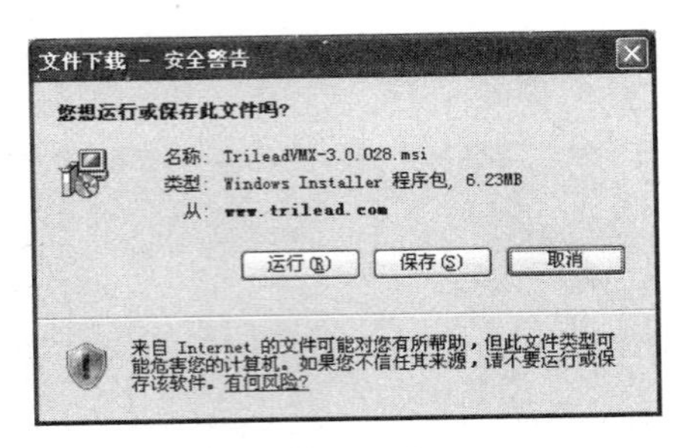

图 6-144

4. 点选上方的 History 链接，查看目前版本的功能：已经支持 ESX/ESXi 4.1 和 vCenter，如图 6-145 所示。

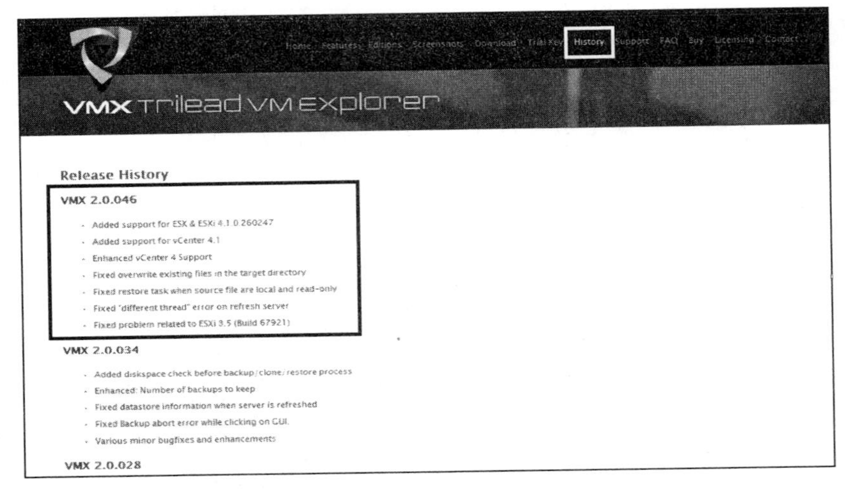

图 6-145

5. 将下载的文件放到 vSphere 测试环境的 Host OS（范例为 Windows 7）中，双击执行安装操作，一直单击 Next 按钮即可完成安装，非常简单，如图 6-146 所示。为了避免占用篇幅，此处省略安装过程。

图 6-146

6. VM Explorer 安装完成，直接双击桌面上的 VMX 图标，开始执行，如图 6-147 所示。

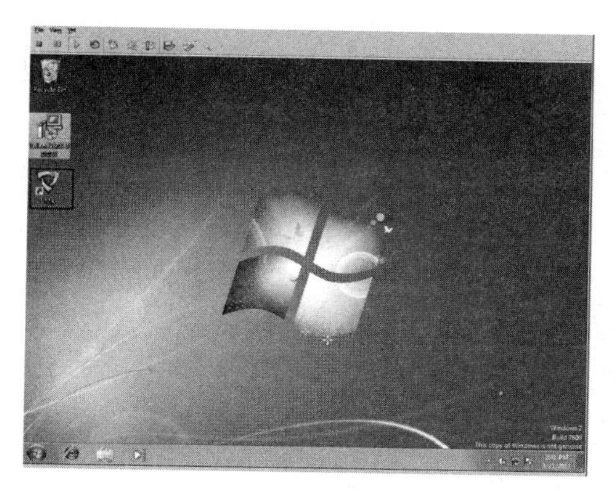

图 6-147

7. 单击 **OK** 按钮，表示不安装 License，使用免费版本，如图 6-148 所示。

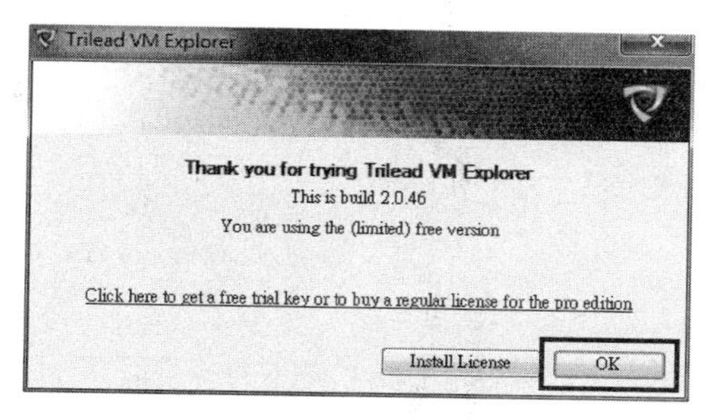

图 6-148

8. 主界面出现，选择 **Add a new Server**，如图 6-149 所示。

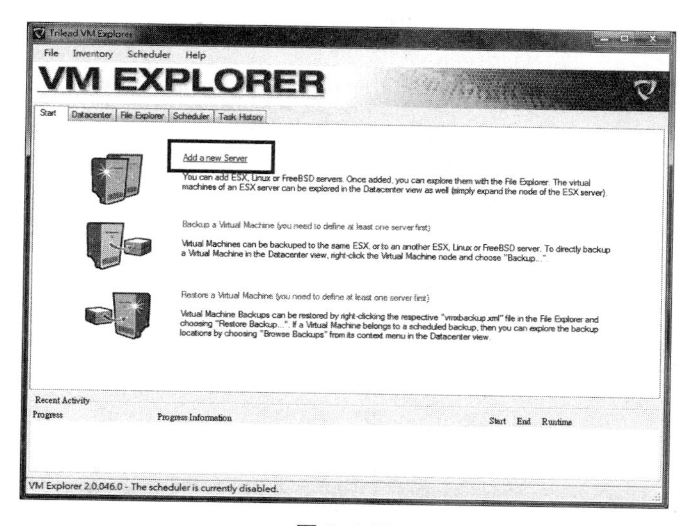

图 6-149

9. VM Explorer 2.0 版以后支持直接连接 vCenter，可以从 vCenter 搜索到 ESX/ESXi hosts。在 Display Name 文本框中输入一个名称，如 **vCenter**，在 Host Type 下拉列表框中选择 **vCenter**，然后输入 vCenter VM 的 IP 地址、administrator 账号与密码，单击 **Test Connection** 按钮来确认联机，如图 6-150 所示。

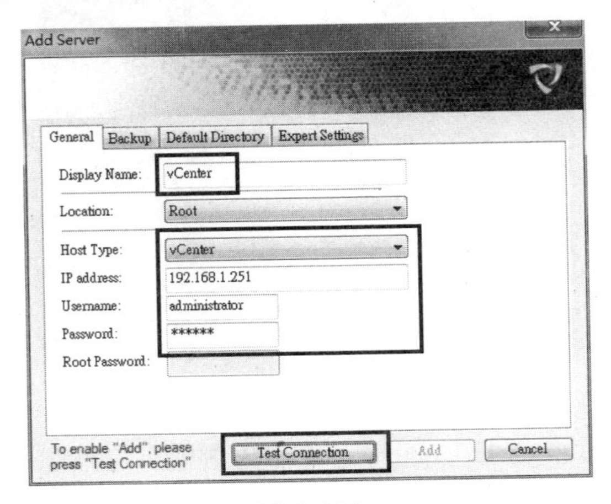

图 6-150

10. 联机测试成功，单击 **OK** 按钮，如图 6-151 所示。

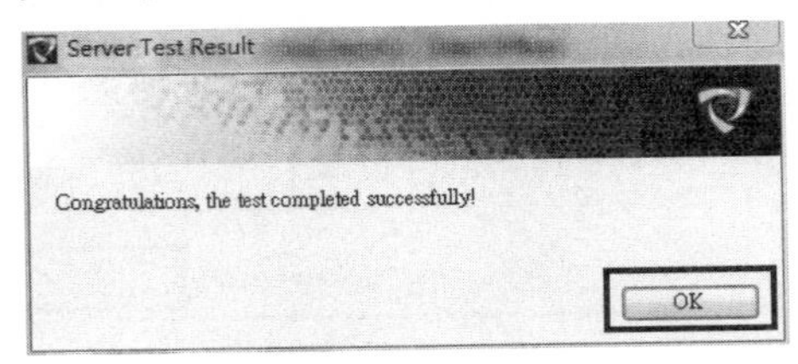

图 6-151

11. 连接成功后，即可在 VM Explorer 中看到 vCenter 主机，记得要单击 **Add** 按钮，如图 6-152 所示。

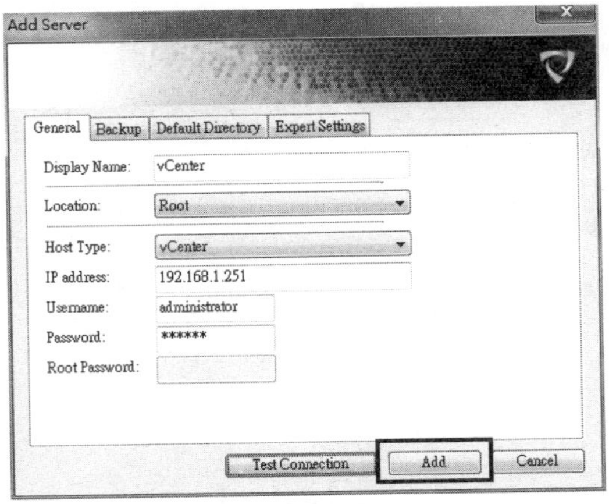

图 6-152

12. 接着将 ESX01 加入，范例 IP 为 **192.168.1.101**，账号为 **root**，输入密码，单击 **Test Connection** 按钮，如图 6-153 所示。

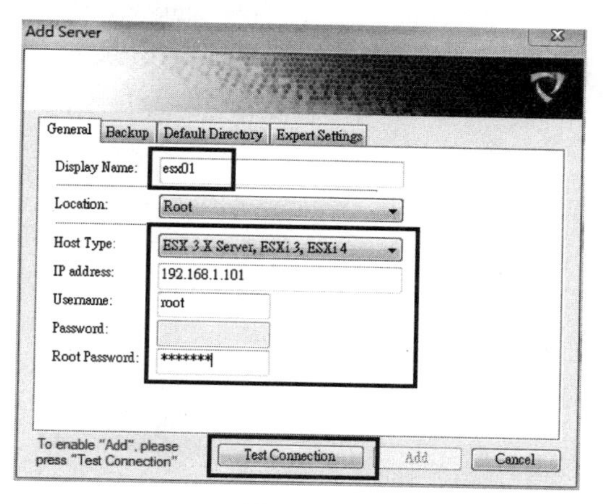

图 6-153

13. 如果出现这个界面，代表 ESX 没有打开 SSH，无法远程连入。怎么办呢？还记得第 2 章，最后告诉了各位怎么将默认关闭的 ssh service 打开。我们必须去修改 /etc/ssh/sshd_config 文件，并重启 sshd 服务，请参考第 2 章最后一段，搜索 VMware KB 的方法，如图 6-154 所示。

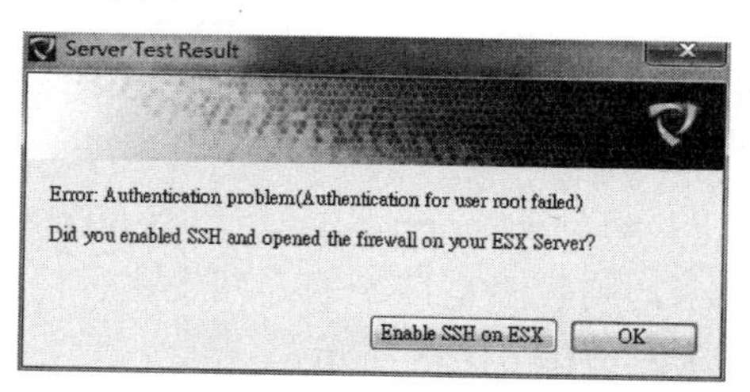

图 6-154

14. 在 ESX01 VM 里，按 Alt+F1 组合键进入命令模式，更改完成后，再次单击 **Test Connection** 按钮，如图 6-155 所示。

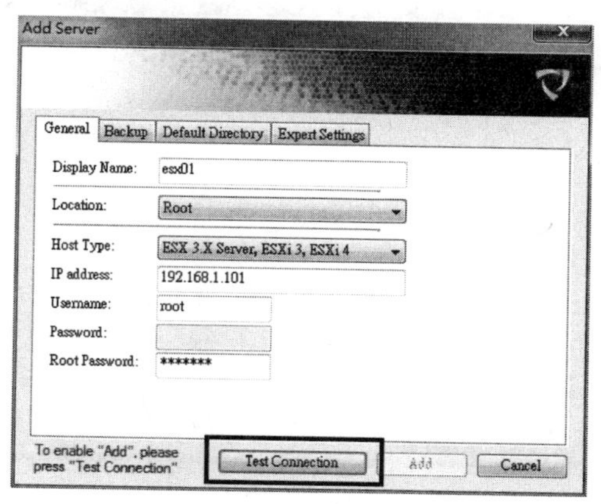

图 6-155

15． 这一次成功了，单击 **OK** 按钮将 ESX01 加入，如图 6-156 所示。

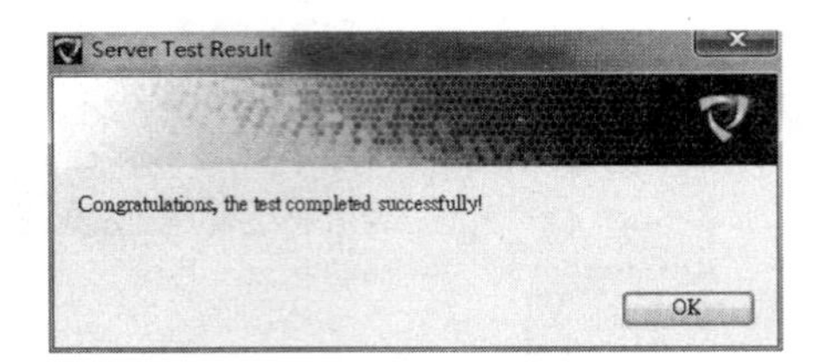

图 6-156

16． 完成后要单击 **Save** 按钮才不用每次都手动联机，如图 6-157 所示。完成 ESX01 后，记得 ESX02 也如法炮制。

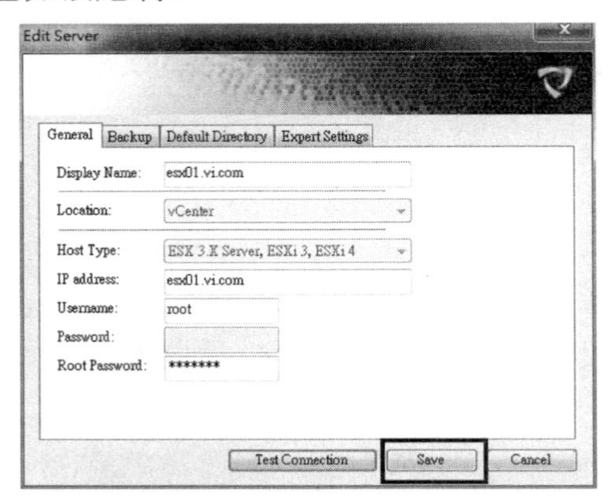

图 6-157

17． 单击 Datacenter 选项卡，看到 vCenter 和两个 ESX hosts，但如果只出现这样的界面，上面没有 VM 显示，则代表是错误的。发生这种情况，请先将 VM Explorer 关闭，再重新执行一次，如图 6-158 所示。

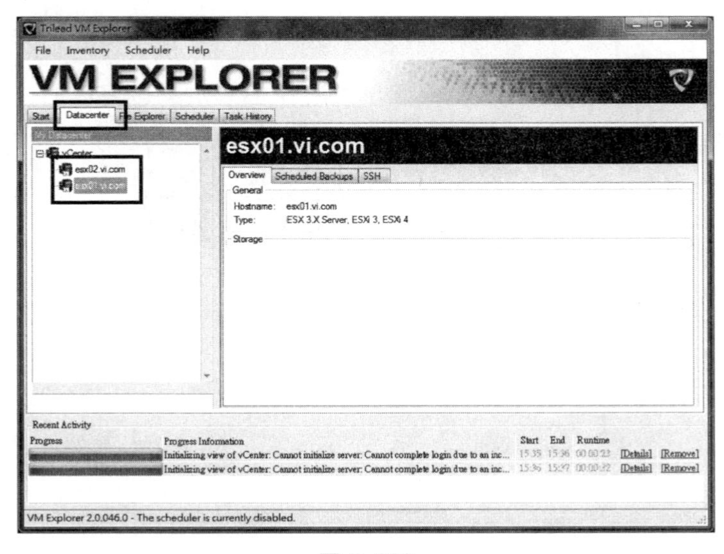

图 6-158

18． 这样才是正确的，host 下有 VM，并会显示出 ESX 的 Datastore 使用情况，如图 6-159 所示。

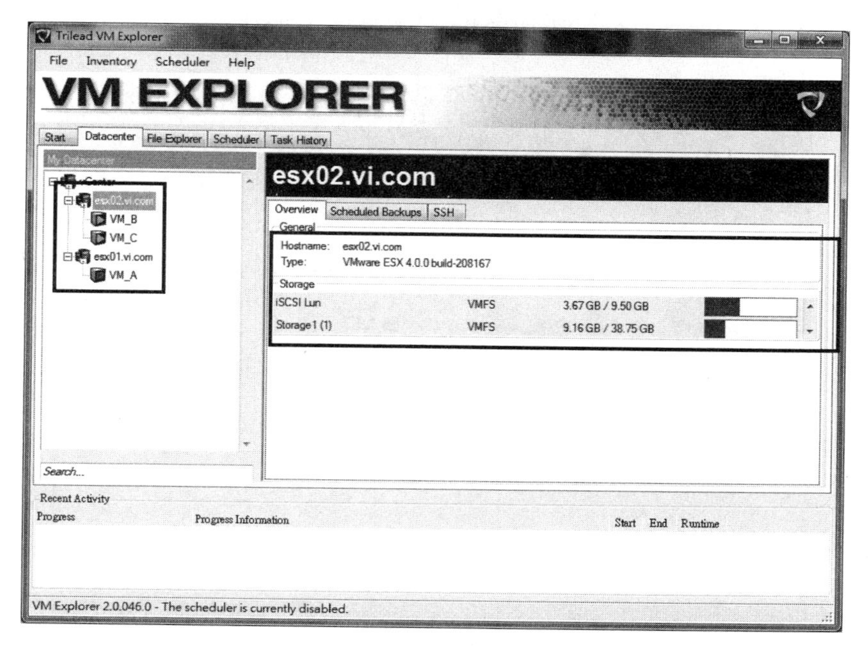

图 6-159

备份与还原 VM 实践

1． 单击 VM_B，显示此 VM 的基本信息，如图 6-160 所示。

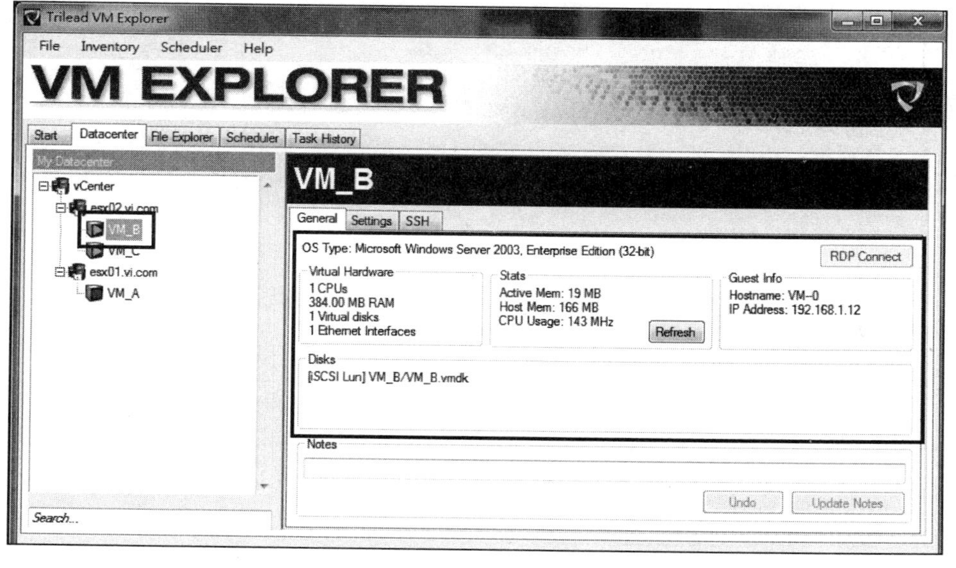

图 6-160

2．可以从 VM Explorer 这里直接通过 RDP 远程桌面联机到 VM。选择 **Settings** 选项卡，在 RDP Settings 里勾选 **Allow RDP**，输入 VM 的 IP 地址（记得 VM_B 要先进入 Windows 设置允许远程桌面联机），如图 6-161 所示。

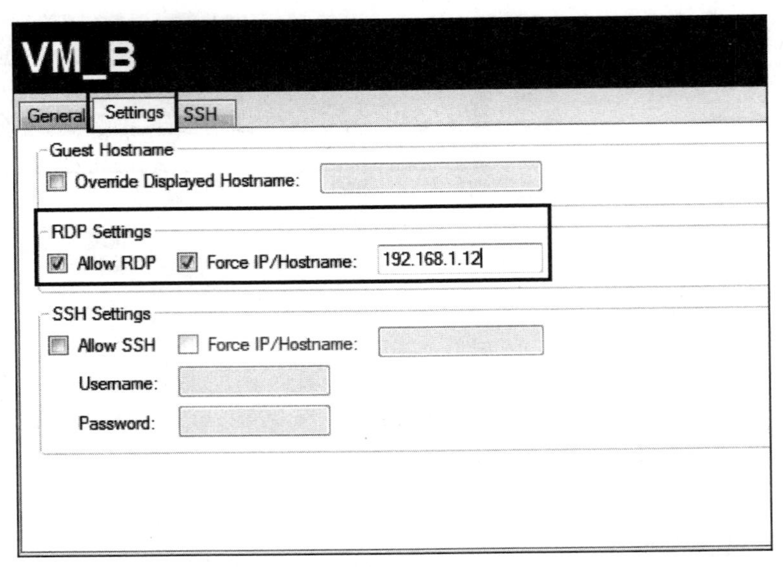

图 6-161

3．回到 **General** 选项卡，单击 **RDP Connect** 按钮，如图 6-162 所示。

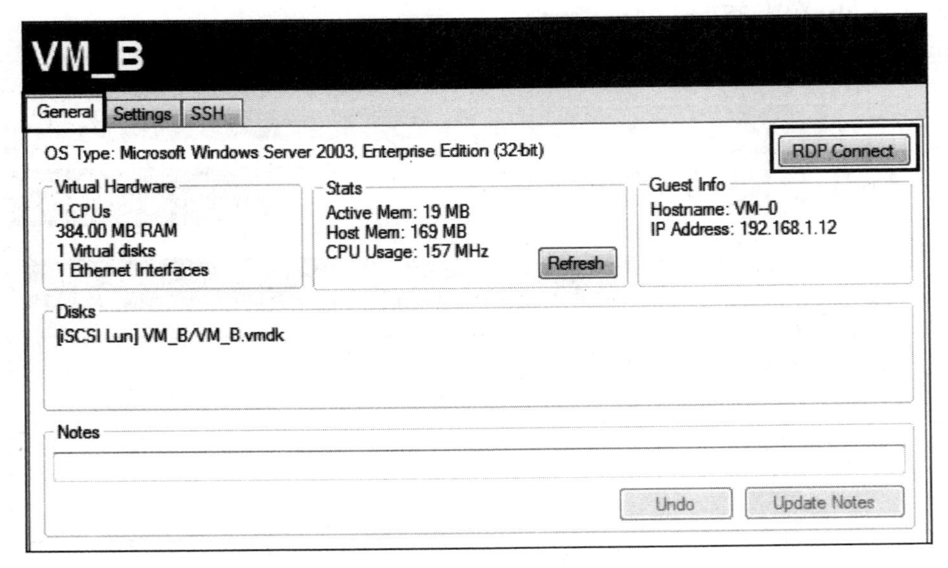

图 6-162

4．通过 VM Explorer 远程桌面联机到了 VM_B，如图 6-163 所示。

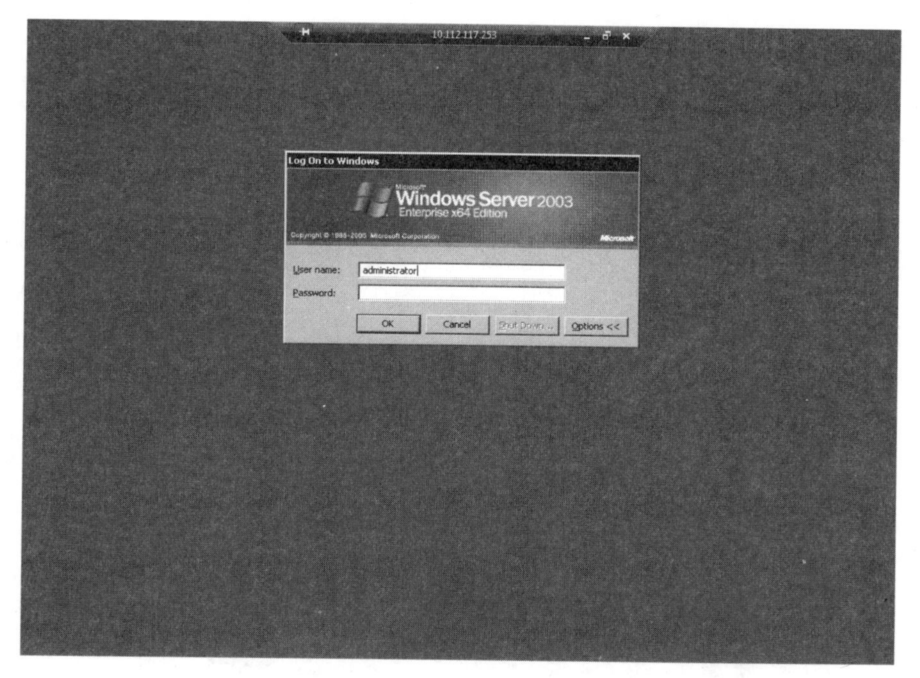

图 6-163

5. 登录 Windows 后，请在桌面上新建 3 个文件夹，如图 6-164 所示。

图 6-164

6. 将 RDP 断线，用 vSphere client 连到 vCenter，打开 VM_B 的 Console，更改桌面的背景图，范例是使用 Windows Server 2003 背景。改好后就完成了前期准备工作，

接下来要备份这个 VM 目前的状态，如图 6-165 所示。

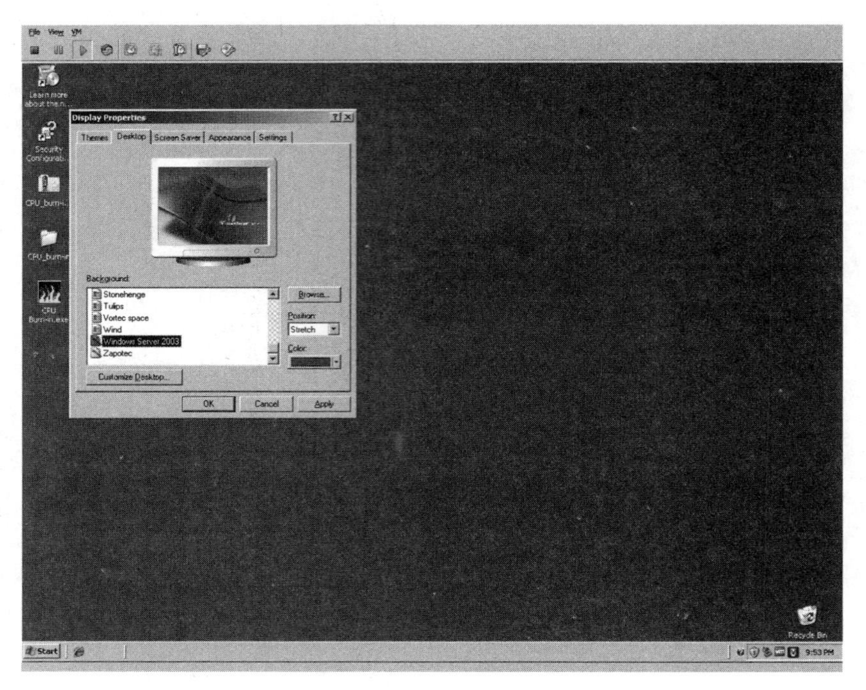

图 6-165

7. 回到 VM Explorer 中，在 **Start** 选项卡中选择 **Backup a Virtual Machine**，如图 6-166 所示。

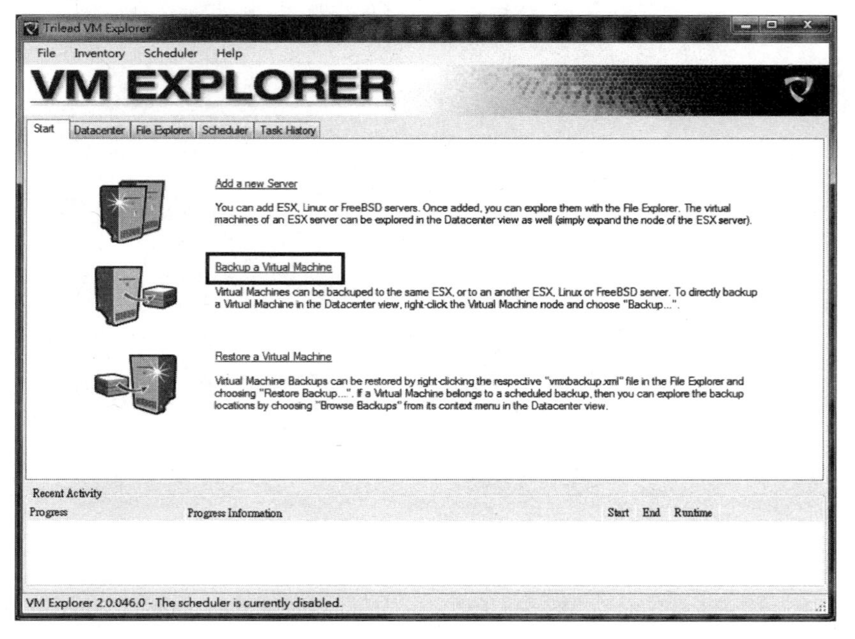

图 6-166

8. Source Host 为 **vCneter**，VM 设为 **VM_B**，Target Host 为 **Local Computer**，表示要将 VM_B 备份到安装 VM Explorer 的这台计算机上，再单击 **Choose Parent** 按钮，如图 6-167 所示。

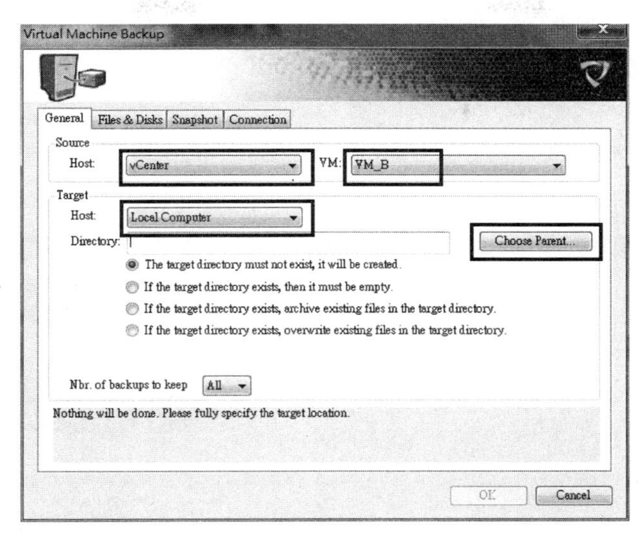

图 6-167

9. 选择文件夹，范例是 Host OS（Windows 7）中的 **V:drive**，会自动产生 **\{VM}\{DATETIME}**路径，表示备份会存放在该 VM 显示名称的文件夹中，子文件夹名称为时间，依照默认值即可，单击 **OK** 按钮，如图 6-168 所示。

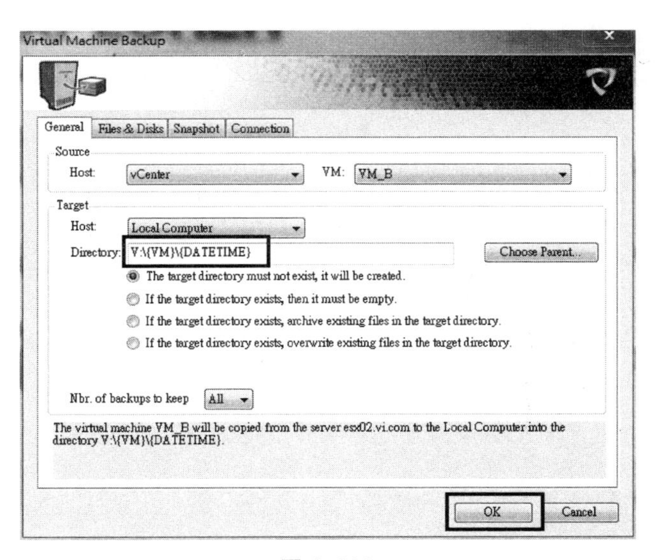

图 6-168

10. 开始备份了，测试环境备份的速度约在 2MB/s 左右，如图 6-169 所示，根据文件说明，如果在 ESX/ESXi host 中额外安装 VMX agent，可加快备份速度。备份过程中，VM 正在运行中，仍可继续操作。

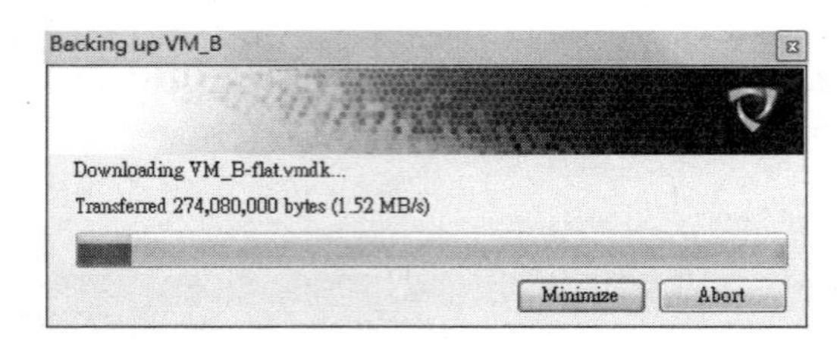

图 6-169

11. VM_B 备份完成，3GB 用了 20 分钟左右的时间，单击 **Close** 按钮，如图 6-170 所示。

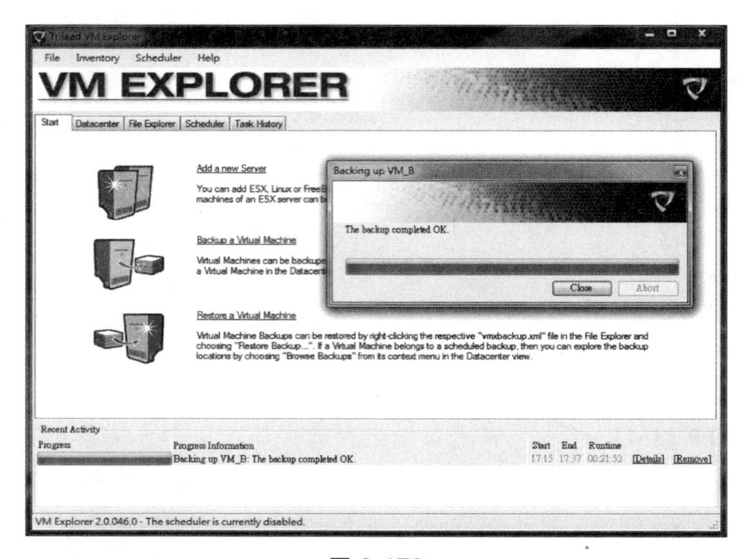

图 6-170

12. 现在在磁盘分区 V 中会看到一个 VM_B 文件夹，点进去后出现，开始执行备份时间的子文件夹，每次执行备份均会产生一个子文件夹，如图 6-171 所示。

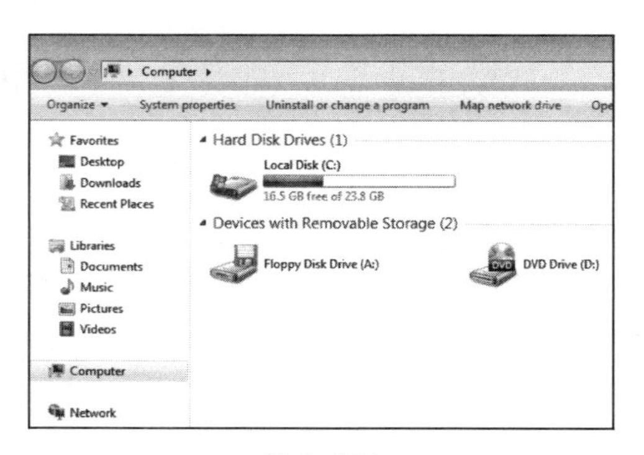

图 6-171

13. 在子文件夹中，可以看到所备份好的 VM 文件，注意看一下，果然有一个 VM_B-flat 的 VMDK 文件大小是 3GB，而 VM_B 这个 VMDK 文件非常小。这就是前面提到的，实际上真正的 Virtual Disk 容量是 flat.vmdk 这个文件。此外，还有一个 vmxbackup.xml 文件，是 VM Explorer 产生的要作为还原用途的，如图 6-172 所示。

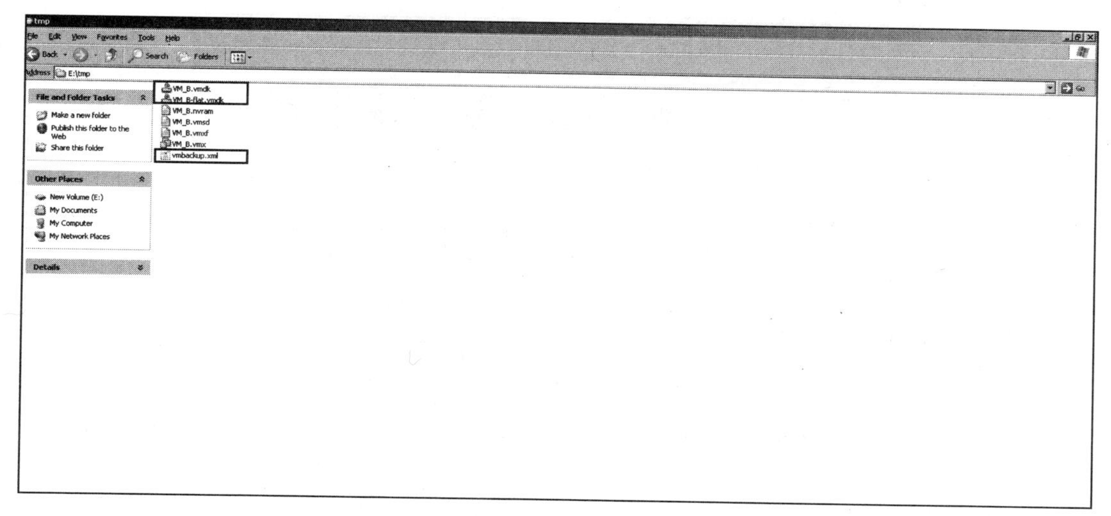

图 6-172

注：原来的 VM_B 采用的 Virtual Disk 是 Thin Provisioning 格式，大小只占用 1.3GB，但是备份出来后，发现会变成 Thick 格式，变成占用 3GB。

14. 现在 VM_B 已经有了备份，接着要在 vCenter 中将 VM_B 整个删除掉。先将 VM_B 关机，然后右击并选择 **Delete from Disk**，如图 6-173 所示。

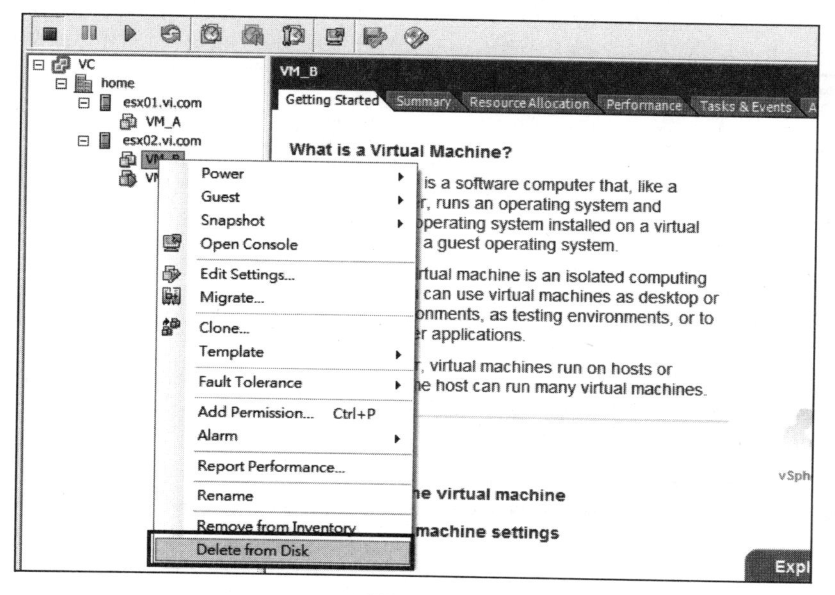

图 6-173

15. 删除后，ESX02 已经看不到 VM_B 了。再到 iSCSI Lun 中确认，确实只剩下了 VM_C 文件夹，如图 6-174 所示。

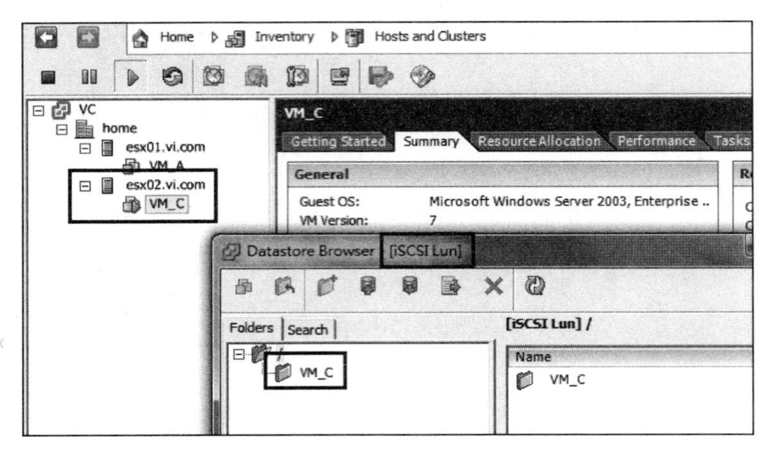

图 6-174

16. 删除 VM 后，尝试从 VM Explorer 来还原备份。在 **File Explorer** 选项卡中选择 Local Computer 的 VM 备份文件夹，找到 vmxbackup.xml 文件，如图 6-175 所示。

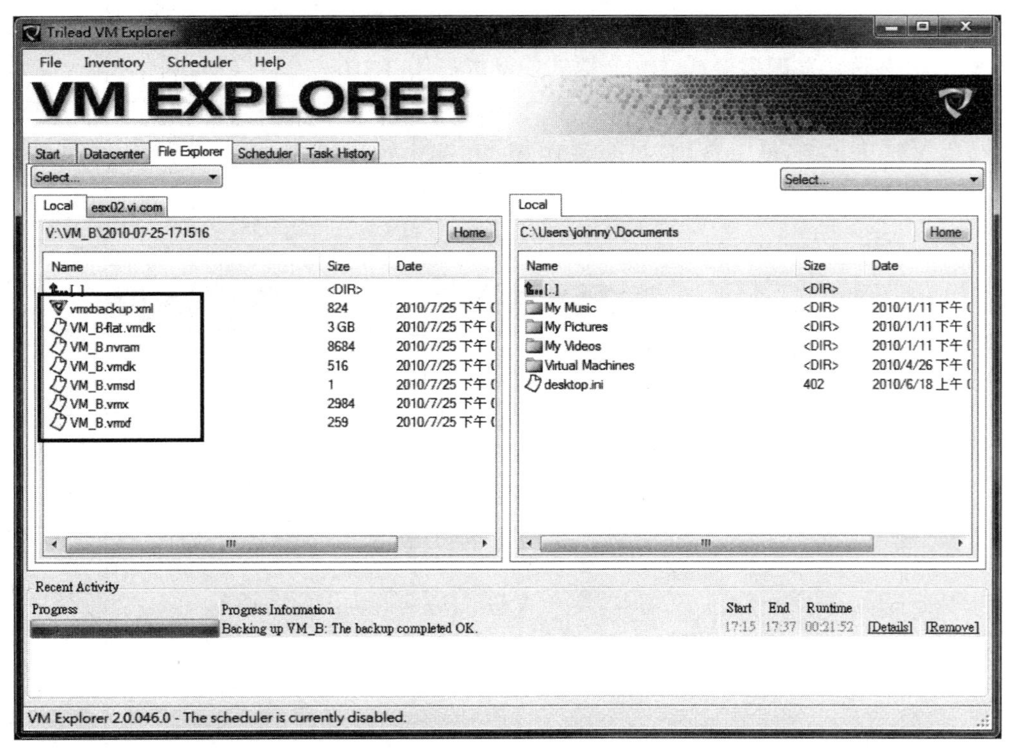

图 6-175

17. 右击 **vmxbackup.xml** 并选择 **Restore Backup**，如图 6-176 所示。

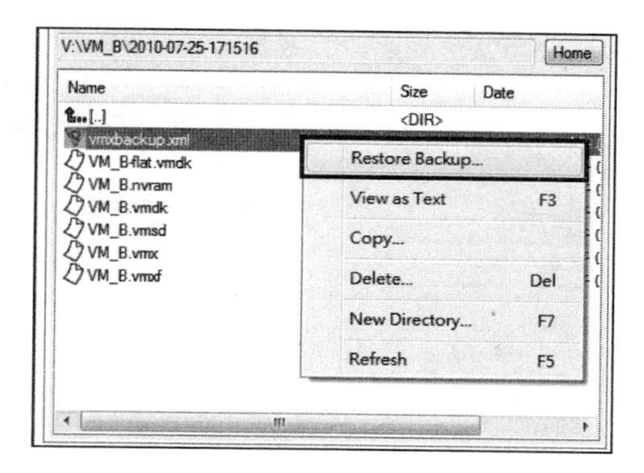

图 6-176

18． 默认还原的位置为 ESX02 的 local Storage，我们还是将 VM_B 存放在 iSCSI Lun 中，所以单击 **Choose Parent** 按钮，如图 6-177 所示。

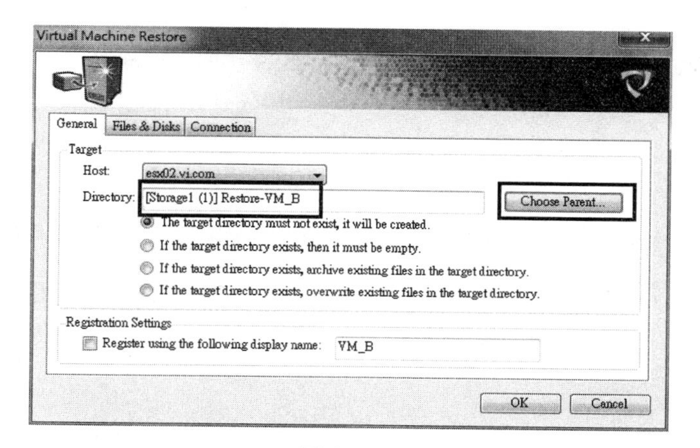

图 6-177

19． 选择要将 VM 文件还原到 **iSCSI Lun**，单击 **OK** 按钮，如图 6-178 所示。

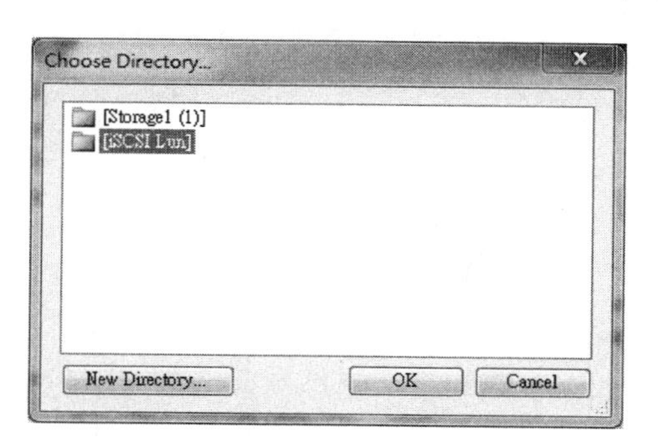

图 6-178

20． 现在 Datastore 变成为 iSCSI Lun，默认文件夹则是 Restore-VM_B，如果希望还原回去的文件夹还是 VM_B，则要将 Restore-VM_B 改掉。在此不更改文件夹设置，并勾选 **Register using the following display name**，单击 **OK** 按钮，如图 6-179 所示。

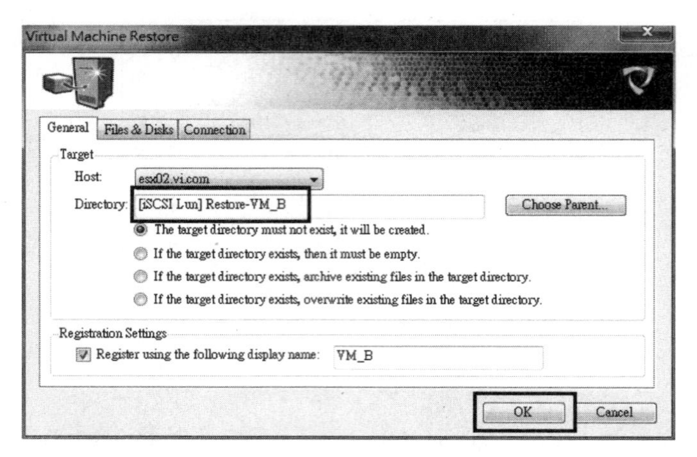

图 6-179

注：勾选 Register using the following display name，当还原 VM 文件后，VM 就会直接与 ESX host 注册，不用再手动 Add to Inventory。

---

21. 还原工作完成了，比备份时速度快很多，如图 6-180 所示。

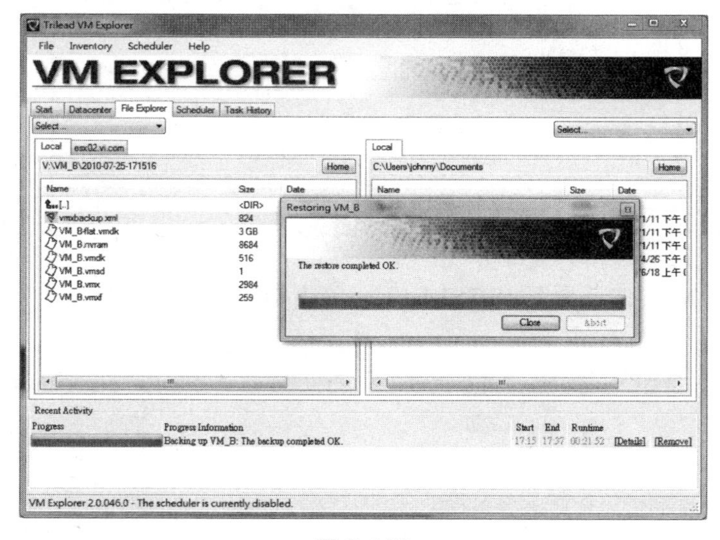

图 6-180

22. 以 vSphere Client 联机至 vCenter，果然看见 VM_B 又出现在 ESX02 host 下了，右击并选择 **Edit Setting**，单击 **Option** 选项卡，右侧显示 VM 文件的存放路径是 iSCSI Lun 的 Restore-VM_B 文件夹下，如图 6-181 所示。

23. 再看 iSCSI Datastore，VM 文件夹确实是 **Restore-VM_B**。而 VMDK 则变成 Thick 格式，不是原来 VM_B 的 Thin 格式，如图 6-182 所示。

24. 将 VM_B 开机确认是否已还原成功，单击 Power ON 按钮，出现 Virtual Machine Message 对话框，选择默认值 **I_coped it**，单击 **OK** 按钮，如图 6-183 所示。

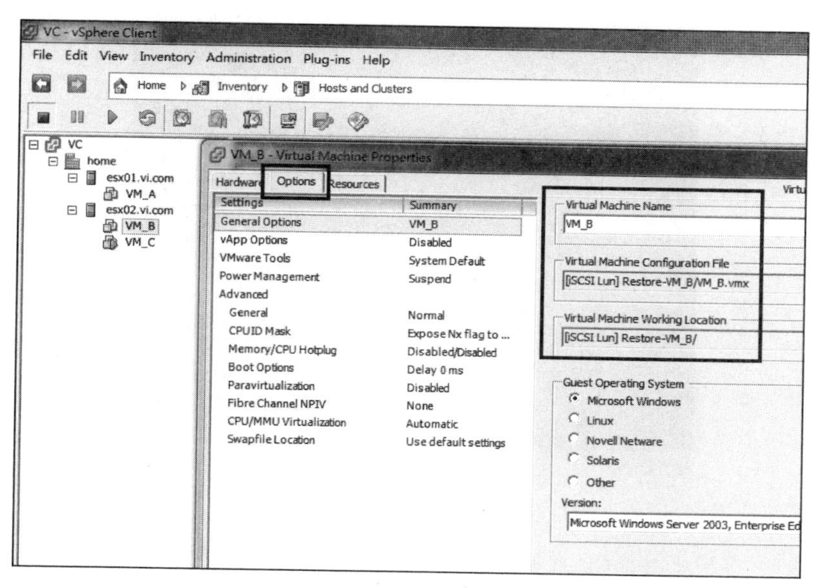

图 6-181

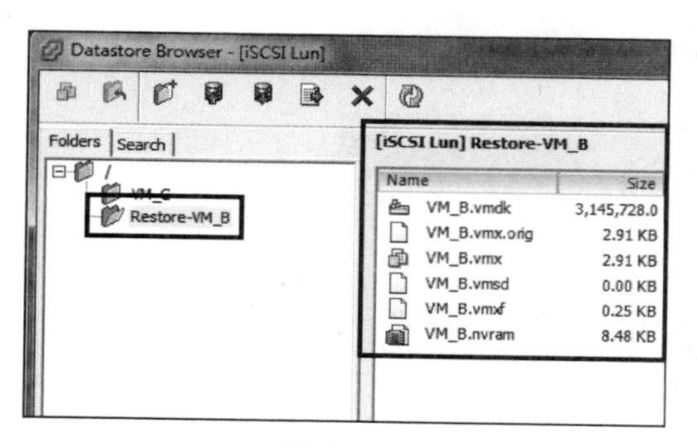

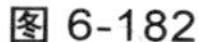

图 6-182

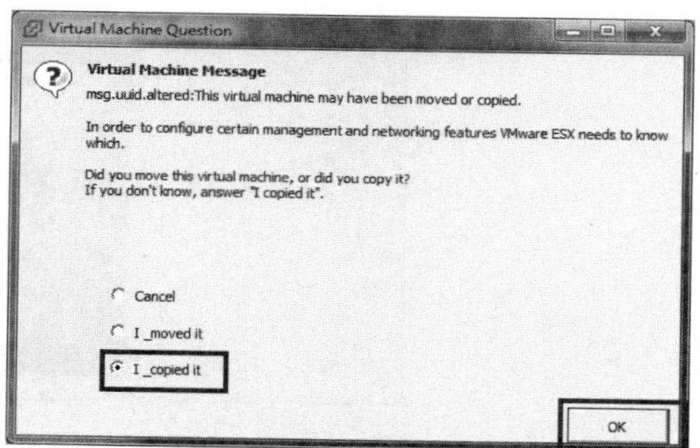

图 6-183

注：每个 Virtual Machine，都一定会有所谓的 UUID（Universal Unique identifier），并记载于 vmx 配置文件（uuid.bios 和 uuid.location），各位去看 vmx 文件，会发现默认 uuid.bios 和 uuid.location 的编码是一致的，而且 VM 的虚拟网卡 MAC address，后面六位数刚好与 UUID 相同。如果备份了一个 VM，当这个备份的虚拟机被开机后，会有 UUID 与 MAC 重复的问题。所以开机时的询问对话框决定了对这个 VM 所做的动作：

- I moved it：选择此项，vmx 文件里的 uuid.bios 不变，vNIC 的 MAC address 不变，但会产生新的 uuid.location。
- I copied it：选择此项，vmx 文件里的 uuid.bios 和 uuid.locaiton 均会改变，而且 VM 的 vNIC MAC address 也会跟着改变，与原来 VM 的不同。

25. 开机登录后，确认是 VM_B 之前的状态没错，备份与还原都成功了，如图 6-184 所示。

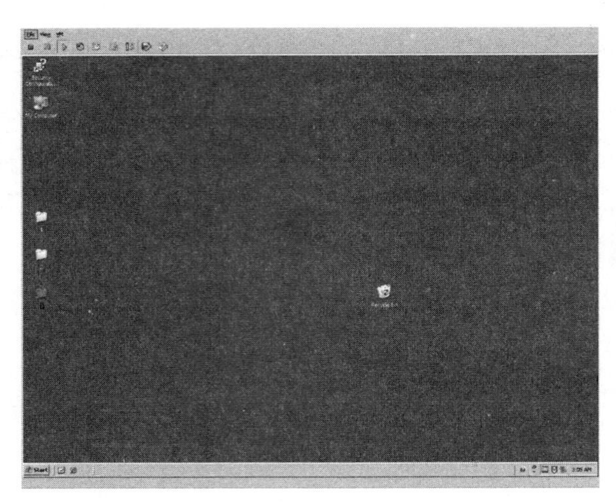

图 6-184

26. 除此之外，VM Explorer 还有其他如文件对传、SSH 登录功能等，是一款很好用的免费工具，如图 6-185 所示。

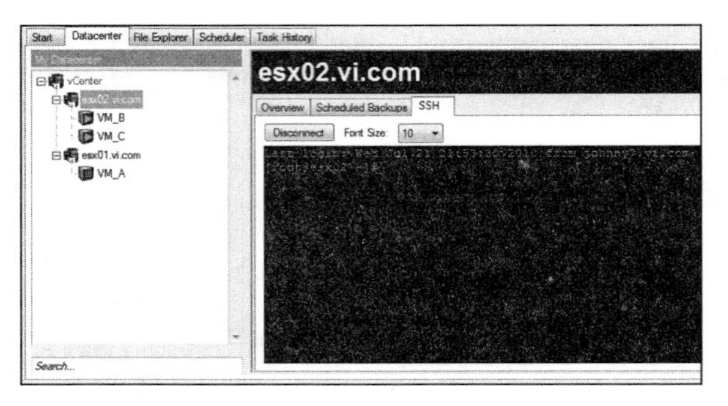

图 6-185

操作系统上所提供的各类服务与应用一直是企业数据中心的命脉，所以这第五朵云的重要性想必大家都非常清楚。将以前实体服务器整合成虚拟机之后，管理员可以直接感受到前所未有的效益和维护运行的弹性。

虚拟硬件的动态分配、可随时增减 VM 的硬件资源，需要多少才给多少。从 Template 部署大量 VM，可节省很多传统的安装 OS 的时间，有效提高效率。Storage vMotion 可让你轻松地将 VM 文件在线不停机而转换到不同的存储设备。CPU/Memory Hot Add 的功能可以直接在线扩增 VM 的内存和运算能力。在线备份与回复 VM 到任何的 ESX host 和 Storage，使数据损毁不再是一场恶梦。

还有 P2V 的工具，能帮助简单地将实体转为虚拟。再加上可随时后悔、回复时间点的快照功能，对管理员来说，管理 VM 几乎可以说是无所畏惧。想想看，以前想要做到这些功能，需要花费多少力气？虚拟化之后，一切忽然简单便利了起来，轻松实现。

现在我们拥有五朵云的簇拥，是否觉得慢慢形成了一个云团，包围整个数据中心，好像随时会漂浮起来，腾云驾雾了？好戏还在后头，我们继续看下去。

CHAPTER 7

创造你的第六朵云 - Resource Management

本章为各位介绍的主要是一些有关 VMware vSphere 虚拟化资源的重要概念，主要内容为 Virtual CPU、Memory 的工作机制，以及 VM 的资源配置基础，还要了解什么是资源池（Resource Pool）。本章的重点不在操作与配置部分，而是整个资源分配的理解。

7-1 Virtual CPU 的工作机制

实体计算资源如何分配与对应

在以往传统的运行模式中，一台实体服务器可能配备有一颗或多颗实体处理器（Physical CPU），但是却只有一个操作系统在使用这些 CPU。操作系统并非时常要使用这些 CPU 的计算功能，可能只有某段时间才需要它进行计算，过了一阵又不需要了。这种情形往往造成 CPU 大部分时间都处于闲置状态，因此处理器的使用效率不高。

有没有想过，一个数据中心有着成百上千台服务器散落于各个角落，平时这些服务器所要利用到的 CPU 资源可能都只有一整天当中的某一小段时间，其他时候，这些已开机却闲置的 CPU 资源造成了多大的浪费呢？

正因计算资源闲置的时间太长、太零散，所以如果有一种方法，可以统筹这些计算资源，通过疏导与分配的方式让很多的 OS 排队来利用这些闲置的资源，当有需要时，就来请求使用，不需要时，就不要霸占着名额不放。虚拟化就是一剂良方，可以有效提高计算资源的利用率。

首先要探讨的是 Virtual CPU（vCPU）的概念。以一个 VM 来说，当你给了它 2 颗 vCPU 时，并不代表这个 VM 真的拥有两个实体 CPU 的计算能力。因为它的 CPU 是虚拟出来的，每个 VM 上的 Guest OS 所看到的 CPU 其实都不是真的，没有实际的计算能力。那么，要如何让这个 VM 真正拥有计算能力呢？

当虚拟的 CPU 能够“对应”到一个逻辑 CPU（Logical CPU，或称为 Hardware Execution Context、HEC）时，它就真正取得了实体的计算功能。

我们知道一个实体 CPU 在同一时间，是不可能帮多个 OS 进行计算的，在一个 CPU Cycle 单位时间内，一次只能处理一个线程，没办法被切成两半，分割资源给 VM A，同时又拆分给 VM B 来使用。所以，假设我们要让一个 4GHz 的实体 CPU 给两个 VM 同时来使用，我们希望 VM A 拿到 3GHz 计算资源，另一个 VM 拿到 1GHz 计算资源，那 Hypervisior 该怎么做呢？答案就是刚刚所说的：利用虚拟“对应”实体的方式来实现这一目标。

Hypervisor 采用 CPU Mapping 的方式分配计算资源，实体 CPU 先将四分之三的时间对应给 VM A，然后再将四分之一的时间对应给 VM B，实体 CPU（或内核）一次只服务一个 VM，并且这段时间是全速来帮它进行计算。靠着时间分配快速切换于不同的 VM 之间，这样等于 VM A 掌握了 75%的计算资源，而 VM B 拿到了 25%，看起来就像 VM A 有 3GHz 的性能，而 VM B 是 1GHz。

Q: 这样分配的话，当 VM A 闲置不用时，VM B 可以达到 4GHz 的性能吗？

可以的。上面的举例，指的是当 VM 处于竞争状态时，才会按照时间比例来分配对应，一旦大家同时都要使用这个 Logical CPU 时，那就排队按照设置分配，vCPU 对应实体的时间越长，这个 VM 取得的计算资源越多，性能也就越好。

但是当 VM A 不需要实体 CPU 资源时，VM B 有需要，就不会受到限制，因为没有人跟它抢资源，这时 VM B 的性能就可以达到 4GHz。

这有点像家里有两个小孩要写作业，但是只有一支笔，两个小孩要轮流使用这支笔写作业。这时，假设两个小孩写字的速度一致，那么握笔时间 3 小时的小孩完成的作业一定比握笔只有 1 小时的小孩多。

如果今天有一个小孩，老师没有留家庭作业，另一个小孩就可以独占那只笔写作业，那么完成作业的时间自然比两个小孩轮流用笔时要短很多。

Logical CPU

Logical CPU 表示一个真实的计算单元（处理器或核），例如一颗四核的 CPU，表面上看起来是一个处理器，但是因为内部含有 4 个核（Cores），这些核都是具有实体计算性能的，所以真正的 Logical CPU 有 4 个。

图 7-1 即表示了 vCPU 与 LCPU 之间的对应关系，因为是单颗处理器但是有 4 个核，所以一个 VM 最多可虚拟出 4 个 Virtual CPU（当然也要看 OS 的限制）。

若先不考虑多个 VM 在一个实体机器上互相竞争的问题，假设单一 VM：图 7-1 例一，VM 有一个 vCPU，对应到一个 LCPU 即可计算；例二，VM 有 2 个 vCPU，必须一次对应 2 个核才能进行平行计算处理（Virtual SMP）；例三，VM 有 4 个 vCPU，必须一次对应 4 个核才能进行平行计算处理（Virtual SMP）。

假设在这个单颗 4 核的实体服务器上搭载了 10 个 VM，每个 VM 都给予一个 vCPU，那么就会有 10 个 vCPU 随时要对应这 4 个 Logical CPU 来取得计算资源，当这 10 个 VM 要使用计算资源时，通过 VMkernel CPU Scheduler 的分配来 mapping 现在闲置的 Logical CPU，取得实体计算单位的资源，假如此时 4 个 Logical CPU 都是忙碌状态，VM 就得排队，计算资源依照比重来切换给每个 VM 运行。

vCPU 必须要对应到 LCPU 才能真正拥有实体计算功能，而对应事件是无时无刻在发生的，VM 的 vCPU 对应 LCPU1，下一秒钟它不使用了，资源就释放出来给别的 VM 来 mapping，隔一分钟又需要用到了，此时 VMkernel 就会安排另一个空闲的 LCPU 来服务这个 VM。

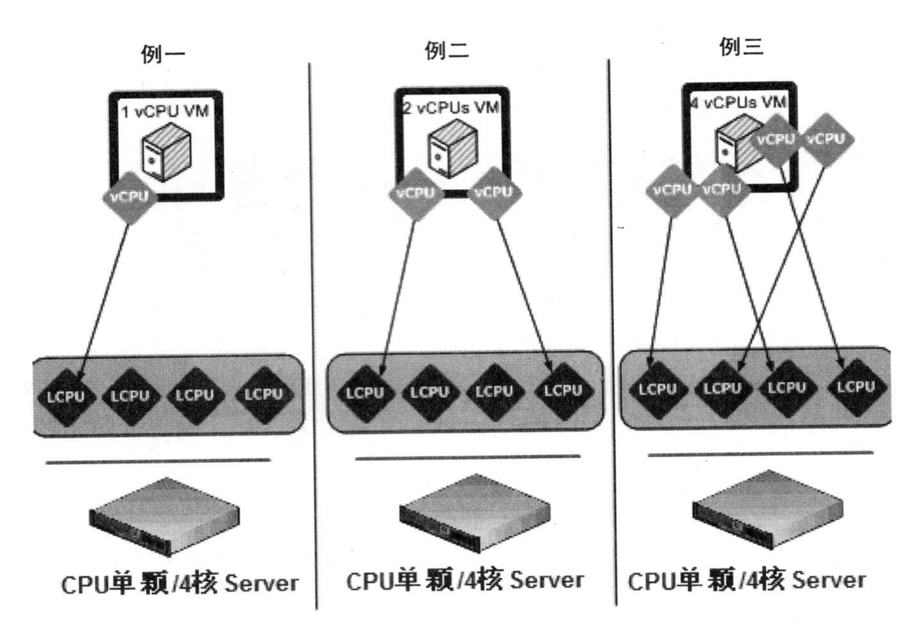

图 7-1

再看图 7-2，如果实体机器是 2 颗双核的 CPU 呢？那就是 2 个实体 CPU 乘以双核，服务器一样有 4 个 Logical CPU 可以提供给 VM 来 mapping。

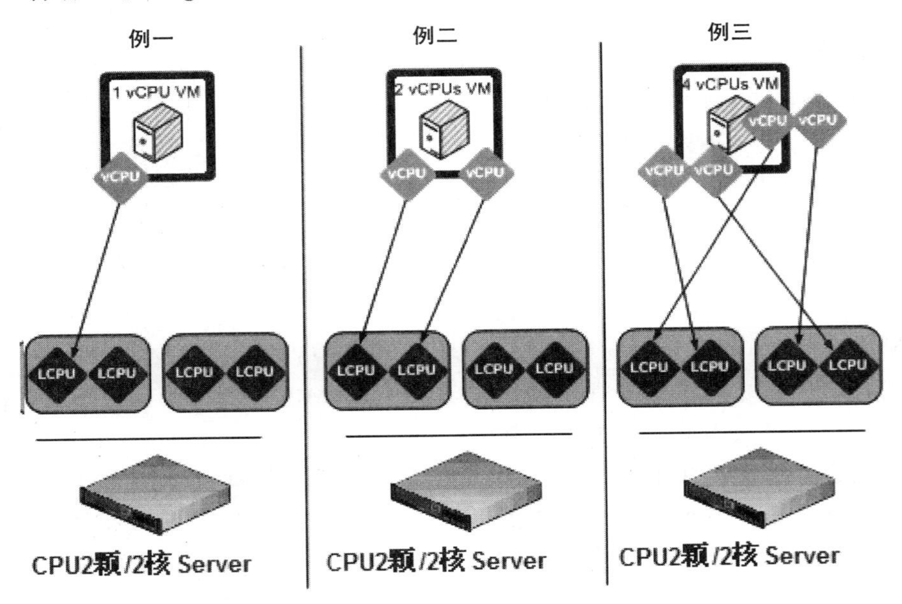

图 7-2

Hyper Threading

Hyper Threading（超线程）是 Intel CPU 的一项技术，在一个实体核中整合两个逻辑处理单元，在某些支持超线程的 OS 与程序下运行，可以同时处理两个线程，提升工作性能（但在某些不支持的状态下，反而会造成性能下降）。

如果你在实体服务器 BIOS 打开了 HT 的功能，就会发现 LCPU 多了一倍出来，例如双核的 CPU 会变成有 4 个 Logical CPU。VMkernel 会尽量避免让一个 VM 的多个 vCPU 因为打开 HT 的关系而对应在同一个核上，因为这并不是一个真正 SMP 的状态。

图 7-3 例二与例三，VM 多处理器架构的 vCPU 都是对应于处理器不同的核，用以取得真正的平行运算处理能力。在不得已的情况下，vCPU 才会被对应到同一个实体核的另一个 LCPU，但此时的 VM 因为 vCPU 都在同一核运行，就发挥不出 SMP 应有的性能。

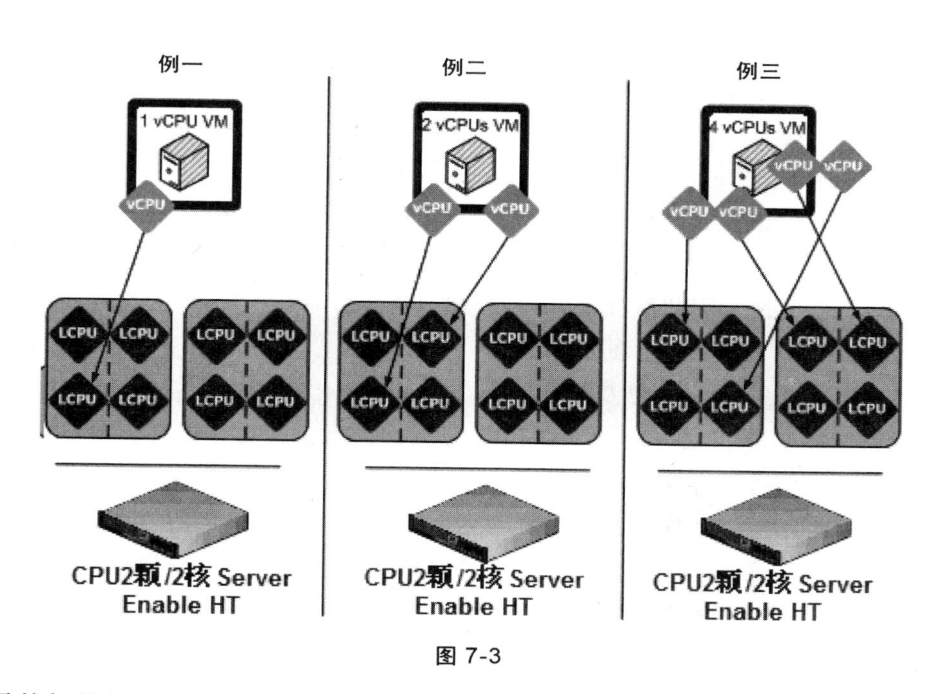

图 7-3

另外如果是 ESX host，因为有 Service Console 的缘故，当它要使用 CPU 计算资源时，也会 mapping 到实体的 CPU，因为 COS 也是一个 VM，也需要计算功能。比较特别的是，当 COS 需要计算资源时，永远会占用第一颗实体 CPU 的第一个 Logical CPU，而不会被 VMkernel 安排到别的地方，这时，若这个 LCPU 被占用了的话，由于 COS 拥有最高的顺位，其他 VM 就要让出这个 LCPU 给它使用，暂时被安排到其他 LCPU 或是排队等 Logical CPU 闲置出来。

Multicore Virtual CPUs

各位可能发现了一些端倪，如果 VM 的 vCPU 对应的是 Logical CPU，那么就有可能发生下面的情形：VM 想要使用一个实体的四核 CPU 运行，但在 Guest OS 会被识别为 4 个 Virtual CPU（Virtual SMP），可能就会造成软件授权额外收费的问题；假使 VM 只使用一个 vCPU，又会产生实际上只运用到多核中的一核的问题。

在 vSphere 4.1 中新增了一个 Multicore Virtual CPUs 的功能，可以通过配置让 VM“知道”它实际正使用一个实体的 CPU，但上面有四核，就可以有效运用 Virtual SMP 来进行平行计算，以提高性能（不过还是得看应用软件授权是否合法）。

7-2 Virtual Memory 的运作概念

Memory overcommit

有经验的人可能会发现，在虚拟化的环境下，CPU 的计算资源并不是最紧张的，除非一开始规划配置失当，例如错估 VM 类型或实体 CPU 计算能力，造成瓶颈；否则绝大多数的情况，CPU 计算资源分配应该都游刃有余。

但内存就不是这样了。由于虚拟化环境要实现服务器统合的需求，越高比例的 VM 集中在实体机器上，往往需要的物理内存就越大。但因物理内存资源有限，不可能永无止境地供应给 VM。因此可以用某些方式来灵活运用内存资源，有效率、动态地利用它实现“以更少、做更多”的目标。

下面来介绍在 VMware 虚拟化环境里，内存虚拟化的技术。VMware 在虚拟化内存配置的部分下了很大功夫，让服务器里有限的物理内存可以发挥出最大的使用价值。这就是所谓的 Memory overcommitment，让 VM 使用超额的内存。

举个例子，如果你准备将公司机房的老旧服务器改成虚拟化的方式运行，在评估导入的阶段，你决定先采购一台全新的实体服务器，并且将几个不担任重要任务的老旧服务器以 P2V 的方式移转成 VM，如果效果良好，再逐步将重要关键的服务器在线 P2V 转移过去。

假设这些老旧服务器当初购买的配置都是 2GB 的 RAM，我们现在打算先移转 5 台老旧服务器变成 VM，集中在新采购的服务器上运行，那么添购新服务器时，应该配置多少内存呢？既然我们要将 5 台老旧主机 P2V，而这些老旧主机每台都是配置 2GB 内存，所以采购新服务器时，一下安装了 10GB 的物理内存（在此排除 TPS、COS、VMkernel memory、VM memory overhead 等因素）。

等到真正地完成 5 台老旧服务器的 P2V 操作后，从 Virtual Hardware、Guest OS 的任务管理器信息中确认每个 VM 都分配到 2GB 的内存。5 个 VM 经过几天测试也都运行得很顺畅，甚至性能比以前更好。

整体运行性能提升可以理解，毕竟多年前的老旧服务器当时需要 4 颗 CPU 才运行顺畅的应用，现在可能只要一颗 CPU 就能应付了。但是，你也同时发现了一件事，通过 vSphere Client 显示 ESX/ESXi host 的信息，配备 10GB 物理内存的新服务器居然只被用了一半（5GB）左右。这到底是怎么回事呢？明明每个 VM 的 Virtual Hardware 都配置了 2GB，在 Windows OS 中看到的可用内存也都是 2GB 啊，为什么 5 个 VM 运行时只用了总共 5GB 的物理内存？

这就是虚拟化的好处。每个 VM 虽然配置了 2GB 内存，但是它不一定需要用到这么多。由于实体的内存是由 VMkernel 统筹分配，VM 需要用多少才给多少，不需要用就不给，甚至收回。假设 VM1 开机后运行提供服务只使用了 500MB、VM2 实际使用 1GB、VM3 实际使用 700MB、VM4 实际使用 2GB、VM5 实际使用 800MB，那 Hypervisor 就分配 5000MB 即可让所有的 VM 运行正常。这在以往实体环境里是很难办到的，因为老旧的实体服务器内存插了 2GB 的 RAM，就算 OS 只用了一半不到，剩下的也无法挪为他用。

Memory overcommit 可以在 Host 上容纳更多的 VM 而不增加内存成本。不需要很狭隘地依照 Virtual Hardware 的配置，每个 VM 通通先切 2GB 出去，将实体服务器的内存全部分配完，VM 就算用不到额外的 RAM，也不会释放出来，使 Hypervisor 回收再利用。

图 7-4 的范例，5 个 VM 实际使用了多少内存，要多少才给多少，虽然你在 Guest OS 的任务管理器中看到的 available memory 是 2GB，但是只要实际上没有用这么多，就先不给。

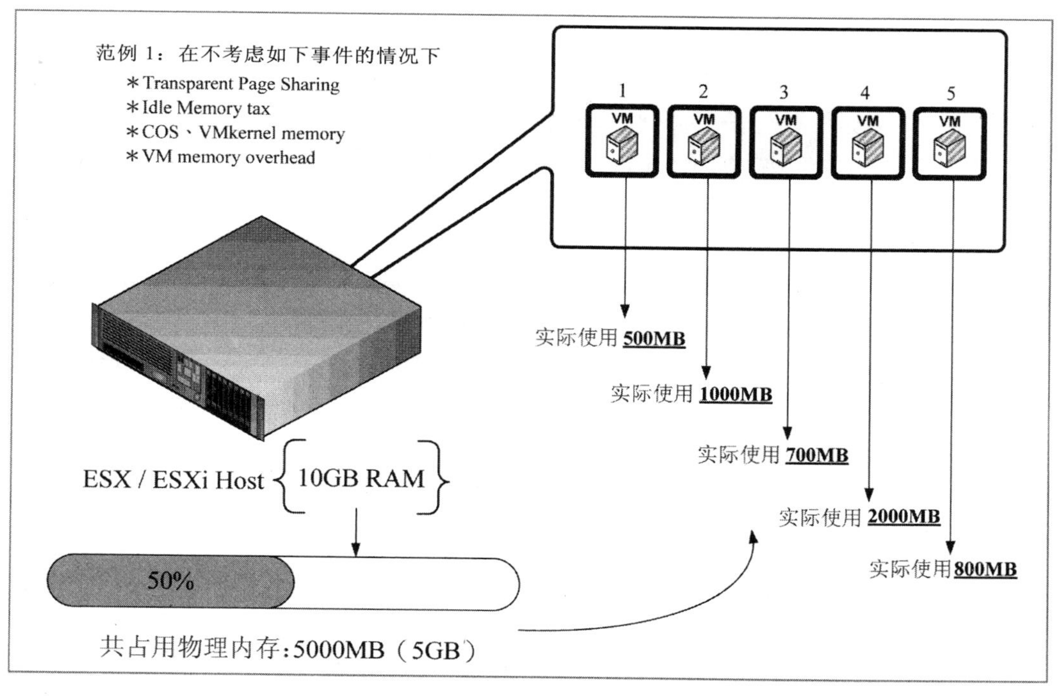

图 7-4

Q：随着 VM 越来越多，超额使用内存是否会发生实体资源不足的情况？

内存过量分配是有限度的，不可能永无止境地扩展，毕竟还是要受到物理资源的限制。第 6 章提到过，ESX/ESXi host 只有 2GB 的 RAM，结果可以创建一个 4GB、8GB 的 VM，为什么呢？因为硬件资源不是 VM 在管，你给多少它就会认为自己有多少，实际是不是真的有这么多，它并不知道。所以一旦没有这么多，VM 又在不知道的情况下继续使用，就是一个超过限度的过量分配，此时 VM 仍然可以运行，只是性能会很差。

在一般的情况下，超额使用可以活化内存资源，这样才不会形成不必要的浪费，对实体 RAM 进行最优的利用，因为内存资源是非常宝贵的。当然，VMware 也有妥善的内存管理机制，只要概念正确，在应用上一定会有很高的效率。

我们从上面的例子继续看下去，就会发现好处在哪里了。

TPS（Transparent Page Sharing）

承上题，当你发现采购的新服务器只使用了一半的内存时，当然会想再 P2V 多一点 VM 来耗用这些内存，假设一切条件不变，你有另外 5 台老旧服务器，配置都是 2GB。但经过仔细计算评估后，发现恰好他们实际内存用量总共也是约 5GB 左右，于是你就将另外这 5 台老旧机器再虚拟化到这个新的服务器上。

这样一来，我们现在就有了 10 个 VM 在这个 ESX/ESXi host 上了。想说这样应该可以将 10GB 的内存全部占满了吧？经过几天测试确认 VM 运行正常后，以 vSphere Client 去查看 ESX host 信息，很惊讶地发现，物理内存只被用掉了 7.5GB，还剩下约 25%的内存资源没有被使用到。怎么会这样呢？多出来的这 25%的内存资源是怎么来的？

这就是现在要为大家介绍的 TPS（Transparent Page Sharing）功能。如果公司机房的服务器 OS 长得都差不多（例如都是 Windows Server 2003），那么虚拟化到同一个 ESX host 运行之后，VM 彼此间的许多 Instance、应用程序、核心管理程序的加载有很多地方都是相同的、类似的。这些相同的地方呢，其实可以让 VM 的 Memory Page 共享同一份，避免太多相同重复的实体 RAM 占用，而 VMkernel 会去扫描 VM 的 RAM 是否有相同重复的部分，如果有就对应到相同的内存区块。这样一来，又可节省不少内存出来。

图 7-5 的范例是整合了 10 个 VM 的 ESX(i) host，因为有了 TPS 技术，所以 10GB 的实体 RAM 并没有被占满，依然还剩下 25%可再利用。

注： 其实 TPS 默认就是打开的，所以在范例 1 中其实就会发生作用，只是为了更容易清楚描述，所以才在范例 2 中进行说明。

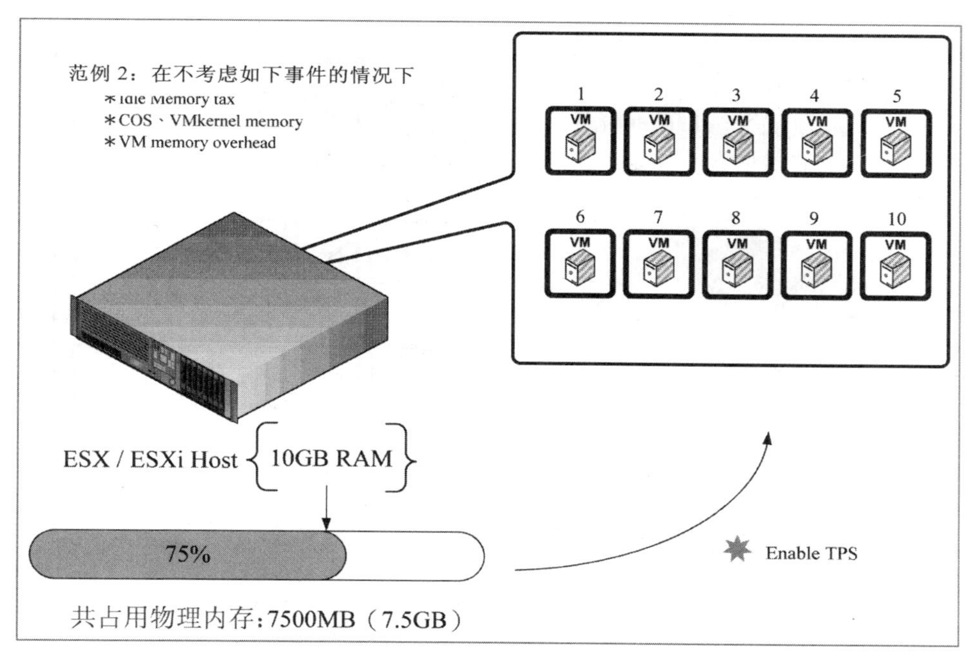

图 7-5　10GB 的物理内存，其实只用了 7.5GB

Balloon driver

承上题，现在有 10 个 VM 在新采购的服务器上运行了，考虑到物理内存还没有被用满，你决定再转移 5 台老旧机器 P2V 到新服务器上。如今，这个 ESX/ESXi host 已经承载到 15 个 VM 了。假设这 5 台老旧机器的条件都不变，一样需要耗费 5GB 的内存容量，照理说，新服务器只剩下 25%（2.5GB）左右的内存，铁定会造成物理内存不足的情况。但是连续几天的实际使用情况表明，这 15 个 VM 依然运行顺畅，没有因为 Memory 导致性能问题的产生（在此不考虑 Network、Disk I/O 等其他因素）。这就令人更纳闷了，为什么会这样？

这就是我们接下来要探讨的问题：Balloon driver（也称为 vmmemctl driver）。

在图 7-6 中，我们可以知道目前内存的使用量已经超过，可能在 95%～105% 之间游走，而一旦使用超过实体的 RAM，就必须要拿硬盘空间来当作 Swap，这意味着有部分 VM 的内存使用其实是在硬盘上面运行（黑色阴影部分）。

试想一下，如果说一般的 PC 使用情形，当计算机内存不足时，OS 就会尝试将 RAM 里面的数据临时存放到硬盘上，自行进行内存管理。如果内存一直不足，就必须一直访问硬盘，造成性能下降的情况。当内存空间释放出来以后，临时存放在硬盘上的 Page file 就可以再写回实体 RAM，此时 PC 的性能就会恢复正常。

但是图 7-6（范例 3）的情形，由于已经是虚拟化的状态，物理内存资源并非 OS 掌控。假设 Hypervisor 分配给它 2GB，VM 就会认为自己有 2GB 的物理内存，但是一旦 Hypervisor 没有办法给它这么多，VM 完全不会察觉自己已经没有内存了，它会持续地一直使用下去，而不会自行进行内存管理。

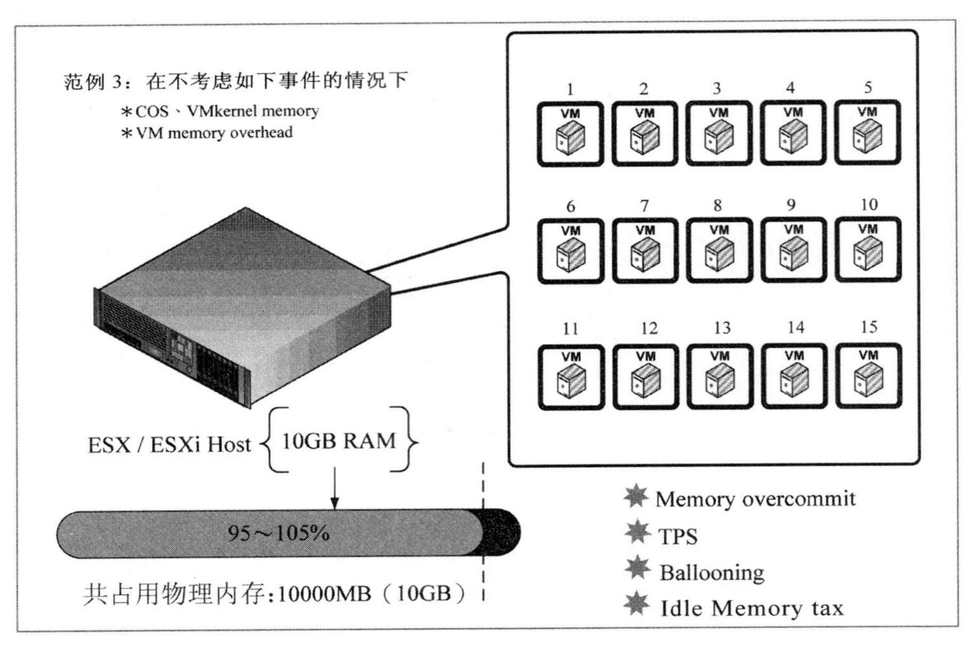

图 7-6

当它在没有察觉到 RAM 不足的情况下，此时 VM“自认”还有足够的内存而持续使用的部分通通跑进硬盘里了。在硬盘的哪里呢？就是第 6 章提到过的 vswp 文件（也称为 VMkernel Swap 或 Virtual Swap）。还记得这个文件的大小恰好等于 VM 所配置的内存吗？而且当 VM 开机后 vswp 文件就会出现，VM 关机就消失。这是 Hypervisor 为了保证在 Memory overcommitment 的情况下，假使最坏的情况，所有 VM 都还是能维持运行的一种手段。不一定会用到，我们也不希望用到，但是必须要预留硬盘空间，以防止最坏的情况：实体已经没有一丝一毫的内存，但是 VM 仍然要开机，这时运行的 vRAM 就全部在 vswp 这个文件。

一旦大量的 vRAM 进入了 VMkernel Swap，此时的 VM 运行速度就会异常慢，性能变得非常差。为什么呢？因为有些核心程序是一定要保留在物理内存中运行，而不能在硬盘上运行的，但由于 VM 不知道内存不够用了，所以它并不会自行 Paging，将该留在 RAM 的东西保留住。那么有没有办法让 VM 察觉到自己的 RAM 不够，而自己主动先做 Paging 机制呢？

Balloon driver 的作用这时就可以发挥了，当 VM 安装好 VMware tools 时，就会有 Balloon driver，在物理内存充足时，这个气球（Balloon）是不会启动的。当 VM 的 RAM 越要越多，VMkernel 没办法再供应足够的物理内存时，它就会通知 VMware tools 内存紧张，无法再供应内存了，请 VM 自行先做内存管理吧！

此时，VMware tools 就开始将气球膨胀，慢慢越变越大，不断地占据 VM 的 available memory，等到 Guest OS 发现了有个应用程序一直在吃掉内存，内存不够用了，便会自行先 Paging，将部分 vRAM 的数据放置到硬盘 local swap 上面（例如 Windows 默认是 C:\pagefile.sys），这样的好处就是不会先进入 VMkernel Swap，虽然结果都是在硬盘上，但性能相差很多。

这个气球是空心的，当它开始膨胀时，就会占据 Guest OS 原来的内存，让 Guest OS 自己开始做 Swap，将部分数据放置于 Disk，等到 VMkernel 又开始有物理内存可以分配给 VM 时，气球就可以消下去，Guest OS 便会察觉自己又有 RAM 了，于是会将硬盘上的数据再搬回来，恢复正常的性能，如图 7-7 所示。

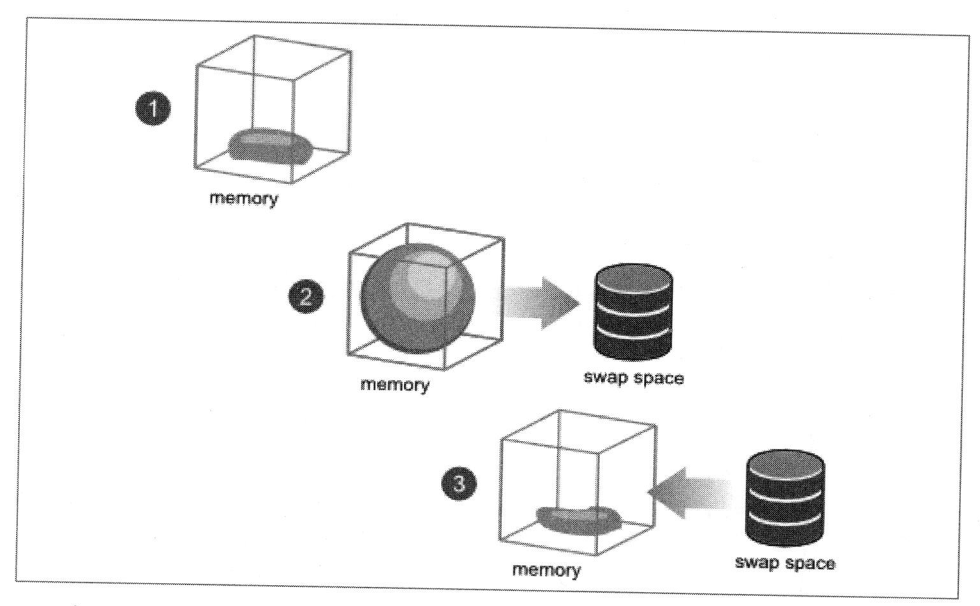

图 7-7　图片来源：VMware Resource Management Guide

所以 Balloon driver 也可以用于当 VMkernel 要收回某个 VM 的内存，拿来支持别的 VM 时，VMkernel 会去扫描是否有 VM 的 RAM 正处于闲置状态，再通过吹气球的方式强迫 Guest OS 释放部分闲置的内存（Idle Memory）。

Q: 有了 Balloon driver 可以让 VM 自行进行内存管理，为什么还要有 vswp 文件？

这是为了 Memory overcommitment 的需要，只靠 Balloon driver 的作用是有限的，无法百分之百（约 65%～75%）要求 VM 的 RAM 全部 page out 到硬盘（OS level 也不会这样做）。

另外要记住，Guest OS 必须安装了 VMware tools 才会启动 Balloon 机制，当 Power on VM 时，是还没有进入 OS 的，此时 VM 并不会有 Balloon driver，万一只剩少量物理内存可以分配给这个 VM，那么其余所缺还是可以靠 VMkernel Swap 将 VM 带起来。还有 Hypervisor 在收回内存时，除了使用气球，必要时，也会直接将 VM 的内存数据搬到 vswp 文件，加速回收的速度。

所以，当规划存储空间放置 VM 时，Datastore 大小不能刚好合适，因为除了 Virtual Disk 之外，另外还要考虑 vswp file、snapshot 等占用。

注：之前提到 Virtual Swap（vswp）这个文件的大小等于 VM 所配置的内存大小，其实这个说法并不全面。如果你的 VM 设置了保留（Reservation），那么此 VM 的 vswp 文件大小应该等于“实际配置的内存减掉保留值”。Reservation 的功用稍后会加以说明。

现在此范例已经有 15 个 VM 在新的服务器上，并且都能运行通畅，通过 Memory overcommitment、TPS、Balloon driver、Idle Memory tax 的帮助，使得平时内存资源在 VM 不是同时忙碌时都能应付自如，偶尔 15 个 VM 同时忙碌到顶，也可以先暂时 page out 一些到硬盘，性能不致影响太大。等到某些 VM 闲置时再由 VMkernel 收回重新分配，让 VM 可以 page in 回 vRAM，动态地达到最佳的利用率。

Q：如果这个范例再 P2V 到 20 个 VM，会造成什么情形？

需要根据规划配置、VM 类型、活动时间、超额数量多寡而定，无法一概而论。如果真的超出负荷太多，可以考虑服务器再多加些物理内存，或是通过 DRS 让某些 VM 不停机地自动转移搬家到另一个 host 上，虚拟化的好处就是资源调度非常便利。其实，当初预计只能虚拟化 5 台老旧机器变成 VM，结果现在实际上却承载了 15 个 VM，这已经远远超过了当初的期望，是不是呢？

7-3 VM 的资源设置与分配

接下来要探讨的是，VM 资源分配与竞争的问题。前面已经提到，在虚拟化环境中实体 CPU 与 Memory 资源怎样运行，由 Hypervisor 统一调度、分配给 VM 来使用。但是在企业环境中，一定有很多时候不同的应用其实是分优先级的，对于重要的服务，当然会摆在首位。

如今，VM 已经都集中化在虚拟环境中互相竞争，我们当然也可以针对不同的 VM 给予不同的资源，通过这些配置来确保某些 VM 能够享有更丰富的硬件资源。CPU 与 Memory 的资源有三种设置：Limit、Reservation、Shares，如图 7-8 所示。

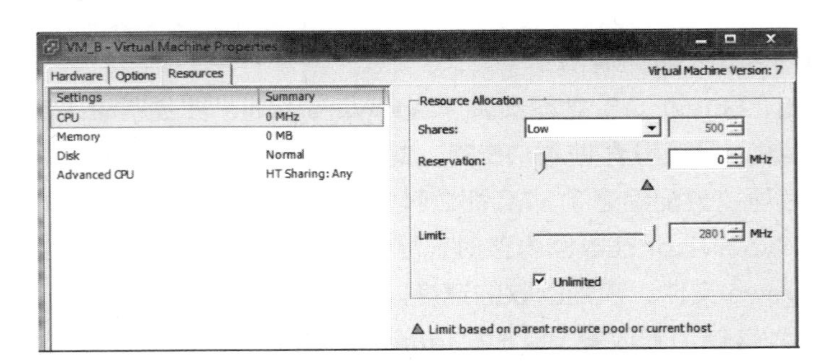

图 7-8

Limit

限制 VM 的 CPU 或内存资源，定出一个上限值，此 VM 无论如何不能使用超过这个数值的资源，CPU 数值单位是 MHz，Memory 数值单位是 MB。

- 例（CPU）：VM A 的 CPU Limit 设置为 1000MHz，则无论实体 CPU 有多少计算资源，有没有其他的 VM 参与竞争，VM A“最多”就是拿到 1000MHz 的资源。
- 例（Memory）：VM A 的 Memory Limit 设为 1000MB，则表示不管有多少物理内存可分配，也不管 VM 配置多少 RAM，“最多”就是拿到 1GB 内存使用。

注：Memory Limit 的最大上限值取决于 VM 的上一层（ESX host 或 Resource Pool）最大拥有的可分配内存资源；而 CPU Limit 则受限 VM 有多少 vCPU、实体 CPU 的计算频率，以及 VM 的上一层（ESX host 或 Resource Pool）最大拥有的可分配资源。

Q：Memory Limit 设置的意义在哪里？不是可以一开始就配置 VM 需要多少 RAM 吗？而且 Virtual Hardware 也可以随时更改配置呀？

其实 Memory Limit 比较常用于 Resource Pool 这个等级，增加临时调度需求的弹性。通常一般情况下，不用针对个别 VM 设置 Memory Limit。VM 的 available memory 自动等于 Memory Limit。例如 VM A 配置了 2GB 的内存，如果 Memory Limit 你设置为 3GB，这样并无意义，因为 VM 不会使用超过 2GB。

不过 VM 设置 Memory Limit 的好处是，可随时限制 VM 的内存使用量而不用重新开机。举例来说，VM A 目前配置 2GB 的内存，但你认为它只要 1GB 就足够使用，那么设 Limit 为 1000MB 即可，不用关机后重新更改 Virtual Hardware 的内存配置。等到 VM 需要更多时，再取消 Memory Limit 即可。

Reservation

Reservation 是保留值，简单地说就是“保证”VM 一定会有的资源。VM 设置了 Reservation，如果开机起来，就一定会拿到这些专属、独占的实体资源，这个部分是不会被分享或被别人抢走的。

- 例（CPU）：若 VM A 的 Reservation 设置为 500MHz，则当 VM A 成功开机后，保证至少会有 500MHz 的计算性能可用。
- 例（Memory）：若 VM A 的 Reservation 设置为 500MB，则当 VM A 成功开机后，保证至少会有 500MB 的物理内存可用。既然确定会有 500MB 内存，所以 VM A 的 vswp 文件就会少掉这 500MB 的大小，因为这个部分不会进入硬盘做 Virtual Swap。

注： Reservation 默认值是 0，代表没有设置保留。如果在完全没有物理内存可分配的最坏情况下，则 Guest OS 自认为拥有的内存其实全部来自 VMkernel Swap。反过来说，为了避免用到 vswp 而影响性能，为 VM 设置保留值也是一个解决方案。但是实际上有没有办法设置这么多的 Reservation 呢？这是必须要思考的问题。

Q：假设实体 CPU 或内存已经没有剩余，VM 又设了 Reservation，那如何能保证 VM 能得到这些资源？

答案是既然无法保证，就不让你的 VM 开机。因为 Hypervisor 已经没有足够的实体资源，无法保证给你这么多，VM 此时就不能 Power on。

这时也不能以 vswp 来替换，因为 Reservation 要求的是实体的内存资源。所以设置 Reservation，是可能造成 VM 无法开机的原因之一。

Q：所以如果 VM A 是很重要的 VM，配置 2GB 的 RAM，我应该也设置 2GB Reservation 来确保它实际有百分之百的内存可以使用吗？

错。Reservation 是专属、保证的硬件资源，给出去后，即使 VM A 的内存闲置，Hypervisor 也不会将 VM A 的 Reservation 资源收回（reclaim）给其他的 VM 使用。也就是说这将会降低物理内存在分配上的灵活性，Reservation 设置得越多，VM 开机后 ESX/ESXi host 物理内存被独占的就越多，所以正确地配置 Reservation 方式应该是以 VM 的“最低运行需求”为原则来给予保留资源。

举例来说，若 VM A 配置为 2GB，但它的服务对于内存的基本要求是 800MB，那么 Reservation 就设置为 800MB。在最低的限度下，VM A 也会有 800MB 的物理内存可用，维持最基本但足以提供服务的性能。等到有多余的内存时，再多分配些给 VM A 使用。

Shares

如果说 VM 设置了 Limit 和 Reservation，例如 VM A 的 Memory Limit 设置为 1000，Reservation 设置为 500，代表 VM A 最少会有 500MB 可以用，最多不能超过 1GB，那请问 VM 到底可以用到多少呢？600MB？还是 800MB？答案是不一定，这个时候到底能额外得到多少资源就由 Shares 来决定。

Shares 是一个相对比重的数值，并非绝对，每一个 VM 创建出来时就会带有 Shares Number，可随时更改数字来改变资源比重。我们以 CPU Shares 为例：

- CPU Shares 有 Low（500）、Normal（1000）、High（2000）和 Custom。所占比重即为 1:2:4。
- VM 的 CPU Shares 默认为 Normal（Shares Value 为 1000）。

现在假设有 3 个 VM（A、B、C）在 ESX/ESXi 上运行：

1. 每个 VM 默认为 Normal（1000），表示总共的 Shares Number 为 3000。
2. 当 3 个 VM 开始竞争使用硬件资源时，每个 VM 会按照 Shares 比例分配资源，此例目前 VM 的 Shares 都是 1000，所以每个 VM 都分配到三分之一（33%）的 CPU 计算资源。
3. 如果将 VM C 的 Shares 调整为 High（2000），那此时 Share Number 总和就变成 4000，而 VM C 握有 2000，所分到的 CPU 资源就有二分之一（50%），VM A 和 VM B 虽然 Shares 数字不变，但是就资源来说就被稀释了，每个 VM 得到四分之一（25%）。
4. 现在将 VM C 关机，Share Number 总和就变成 2000，VM A 和 VM B 各握有 1000，所以每个 VM 分到了 50%的计算资源。

上面的例子是 VM 同时在抢 CPU 资源时才会发生，很重要的一个概念是，Shares Number 平时并不起作用，在没有竞争的状态下，VM 可独享所有资源，只有当 VM 间彼此产生竞争时，才会依照 Shares 来分配硬件资源的比例。

再来看图 7-9 的范例（不考虑额外开销），假设实体 CPU 的运行频率是 4GHz，有 3 个 VM“同时”需要取用计算能力，这时就产生了竞争，按照 Shares 来分配资源比重。如果 3 个 VM 都设了 Reservation，保留值为 500MHz，那么首先 3 个 VM 至少都有 500MHz 的计算性能，是独享不会被瓜分的。至于想要用到额外的性能，这个部分就要靠 Shares 竞争来取得。

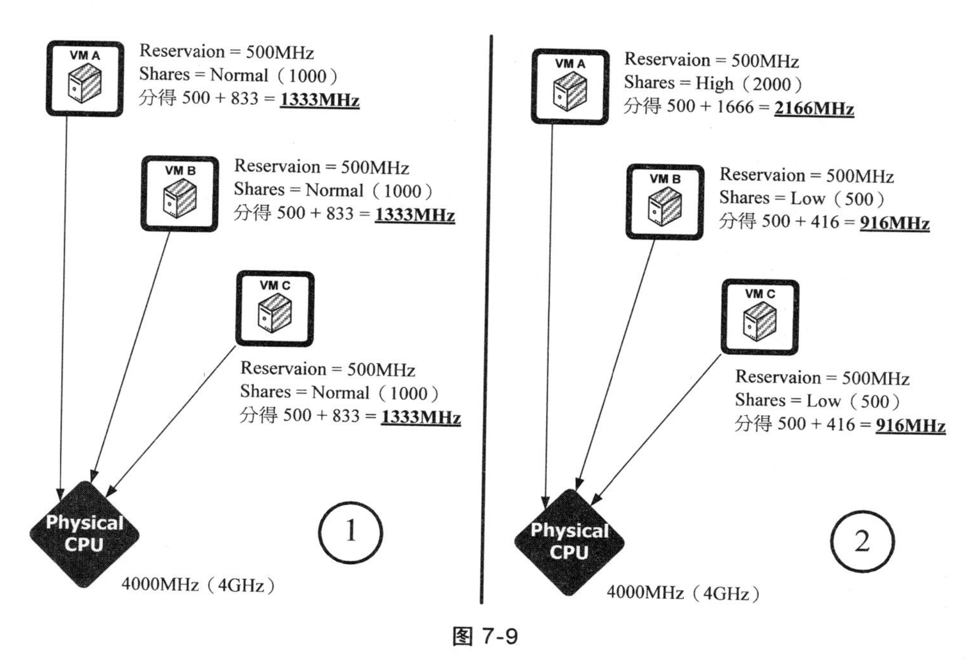

图 7-9

总实体计算资源（4GHz）扣掉了已经给出去的 Reservation（500MHz×3），剩下

2500MHz 提供，让每个 VM 来进行竞争。当 3 个 VM 的 Shares 为 Normal（1000）时，每个 VM 都额外拿到了 2.5GHz 的三分之一资源（833MHz，见图 7-9 左）。

如果此时将 VM A 的 Shares 调整为 High(2000)，VM B 和 VM C 改为 Low(500)，那么这 3 个 VM 各取得多少 CPU 资源呢？答案是 VM A 拿到 2500MHz 的三分之二（1666MHz）资源，VM B 和 VM C 各拿六分之一（416MHz），再加上各自的 Reservation，就可得知每个 VM 的计算性能了（见图 7-9 右）。

Q：如果没有设置 Reservation，在竞争时大家就完全依照 Shares 比重分配吗？

是的，不过 Memory 会稍微复杂一些。例如 ESX/ESXi host 有 4GB 的内存，VM A、B、C 通通配置 2GB 的 RAM，但是若 3 个 VM 目前都只使用了 1GB RAM，此时物理内存足够供应，并没有竞争的问题。

一旦每个 VM 使用到了 2GB 的内存，就产生竞争状态了，此时 Hypervisor 就依照 VM 的 Shares Number 来分配物理内存的比重，若此时假设 VM A 的 Shares 比重占三分之二，那它应该拿到 2.65GB 的内存。但是实际上 VM A 只有配置 2GB，所以不会使用超过 2GB。那么 0.65GB 不会分配给 VM A，会回到 Hypervisor 手上再重新配发给其他 VM 使用。

7-4 资源池（Resource Pool）的概念

我们可以在 ESX/ESXi host 下创建多个资源池（Resource Pool），用以“拆分”CPU、Memory 硬件资源，这样可让不同 Resource Pool 底下的 VM 互不干扰，VM 只会在同属于自己资源池中的之间竞争，对 VM 来说，Pool 就像是个 host 一样。资源池一样可以设置 Limit、Reservation 和 Shares，拥有了自属的硬件资源后，再通过它分配给底下的 VM，提供更加有弹性的阶层管理。

Reservation 的部分。首先举一个“兄弟分家”的例子，大家会比较容易理解。

- 假设有个 ESX/ESXi host 新增了两个资源池(Resource Pool)：一个叫 Production，另一个是 Test。Production 资源池底下有 3 个 VM，如图 7-10 所示。

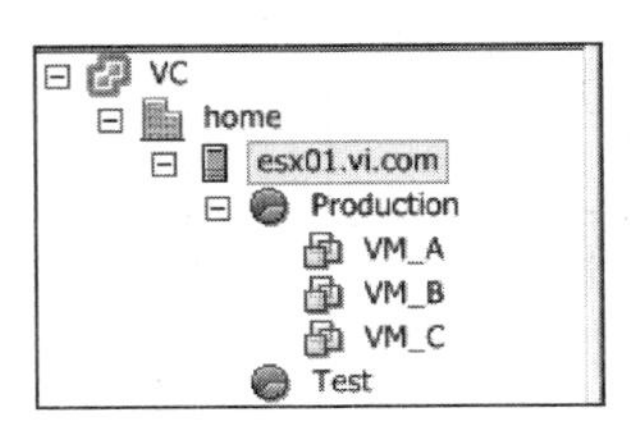

图 7-10

图 7-11 将它转化为兄弟分家的拟人化图形，这样比较容易理解。在分配保留资源

时，假设父母（ESX/ESXi host）的钱有 1000 万元（硬件资源），父母有两个儿子，哥哥和弟弟各分得 400 万元（Reservation），哥哥底下又有 3 个小孩（VM），那么当这 3 个小孩也需要钱的时候，请问有多少可以分？

答案是 400 万元。因为已经分家的缘故，哥哥的 3 个小孩自然只有 400 万元可以分配，如果弟弟也有小孩，彼此两家的小孩不会互相竞争资源，对这些 VM 来说，Resource Pool 就好像是个 Host 一样，VM 只会在这个 Pool 底下竞争。

所以，假设每个小孩都设了 Reservation，小孩一 Power On 起来拿走 200 万元，小孩二 Power On 起来又拿走 200 万元，这时候小孩三已经无法 Power On 了，因为他的父母没有钱可以供应给他，如图 7-11 所示。

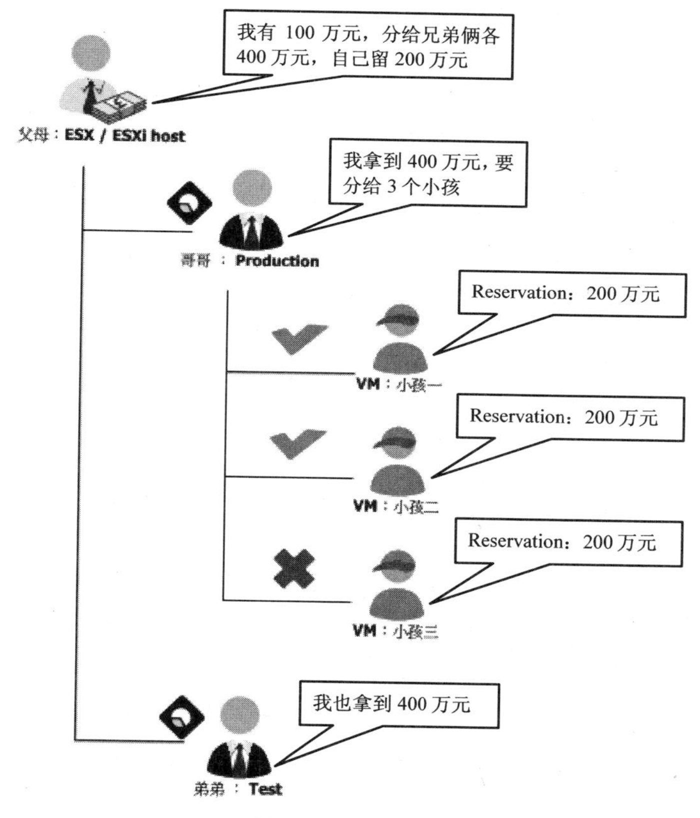

图 7-11

如果第三个小孩无论如何都要 Power On 呢？那么可以有以下几种做法：

- 这个小孩可以不要设置 Reservation 吗？如果可以接受，就能 Power On，但此时就完全不保证性能了，因为没有为他特别保留的硬件资源。
- 兄弟俩的父母将财产重新分配。哥哥有 3 个小孩要养，就给多一点钱，例如哥哥给 600 万元，弟弟给 200 万元，父母自己留 200 万元。
- 借钱。哥哥可以向父母询问，有没有 200 万元可以借呢？如果有，小孩就能 Power On（图 7-12）。

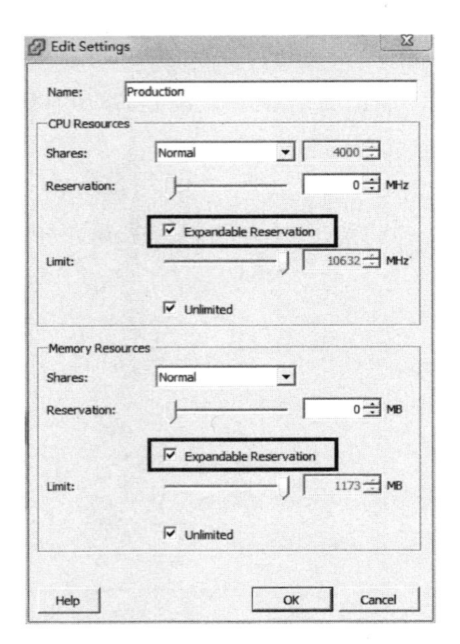

图 7-12

Expandable Reservation 是资源池层级才能设置，VM 本身不能自设。

勾选 Expandable Reservation，就代表可以往上借钱（硬件资源），如果没有勾选则不能借钱。可以借钱不代表一定借得到，要看上一层有没有钱可以借给你。由于 Resource Pool 可以有很多层，当上一层没有钱时，如果它本身也勾选了 Expandable，则可以再往上一层帮你借，如图 7-13 所示。

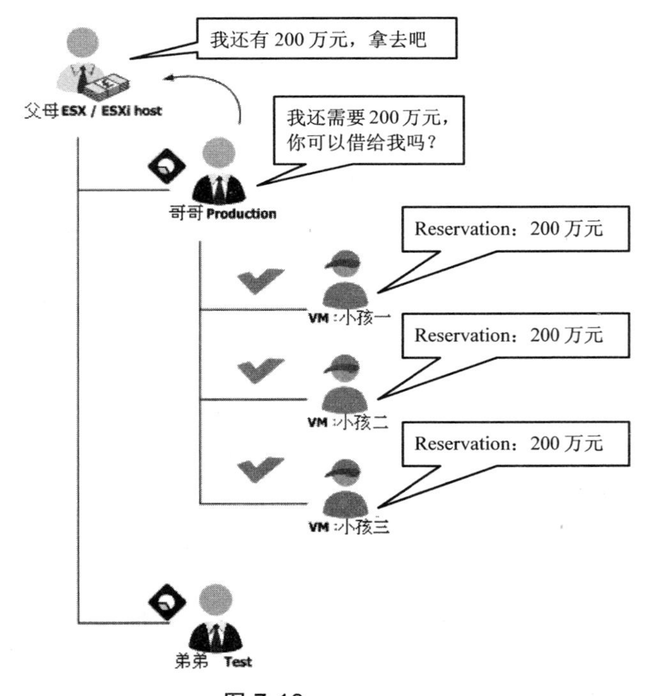

图 7-13

注：借到的钱是要还的，如果 VM 不关机可持续一直使用，当 VM 关机后，Reservation 资源立即就还回去了。

再来看 Shares 的部分。我们用 Resource Pool 的 CPU Shares 来举例（假设 VM 本身不做任何资源设置）。

- 资源池的 CPU Shares 有 Low（2000）、Normal（4000）、High（8000）和 Custom。所占比重为 1:2:4。
- 资源池的 CPU Shares 默认均为 Normal（Shares Value 为 4000）。

现在已经创建了两个 Resource Pool（Production、Test），我们希望在实体 CPU 计算资源在 VM 发生竞争时，Production 资源池底下的 VM 可以拥有较多的 CPU 计算性能，Test 资源池底下的 VM 不是那么重要，分到比较少的资源。

所以，假设 Reservation 不设置，只将 Production 资源池的 CPU Shares 更改为 High（8000），Test 资源池设置为 Low（2000），则当发生竞争时，Production 握有 8000 Shares Number，可以拿到 80%的资源，Test 握有 2000，可拿到 20%的资源，如图 7-14 所示。

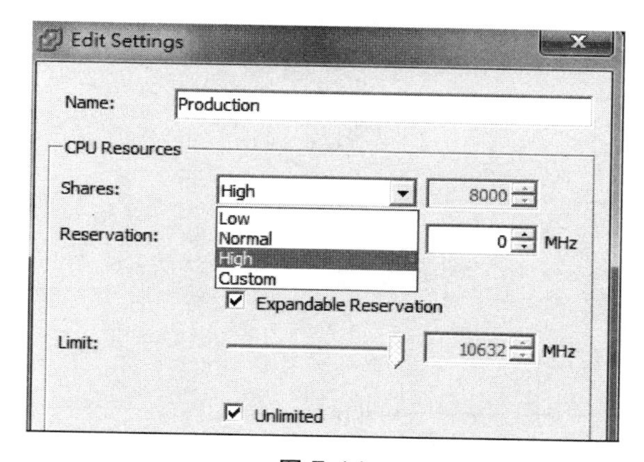

图 7-14

现在，Production 的资源池运行了 3 个 VM，而 Test 资源池有一个 VM，假设这 4 个 VM 都同时需要计算功能，就产生了竞争，此时就按照 Resource Pool 的 Share 来分配比例，如图 7-15 所示：4GHz 的计算资源，Production 握有 80%，所以底下 3 个 VM 各拿到 1066MHz，而 Test 握有 20%，底下只有一个 VM，拿到 800MHz。

现在，我们改个设置，将 Test 资源池的 Shares 从 Low 调整到 Normal，看看会发生什么事？

结果发现比较重要的 VM 竟然分配到的资源比不重要的 VM 还少，如图 7-16 所示。虽然 Test 资源池有 4000，少于 Production 的 8000，但是注意到了比重结构已经变成 1:2 了吗？这意味着 Production 只握有 66%的资源，由于底下 VM 较多的关系，每个 VM 分到的资源就被稀释掉了，因此性能反而不如 Test 底下的单独 VM，这是在规划时必须要注意到的事情。

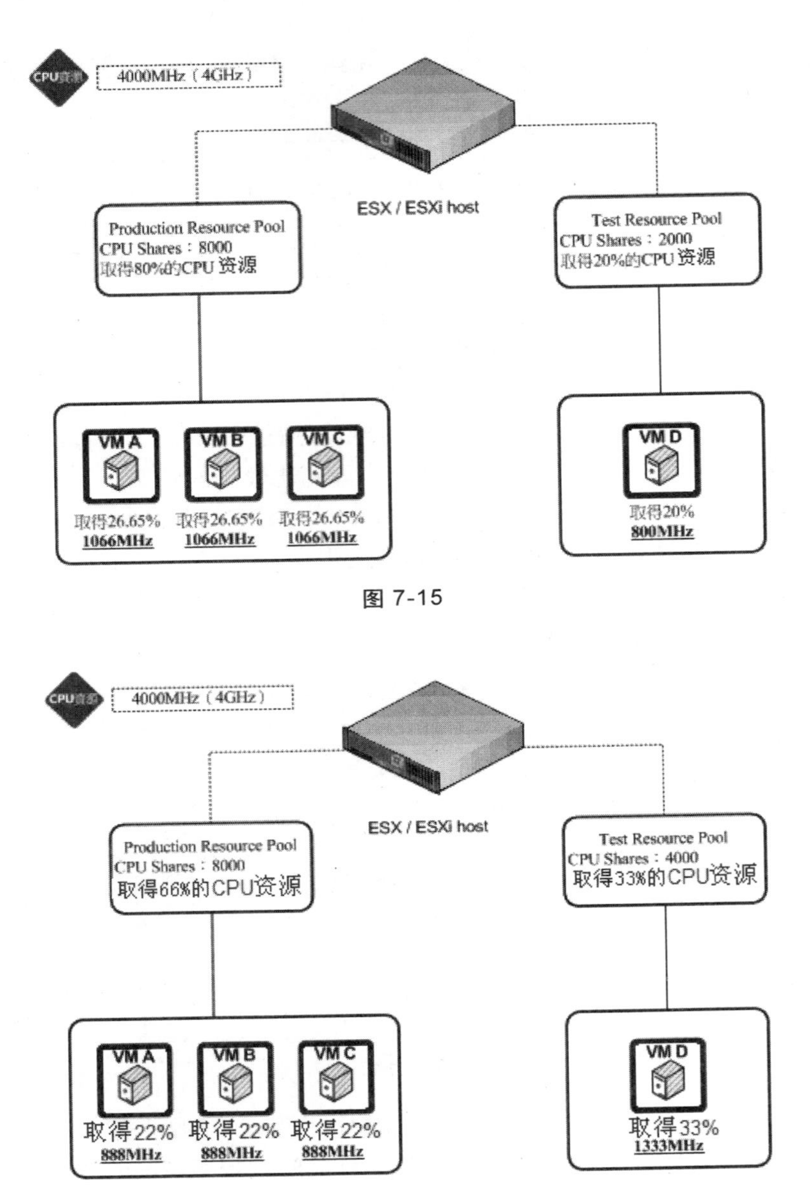

图 7-15

图 7-16

记住一个概念：在 ESX/ESXi host 下创建 Resource Pools，是分家（后面会讨论 Cluster 的资源池“集合”的概念），底下的 VM 只会在里面竞争资源，而不会跟外面竞争。对 VM 来说，资源池就是它们的 Host，所以它们能取用的硬件资源受限于 Resource Pool（在竞争状态下）。

第六朵云，讲的是资源分配的基本概念，在实际的应用环境中当然会更复杂，如果基本部分的概念不正确的话，则做不好资源分派的工作，你将无法驾驭虚拟化的环境。所以这朵云的形成是必要的，也是非常重要的。

CHAPTER 8

创造你的第七朵云 - vMotion/DRS

谈到 vMotion，大家应该是耳熟能详了，这是 VMware 相当有名的一个功能，几乎已经成为 Live Migrate 的代名词。vMotion 可以让 VM 在不中断运行与服务的情况下移转到不同的实体机器上。这个功能在 2004 年时是非常引人注目的，也让大家第一次认识到，虚拟化不再只是用于个人计算机的测试与开发用途，而是确实可以实际应用于数据中心这样关键任务的环境之中。如果说 VMware 带动了数据中心虚拟化的风潮，为真正未来云端的基础开了第一扇窗，实在一点也不为过。

不同于 Storage vMotion 搬迁的是 Datastore 的 VM 文件，vMotion 移转的是内存状态。也就是说，今天你运行了 vMotion 操作，其实所代表的就是将这个 VM 运行的内存状态从 Host A 传送到 Host B。通过 GbE 等级的 Ethernet，内存状态才有办法在数分钟甚至更短的时间内完成移转，让 VM 使用不同 ESX/ESXi host 的 CPU 与内存资源。下面就来了解和实现 vMotion。

8-1 vMotion 的运行机制

vMotion 究竟是怎样实现的？如何能在不中断运行的情况下顺利将 VM 移转到另一部实体机器上？图 8-1 是 vMotion 大略的运行过程。

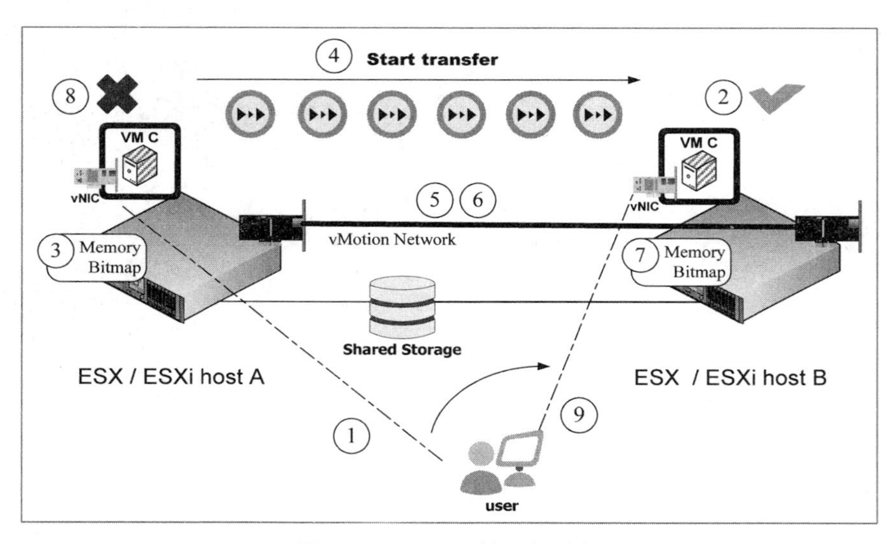

图 8-1 vMotion 的运行过程

我们将 vMotion 过程的步骤逐一拆解（请与图 8-1 中的编号对照），说明整个流程。

1. 在 Production 环境中，VM_C 持续地提供服务给用户，目前是处于不能停机或中断的状态。假设一切条件都已具备（后面会提到 vMotion 所需的条件），VM_C 现在要在不同的实体中迁移，当你单击 Migrate/Change host 时，便开始运行 vMotion。
2. 一开始在 Host B 会产生一个与 Host A 一样配置的 VM，名称相同，Virtual Hardware 也相同。

3. 此时 Host A 会创造一个 Bitmap，在 vMotion 的这段时间内，所有 Client 对 VM 的访问全部由 Bitmap 对应内存区块日志，而 VM 真正的内存状态准备开始通过 Host 两边的 VMkernel port 传送。
4. 准备开始传送 Host A 的 VM_C 内存数据到 Host B。
5. 怎么传送内存数据呢？注意这里是通过 vMotion Network（uplink for VMkernel port）来载送内存状态，所以条件之一，传送端与目的端的 Host，VMkernel port 必须互通。
6. VM_C 内存状态传送完毕，但是在这段载送过程的时间中，因为 Client 端持续访问的关系，VM_C 状态已经改变了，所以 Host A 的 Bitmap 也要传送到 Host B 才行。Bitmap 在这个步骤跟着过去，此时 Host A 的 VM 就不能再供用户访问。Bitmap 在传送对应的时间会产生极为短暂的禁止访问，因为大部分的内存状态都已经传送完毕，所以 Bitmap 可以说是瞬间就过去了，用户几乎不会感觉到停顿。
7. Bitmap 到了 Host B 对应完毕，此时上面的 VM_C 已经开始准备接手服务的操作。
8. 接着 Host A 的 VM_C 将会被删除，因为此 VM 在 Host 上的所有内存区块已经完整地到了 Host B，等于有了重复相同的 VM。Host A 必须将整个 VM 删除才能释放出原本 VM_C 占用的内存空间。
9. 向实体 Switch 发出 RARP 的数据包，Client 端之后的访问已经悄悄地被导引到另一个 ESX/ESXi host 上了，vMotion 操作完成。

Q：VM 文件必须要在 Shared Storage 才能 vMotion？

Shared Storage 是 vMotion 的必要条件之一。从图 8-1 我们可以了解到，vMotion 彼此之间传送的是内存状态，VMDK 还是在原来的 Storage 并没有移动，所以 Storage Lun 必须要让传送端与目的端的 ESX/ESXi host 都可以访问，这样目的端的 Host 才有办法接管 VM。

更精确地说，要实现 vMotion 的第一个要件是，所有的网络与存储资源必须要共享才行，要让彼此想要 vMotion 的 Host 都可以访问使用。例如，VM 挂载了一个 local storage 的镜像文件，这样会造成无法 vMotion，因为另一个 Host 无法访问资源。vMotion 的要求条件我们稍后会讨论。

Q：vMotion 可以在实体机器发生故障的时候转移 VM，使服务不会中断是吗？

大错。这是以讹传讹的说法，试想一下，一旦实体机器发生故障，Hypervisror 能正常运行吗？机器突然死机，连开机都不能，来得及执行 vMotion 将 VM 移转到另一个 ESX/ESXi host 吗？防止实体机器故障的解决方案是 VMware HA 和 FT，而不是 vMotion 或 DRS。

vMotion 真正的用途是在“计划性”的停机维护或是实体机器负担过重时，可以在线移转 VM 到其他 ESX/ESXi host。这样非常有利于资源的调度，稍后会提到的 DRS 可更进一步达到自动化，提供动态灵活的实体资源负载平衡。

8-2 vMotion 的实践及条件限制

了解了运行过程，下面就来实际操作 vMotion。首先来看一下我们目前的配置，如图 8-2 所示。

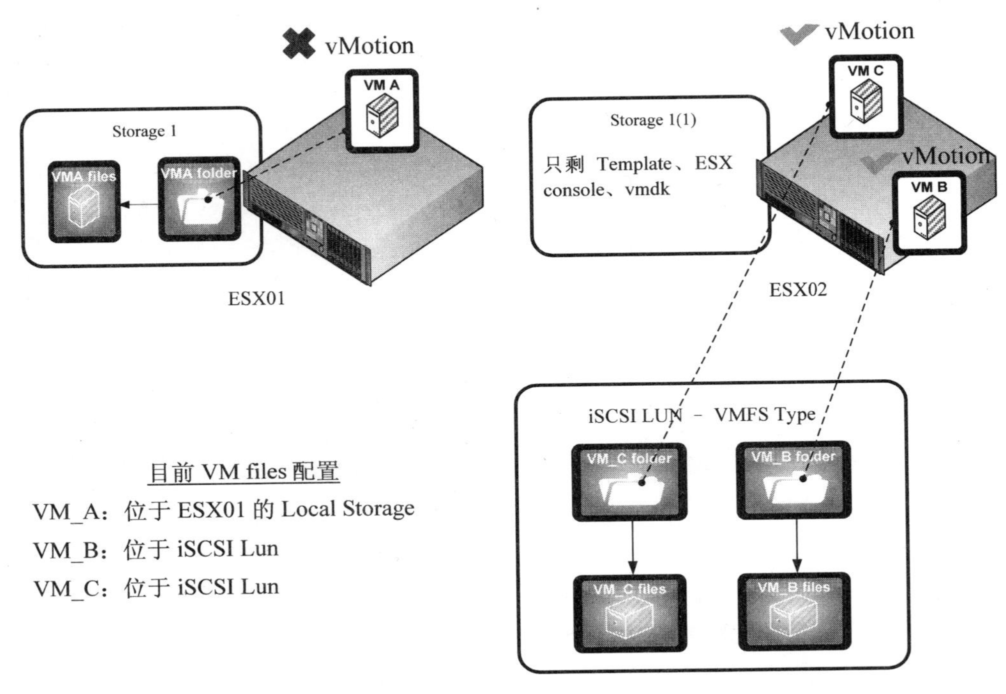

图 8-2

从图 8-2 就可以看出现在哪个 VM 可以 vMotion，哪个不能 vMotion 了。为什么？因为 VM_A 是放在 ESX01 的 local storage 上，所以不能 vMotion，VM_B 与 VM_C 则具备 vMotion 的条件，因为他们是在 iSCSI Lun 上，而这个 Lun 是 Shared Storage，ESX01 和 ESX02 都可以访问得到。

vMotion 实现

1. 现在 ESX01 有 VM_A，ESX02 有 VM_B、VM_C 在运行，我们要将 VM_B 和 VM_C 进行在线迁移，全部都迁移（Migrate）到 ESX01 去使用它的实体资源，如图 8-3 所示。

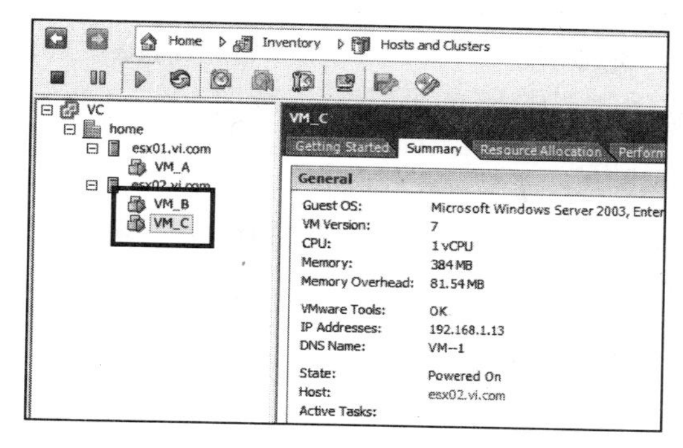

图 8-3

2．右击 **VM_C** 并选择 **Migrate**，如图 8-4 所示。

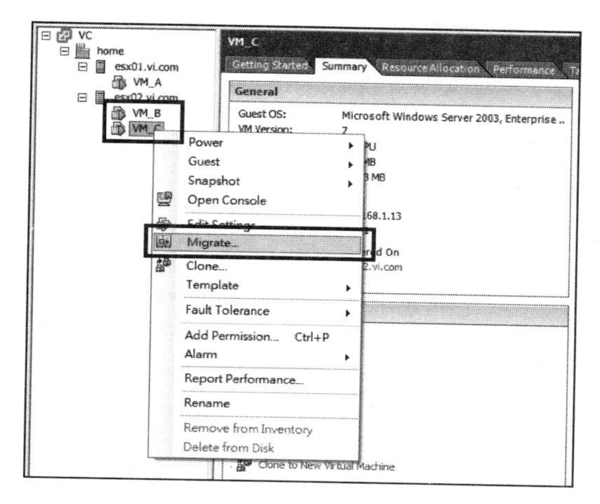

图 8-4

3．选择 **Change host**，如果此时 VM 是开机的状态，就是要运行 vMotion，如图 8-5 所示。

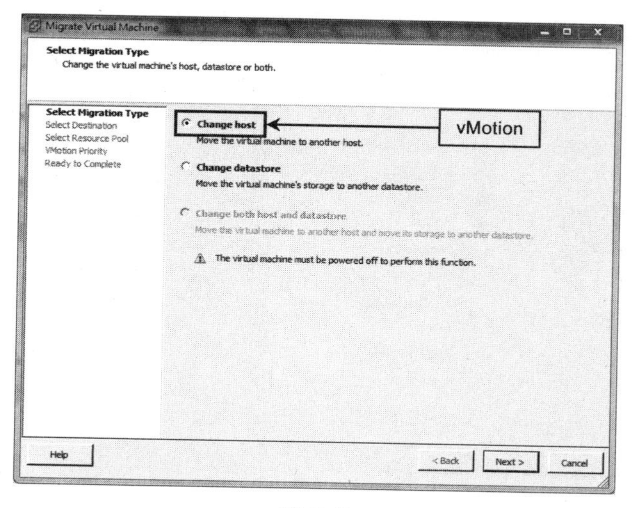

图 8-5

4. 选择目的端的 host，要将 VM_C 转到 ESX01 host，但是此时底下出现了一行红色图案的惊叹号错误信息，无法单击 Next 按钮，表示你得先解决这个问题才能 vMotion，如图 8-6 所示。

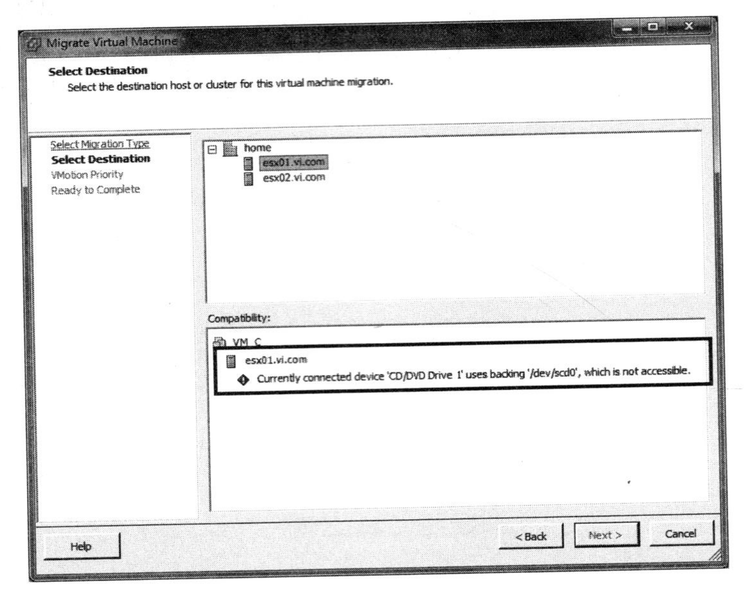

图 8-6

注： 错误信息为“Currently connected device ‘CD/DVD Drive1’ uses backing ‘/dev/scd0’, which is not accessible.”，表示这个 VM 的 CD/DVD 设备目前连接的不是一个共享资源，无法被另一个 ESX host 访问。

---

5. 该如何解决这个问题呢？右击并选择 **Edit Settings**，如图 8-7 所示。

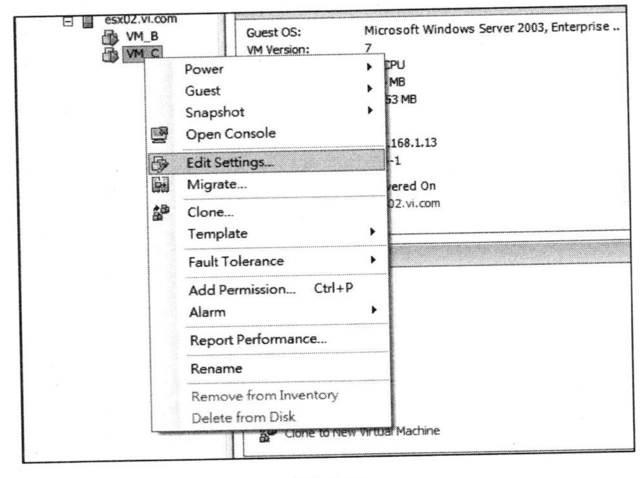

图 8-7

6. 先前创建 VM 时在计算机里放了 Windows 光盘，选择了 Host Device，如图 8-8 所示。

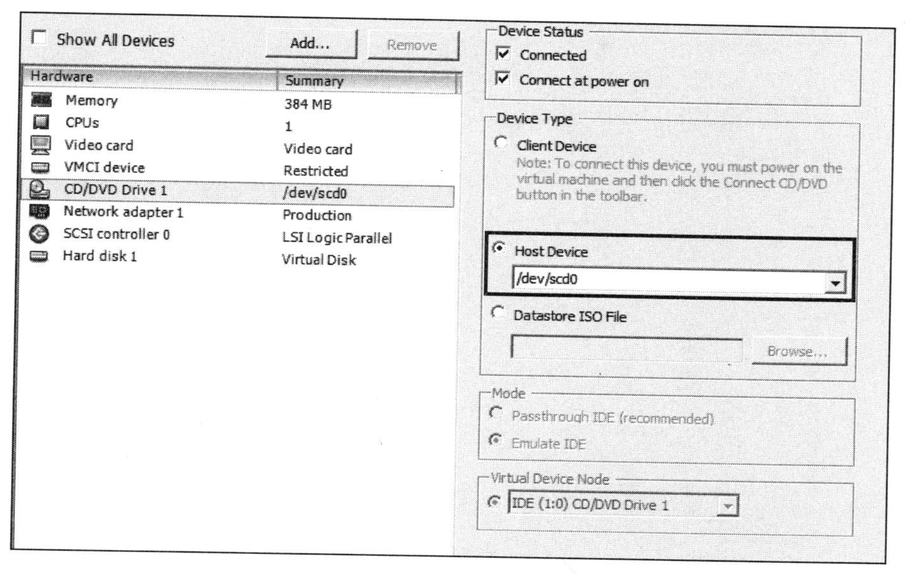

图 8-8

7. 由于 Host Device 不是共享资源，所以 VM 无法 vMotion。将设置改为 **Client Device** 或是直接将 Connected 取消，让 Virtual CD/DVD 断开连接即可，如图 8-9 所示。

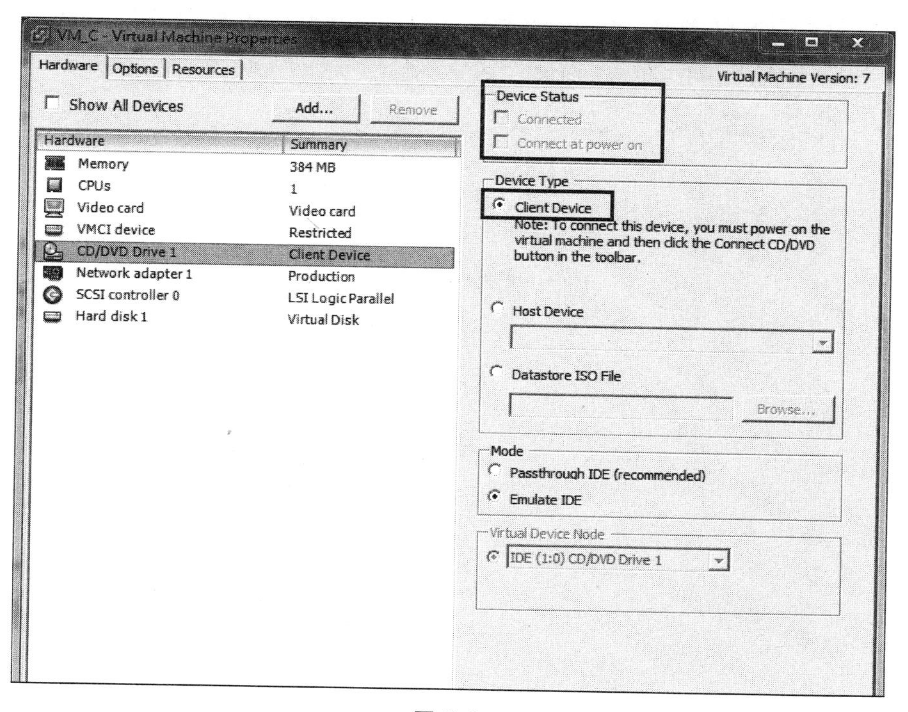

图 8-9

8. VM_C 再一次运行 vMotion，这次没有出现信息了，单击 **Next** 按钮，如图 8-10 所示。

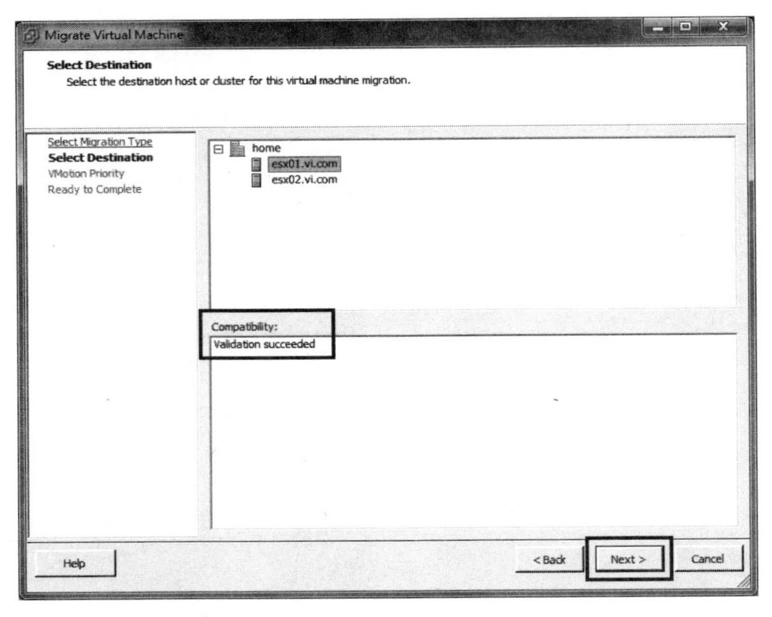

图 8-10

9. 单击 **Reserve CPU for optimal VMotion performance (Recommended)**，由于 vMotion 会耗用 CPU 资源，所以要选择将 CPU 用以支持 vMotion 为主，或是有剩余的 CPU 资源再分配给 vMotion（此举会延长 vMotion 迁移的时间），如图 8-11 所示。

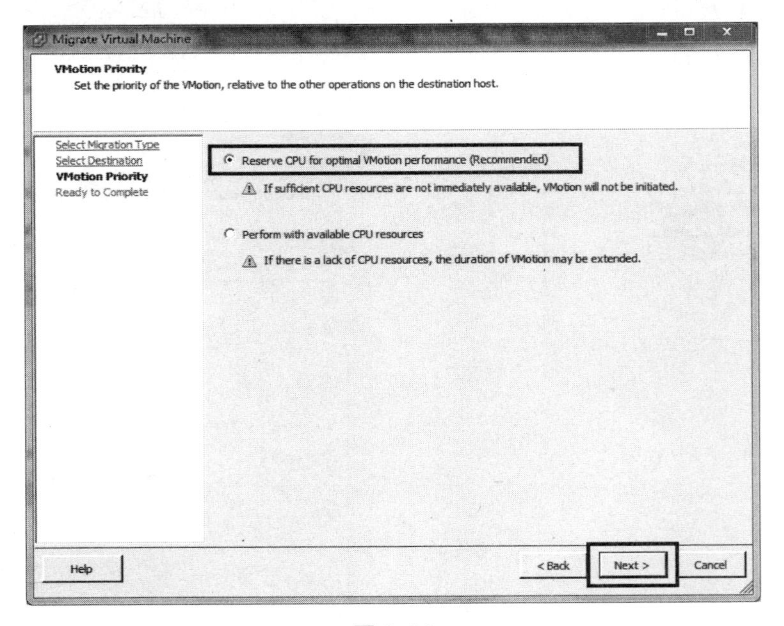

图 8-11

10. 确认之后单击 **Finish** 按钮，就开始运行 vMotion 了，如图 8-12 所示。

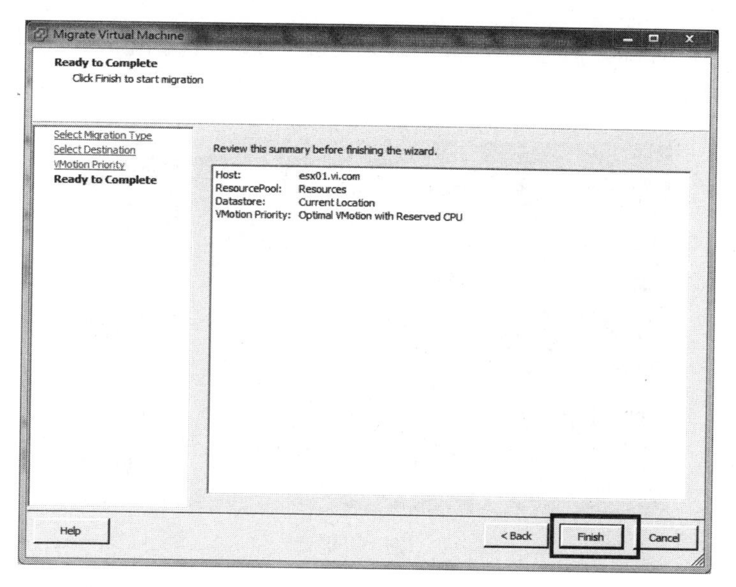

图 8-12

11．在 vMotion 期间，可以去 Ping 一下 VM_C，检测在迁移时 VM 是否确实持续地存活着，如图 8-13 所示。

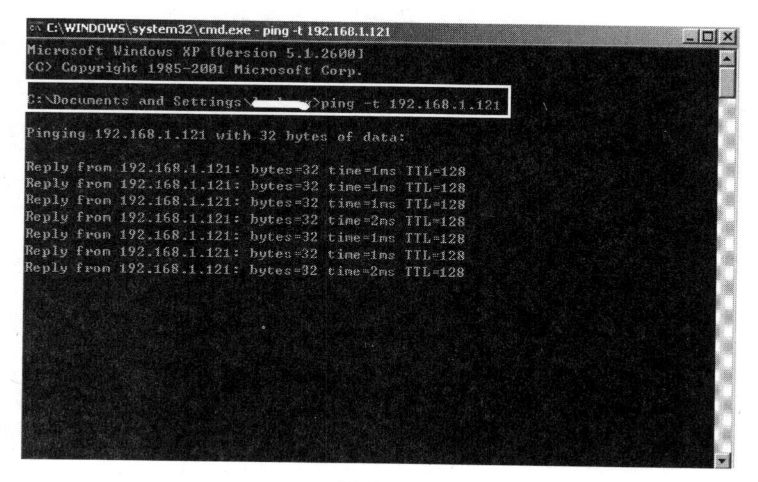

图 8-13

12．vMotion 的时间长短会依网络带宽、存储设备性能、CPU 性能、VM 内存的大小而有所不同，如图 8-14 所示。

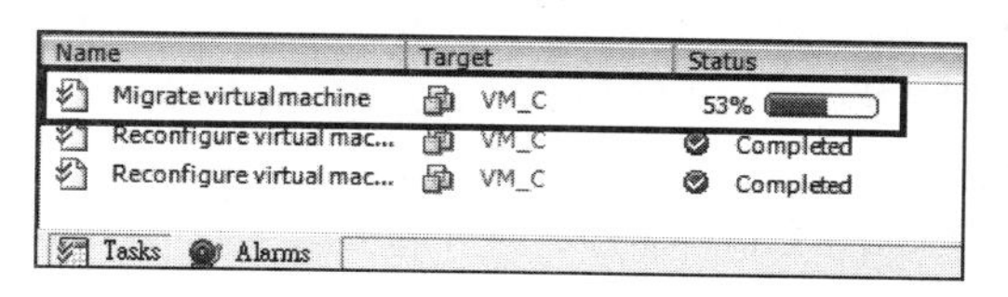

图 8-14

13．在整个 vMotion 的过程中，VM_C 也持续地有响应，但会发现出现一两个要求等候超时时（有时不会有超时）随即恢复正常，基本上 Client 端是不会有感觉的，如图 8-15 所示。

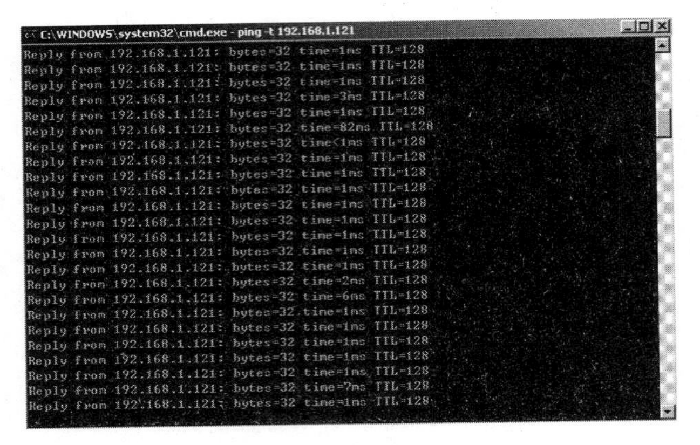

图 8-15

14. 完成了 VM_C 的 vMotion 后，接下来再将 VM_B 也迁移过来。结果如图 8-16 所示，现在 3 个 VM 都在 ESX01 host 下运行了，使用的是 ESX01 的 CPU 和内存资源，而 ESX02 没有任何的 VM。

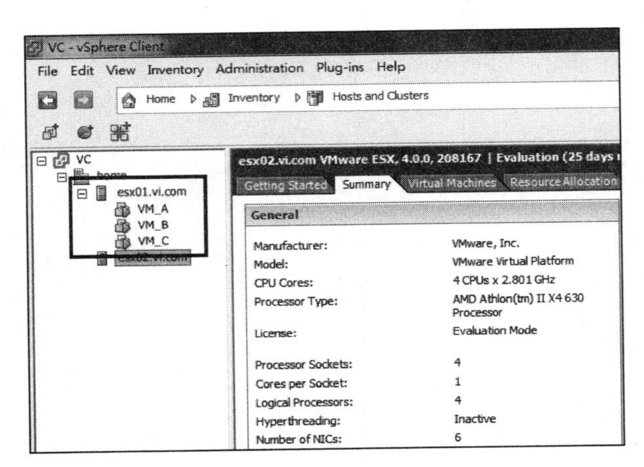

图 8-16

15. 尝试着将 VM_A 由 ESX01 vMotion 到 ESX02，结果发现出现了更多的错误信息。仔细看一下，除了 CD/DVD device 的问题之外，其他的三个信息分别是 ESX02 无法访问 ESX01 local storage 的 vmx、vmdk、vswp 文件，其实问题都一样，由于 VM 放置于 local storage，不是共享资源，所以 ESX02 无法接管这个 VM，目前为不能 vMotion 的状态，如图 8-17 所示。

注：如果想要在零停机的状态下迁移 VM_A 到 ESX02，那么就要将 VM_A 的文件移转到 iSCSI LUN 才行，所以可以先运行一次 Storage vMotion 将 VM 文件迁移到 iSCSI LUN，再做一次 vMotion 即可。

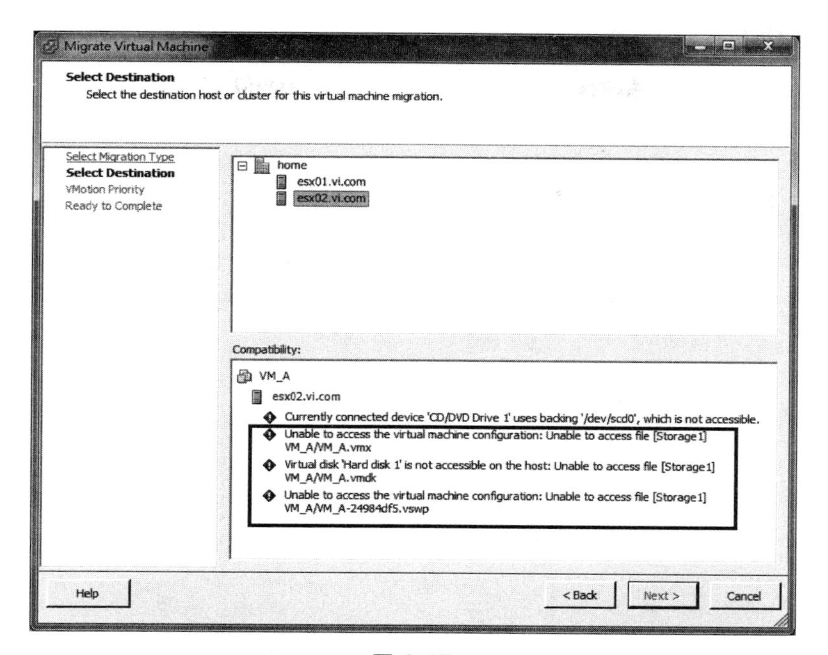

图 8-17

16．接着将 VM_B 的 vNIC 改接到 Test 的 Port Group。右击 VM_B 并选择 **Edit Settings**，单击 **Network adapter 1**，本来是接在 Production Network，单击 **Network Connection** 下拉列表框并选择 **Test**，如图 8-18 所示。

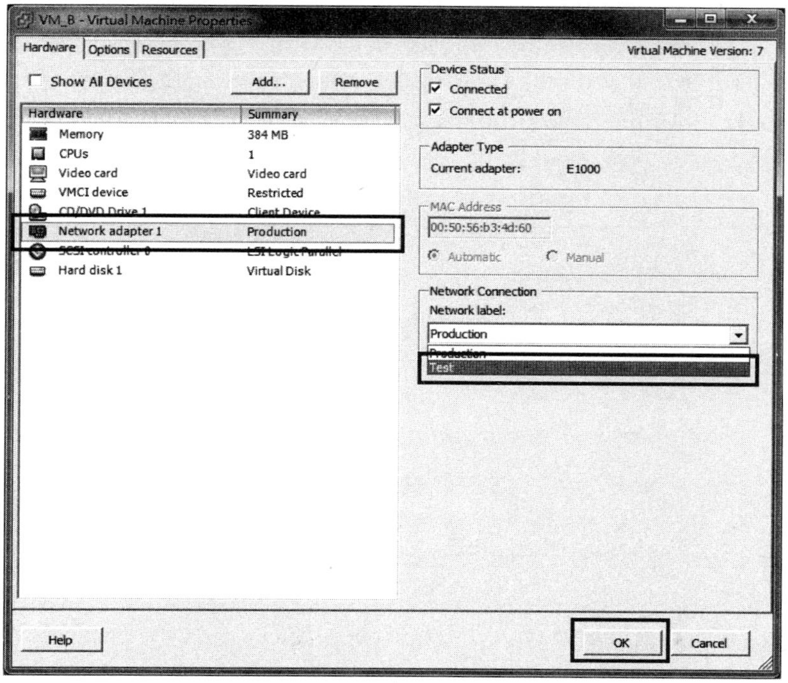

图 8-18

17. 在 ESX01 的 **Configuration/Networking** 中，可以看到 vSwitch1 有两个 Port Group，VM_B 现在已经与其他两个 VM 在不一样的 Port Group，可针对个别 Port Group 应用不同的 Network Policy，如图 8-19 所示。

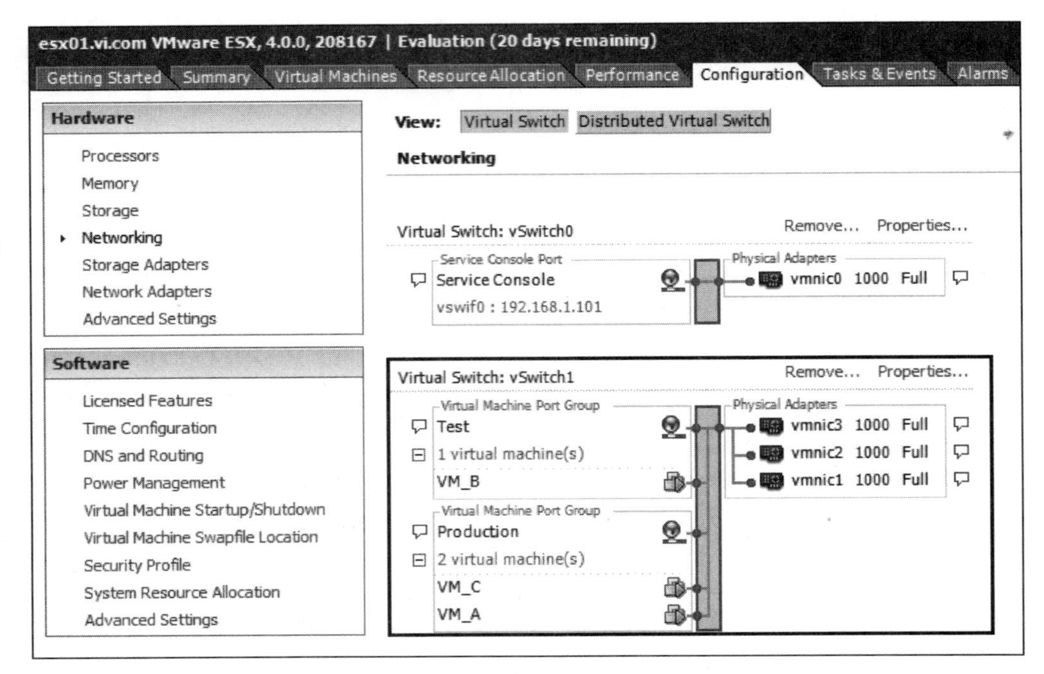

图 8-19

18. 接着看 vSwitch2 和 vSwitch3，都是 VMkernel port 在使用（vmk0、vmk1）。想一下，刚刚 vMotion 在传送内存状态时使用的是哪一个 Uplink 呢？vmnic4？还是 vmnic5？如图 8-20 所示。

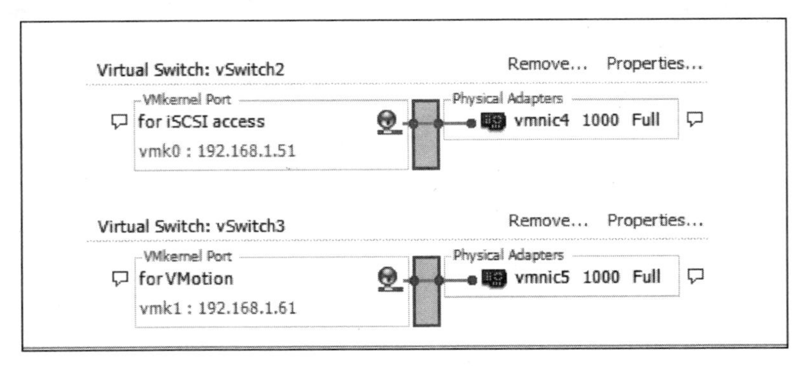

图 8-20

19. 再到 ESX01 的 **Maps** 来观察现在 VM 与实体网络、存储设备间的关系，如图 8-21 所示。

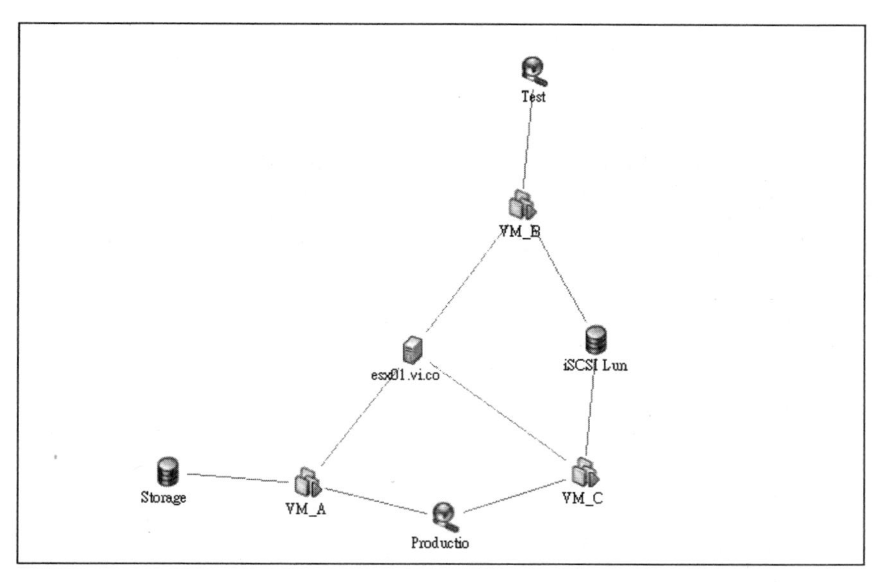

图 8-21

vMotion 所需具备的条件

刚刚实践的 VM_B、VM_C 的 vMotion 都成功了，看起来很容易对不对？是的，只要你的概念准备、配置无误，要成功运行 vMotion 真的非常简单。我们在第 4 章配置好了网络，第 5 章配置好存储设备，所以运行 vMotion 并没有遇到困难，但是你必须明白运行 vMotion 的要求条件，才会知道现在为什么可以如此顺利。

下面就是针对 vMotion，VM 和 ESX/ESXi host 所需具备的条件。

对 VM 的要求：

- VM 的 Virtual 光驱或磁盘驱动器，挂载的镜像文件必须是共享资源。这就是我们刚刚遇到的问题，VM 的 ISO 是 Host Device 的光盘，并非共享资源。
- VM 的 Virtual CPU 不可设置 CPU affinity。也就是说我们可以强迫指定某个 VM 永远使用某个实体 CPU 或核心资源，但是这样做就无法 vMotion 了。
- VM 的 vNIC 不可接在 Internal vSwitch（没有 Uplink），如果不是 vDS 的话，则两边 ESX(i) host 的 vSwitch 必须有相同的 Port Group 名称。
- VM 的 vswp 文件必须目的端的 host 能够访问。
- 如果 VM 使用了 RDM，那么目的端的 host 要能访问这个 Raw LUN。

对 ESX/ESXi host 的要求：

- ESX/ESXi host 必须可以识别并访问放置 VM 文件的 Shared Storage。
- 至少 GbE 等级的网络带宽给 VMkernel for vMotion 来使用，建议是专属的 Uplink（vSphere 4.1 版本在 10Gb 的专属带宽上可同时载送 8 个 vMotion VM，1Gb 则是同时间 4 个）。
- ESX/ESXi host 两端 VMkernel 必须互通，也就是实体网络不能隔离。

- 两端的 CPU 必须是兼容的，不同 CPU 制造厂商不能互相 vMotion，不同时期的 CPU 也不行。

注： 实体 CPU 的 vMotion 限制与 ESX 两端的频率、核心数目、Cache size 无关。但与 CPU 制造厂商、品牌、命令集有关，例如 Intel Server 上的 VM 无法 vMotion 到 AMD Server，PIII 的 CPU 不能 vMotion 到 P4。不过在创建 DRS Cluster 时，可通过 EVC（Enhanced VMotion Compatibility）来增加实体 CPU 间的兼容度，稍后说明 DRS 时会提到 EVC 的作用。

现在经过 vMotion 实践之后，VM 全部跑到了 ESX01，与存储设备之间的对应如图 8-22 所示。

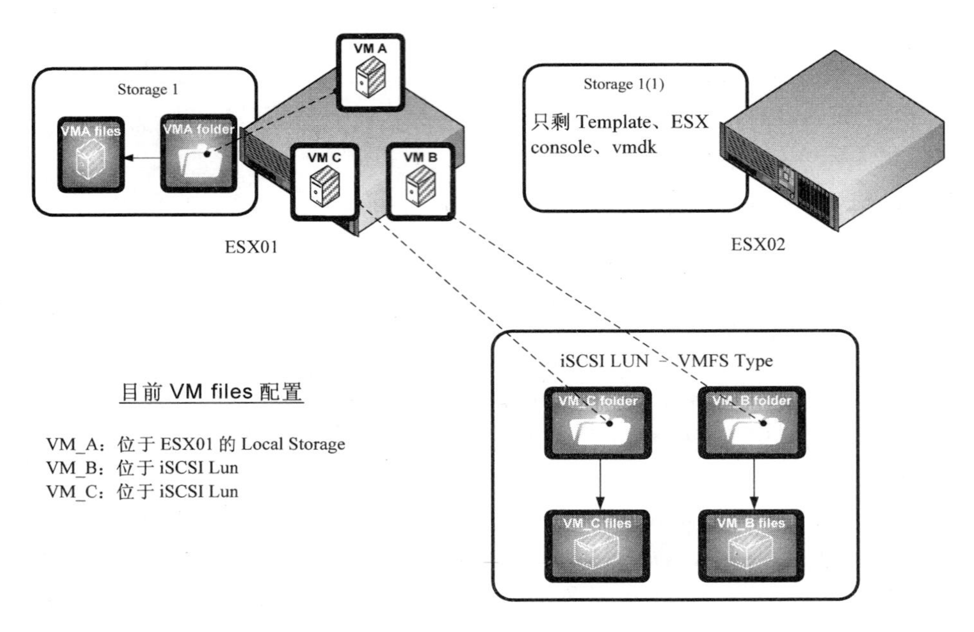

图 8-22

8-3 何谓 DRS Cluster

介绍完了 vMotion，各位可能会想到一个问题，在一个大型数据中心里，有着数百个 ESX/ESXi hosts，上千个 VM。如果我们靠着手动的 vMotion 来平衡硬件资源，就必须时时刻刻去监看实体 ESX/ESXi host 的 CPU、内存资源，随时注意哪个 host 负担太重，再将 VM 转移到另一实体。这样的话，IT 管理员大概就要整天盯着计算机屏幕，其他的事情都不用做了。

可不可以将这件事自动化，当发现实体资源不够时，VM 自己移动呢？没问题。

下面要介绍的 DRS（Distributed Resource Scheduler）就可以完成这项任务。

首先，要认识 VMware 的两种 Cluster：DRS 和 HA。所谓 Cluster，就是将一些 ESX/ESXi host 组织起来，成为一个丛集，Cluster 内的实体机器可以互相支持，实现动态负载平衡（DRS）与 HA 的理想（HA Cluster 在第 9 章说明）。

当我们创建出一个 DRS Cluster，并将 ESX/ESXi 放到 Cluster 里面设置好以后，VM 就会自己去找寻适合它生存的地方，假使这个地方不适合它，它就会搬家到别的地方，哪里有它需要的硬件资源，它就往哪里去。如果你选择的是全自动化的 vMotion，那么 VM 就会如图 8-23 所示，在这个 Cluster 随时自动迁移，完全不需要去理会现在哪个 VM 是在哪个实体机器上。

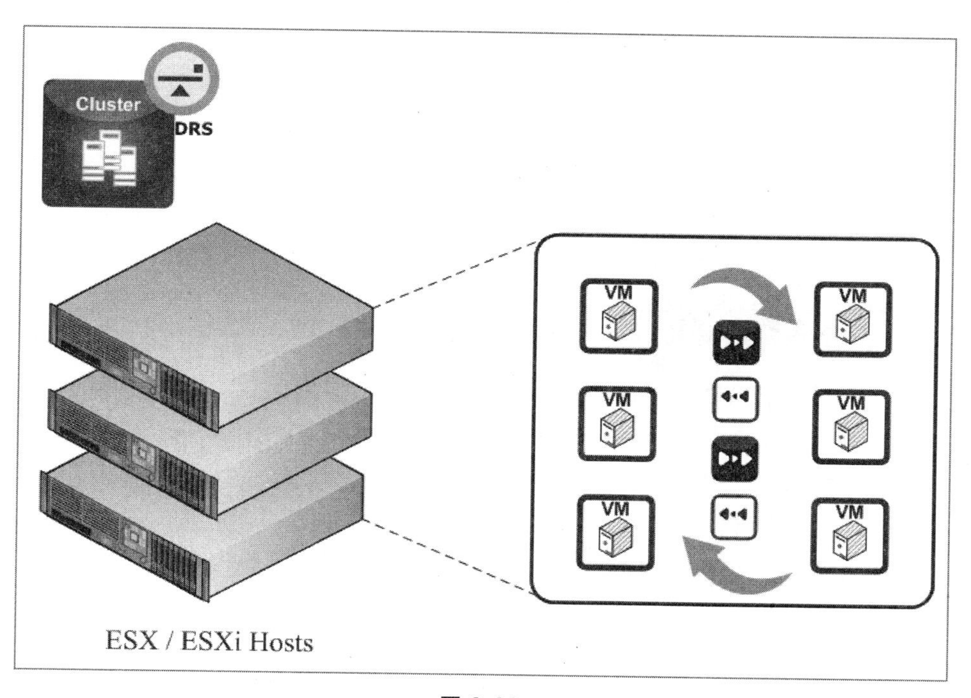

图 8-23

Q：一切自动化后，会不会因为找不到 VM 在哪里而造成管理困扰呢？

如果设置的是全自动模式，VM 确实会自动在 Cluster 里移动，vMotion 时并不会征求你的同意。但这正是 VMware 的原意，VMware 希望传达的观念是：在虚拟化的世界，不用去关心 VM 现在处于哪个实体，哪里有足够的实体资源，VM 就往哪里去。

刚开始使用全自动化，你可能会不太适应，所以 VMware 的最佳实践是，一开始可打开半自动化等级，这样的话，你可以在 DRS 出现建议 vMotion 的信息时自行决定要不要 vMotion。等到习惯 DRS 运作之后，可设置成全自动，再针对不想随便移动的 VM（例如执行关键任务的 VM），单独对它设置 Automation Level 为手动或关闭即可。

至于不知道 VM 此时身处何方的问题，别忘了我们有 VM and Template View，切换到这里来查看即可。

DRS Cluster 有三个主要功能：

- **Initial Placement**：当 VM 开机时，依照目前的硬件资源使用情况，帮你决定 VM 要在哪一个实体 host 上启动或是给予建议值。
- **Dynamic Balancing**：自动化的 vMotion，在 VM 运行时，动态地调整与分配实际的硬件资源。
- **Power Management**：如果启用 VMware DPM 功能，可通过 iLO 或 IPMI 机制远程管控实体机器的电源，当一个 Cluster 的硬件资源出现闲置状态时（例如晚上的时候），DPM 就会尝试将 VM 通过 vMotion 集中到几个 host 上面，并关闭多余闲置的 ESX/ESXi host 节省电力（Standby mode）。等到 VM 的硬件资源不够使用时（例如白天开始上班时），再打开这些 host 来支持。

Q：DRS 所评估的资源是实体 CPU 和实体内存吗？

是的，DRS 监测的是 host 实体的 CPU 和内存，当这两种实体资源不足时，可借助 DRS 的帮助自动移转 VM 到另一个实体机器，这并不意味着如果 VM 性能不好就可因此改善。VM 性能不好涉及很多因素，例如应用配置失当、实体网络、存储设备问题等，DRS 解决的只是 CPU、内存、网络资源竞争的问题。所以各位要有正确的认知，VM 性能不佳，DRS 只是解决手段之一，不是绝对的，必须清楚 VM 的主要问题在哪里。除了检测 CPU 与内存资源是否足够外，未来 VMware 也会推出 Storage DRS 的功能，等于是将 Storage vMotion 自动化，解决因存储设备 I/O 性能瓶颈而产生的问题，将 VM 文件在线搬移到性能较好的存储设备。

8-4 DRS 的设置与配置

1. 在 DataCenter 右击并选择 **New Cluster**，如图 8-24 所示。
2. 输入一个 Cluster 名称，范例是 **lab cluster**，然后勾选 **Turn On VMware DRS**，再单击 **Next** 按钮，如图 8-25 所示。

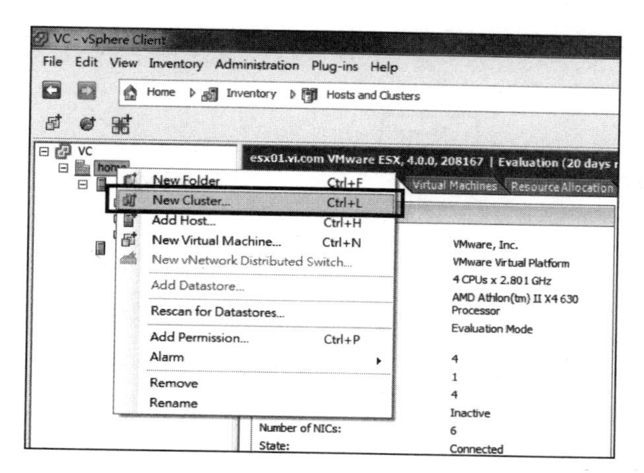

图 8-24

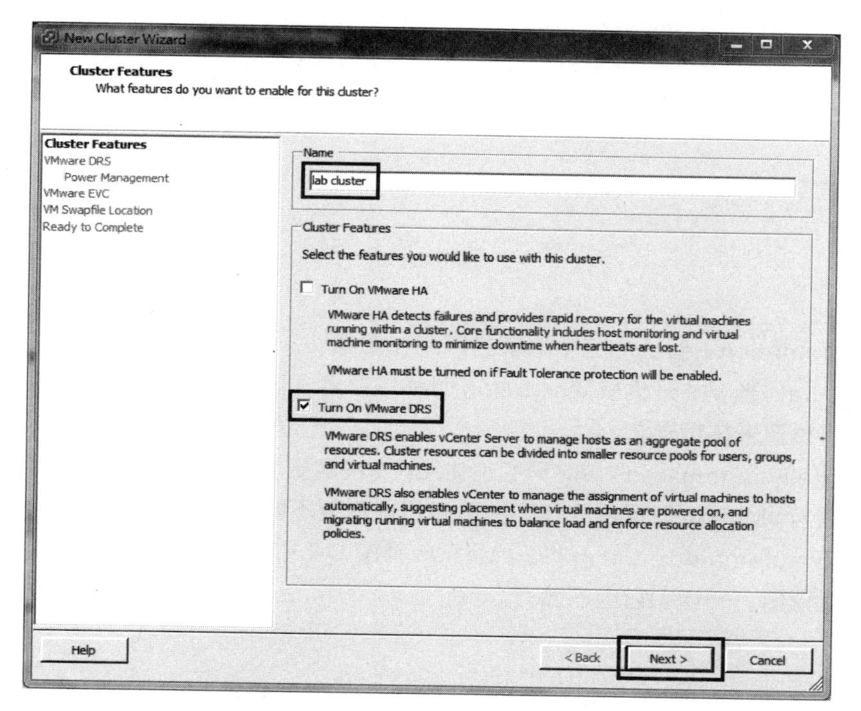

图 8-25

注：在此可以选择 Cluster Type，可以让 Cluster 成为 DRS 的同时也是 HA，我们先勾选 DRS，因为下一章才会有 HA 的相关设置。

3．在此设置 Automation Level，有 Manual（手动）、Partially automated（半自动）、Fully automated（全自动）供选择。由于我们要观察 DRS 建议值，所以这里选择 **Manual**（手动），然后向右拖动 **Migration threshold** 滑块至最右端，单击 **OK** 按钮，如图 8-26 所示。

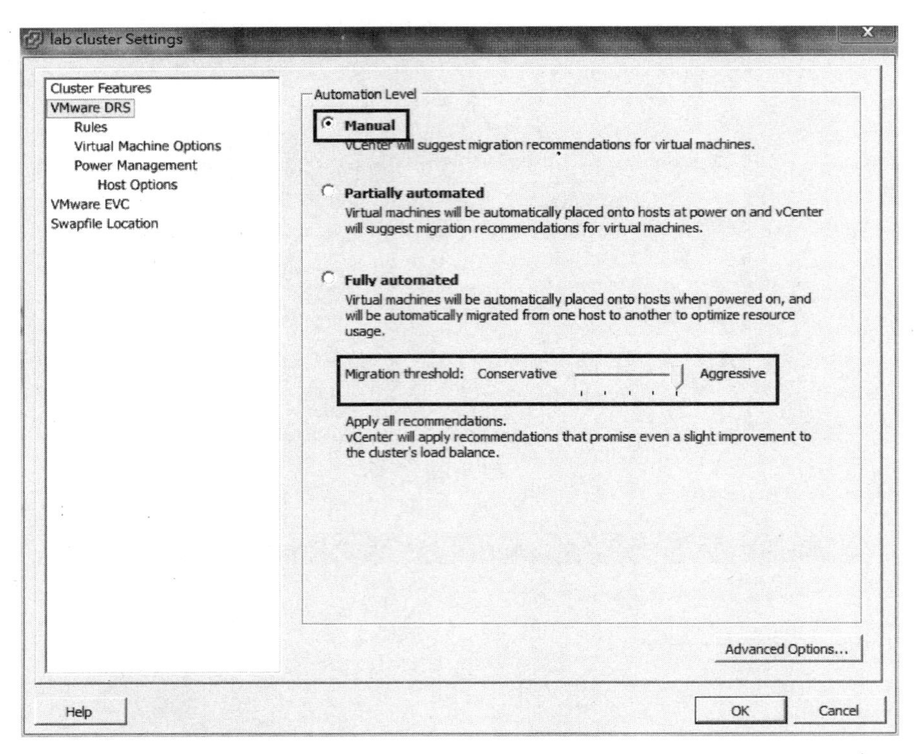

图 8-26

注：Automation Level 的三个选项的不同在哪里？

- Manual: 当 VM 开机或要 vMotion 时都提供建议值，由你自行决定是否依照 DRS 的建议值来执行操作。
- Partially automated：VM 开机时由 DRS 决定要 Power On 在哪一个实体机器，但是当 vMotion 时提供建议，由你自行决定要不要 vMotion。
- Fully automated：VM 开机、vMotion 都由 DRS 来决定，不会再通知你，也不会有建议值，一切由它自己操作。

Migration threshold 是触发 vMotion 的一个敏感度依据，越往左边表示越保守，最左边等级是 Priority 1，必须符合 affinity rule 或进入 maintenance mode 才会移动 VM。最右边（Aggressive）为 Priority 5，只要 Cluster 的 hosts 资源有一点不平衡，就会尝试移动 VM。

4. **Power Management** 的部分，就是 VMware DPM，由于我们的 ESX host 是虚拟的，所以 DPM 没有用途，选择 **Off**，如图 8-27 所示。
5. 接着配置 EVC。由于 vMotion 有着实体 CPU 的限制，所以实际上要创建 DRS Cluster 时，通常会将同一厂商、相同系列的 CPU 组织在一起成为一个 Cluster，让这些 ESX/ESXi host 彼此之间可以自动运行 vMotion，如图 8-28 所示。

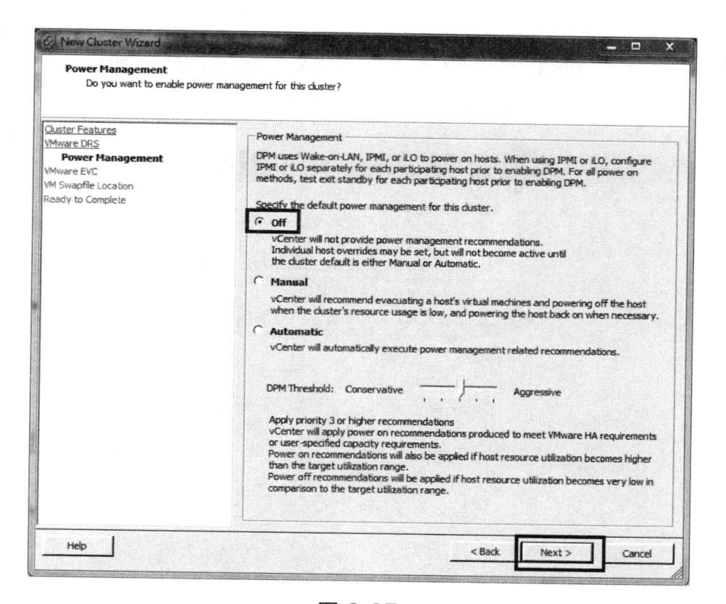

图 8-27

图 8-28

注：在 VI3.5 update 2 以后新增了 EVC（Enhanced VMotion Compatibility）功能，可以让近期不同系列的 CPU 彼此之间可以互相 vMotion，这样便可以让较旧机型的服务器与较新的混合成一个 Cluster，增加兼容性。若要启用 EVC 功能，ESX/ESXi host 版本、Cluster Baseline、EVC mode 都要注意。有关 EVC 的详细内容，VMware 的 Knowledge Base（http://kb.vmware.com），KB Article 1003212、KB Article 1005764 有很详细的说明可供查询。

另外一点，不同 CPU 制造厂商（Intel 和 AMD）依然不能靠 EVC 来互相 vMotion。

6. 由于 ESX01、ESX02 都是虚拟的关系，所以 CPU 并无差别，不用打开 EVC，选择 **Disable EVC**，单击 **Next** 按钮即可，如图 8-29 所示。

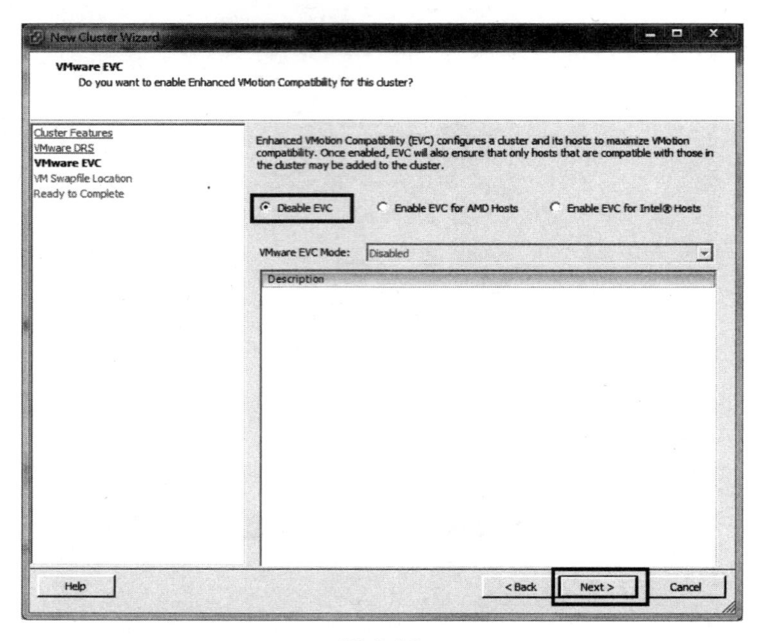

图 8-29

7. VM Swapfile Location，单击 **Store the swapfile in the same directory as the virtual machine (recommended)**，再单击 **Next** 按钮，如图 8-30 所示。

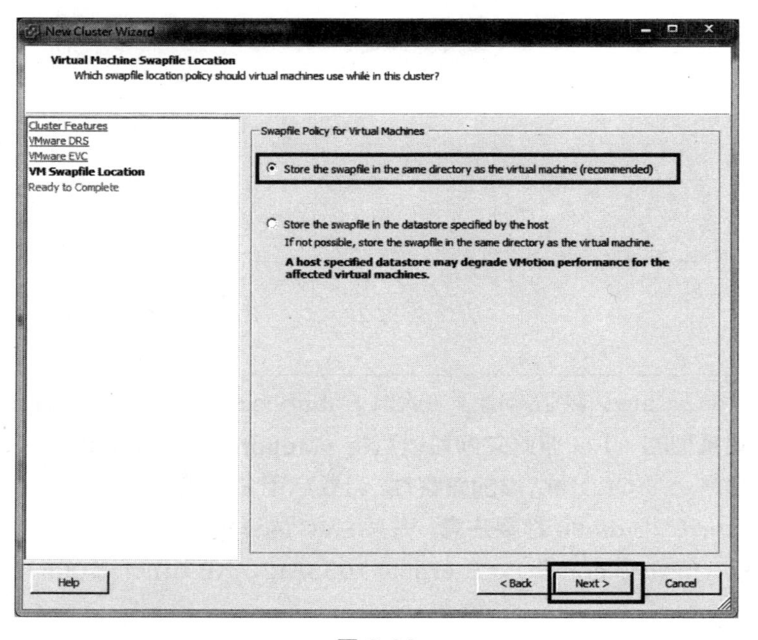

图 8-30

8. 确认设置好后单击 **Finish** 按钮，如图 8-31 所示。

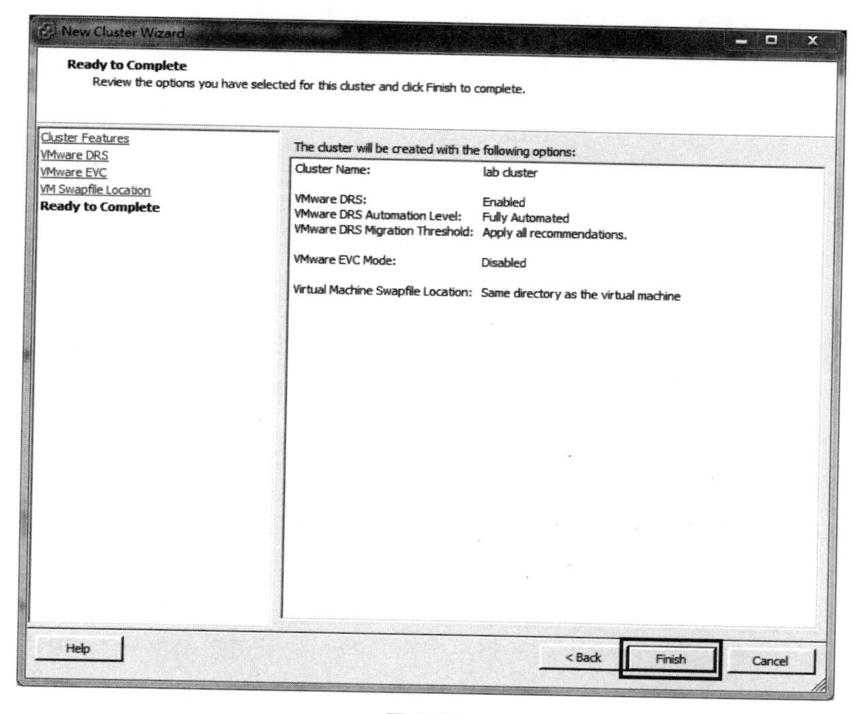

图 8-31

9. 出现了 Cluster 的图标。接着将 ESX01 用鼠标拖进 Cluster 中，如图 8-32 所示。

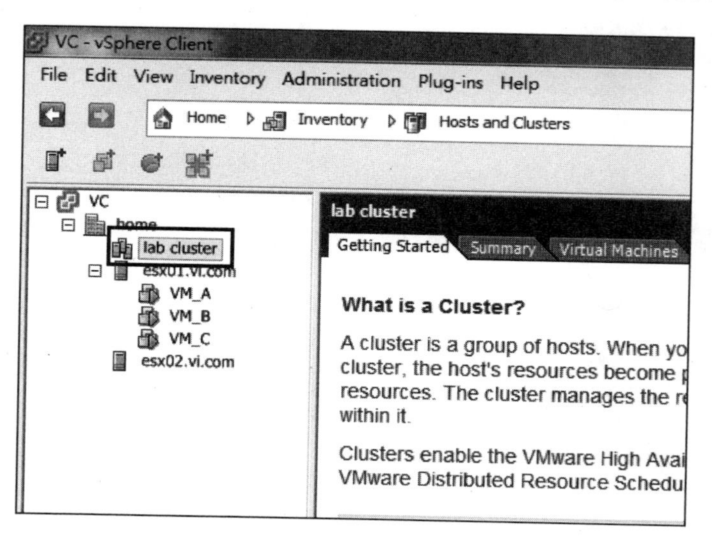

图 8-32

10. 此时出现 Choose Resource Pool 的信息，如果你之前在 ESX/ESXi host 已经设有资源池，可以选择要保留该资源池或不保留，这里选择第一项不保留，单击 **Next** 按钮，第二项则是要保留，如图 8-33 所示。

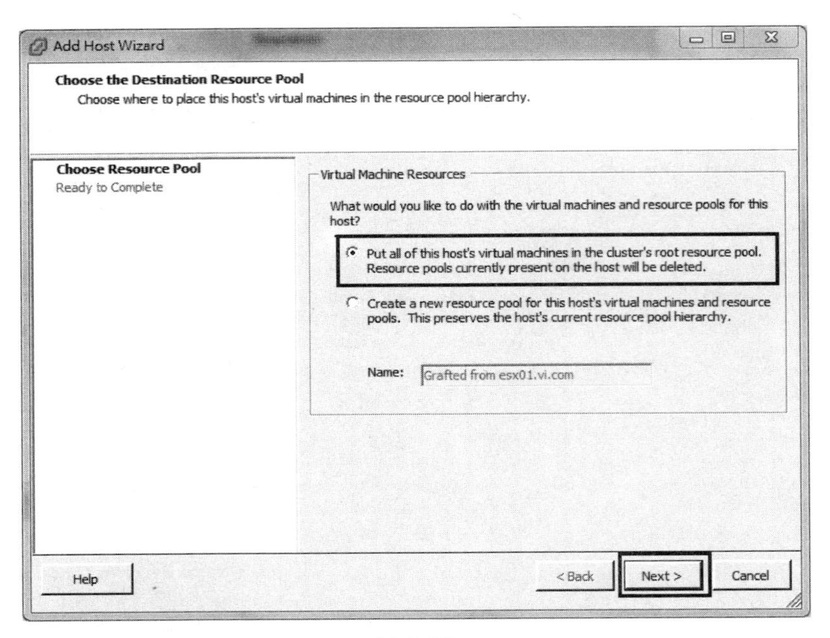

图 8-33

注： 假如不保留 ESX/ESXi host 原来的资源池，则所有之前拆分出来的硬件资源都会取消，所有实体资源全部计入 DRS Cluster 再来重新分配。

11. 直接单击 **Finish** 按钮完成即可。接着同样的做法，也将 ESX02 用鼠标拖进 Cluster 里，如图 8-34 所示。

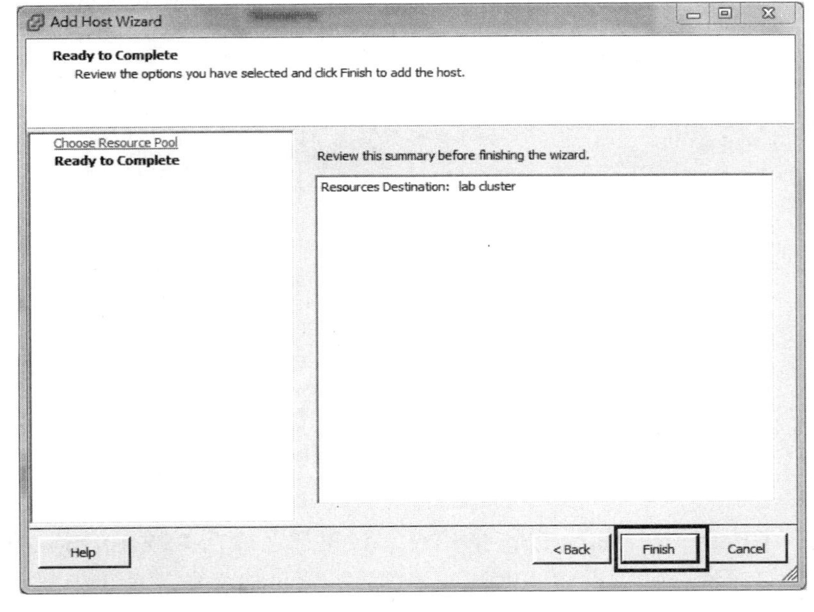

图 8-34

12. 现在可以发现 2 个 ESX host 与 3 个 VM 都在 Cluster 底下的同一层级，这意思就是说，我们已经不需要管 VM 现在是在哪一个 ESX host 运行了。因为 VM 今天在 ESX01，明天可能会在 ESX02，哪边比较适合它生存，它就会到哪边去。如果想知道 VM 在哪个 host 运行的话，单击 host 再单击右边的 Virtual Machines 标签，则可以看到目前这个 ESX host 上的 VM，如图 8-35 所示。

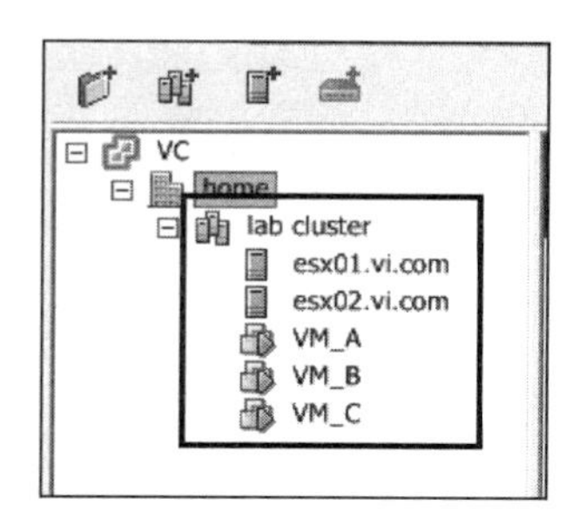

图 8-35

13. 在 **lab cluster** 单击右边的 **Summary** 选项卡，可以看到下方目前整个 Cluster 的总体 CPU 资源是 22GHz，内存资源是 4GB，就是所有 ESX/ESXi hosts 的总和，如图 8-36 所示。在 Cluster 架构下，所有的 CPU 与内存资源会被统一集合在一起计算总和，再依照创建的资源池分配出去。

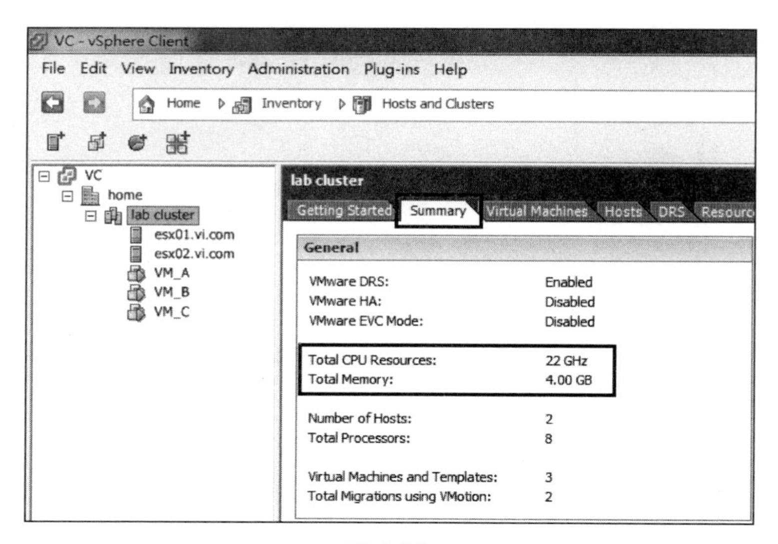

图 8-36

注：本书使用的测试计算机的 CPU 是 2.8GHz 四核，所以 2.8GHz X 4 核的实际可分配应该是 11GHz，为什么会出现 22GHz 呢？因为我们的两个 ESX 都是虚拟机器，它并不知道实体计算机只有 11GHz，每个 ESX 都认为自己有全部的实体资源，重复计算的结果就变成了 22GHz。

14. 再看右边 VMware DRS 的区块，显示目前 DRS 的设置，单击 **View Resource Distribution Chart**，如图 8-37 所示。

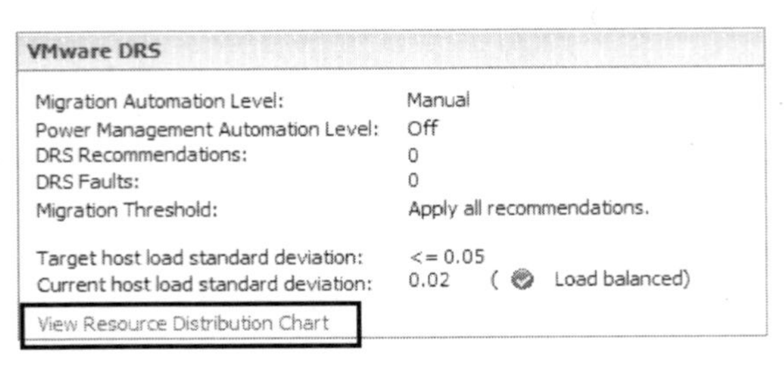

图 8-37

注：Target host load standard deviation 如果数值大于 Current host load standard deviation，此时呈现的就是绿色的 Load balanced 状态，不会触发 vMotion 的动作或建议。如果小于 Current host load standard deviation，则表示目前有 DRS 建议值未被应用或是有无法 vMotion 的情况。

---

15. 在图 8-38 所示的图表中可以看出 Cluster 下的 Hosts CPU 和内存的使用与忙碌状态。由这张图可知 3 个在 ESX01 上的 VM 根本没有消耗到实体 CPU 的运算资源。

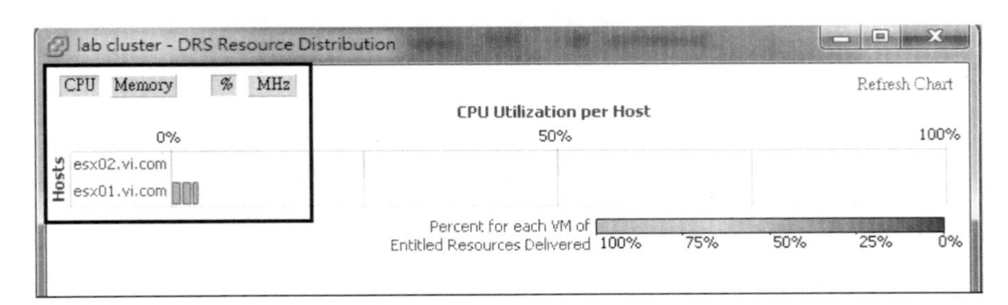

图 8-38

16. 选中 **Memory** 观察使用情况，发现 ESX01 的物理内存使用超过 25%，如图 8-39 所示。

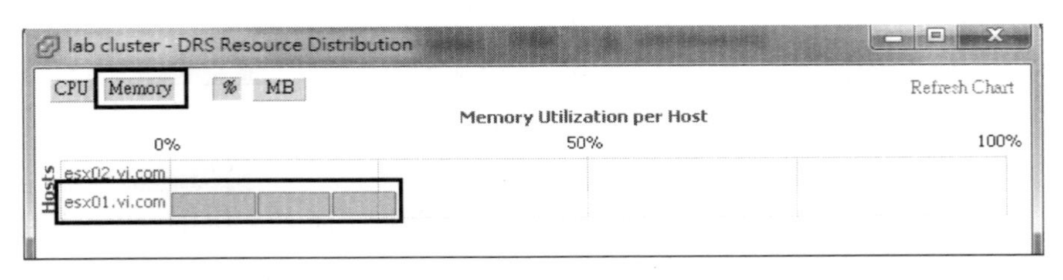

图 8-39

17. 此时出现黄色的提醒标志，告知目前两个 ESX 硬件资源是不均衡（Load imbalanced）的状态了，如图 8-40 所示。

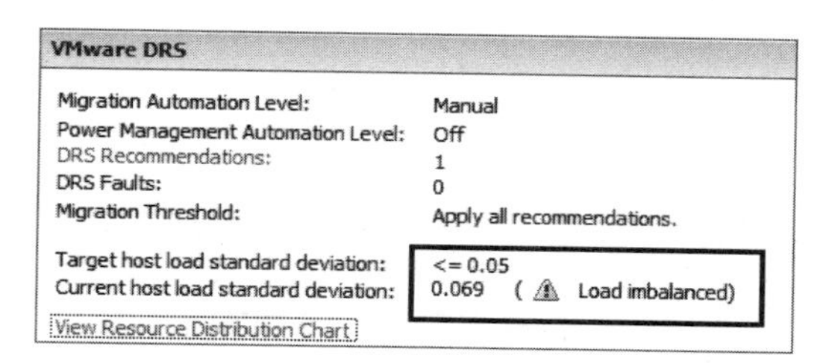

图 8-40

18. 单击 **DRS** 选项卡，果然已经看到建议了，由于我们的 Automation Level 选择的是手动，出现建议值后必须要等你的确认才会运行 vMotion。目前是 Priority 5，建议 **VM_C** 移动到 **ESX02**，理由是要平衡两个 ESX host 的内存资源，如图 8-41 所示。

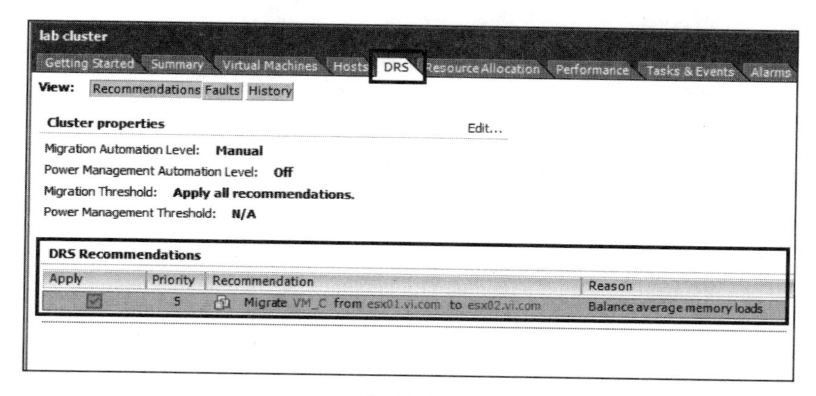

图 8-41

19. 如果你觉得可以接受它的建议，则单击 **Apply Recommendation** 按钮就会开始移动 VM。但是我们先不要应用建议值，请先单击 **Edit** 按钮，如图 8-42 所示。

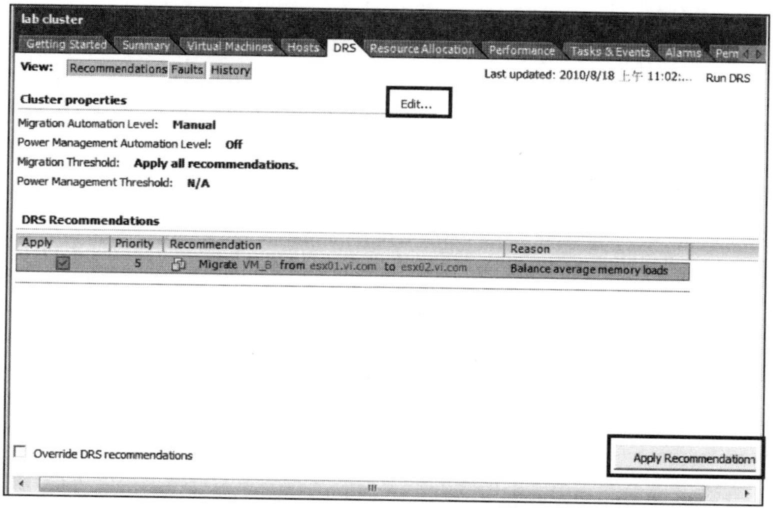

图 8-42

注：先思考一下，ESX01 的物理内存使用超过 25%，而 ESX02 几乎没有使用，这样的话，真的应该移动 VM 到 ESX02 吗？vMotion 过去后，两个 ESX host 内存使用都没有超过 20%，这样对我们是有利的吗？答案是否定的。在资源使用率低的情况下，正确的做法应该是关闭闲置的 host，将 VM 集中在少数 host 上来提高使用率，这是 DPM 的概念。

但本例只有 2 个 ESX hosts，如果在实际的环境中，关闭一个 ESX 的话，会造成没有 HA 的状况，鸡蛋放在同一个篮子里的风险，这个因素必须考虑进去。所以 Cluster 里的 ESX/ESXi 多一点是比较好的，目前一个 Cluster 可以放置最多 32 个 ESX/ESXi hosts。

20. 我们到 **Automation Level** 中再调整一下 **Migration threshold**，将滑块往左边拉一格试试看（Priority 4），如图 8-43 所示。

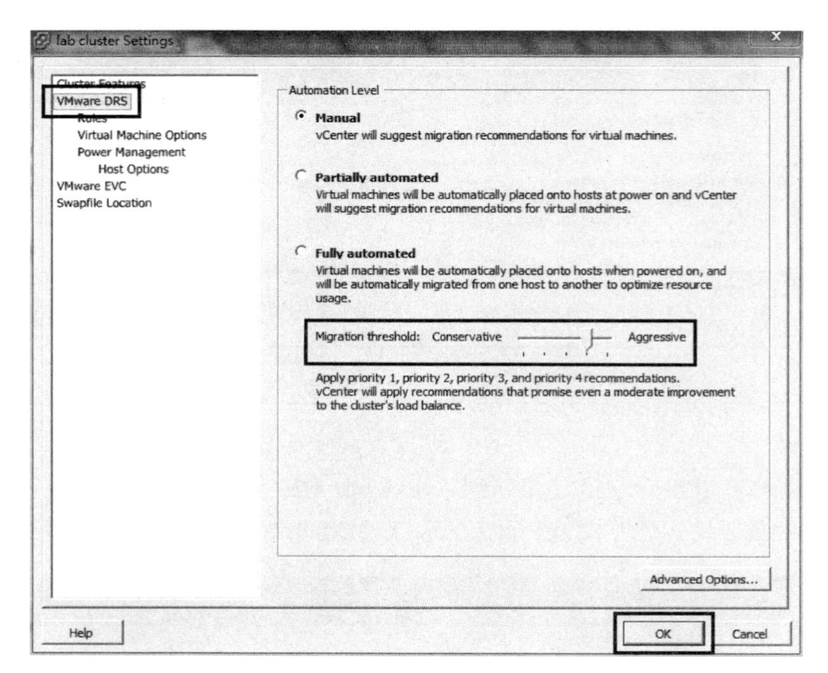

图 8-43

注：DRS 的负载平衡依据是 Migration threshold 调整的程度，那么 Migration threshold 的依据又是什么呢？每一种 Priority 所代表的情况是什么？关于这一点，VMware 并没有提供详细的数据，清楚告知每一个等级触发建议值的时候代表硬件资源耗用的范围与定义。但是，在虚拟化世界中，这是非常难定义与表述的，仅是每个 Cluster 所拥有的硬件资源，每家公司就都不会相同。所以，我们只要遵循 Priority 去设置即可，后面复杂的监控与评估就交给 VMware 的算法去做。

21. 再回到 **DRS** 选项卡，果然发现建议值已经消失，内存使用率目前未达到 Priority 4 的标准，因此不会建议做 vMotion，如图 8-44 所示。

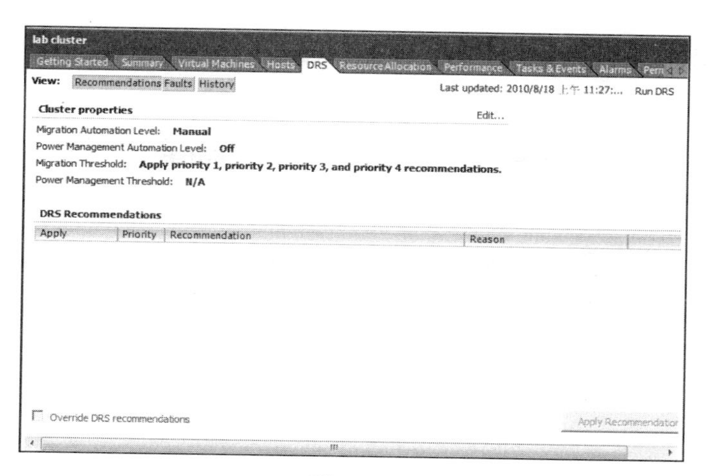

图 8-44

22. 现在找一台可以上网的计算机，下载一个叫做 **CPU Burn-in** 的程序，然后将它放置在 VM_A、VM_B 的桌面上，如图 8-45 所示。稍后要来测试当实体 host CPU 处于忙碌状态时 DRS 是否会起作用。

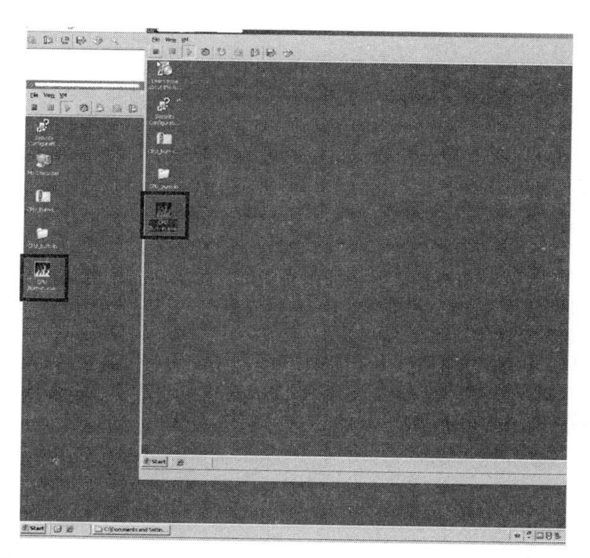

图 8-45 CPU Burn-in 可以让 CPU 持续进行大量的运算

23. **VM_A**、**VM_B** 都运行 CPU Burn-in，让它运转 **5** 分钟，单击 **Start** 按钮，如图 8-46 所示。

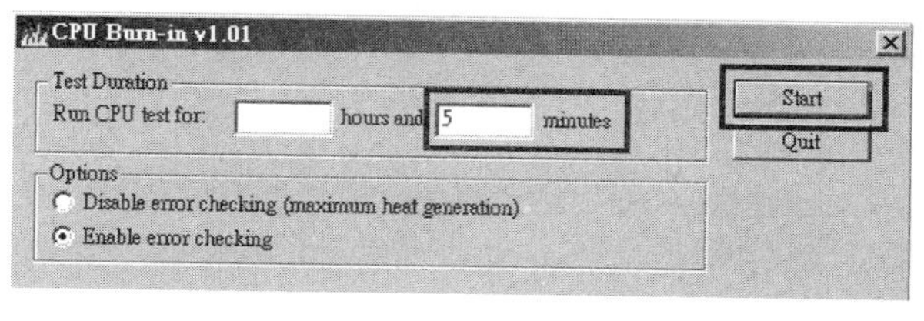

图 8-46

24. 接着看 ESX01 的 **Summary** 选项卡，发现实体 CPU 的使用率已经提高超过一半了，如图 8-47 所示。

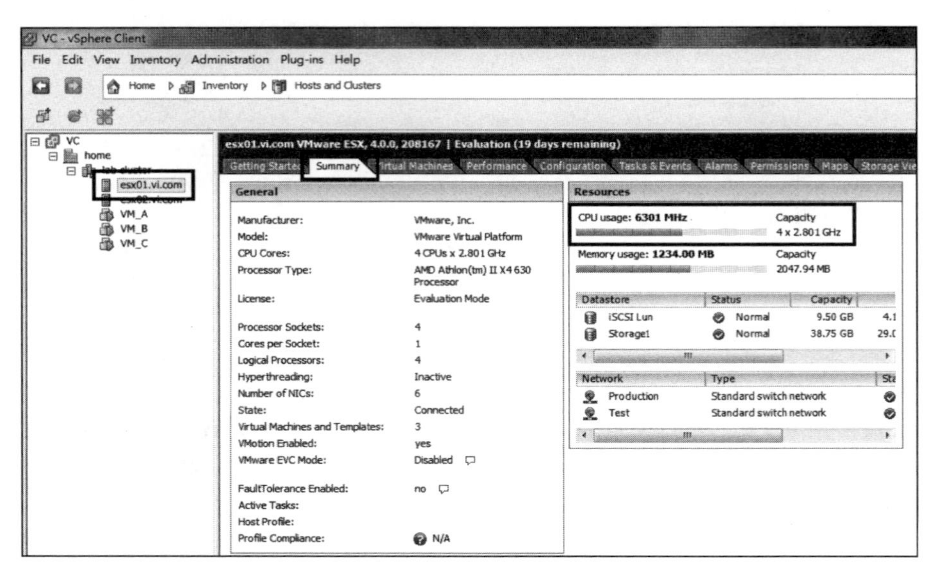

图 8-47

25. 再选中 Cluster 的 **DRS** 选项卡，发现出现了 vMotion 建议（可能要稍等 1～2 分钟或是单击 **Run DRS**），Priority 4，建议将 VM_B 从 ESX01 移动到 ESX02，理由是平衡实体 CPU 的负载。此时单击 **Apply Recommendation** 按钮就会开始 vMotion，如图 8-48 所示。

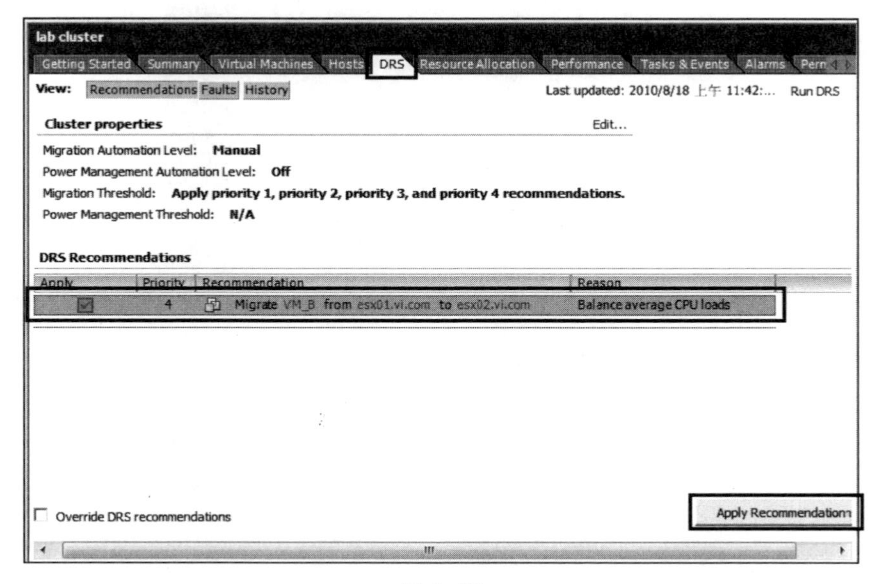

图 8-48

26. 看一下 Resource Distribution Chart，目前是在不平衡的状态，如图 8-49 所示。

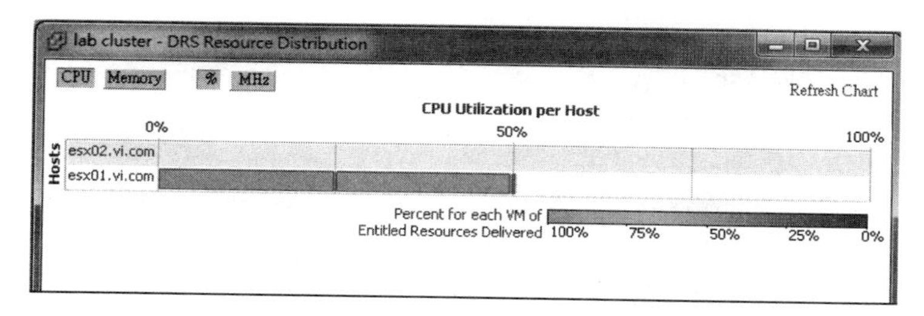

图 8-49

27. VM_B 开始 vMotion，如图 8-50 所示。

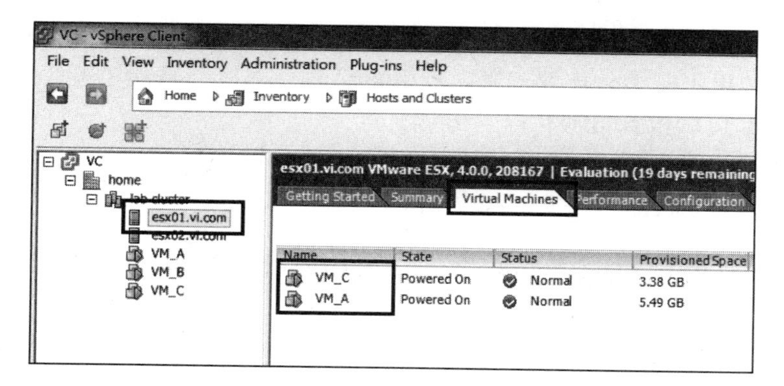

Name	Target	Status	Details
Migrate virtual machine	VM_B	52%	Migrating the active state of Virtual ...
Apply recommendation	lab cluster	Completed	
Refresh recommendati...	lab cluster	Completed	
Refresh recommendati...	lab cluster	Completed	

图 8-50

28. 完成后，选中 ESX01，再单击 **Virtual Machines** 选项卡，确实只剩下 **VM_C** 和 **VM_A** 两个 VM，如图 8-51 所示。

Name	State	Status	Provisioned Space
VM_C	Powered On	Normal	3.38 GB
VM_A	Powered On	Normal	5.49 GB

图 8-51

29. 再看 **ESX02** host，VM_B 确定到这边来使用资源了，如图 8-52 所示。

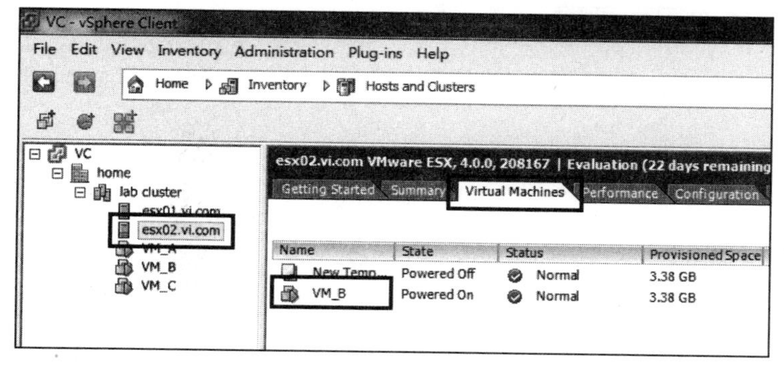

Name	State	Status	Provisioned Space
New Temp...	Powered Off	Normal	3.38 GB
VM_B	Powered On	Normal	3.38 GB

图 8-52

Q：为什么 DRS 移动的是 VM_B？为什么不是 VM_A 或 VM_C 呢？

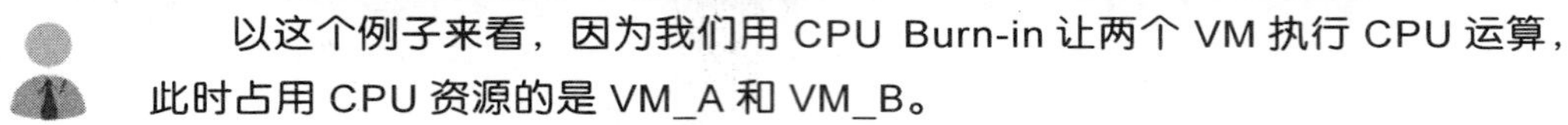

以这个例子来看，因为我们用 CPU Burn-in 让两个 VM 执行 CPU 运算，此时占用 CPU 资源的是 VM_A 和 VM_B。

不移动 VM_C 的原因是，因为它没有耗用 CPU 资源，将它搬到另外的 host 对于 ESX01 一点帮助都没有，结果还是一样不平衡，于事无补。

不移动 VM_A 的原因则是，它身处于 local Storage，根本没办法 vMotion，想搬也搬不了。所以能够 vMotion 且对平衡资源负载有帮助的，只有 VM_B。

Cluster Resource Pool

当创建好一个 Cluster 的时候，我们就会拥有一个逻辑上看起来非常巨大的 Root Resource Pool，这个 Cluster 包含的就是所有 ESX host 的 CPU 与内存的总和。接着，创建出来的资源池就会有许多资源可以进行分配。由于是 Cluster 的关系，在资源池底下的 VM，不必去管它现在是在哪个 ESX/ESXi host 运行，由 DRS Cluster 自行移动 VM、调度硬件资源。VM 间彼此只会在这逻辑上看起来巨大的 Pool 所拥有的资源中互相竞争，如果不是整体配置问题，不用特别去担心哪个 host 的硬件资源是否足够应付，这一切都可以做到自动化。

接着，来创造一个 Resource Pool 试试看。

1．在 **lab cluster** 上右击并选择 **New Resource Pool**，如图 8-53 所示。

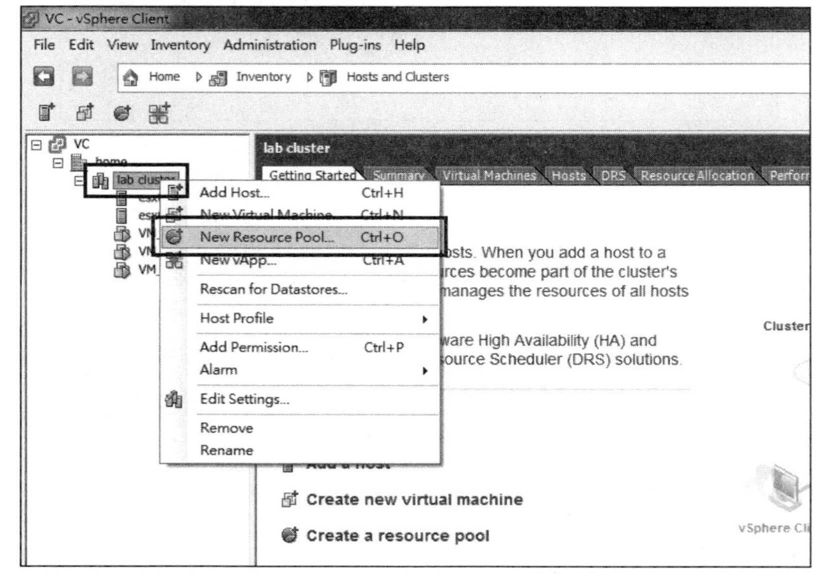

图 8-53

2. 给资源池一个名称，范例是 **Production**，可以看到这个 Resource Pool 有着所有 ESX host 的资源加总可分配，这就是"先集合资源，然后再分割"的概念。请将 CPU 和 Memory 的 Shares 都设成 **High**，如图 8-54 所示。

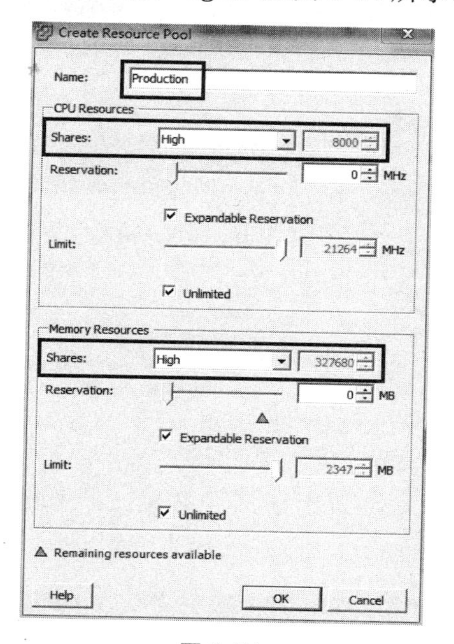

图 8-54

3. 再新增一个 Resource Pool，范例为 **Test**，然后将 Shares 设成 **Low**，如图 8-55 所示。

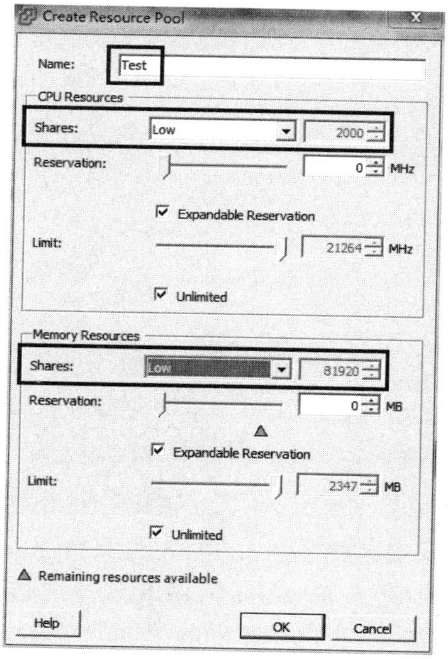

图 8-55

4. 接着将 **VM_A** 和 **VM_C** 拉到 **Production** 资源池里，**VM_B** 拉进 **Test** 资源池，如图 8-56 所示。

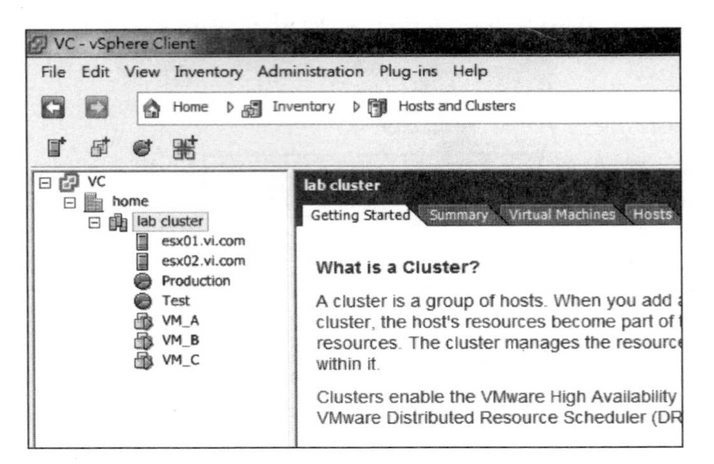

图 8-56

5. 完成后如图 8-57 所示，除非将 VM 拉出资源池，否则从此以后 VM 只会在这个 Resource Pools 中去竞争资源。

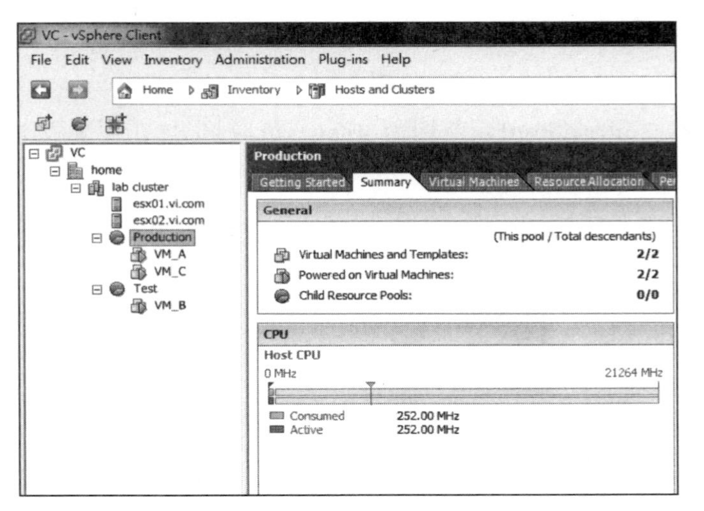

图 8-57

Q: 这样是代表在 Cluster 里，一个 VM 可用到资源池的全部资源吗？例如，一个 CPU 20GHz 的资源池，可以将全部的运算能力分配给单一的 VM 吗？

这种理解是错误的。想想看，OS 是否支持可以跨不同的计算机去使用别的 CPU 或内存资源呢？一般 x86 的 OS 都没办法做到这一点。

假设 OS 可以这样做，那么，不同主机间的内存和运算能力要如何实时连接与交换呢？这也要具备超高速的 I/O（HPC 丛集常用的 InfiniBand 或 10Gb）才能做到。

VMware Cluster 可以让你逻辑上看起来有众多资源可以分配，但是不代表一个 VM 就可以用到所有资源，例如这个 VM 是一个 vCPU，那么它最大的运算极限就是该 host 的一个 logical CPU 性能，如果它有 4 个 vCPU，host 得有 4 个 logical CPU 才行，VM 不可能让 2 个 vCPU 使用这个 host，2 个 vCPU 使用另一个 host 的实体 CPU。

看看 Production 的资源池，总共有 22GHz 的 CPU 资源可分配，但是 VM_C 和 VM_A 都是单 vCPU 的 VM，在最坏的情况（Worst Case Allocation）下，2 个 VM 都可拿到 2801MHz，因为现在没有多 VM 互相竞争。在最好的情况下呢？一样是 2801MHz，因为一次就只对应一个 logical CPU，如图 8-58 所示。

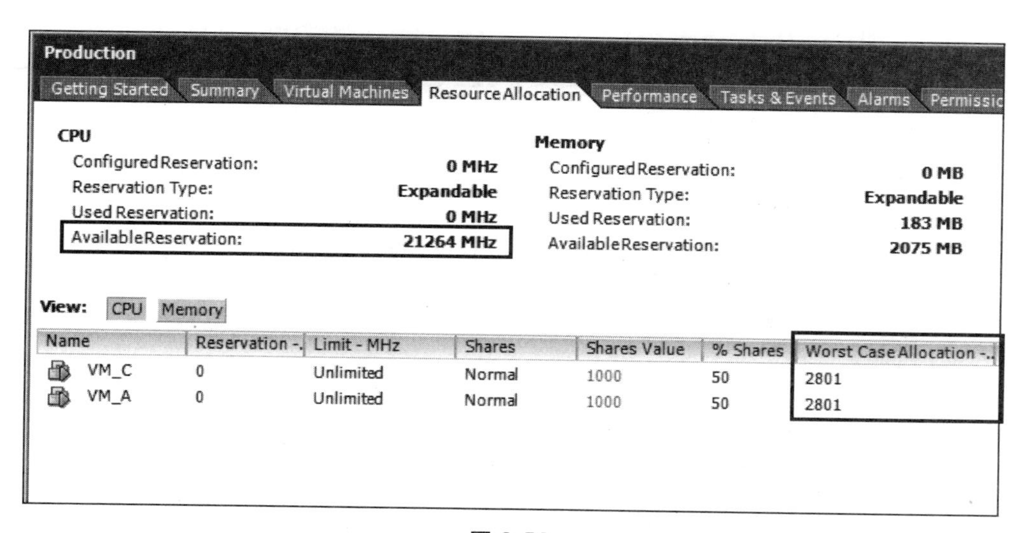

图 8-58

必须要记住一点，VM 还是会受到 x86 OS 的运行模式和 x86 实体架构限制的。

Affinity Rules、VM Options

在某些情况下，我们会希望某些 VM 可以绑在同一个 ESX/ESXi host 上，例如，考虑到性能因素，VM 在同一个 host，不需要经过实体网络即可交换数据，所以希望将他们绑定在一起，这个称为 Affinity rules。

或是某些 VM 永远不要在同一个 ESX/ESXi host 上，例如，有几个 VM 是 Domain Controller，为避免因实体故障造成服务中断的情形，我们不希望某些 VM 都在同一个 host 上，分开比较安全，就可以使用 Anti-affinity rules。

1. 在 Cluster 上右击并选择 **Edit Settings**，如图 8-59 所示。
2. 选中 **Rules**，再单击 **Add** 按钮，如图 8-60 所示。

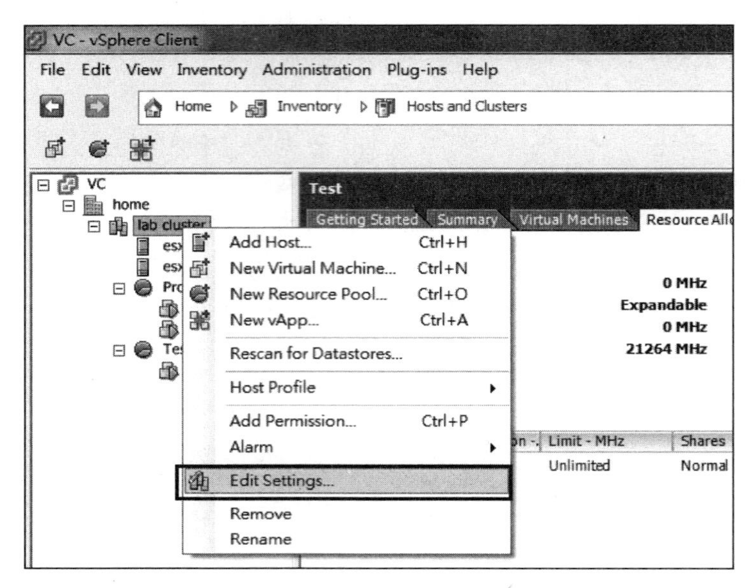

图 8-59

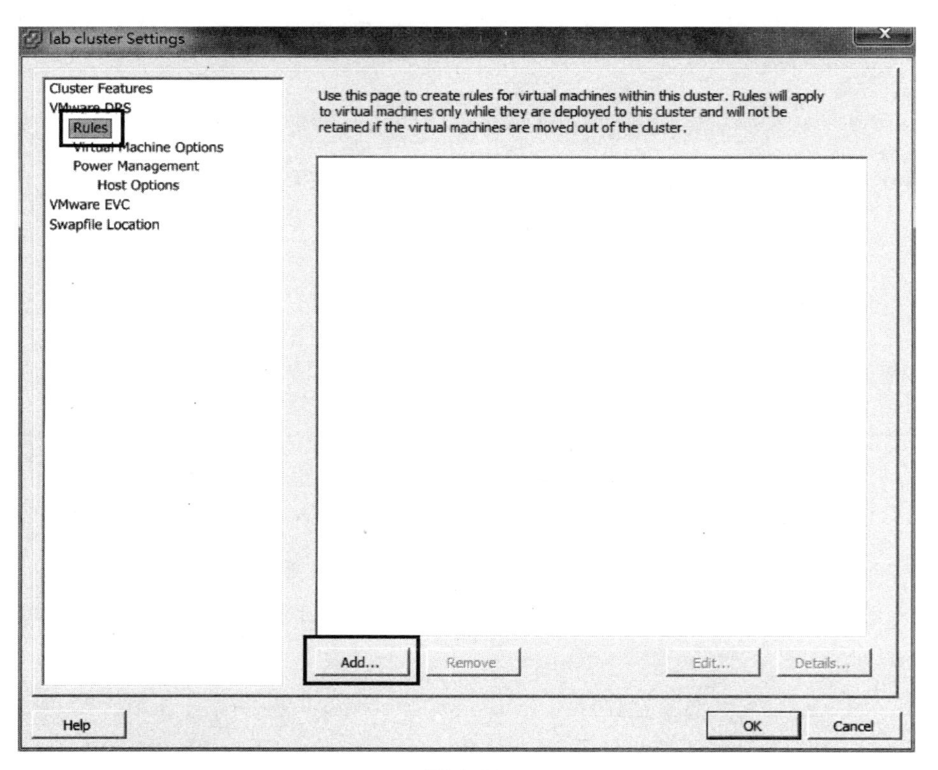

图 8-60

3. 先为 Rule 取个名称，范例是 **lab rule**，Type 选择 **Separate Virtual Machines**，单击 **Add** 按钮，表示稍后勾选的 VM 要将其分开，让它们永远不要出现在同一个实体机器上，如图 8-61 所示。

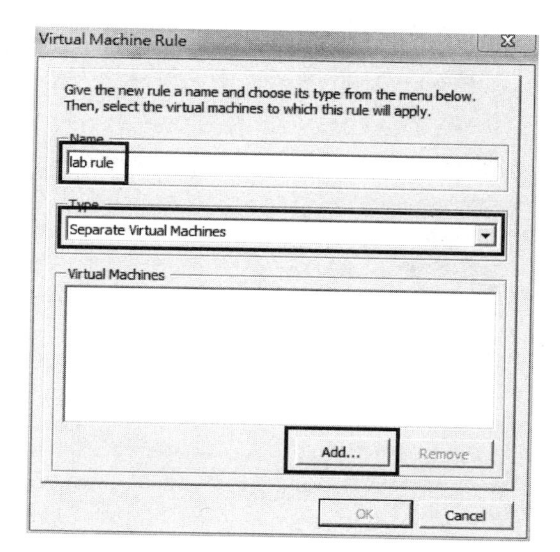

图 8-61

4. 现在选择要分隔的 VM，在此请勾选 **VM_A** 和 **VM_C**，目前它们都在 **ESX01** 上，要让这两个 VM 以后都不会碰在一起，如图 8-62 所示。

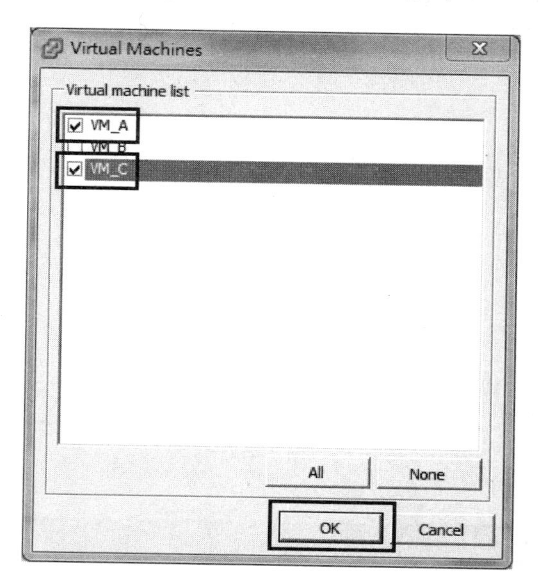

图 8-62

5. 单击 **OK** 按钮，如图 8-63 所示。
6. 回到上一个界面，出现了刚刚新增的 Rule，直接单击 **OK** 按钮，如图 8-64 所示。
7. 再单击 Cluster 的 **DRS** 选项卡，等一会儿，就会看到出现 DRS Recommendation，等级是 Priority 1（如图 8-65 所示），建议将 VM_C 搬到 ESX02，理由是刚刚设置 anti-affinity rule，要隔离这两个 VM，单击 **Apply Recommendation** 按钮就会运行 vMotion。

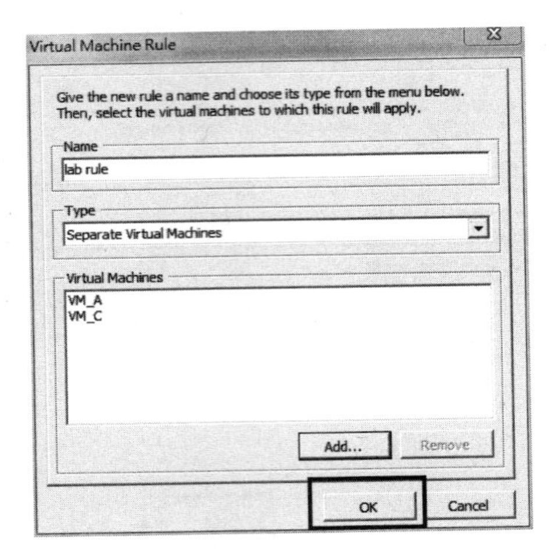

图 8-63

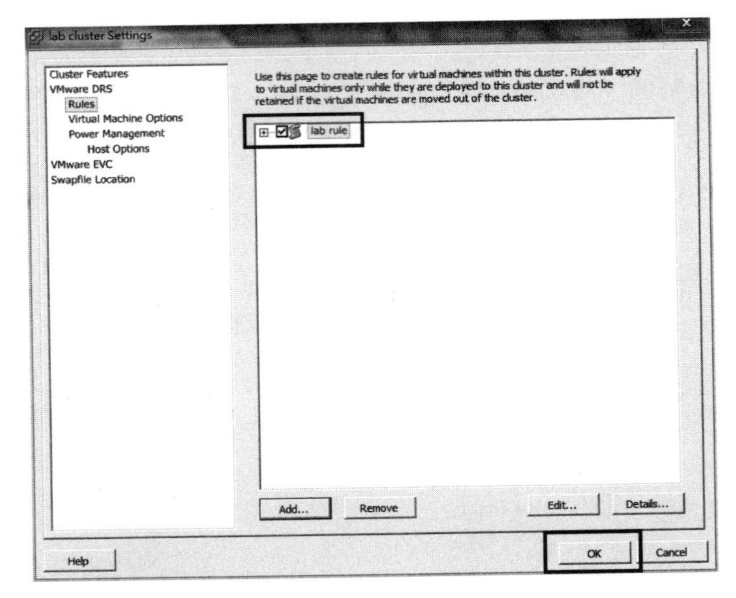

图 8-64

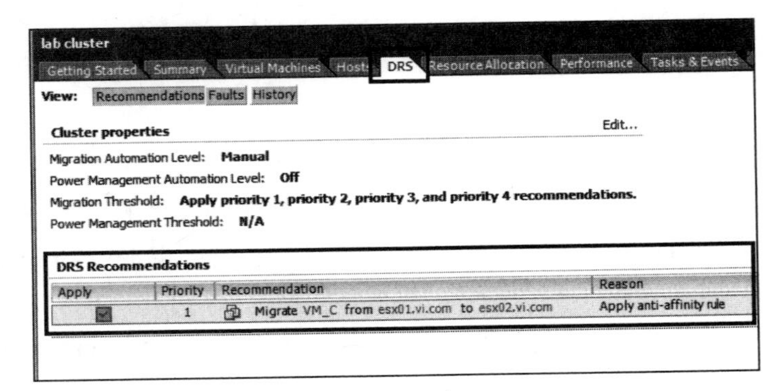

图 8-65

8．选中 **ESX01**，单击 **Virtual Machines** 选项卡，看到目前确实只剩下了 VM_A，如图 8-66 所示。

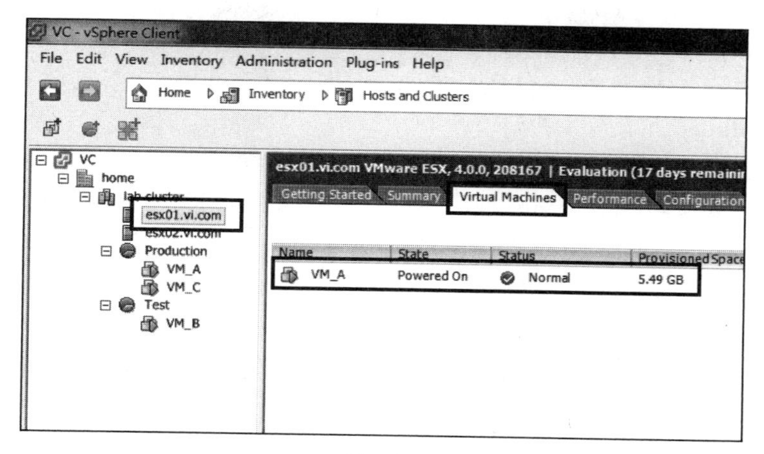

图 8-66

9．VM Option 可以不应用 Cluster 的自动化等级设置，假设不希望某个 VM 随便移动，则可在 **Cluster Settings/Virtual Machine Options** 指定 VM 单独行使自己的 Automation Level，例如改为 Manual（手动）或是 Disabled（关闭），如图 8-67 所示。

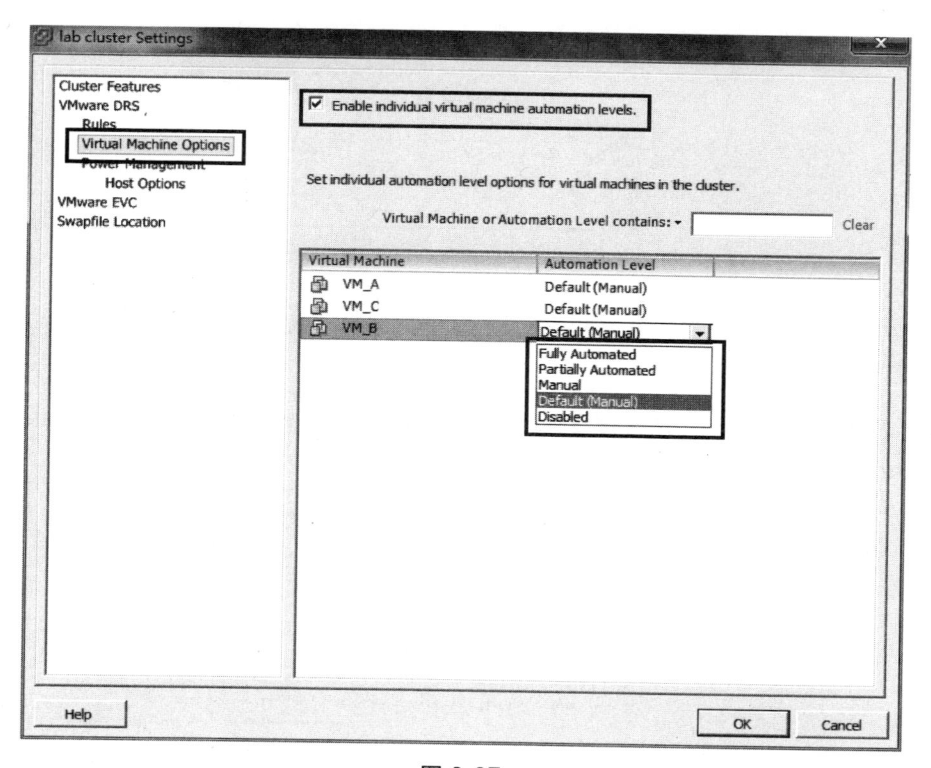

图 8-67

Maintenance Mode 和 Standby Mode

在虚拟化的架构里，实体机器承载了许多虚拟机器，所以 ESX/ESXi host 没有办法随随便便，想关机就关机，因为涉及上面为数众多 VM 的运作。如果我们因为升级、更换零件等因素，想要将一台实体机器关机，那么正确的方式就是必须先进入 Maintenance Mode。

在 DRS Cluster 中，由于 VM 随时可能因为硬件资源而产生 vMotion 移转，所以当 ESX/ESXi host 进入了 Maintenance Mode 时，同时也是声明实体机器稍后要停机，即将不提供服务了。此时 DRS 在 VM 开机选择 host 时，或准备将 VM vMotion 时，就不会将这个 host 考虑进去，会避免将 VM 移转到这里。

那么原来在这个 host 上的 VM 呢？如果 Automation Level 设为手动，那么就要自行将 VM 关机或移走，选择自动的话，DRS 会将可 vMotion 的 VM 搬走。

Maintenance Mode 实战

1. 选中 ESX02，右击并选择 **Enter Maintenance Mode**，声明 **ESX02 host** 即将进行维护，如图 8-68 所示。

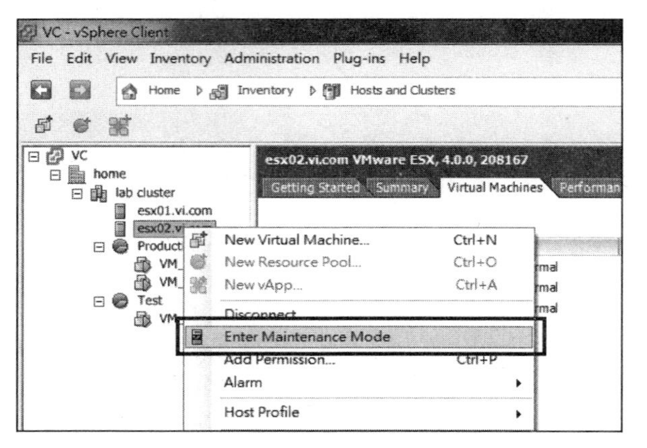

图 8-68

2. 勾选 **Move powered off and suspended virtual machines to other hosts in the cluster**，单击 **Yes** 按钮，如图 8-69 所示。

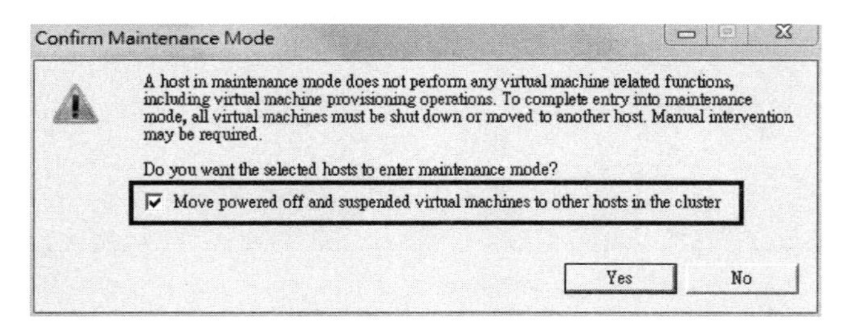

图 8-69

注：实体机器进入维护模式后，就可允许随时关机，如果实体机器上的 VM 本来是已经关机或休眠的状态，则可决定是否让这些 VM 开机后由其他 host 管理，或留在原来的 ESX/ESXi host 上。

3．出现如图 8-70 所示的信息，提示 ESX02 目前是 Cluster 的一份子，所有 VM 都必须搬移到其他 host 或关机才行。

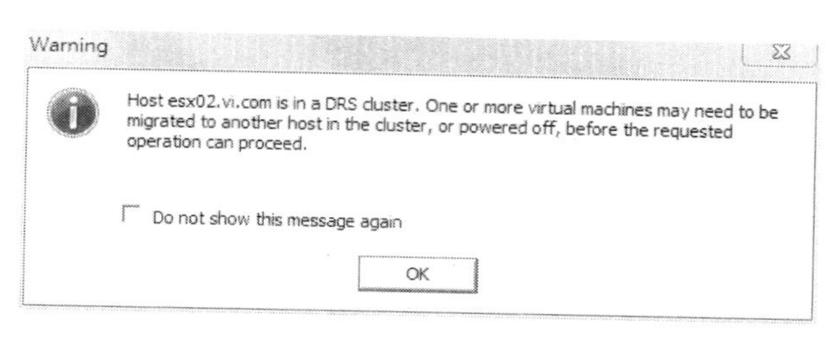

图 8-70

4．Recent Task 的状态一直显示在 2%不动，因为 ESX02 host 还有 VM 正在运行，没办法进入 Maintenance Mode，必须全部搬走或关机才行，如图 8-71 所示。

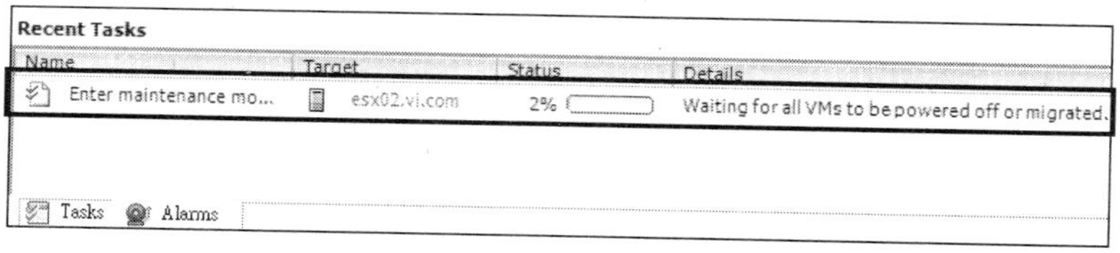

图 8-71

5．进入 **DRS** 选项卡，果然出现建议将 VM_B 转到 ESX01，理由是 ESX02 要进入 Maintenance Mode，单击 **Apply Recommendation** 按钮，如图 8-72 所示。

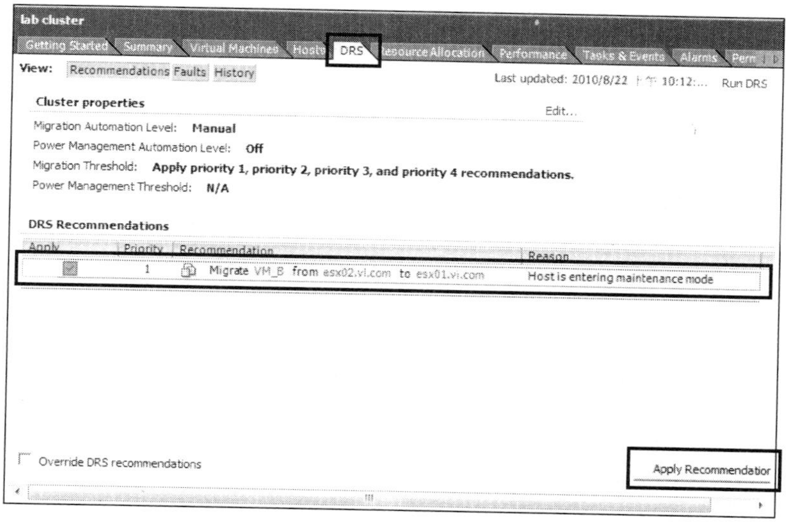

图 8-72

6. 完成 VM_B 的 vMotion 之后，嗯？ESX02 还是没有进入 Maintenance Mode，仍然是在 2% 的状态不动，如图 8-73 所示。这是为什么呢？

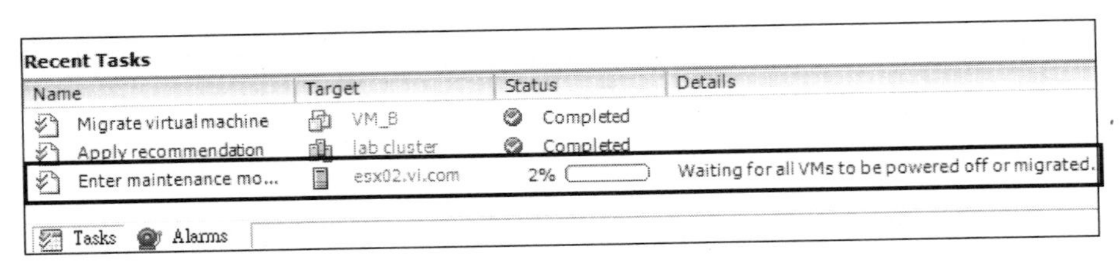

图 8-73

7. 进入 DRS 选项卡，单击 **Faults** 按钮，发现显示 **Could not enter maintenance mode** 信息，现在仍然无法进入维护模式，如图 8-74 所示。

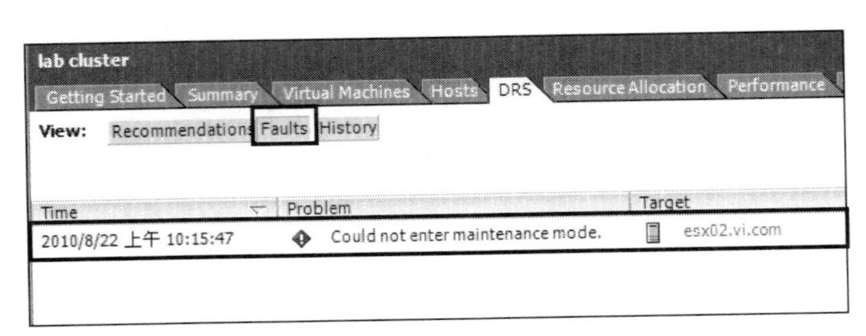

图 8-74

8. 原因在此，因为 **ESX02** 还有一个 **VM_C** 在运行，所以还不能进入维护模式，如图 8-75 所示。为什么刚刚没有随着 VM_B 一起被搬到 ESX01 呢？

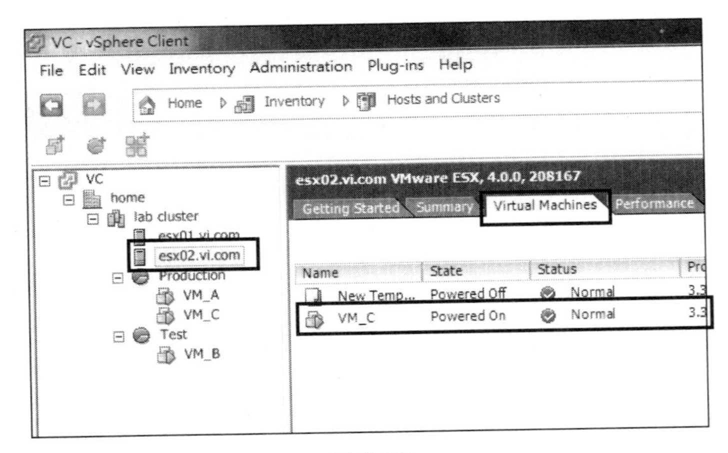

图 8-75

9. 还记得刚才我们设置了 anti-affinity rule 吗？VM_A 和 VM_C 永远不能在同一个 host 上碰头，所以 DRS 不能违反这个规则。现在我们要将这个规则取消才行。单击 **DRS** 选项卡，再单击 **Edit**，如图 8-76 所示。

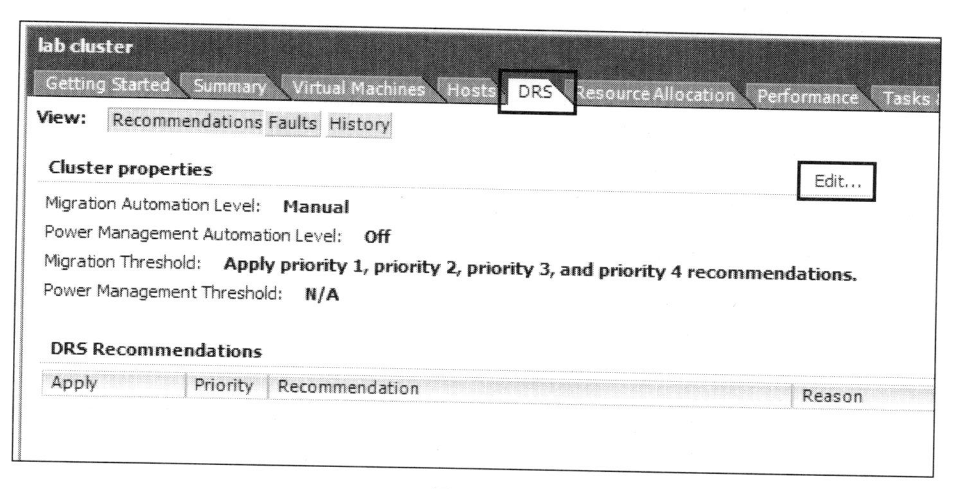

图 8-76

10. 选中 **Rules**，将刚刚新增的 **lab rule** 规则的勾选取消，单击 **OK** 按钮，如图 8-77 所示。

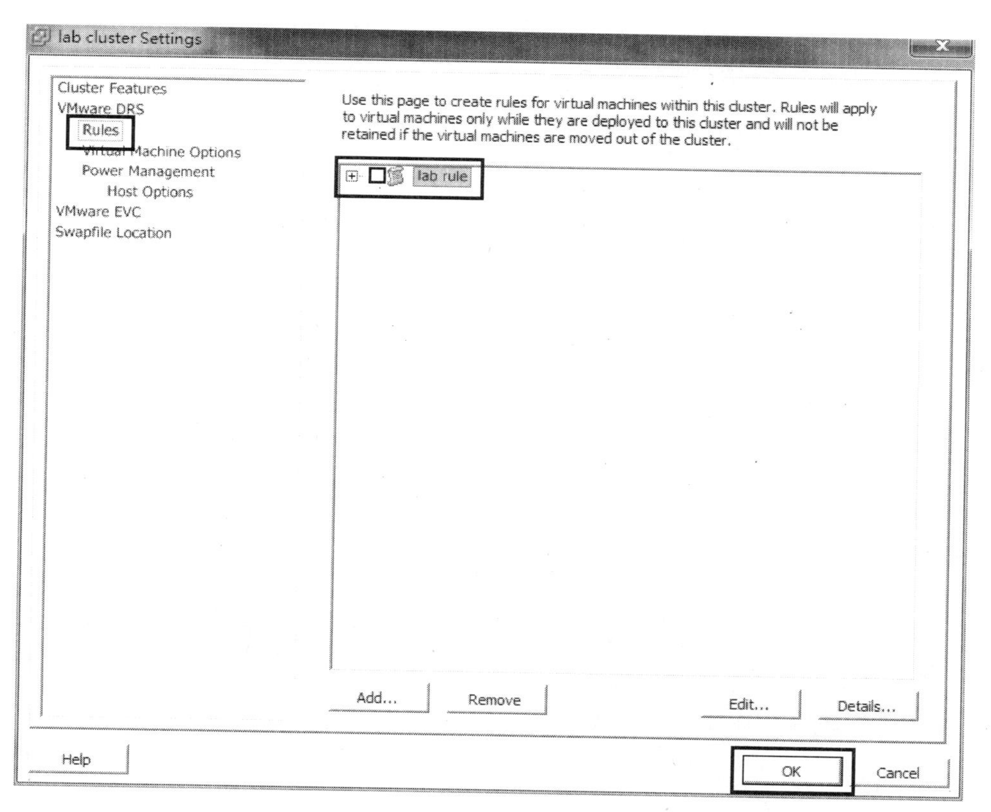

图 8-77

11. 顺便将 **Automation Level** 改为全自动（**Fully automated**），看看等一下 VM_C 会不会自动 vMotion 到 ESX01 host 上，如图 8-78 所示。

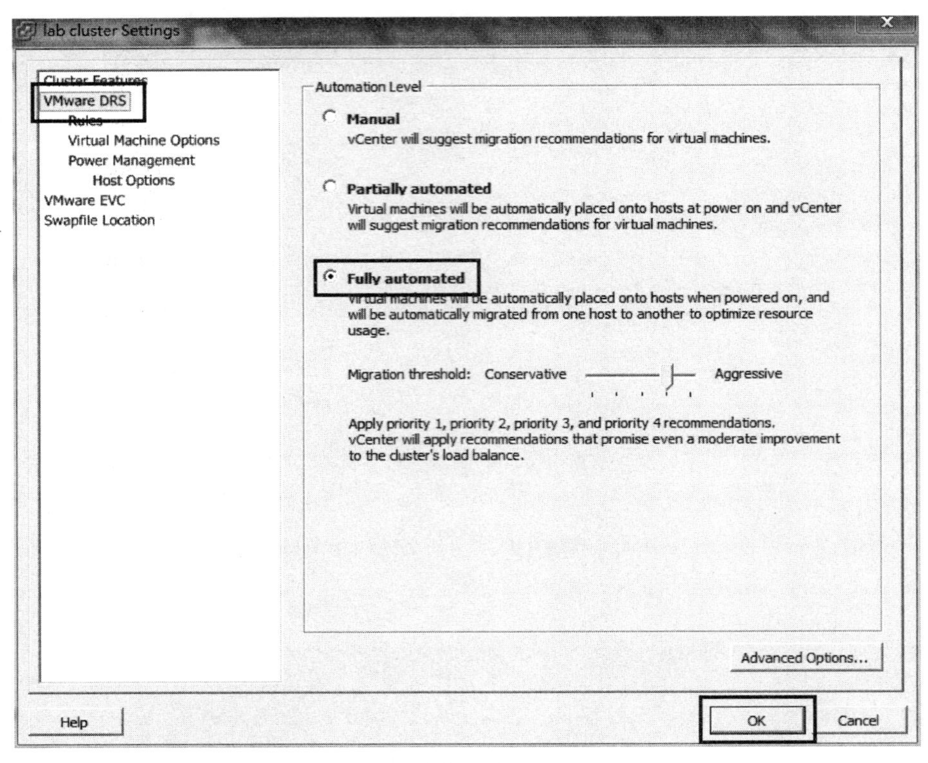

图 8-78

12. 设置完成后，VM_C 果然开始自动被搬移了，如图 8-79 所示。

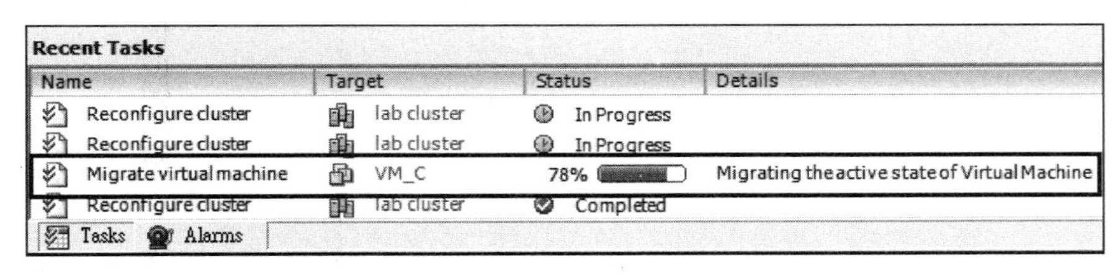

图 8-79

13. 规则取消后，现在 **VM_B** 和 **VM_C** 都移转到 **ESX01** 了，如图 8-80 所示。

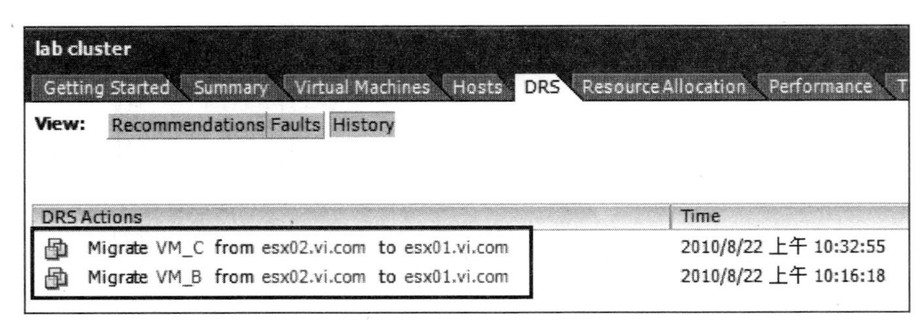

图 8-80

14. 现在可以看到，所有 VM 离开以后，**ESX02** 就进入了 **Maintenance Mode**，如图 8-81 所示。

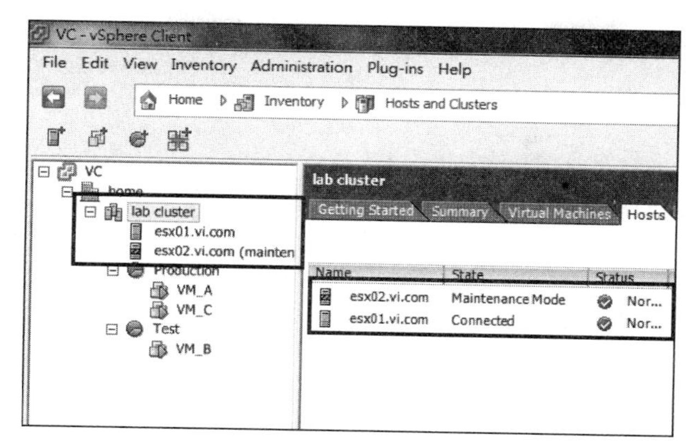

图 8-81

15. 让 VM 运行 **CPU Burn-in**，让 ESX01 host 的 CPU 处于忙碌状态，如图 8-82 所示。

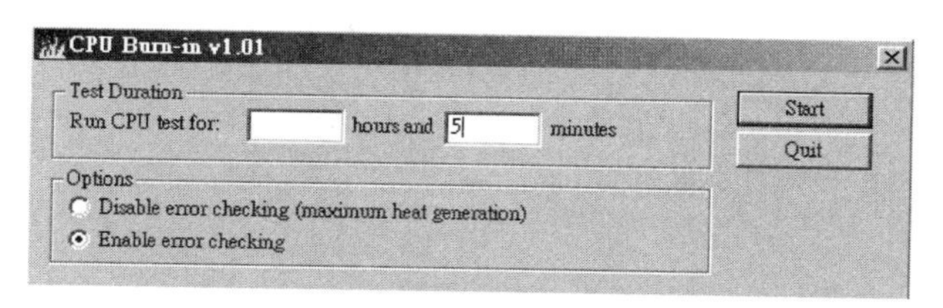

图 8-82

16. 过一会儿，显示 ESX01 的 CPU 使用率开始飙升，如图 8-83 所示。

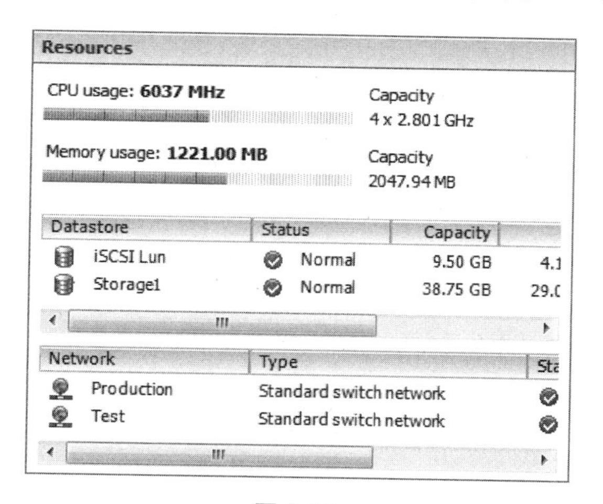

图 8-83

17. 可以看见无论 ESX01 实体 CPU 再怎样忙碌，3 个 VM 依然不动如山，完全没有想要离开的意思。因为 ESX02 已经声明为维护模式，所以不提供服务，VM 没办法移转过去，如图 8-84 所示。

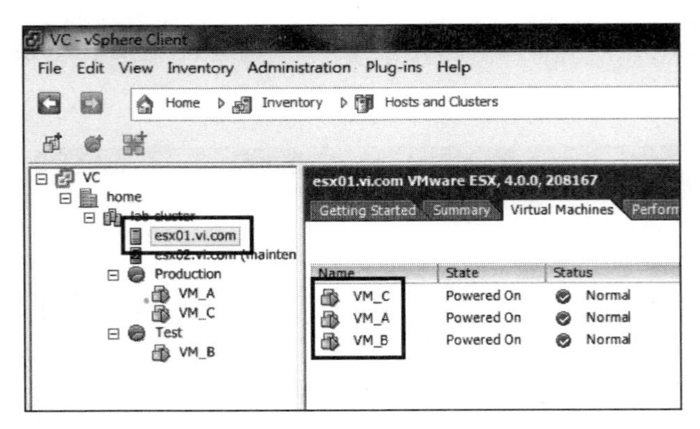

图 8-84

注：进入 Maintenance Mode 并不是 ESX/ESXi host 已经关机，只是代表现在 host 已无 VM，可以关机进行维护了，必须 shut down 才算关机完成。

---

18. 现在让 ESX02 退出 Maintenance Mode，看看 VM 会不会跑到 ESX02 上来，如图 8-85 所示。

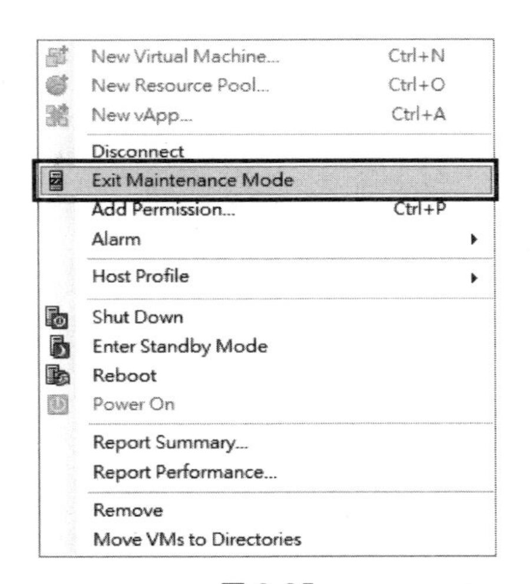

图 8-85

19. 如果 CPU 程序已经结束，请再执行一次，如图 8-86 所示。

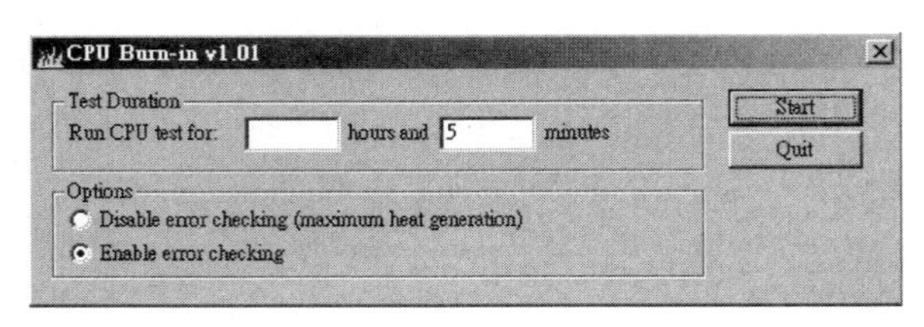

图 8-86

20. 果然出现了 Load imbalanced 的黄色警示状态，如图 8-87 所示。

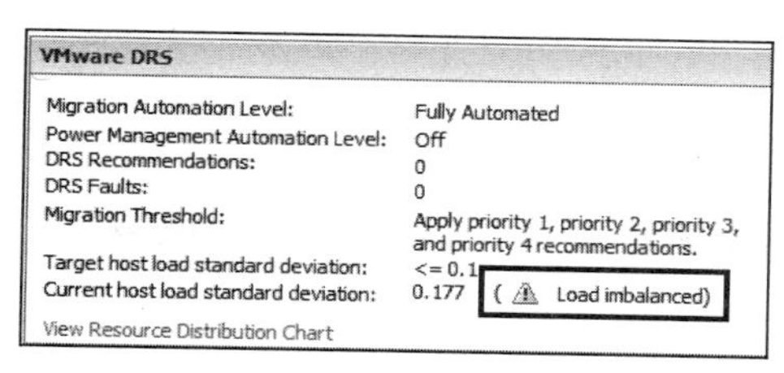

图 8-87

21. 由于现在设置为全自动化状态，所以 DRS 直接 **vMotion VM_B** 到 **ESX02**，如图 8-88 所示。

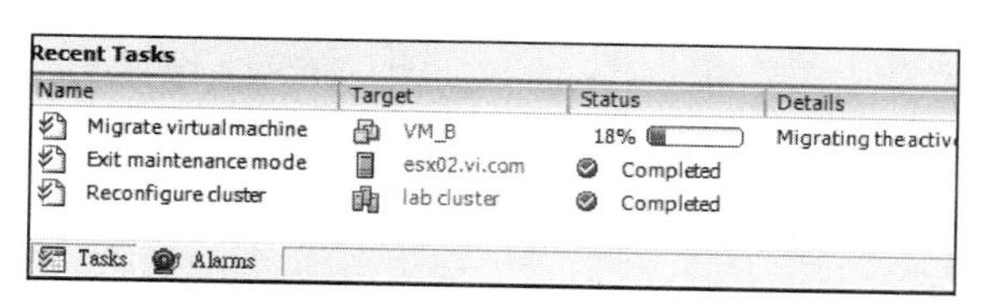

图 8-88

22. 再次让 **ESX02** 进入 **Maintenance Mode**，因为设置为全自动化，所以可以看到 VM_B 又被移走，回到 ESX01，如图 8-89 所示。

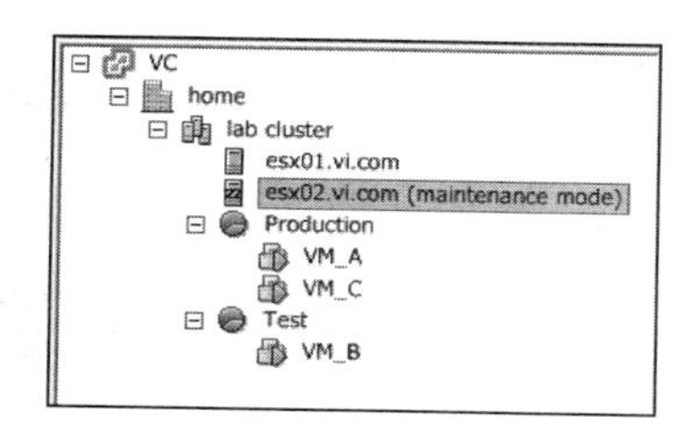

图 8-89

23. 如果 ESX/ESXi host 不想添加 Cluster 了，怎么办呢？要让 host 脱离 DRS Cluster，必须在 Maintenance Mode 的状态之中，然后将 ESX/ESXi host 拉到 Cluster 外面即可。由图 8-90 可以看出，ESX02 已经脱离了 lab cluster。

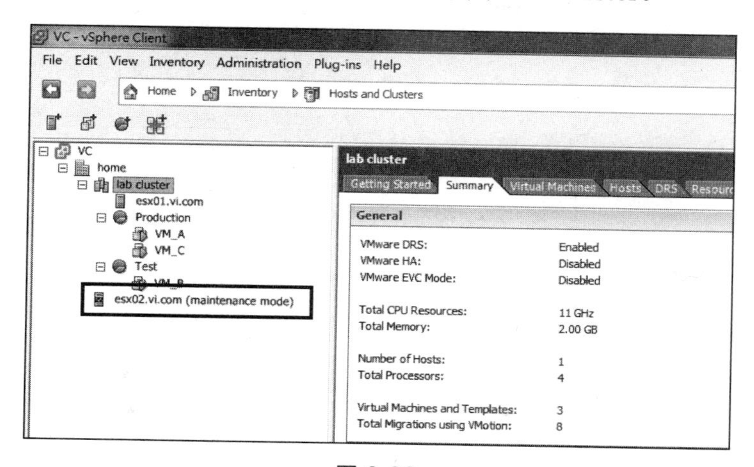

图 8-90

Standby Mode

DPM 是 DRS 的 Power Management 功能，启用后会去监测 Cluster 现行 ESX/ESXi host 的负载程度，假如整体负载率低，则会将 VM 集中，并关闭不需要使用的 host，以提高整体使用率，降低电力成本。等到负载率高的时候，再将原本为 Standby Mode 的 ESX 唤醒，支持目前不够使用的硬件资源。

Standby Mode 其实是关机的状态，vCenter 标记为 Standby 图案，并可以通过 IPMI、iLO、WOL 的功能将 ESX/ESXi host 开机。

如果想要手动进入 Standby Mode，发现选项呈现灰色无法点选，代表现在的 ESX host 并没有在 Cluster 里，一定要在 Cluster 里的 host 才能进入 Standby Mode，如图 8-91 所示。

刚才 ESX02 脱离了 Cluster，所以无法手动进入 Standby Mode，必须先将 ESX02 再添加进 lab cluster 才行，如图 8-92 所示。

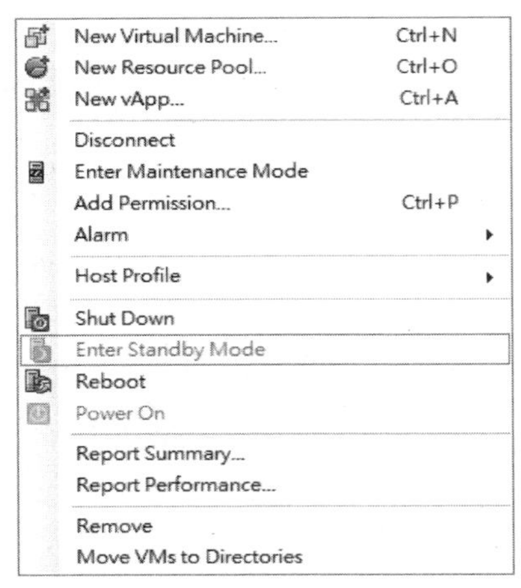

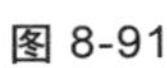
图 8-91

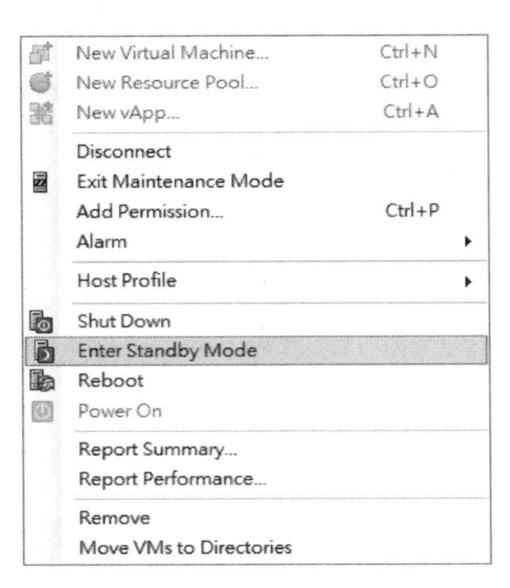

图 8-92

因为我们的实验环境是 vSphere in a box，所以就不实践 Standby Mode 和 DPM 这部分的功能了。关于 DPM，在 VMworld 2008 中录制了一段 2 分 28 秒的精彩影片 Demo，各位可以连上 YouTube 网站，搜索输入 VMware DPM 观赏。

第七朵云的形成，首先是 vMotion，让 VM 可以摆脱硬件限制，在不同的实体机器之间来去自如；再由 DRS Cluster 来完成自动化分派，实现数据中心的实体动态资源的负载平衡，从此不用管实体机器的 CPU 和内存资源，只要资源池配置得当，哪里有足够的实体资源，VM 就往哪里去。

现在你是否已经体会到，我们正通过虚拟化的堆栈与建构一步一步地踏上云端呢？VMworld 2010 的主题“Virtual Roads. Actual Clouds.”传达得很贴切。

CHAPTER 9

创造你的第八朵云 - VMware HA

虚拟化因为集中了许多虚拟机在一个实体的服务器上运行，所以一开始许多人会对虚拟化有疑虑，担心万一实体服务器故障，等于所有 VM 跟着一起葬送，这将给企业的营运带来较大的冲击。其实，各位可以放心，假如连“将鸡蛋放在同一个篮子”的风险都无法避免的话，虚拟化如何能成为热门议题，走入企业数据中心的实际应用之中呢？如果没有一套完整的解决方案，虚拟化纵然有再多的好处，也没有企业敢冒着因 VM 全挂掉而导致营运中断的危险采用。

最后一朵云，要来跟各位介绍的就是 VMware HA。

9-1 何谓 VMware HA

VMware HA 是另一种 Cluster，不同于 DRS，它的作用是避免“将鸡蛋放在同一个篮子”的风险。VMware HA 使用了 Cluster 组，让 hosts 之间可以彼此互相支持，一旦有实体机器发生故障的情形，在这个 host 上运行的 VM 就会“重新启动”在其他 host 上，由其他 host 来接管。

以图 9-1 为例，假设有 3 个 ESX(i) host 组成一个 HA Cluster，每个 host 都搭载了 3 个 VM，所以目前的硬件资源就是 3 个实体机器的总和，承载了 9 个 VM。

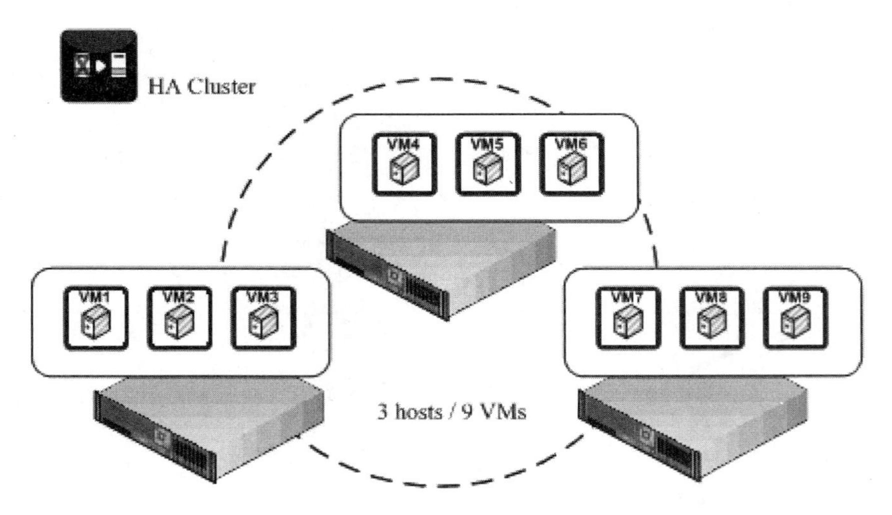

配置：3 台 ESX Server 为一个 HA Cluster，每台承载 3 个 VM，Cluster 总共负载 9 个 VM

图 9-1

当一部实体机器发生故障时，本来运行的 VM1、VM2、VM3 因此中断了服务，怎么办呢？此时 Cluster 的其余 2 个 host 就会尝试去“接管”原本在故障实体机器上运行的 VM，将它“重启”于正常的实体机器上，这样 VM 便能够继续提供服务，如图 9-2 所示。

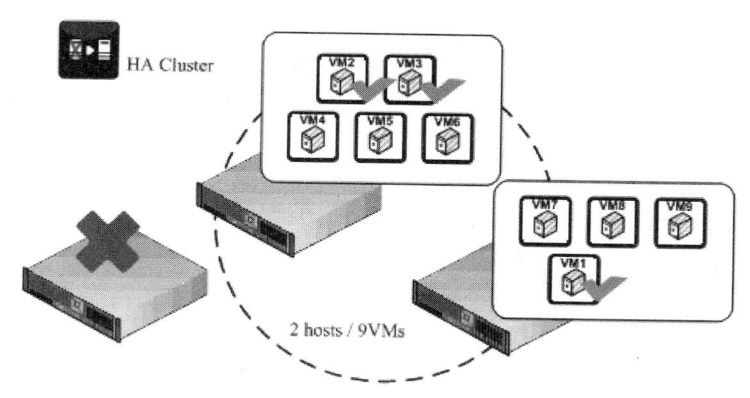

图 9-2

Q：既然是 VM 重新启动，那么 VM 会有停机时间吧？

完全正确。若有人跟你说光靠 VMware HA +DRS Cluster 就可以创建永不死机的环境，那代表他自己也搞不清楚状况。

从检测到实体故障开始，到 VM 重新启动于另外的 host 运行，至少会有数分钟的 downtime，并非不会有停顿或停机时间。第 8 章曾说明过，vMotion 和 DRS 只用于动态平衡资源负载或是有计划性的停机维护，没有办法应用于突然、非预期性的故障。

所以 VMware HA 就是补足这一块缺角，使整个解决方案圆满。一旦某台实体机器故障（或 VM 自己死机），HA 机制就会重启 VM 在其他的 host 上。

Q：如果这个 VM 非常重要，不允许有停机时间呢？有更好的方式吗？

vSphere 4.0 后，新增了 VMware FT（Fault Tolerance）的功能，架构于 VMware HA 之上。Fault Tolerance 通过 vLockstep 技术创造出一个影子般的虚拟机（Secondary VM）在不同的实体机器上，并通过 VMkernel port 载送同步信息（FT logging），这相当于 Workstation 的 Record/Replay 功能，两个 VM 会同时做一模一样的动作。当主要的 VM 产生问题时，影子 VM 立即接手工作，实现零停机要求，不会有数据遗失的问题产生。

当 Failover 发生时，Secondary VM 摇身一变成为 Primary VM，此时 vLockstep 会在另一个实体 host 上产生新的 Secondary VM，起到完全保护 VM 运行的作用。

VMware FT 的介绍、需求及限制会在稍后说明。

9-2 VMware HA 的观念探讨

在实践 VMware HA 之前，必须先弄清一些基本观念，避免因概念不正确而造成混淆，在配置上产生不够理想或是错误的情况。

运行机制

首先配置好一个 HA Cluster，将 ESX/ESXi hosts 添加进 HA Cluster 时，vCenter 会在这些 hosts 上安装 HA agent，如图 9-3 所示。

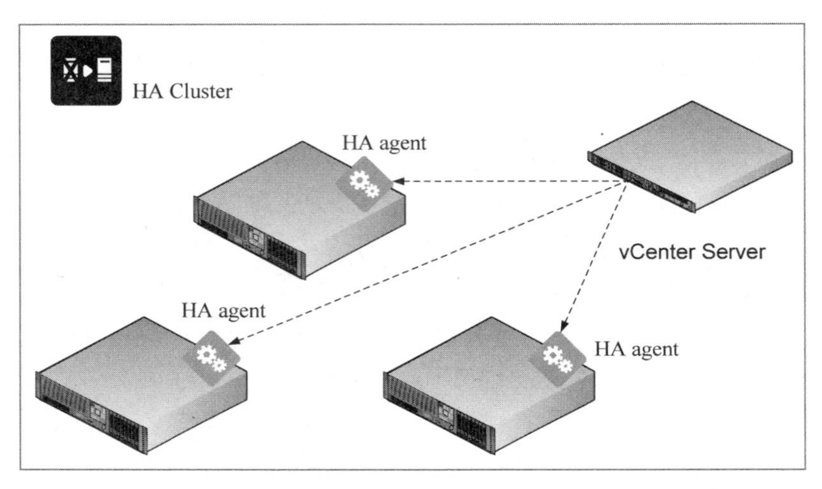

图 9-3

一旦安装好 HA agent，代表这个 HA Cluster 运行已经成型，此时 ESX/ESXi host 会互相沟通，通过 HA agent 检测彼此的心跳（Heartbeat），即使 vCenter 故障或离线，也不会影响到 HA Cluster 的正常运行，如图 9-4 所示。

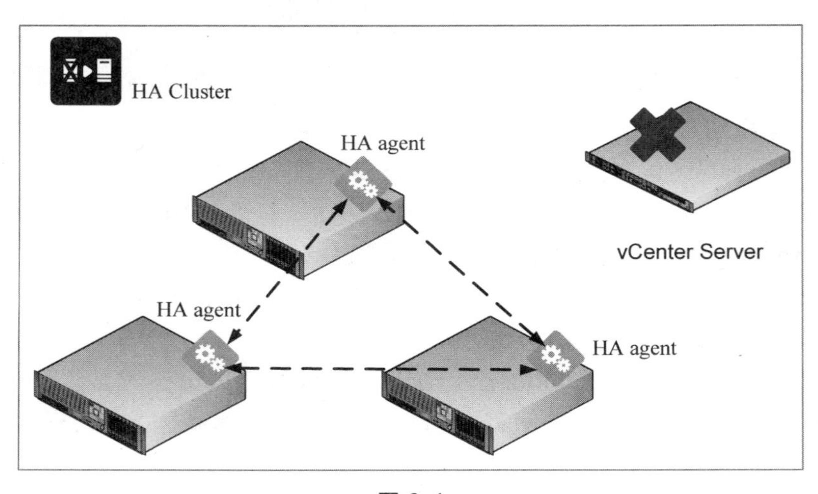

图 9-4

Q：vCenter 如果故障，HA Cluster 会跟着瓦解，失去作用吗？

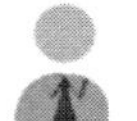

大错特错。由前面的说明，我们可以知道两件事：

- 配置 VMware HA 需要 vCenter。
- VMware HA 成型之后的运行不需要 vCenter。

VMware HA 是从 EMC Autostart（源自 Legato Automated Availability Manager）演化而来的，HA Cluster 即使没有 vCenter，依然可以发挥作用，请不要被错误的概念影响。

所以，如果你的 vCenter 是 HA Cluster 下的一个 VM，即使实体机器故障，vCenter VM 仍然可以受到 VMware HA 的保护，自动将 vCenter 重启在另外的实体机器上。但是 VM 能不能被 VMware HA 所保护的条件是：要先确定这个 VM 可以在 Cluster 的所有 hosts 上开机成功，所以 VM 一定要放置在 Shared Storage 中。

注：图 9-4 为简化过的示意图，实际上在新增 HA Cluster 的时候，最早添加进 Cluster 的前 5 个 hosts 会被指定为 Primary hosts，第 6 个 host 以后添加的全部为 Secondary hosts。Primary host 的主要任务就是同步整个 Cluster 的情况，并且决定启动 HA 的 failover 机制。这些 Primary hosts 会再推举一个 active Primary host，由它来决定一旦实体故障发生，VM 要重新启动在哪一个 ESX/ESXi host 上。如果毁损的实体机器刚好是 Primary host 之一，那么某个 Secondary host 会递补上来，升级成 Primary host。

Q：为什么需要有高达 5 个 Primary host 呢？

在一个 Cluster 里最多可以有 32 个 hosts，为了应付随时可能发生的情况，例如，计划性停机（Mainteance mode）、网络断线、非计划性停机（host failures）等，多个 Primary hosts 是有必要的。

如果同时 5 个 Primary hosts 都故障或呈现离线状态，HA 机制就会真正失效。别以为这不可能发生，若你的 vSphere 硬件环境是刀锋服务器，又将同一个机箱内的刀锋添加同样的 HA Cluster，因为机箱的背板和电源都是共享的，一旦机箱故障造成箱内所有刀锋全部停机，那么同时 5 个实体机器离线的情况是有可能发生的。所以在刀锋环境配置 HA Cluster 的时候，要特别注意这一点。

VMware HA 里的 hosts 是如何得知某个实体 host 故障，因而启动 HA 机制的呢？答案就是 hosts HA agent 会通过心跳（Heartbeat Network）得知每个 hosts 目前是否还能侦测到（默认值为每秒钟），如果彼此之间都有响应，则代表是处在存活的状态。

那么实体 host 的 Heartbeat Network 使用的是哪个网络，负责每秒钟的传送与接收呢？

如果实体服务器为 ESX Server，默认是以 Service Console（COS）的 uplink 来当作 Heartbeat Network，用以互相检测心跳声，如图 9-5 所示。如果是 ESXi Server 没有 COS 怎么办？那就是用 VMkernel port 的 uplink 来当作 Heartbeat Network（ESXi 的 VMkernel port 除了用于 vMotion、IP Storage 访问外，另一个功能为 Management Network，与 ESX 的 Service Console Management 作用相同）。

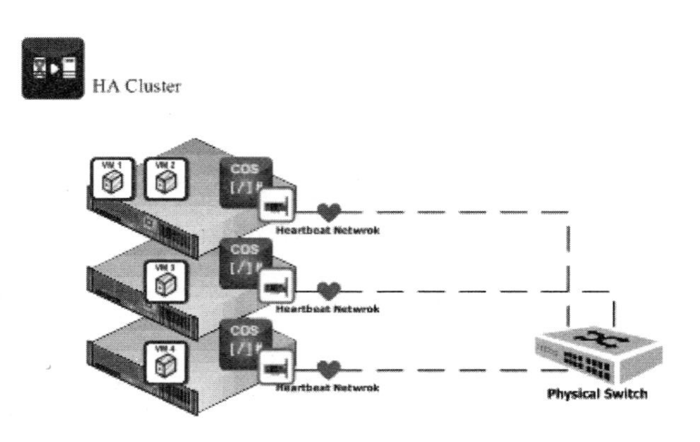

图 9-5

一旦发生某个实体 host 故障或是 Heartbeat Network 没有响应，在经过一段时间后（默认值为 Host Isolation Network 发生 15 秒之后），其他 hosts 便会尝试接管原本在这个实体 host 上运行的 VM。但前提是，VM 的文件必须存在于 Shared Storage 上，并且每个 ESX/ESXi host 都要可以访问这个共享资源。VM 在 VMFS 上进行 I/O 操作时，Storage 里的 VMDK 文件是处于 Disk locking 状态，同一时间只允许一个 ESX/ESXi host 访问这个 VM，如图 9-6 所示。

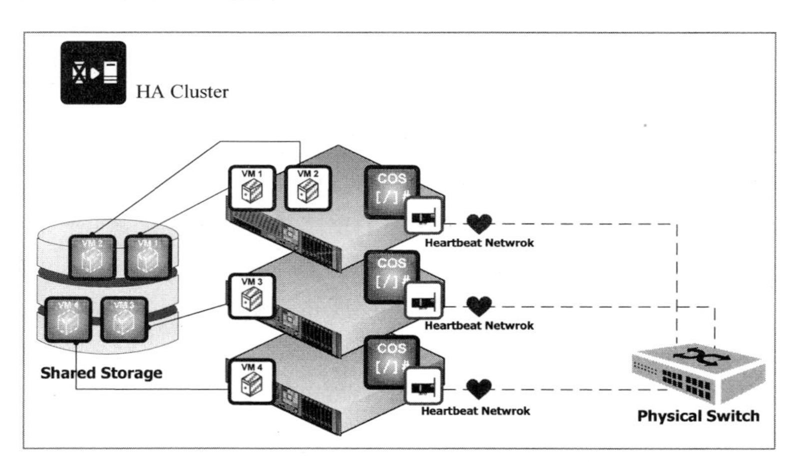

图 9-6

记住一个 VM 同一时间只能由一个 host 来访问，不能有两个 host 掌控这个 VM。

必须等到实体 host 发生硬件故障，不再锁住这个 VM 时，另一个 host 才能接管 VM。如图 9-7 所示，上面的实体机器故障，没有了心跳，VM1 和 VM2 就可以重新启动，由其他 hosts 接管。

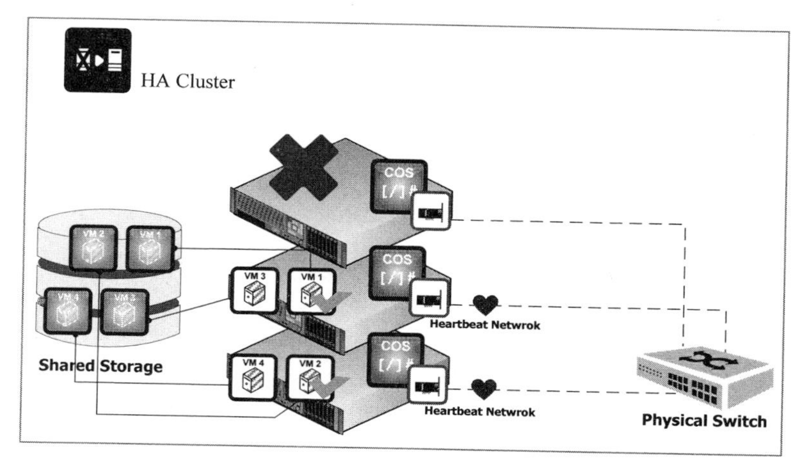

图 9-7

Host Isolation

但是假设有一种情形，就是实体服务器并没有故障，仍然运行正常，但是 ESX/ESXi host 的 Heartbeat Network 断线了，这时该怎么办呢？

由于每个实体 host 都会靠着 HA agent 彼此进行沟通，以图 9-8 所示的例子来看，最上面的 host Heartbeat Network 断线，其他的 host 发觉此 host 没有了心跳，会尝试接管这个 host 上的 VM。但是这个 host 实际上并没有故障，VM 处于 Disk locking 状态，根本无法将这个 host 的 VM 重启。同样地，最上面的 host 也发觉了一个情况：察觉不到其他 hosts 的心跳。

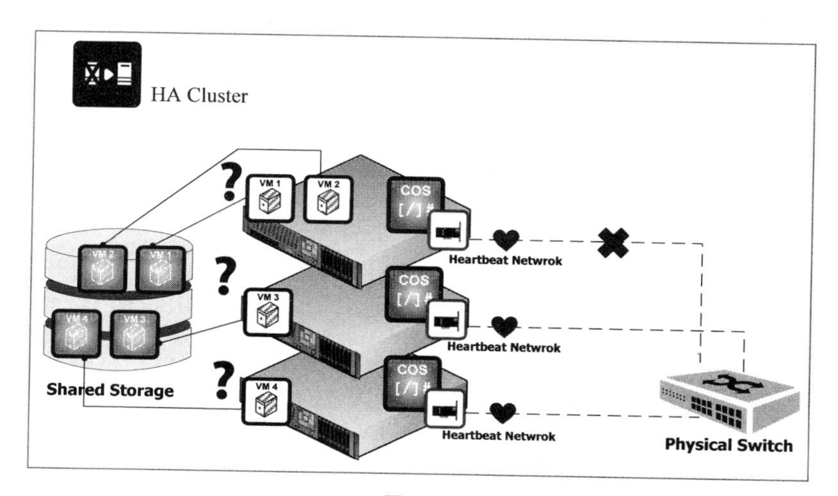

图 9-8

这时对最上面的 host 来说，反而会认为是其他 hosts 出了问题，并且开始尝试去接管底下两部 hosts 上的 VM，演变成互不相让的情况。

我们都知道在这种情况下，最上面的 ESX/ESXi host 应该放弃自己掌控的 VM，使 VM 能够在其他的 host 上重启（假设先不考虑 VM 此时的服务正常与否），但是它自己却不知道，该怎样让这个 host 知道呢？

为了解决这样的问题，VMware 使用了所谓的 Host Network Isolation 来处理，明定彼此间的心跳只要有人超过 12 秒钟没有回应，就一起去 ping isolation address（默认是 Gateway IP）。图 9-9 所示的情况，只有断线的 host 去 ping Gateway 不会通，这时候该 host 就知道是自己有问题，应该被隔离，并且要执行 Isolate Response。

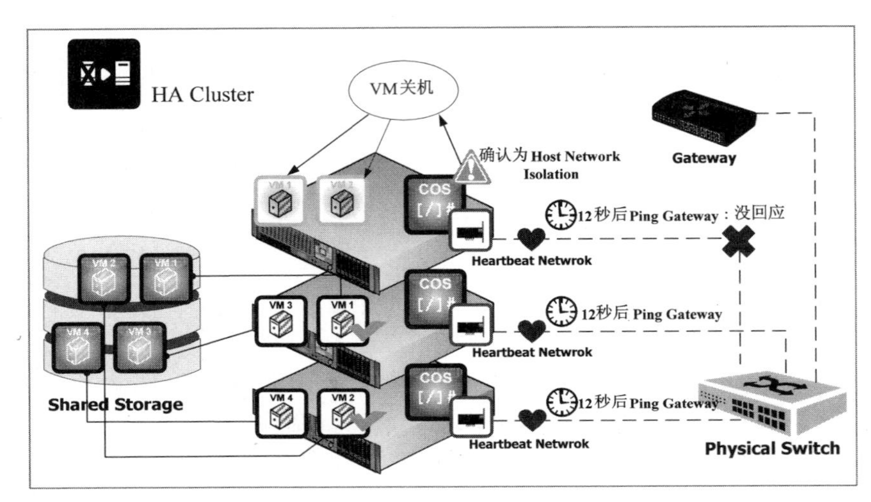

图 9-9

图 9-9 中，Isolate Response（隔离反应）默认值为将 VM 关机，代表成为 Host Network Isolation 的 host 就会负责将原本所拥有的 VM1 和 VM2 正常关闭，这样其他的 host 就可以接管、重启这些 VM 了。关于 Isolate Respone 的选项，稍后会做说明。

所以为了避免心跳线因为单点故障（Single Point of Failure）而发生 Host Network Isolation 的情况，建议加上第 2 个 Heartbeat 的 Redundant Network。一旦某个 host 的 Heartbeat 1 断线，仍旧有 Heartbeat 2 线路可以维持心跳。怎样增加呢？有两种方案可以实现：

- 方案一：从 vmnic 着手。使用 NIC Teaming，将 2 个 uplink（vmnic）连接到这个 vSwitch（ESX 是 COS 的 vSwitch，ESXi 是 VMkernel for management 的 vSwitch），并且设置为 Acitve/Standby，没有 failback，实体网卡分接到不同的实体 Switch。
- 方案二：从 COS 或 VMkernel 的 vNIC 着手。新增第 2 个 Service Console port（ESX）或 VMkernel for management（ESXi），从不同的 vSwitch uplink 出去到不同的实体 Switch，例如图 9-10。

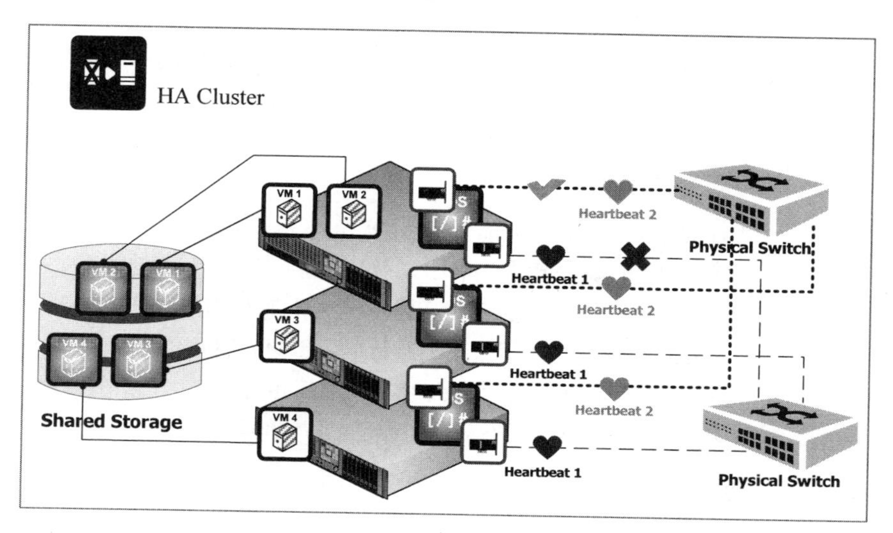

图 9-10

注：如果一开始 HA Cluster 没有 Heartbeat Redundant Network，依然可以正常运行，只是会出现提醒信息。但假设 HA 成型之后，心跳线才要配置 Redundant 的话，必须重新再配置一次 VMware HA Cluster 才会生效。

认识 Admission Control

Admission Control 是用来确保 VM 有足够的资源可使用的工具，有三种类型：

- **Host**：确保 VM 设置了 Reservation 时，Power on 一定会得到硬件资源。如果已经没有硬件资源可分配了怎么办？那 VM 就不能开机。
- **Resource Pool**：确保 Resource Pool 能满足底下所有 VM 的 Share、Limit、Reservation，不能满足时，可以设置向上一层借。
- **VMware HA**：确保实体机器故障时，Cluster 有足够的硬件资源让 VM 重新启动时可以分配到。如果没有足够的资源呢？Admission Control 可以限制或禁止 VM 启动。

这三种类型的 Admission Control，只有 VMware HA admission control 是可以将之调整成关闭的。因为 HA Cluster 有着“分担负载”的问题，Admission Control 扮演着控制的重要角色，VMware 建议使用，除非在特殊情况下才将之关闭。

接着我们要看的是 HA 的负载问题。这是许多人在规划 VMware HA 的时候往往会忽略的事情。打个比方，假设有 3 辆车（5 人座小客车、7 人座休旅车、9 人座小巴各一辆），总共座位有 21 个。现在有多名乘客要搭这 3 辆车出游，要请你分配座位给这些人，既要安排适当的车辆与座位，又要防止超载，那么你所扮演的角色就是 HA Admission Control。

旅途中可能有车辆抛锚或机件故障，会导致某些乘客必须要下车，改搭另一辆车，考虑到这 3 辆车总共 21 个座位，势必一开始分配就不能坐满。请问出发的时候你该让几个人上车？这个必须一开始就要规划好，假设你分配 12 个人搭乘 3 辆车，每车平均坐 4 个人，这时候小客车会剩下 1 个空位，休旅车剩 3 个空位，小巴剩 5 个空位。

3 辆车上路一段时间后，小客车抛锚了。没关系，我们还有 2 辆车 8 个空位，小客车上的 4 人可以改搭休旅车和小巴，全部上车没问题。再过一段时间后，很不幸地，休旅车也坏了，此时就要面临一个问题：小巴只有 9 个座位，但乘客有 12 人，如果我们要 Admission Control，会有 3 个乘客不能上车，到不了目的地。

如果我们不要 Admission Control，那么 12 个人都可以上车，挤在 9 个座位上。但是这么一来，对小巴来说就是超载的情形，你必须冒着乘客打架、重踩油门、汽油损耗、警察开单的风险，就算抵达目的地，可能都已经天黑超时了。

Admission Control 的意义在于，万一实体机器故障，触发 HA 机制，Cluster 的资源少掉了。对你来说，什么是最重要的？VM 拥有资源重要，还是全部 VM 都要启动才重要？如果资源为第一优先，那么为了让 VM 享有足够的资源，Admission Control 就会限制 VM 开机的数量，避免超载。如果不去管资源够不够用，全部 VM 都要启动的话，就关闭 Admission Control。但是因为 hosts 负担加重了，VM 资源稀释，可能导致性能被拖垮，演变成大家一起挂掉的局面。这种情形相信不是大家所希望的，所以建议有 Admission Control 是比较好的做法。

如果我们启用了 Admission Control，必须要先知道两种 Cluster 资源，逻辑上看起来怎样拆分、分配、保留。

- **Slot Size**：先计算出整个 Cluster 的 Slot 大小与数量，决定 Control Policy。较适合使用在 Cluster 的 VM 保留值设置、资源耗用每个都类似的情况。

1. 假设 HA Cluster 的 VM 设置了保留（Reservation），这时候会取所有 VM CPU、Memory 最大保留值来定义出 Slot Size。以图 9-11 为例，HA Cluster 的一个 Slot Size 大小为 **2GHz**（CPU）/**2GB**（Memory）。如果 CPU 没有设置 Reservation，则默认值为 256MHz（可手动调整）。

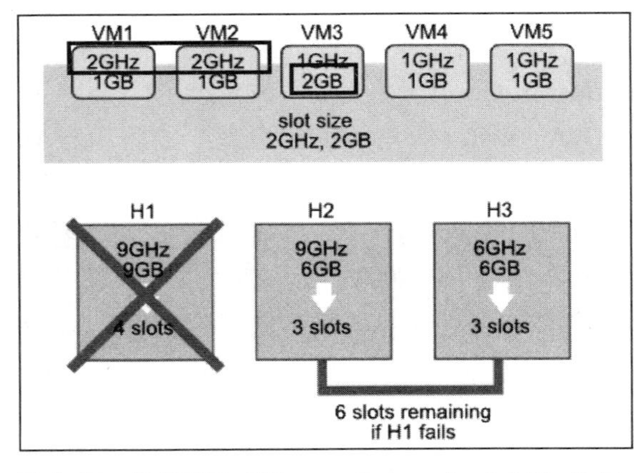

图 9-11　图片来源：VMware vSphere Availability Guide

2. Cluster 由 3 个 hosts 组成（H1、H2、H3），每个 host 因为硬件配备不同，拥有的实体资源也不同。H1 拥有 9GHz/9GB，H2 拥有 9GHz/6GB，H3 拥有 6GHz/6GB 的硬件资源。
3. 根据刚计算出来的 Slot Size（2GHz/2GB），H1 可切出 **4** 个 **Slot**，H2 可切出 **3** 个 **Slot**，H3 可切出 **3** 个 **Slot**。
4. 如果 H1 故障，少掉了 4 个 Slot，H2 和 H3 仍然有 6 个 Slot 可以承载 5 个 VM。
5. 如果 H2 也跟着故障的话，此时 Cluster 只剩 3 个 Slot，无法承载 5 个 VM。

- 资源百分比：先保留整体资源的特定百分比，以用于提供 VM failover。选择此项，则不会以 Slot Size 来划分资源，较适合使用于 VM 间的保留值差异较大的情况。

1. 以图 9-12 为例。一样的 HA Cluster 资源，3 个 hosts 总共有 24GHz/21GB。目前 5 个 VM 共需要占用掉 7GHz/6GB 的硬件资源，默认值会保留 Cluster 的 25%资源下来（可自行在 0～50%间调整），提供当实体机器故障时 VM 可以重新启动之用途。

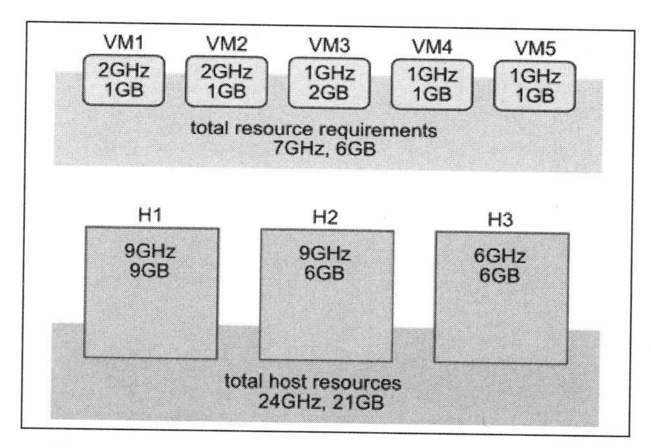

图 9-12　图片来源：VMware vSphere Availability Guide

2. 切换成百分比的话，CPU 目前可用的 current failover capacity 还剩下 70%（24GHz - 7GHz/24GHz），但是必须扣掉保留的 25%才会是现在还可以使用的。所以目前还有 45% 的 CPU 资源让其他的 VM power on，超过就禁止开机。
3. Memory 目前可用的 current failover capacity 还剩下 71%（21GB-6GB/21GB），但是必须扣掉保留的 25%才会是现在还可以使用的。所以目前还有 46% 的 Memory 资源让其他的 VM power on，超过就禁止开机。

Q：可否让 Cluster 既是 DRS，同时也是 HA Cluster？

可以，但是必须确定购买的授权包含这两项功能。DRS 和 HA 两相结合的话，可实现实体机器故障切换 VM，重新启动后，DRS 再依据实体 host 的负载以 vMotion 来平衡 Cluster 的硬件资源。

vSphere 4.1 也有新增的功能，让 HA 可通过 DRS 迁移 VM 的帮助，尝试释放出实体 host 更完整的资源，减少横跨 multi host 资源碎片的产生，以便有足够的资源可以重新启动 VM。

9-3 VMware HA 练习

1. 上一章的 DRS 练习，如果将 ESX host 脱离了 Cluster 的话，请将它重新添加，如图 9-13 所示。

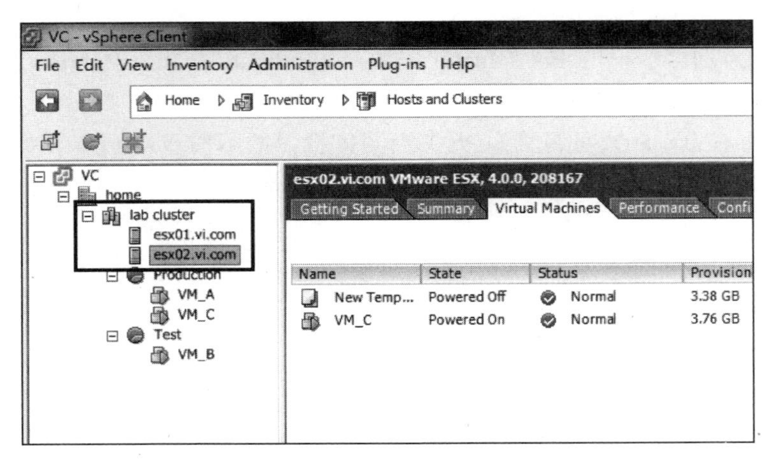

图 9-13

2. 在 **lab cluster** 上右击并选择 **Edit Settings**，如图 9-14 所示。

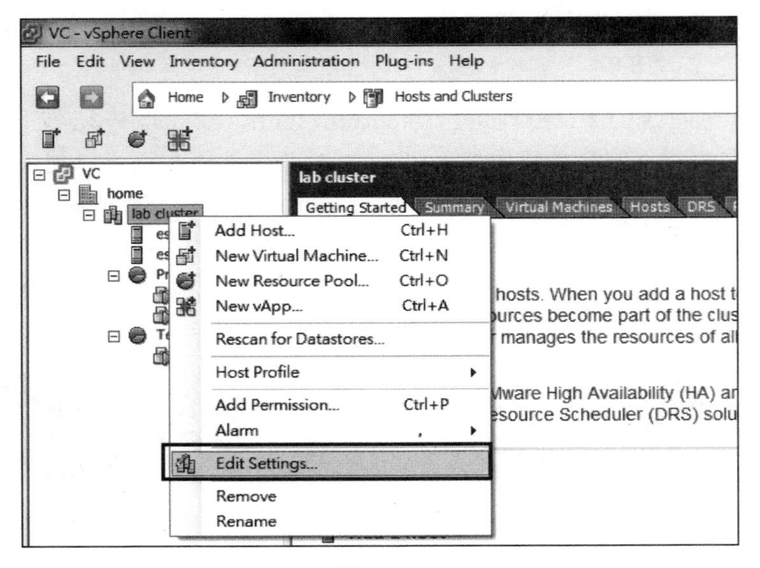

图 9-14

3．勾选 **Turn On VMware HA**，表示这个 Cluster 既是 DRS，同时也要成为 HA，如图 9-15 所示。

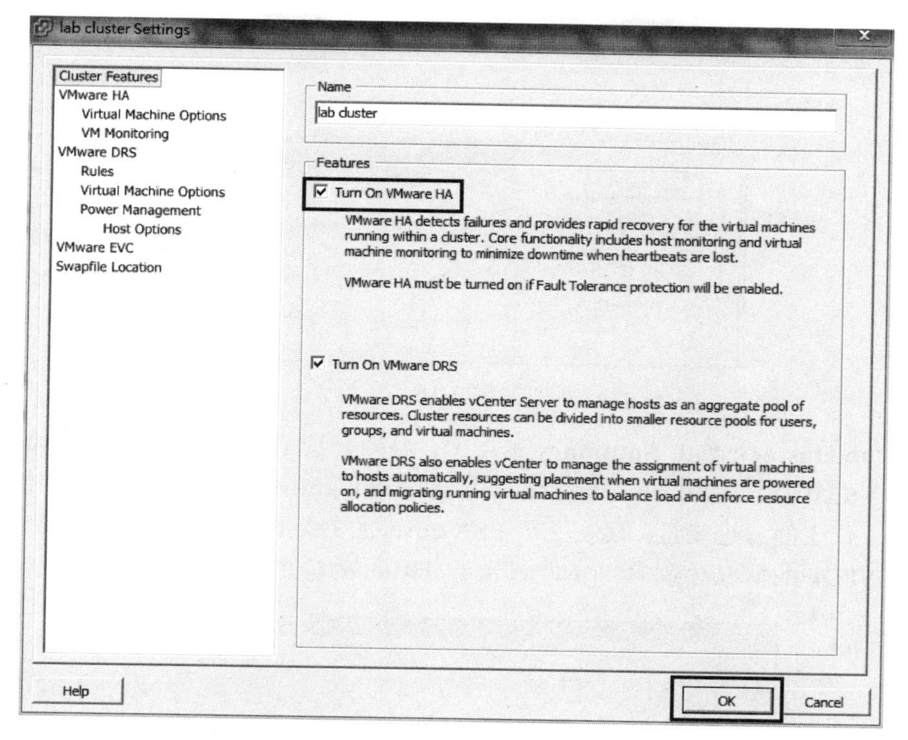

图 9-15

4．可以在 Recent Tasks 中看到 vCenter 正在为 ESX/ESXi host 安装 HA agent，如图 9-16 所示。

Recent Tasks

Name	Target	Status	Details
Configuring HA	esx02.vi.com	11%	Installing HA agent on host
Configuring HA	esx01.vi.com	11%	Installing HA agent on host
Reconfigure cluster	lab cluster	Completed	

Tasks　Alarms

图 9-16

5．等待一下，耐心等候 HA Cluster 配置完成，如图 9-17 所示。

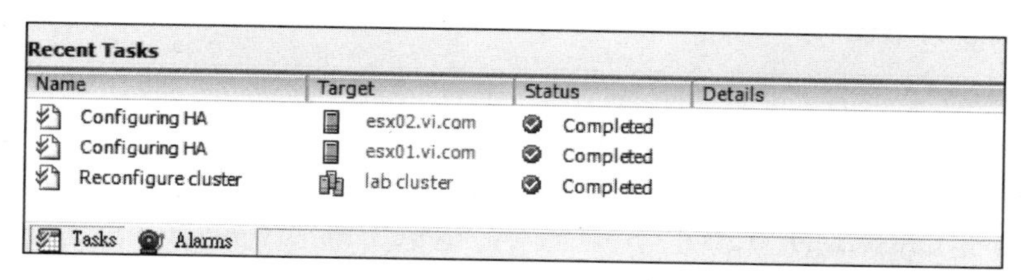

图 9-17

6. 完成 HA Cluster 启用了，非常简单，如图 9-18 所示。但是怎么 Cluster 图标出现了惊叹号？

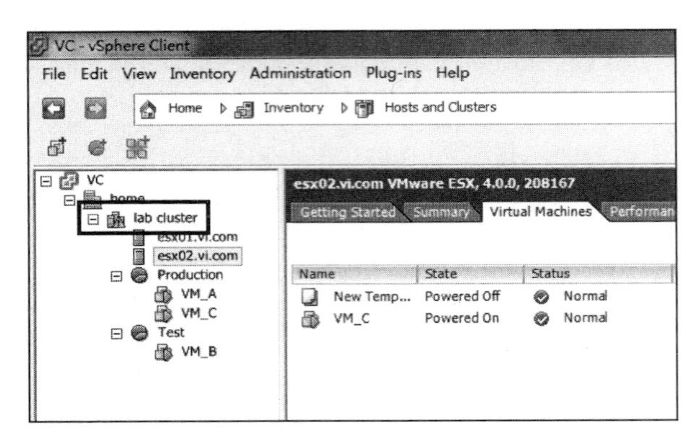

图 9-18

7. 选中 **lab cluster**，单击 **Summary** 选项卡，看到显示了 **Configuration Issues** 信息，告知 ESX01 和 ESX02 hosts 没有 **management network redundancy**，如图 9-19 所示。代表的意思就是，现在 2 个 ESX hosts 的 HA 心跳线没有后备线路，可能会因为 SPOF 的情况导致 Host Network Isolation 的情形发生。

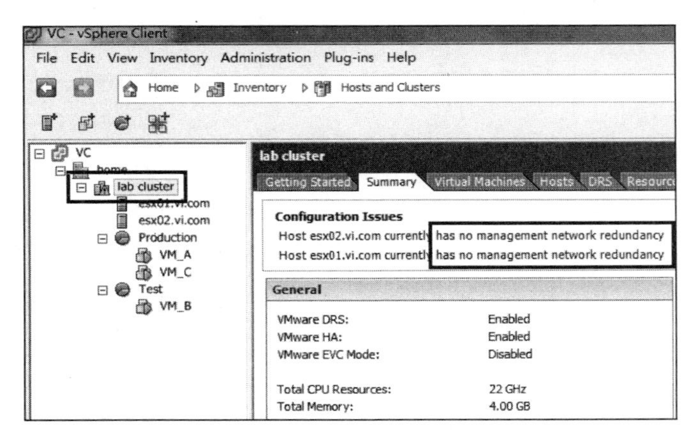

图 9-19

注： 解决方式是增加第二个 management network 或使用 NIC Teaming，不过没有也没关系，HA 功能还是正常的，只是一直会有这个警告信息出现。稍后我们再来解决这个问题，先继续看下去。

---

8. 在 Summary 选项卡中同时也出现了 VMware HA 区块，先选择 **Advanced Runtime Info**，如图 9-20 所示。

9. 这里会显示 Cluster 的 Slots 和 Slot Size，范例中共有 6 个 Slots，已占用掉 3 个，所以没有多余的 slots 可供新的 VM 使用了，如图 9-21 所示。

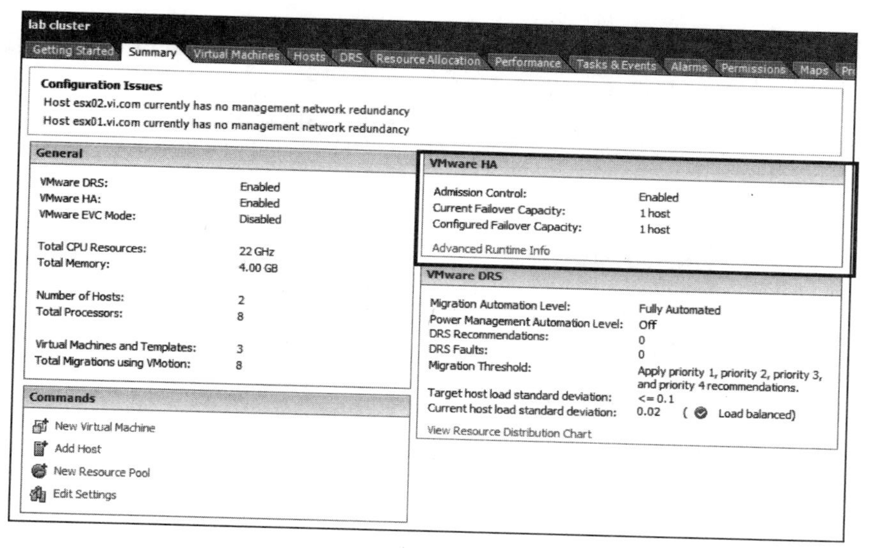

图 9-20

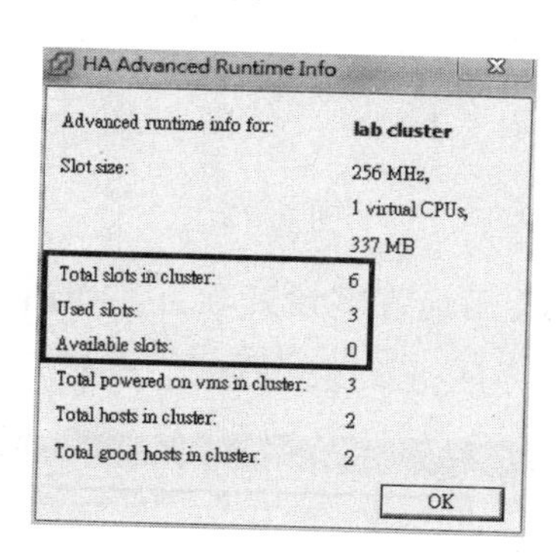

图 9-21

注 1：Available slots 为 0 意味着如果新的 VM 要开机，将会被 Admission Control 禁止。因为多余的硬件资源已经被预先保留下来，拿来当作 HA 重新启动 VM 时所需要的硬件负载。以本例来说，Cluster 总共 6 个 Slots，3 个 VM 使用了 3 个 Slots，Admission Control 为了保证这 3 个 VM 在 failover 到另一个实体 host 的时候能够满足 VM 需要的硬件资源，所以预留了 3 个 Slots 下来（因为我们只有 2 台实体机器，configured failover capacity 设为 1 host，一台实体机器故障，Slots 就只剩下一半了）。

注 2：如果还是不太能理解的话，请想一下前面开车出游，搭载乘客的例子。改成 2 辆车，每辆有 3 个座位，第 1 辆车有 1 位乘客，第 2 辆车有 2 位乘客。如果要确保当损坏一辆车的时候，这 3 位乘客都还能有位置的话，那么就要预先保留 3 个空位，不能让第 4 位乘客上车。

注 3：搭载乘客只是简单的举例，实际上的情况是较为复杂的。Slot Size 取 Reservation 最大值，如果用于落差太大的不同 VM，Admission Control 会有过于保守的问题（座位空间太大，但乘客很瘦小），但可以在高级选项中手动调整 Size 大小（不取

Reservation，自定义座位大小，这可能会导致过胖的乘客需要好几个座位）。而使用资源百分比的话，Cluster 的资源也会有所谓的“资源碎片”（Resource Fragmentation）情况产生。请注意 VM 没有办法跨不同的 host 取用 CPU 和内存资源。

VMware HA Configuration

1. 启用 HA 之后，下面来看配置的部分。在 lab cluster 上右击并选择 **Edit Settings**，如图 9-22 所示。

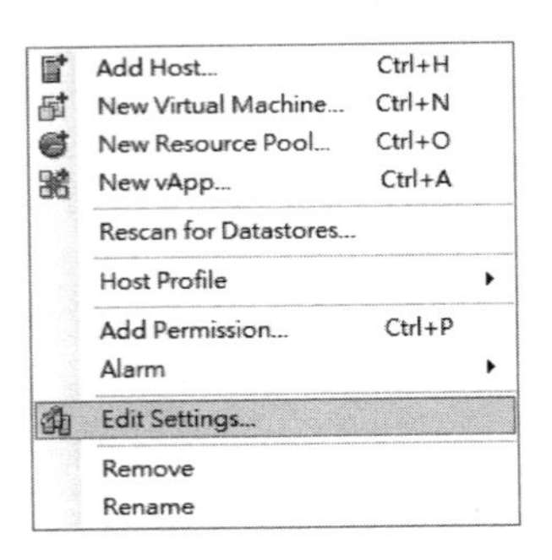

图 9-22

2. 选中 VMware HA，右边会出现许多设置项目，如图 9-23 所示。下面向各位介绍每个项目的作用，不用作配置，只要理解即可。

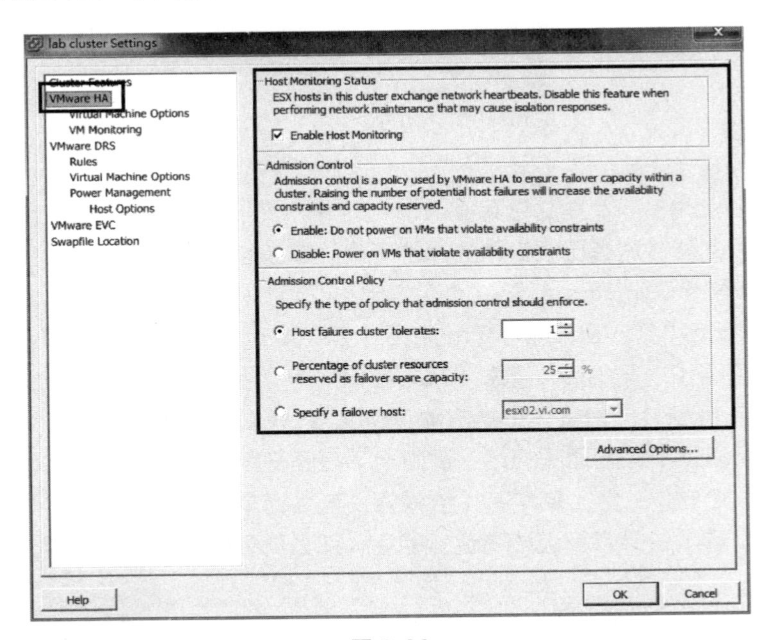

图 9-23

Host Monitoring Status：默认为勾选，如果没有勾选的话，ESX/ESXi host 彼此之间不会互相检测心跳，HA 处于暂时停止作用的状态。什么时候不勾选呢？当我们要做网络设备维护的时候，为了避免网络中断触发 HA 机制，造成 VM 重新启动，则先暂时不勾选，如图 9-24 所示。

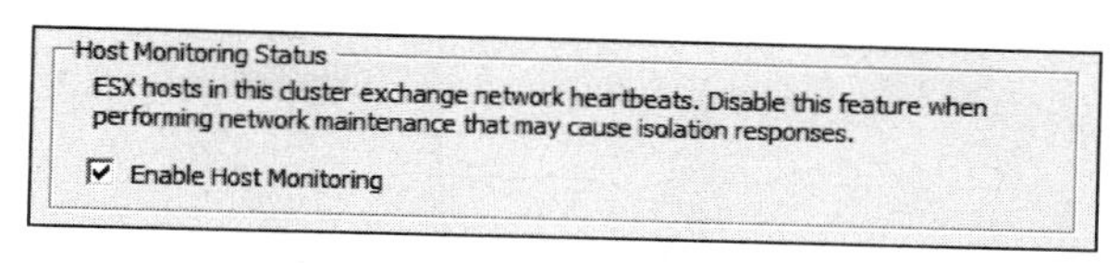

图 9-24

注：如果使用了 VMware FT，特别注意不勾选的时候，因为没有彼此心跳，期间如果 Primary VM 的实体机器损坏，FT 仍会发挥作用由 Secondary VM 接手变成 Primary。但是此时，就不会再产生新的 Secondary VM 在另一实体 host 上了。

Admission Control：这里决定要不要启用 Admission Control，如同前面所解释的，如果关闭 Admission Control，则所有受保护的 VM 无论如何均可重启，但也可能因此造成实体资源不够分配，性能被拖垮，如图 9-25 所示。

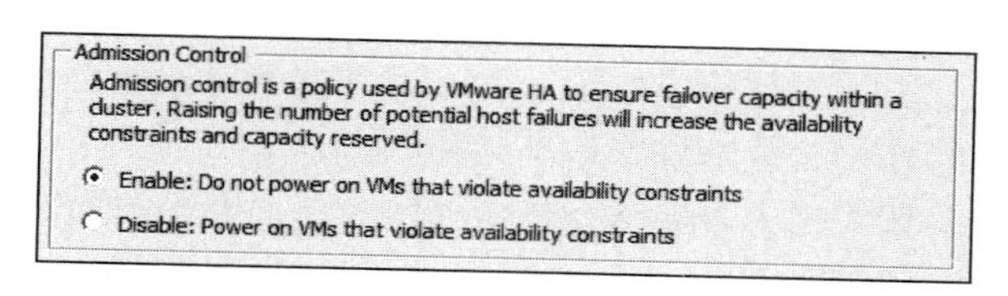

图 9-25

Admission Control Policy：第一项即是以 Slot Size 计算 Cluster 资源，可选 1～4 个 host 故障的可接受范围作为 Admission Control；第二项是以整体百分比计算 Cluster 资源，不看 Slot Size；第三项是指定固定的 host 当作 VM 重启的优先顺序，当有实体机器故障时，只要这个 host 能够负载，VM 就启动于这个 host，如图 9-26 所示。

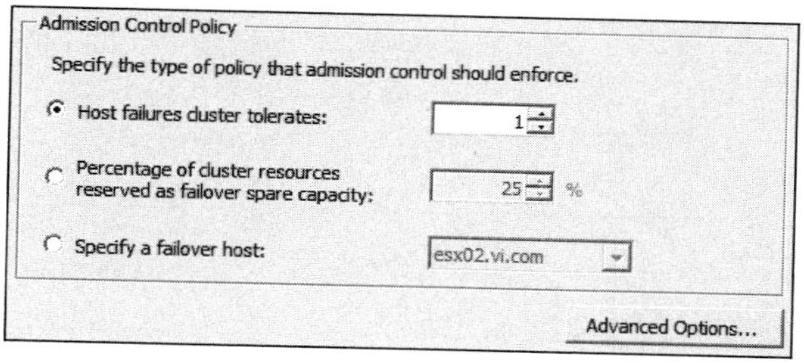

Admission Control Policy
Specify the type of policy that admission control should enforce.
Host failures cluster tolerates: 1
Percentage of cluster resources reserved as failover spare capacity: 25 %
Specify a failover host: esx02.vi.com
Advanced Options...

图 9-26

注：选第三项指定 host 后，你不能使用 vMotion 或 DRS 将 VM 搬到这个 host 上，因为这个 host 是被保留，要用于故障切换用途的。

如果选择第二项，再进入 Cluster Summary 选项卡，会看到 HA 区块不同于图 9-20 所示，改成百分比显示了。默认值是保留 25%，以我们的范例来看，选择 25% 的话，那现在仍有 32% 的内存资源可供新的 VM 开机使用；如果选择 50%，那就只剩 7%的内存资源，与 Slot Size 结果相同，如图 9-27 所示。

VMware HA	
Admission Control:	Enabled
Current CPU Failover Capacity:	96 %
Current Memory Failover Capacity:	57 %
Configured Failover Capacity:	25 %

图 9-27

如果选择第三项，进入 Cluster Summary 选项卡，在 HA 区块会改成显示指定 host 的状态，如图 9-28 所示。

VMware HA	
Admission Control:	Enabled
Current Failover Host:	esx02.vi.com

图 9-28

注： Current Failover Host 的颜色显示状态代表的是：
绿色：host 正常，没有进入 Maintenance Mode，上面也没有任何 VM 在运行。
黄色：host 正常，没有进入 Maintenance Mode，但是已有 VM 在 host 上运行。
红色：vCenter 联系不上 host、进入 Maintenance Mode 或 VMware HA error。

Advanced Options 是高级选项，可以手动更改 VMware HA 默认值，例如 Slot Size 或 Isolation address 等项目，如图 9-29 所示。

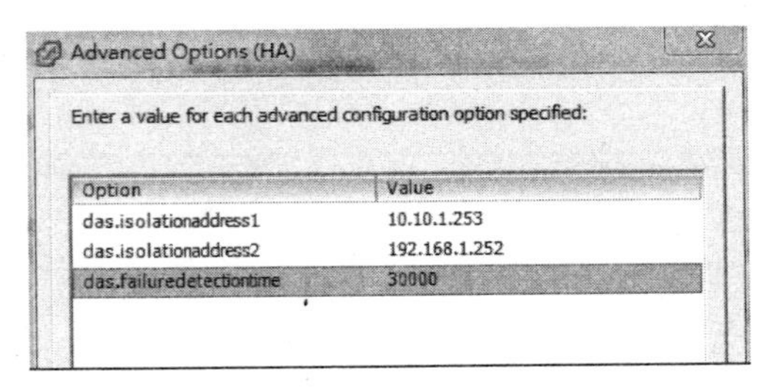

图 9-29

注： 假设我们想让 Host Network Isolation 发生时 hosts 不要去 Ping Gateway，而是其他的 IP，可以手动定义如图 9-29 所示，并且可以设置多组。还有例如 HA agent 启动 HA 机制，host 尝试接管 VM 的等待时间，默认是没有心跳后的 15 秒钟，也可手动更改，单位是 milliseconds（毫秒）。

3．再回到 Settings 界面，选中 **Virtual Machine Options**，可以整体设置 Cluster 或针

对个别的 VM 来单独指定重新启动的优先顺序（Restart Priority），或是隔离反应（Isolation Response），如图 9-30 所示。

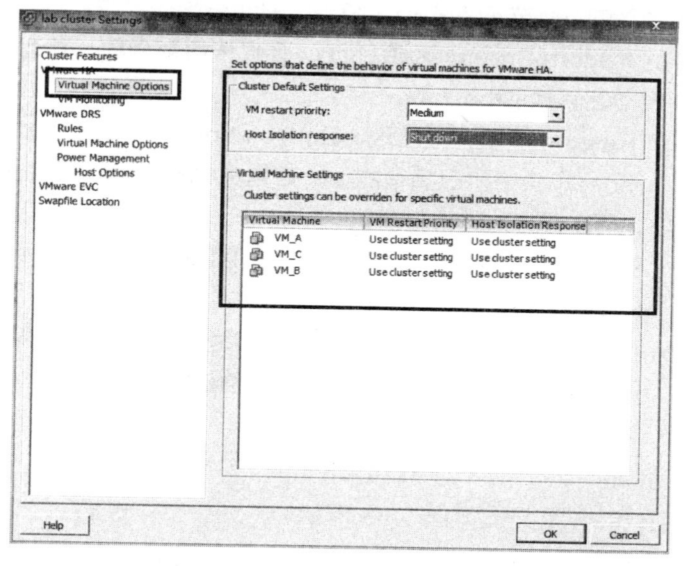

图 9-30

整个 HA Cluster 的 Default Settings

- **VM restart priority**（VM 的优先启动顺序）：有 Disabled、Low、Medium、High 四个选择。
- **Host Isolation response**（隔离反应）：有 Leave powered on、Power off、Shut down 三种选择，如图 9-31 所示。

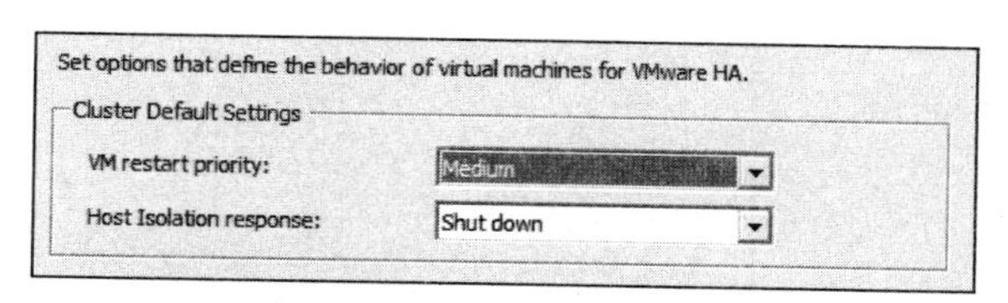

图 9-31

在 Virtual Machine Settings 中可以单独指定 VM 的 Restart Priority、Isolation Response 设置，个别的 VM 可推翻 Cluster 的整体设置，如图 9-32 所示。

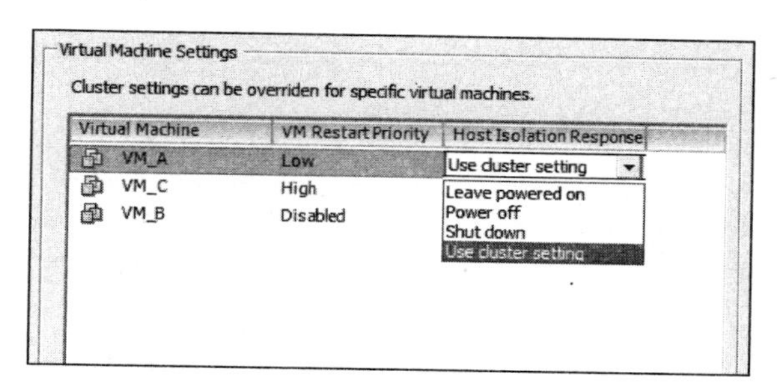

图 9-32

注 1：因为资源有限，Admission Control 保留席位是固定的，那么当实体机器故障时，哪些 VM 可以先启动呢？当然是重要性高的 VM，要拥有最高的优先启动权限，先抢先赢。以免不是很紧急的 VM 先启动占掉了资源，资源分配光了之后，后面排队的 VM 不能启动了。若 VM 的 Restart Priority 设成 High，会优先重新启动。若选择 Disabled，这个 VM 就不会重新启动在其他的 host 上。

注 2：Isolation Response 是一旦出现 host Isolation，会有三种选择：

- Shut down：host 负责将自己拥有的 VM 正常关机（通过 VMware tools），VMDK 就不会锁住，可由其他 hosts 接手。
- Power off：强制将 VM 断电，非正常关机。如果 Shut down 选项无法正常关机，也会采取 Power off 强制关闭。
- Leave powered on：host 心跳断线时，可能因为实体机器没有损坏，持续在运行，VM 也可以不关闭，不要重启于另外的 host，继续在 host Isolation 的环境下运行。

4. 回到 **Settings** 界面中，单击 **VM Monitoring**，这个部分是关于 VM 自己的重新启动机制，与实体 host 无关，如图 9-33 所示。

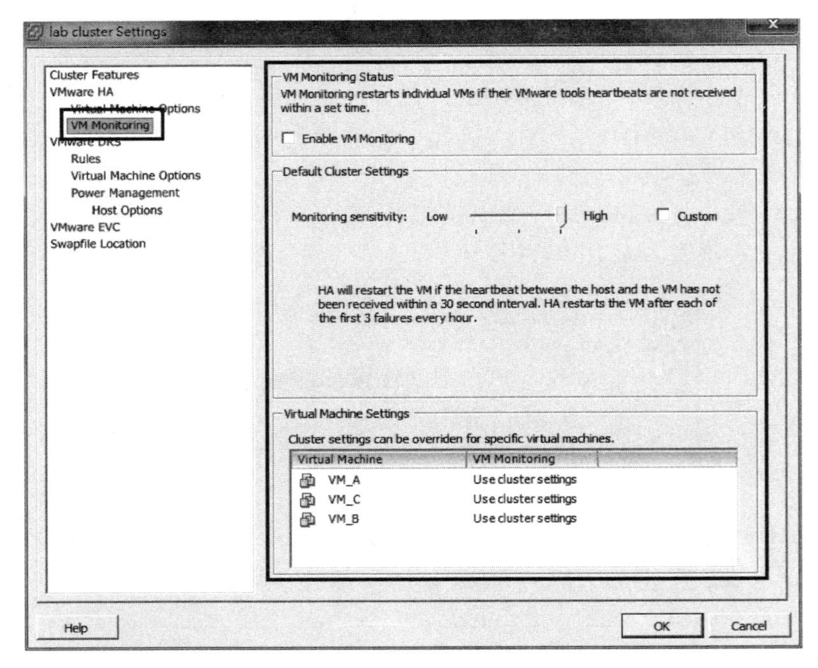

图 9-33

注 1：有时候的情况是实体机器并没有故障，而是 Guest OS 自己死机了，例如某个 VM 出现蓝底白字，但实体 host 与其他的 VM 都很正常，这时候该怎么办呢？VMware HA 也提供了解决方案。

如果 VM 安装了 VMware tools，启用 VM Monitoring 的功能，则 VM 的 VMware tools

会提供 Heartbeats 的功能，当 Guest OS 死机时，host 接收不到 VMware tools 传送 Heartbeats 时，HA 便会尝试重启这个 VM。

注 2：VM Monitoring 默认没有启用，如果勾选的话，要决定 Monitoring sensitivity 的等级高低。等级越高，尝试去 Restart 的时间频繁度与次数越多越快。

---

5. 稍后要观察 HA 机制被触发后，VM 重启于另外的 host，为了避免 VM 重启后自动被搬走，请先选中 VMware DRS，我们将自动化等级调整成手动，如图 9-34 所示。

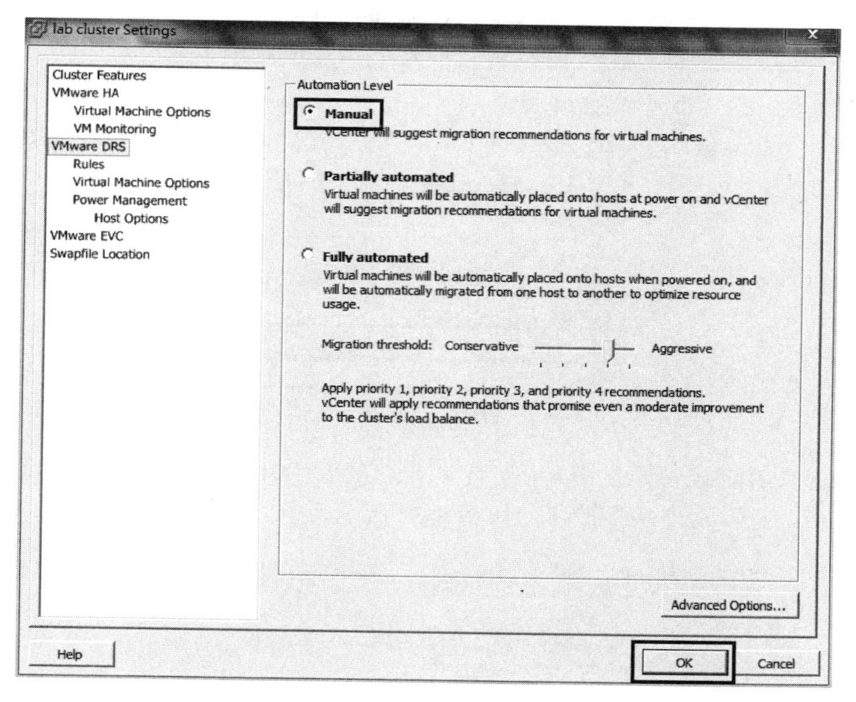

图 9-34

6. 选中 **ESX01**，再单击 **Virtual Machines** 选项卡，现在有 VM_A 和 VM_B 在运行，如图 9-35 所示。

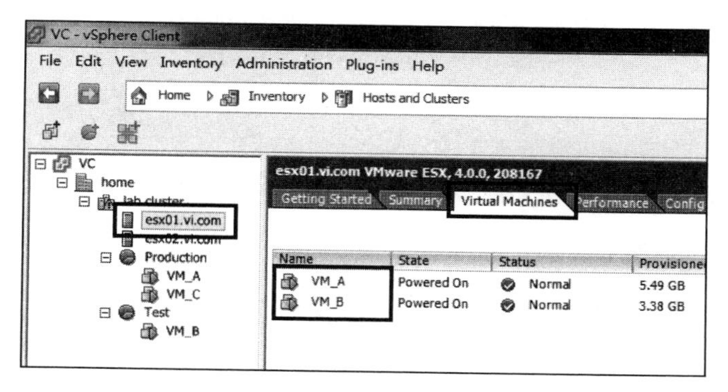

图 9-35

7. 强制 Reboot ESX01 host，模拟实体 host 突然故障离线，没有心跳信息的情形。在 **ESX01** 上右击并选择 **Reboot**，如图 9-36 所示。

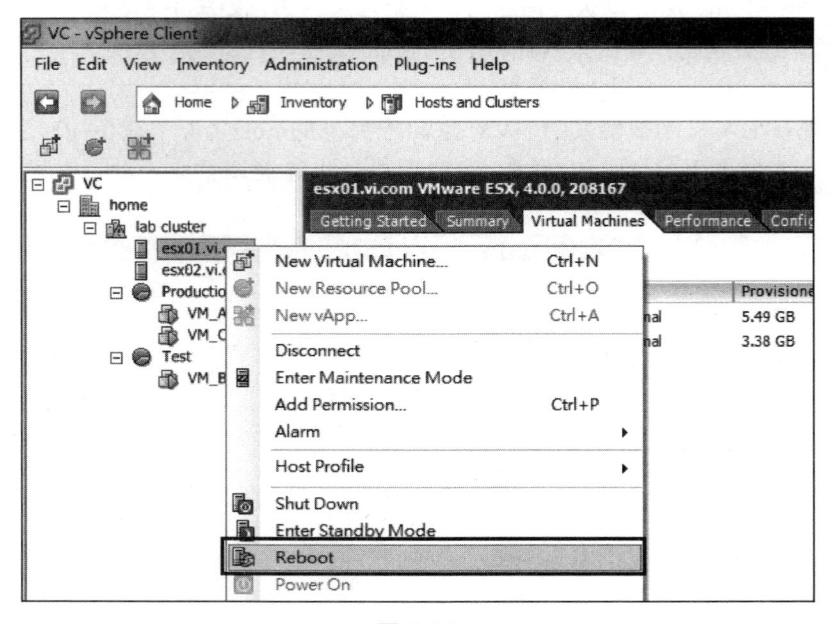

图 9-36

8. 现在 ESX01 并非处于维护模式，还有 VM 正在运行中，要求确认是否真的要将 host 重新开机？请单击“是”按钮，如图 9-37 所示。

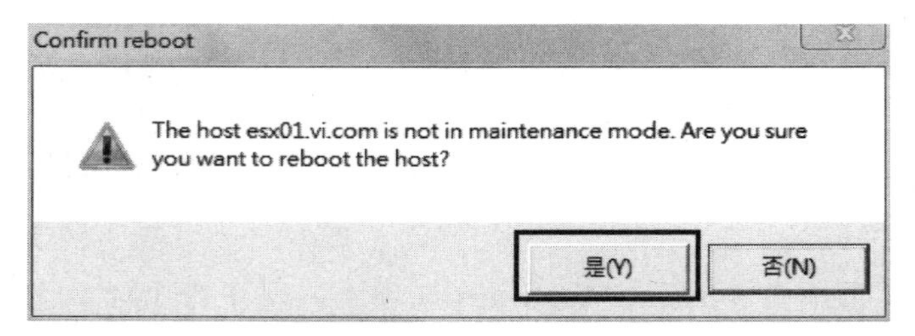

图 9-37

9. 这里可输入重新开机的理由，直接单击 **OK** 按钮即可，如图 9-38 所示。

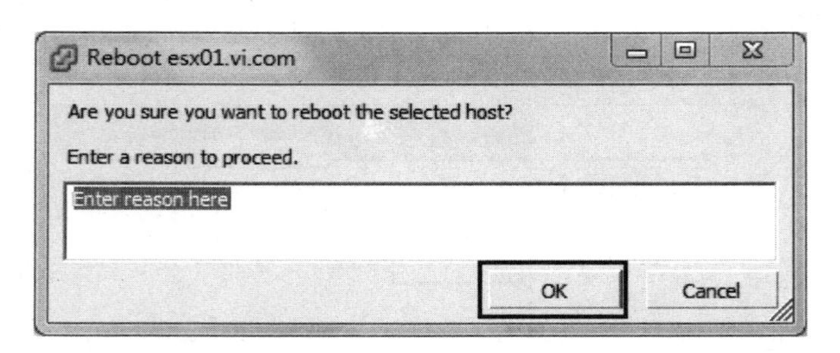

图 9-38

10. ping ESX01 的 VM_B，目前尚有响应，如图 9-39 所示。

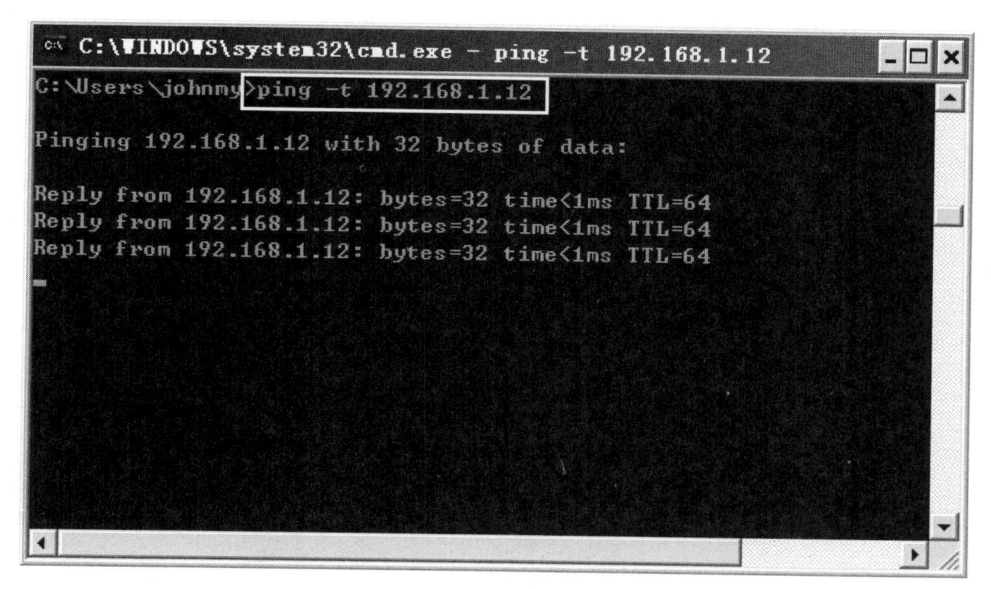

图 9-39

11. ESX01 重新开机，暂时失去联系了，此时 VM_B 也跟着无法运行了，如图 9-40 所示。

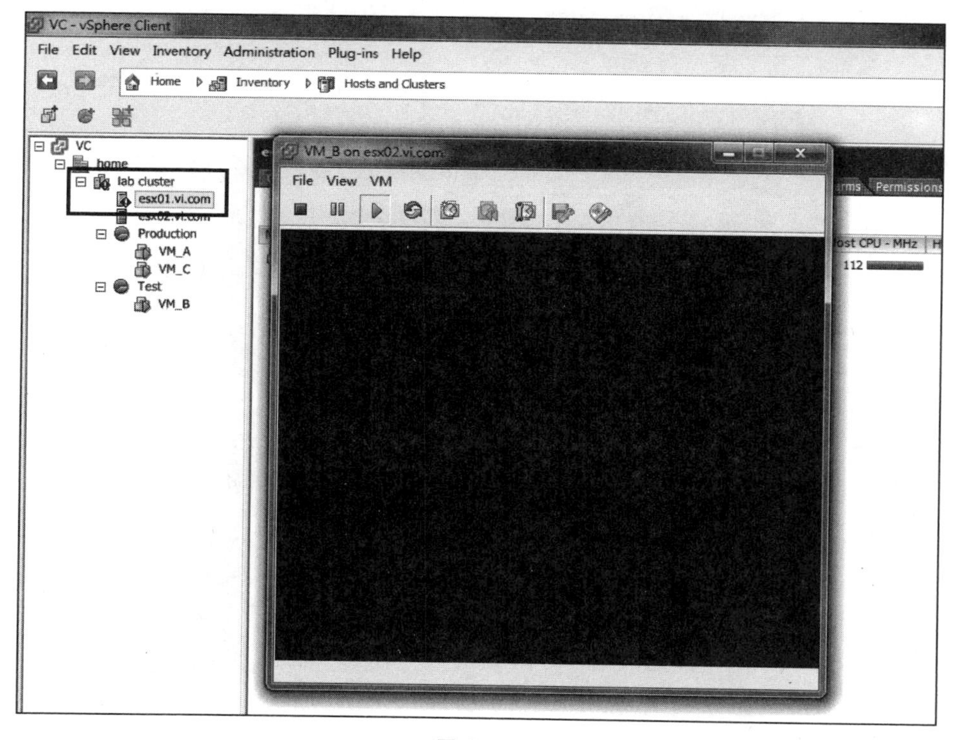

图 9-40

12. 此时已 ping 不到 VM_B，目的主机无法联机，如图 9-41 所示。

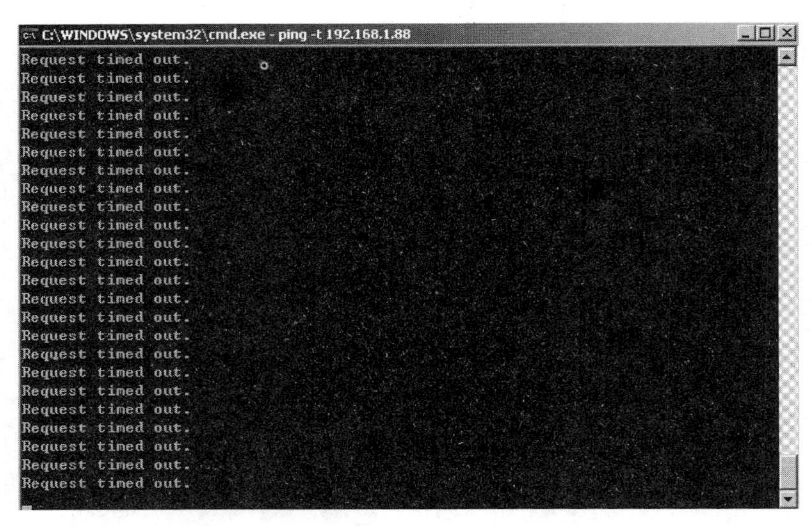

图 9-41

13. 由于 ESX01 没有心跳，一段时间后，开始触发 HA 机制。VM_B 被 ESX02 接管，重新启动了。此时可以看到 ping 的窗口又开始有响应，打开 VM_B 的 console，发现已经重新开机了，如图 9-42 所示，VMware HA 成功。

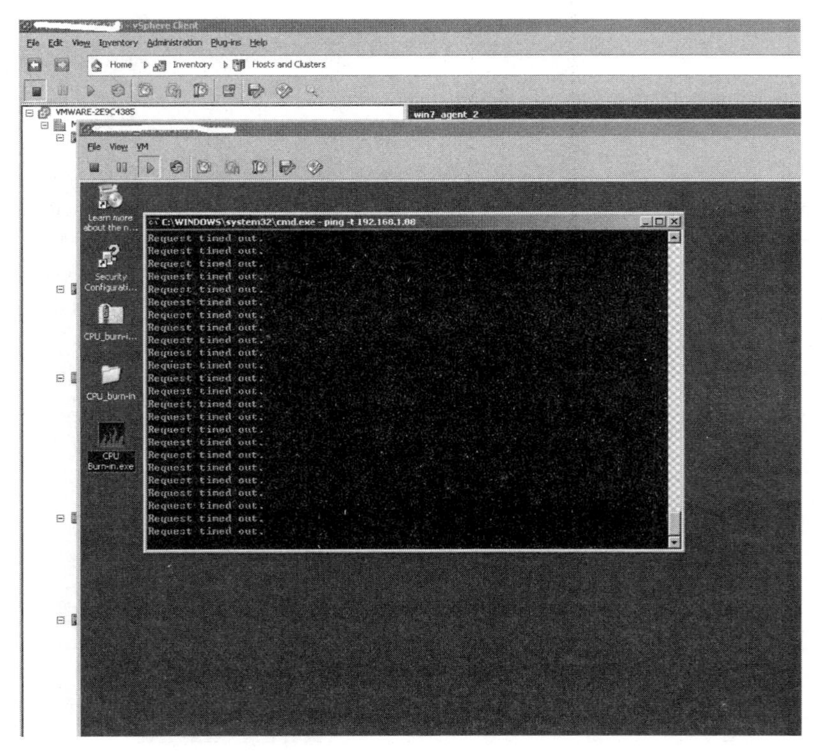

图 9-42

14． 注意这时 ESX01 还是失去联系的红色状态，选中 ESX02，确认 VM_B 已经在此运行了。为什么只有 VM_B？VM_A 呢？由于 VM_A 的文件是在 local storage 中，所以 ESX02 无法接管，所以 VM_A 并没有重新启动在 ESX02 上，如图 9-43 所示。

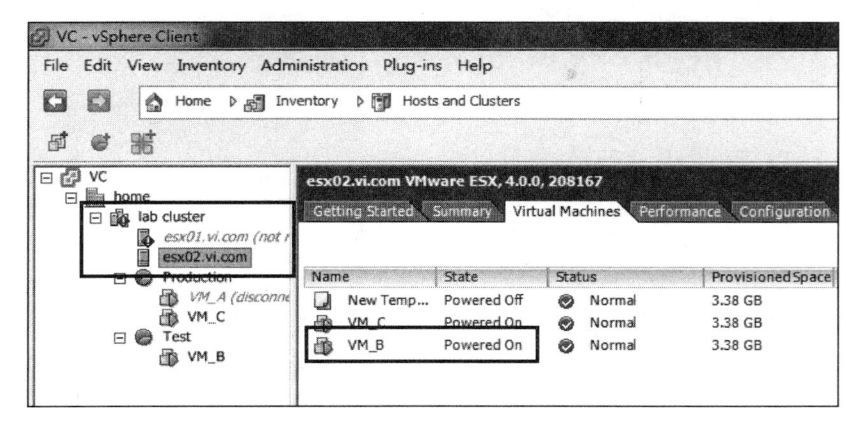

图 9-43

15． 那 VM_A 要怎么办呢？必须要等到，刚刚被强制 Reboot 的 ESX01 重新开机完成，恢复运行后，才会重新启动在原来的 ESX01 上，如图 9-44 所示。

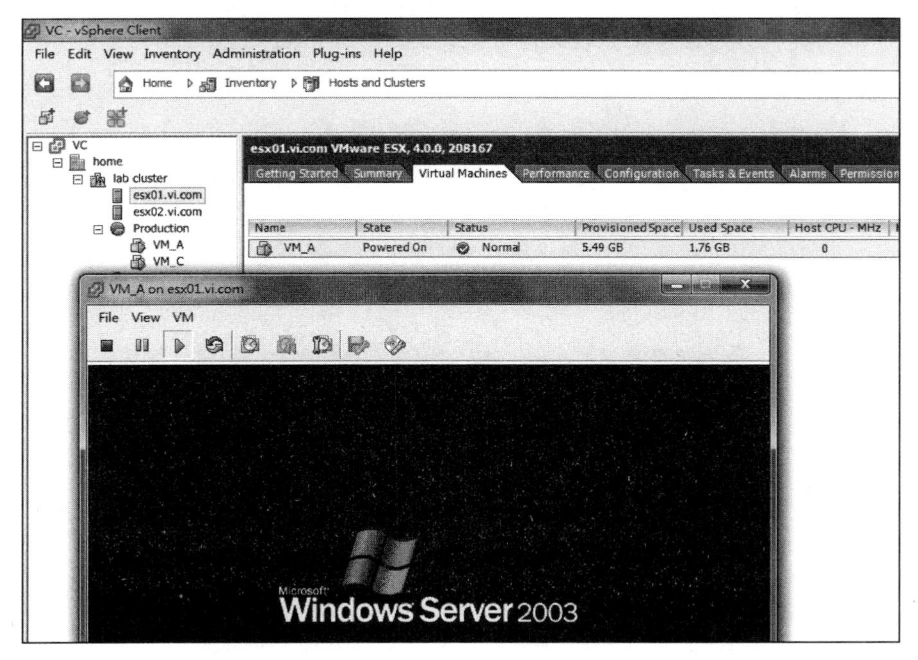

图 9-44

16． 完成了 VMware HA 的测试后，是否觉得 Cluster 的黄色警示很碍眼呢？我们现在就来解决 Heartbeat Network 没有 redundant 的问题。在 **lab cluster** 上右击并选择 **Edit Settings**，如图 9-45 所示。

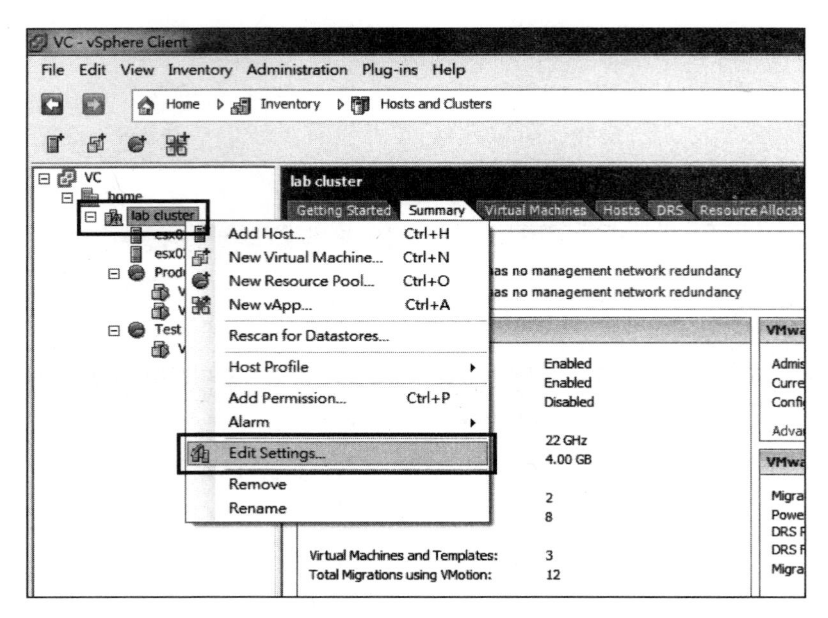

图 9-45

17. 还记得前面，关于新增第二心跳线的说明吗？已经成型的 HA Cluster 必须取消，如果直接新增 Heartbeat Network，原本的 HA agent 仍然不会有 Heartbeat redundant 的作用。所以请将 Turn On VMware HA 的勾选取消，如图 9-46 所示。

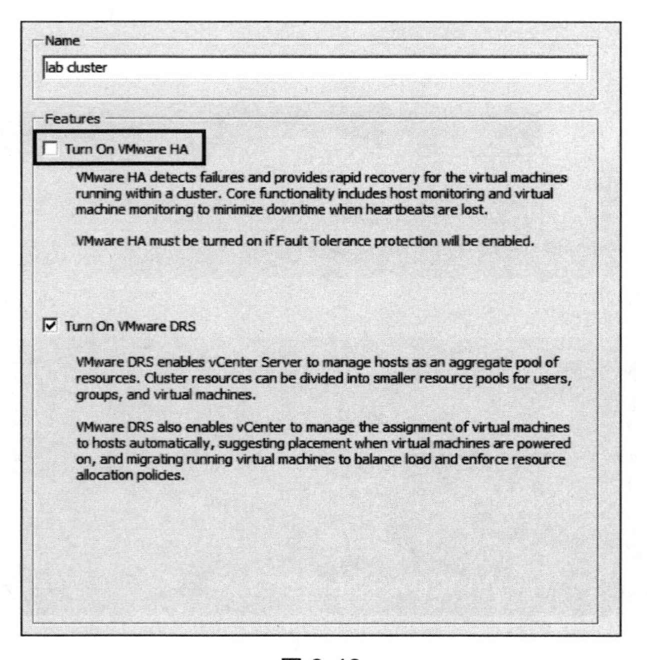

图 9-46

18. 单击 **OK** 按钮，可以发现 vCenter 正在 Unconfiguring HA，解除 agent，如图 9-47 所示。

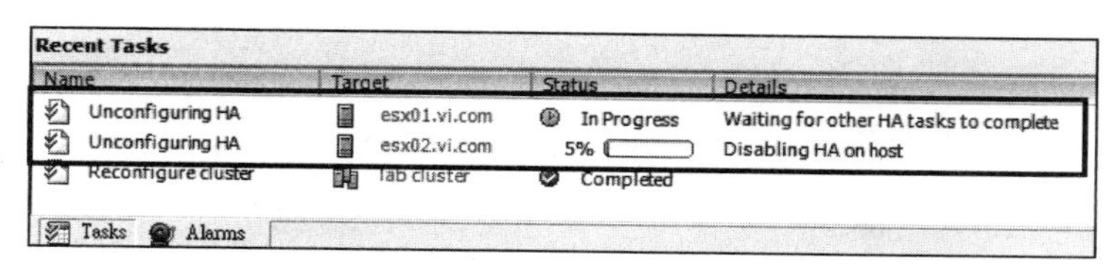

图 9-47

19. 完成后看一下 **Summary** 选项卡，已经没有 VMware HA 区块，只剩下了 DRS，如图 9-48 所示。

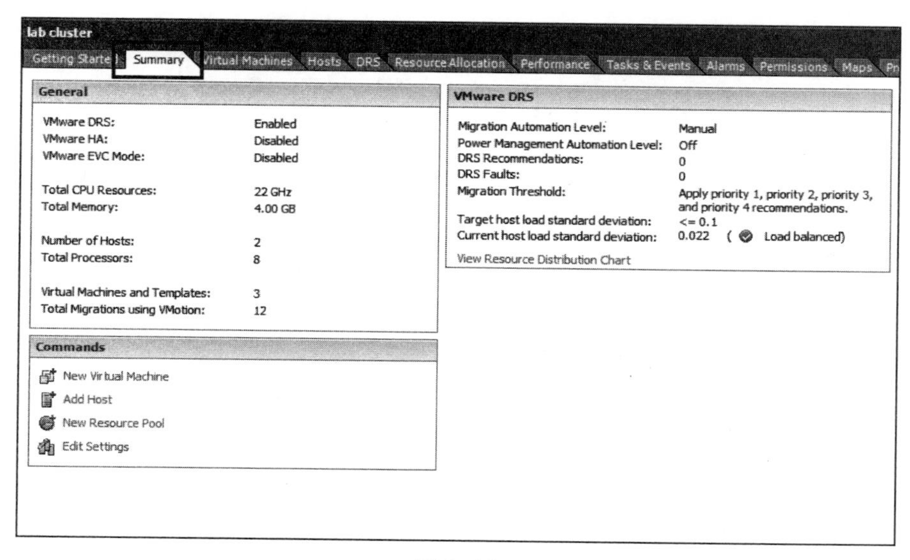

图 9-48

20. 解除了 HA Cluster 之后，选中 **ESX01**，单击 **Configuration** 选项卡，然后选择 **Hardware** 区块的 **Network**，会出现 host 的网络配置。单击 **Add Networking**，如图 9-49 所示。

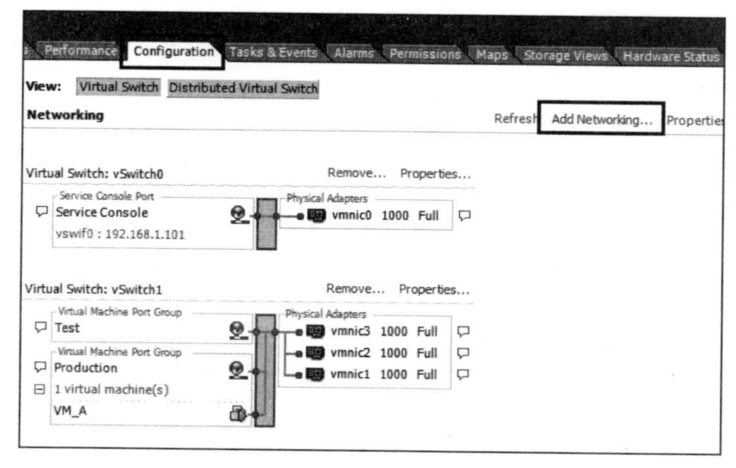

图 9-49

21．由于我们安装的是 ESX，HA 的心跳检测是用 COS 的 uplink 网络（ESXi 用的是 VMkernel port），所以要选择新增第二个 Service Console port，单击 **Next** 按钮，如图 9-50 所示。

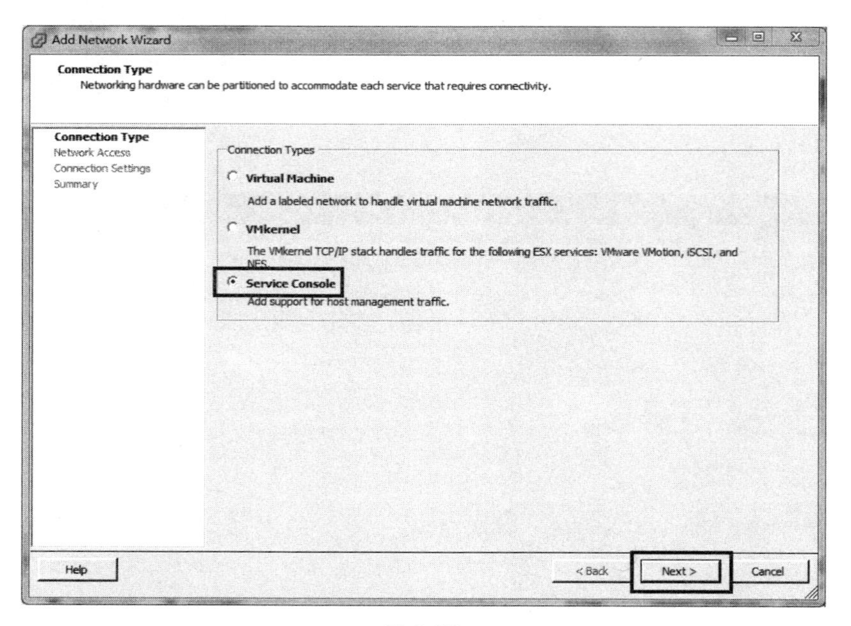

图 9-50

22．这次我们使用 vSwitch1，等于是将 COS 的第二个 vNIC 连接到这个 vSwitch，如图 9-51 所示。

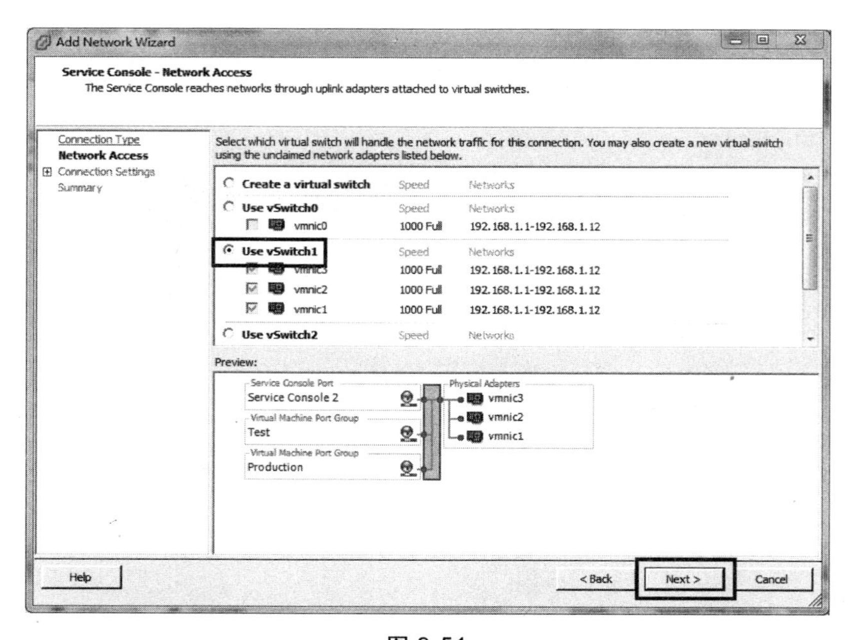

图 9-51

23．为 Port Group 取一个名称，范例是 **Heartbeat 2**，单击 **Next** 按钮，如图 9-52 所示。

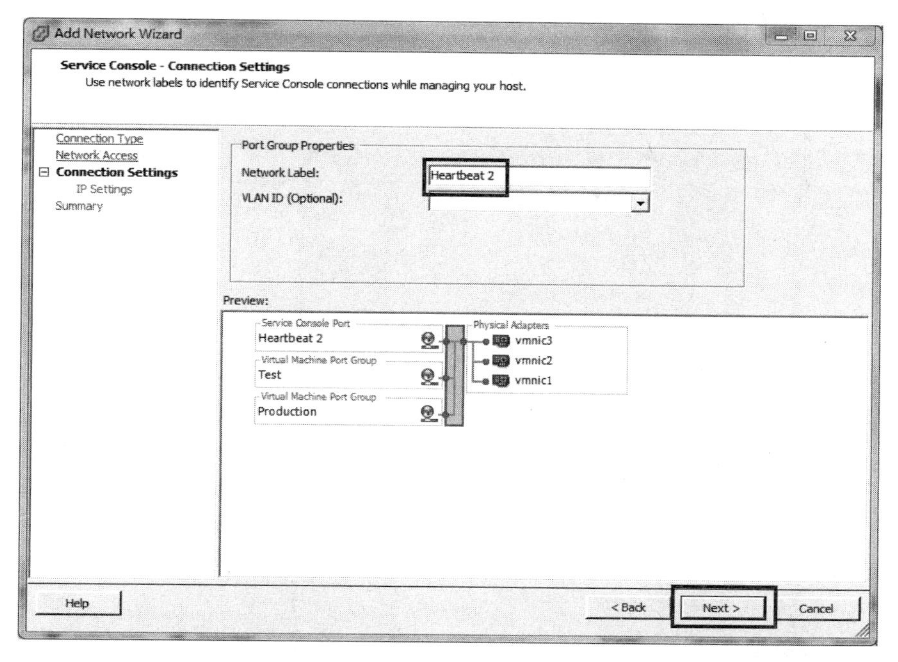

图 9-52

24．给一个 IP address，范例是 **192.168.1.91**，子网掩码为 **255.255.255.0**，单击 **Next** 按钮，如图 9-53 所示。

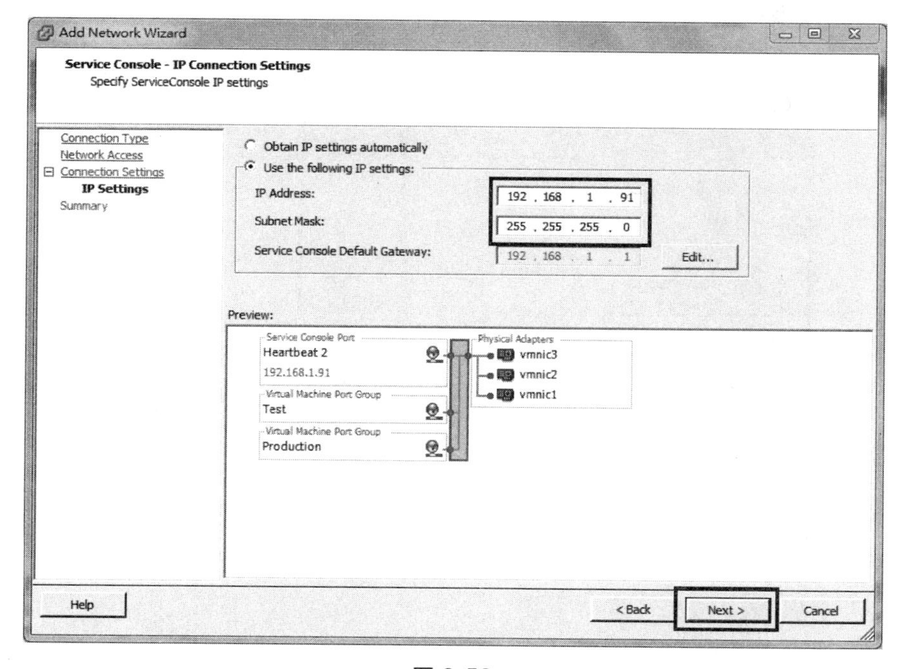

图 9-53

25. 单击 **Finish** 按钮完成，如图 9-54 所示。

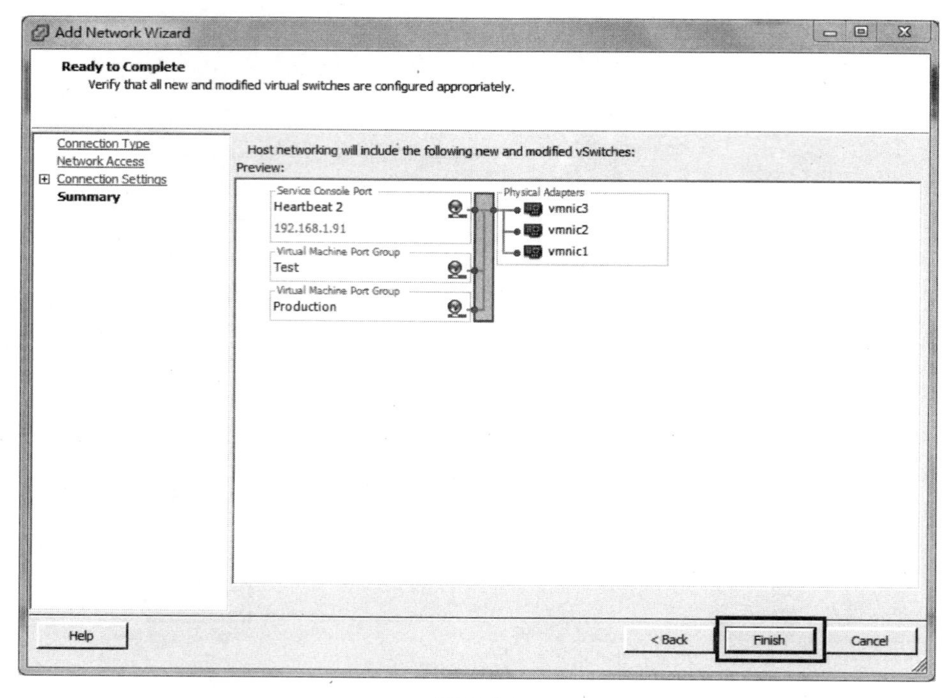

图 9-54

26. 现在已经完成了 ESX01 的 Heartbeat Network redundant，有两个 Service Console port 分接到不同的 vSwitch，走不同的 uplink port，vSwitch 1 还有 NIC teaming，如图 9-55 所示。

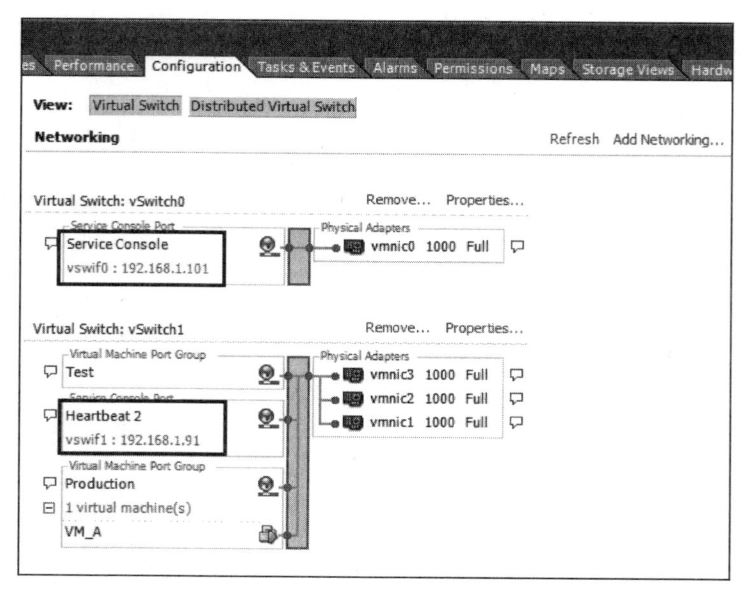

图 9-55

27．接着进行 **ESX02** 的网络配置，重复以上操作，如图 9-56 所示。

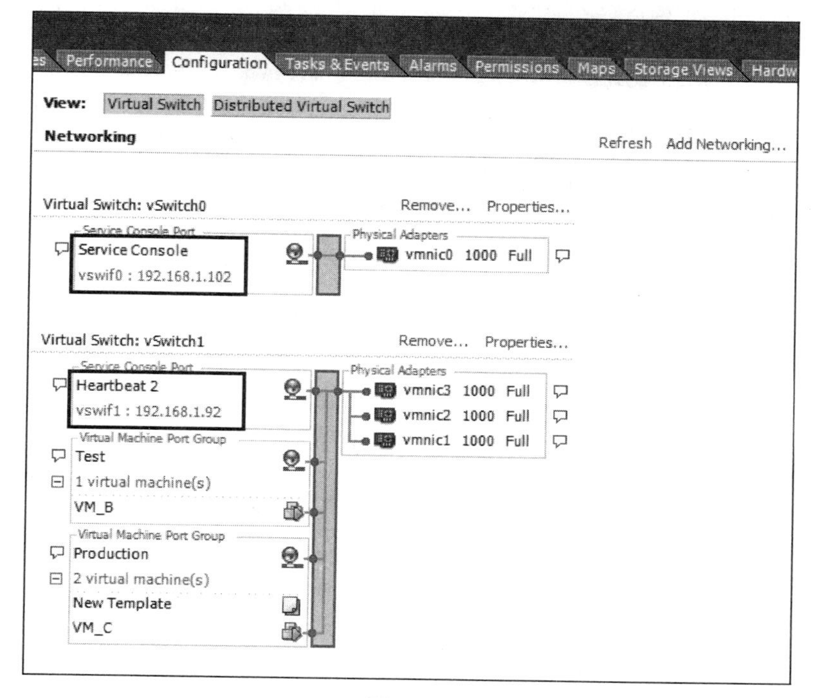

图 9-56

28．现在可以重新架构 HA Cluster 了，勾选 **Turn On VMware HA**，如图 9-57 所示。

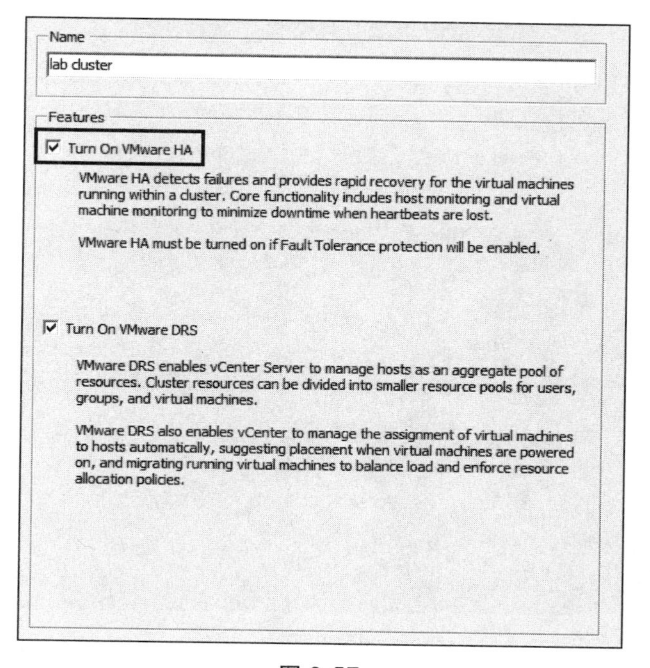

图 9-57

29. 完成后，Cluster 没有出现任何警示了。我们再做一次 HA 测试。这次换为强制 Reboot ESX02，看看两个 VM 会不会被 ESX01 接手，如图 9-58 所示。

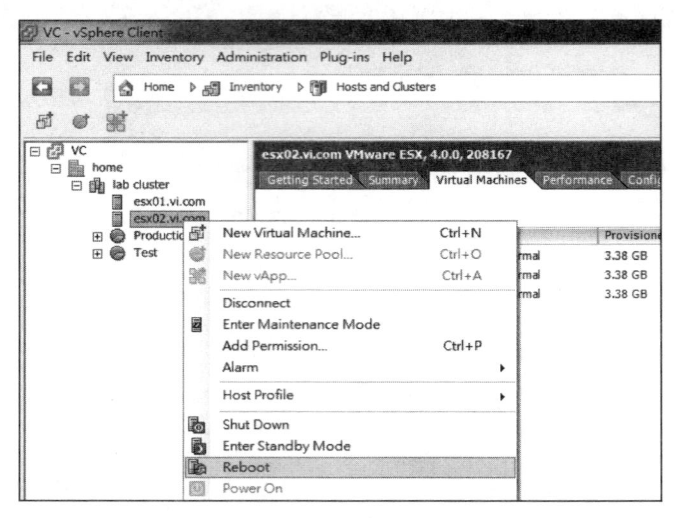

图 9-58

30. HA 机制触发之后，两个 VM 果然重新启动在 ESX01 上了，HA 再次成功，如图 9-59 所示。

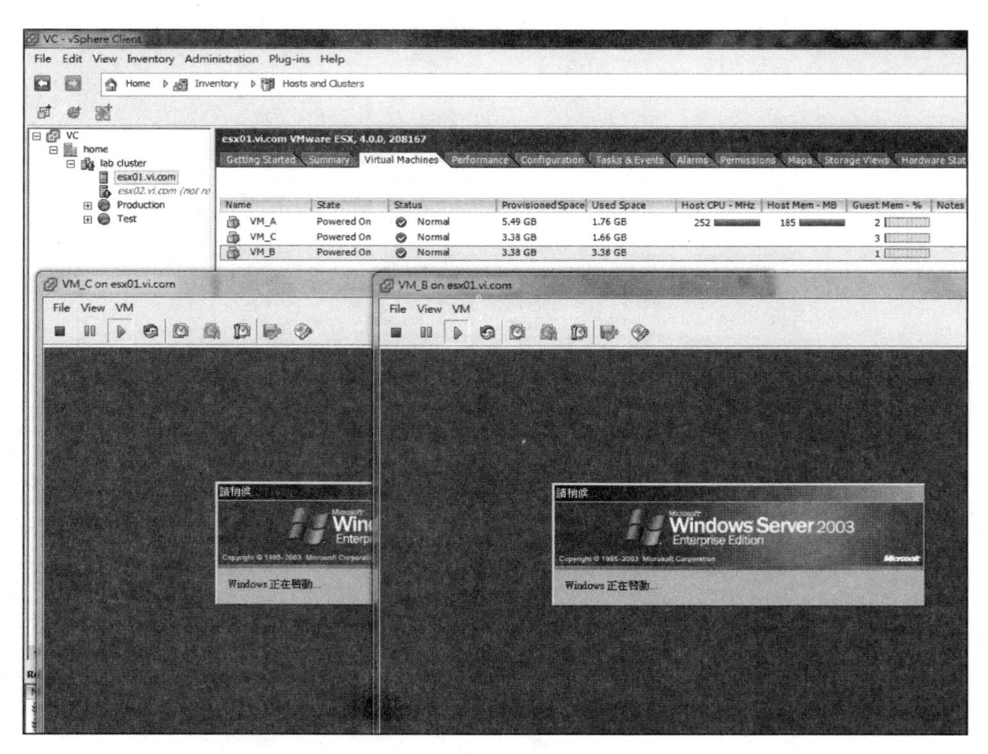

图 9-59

31. 观察一下红色警示，由于现在 ESX02 处于失联当中，目前的 Cluster 硬件资源呈现不足的状态，无法再提供新的 VM 开机了（Admission Control），如图 9-60 所示。

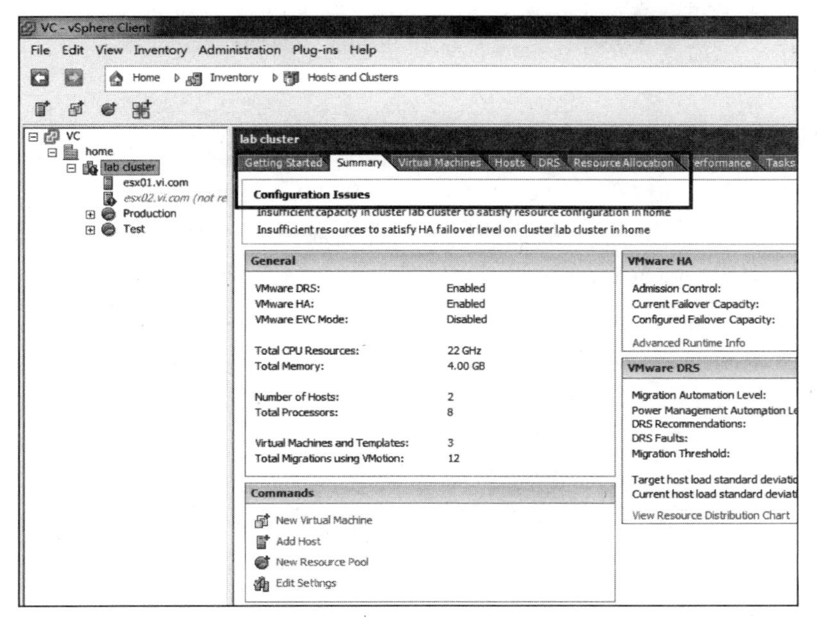

图 9-60

32. 等 ESX02 恢复后，Cluster 的红色警示消失。现在 3 个 VM 都位于 ESX01 host，所有一切显示正常，完美的 Ending，如图 9-61 所示。

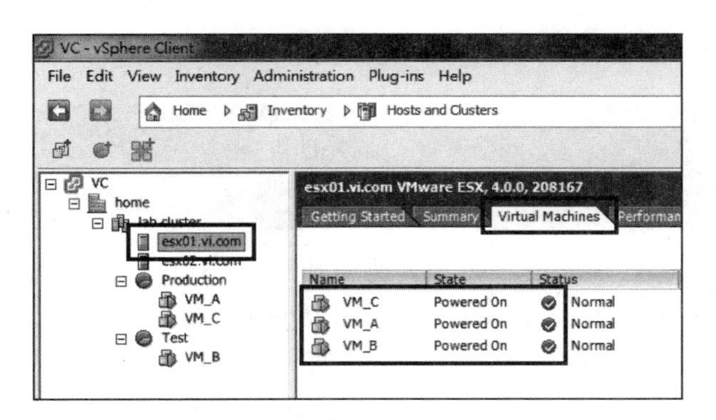

图 9-61

9-4 架构于 HA 之上的 VMware FT

了解 VMware HA 之后，下面来看 VMware FT（Fault Tolerance）。我们知道 VMware HA 会有短暂的停机时间。那么，如果这个 VM 很重要，不允许有任何因为实体故障而产生停机时间，即使只有几分钟也不行，那么就可以使用 VMware FT 来完成零停机、没有数据遗失的任务。各位可以想象成这个 VM（Primary）在 ESX/ESXi host 上运行的时候，会有一个影子般的 VM（Secondary）在另一个 host 上跟着做一模一样的动作，一旦实体机器发生故障，VM 不必重新启动在另外的 host 上，影子 VM 会立即接手操作，成为真正的 Primary VM 提供服务。

VMware FT 如何运行？

当一切的软硬件条件符合，Turn on VMware FT 后，通过 VMkernel port 的 Logging traffic 传送（要求为 GbE 以上的实体网卡，并专属 uplink 不与 vMotion 混在一起），可让 VM 彼此同步。vLockstep 技术会将 Primary VM 的 Input、I/O、CPU timer events 以 Replay 的方式重现于 Secondary VM（会有极短但 Client 端感受不到的延迟时间），无论何时发生中断，都可以立即接手，如图 9-62 所示。

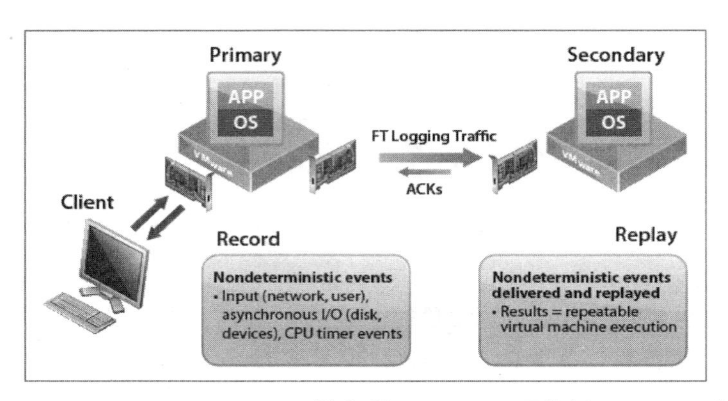

图 9-62　　　　图片来源：VMware 文件

Q：做同样动作的 Secondary VM，会产生同样的 I/O 操作吗？

Primary 和 Secondary VM 会访问位于 Shared Storage 中的同样的 VM 文件，但是只有 Primary VM 会有 Storage I/O 的操作，Secondary VM 只有读取不会写入，避免产生问题（实际上仍会发出写入 request，但会被标记成已完成操作，没有真实写入产生），一旦接手成为 Primary VM，才会有实际写入。

Q：靠 VMware FT 能实现永不死机的环境吗？

不能，这也是错误认知。举例来说，假如 Windows VM 启用了 FT，此 VM 所在的实体 host 发生故障，VM 可以被一模一样的 Secondary VM 接手，满足零停机的需求。

但是若实体 host 没有故障，而是 Guest OS（Windows）出现了蓝屏，那很抱歉，由于同步的关系，Secondary VM 也是同样挂点。这个时候怎么办呢？因为 FT 架构于 HA 之上，如果你启用了 VM Monitoring，则可以通过 VMware tools heartbeats 重新启动 VM，不过此时就会有停机时间。

如果实体机器没有故障，Guest OS 也没有死机，但是 Services 停止了，这时候怎么办呢？很抱歉，这种情况下 FT 是没有办法帮忙的，一般还是要靠 MSCS。

没有所谓永不死机的环境，每种死机后的解决方案与保护等级也各不相同，应该思考的是，死机发生后，可以忍受的停机时间有多长，然后再去寻找适合自己的解决方案。VMware FT 保护的是 Host failures zero downtime，并没有保护 OS、Application level zero downtime。

VMware FT 的特性

了解 VMware FT 的运行机制之后，我们来看看 FT 的优势与适合的使用环境。

- 随时启用与关闭：例如某段期间 VM 需要更进一步的保护，可以将 VMware FT 启用，期间结束后再关闭即可，非常灵活。
- 不限特定操作系统：Windows 和 Linux VM 均能使用 Fault Tolerance。
- 配置简单：条件都符合的情况下，使用 VMware FT 非常容易，不像 MSCS 事先需要复杂的配置与设置。
- 可整合 **DRS**：vSphere 4.1 新增功能，启用 EVC 后，FT VM 可进行资源负载平衡（initial placement、vMotion）。
- 没有特定 **Application** 不能支持的限制：MSCS 这一类的 Clustering 针对特定应用程序才给予支持。VMware FT 因为运行方式不同，当 VM 启用 FT 后，只要 OS 不死机，就可以达到不担心实体损坏，保护任何应用程序的效果。

必须注意的是，VMware FT 不能完全替换 MSCS 之类的丛集服务，因为它并不是 Application-aware（应用程序感知）的解决方案。FT 运行方式聚焦于当实体机器故障，可以保护 VM 零停机不中断，并非保护 Guest OS 等级、应用程序等级。

虽然不能完全替换 MSCS，可保护到应用程序等级，但可以看出 VMware FT 具有的优势也是 MSCS 所没有具备的。针对企业的环境需求，采用适当的解决方案才是正确的做法。

Q：除了 MSCS，在虚拟化环境下有没有其他针对 OS、Aplication level 的 zero downtime 的解决方案呢？

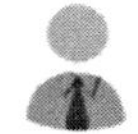

有的。最近 VMware 与 Symantec 合作的 ApplicationHA，号称将解决“虚拟化最后一哩”挑战，让企业可以放心地将 Business Critical Applications（例如 Exchange、SQL、SAP 等应用）用于虚拟化的环境。ApplicationHA 是

application-aware 的解决方案（源自 Veritas Cluster Server 技术），与 vCenter 整合，安装 Plug-in 上去，可以直接使用 vSphere client 管理。

与 MSCS 相同，可以监控并恢复应用程序和服务，但架构于 VMware HA，整合 DRS，这一点显然更具优势，并且支持 RedHat Enterprise Linux VM。

VMware 已经在 vSphere 4.1 开放了 API，只要经过时间验证后，确实适合用于虚拟化环境，未来这类的解决方案应该会越来越多。

VMware FT 的需求与限制

由于 VMware FT 有硬件要求限制，加上我们使用的是 Nested VM，所以没有办法练习 Fault Tolerance，不过因为配置很简单，大家可以连上 Youtube 观赏一些操作的影片（输入 VMware FT 搜索即可）。

我们要注意的是，VMware FT 的一些要求与条件限制，如图 9-63 所示。

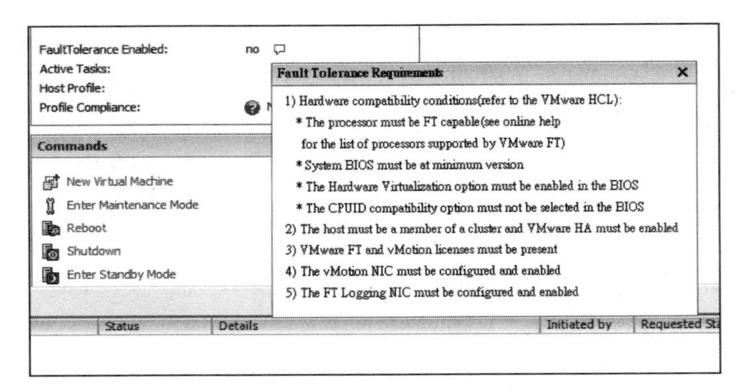

图 9-63

（以下数据的来源为 VMware 网站）

■ VMware FT 支持的实体 CPU

Intel Xeon 45nm Core 2 微架构

31xx 系列

33xx 系列

52xx 系列（DP）

54xx 系列

74xx 系列

Intel Xeon based on Core i7 微架构

34xx 系列（Lynnfield）（需要 VMware vSphere 4.0 Update 1 以后的版本）

34xx 系列（Clarkdale）（需要 VMware vSphere 4.0 Update 2 以后的版本）

35xx 系列

36xx 系列（需要 VMware vSphere 4.0 Update 2 以后的版本）

55xx 系列

56xx 系列（需要 VMware vSphere 4.0 Update 2 以后的版本）
65xx 系列（需要 VMware vSphere 4.0 Update 2 以后的版本）
75xx 系列（需要 VMware vSphere 4.1 以后的版本）

AMD 3rd Generation Opteron

13xx and 14xx 系列
23xx and 24xx 系列（DP）
41xx 系列（需要 VMware vSphere 4.0 Update 1 以后的版本）
61xx 系列（需要 VMware vSphere 4.0 Update 1 以后的版本）
83xx and 84xx 系列（MP）

■ VMware FT 支持的操作系统

Guest Operating System	Intel Xeon 45nm Core 2 微架构	Intel Xeon based on Core i7 微架构	AMD 3rd Generation Opteron
Windows 7*	Yes	Yes/Off	Yes/Off
Windows Server 2008	Yes	Yes/Off	Yes/Off
Windows Vista	Yes	Yes/Off	Yes/Off
Windows Server 2003（64 位）	Yes	Yes/Off	Yes/Off
Windows Server 2003（32 位）	Yes	Yes/Off	Yes/Off（需要 Service Pack 2 或更高）
Windows XP（64 位）	Yes	Yes/Off	Yes/Off
Windows XP（32 位）	Yes	Yes/Off	No
Windows 2000	Yes/Off	Yes/Off	No
Windows NT 4.0	Yes/Off	Yes/Off	No
Linux（全部支持 ESX 分布）	Yes	Yes/Off	Yes/Off
Netware Server	Yes/Off	Yes/Off	Yes/Off
Solaris 10（64 位）	Yes	Yes/Off	Yes/Off（需要 Solaris U1）
Solaris 10（32 位）	Yes	Yes/Off	No
FreeBSD（全部支持 ESX 分布）	Yes	Yes/Off	Yes/Off

* 需要 VMware vSphere 4.0 Update 1 以后的版本

Yes： VM 处于开机状态即可启用 FT

Yes/Off： VM 要启用 FT 时需要先关机

No： VMware FT 不支持

VMware FT 的 Storage 要求：

■ 必须是 Shared Storage（Fibre channel、iSCSI 或 NFS）。

■ VMDK 必须为 eager zeroed、thick provisioned 格式。

VMware FT 的 Networking 要求：

- GbE 等级的实体网卡，作为 FT logging 用途。
- FT logging Network 必须为同一个 LAN 或 VLAN。

VMware FT 对 ESX/ESXi host 的要求：

- 实体 CPU 必须支持 VMware FT（详见前面的 CPU 列表）。
- 实体 host 要有 VMware Fault Tolerance 的 License。
- 实体 host 必须在 FT HCL 之列（非必要）。
- 实体 host BIOS 要 enable Intel-VT、AMD-V。
- 必须为 Cluster 的一员。

VMware FT 对 VM 的要求：

- 不能有 Snapshot（快照），也无法在 FT 启用中执行 Snapshot。
- 不能执行 Storage vMotion，必须先关闭 FT 才能执行。
- 若 VM 是 linked clone，不能启用 FT。
- 启用 FT 的 VM 无法使用 VCB 或 VADP 的方式备份，必须先关闭 FT。
- VM 必须是 VMDK（thick provisioning）或 Virtual RDM 模式。
- VM 必须位于 Shared Storage 上。
- 每个启用 FT 的 VM 只能使用一个 vCPU。
- 启用 FT 的 VM 无法支持 NPIV。
- 不支持网卡 passthrough 的功能。
- vNIC driver 不能为 vlance。
- 没有 Hot-plug device 的功能。

第八朵云的到位，让实体机器可以互相支持，共同负担 Cluster 里 VM 接管的问题，同时也解决了企业对虚拟化“鸡蛋放在同一个篮子”的疑虑，真正放心地将数据中心大部分的应用虚拟化，感受到前所未有的效益与弹性。

我们完成了第八朵云后，可以说已经大致建构起 vSphere 的基础轮廓。在此恭喜大家已经初步掌握了 vSphere 这个云端操作系统。但是由于虚拟化领域涉及面非常广泛，以后仍然有许多需要注意与学习的地方。下一章，也是本书的最后一章，要来告诉各位有关学习信息的获得方法，并介绍 vSphere 4.1 的新功能。

CHAPTER 10

另一个开始

这本书的最后一章，代表的不是结束，而是另一个学习的开始。

开始什么呢？各位现在已经理解了 vSphere 架构的大致样貌，接下来就是更进一步，探索更多更广的 VMware 虚拟世界。在此笔者帮大家做了 vSphere 4.1 的重点整理，提供一些很有用的学习信息，以及关于 VCP 认证的流程、课程与准备方向，希望通过这些指引，让大家对 vSphere 的掌握更加得心应手。

10-1 vSphere 4.1 重点整理

VMware vSphere 4.1 于 2010 年 7 月正式发布后，本书在第一时间将 4.1 的相关信息穿插于各个章节，并且在最后一章为大家整理 vSphere 4.1 的主要功能。4.1 版与 4.0 版的架构并没有差异。由于一脉相承，我们只需要直接来看 4.1 的新增功能部分即可。

这个版本针对一些名称又做了小幅度的更改。

名称更改的部分

- **ESXi** 免费版：改称为 **VMware vSphere Hypervisor**。免费版的 ESXi 只是 Hypervisor 免费，且不能被 vCenter 所管控。但因为许多人误解为只要用 ESXi 就是免费的，其实不是。VMware 也发现了这个问题，所以将之改名，加以区别。
- **VMotion**：改为 **vMotion**。
- **Storage VMotion**：改为 **Storage vMotion**。

ESXi 的部分

- 下个版本即将替换 ESX 成为主角，vSphere 4.1 是最后一个含有 ESX 的版本，未来将不再发行含有 Service Console 的 ESX 版本。
- 完整支持 Boot from SAN（FC、hardware iSCSI、*Software initiator 目前只限定 Broadcom 57711 10G NIC*、FCoE）。
- 自动化安装程序（PXE、Scripted installation），适合大量快速部署 ESXi。
- TSM（Tech Support Mode）：其实就是以前隐藏在 ESXi 3 和 ESXi 4 中的 mini console，只是以前没有正式支持，所以每次按 Alt+F1 组合键进入时都要输入 "unsupported" 字符串。4.1 版起正式支持，local 或 SSH remote 都可以启用，也不再限定只有 root 可以登录，其他身份也可以。

vCompute 的部分

- **DRS host Affinity**：可限制 VM 迁移时（vMotion）在一个固定的范围，或分开不同的组，用于刀锋机箱或 Rack 分隔或防止授权不允许问题。
- **DPM**：现在可调度实施，设置想要的时间去使用 DPM。

- **Memory compression**：内存压缩，在 Balloon driver 之后若无法解决 memory 超额问题，先不使用 VMkernel Swap 而尝试使用内存压缩，虽然性能不比实际内存，会多损耗一些 CPU 资源，但比在 vswap 上运行快得多。

vStorage 的部分

- **Storage I/O Control（SIOC）**：可针对 Cluster 里所有 VM 访问 Datastore 设置整体 I/O Shares 和 Limits，达到真正优先级的 QoS。图 10-1 左是以前没有 SIOC 时的情况，例如 3 个 VM 的 Disk Shares 是在个别的 ESX Server 上竞争，VM B 和 VM C 的 Shares 同为 500，实际情况却是 I/O queue 表现为 12%和 50%（因为另一 ESX 占去了 50%），造成与希望的结果相违背。有了 SIOC 后，就可以得到符合预期的结果，让 Cluster 里的 VM 在 I/O queue 资源方面按照整体正确的百分比分配（见图 10-1 右）。

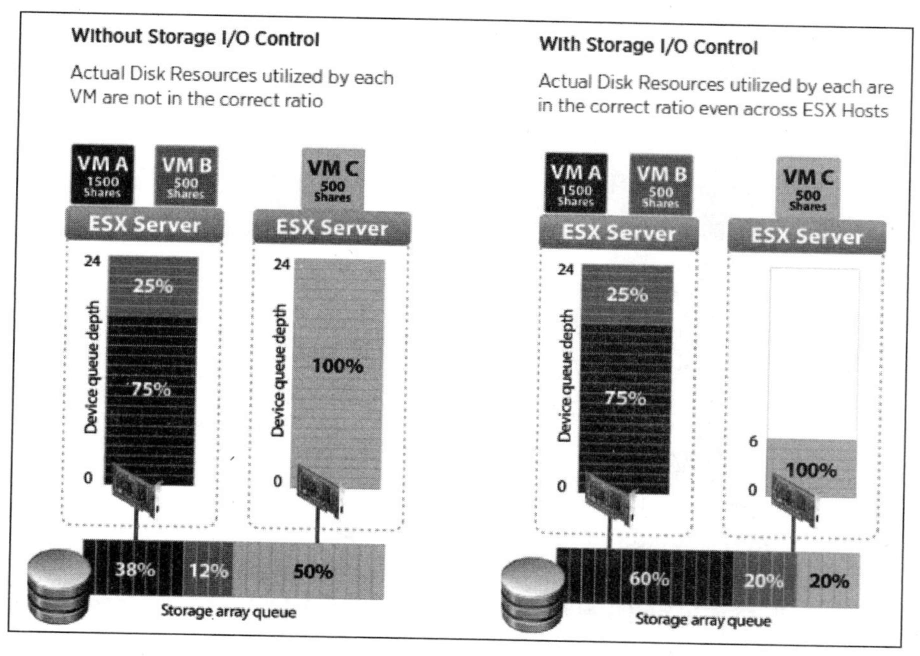

图 10-1　图片来源：VMware vSphere 4.1 What's new 文件

- **vStorage API for Array Integration（VAAI）**：可大幅增进 Storage vMotion、FT 转换（因 VM 单元格式必须为 eager zeroedthick）或 VM provisioning 时的性能，降低 CPU、Memory 的使用率与 Network、Storage fabric 带宽，必须有支持此协议的存储设备才能发挥作用。图 10-2 为启用了 VAAI 与未启用时各方面的差距测试。
- **Performance Reporting**：针对 FC、iSCSI、NFS（不适用全部）的 Storage controller、LUN、Path、VM 等运行，可进行许多数据监控，包括 I/O、延迟。由 vCenter 提供 GUI 搜集数据，Esxtop 与 resxtop 提供文本模式搜集数据。

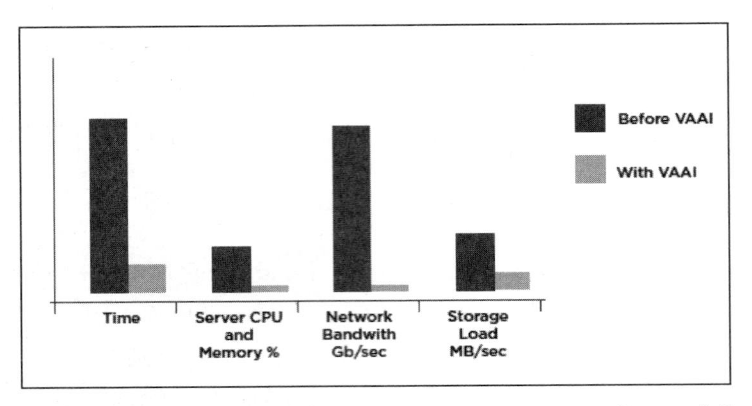

图 10-2　图片来源：VMware vSphere 4.1 What's new 文件

vNetwork 的部分

- Network I/O Control（NetIOC）：这是使用 vDS 才有的功能，可以将网络资源从 Network Resource Pool 分配给不同类型的使用（FT、vMotion、NFS、iSCSI、VM traffic、Management Traffic 等），依照 Limit、Shares 来实现网络带宽的保证。
- Load-Base Teaming：使用 vDS 时，平衡负载可绑定实体网卡（vmnic）作为 Teaming 分流的依据（以往只有 port base、IP、source MAC 三种）。
- E1000 vNIC 现已支持 Jumbo Frames。

Scalability（vCenter Server）的部分

- 为了顺应未来云端信息中心的急速扩展，vSphere 也扩展了 vCenter 管理、控制数目的能力，单一 vCenter 现在可控管高达 1 万个开机中的 VM，详细相关扩展数量请参考图 10-3 和图 10-4。但是，注意 4.1 版的 vCenter 只能安装在 64 位的 Windows OS 中，不再支持 32 位 OS。

LIMITS	VSPHERE 4	VSPHERE 4.1	IMPROVEMENT
VMs per host	320	320	None
Hosts per cluster	32	32	None
Virtual machines per cluster	1,280	3,000	3x
Hosts per vCenter Server	300	1,000	3x
Registered VMs per vCenter Server	4,500	15,000	>3x
Powered-on VMs per vCenter Server	3,000	10,000	3x
Concurrent vSphere clients	30	120	4x
Hosts per datacenter	100	500	5x
VMs per datacenter	2,500	5,000	2x
Linked Mode	10,000	30,000	3x

图 10-3　图片来源：VMware vSphere 4.1 What's new 文件

FEATURE	VSPHERE 4	VSPHERE 4.1	IMPROVEMENT
vCenter Server concurrent operations	100	500	5x
Port Groups per vCenter Server	512	1,016	~2x
Distributed switches per vCenter Server	16	32	2x
Hosts per distributed switch	64	350	>5x

图 10-4 图片来源：VMware vSphere 4.1 What's new 文件

Availabiltiy 的部分

- **vMotion enhancements**：同时间的 vMotion 在 GbE 网络可达到 4 个，10GbE 可达到 8 个 vMotion 之多，大幅缩短了 host 进入维护模式 VM 的撤出时间。
- **VMware HA enhancements**：HA 现可持续监控资源，显示更多信息，并可产生警报。另外可与 DRS 搭配使用，调度 VM，减少资源碎片的产生。
- **FT enhancements**：Primary VM 与 Secondary 现已可以在 DRS 里进行动态负载平衡（必须启用 EVC），另外不需要相同 build number 的 host 也能协同 FT。
- **Application Monitoring**：第三方软件厂商可遵循 API 开发应用程序感知（Application-aware）软件，解决因应用程序停止时 HA 与 FT 无法帮忙的问题。

Security 的部分

- AD Integration：ESXi 可与 Active Directory 整合，通过 vSphere client、TSM、DCUI（Direct Console User Interface，直接在屏幕上显示的 Console 界面）等登录提供身份验证。
- 在 AD 中的 ESX Admins 组，ESX/ESXi 添加域后，Windows 域成员即可登录 ESXi（DCUI、TSM）进行 host 管理。

其他的部分

- **Update Manager**：现在已可更新第三方提供的模块（Plug-in），例如 EMC PowerPath Moudle（Multipathing 用途），相信未来会有许多第三方模块可通过 Update Manager 更新。
- **USB Device Passthrough**：正式支持，在 ESX/ESXi host 中可将 USB 设备交付给 VM 使用（同时间一个 USB 设备不能分享给多个 VM），VM 必须是 Hardware Version 7 的版本，并支持 vMotion，VM 迁移到其他 host 仍然可以使用原来的 USB 设备。
- **VDR enhancements**：一个 vCenter 可部署 10 个 VDR，备份 1000 个 VM，支持 Linux VM 的文件级还原、支持 Windows 2008 与 Windows 7 的 VSS、改进

数据重复删除的性能。

- **Multi Cores Virtual CPUs**：以往 VM 想要使用一个实体的四核 CPU 运行，在 Guest OS 中会被识别成 4 个 Virtual CPU（Virtual SMP），可能就会造成软件授权额外收费的问题。假使 VM 使用一个 vCPU，又会产生实际上只运用到多核中的一核的问题。所以 MultiCore Virtual CPUs 可以让 VM“知道”它实际正使用一个实体的 CPU，但上面有四个核，就可以运用来进行平行运算，提高性能（还是得看软件授权是否合法）。

比较 vSphere 4.1 各授权版本之间的功能差异

http://www.vmware.com/products/vsphere/buy/editions_comparison.html

免费 Hypervisor 与中小企业环境的 Essentials、Essentials Plus 版本的差异如图 10-5 所示。

Product Components	vSphere Hypervisor	Essentials Kit	Essentials Plus Kit
Centralized Management	None	vCenter for Essentials	vCenter for Essentials
Memory/Physical Server	256GB	256GB	256GB
Cores per Processor	6	6	6
Processor Support	No processor limit or requirement per single server	3 servers with up to 2 processors each	3 servers with up to 2 processors each
Product Features			
Thin Provisioning	✓	✓	✓
Update Manager		✓	✓
vStorage APIs for Data Protection		✓	✓
Data Recovery			✓
High Availability			✓
vMotion			✓

图 10-5　　　　数据源：VMware 网站

另外必须注意自 2010 年 9 月起，某些 vCenter 产品（Plug-in）的授权方式已经改成以 VM 来计费，而不是实体 CPU。目前有 SRM、AppSpeed、Chargeback、CapacityIQ 四项产品采用此授权模式，详情请至以下网址参考：http://www.vmware.com/support/licensing/per-vm/index.html，如图 10-6 所示。

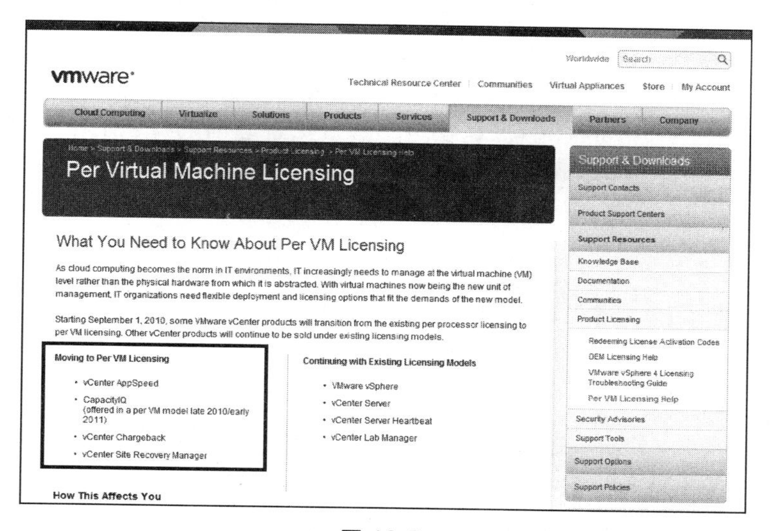

图 10-6　　　　数据源：VMware 网站

10-2 学习资源

接着要介绍的是一些很有用的学习资源。虚拟化的领域既深且广，浩瀚如海，本书除了带你入门，在此也提供一些指引，告诉你如何通过这些学习资源去探索、发掘出更多的 VMware 虚拟化、云端的相关知识。

VMware Communities（Communities.vmware.com/home.jspa）

VMware 的社区本身就有着极为丰富的资源，里面涵盖着各项 VMware 产品的讨论区，世界各地的人在此发问与讨论，互相分享经验。如果你未来遇到了各种问题，记得先来这里搜索一下，或许早就已经有解答了，如图 10-7 所示。

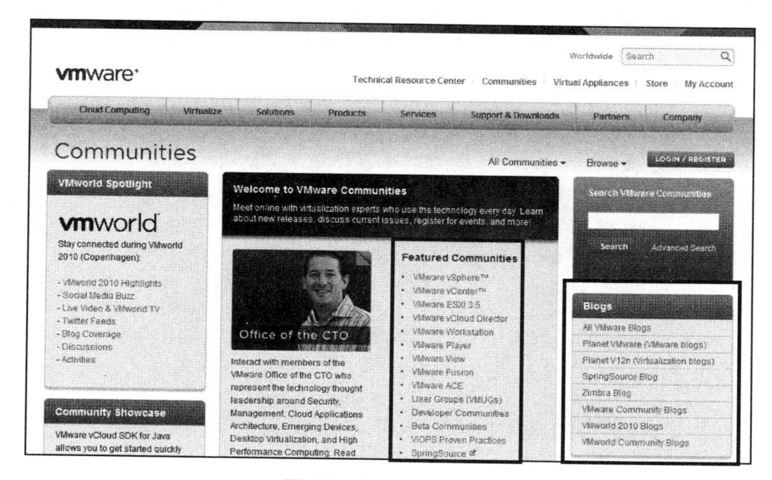

图 10-7　　　　图片来源：VMware 网站

另外笔者还推荐 Planet V12n（Vritualization），这里搜罗了知名的虚拟化博客，上面所发表的文章多半极具水平，可随时吸收到新知识，值得一读再读。还有 VMware TV、VMworld TV、VMware KBTV 等影音信息，有些 How to 的操作步骤非常完善，一目了然，如图 10-8 所示。

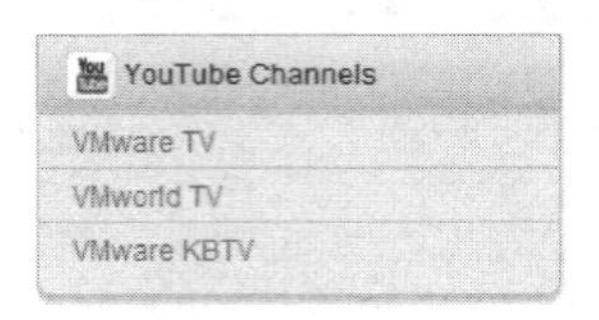

图 10-8　图片来源：VMware 网站

VMware TV：以人物专访、VMware 产品介绍为主。

VMworld TV：以 VMworld 年度盛会相关新闻、展示与花絮报导为主。

VMware KBTV：前面已经向各位介绍了 VMware KB（http://kb.vmware.com），另外还有 KBTV，是以影音操作为主，较注重实际画面的展示。

VMworld（www.vmworld.com）

每年都会在美国与欧洲分别举行一次年度盛会，重量级软硬件厂商齐聚一堂，展示、发表产品，举办多场专家会议，吸引许多对虚拟化有兴趣的人前往朝圣。2010 年的主题是“Virtual Roads. Actual Clouds.”，目前企业私有云已经在虚拟化的帮助下蓬勃发展，未来的公用云端仍然需要由虚拟化的关键技术搭建起基础，如图 10-9 所示。

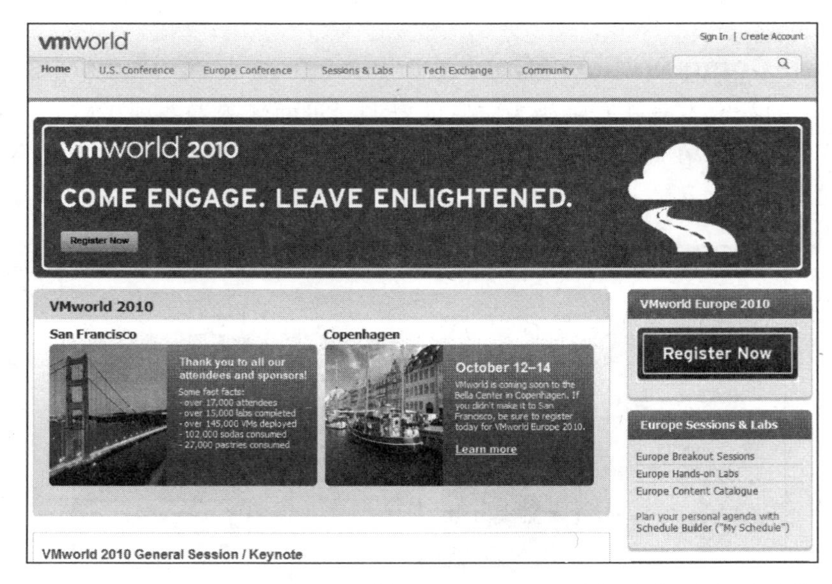

图 10-9　　图片来源：VMworld 网站

VMworld 也蕴藏了非常丰富的资源等着你去挖掘。先注册一个账号吧！然后，笔者推荐 **Sessions & Labs** 的部分，保留了从 2004 年至今举办过的一场又一场精彩的演讲展示，目前已经有超过 1000 场 Presentations 的影音以剧场方式呈现出来，并提供

PDF 和 MP3 下载，有兴趣的朋友千万不要错过，如图 10-10 所示。

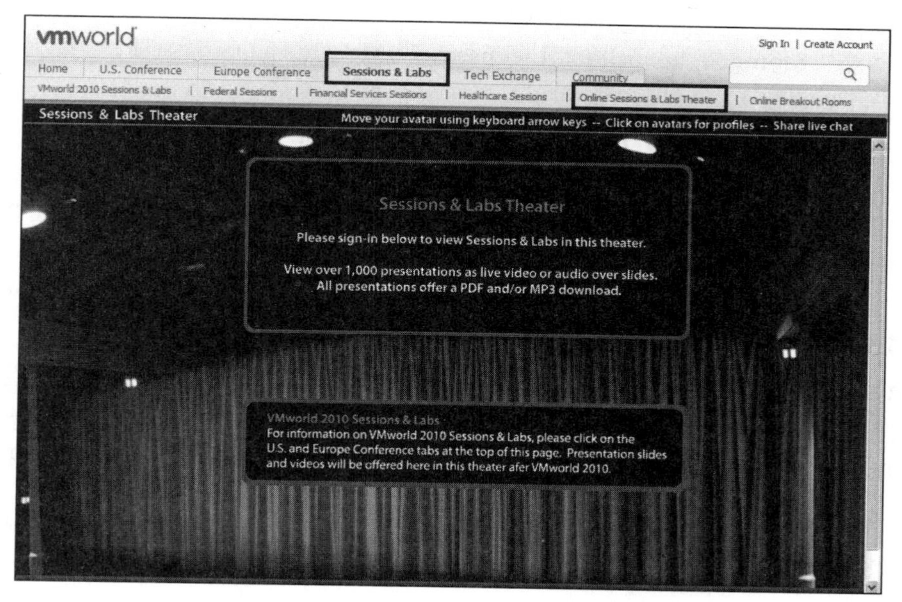

图 10-10　　图片来源：VMworld 网站

Shared Utilities（www.vmware.com/download/shared_utilities.html）

因为 VMware FT 和 vMotion 有着 CPU 等硬件要求与限制，为了减轻不同硬件比较上的麻烦，VMware 的网站另外还提供了两个 Utilities 下载，通过两个工具的帮助解决这类困扰，如图 10-11 所示。

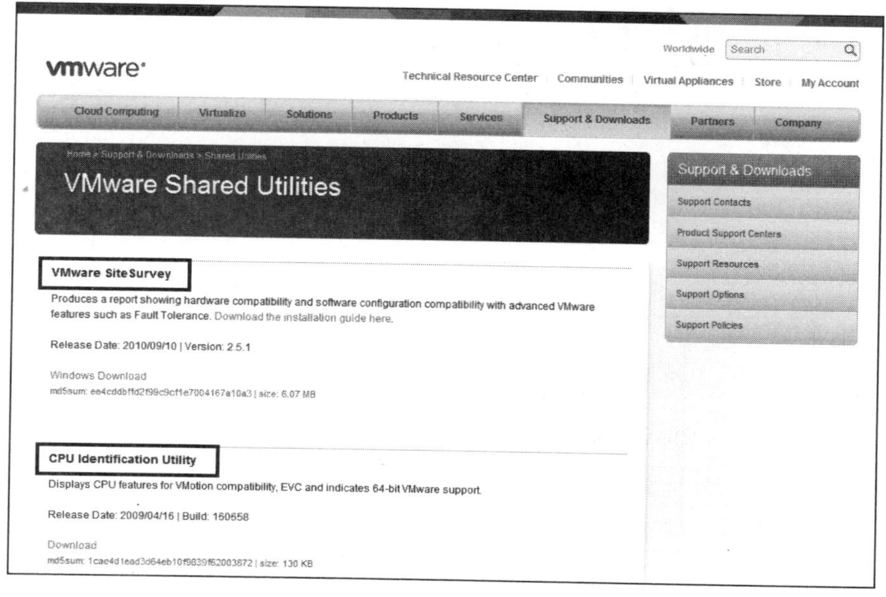

图 10-11　　图片来源：VMware 网站

- **VMware site survey**：主要针对 VMware FT 的软硬件需求进行检测与比较，使我们很快得知 host 之间的 CPU 型号与速度、ESX build number、BIOS 设置、网络、Storage、Snapshot、License、RDM、Guest OS 等细项，到底有没有符合 FT 的要求，可以省掉很多人工比较的麻烦或疏忽。
- **CPU Identification Utility**：主要针对 vMotion 对实体 CPU 的要求，检测例如型号、主频、命令集、EVC 兼容度等关于 CPU 的详细信息，下载后将镜像文件刻录成开机光盘，放入 ESX/ESXi host 的光驱 boot，便可得知 CPU 的详细信息。

VMware Toolbar（www.vmwaretoolbar.com）

VMware 所提供的浏览器 Toolbar，下载安装即可出现在 Browser 的工具栏上，用于快速搜索 VMware 网站数据、连接社区、下载文件和软件，非常方便。另外还有在线交谈和 News 订阅功能，让你 VMware 大小事一手掌握，各位一定要安装试试看，如图 10-12 所示。

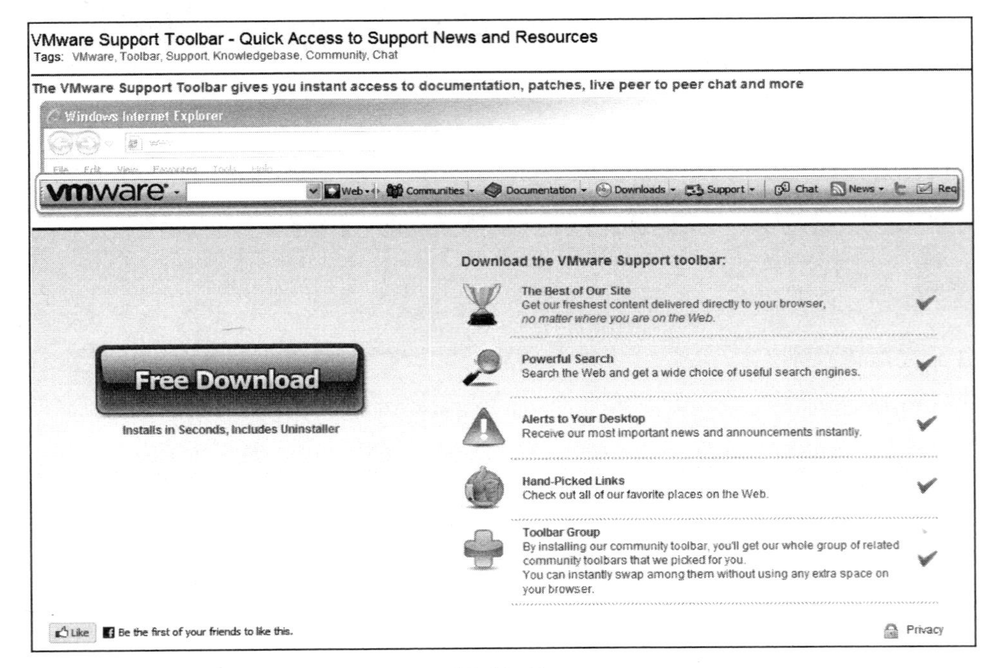

图 10-12

vLaunchPad（thevpad.com）

是否觉得在茫茫网海里找不到优质 VMware 学习、吸收新知识的地方？其实，你只需要一个关于 VMware 专业的门户网站就够了。接着要介绍的就是这个门户网站：vLaunchPad。这里号称是“Your gateway to the VMware universe”，实际上也是，只要由此开始，就通往了 VMware 的宇宙天地。vLaunchPad 由虚拟化大师 Eric Siebert

架设，网罗了所有知名的 Blog、VMware 相关新闻与信息网站，提供丰富的链接资源，想要探究 VMware vSphere 的人，绝对不能错过，如图 10-13 所示。

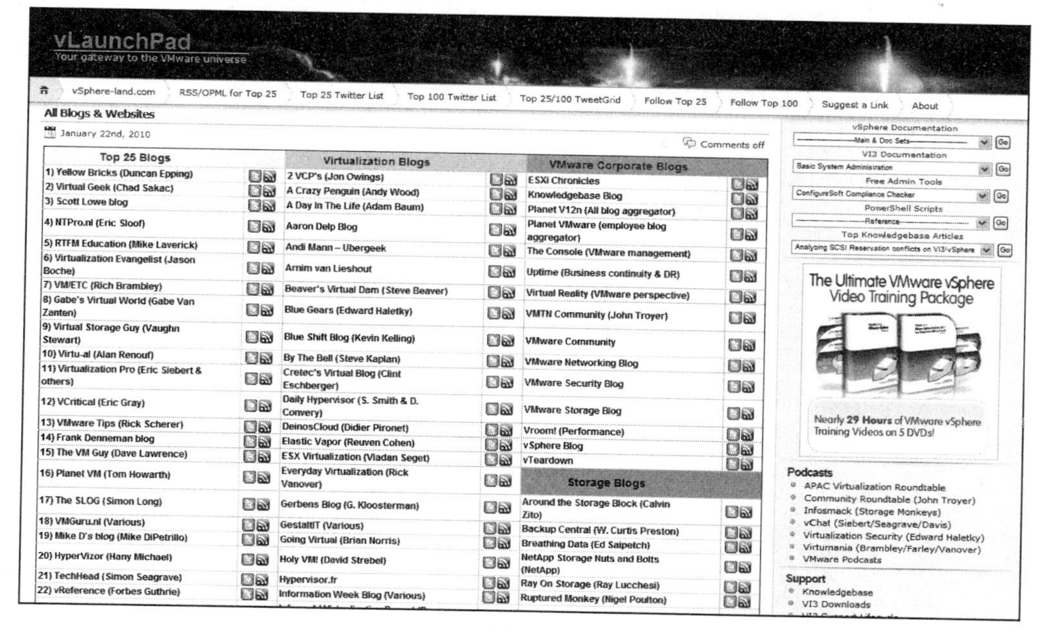

图 10-13

10-3 VMware 认证信息

由于虚拟化浪潮的兴起势不可挡，VMware VCP 的证书也跟着越来越热门。关于 VMware 考试认证的部分，现在分成三个等级：VCP、VCAP、VCDX。

- **VCP（VMware Certified Professional）**：第一阶段的基础认证，VMware 要求必须要参加正式课程，例如 vSphere ICM、Fast Track 或 Troubleshootiing 其中之一，才能去报名考试。考试通过以后，VMware 会与上课记录核对，确认上过课才会发给 VCP 证书。那么之前如果已经有了 VCP3 的证书要怎么升级呢？一样必须要上课，但是只要上两天的 What's New 课程，即可再去报考升级 VCP4，如图 10-14 所示。
- **VCAP-DCA（VMware Certified Advanced Professional–Datacenter Administration）**：新的中级认证，分成两个部分认证（DCA 和 DCD）。必须已经是 VCP4 才能报考，没有硬性规定上课，但是推荐的课程是 vSphere Troubleshooting、Manage for Performance、Manage and Design for Security。通过考试后即成为 VCAP-DCA，如图 10-15 所示。
- **VCAP-DCD（VMware Certified Advanced Professional–Datacenter Design）**：必须已经是 VCP4 才能报考，没有硬性规定上课，但是推荐的课程是 vSphere

Design Workshop。通过考试后即成为 VCAP-DCD，如图 10-16 所示。

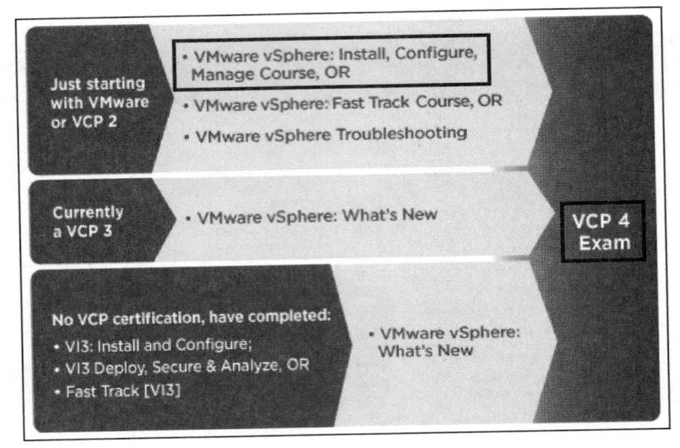

图 10-14　　图片来源：VMware 网站

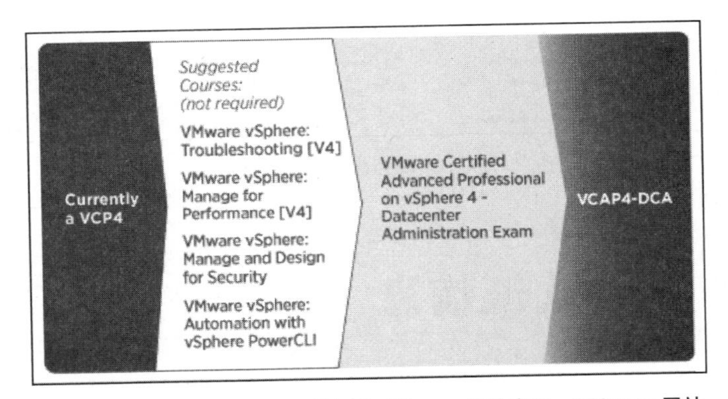

图 10-15　　图片来源：VMware 网站

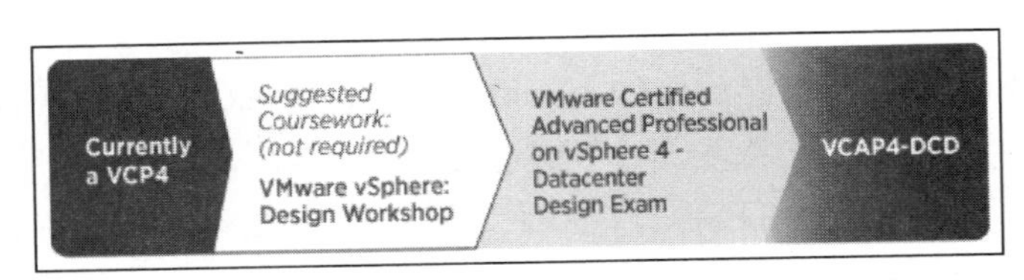

图 10-16　　图片来源：VMware 网站

VCAP 的认证由于才刚推出和开放考试，目前拥有的人非常少。

- **VCDX（VMware Certified Design Expert）**：这是 VMware 目前最高阶的虚拟化认证，先前的 VCDX3 要经过多道关卡才能取得，包含资格认定、面谈、设计实务、简单介绍你的计划等，全球取得认证的人数只有寥寥数十位。由于难度与 VCP 落差实在太大，因此 VMware 将 VCDX 的两门笔试科目另外成为 VCAP4 的中级认证。新的 VCDX4 必须先有 VCAP 的认证才能提出申请，如图 10-17 所示。

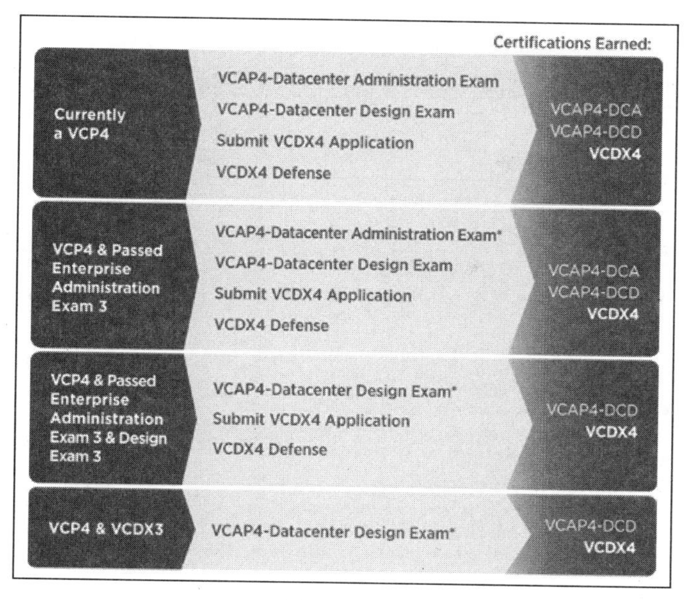

图 10-17　　图片来源：VMware 网站

VCP 资格取得与报考流程

VCP 认证考试的主要过程如图 10-14 所示，假设之前没有过 VCP3 的认证（拥有 VCP2 认证的人，流程等同无认证者），一律适用以下的方式（我们再看详细一点的说明）：

1. 必须先参加以下 3 种课程中的一种：
   - VMware vSphere：Install、Configure、Manage（ICM）课程。
   - VMware vSphere：Fast Track 课程。
   - VMware vSphere Troubleshooting 课程。

   vSphere ICM 是有最多人参与的课程，课程长度为 5 天，有了参与课程的上课记录后，再通过考试，经 VMware 比较记录无误，才能取得 VCP 认证。
2. VMware vSphere 操作管理经验：5 天的 vSphere ICM 课程内容扎实紧凑，初次接触的人可能会一下子消化不了，笔者建议上课前可以先下载 vSphere 来试用体验。当然，如果你已经看完本书，那么可以说已经具有相当的基础了，放心地去参加课程吧！
3. 报名考试：
   - 请至 http://www.vue.com/vmware 在线报名 VCP 考试，要特别注意的是，在 Pearson VUE 考试中心注册的账号、填写的个人信息必须与 VMware 注册的信息是相同的（例如参加课程用的是汉语拼音，考试的时候就不要用英文名字），否则 VMware 核对上课记录不符，你将会收不到证书。到时候要备妥相关证明，再请 VMware 更改，就比较麻烦了。
   - VCP 现在的考试代号为 VCP410，上个版本（VCP310）考试已于 2010 年 12 月终止，如果你上过 VI3 的课程但没有去考试，过了 2010 年后要考 VCP 的话，将必须再参与 What's New 课程，才能考 VCP4。

- 考题总共有 85 题，全部为选择题（有复选），满分 500 分，要有 300 分才能过关。时间是 90 分钟，非英语系国家延长 30 分钟，所以共有 120 分钟可以作答，如图 10-18 所示。

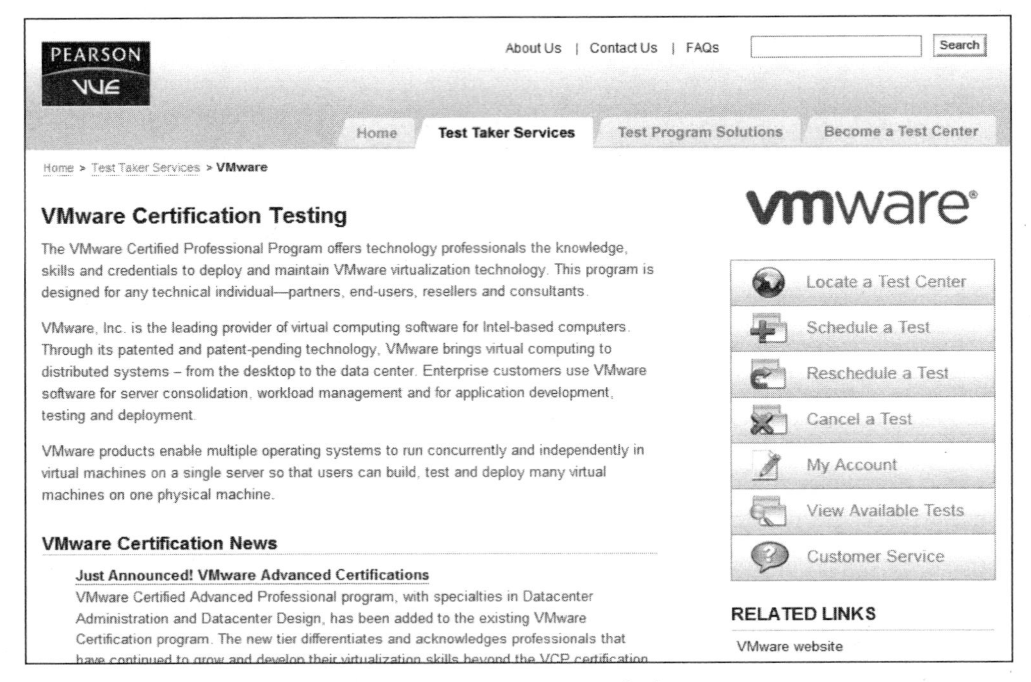

图 10-18 至 Pearson VUE 报考 VCP

VMware 授权教育训练中心

VMware 的认证课程必须由具有授权的教育训练中心（VATC）才能开设，讲师也必须是 VMware 所认证的 VCI（VMware Certified Instructor）才能讲授课程。由于 hp 是 VMware 全球规模最大的教育训练伙伴，中国台湾地区，hp 教育训练中心当然也是 VATC，提供高质量的 VMware 认证课程。笔者推荐 VMware 课程在 hp 教育训练中心上课，无论教学质量还是上课环境，相信不会让您失望。

VCP 考试的准备方向

上完课程后，接下来就是准备考试。但是 VCP 的考试范围其实很大，不光只有课程内容而已，部分考题也会从许多文件中来。所以在准备考试的时候，千万不能只读上课教材内容，否则无法通过考试的几率很大，如图 10-19 所示。

VMware Main Documentation 从这里下载：http://www.vmware.com/support/pubs/vs_pages/vsp_pubs_esxi41_i_vc41.html。

还要注意的是，会出现不少与数字相关的题目，VCP 考试的范围不仅广泛，题目也很细节，会问你一些需要去记下来的数字（例如单一 Virtual Switch 最大支持到多少 ports 数），这些数字笔者建议参考之前介绍的 Configuration Maximums 文件，比较重要的数字记下来，有记就有分数，等于是送分题。

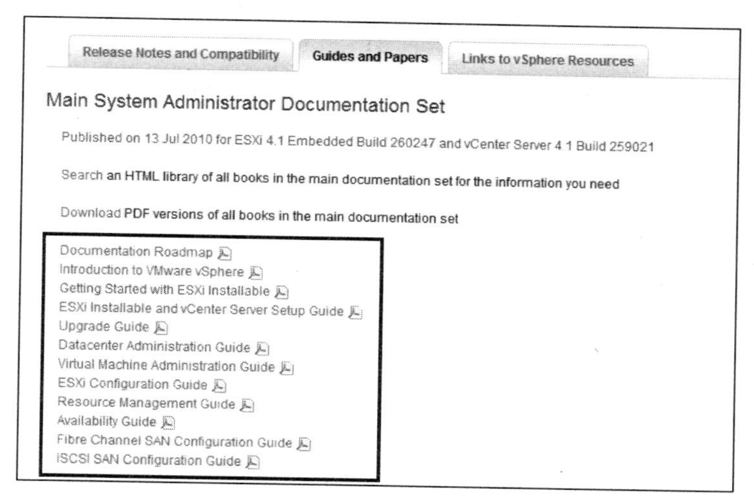

图 10-19

另外笔者强力推荐 vReference 网站（http://vreference.com），这是由热心的专业人士 Forbes Guthrie 成立的网站，他本身是一位 vExpert，整理并绘制了许多 vSphere 架构相关的专业图面，非常值得参考。光是 vSphere4 Card 里面的信息就很完整，很适合拿来考前复习使用，如图 10-20 所示。

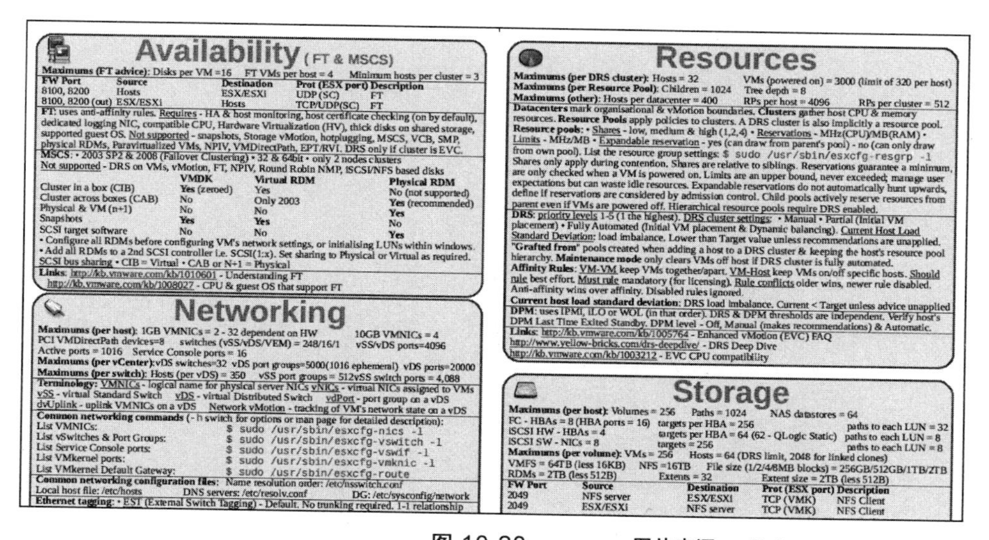

图 10-20　　　图片来源：vReference.com

10-4 结语

云端是一场战争，由虚拟化揭开序幕。传统的企业数据中心面临重大的改变，软硬件厂商纷纷通过并购或策略联盟的方式来壮大自己，深怕一不小心，就会错失新世纪的云端商机。

存储设备龙头 EMC、网络设备霸主 Cisco、虚拟化平台王者 VMware，组成了 VCE 联盟（Virtual Computing Environment），想合力通过三方领先优势占据未来云数据中心的地位。VMware 除了 VCE，还与 NetApp 合作，并与 hp 打造 CloudStart，同时自己也买下 SpringSource、Zimbra，并与 Salesforce 合作 vmforce，向 PaaS、SaaS 的云上走。Cisco 推出了自己的刀锋服务器，与自己的网络设备及 EMC Storage 合成 UCS。Oracle 买下了 SUN，摩拳擦掌抢进云端。hp 也推出 Blade Matrix 应战，并吃下了 3Com 和 3PAR。

这一连串的版块移动，你感觉到了吗？在这个云竞技场里，大家既竞争又合作，IT 产业里每个人都会受到局势影响，只是程度轻重的分别。实际的企业数据中心，数量、复杂度当然千百倍于我们书上的规模。在这本书里，我们由小小的几朵云做起，打造出基本的虚拟个人数据中心，希望以本书为起点，对于以后你所掌握的一片云海能够有所帮助。